#상위권_정복
#신유형_서술형_고난도

일등전략

Chunjae
Makes
Chunjae

▼

[일등전략] 중학 과학 3-2

개발총괄 김은숙
편집개발 김은송, 민경미, 이강순, 김창원, 김용하, 김선영, 박준우, 박유미, 김설희, 이선아, 이영웅, 김은지
디자인총괄 김희정
표지디자인 윤순미, 권오현
내지디자인 박희춘, 안정승
제작 황성진, 조규영
조판 동국문화

발행일 2022년 6월 15일 초판 2022년 6월 15일 1쇄
발행인 (주)천재교육
주소 서울시 금천구 가산로9길 54
신고번호 제2001-000018호
고객센터 1577-0902
교재 내용문의 02)6333-1873

※ 정답 분실 시에는 천재교육 교재 홈페이지에서 내려받으세요.

대표 유형 14 난할 과정

그림은 난할 과정을 나타낸 것이다.

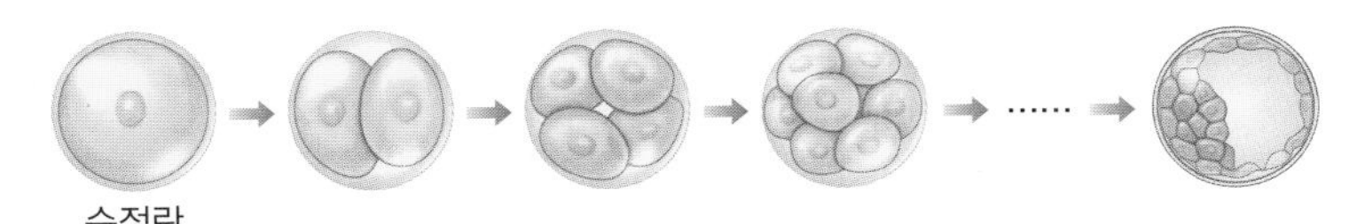

난할 과정을 다음과 같이 설명할 때 ㉠~㉢에 알맞은 말을 쓰시오.

> 수정란은 수란관을 따라 이동하면서 빠른 속도로 세포 분열하여 염색체 수가 동일한 세포가 점점 ㉠(　　)지는데, 체세포 분열과 달리 세포의 크기가 점점 ㉡(　　)진다. 수정 후 5~7일 후에는 속이 빈 공 모양의 세포 덩어리인 ㉢(　　)가 되어 자궁 내막 속으로 파고 들어가 착상된다.

답 ㉠ 많아, ㉡ 작아, ㉢ 포배

1 읽기 전략

① 문제에서 핵심 키워드 찾기
난할 과정, 수정란, 수란관, 체세포 분열, 세포의 크기, 착상

② 제시된 그림에서 난할의 특징 확인하기
- 수정란이 형성된 후 빠른 속도로 세포 분열하여 세포의 수가 점점 늘어나는데, 이러한 수정란의 초기 세포 분열을 난할이라고 한다.
- 난할 결과 만들어진 세포를 할구라고 한다.
- 난할은 체세포 분열이지만, 딸세포가 커지는 시기가 거의 없이 세포 분열이 반복된다.
- 난할 결과 세포 수는 점점 늘어나지만 각각의 세포는 크기가 점점 작아진다.
- 난할을 거듭해도 전체적인 크기는 수정란과 거의 차이가 없다.
- 각 세포가 갖는 핵 속의 염색체 수는 같다.
- 수정란이 난할을 거듭한 후 안쪽에 빈 공간이 생기게 되는 시기를 포배라고 하며, 사람의 경우 포배 상태로 자궁 내막에 착상하게 된다.

수정란

난소에서 배란된 난자가 수란관을 따라 이동하다 정자와 만나 수정이 일어나 만들어진 한 개의 세포

2 해결 전략 난할의 특징을 알고, 체세포 분열과의 차이점을 기억하자.

① 난할의 특징 이해하기

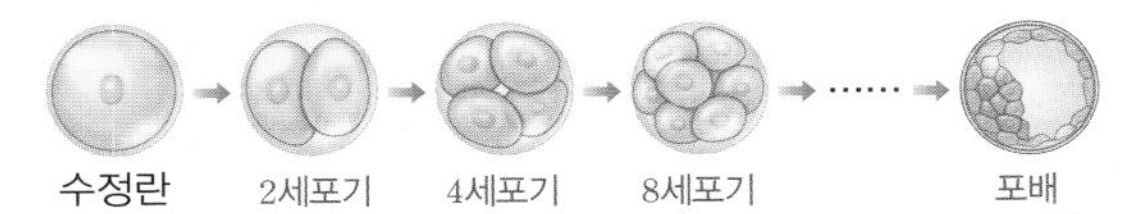

	수정란	2세포기	4세포기	8세포기
세포 수(개)	1	2	4	8
세포 한 개당 크기	1	→	→	점점 작아짐
전체 크기	1	→	→	일정하게 유지
세포 한 개당 염색체 수(개)	46	46	46	46

② 난할과 체세포 분열 비교하기

구분	난할	체세포 분열
공통점	•DNA 복제가 일어난다. •세포 한 개당 염색체 수와 DNA양이 일정하게 유지된다. •세포 수가 많아진다.	
차이점	세포 한 개의 크기가 점점 작아진다.	세포 한 개의 크기가 일정하다.

- 난할은 체세포 분열이지만, 딸세포가 커지는 시기가 거의 없이 빠르게 ❶(　　)만 반복한다. → 난할을 거듭할수록 세포 수는 늘어나지만 세포 하나의 크기는 점점 작아지며, 전체적인 크기는 ❷(　　)과 비슷하게 유지된다.

오답 피하는 법
- 난할 과정은 세포의 크기가 커지는 과정이 거의 없는 수정란의 체세포 분열이다.
- 생식과 발생 과정 중 일어나는 세포 분열이라고 해서 생식세포 분열인 것은 아니다.

답 ❶ 분열 ❷ 수정란

3 암기 전략

난할의 특징

난할이 진행될수록
세포 수: 증가
전체 크기: 일정
세포 한 개당 크기: 감소
세포 한 개당 염색체 수: 일정

대표 유형 15 유전 용어

유전 용어에 대한 설명으로 옳지 않은 것은?

① 생물체가 지니는 고유한 특성을 형질이라고 한다.
② 완두의 키가 큰 것과 키가 작은 것은 대립 형질이다.
③ 유전자 구성에 따라 겉으로 드러나는 형질을 유전자형이라고 한다.
④ 대립 형질을 지닌 순종끼리 교배했을 때 잡종 1대에서 나타나는 형질을 우성이라고 한다.
⑤ 특정 형질을 결정하는 유전자는 쌍을 이루고 있는 상동 염색체의 같은 위치에 하나씩 존재하는데, 이것을 대립유전자라고 한다.

답 ③

1 읽기 전략 키워드 → 형질, 대립 형질, 유전자형, 우성, 대립유전자

2 해결 전략 유전 용어는 기본이므로 반드시 암기하도록 하자.

형질	색, 모양, 성질, 크기 등 생물이 가지는 여러 가지 특성
대립 형질	하나의 형질에 대해 뚜렷하게 대비되는 형질 ⓔ 둥근 완두 ↔ 주름진 완두
대립유전자	대립 형질을 결정하는 유전자로 ❶ ______ 염색체의 같은 위치에 있다.
표현형	유전자 구성에 따라 겉으로 드러나는 형질 ⓔ 둥근 것, 주름진 것
유전자형	대립유전자 구성을 알파벳 기호로 나타낸 것 ⓔ RR, rr
순종	한 가지 형질을 나타내는 대립유전자 구성이 같은 개체 ⓔ RR, rr, RRyy
잡종	한 가지 형질을 나타내는 대립유전자 구성이 ❷ ______ 개체 ⓔ Rr, RrYy

답 ❶ 상동 ❷ 다른

3 암기 전략
유전자형과 표현형

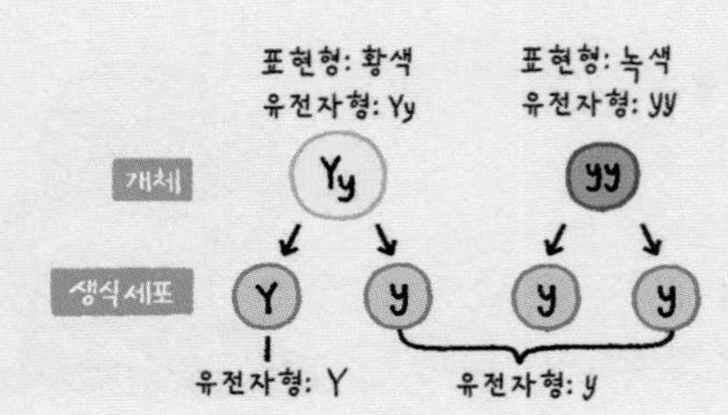

2 해결 전략 배란에서 착상까지의 과정과 초기 발생의 특징을 기억하자.

① 배란에서 착상까지의 과정 확인하기

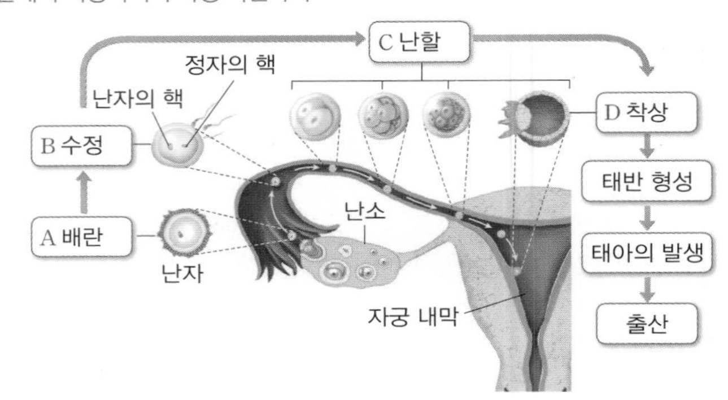

② 각 발생 과정의 특징 이해하기

배란 A	약 28일을 주기로 난소에서 수란관으로 성숙한 ❶ ______ 가 배출된다.
수정 B	수란관 앞부분에서 정자와 난자가 만나 수정이 이루어진다. 이때 만들어진 새로운 한 개의 세포를 수정란이라고 한다.
난할 C	수정란은 자궁으로 이동하면서 세포 분열을 통해 2개, 4개, 8개의 세포로 나뉘는 난할이 일어난다. 난할 결과 만들어진 세포를 할구라고 한다.
착상 D	수정란은 수정 후 5~7일 후 속이 빈 공 모양의 세포 덩어리인 ❷ ______ 가 되어 자궁 내막에 착상되며, 이때부터 임신이 되었다고 본다.

오답 피하는 법
- 수정이 되기 전 정자와 난자가 형성되는 과정은 생식세포 분열
- 수정 후 수정란의 난할 과정은 체세포 분열

답 ❶ 난자 ❷ 포배

3 암기 전략
사람의 발생 과정

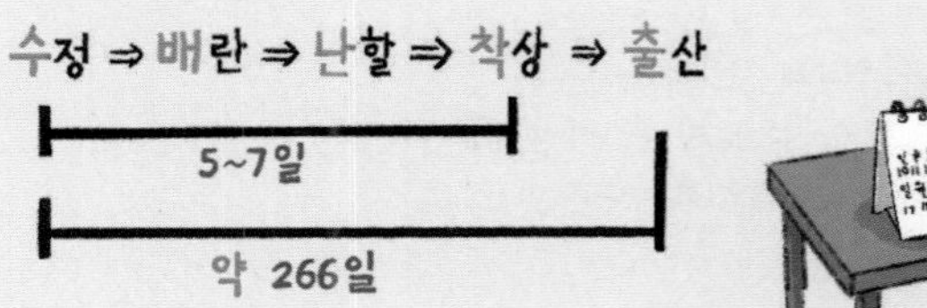

대표 유형 13 배란에서 착상까지의 과정

그림은 사람의 수정란의 형성과 초기 발생 과정 A~D를 나타낸 것이다.

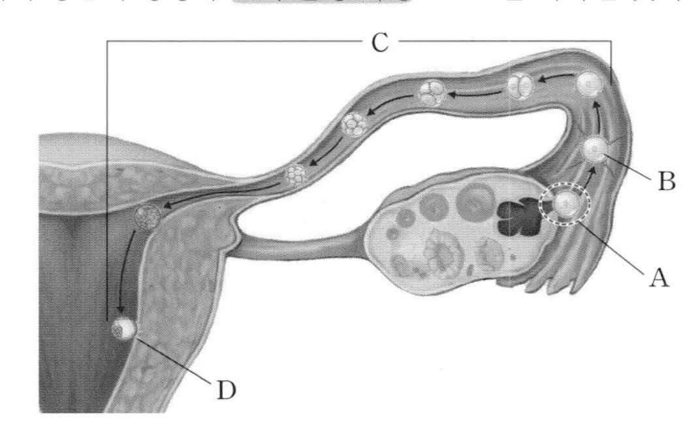

이에 대한 설명으로 옳은 것을 | 보기 | 에서 모두 고른 것은?

보기

ㄱ. A는 배란이고, B는 수정이다.
ㄴ. C는 난할 과정으로 체세포 분열이 일어난다.
ㄷ. B에서 D가 일어날 때까지 약 266일 걸린다.

① ㄱ 　② ㄷ 　③ ㄱ, ㄴ 　④ ㄴ, ㄷ 　⑤ ㄱ, ㄴ, ㄷ

답 ③

1 읽기 전략

① 문제에서 핵심 키워드 찾기
초기 발생 과정, 배란, 수정, 난할

② 초기 발생 과정이 일어나는 생식 기관 파악하기
- 배란(A): 난소 → 수란관 (난소에서 난자가 수란관으로 배출됨)
- 수정(B): 수란관 (수란관 앞부분에서 정자와 난자가 결합함 → 정자와 난자의 염색체 수는 23, 수정란의 염색체 수는 46)
- 난할(C): 수란관 → 자궁 (수정란은 난할을 거듭하며 수란관을 따라 자궁으로 이동함 → 체세포 분열)
- 착상(D): 자궁 내막 (난할 결과 포배 상태가 된 수정란이 자궁 내막에 파묻힘 → 임신)

발생

수정란이 세포 분열을 하고 기관이 형성되는 과정을 거쳐 하나의 개체로 되기까지의 과정

대표 유형 16 유전자와 염색체의 관계

그림은 순종의 둥근 완두와 주름진 완두의 교배 실험을 나타낸 것이다.

(가)~(다)의 대립유전자가 염색체에 위치하고 있는 모습으로 옳은 것을 각각 | 보기 | 에서 찾아 쓰시오.

어버이 RR (가) × rr (나)
잡종 1대 Rr (다)

보기

ㄱ. R R 　ㄴ. R r 　ㄷ. R r 　ㄹ. R R r r 　ㅁ. r r

답 (가) ㄱ, (나) ㅁ, (다) ㄴ

1 읽기 전략 키워드 → **대립유전자, 염색체**

2 해결 전략 대립유전자와 상동 염색체의 관계에 대해 알아두자.

대립유전자

- 대립 형질을 결정하는 유전자로 ❶ [　　] 의 같은 위치에 있으며, 구성이 같을 수도 있고 다를 수도 있다.
- 감수 1분열 후기에 상동 염색체가 분리되면서 상동 염색체에 위치한 ❷ [　　] 도 함께 분리되어 생식세포에 하나씩 들어간다.

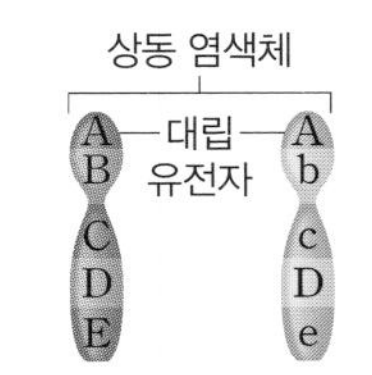

답 ❶ 상동 염색체 ❷ 대립유전자

3 암기 전략

유전자와 염색체

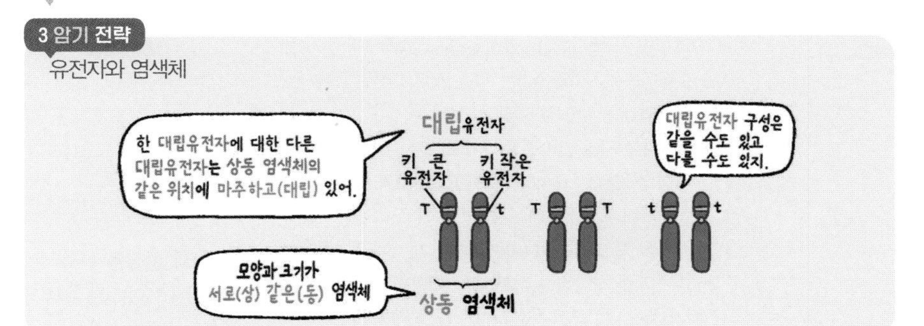

대표 유형 17 우열의 원리

그림과 같이 순종의 키 큰 완두와 키 작은 완두를 교배하였더니 잡종 1대에서 모두 키 큰 완두만 나왔다.

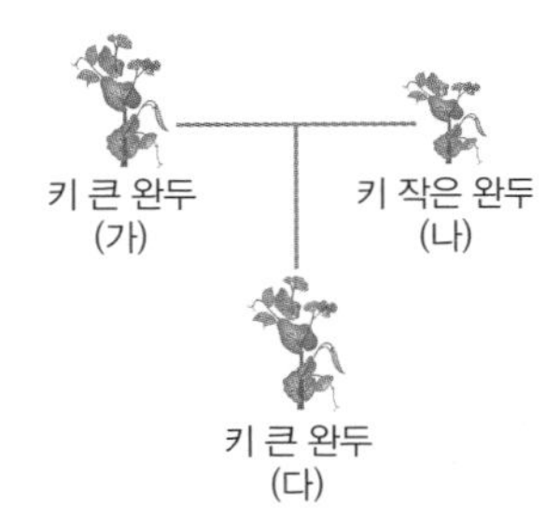

우성 유전자를 L, 열성 유전자를 l이라고 할 때, 이 실험에 대한 설명으로 옳은 것을 | 보기 | 에서 모두 고른 것은?

보기

ㄱ. 큰 키 유전자가 L이다.
ㄴ. (가)와 (다)의 유전자형은 같다.
ㄷ. 큰 키와 작은 키는 대립 형질이다.

① ㄱ ② ㄴ ③ ㄱ, ㄷ ④ ㄴ, ㄷ ⑤ ㄱ, ㄴ, ㄷ

답 ③

1 읽기 전략 ① 문제에서 핵심 키워드 찾기

순종, 키 큰 완두, 키 작은 완두, 우성 유전자를 L, 열성 유전자를 l

② 실험 과정 확인하기

- (가)와 (나)는 대립 형질을 가진 순종의 개체이다.
  → 순종이므로 (가)와 (나)는 각각 서로 다른 한 가지 종류의 유전자만 갖고 있다.
  → 우성 유전자를 알파벳 대문자로, 열성 유전자를 알파벳 소문자로 표시하므로 (가)와 (나)의 유전자형은 각각 LL과 ll이다.
- 순종인 개체를 교배하여 나온 잡종 1대는 (가)와 (나)의 대립유전자를 하나씩 물려받는데 (가)와 (나)의 대립유전자가 서로 다르므로 유전자형은 Ll로 잡종이다.

순종

한 가지 형질을 나타내는 유전자 구성이 같은 개체
예 RR, rr

잡종

한 가지 형질을 나타내는 유전자 구성이 다른 개체
예 Rr

대표 유형 12 여자의 생식 기관과 태아의 발달

그림은 태반을 통한 태아와 모체의 물질 교환을 나타낸 것이다.

모체의 동맥 모체의 정맥
태반
탯줄
A
양막
양수
탯줄
탯줄 정맥 탯줄 동맥

이에 대한 설명으로 옳은 것은?

① A는 수란관이다.
② 태반에서 모체와 태아의 혈액이 섞인다.
③ 태아는 태반을 통해 모체로부터 영양소와 산소를 공급받는다.
④ 태아의 생명 활동 결과 생긴 노폐물은 출산할 때까지 배출되지 않는다.
⑤ 알코올, 약물 등은 대부분 태반에서 걸러지기 때문에 태아에게 전달되지 않는다.

답 ③

1 읽기 전략 키워드 → 태반, 태아와 모체의 물질 교환, 모체, 태아, 노폐물

2 해결 전략 태반의 발달 시기와 태반에서의 물질 교환을 기억하자.

- 수정란이 자궁에 착상된 후 배아와 모체 사이에 혈관이 발달하여 ❶ ______ 이 형성된다.
- 태반에서 모체와 태아의 혈액은 섞이지 않으며, ❷ ______ 을 통해 모체에서 태아에게로 영양소와 산소가 전달되고, 태아에서 모체에게로 이산화 탄소와 노폐물이 전달된다.

답 ❶ 태반 ❷ 확산

3 암기 전략

태반과 탯줄

탯줄 속에는
태반과 연결된 태아의 동맥(탯줄 동맥)과
정맥(탯줄 정맥)이 있다.

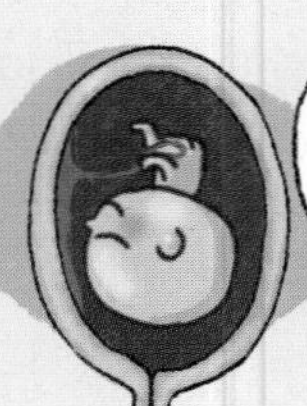

대표 유형 11 정자와 난자의 구조

그림은 사람의 생식세포를 나타낸 것이다.

이에 대한 설명으로 옳은 것을 | 보기 | 에서 모두 고른 것은?

(가) (나)

보기

ㄱ. (가)와 (나)의 염색체 수는 같다.
ㄴ. (가)와 (나)는 모두 생식세포 분열에 의해 생성된다.
ㄷ. (나)에는 수정란의 초기 발생에 필요한 양분이 저장되어 있다.

① ㄱ ② ㄴ ③ ㄱ, ㄷ ④ ㄴ, ㄷ ⑤ ㄱ, ㄴ, ㄷ

답 ⑤

1 읽기 전략 키워드 → 생식세포, 염색체 수

2 해결 전략 정자와 난자의 구조와 특징을 기억하자.

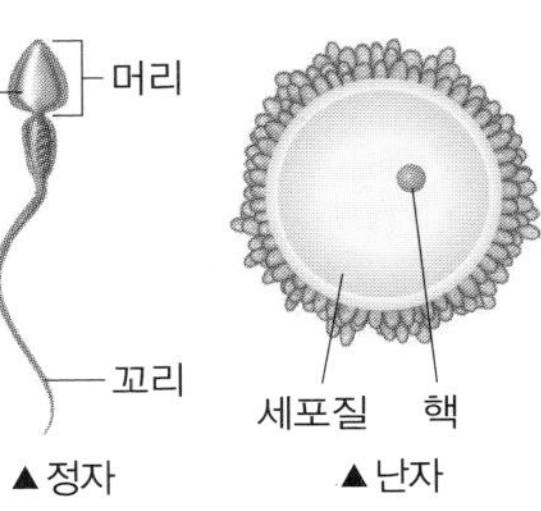

▲정자 ▲난자

구분	정자	난자
생성 장소	정소	난소
양분	거의 없음	❶
운동성	있음	❷
염색체 수	23	23

답 ❶ 많음 ❷ 없음

3 암기 전략

정자, 난자, 수정란의 염색체 수

정자 23 + 난자 23
➡ 수정란 46

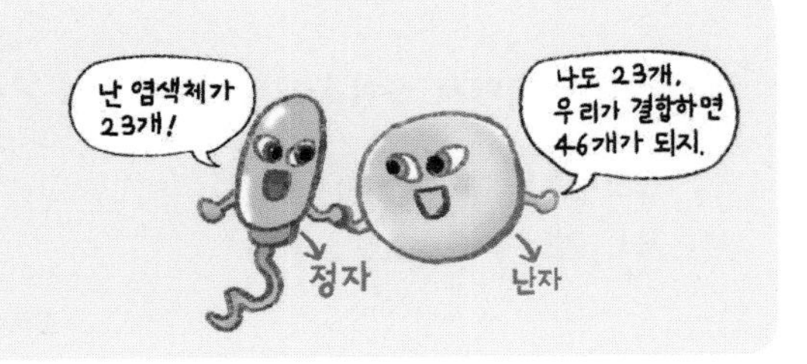

2 해결 전략 순종의 대립 형질끼리 교배했을 때 잡종 1대에 나타나는 형질이 우성이라는 것을 기억하자.

① 대립 형질의 뜻 이해하기

- 대립 형질: 한 가지 형질에서 뚜렷하게 구분되는 형질

예 완두의 7가지 대립 형질

형질		씨 모양	씨 색깔	꽃 색깔	콩깍지 모양	콩깍지 색깔	꽃이 피는 위치	키
대립 형질	우성	둥글다	황색	보라색	매끈하다	녹색	줄기의 옆	크다
	열성	주름지다	녹색	흰색	잘록하다	황색	줄기의 끝	작다

② 우성과 열성 가리기

- 우성: 대립 형질을 가진 순종 개체끼리 교배했을 때 잡종 1대에서 ❶ 형질
- 열성: 대립 형질을 가진 순종 개체끼리 교배했을 때 잡종 1대에서 ❷ 형질

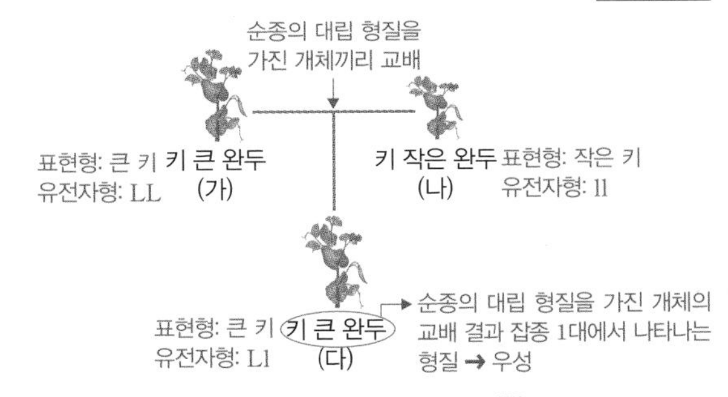

답 ❶ 나타나는 ❷ 나타나지 않는

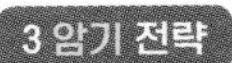

3 암기 전략

우성과 열성

우성은 현(나타남)성,
열성은 잠(숨어 있음)성,
(우성은 우수 혹은 다수(X), 열성은 열등 혹은 소수(X))

대표 유형 18 분리의 법칙

그림은 순종의 보라색 꽃 완두와 흰색 꽃 완두의 교배 결과를 나타낸 것이다.

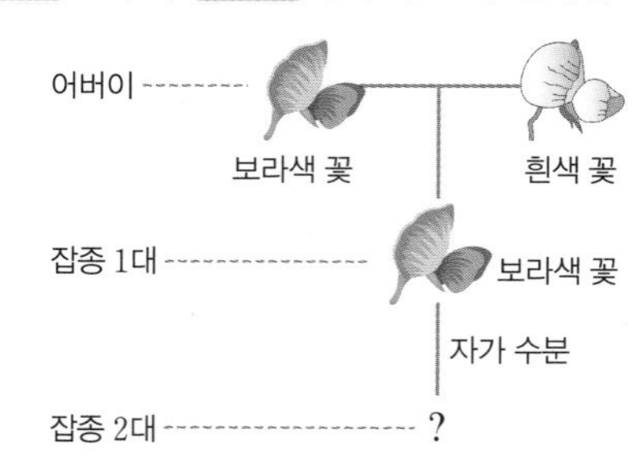

잡종 1대의 자가 수분 결과 잡종 2대에서 나타나는 (1) 우성과 열성 형질의 표현형을 각각 쓰고 (2) 그 비율을 나타내시오.

답 (1) 우성: 보라색 꽃, 열성: 흰색 꽃 (2) 보라색 꽃 : 흰색 꽃 = 3 : 1

1 읽기 전략

① 문제에서 핵심 키워드 찾기

순종, 보라색 꽃, 흰색 꽃, 잡종 1대, 자가 수분, 잡종 2대, 우성, 열성, 표현형

② 실험 과정 이해하기

- 순종의 보라색 꽃 완두와 흰색 꽃 완두의 교배
  → 순종의 대립 형질을 가진 개체끼리 교배한 것이므로, 잡종 1대에서 나타나는 형질이 우성이다.
- 잡종 1대의 자가 수분
  → 같은 유전자형을 가진 잡종 개체끼리의 교배이므로, 잡종 개체에서 각각 서로 다른 유전자를 가진 두 종류의 생식세포가 형성된다.

자가 수분

수술의 꽃가루가 같은 그루의 꽃에 있는 암술에 붙는 현상

2 해결 전략 잡종 2대에서 열성이 나타나는 것은 분리의 법칙과 관계 있다는 것을 기억하자.

① 멘델의 유전 원리 중 우열의 원리 확인하기

	멘델의 실험	유전 원리
우열의 원리	순종의 보라색 꽃 완두와 순종의 흰색 꽃 완두를 교배하였더니 잡종 1대에서 모두 보라색 꽃 완두만 나타났다.	대립 형질이 다른 순종 개체끼리 교배하면 잡종 1대에서 대립 형질 중 한 가지만 나타난다. → 잡종 1대에서 나타나는 형질을 ❶ [ ], 나타나지 않는 형질을 ❷ [ ]이라고 한다.

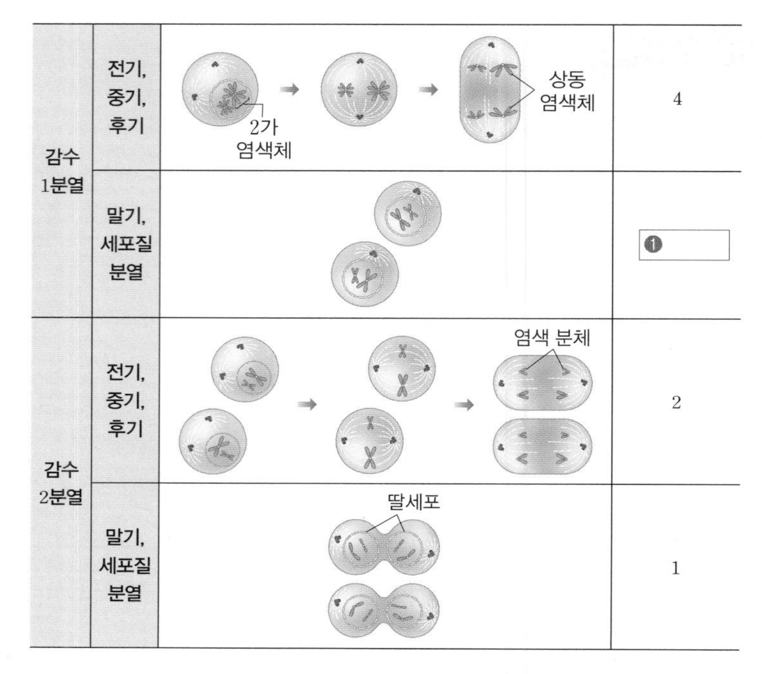

감수 1분열	전기, 중기, 후기	(2가 염색체, 상동 염색체)	4
	말기, 세포질 분열		❶ [ ]
감수 2분열	전기, 중기, 후기	(염색 분체)	2
	말기, 세포질 분열	(딸세포)	1

② 그래프의 각 구간을 체세포 분열 과정 각 단계와 연결하기

- A(간기): 유전 물질이 복제되기 전단계에는 DNA 상대량이 변화 없음
- B(감수 1분열 전기, 중기, 후기): 2가 염색체가 형성된 후 하나의 핵 안에서 이동하므로 DNA 상대량 변화 없음
- C(감수 1분열 말기, 감수 2분열 전기, 중기, 후기): 상동 염색체가 분리된 후 하나의 핵 안에서 이동하므로 DNA 상대량 변화 없음
- D(감수 2분열 말기): ❷ [ ]가 분리된 상태

답 ❶ 2 ❷ 염색 분체

3 암기 전략

생식세포 분열에서 DNA양의 변화

생식세포 분열에서 DNA양은 2→4→2→1

한 번 복제 (2→4)

두 번 분열 (4→2→1)

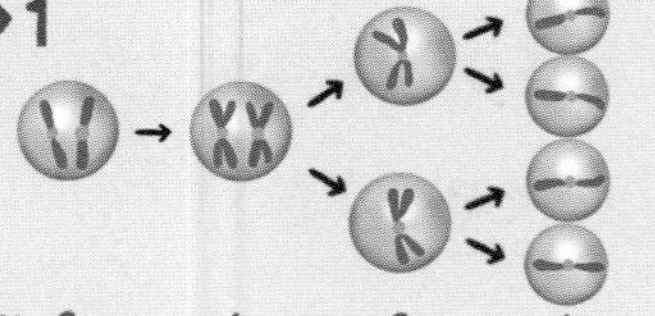

대표 유형 10 생식세포 분열 시 DNA양 변화

그림은 생식세포 분열 과정에서 핵 한 개당 DNA양 변화를 나타낸 것이다.

이에 대한 설명으로 옳은 것을 |보기|에서 모두 고른 것은?

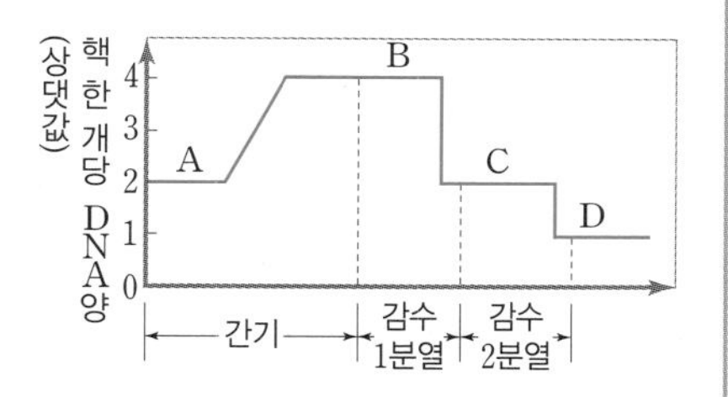

보기
ㄱ. 2가 염색체는 B에서 볼 수 있다.
ㄴ. A와 C에서 핵 한 개당 염색체 수는 같다.
ㄷ. C에서 D로 되는 과정에서 염색 분체가 분리된다.

① ㄱ ② ㄴ ③ ㄱ, ㄷ ④ ㄴ, ㄷ ⑤ ㄱ, ㄴ, ㄷ

답 ③

1 읽기 전략

① 문제에서 핵심 키워드 찾기

생식세포 분열 과정, 핵 한 개당 DNA양 변화, 2가 염색체, 염색체 수

② 그래프 이해하기

- X축은 생식세포 분열 과정이 진행되는 시간, Y축은 DNA 상대량을 나타냄
- 생식세포 분열을 하는 세포의 핵 한 개당 DNA양을 시간에 따라 분석하여 상대적인 수치로 나타냄
- 핵 한 개당 DNA 상대량은 2(실험자가 임의로 정한 값)에서 시작 → 증가하여 4가 됨 → 4로 유지되는 시기가 있음 → 절반인 2로 순간적으로 감소함 → 2로 유지되는 시기가 있음 → 절반인 1로 순간적으로 감소함

2 해결 전략 생식세포 분열에서 각 시기별로 DNA양의 변화를 기억하자.

① 생식세포 분열 과정 각 단계의 유전 물질 상태 확인하기

시기	유전 물질 상태	핵 한 개당 DNA 상대량
간기	염색사 → 유전 물질 복제	2 → 4

② 멘델의 유전 원리 중 분리의 법칙 확인하기

	멘델의 실험	유전 원리
분리의 법칙	순종의 보라색 꽃 완두와 순종의 흰색 꽃 완두를 교배하여 얻은 잡종 1대를 자가 수분시켰더니 잡종 2대에서 보라색 꽃 완두와 흰색 꽃 완두가 약 3:1의 분리비로 나타났다.	쌍으로 존재하던 대립유전자가 생식세포 형성 시 분리되어 서로 다른 생식세포로 들어간다. → 잡종 1대에서 나타나지 않았던 열성 형질이 잡종 2대에서 일정 비율로 나타난다.

③ 제시된 교배 실험 분석하기

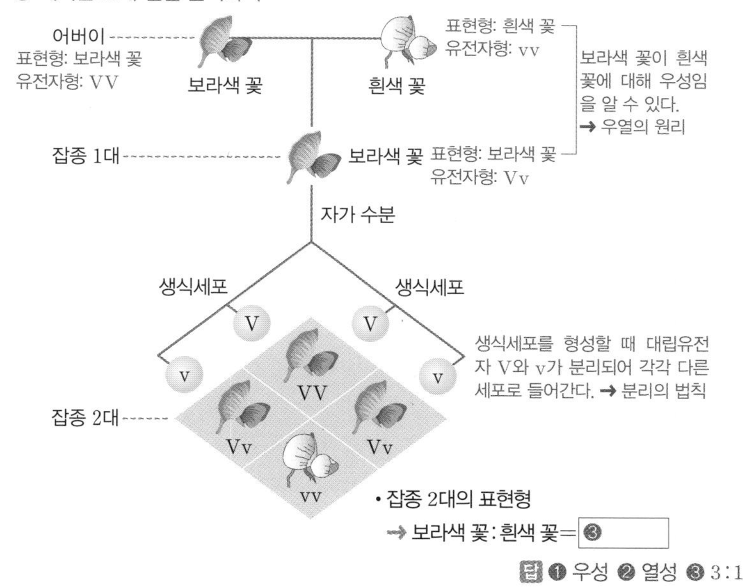

답 ❶ 우성 ❷ 열성 ❸ 3:1

3 암기 전략

분리의 법칙

대표 유형 19 독립의 법칙

그림과 같이 순종의 둥글고 황색인 완두와 주름지고 녹색인 완두를 교배하여 잡종 1대를 얻고, 이를 다시 자가 수분하여 잡종 2대를 얻었다.

이 실험에 대한 설명으로 옳은 것을 | 보기 | 에서 모두 고르시오.

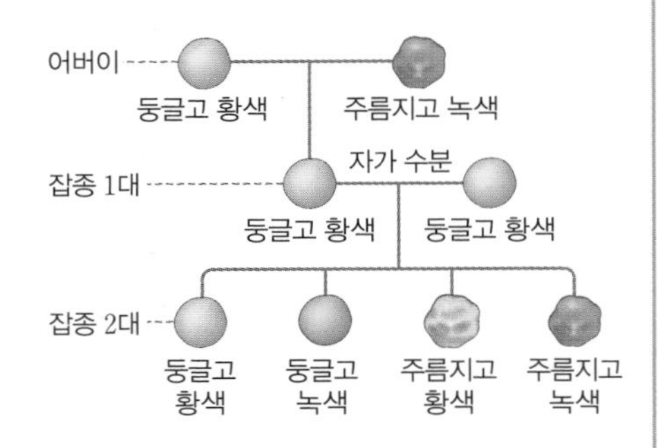

| 보기 |

ㄱ. 황색은 녹색에 대해 우성이다.

ㄴ. 잡종 1대의 둥글고 황색 완두로부터 만들어지는 생식세포의 유전자형은 2종류이다.

ㄷ. 잡종 2대에서 둥근 완두와 주름진 완두의 비는 3:1이다.

답 ㄱ, ㄷ

1 읽기 전략 ① 문제에서 핵심 키워드 찾기

순종, 둥글고 황색, 주름지고 녹색, 잡종 1대, 자가 수분, 잡종 2대, 생식세포의 유전자형

② 실험 과정 이해하기

- 완두의 모양과 색깔이라는 두 가지 형질에 대한 교배 실험
- 순종의 대립 형질을 가진 개체끼리 교배했을 때 잡종 1대에서 나타나는 형질이 우성
  → 모양은 둥근 것이 우성, 색깔은 황색이 우성
- 잡종 1대의 자가 수분
  → 같은 유전자형을 가진 잡종 개체의 교배
  → 잡종 개체에서 2가지 형질에 대한 대립유전자 쌍이 분리되어 4종류의 생식세포 형성

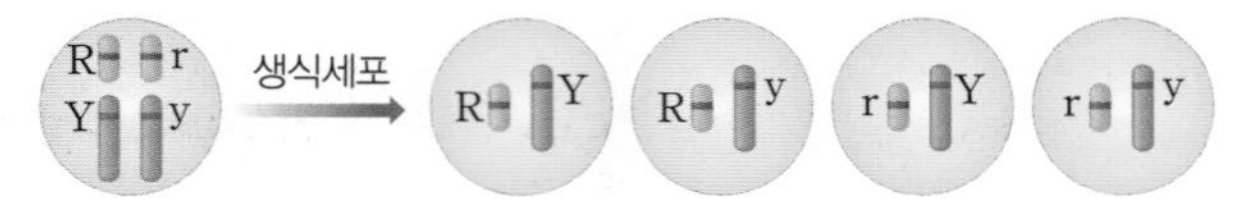

- 각 대립유전자는 생식세포가 수정될 때 다시 쌍을 이루어 잡종 2대를 형성

2 해결 전략 두 쌍 이상의 대립 형질에 대한 교배는 독립의 법칙과 관계 있다는 것을 기억하자.

① 멘델의 유전 원리 확인하기

- 독립의 법칙: 두 쌍 이상의 대립 형질이 동시에 유전될 때, 각 형질을 나타내는 대립유전자 쌍이 서로 영향을 미치지 않고 각각 독립적으로 ❶ ______의 법칙에 따라 유전된다.

2 해결 전략 체세포 분열과 생식세포 분열의 차이점을 비교하여 기억하자.

① 체세포 분열과 생식세포 분열을 비교하여 차이 확인하기

구분	체세포 분열(가)	생식세포 분열(나)
분열 횟수	❶ ______	연속 2회
딸세포 수	두 개	네 개
염색체 수	변화 없음	반으로 줄어듦
2가 염색체	형성되지 않음	❷ ______ 전기에 형성

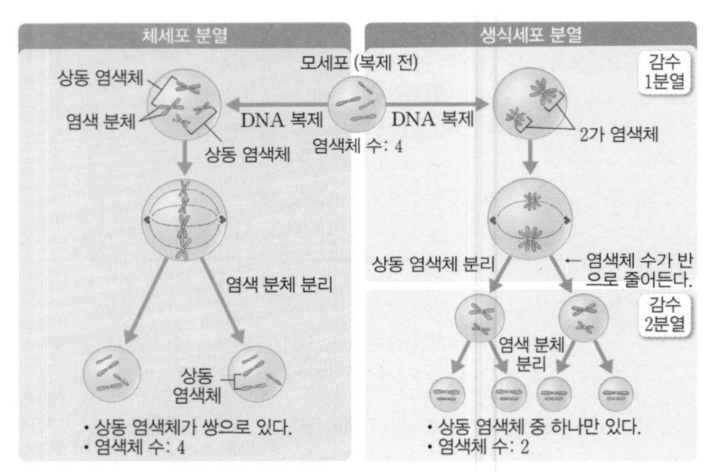

② 선택지 확인

- 체세포 분열이 일어나기 전과 감수 1분열이 일어나기 전에 DNA가 복제되어 염색 분체가 두 개인 염색체가 형성된다.
- 체세포 분열에서는 모세포와 딸세포의 염색체 수가 같다. 생식세포 분열에서는 감수 1분열에서 염색체 수가 절반으로 감소한다.

답 ❶ 1회 ❷ 감수 1분열

3 암기 전략

체세포 분열과 생식세포 분열

체세포 분열
→ 2가 염색체 X, 딸세포에 상동 염색체 O

생식세포 분열
→ 2가 염색체 O, 딸세포에 상동 염색체 X

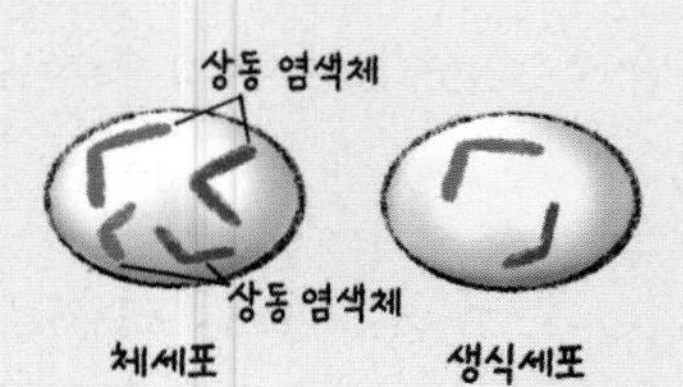

대표 유형 09 체세포 분열과 생식세포 분열 비교

그림은 서로 다른 두 세포 분열 과정을 상동 염색체 한 쌍만으로 나타낸 것이다.

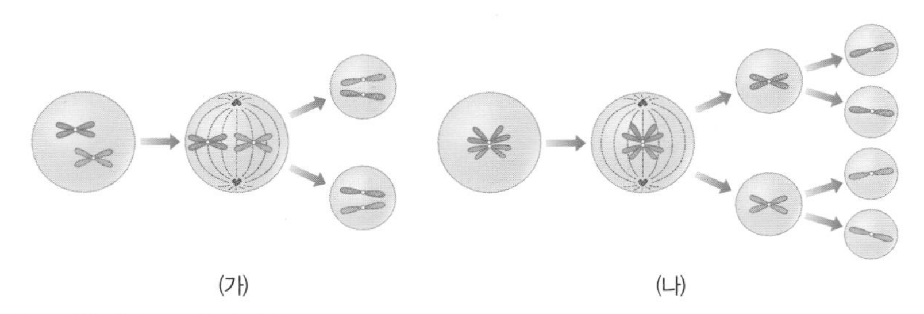

이에 대한 설명으로 옳지 않은 것은?

① (가)는 체세포 분열이다.
② (나)에서 2가 염색체가 형성되는 시기가 있다.
③ (가)와 (나) 모두 분열 전 유전 물질이 복제되는 시기가 있다.
④ (가)에서는 염색체 수가 모세포의 절반인 딸세포가 형성된다.
⑤ (나)는 사람의 정자와 난자가 생성되는 과정에서 일어나는 세포 분열이다.

답 ④

1 읽기 전략 ① 문제에서 핵심 키워드 찾기

체세포 분열, 2가 염색체, 모세포, 딸세포

② 두 가지 세포 분열 과정 확인하기

체세포 분열	다세포 생물의 생장이 일어날 때 세포 수를 증가시키기 위해 동일한 유전 정보를 가진 딸세포 형성(모세포 한 개당 딸세포 두 개 형성) • 딸세포의 염색체 수는 모세포와 같다.
생식세포 분열	사람의 정자와 난자같은 생식세포 형성 시 일어나며, 감수 1분열과 감수 2분열을 거쳐 염색체 수가 모세포의 절반인 딸세포 형성(모세포 한 개당 딸세포 네 개 형성) • 감수 1분열: 상동 염색체가 분리되어 염색체 수가 반으로 줄어든다. • 감수 2분열: 염색 분체가 분리되어 염색체 수가 변하지 않는다.

• (가): 각 염색체들이 중기에 세포의 중앙에 배열되고, 염색 분체가 분리됨. 딸세포 두 개 형성 → 체세포 분열

• (나): 상동 염색체가 붙어 있는 상태(2가 염색체)로 중기에 세포의 중앙에 배열되고, 상동 염색체가 분리된 후, 이어 염색 분체가 분리됨. 딸세포 네 개 형성 → 생식세포 분열

② 제시된 교배 실험 분석하기

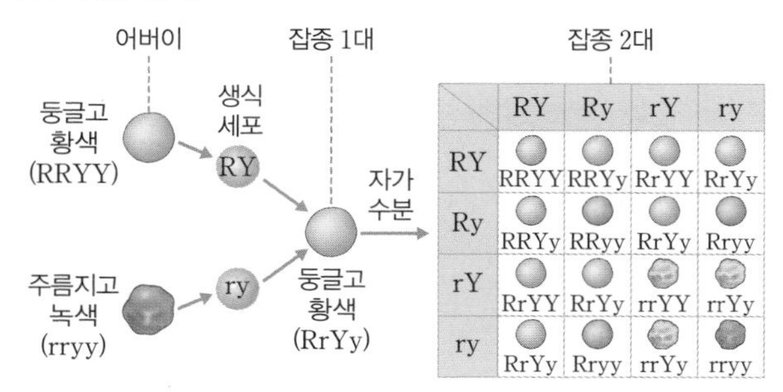

• 잡종 2대에서 나올 수 있는 유전자형과 표현형

→ 둥 · 황(R_Y_) : 둥 · 녹(R_yy) : 주 · 황(rrY_) : 주 · 녹(rryy) = 9 : 3 : 3 : 1

• 잡종 2대에서 특정 형질을 가진 완두의 개수

→ 이론상 잡종 2대에서 둥 · 황(둥글고 황색)은 '잡종 2대의 총 개수$\times\frac{9}{16}$'이고, 둥 · 녹(둥글고 녹색)과 주 · 황(주름지고 황색)은 '잡종 2대의 총 개수$\times\frac{3}{16}$'이고, 주 · 녹(주름지고 녹색)은 '잡종 2대의 총 개수$\times\frac{1}{16}$'이다.

오답 피하는 법

• 우열의 원리는 유전자형이 잡종일 때 ❷ ____ 만 표현된다는 것!
• 분리의 법칙은 쌍을 이루고 있던 대립유전자가 생식세포 형성 시 분리된다는 것!
• 독립의 법칙은 두 쌍 이상의 대립유전자가 각각 분리의 법칙에 따라 유전된다는 것!

답 ❶ 분리 ❷ 우성

3 암기 전략

독립의 법칙

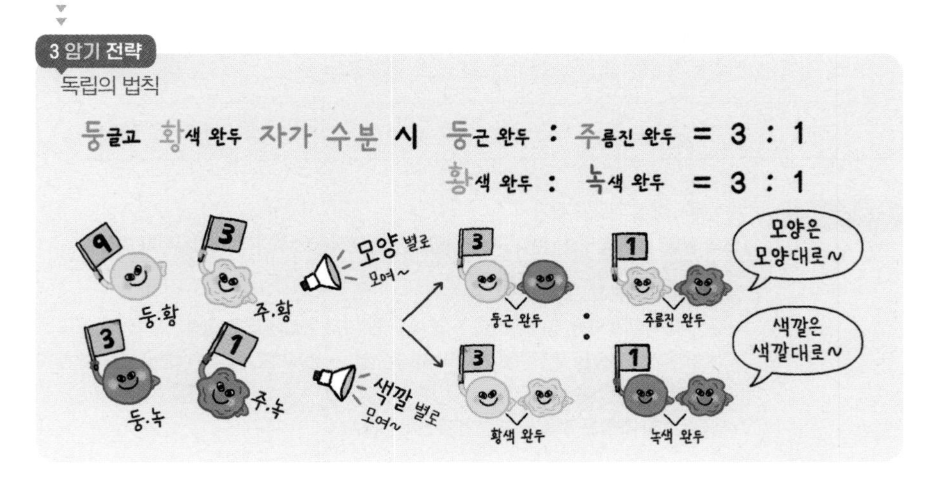

대표 유형 20 멘델의 유전 원리 모의 실험

다음은 유전에 관한 모의 실험이다.

| 실험 과정 |

(가) 검은색 구슬 1개와 흰색 구슬 1개를 함께 넣은 상자 두 개를 준비한다. 검은색 구슬과 흰색 구슬은 각각 대립유전자 A와 a를 의미하며, A는 a에 대해 우성이다.

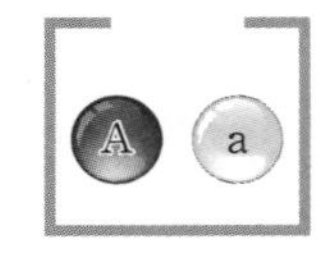

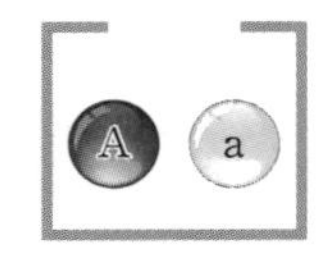

(나) ㉠ 각 상자에서 구슬을 무작위로 하나씩 꺼내어 구슬이 나타내는 대립유전자 조합을 기록한다.

(다) 꺼낸 구슬을 상자에 다시 넣고 흔들어 섞는다.

(라) (나)와 (다) 과정을 100회 반복한다.

| 실험 결과 |

유전자 조합	AA	Aa	aa	합계
나온 횟수(회)	25	50	25	100

이 실험에 대한 설명으로 옳은 것을 | 보기 | 에서 모두 고르시오.

| 보기 |

ㄱ. ㉠은 생식세포 형성 과정에 해당한다.

ㄴ. 멘델의 독립의 법칙을 설명할 수 있다.

ㄷ. 실험 결과 우성 형질과 열성 형질은 3 : 1의 비로 나타났다.

답 ㄱ, ㄷ

1 읽기 전략 ① 문제에서 핵심 키워드 찾기

모의 실험, 검은색 구슬, 흰색 구슬, 대립유전자, 무작위로 하나씩, 대립유전자 조합

② 실험 과정 이해하기

- 두 가지 색깔의 구슬, 대립유전자 A와 a → 한 가지 형질에 대한 실험
- 각 상자에서 구슬을 무작위로 하나씩 꺼내는 것 → 생식세포 형성 시 대립유전자가 무작위로 분리되는 것을 나타낸다.
- 대립유전자 조합을 기록 → 자손의 유전자형 표시

대표 유형 08 생식세포 분열 과정

그림은 생식세포 분열 과정을 순서 없이 나타낸 것이다.

(가)
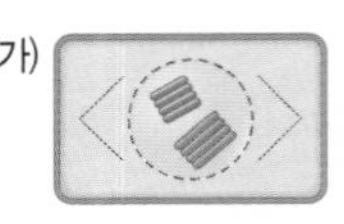
(나)
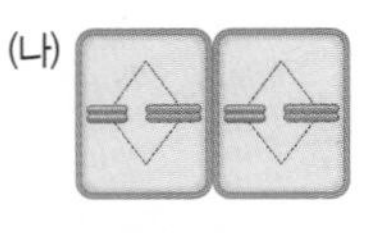
(다)
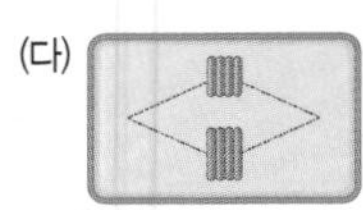
(라)
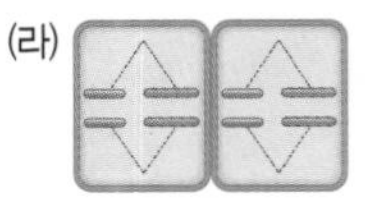
(마)
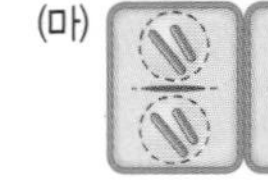
(바)
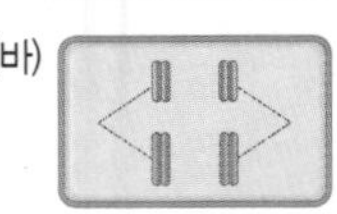

(가)~(바)를 생식세포 분열 과정에 맞게 나열하고, 감수 1분열 중기와 감수 2분열 중기에 해당하는 것을 골라 순서대로 기호를 쓰시오. 답 (가) → (다) → (바) → (나) → (라) → (마) / (다), (나)

1 읽기 전략 키워드 → **생식세포 분열 과정, 감수 1분열 중기, 감수 2분열 중기**

2 해결 전략 생식세포 분열의 각 시기별 특징을 기억하자.

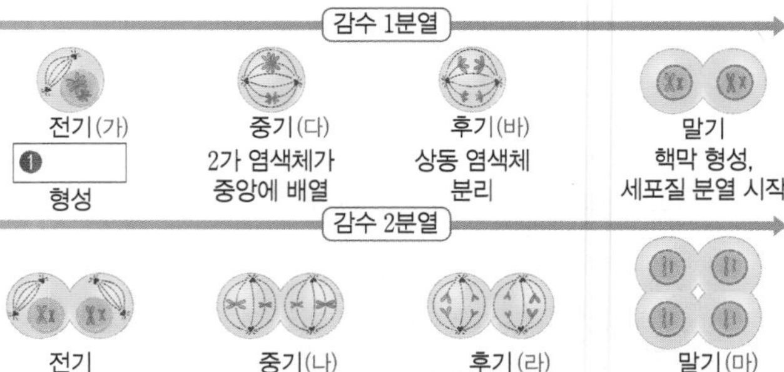

답 ❶ 2가 염색체 ❷ 염색 분체

3 암기 전략

생식세포 분열 시 염색체 변화 과정

2가 염색체 형성
→ 상동 염색체 분리
→ 염색 분체 분리

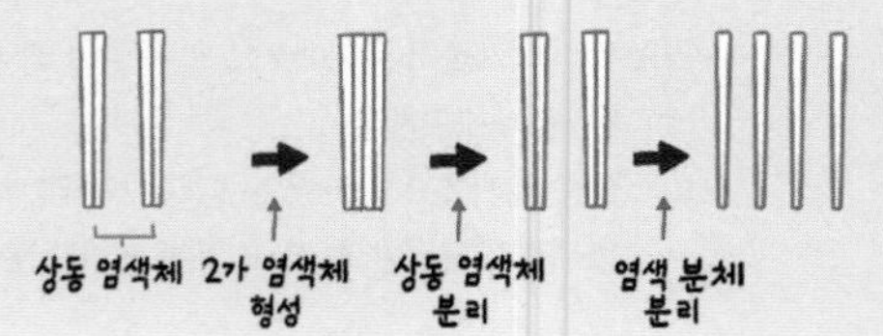

● 핵심 키워드 ● 세포질 분열 과정 이해하기

대표 유형 07 세포질 분열 과정

그림 (가)와 (나)는 각각 식물 세포와 동물 세포의 세포질 분열 과정을 순서 없이 나타낸 것이다.

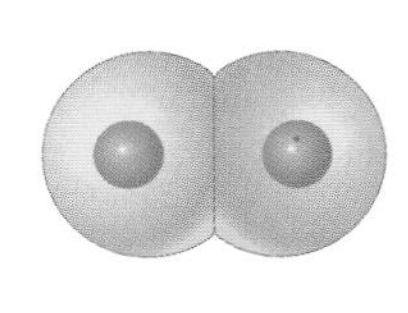
(가)

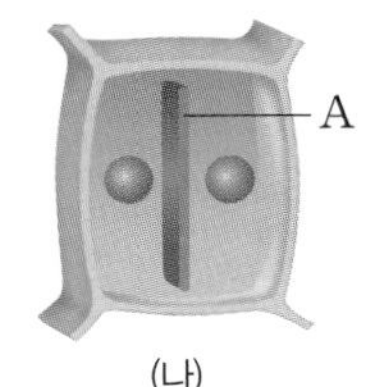

(나)

이에 대한 설명으로 옳지 않은 것은?

① (가)는 동물 세포, (나)는 식물 세포의 세포질 분열이다.
② (가)와 (나) 모두 핵분열 말기에 세포질 분열이 시작된다.
③ (가)에서는 세포의 안쪽에서 바깥쪽으로 세포질이 분리된다.
④ (나)의 A는 세포판이다.
⑤ (나)의 A가 점점 자라 두 개의 딸세포로 나누어진다.

답 ③

1 읽기 전략 키워드 → 식물 세포, 동물 세포, 세포질 분열, 세포판

2 해결 전략 동물 세포와 식물 세포의 세포질 분열을 비교하여 기억하자.

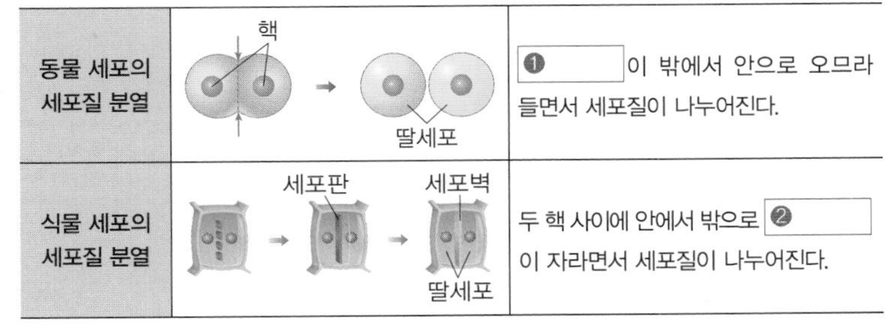

답 ❶ 세포막 ❷ 세포판

3 암기 전략
세포질 분열 방식

동물 세포는 손으로 찐빵을 두 동강 내듯이 세포질 분열이 일어나지~

2 해결 전략 구슬은 대립유전자를, 구슬을 하나씩 꺼내는 것은 생식세포 형성 시 대립유전자가 분리되는 과정이라는 것을 기억해 두자.

① 실험 과정 확인하기
- 과정 (가): 각 상자는 잡종 1대의 생식 기관을, 구슬은 대립유전자를 나타내며 잡종 1대의 유전자형은 Aa이다. → 멘델의 ❶ 의 원리에 의해 형질(표현형)은 A로 나타난다.
- 과정 (나): 각 상자에서 구슬을 하나씩 꺼내는 과정은 생식세포 분열 과정에서 대립유전자가 서로 분리되는 과정을 뜻한다. → 멘델의 ❷ 의 법칙이 적용되어 대립유전자 A와 a가 서로 다른 생식세포로 들어간다.
- 과정 (라): 여러 번의 생식세포 형성과 자손의 형성을 의미한다.

② 실험 결과 분석하기

유전자형	AA	Aa	aa	합계
유전자 조합	AA	Aa	aa	합계
나온 횟수(회)	25	50	25	100

유전자형 비 AA : Aa : aa = 1:2:1
형질(표현형) 비 A : a = 3:1

- 유전자 조합은 잡종 2대의 유전자형을 의미하며, AA, Aa, aa 3종류의 유전자형이 나타난다.
- 유전자형 비 → AA : Aa : aa = 1 : 2 : 1
- 형질(표현형) 비 → A : a = 3 : 1

오답 피하는 법
독립의 법칙은 2가지 형질에 대해 각 형질에 대한 대립유전자가 서로 영향을 미치지 않는 것을 의미하므로 한 가지 형질에 대한 실험에서는 독립의 법칙을 적용할 수 없다.

답 ❶ 우열 ❷ 분리

3 암기 전략
멘델의 유전 원리

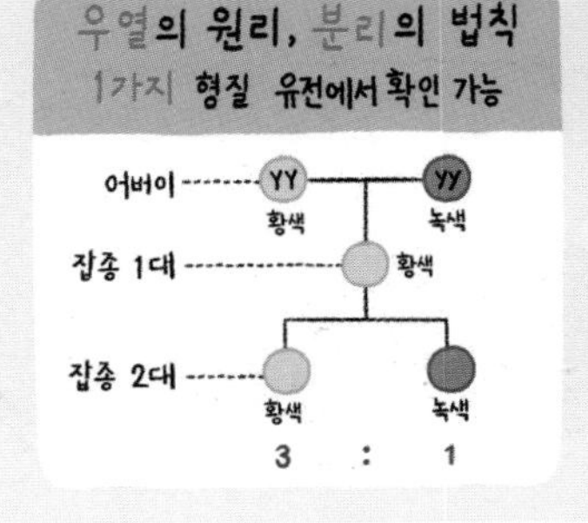

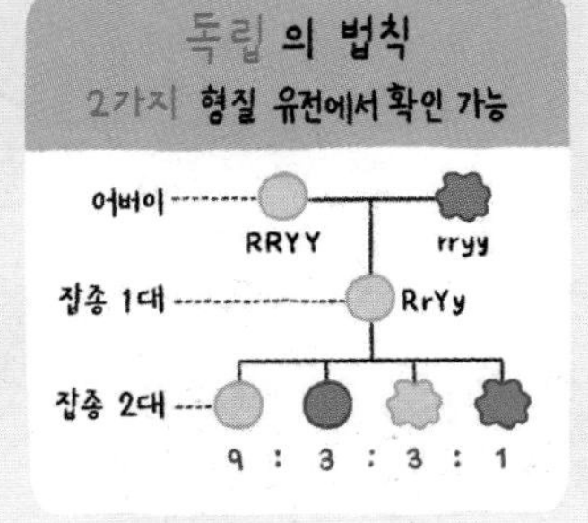

핵심 키워드 | 완두가 실험 재료로 적합한 이유 이해하기

대표 유형 21 완두가 실험 재료로 적합한 이유

멘델은 완두를 이용하여 유전 연구를 하였다. 완두가 유전 연구 재료로 좋은 점이 아닌 것은?

① 한 세대가 짧다.
② 자유롭게 교배할 수 있다.
③ 자가 수분하여 순종을 얻기 쉽다.
④ 한 개체에서 많은 자손을 얻을 수 있다.
⑤ 형질이 복잡하고 대립 형질이 뚜렷하지 않다.

답 ⑤

1 읽기 전략 키워드 → 완두, 유전 연구 재료, 대립 형질

2 해결 전략 완두의 특성과 완두가 유전 연구 재료로 적합한 까닭을 연결지어 기억하도록 한다.

완두의 특성		유전 연구 재료로 적합한 까닭
재배가 쉽고 자손이 생기는 데 걸리는 시간이 짧다.	→	통계 자료를 만드는 데 걸리는 시간이 짧다.
자손의 수가 ❶ ☐.	→	통계 분석의 정확도가 높다.
❷ ☐이 뚜렷하게 구분된다.	→	특정 유전자에 의한 유전 현상을 분석하기 쉽다.
자유로운 교배가 가능하다.	→	다양하게 유전 현상을 분석할 수 있다.

답 ❶ 많다 ❷ 대립 형질

3 암기 전략

유전 연구 재료 완두

② 체세포 분열 과정 각 단계의 유전 물질 상태 확인하기

시기		유전 물질 상태	핵 한 개당 DNA 상대량
간기		염색사 → 유전 정보 복제 → 두 개의 염색 분체로 이루어진 염색체	1 → 2
핵분열	전기, 중기, 후기	염색체, 방추사, 염색 분체	❶ ☐
	말기	두 개의 핵 형성	2 → 1

③ 제시된 그래프의 각 구간을 체세포 분열 과정 각 단계와 연결하기

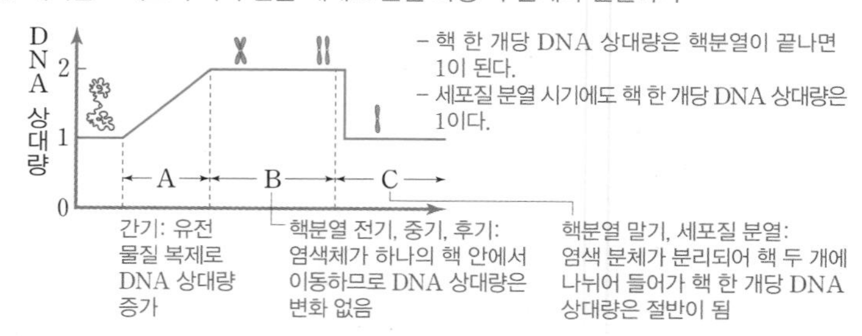

- 핵 한 개당 DNA 상대량은 핵분열이 끝나면 1이 된다.
- 세포질 분열 시기에도 핵 한 개당 DNA 상대량은 1이다.

오답 피하는 법

• 염색체가 이동하는 과정(전기, 중기, 후기)에서는 ❷ ☐이 변하지 않는다.

답 ❶ 2 ❷ DNA양

3 암기 전략

체세포 분열

체세포 분열에서 DNA양은 1→2→1

한 번 복제(1→2)

한 번 분열(2→1)

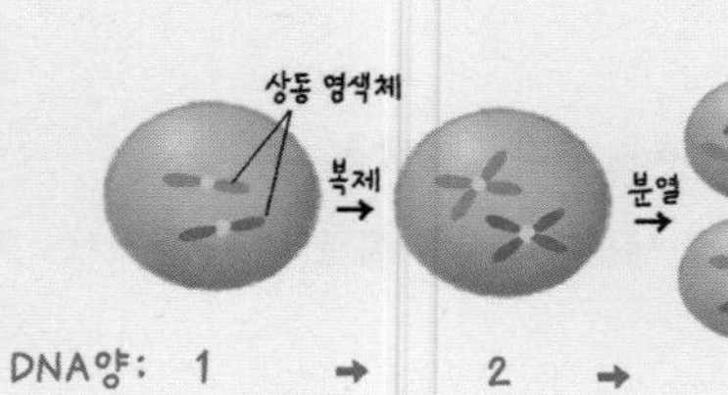

대표 유형 06 체세포 분열 과정에서 DNA양

그림은 체세포 분열이 일어날 때 시간에 따른 핵 1개당 DNA 상대량의 변화를 나타낸 것이다.

이에 대한 설명으로 옳은 것을 |보기|에서 모두 고른 것은?

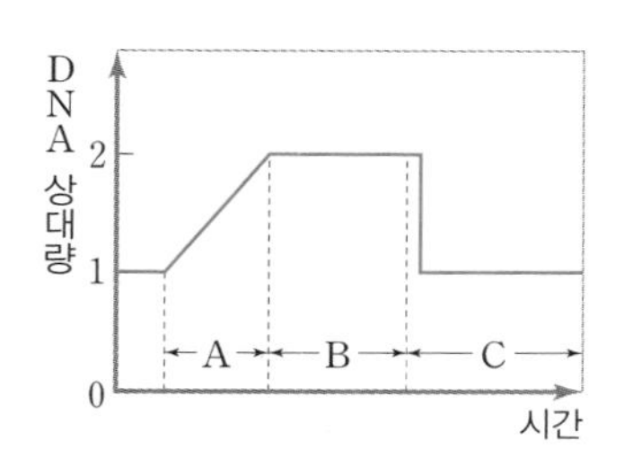

|보기|
ㄱ. A 시기에 유전 물질이 복제된다.
ㄴ. 핵분열 전기와 중기는 B 구간에 있다.
ㄷ. 세포질 분열이 일어나는 시기는 C 구간에 있다.

① ㄱ ② ㄴ ③ ㄱ, ㄷ ④ ㄴ, ㄷ ⑤ ㄱ, ㄴ, ㄷ

답 ⑤

1 읽기 전략

① 문제에서 핵심 키워드 찾기
체세포 분열, DNA 상대량, 핵분열, 전기, 중기, 세포질 분열

② 그래프 이해하기
- X축은 시간, Y축은 DNA 상대량
- 체세포 분열을 하는 세포의 핵 한 개당 DNA양을 시간에 따라 분석하여 상대적인 수치로 나타냄
- 핵 한 개당 DNA 상대량은 1(실험자가 임의로 정한 값)에서 시작 → 증가하여 2가 됨→ 2로 유지되는 시기가 있음 → 절반인 1로 순간적으로 감소함

DNA 상대량

세포나 핵 안의 염색체에 들어 있는 DNA 분자량의 합을 상대적으로 나타낸 것

2 해결 전략 체세포 분열에서 각 시기별로 DNA양의 변화를 기억하자.

① 체세포 분열 과정 순서 확인하기
- 분열 전 간기 → 분열기
- 분열기: 핵분열(전기 → 중기 → 후기 → 말기) → 세포질 분열

대표 유형 22 사람의 유전 연구 방법

다음은 여러 가지 사람의 유전 연구 방법이다.

(가) 염색체 이상에 따른 유전병 여부를 연구한다.
(나) 한 집안에서 특정 형질의 유전자가 어떤 경로로 유전되었는지 연구한다.
(다) 어떤 집단이 가진 유전자 빈도가 지역과 시간에 따라 어떻게 변하는지 연구한다.

(가)~(다)에 해당하는 연구 방법을 |보기|에서 각각 골라 쓰시오.

|보기|
ㄱ. 통계 조사 ㄴ. 가계도 분석 ㄷ. 염색체 조사 ㄹ. 쌍둥이 연구

답 (가) ㄷ, (나) ㄴ, (다) ㄱ

1 읽기 전략 키워드 → **사람의 유전 연구 방법, 통계 조사, 가계도 분석, 염색체 조사, 쌍둥이 연구**

2 해결 전략 사람의 유전 연구는 주로 간접적인 방법을 이용한다.

통계 조사	많은 자료를 수집하고, 통계 처리하여 유전 현상을 연구하는 방법
가계도 조사	특정 형질을 가지는 집안의 가계도를 조사하여 그 형질의 유전 방식을 연구하는 방법
쌍둥이 연구	1란성 쌍둥이와 2란성 쌍둥이를 비교하여 특정 형질에 ❶ ___ 과 ❷ ___ 이 미치는 영향을 파악하는 방법
염색체와 유전자 분석	염색체의 수와 모양을 조사하고, 특정 유전자를 분리하여 분석하는 방법

답 ❶ 유전 ❷ 환경

3 암기 전략

사람의 유전 연구 방법

가계도 조사, 통계 조사, 쌍둥이 연구, 염색체와 유전자 분석

대표 유형 23 쌍둥이 연구

다음은 몇 가지 형질에 관한 쌍둥이 간의 유사성을 조사한 것이다. (단, 형질이 비슷할수록 수치가 1에 가깝다)

구분	1란성 쌍둥이		2란성 쌍둥이
	함께 자란 경우	따로 자란 경우	함께 자란 경우
학교 성적	0.898	0.681	0.831
지능 지수	0.932	0.897	0.831
몸무게	0.944	0.771	0.542
키	0.957	0.951	0.472

이에 대한 해석으로 옳은 것을 보기 에서 모두 고른 것은?

보기
ㄱ. 조사한 형질 중 유전적인 영향을 가장 많이 받는 것은 키이다.
ㄴ. 조사한 형질 중 환경의 영향을 가장 많이 받는 것은 몸무게이다.
ㄷ. 1란성 쌍둥이에서 함께 자란 경우와 따로 자란 경우의 수치가 비슷한 경우 유전적인 영향이 큰 형질이라고 볼 수 있다.

① ㄱ ② ㄴ ③ ㄱ, ㄷ ④ ㄴ, ㄷ ⑤ ㄱ, ㄴ, ㄷ

답 ③

1 읽기 전략 ① 문제에서 핵심 키워드 찾기
쌍둥이 간의 유사성, 1란성 쌍둥이, 2란성 쌍둥이, 함께 자란 경우, 따로 자란 경우

② 쌍둥이 간의 유사성의 의미 확인하기
- 여러 쌍둥이들을 대상으로 학교 성적, 지능 지수, 몸무게, 키를 각각 조사하였을 때
  → 쌍둥이 중 한 명이 가진 형질을 다른 쌍둥이가 같이 가지면 유사성이 있는 것이다.
  → 쌍둥이들의 형질이 서로 다르게 나타나면 유사성이 없는 것이다.
- 함께 자란 경우와 따로 자란 경우를 구분하는 까닭
  → 함께 자란 경우는 같은 환경이므로 따로 자란 경우보다 유사성이 높을 경우 환경의 영향이 큰 것으로 해석할 수 있다. 예 1란성 쌍둥이가 따로 자라 살아온 환경이 다르더라도 키가 똑같다면 키는 환경보다 유전적인 영향을 많이 받는 것으로 해석할 수 있다.

같이 자란 1란성 쌍둥이	따로 자란 1란성 쌍둥이	같이 자란 2란성 쌍둥이
환경, 유전자 모두 동일 조건	환경 상이, 유전자 동일 조건	환경 동일, 유전자 상이 조건

대표 유형 05 체세포 분열 관찰 실험

그림은 양파 뿌리 끝을 재료로 체세포 분열을 관찰하기 위한 실험 과정을 순서 없이 나타낸 것이다.

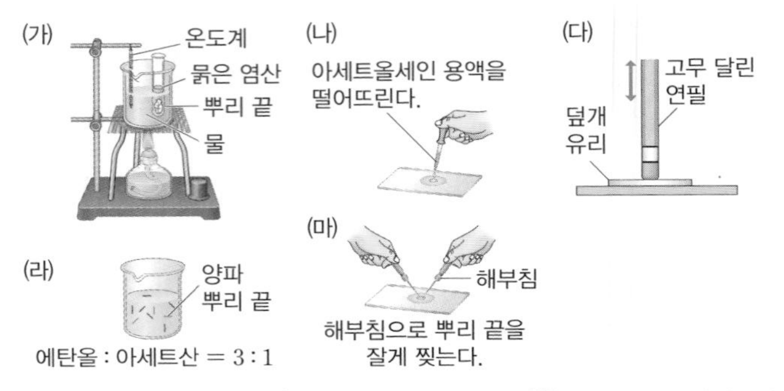

실험 과정을 순서대로 쓰시오.

답 (라) → (가) → (나) → (마) → (다)

1 읽기 전략 키워드 → **양파 뿌리 끝, 체세포 분열 관찰**

2 해결 전략 체세포 분열을 관찰하는 실험 과정을 기억하자.

과정	의미
고정(라)	세포의 생명 활동이 멈추고, 세포의 모양과 상태가 그대로 ❶ ______ 된다.
해리(가)	세포 간 물질을 녹여 내고 세포벽을 무르게 하여 세포가 잘 분리된다.
염색(나)	핵과 ❷ ______ 를 붉게 염색하여 염색체를 뚜렷하게 관찰할 수 있다.
분리(마) 압착(다)	세포 조직을 한 층으로 얇게 편 후 납작하게 하여 여러 층의 세포를 하나의 세포층으로 만들어 세포끼리 겹치지 않도록 한다.

답 ❶ 유지 ❷ 염색체

3 암기 전략 체세포 분열을 관찰할 때 쓰는 용액

알코올(에탄올)은 고정, 염산은 해리, 아세트올세인(아세트산 카민)은 염색

세포가 분열하는 까닭 이해하기

대표 유형 04 세포가 분열하는 까닭

페놀프탈레인 용액을 넣어 만든 우무 조각을 수산화 나트륨 수용액에 담갔다가 꺼내어 단면을 관찰했더니 그림과 같았다.

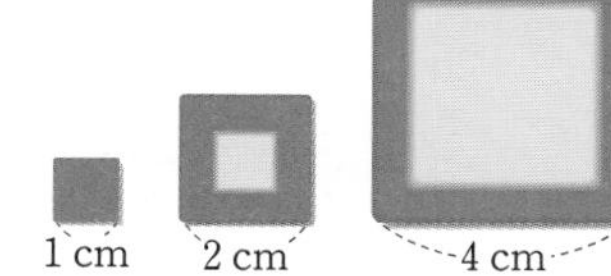

우무 조각을 세포로 가정했을 때, 이 자료를 통해 알 수 있는 내용으로 옳지 않은 것은?

① 세포가 커지면 부피에 대한 표면적의 비가 감소한다.
② 한 변의 길이가 증가하면 표면적과 부피 모두 증가한다.
③ 세포가 커질 때 표면적의 증가율보다 부피의 증가율이 더 크다.
④ 세포가 분열하는 까닭은 물질 교환이 효율적으로 일어나게 하기 위해서이다.
⑤ 세포의 크기가 작을 때는 세포의 크기가 클 때에 비해 물질 교환이 원활하게 일어나지 못한다.

답 ⑤

1 읽기 전략 키워드 → 우무 조각을 세포로 가정, 세포의 크기, 물질 교환

2 해결 전략 세포가 분열하는 까닭을 세포의 물질 교환과 연관지어 기억하자.

우무의 한 변의 길이(cm)	1	2	4
표면적(cm^2)	6	24	96
부피(cm^3)	1	8	64
$\frac{표면적}{부피}$	6	3	1.5

• 세포의 크기가 커지면 부피에 대한 ❶ ☐ 의 비가 작아지기 때문에 ❷ ☐ 을 통한 물질 교환이 원활하지 못하게 된다.

답 ❶ 표면적 ❷ 세포막

3 암기 전략

세포의 부피에 대한 표면적의 비의 관계

세포가 커질수록
표면적 증가, 부피 증가,
$\frac{표면적}{부피}$ 감소

달고나 만들 때 설탕을 덩어리로 넣는 것보다 가루 상태로 넣을 때 부피에 대한 표면적이 커져서 더 빨리 녹지.

2 해결 전략 1란성 쌍둥이는 유전자 구성이 같고, 2란성 쌍둥이는 유전자 구성이 다름을 기억해 두자.

① 1란성 쌍둥이와 2란성 쌍둥이 이해하기

구분	설명	그림
1란성 쌍둥이	한 개의 난자에 한 개의 정자가 수정되고, 발생 초기에 수정란이 둘로 분열되어 각각 태아로 자랐기 때문에 유전적 구성이 ❶ ☐.	정자, 난자 / 1란성 쌍둥이
2란성 쌍둥이	두 개의 난자에 서로 다른 정자가 각각 수정되어 다른 태아로 자랐기 때문에 유전적 구성이 ❷ ☐.	2란성 쌍둥이

② 쌍둥이 연구 방법 확인하기

쌍둥이 연구	서로 다른 환경에서 자란 1란성 쌍둥이와 같은 환경에서 자란 2란성 쌍둥이의 특정 형질을 비교 연구한다. → 유전과 환경이 특정 형질에 끼치는 영향을 알 수 있다.
1란성 쌍둥이	유전자 구성이 같다. → 환경의 영향에 의해 형질 차이가 나타난다.
2란성 쌍둥이	유전자 구성이 서로 다르다. → 유전과 환경에 의해 형질 차이가 나타난다.

③ 제시된 표 분석하기

• 키: 1란성 쌍둥이의 수치가 1에 가까우며 함께 자란 경우와 따로 자란 경우의 차이가 적다.
→ 유전적인 영향을 가장 많이 받는 것
• 학교 성적: 2란성 쌍둥이가 함께 자란 경우 수치가 1에 가까우며, 1란성 쌍둥이에서 함께 자란 경우와 따로 자란 경우의 차이가 크다. → 환경의 영향을 가장 많이 받는 것

답 ❶ 같다 ❷ 다르다

3 암기 전략

쌍둥이

1란성 쌍둥이는 수정란이 1개,
2란성 쌍둥이는 수정란이 2개,
1란성 쌍둥이는 복제 인간,
2란성 쌍둥이는 남매, 자매, 형제가 동시에 태어난 것!

핵심 키워드 상염색체 유전 이해하기

대표 유형 24 상염색체 유전

그림은 어떤 가족의 미맹 유전에 대한 가계도를 나타낸 것이다.

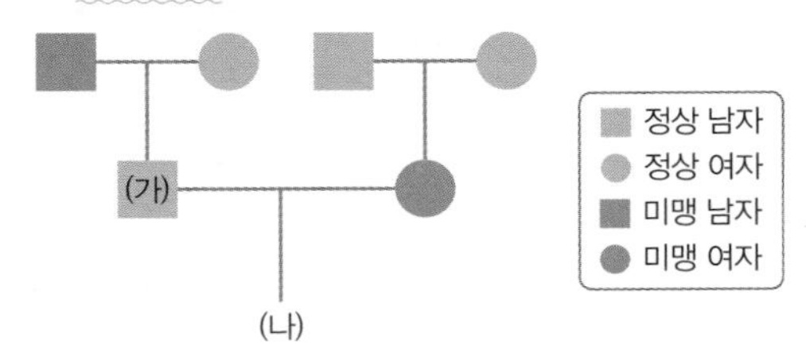

이에 대한 설명으로 옳은 것을 | 보기 | 에서 모두 고른 것은?

보기
ㄱ. 미맹 유전자는 상염색체에 있다.
ㄴ. (가)는 정상 유전자와 미맹 유전자를 모두 가지고 있다.
ㄷ. (나)가 미맹이 될 확률은 25 %이다.

① ㄱ ② ㄷ ③ ㄱ, ㄴ ④ ㄴ, ㄷ ⑤ ㄱ, ㄴ, ㄷ

답 ③

1 읽기 전략

① 문제에서 핵심 키워드 찾기

미맹 유전, 가계도, 상염색체, 정상 유전자, 미맹 유전자

② 미맹이 우성인지 열성인지 구분하기
- 부모에 없던 형질이 자손에게 나타난 경우 부모의 형질이 우성, 자손의 형질이 열성이다.

③ 미맹 유전자가 상염색체에 있는지, 성염색체에 있는지 구분하기
- 아버지가 정상인데 미맹인 딸이 태어났으므로 미맹은 성염색체에 의한 유전이 아니다. 따라서 미맹 유전자는 상염색체에 있다.

④ 가계 구성원들의 유전자형 파악하기
- 열성 형질인 사람의 유전자형은 항상 열성 순종이다.
- 우성 형질인 부모 사이에서 열성 형질인 자손이 태어난 경우 부모의 유전자형은 잡종이다.

⑤ (가)의 유전자형과 (나)의 미맹 형질에 대한 확률 구하기

미맹

PTC 용액의 쓴맛을 느끼지 못하는 형질

가계도

집안의 계통을 나타내기 위하여 가족 사이의 관계를 그림으로 표현한 것

② 체세포 분열 과정에서 각 시기의 특징 확인하기

간기 (분열 전) (라)	핵분열				세포질 분열 완료
	전기(가)	중기(나)	후기(다)	말기(마)	
핵막이 뚜렷하고, 염색체가 풀어져 있으며, DNA가 복제되어 두 배로 된다.	핵막이 사라지고, 두 가닥의 염색 분체로 이루어진 염색체가 나타난다.	염색체가 세포 중앙에 배열된다.	방추사에 의해 염색 분체가 분리되어 세포의 양극으로 이동한다.	핵막이 나타나고, 염색체가 풀어지며, 세포질 분열이 일어난다.	모세포와 염색체 수가 같은 두 개의 딸세포가 만들어진다.

- 생장: 다세포 생물은 체세포 분열 결과 세포 수가 늘어나 몸집이 커지는 생장을 한다.
  예 생물의 생장
- 재생: 세포가 손상되거나 수명이 다했을 경우, 또는 상처가 난 곳 등의 손상되거나 노화된 세포를 대체하고 새로운 세포를 만들어 아물게 한다.
  예 도마뱀 꼬리의 재생
- 생식: 일부 단세포 생물은 체세포 분열로 생긴 딸세포가 새로운 ❶ ______ 가 된다.
  예 아메바의 번식

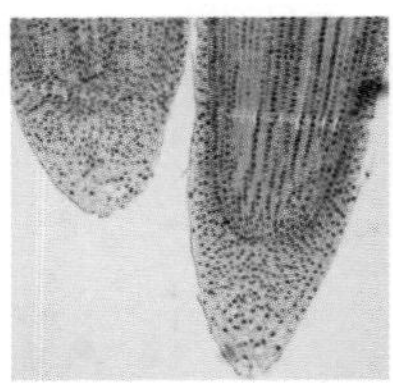
▲식물 조직의 생장

▲도마뱀 꼬리의 재생

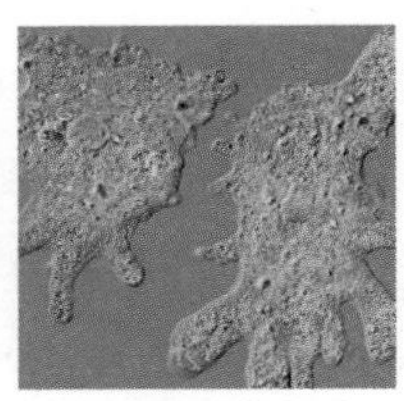
▲아메바의 번식

오답 피하는 법
- 핵분열 과정을 전기－중기－후기－말기로 나타내는 것은 쉽게 구분하기 위한 것이며, 각 시기는 단절된 단계가 아니라 연속적으로 일어나는 과정이다.
- 핵분열의 각 시기는 ❷ ______ 의 모양과 행동 변화로 구분한다.

답 ❶ 개체 ❷ 염색체

3 암기 전략

방추사의 길이

염색체 사이의 거리가 멀어질수록
⇒ 방추사의 길이는 짧아진다.

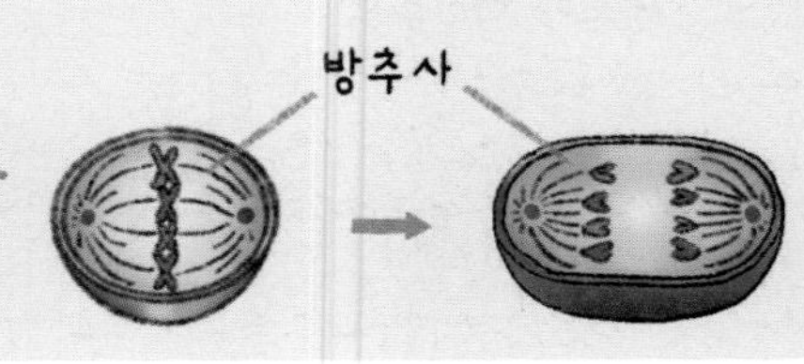

대표 유형 03 체세포 분열 과정

그림은 체세포 분열 과정을 순서 없이 나타낸 것이다.

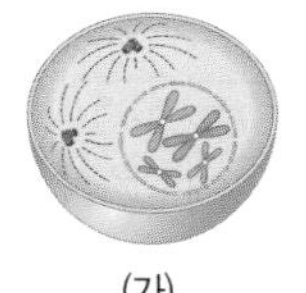
(가)

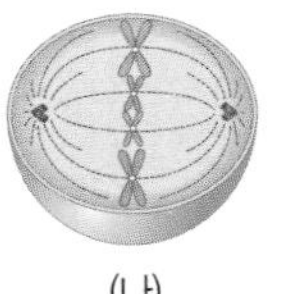
(나)

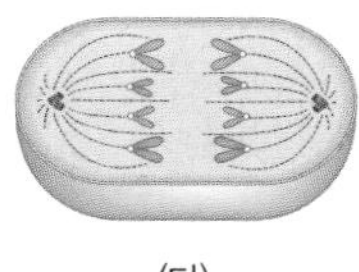
(다)

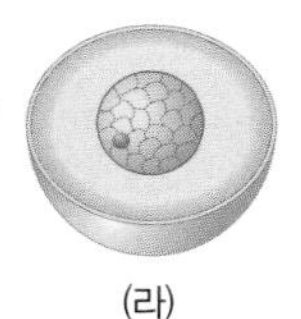
(라)

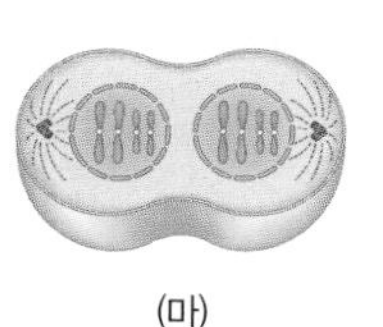
(마)

이에 대한 설명으로 옳지 않은 것은?

① (가)는 전기로 염색 분체가 두 개인 염색체들이 관찰된다.
② (나)는 중기로 염색체가 세포 중앙에 배열된다.
③ (다)는 후기로 상동 염색체가 분리되어 하나씩 양극으로 이동한다.
④ (라)는 간기로 유전 물질이 복제된다.
⑤ (마)는 말기로 두 개의 핵이 형성된다.

답 ③

1 읽기 전략

① 문제에서 핵심 키워드 찾기

체세포 분열 과정, 전기, 중기, 후기, 간기, 말기

② 체세포 분열 각 시기의 특징 찾기

- (가): 염색 분체가 두 개인 염색체들이 나타남 → 전기
- (나): 염색체들이 세포 중앙에 배열됨 → 중기
- (다): 염색 분체가 분리되어 양극으로 이동함 → 후기
- (라): 핵막이 뚜렷하고 염색체가 관찰되지 않음 → 간기
- (마): 핵이 두 개이고 세포질 분열이 시작됨 → 말기

체세포 분열

생물의 생장이 일어날 때 세포 수가 증가하는 과정에서 일어나는 세포 분열로, 체세포 분열 결과 모세포와 염색체 수, 유전 정보가 같은 두 개의 딸세포가 형성된다.

2 해결 전략 체세포 분열 과정과 각 시기별 특징을 기억하자.

① 체세포 분열 과정에서 염색체의 특징 확인하기

간기 (분열 전) (라)	핵분열				세포질 분열 완료
	전기(가)	중기(나)	후기(다)	말기(마)	
핵막	염색체	방추사	염색 분체	핵막 형성	

2 해결 전략 가계도를 분석할 때는 가장 먼저 우성과 열성을 파악하도록 한다.

① 사람의 유전 형질 확인하기

- 상염색체 유전: 상염색체에 존재하는 한 쌍의 대립유전자에 의해 형질이 결정된다. → 대립 형질이 비교적 명확하게 구분되고, 멘델의 유전 원리에 따라 유전되며, 남녀에 따라 형질이 나타나는 빈도에 차이가 ❶ ________.
- 자손의 대립유전자 쌍은 부모로부터 각각 하나씩 물려받는 것이다.

구분	우성	열성
보조개	있음	없음
귓불 모양	분리형	부착형
혀 말기	가능	불가능
눈꺼풀	쌍꺼풀	외까풀
이마 선 모양	V자형	일자형
엄지 손가락 모양	젖혀짐	곧음

▲사람의 상염색체 유전 형질

② 제시된 미맹 유전 가계도 분석하기

부모는 정상인데 미맹인 딸이 태어났으므로 정상이 우성, 미맹이 열성이다.(A: 정상 대립유전자, a: 미맹 대립유전자)

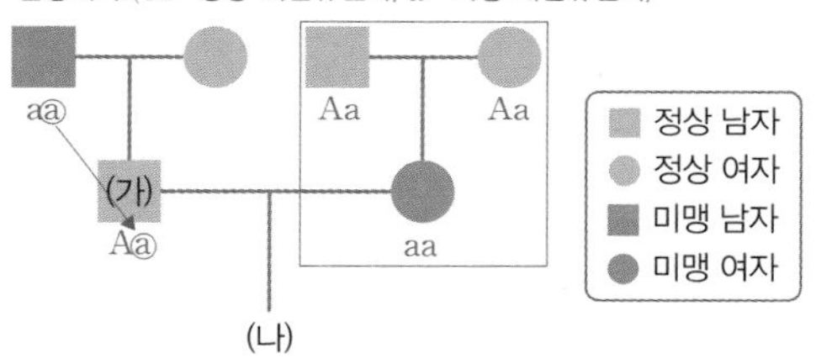

- (가): 미맹 아버지(aa)로부터 열성 대립유전자 a를 하나 받으므로 유전자형은 ❷ ________ 이다.
- (나): Aa×aa → Aa(정상), aa(미맹)

→ (나)가 미맹이 될 확률은 $\frac{1(\text{aa})}{2(\text{전체})} \times 100 = 50\ \%$이다.

답 ❶ 없다 ❷ Aa

3 암기 전략

가계도 분석

갑툭튀를 찾아라! ⇒ 부모에 없던 형질이 자손에게서 갑자기 툭 튀어 나오면 그 자손의 형질이 열성 부모의 유전자형은 둘 다 잡종!

대표 유형 25 ABO식 혈액형 유전

그림은 어떤 두 집안의 ABO식 혈액형 유전에 대한 가계도이다.

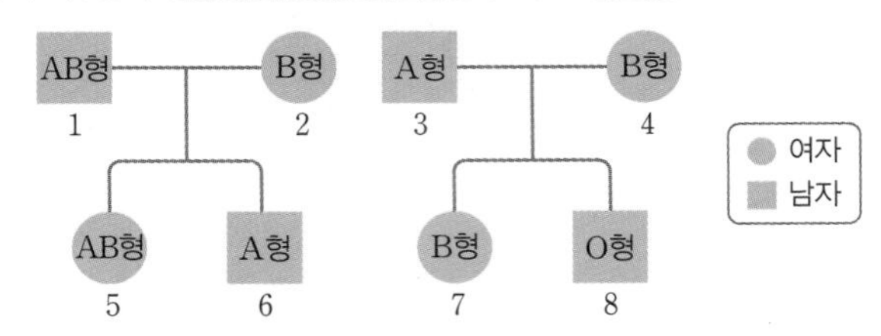

이에 대한 설명으로 옳은 것을 | 보기 | 에서 모두 고른 것은?

보기
ㄱ. 2와 4의 유전자형은 같다.
ㄴ. 3과 6의 유전자형은 같다.
ㄷ. 6과 7 사이에서 O형의 자녀가 태어날 확률은 0 %이다.

① ㄱ ② ㄷ ③ ㄱ, ㄴ ④ ㄴ, ㄷ ⑤ ㄱ, ㄴ, ㄷ

답 ③

1 읽기 전략

① 문제에서 핵심 키워드 찾기
ABO식 혈액형 유전, 가계도, 유전자형, O형

② ABO식 혈액형의 가계도 확인하기
- ABO식 혈액형 가계도에 나타난 표현형의 종류는 A형, B형, AB형, O형 4가지이다.
- AB형과 O형은 표현형에 대한 유전자형이 1가지이지만, A형과 B형은 순종과 잡종이 있으므로 부모나 자손의 혈액형을 통해 정확한 유전자형을 파악해야 한다.

2 해결 전략

부모가 A형이나 B형일 때 자녀에게서 부모에게 없는 혈액형이 나올 경우(AB형 제외) 부모는 잡종이라는 것을 기억해 두자.

① ABO식 혈액형 유전 원리 이해하기
- ABO식 혈액형의 결정: A, B, O 세 가지 대립유전자가 관여하지만 상염색체에 있는 한 쌍의 대립유전자에 의해 혈액형이 결정된다. → 하나의 형질을 나타내는 데 3개 이상의 대립유전자가 관여하는 유전 현상을 복대립 유전이라고 한다.
- 우열 관계: A=B>O, 대립유전자 A와 B 사이에는 우열 관계가 없고, 대립유전자 A와 B는 O에 대해 우성이다.

→ 멘델의 ❶ [ ] 원리가 성립하지 않는다.

→ 표현형은 4가지, 유전자형은 6가지이다.

② 사람의 염색체 구성 확인하기

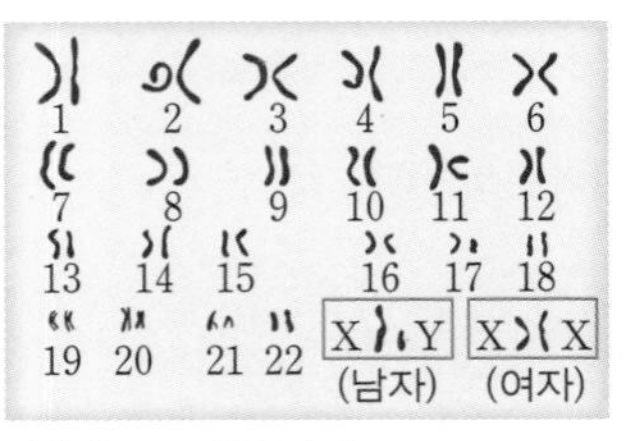

총 염색체 수	46
상염색체 수	44
성염색체 수	2

- 남자: 44+XY (나)
- 여자: 44+XX (가)

부모는 각각 1번부터 22번까지의 염색체에서 상염색체 22개 및 성염색체 한 개씩을 자손에게 물려준다.

정자 (1~22)+X 혹은 Y + 난자 (1~22)+X = 자손의 체세포 (1~22)×2+XX 혹은 XY

오답 피하는 법

상동 염색체와 염색 분체 구분하기

상동 염색체 / 염색 분체 / 염색 분체

- 상동 염색체: ❶ [ ] 로부터 하나씩 물려받아 쌍을 이룬 것이므로 두 염색체에 포함된 유전자가 서로 다를 수 있다.
- 염색 분체: ❷ [ ] 이 복제되어 생긴 것이므로 두 염색 분체의 유전자는 같다.
→ 염색 분체 두 개가 형성된 상태의 염색체를 셀 때는 한 개로 센다.

답 ❶ 부모 ❷ 유전 물질

3 암기 전략

상동 염색체와 염색 분체

상동 염색체는 2란성 쌍둥이

대표 유형 02 사람의 염색체

그림 (가)와 (나)는 두 사람의 체세포에 있는 염색체를 나타낸 것이다.

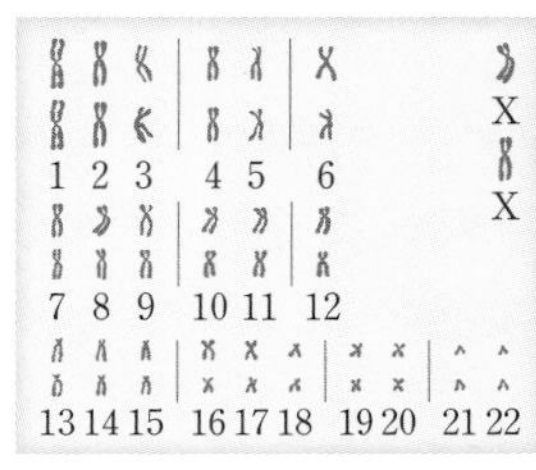
(가)

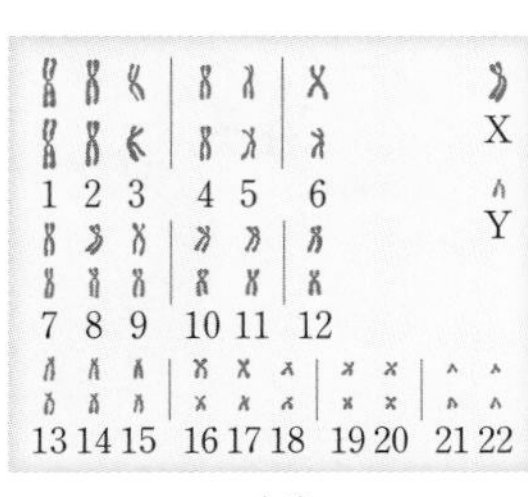
(나)

이에 대한 설명으로 옳지 않은 것은?

① (가)는 여자, (나)는 남자의 세포이다.
② (가)에는 23쌍의 상동 염색체가 있다.
③ (가)와 (나)에 각각 44개의 상염색체가 있다.
④ (나)의 X 염색체는 어머니로부터 물려받은 것이다.
⑤ (가)의 1번부터 11번 염색체를 아버지로부터 물려받았다면, 12번부터 22번 염색체는 어머니로부터 물려받은 것이다.

답 ⑤

1 읽기 전략 ① 문제에서 핵심 키워드 찾기

체세포에 있는 염색체, 상동 염색체, 상염색체, X 염색체

② 염색체 자료 해석하기
- (가): 1번부터 22번까지 두 개씩 총 44개의 염색체와 두 개의 X 염색체가 있다.
- (나): 1번부터 22번까지 두 개씩 총 44개의 염색체와 X 염색체 한 개, Y 염색체 한 개가 있다.

사람의 염색체

염색체 수는 생물종에 따라 다르며, 사람의 체세포에는 상염색체 44개와 성염색체 두 개, 총 46개의 염색체가 들어 있다.

2 해결 전략 사람의 염색체 구성과 남자와 여자의 성염색체 차이를 기억하자.

① 염색체의 종류 이해하기

상동 염색체	체세포에 있는 크기와 모양이 같은 한 쌍의 염색체로, 부모로부터 각각 하나씩 물려받은 것이다.
상염색체	성별에 관계없이 남녀 공통으로 들어 있는 염색체
성염색체	성별에 따라 구성이 다른 염색체로, 남녀의 성을 결정한다.

- 표현형과 유전자형

표현형	A형		B형		AB형	O형
유전자형	AA	AO	BB	BO	AB	OO
대립 유전자	A A	A O	B B	B O	A B	O O

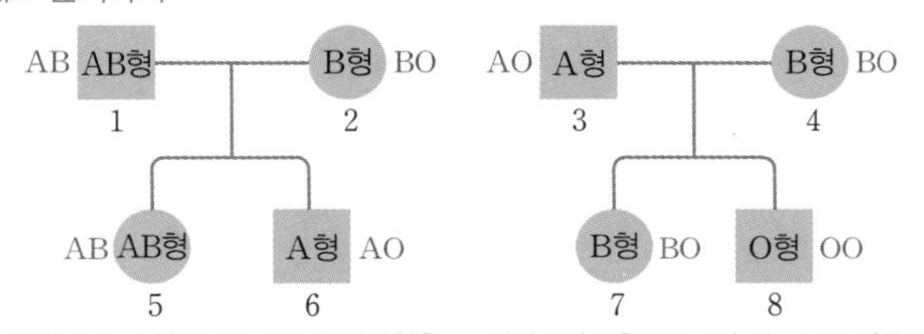

② 가계도 분석하기

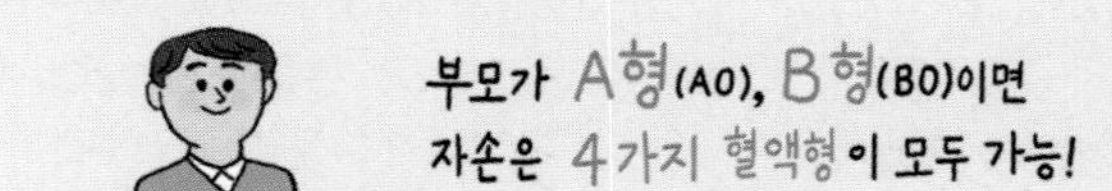

자녀 6이 A형이므로 2의 유전자형은 BO이고 6의 유전자형은 AO이다.

자녀 8이 O형이므로 3과 4는 모두 잡종이다. 따라서 3은 AO, 4는 BO이다.

③ 6과 7 사이에서 태어나는 자녀의 혈액형 유전자형 구하기
- AO(6)×BO(7) → AB, AO, BO, OO이므로 자녀가 O형일 확률은 $\frac{1(OO)}{4(전체)} \times 100 =$ ❷ %이다.

답 ❶ 우열 ❷ 25

3 암기 전략 ABO식 혈액형 유전 가계도 특징

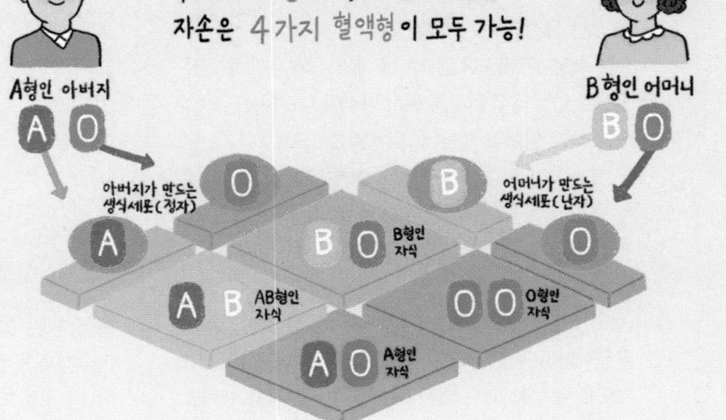

대표 유형 26 반성유전

그림은 어떤 집안의 적록 색맹 유전 가계도이다.

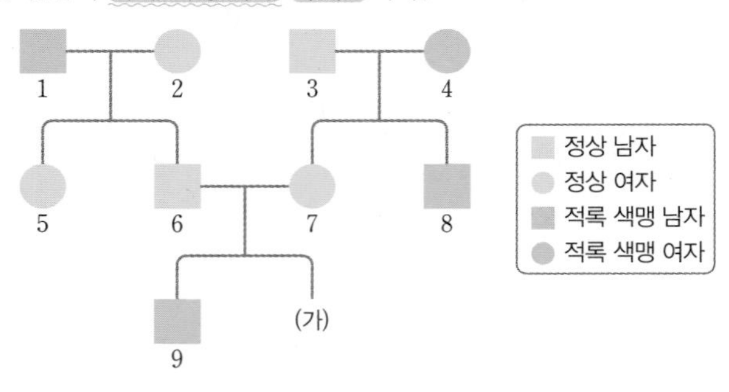

이에 대한 설명으로 옳은 것을 | 보기 | 에서 모두 고른 것은?

보기
ㄱ. 5와 7의 유전자형은 같다.
ㄴ. (가)가 적록 색맹인 아들일 확률은 50 %이다.
ㄷ. 1~9 중 유전자형을 확실히 알 수 없는 사람은 1명이다.

① ㄱ ② ㄴ ③ ㄱ, ㄷ ④ ㄴ, ㄷ ⑤ ㄱ, ㄴ, ㄷ

답 ③

1 읽기 전략

① 문제에서 핵심 키워드 찾기

적록 색맹 유전, 가계도, 유전자형, 적록 색맹인 아들

② 적록 색맹 유전의 가계도 확인하기

- 적록 색맹 유전은 유전자가 X 염색체에 있는 반성유전으로 남녀의 유전자형 표기 방식이 다르다.
- 적록 색맹 형질이 정상에 대해 열성이므로 여자의 경우 표현형이 정상이어도 적록 색맹 대립유전자를 갖는 보인자(XX')일 수 있으므로 주의해야 한다.
  → 아버지가 적록 색맹이면 딸은 반드시 적록 색맹 대립유전자를 갖는다.
- 남자는 표현형이 적록 색맹인 경우와 정상인 경우에 유전자형이 뚜렷하게 구분되므로 적록 색맹 유전 가계도를 분석할 때는 남자 구성원의 유전자형 표기를 먼저 하는 것이 좋다.

적록 색맹

적색과 녹색을 잘 구별하지 못하는 유전 형질

반성유전

특정 유전 형질에 대한 대립유전자가 성염색체에 있어 남녀에 따라 나타나는 빈도에 차이가 난다.

2 해결 전략 염색체의 구조와 세포 분열과의 관계를 기억하자.

① 염색체의 구조 확인하기

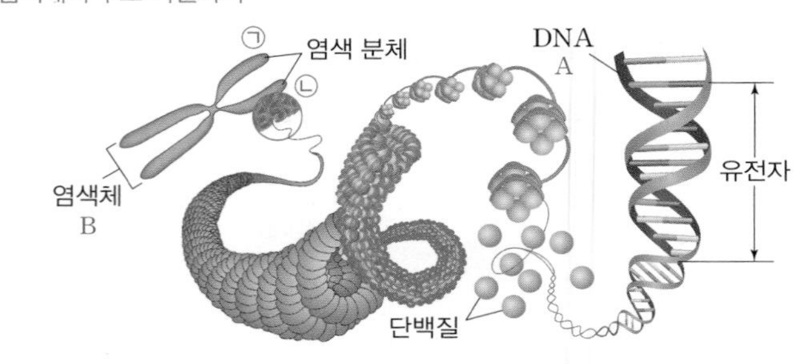

용어	특징
유전자	DNA의 특정 부위로, 생물의 ❶ ______ 을 결정하는 정보가 일정한 암호로 배열되어 있다.
DNA(A)	유전 정보를 담고 있는 유전 물질로, 두 가닥의 사슬이 꼬여 있는 구조이다.
염색체(B)	DNA와 단백질로 이루어져 있으며, ❷ ______ 시 응축되어 유전 정보를 전달하는 물질이다.
염색 분체(㉠, ㉡)	세포가 분열하기 전에 DNA가 복제되어 두 가닥으로 나타난 것이다.

② 세포 분열과 염색체의 관계 이해하기

- 세포 분열 시 모세포의 유전 물질은 딸세포에 균등하게 배분되어야 하는데, 이때 유전 물질인 DNA가 염색체의 형태로 응축되어 있는 것이 유리하다.

오답 피하는 법

세포 분열이 일어나지 않을 때라고 해서 DNA로만 존재하는 것은 아니다. DNA는 항상 단백질과 뭉친 상태로 있으며, 염색사는 '풀어진 염색체'라고 생각하면 된다.

답 ❶ 유전 형질 ❷ 세포 분열

3 암기 전략

유전 현상은 지도를 보면서 원하는 장소를 찾아가는 과정이라고 생각하자!

지도책 → 염색체
지도 → DNA
지도 안의 지역 → 유전자
원하는 장소에 도착 → 유전 형질

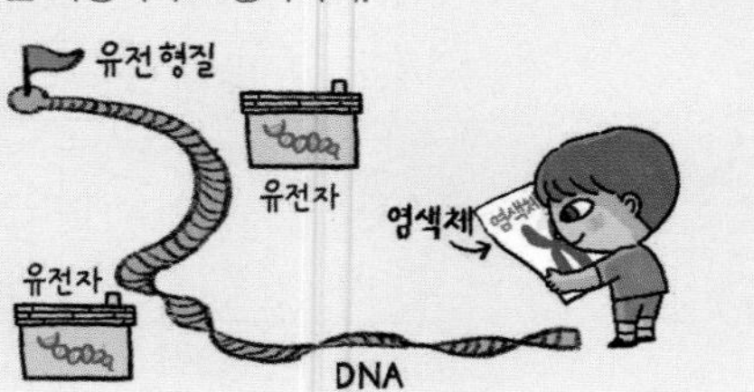

대표 유형 01 염색체의 구조

그림은 염색체의 구조를 나타낸 것이다.

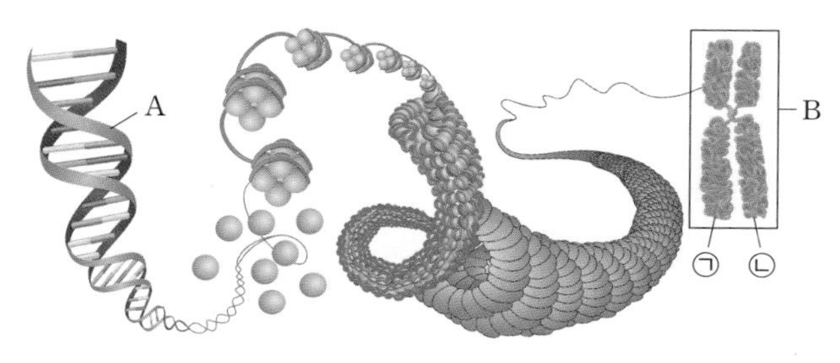

이에 대한 설명으로 옳은 것을 | 보기 | 에서 모두 고른 것은?

보기
ㄱ. A의 특정 부위를 유전자라고 한다.
ㄴ. B는 세포가 분열할 때 관찰된다.
ㄷ. ㉠과 ㉡은 유전 정보가 서로 같다.

① ㄱ ② ㄴ ③ ㄱ, ㄷ ④ ㄴ, ㄷ ⑤ ㄱ, ㄴ, ㄷ

답 ⑤

1 읽기 전략

① 문제에서 핵심 키워드 찾기

염색체의 구조, 유전자, 유전 정보

② 염색체의 구조에서 각 부위의 이름과 기능 찾기

- DNA(A): 유전 물질로, 유전 정보가 들어 있는 특정 부위를 유전자라고 한다. → 하나의 염색체를 구성하는 DNA에는 여러 개의 유전자가 들어 있다.
- 염색체(B): 생물의 유전 정보를 담아 전달하는 것으로, 세포 분열 시 응축되어 막대 모양으로 나타난다.
- 염색 분체(㉠, ㉡): 하나의 염색체를 구성하는 두 가닥으로, 유전 물질이 복제되어 형성된 것이며, 세포 분열 시 분리되어 각각의 세포로 들어간다.

염색체

유전 물질인 DNA와 단백질로 이루어져 있으며, 세포 분열 시 응축되어 유전 정보를 안전하게 저장하고 이동하게 하는 단위로 작용한다.

2 해결 전략

① 적록 색맹 유전 원리 이해하기

- 유전자 위치: 적록 색맹 유전자는 성염색체인 ❶ ____ 염색체에 있다.
- 우열 관계: 적록 색맹 대립유전자(X′)는 정상 대립유전자(X)에 대해 열성이다. → 남자는 X 염색체를 1개만 가지므로 적록 색맹은 여자보다 ❷ ____ 에게 더 많이 나타난다.
- 표현형과 유전자형

구분	남자		여자	
표현형	정상	적록 색맹	정상	적록 색맹
유전자형	XY	X′Y	XX, XX′(보인자)	X′X′

② 가계도 분석하기

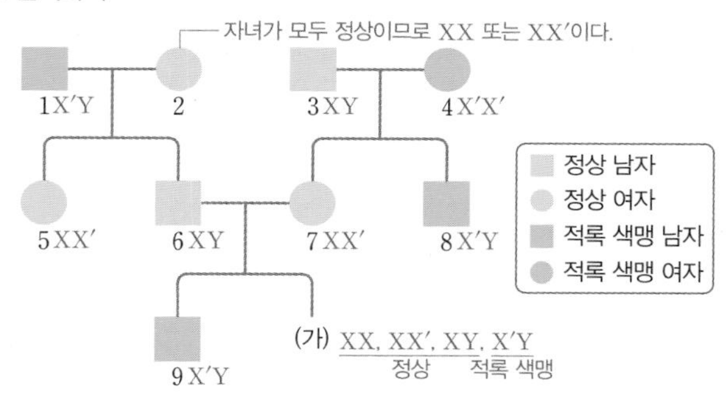

③ (가)가 적록 색맹인 아들일 확률 구하기

XY(6)×XX′(7) → XX, XX′, XY, X′Y이므로 적록 색맹인 아들(X′Y)이 나올 확률은 $\frac{1(X'Y)}{4(\text{전체})} \times 100 = 25\ \%$이다.

답 ❶ X ❷ 남자

3 암기 전략

적록 색맹 유전

- 어머니가 적록 색맹이면 아들은 반드시 적록 색맹
- 딸이 적록 색맹이면 아버지는 반드시 적록 색맹

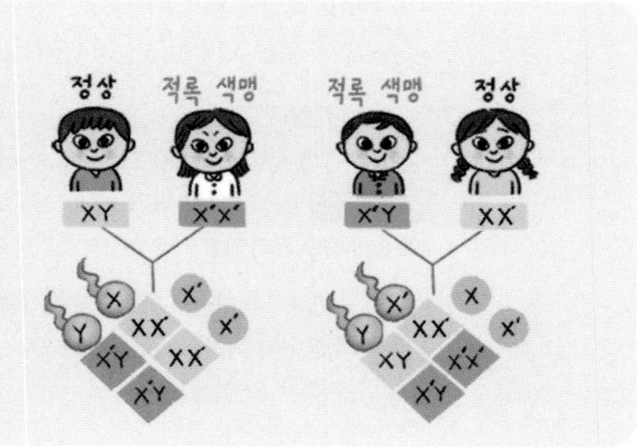

대표 유형 27 두 가지 형질의 유전 현상

표는 영호, 영철, 영수 세 형제의 ABO식 혈액형과 미맹 여부를 조사한 결과이다. ABO식 혈액형과 미맹은 서로 독립적으로 유전되며, 영호와 영철의 미맹 유전자형은 서로 다르다.

	ABO식 혈액형	미맹 여부
영호	O형	정상
영철	AB형	정상
영수	O형	미맹

이에 대한 설명으로 옳은 것을 |보기|에서 모두 고르시오.

보기
ㄱ. 부모의 미맹 유전자형은 서로 같다.
ㄴ. ABO식 혈액형은 부모 중 한 사람이 A형이고 다른 한 사람이 B형이다.
ㄷ. 영수의 동생이 태어날 때, 이 동생이 A형이면서 미맹일 확률은 12.5 %이다.

답 ㄱ, ㄴ

1 읽기 전략

① 문제에서 핵심 키워드 찾기

ABO식 혈액형, 미맹, 독립적으로 유전,
영호와 영철의 미맹 유전자형은 서로 다르다, A형이면서 미맹일 확률

② 각 형질의 유전 원리 확인하기

- ABO식 혈액형 유전: 세 가지 대립유전자(A=B>O)가 관여하지만 상염색체에 있는 한 쌍의 대립유전자에 의해 혈액형이 결정된다. 표현형은 4가지(A형, B형, AB형, O형) → 멘델의 우열의 원리가 적용되지 않는다.
- 미맹 유전: 상염색체 유전, 미맹이 정상에 대해 열성이며 멘델의 유전 원리에 따라 유전된다.

③ 두 가지 형질의 관계

- ABO식 혈액형과 미맹 유전은 서로 독립적으로 유전된다.

독립의 법칙 두 쌍 이상의 대립 형질이 동시에 유전될 때, 각 형질을 나타내는 대립유전자 쌍이 서로 영향을 미치지 않고 각각 독립적으로 분리의 법칙에 따라 유전되는 현상

④ 영수의 동생이 A형이면서 미맹일 확률 구하기

- 두 가지 형질이 독립적으로 유전되므로 영수의 동생이 A형일 확률과 미맹일 확률을 각각 구한 후 두 확률을 곱한다.

이 책의 **차례**

BOOK 1

2 해결 전략 ① 부모의 미맹 유전자형 알아내기

- 정상과 미맹인 아들이 모두 태어나려면 부모의 미맹 유전자형이 Tt, tt이거나 Tt, Tt이다. 부모의 미맹 유전자형이 Tt, tt일 경우 아들의 미맹 유전자형은 Tt, Tt, tt, tt이므로, 정상인 아들의 유전자형은 ❶ [   ]로 모두 같다. 그런데 정상인 영호와 영철의 미맹 유전자형이 다르므로 부모의 미맹 유전자형은 Tt, Tt이다.

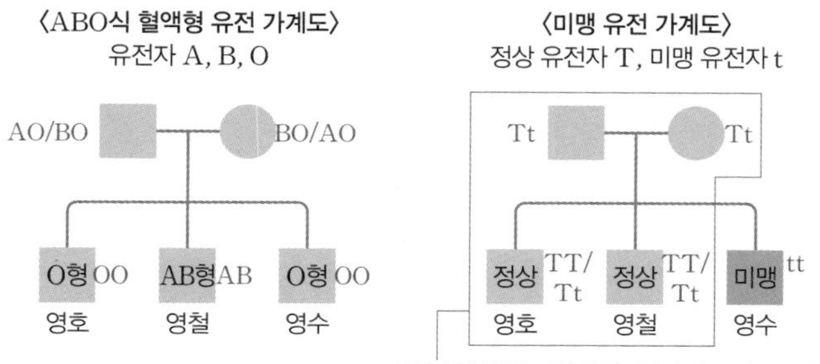

영호와 영철의 미맹 유전자형이 서로 다르고 영수가 미맹이므로 부모의 미맹 유전자형은 모두 Tt이다.

② 영수의 동생이 태어날 때, 이 동생의 ABO식 혈액형이 A형이면서 미맹일 확률 구하기

- 부모의 ABO식 혈액형 유전자형이 AO, BO이므로 자녀는 AB, AO, BO, OO이다. 따라서 A형일 확률은 $\frac{1(\text{AO})}{4(\text{전체})} \times 100 = 25\ \%$의 확률로 나온다.
- 부모의 미맹 유전자형이 모두 Tt이므로 $\text{Tt} \times \text{Tt} \rightarrow \text{TT}, 2\text{Tt}, \text{tt}$이다. 따라서 자녀가 미맹일 확률은 $\frac{1(\text{tt})}{4(\text{전체})} \times 100 = 25\ \%$이다.
- 자녀의 ABO식 혈액형이 A형이면서 미맹일 확률은 A형일 확률×미맹일 확률이므로 $\left(\frac{1}{4} \times \frac{1}{4}\right) \times 100 =$ ❷ [   ] %이다.

답 ❶ Tt ❷ 12.5

3 암기 전략

두 가지 형질의 유전 현상

(가) 형질이면서 동시에 (나) 형질일 확률 ➡ 각각의 확률을 곱하라!

P((가)∩(나)) = (가) 형질일 확률 × (나) 형질일 확률!

시험에 잘 나오는

대표 유형 ZIP

중학 과학 3-2

BOOK 1

중간고사 대비

시험에 잘 나오는

대표 유형 ZIP

시험에 잘 나오는

대표 유형 ZIP

중학 과학 3-2

BOOK 1

특목고 대비

일등 전략

천재교육

이 책의 구성과 활용

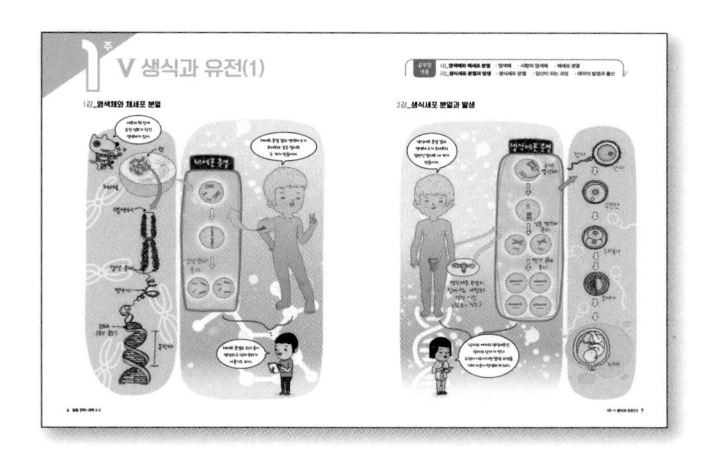

주 도입

이번 주에 배울 내용이 무엇인지 안내하는 부분입니다. 재미있는 개념 삽화를 통해 앞으로 배울 학습 내용을 미리 떠올려 봅니다.

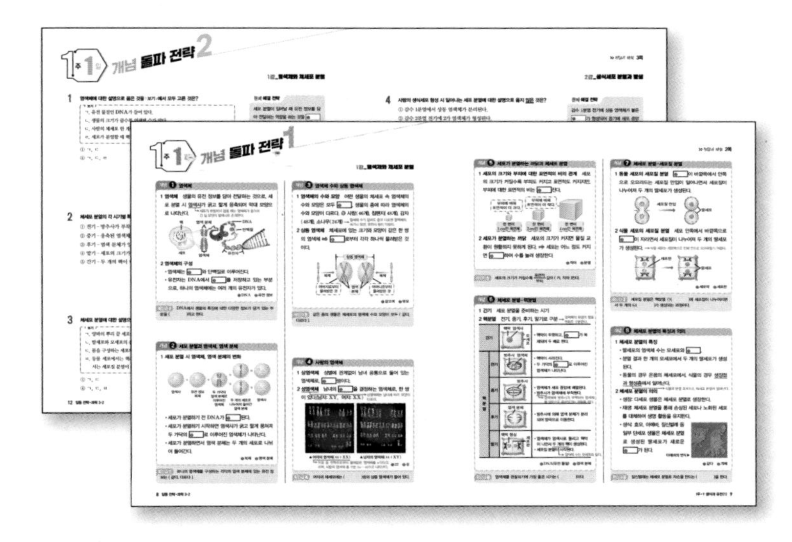

1일 개념 돌파 전략

주제별로 꼭 알아야 하는 핵심 개념을 익히고 문제를 풀며 개념을 잘 이해했는지 확인합니다.

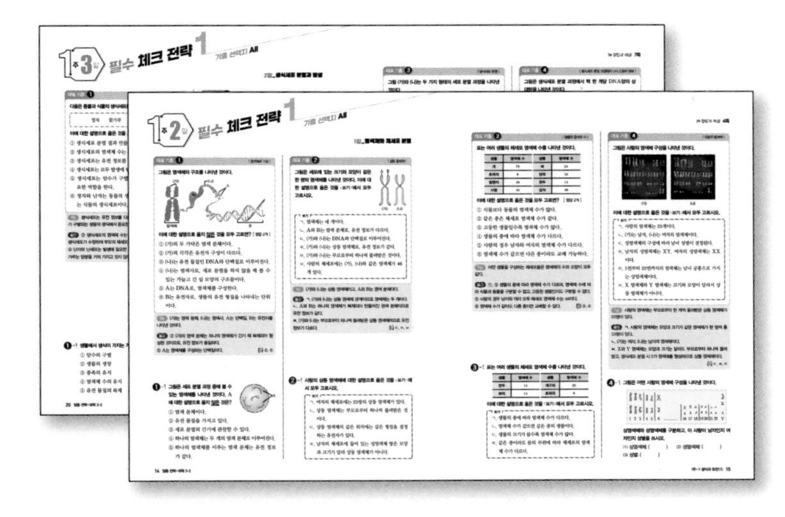

2일, 3일 필수 체크 전략

꼭 알아야 할 대표 기출 유형 문제를 쌍둥이 문제와 함께 풀어 보며 문제에 접근하는 과정과 해결 방법을 체계적으로 연습합니다.

중학 과학 3-2

BOOK 1

중 간 고 사 대 비

일등 전략

부록 시험에 잘 나오는 **대표 유형 ZIP**

부록을 뜯으면 미니북으로 활용할 수 있습니다. 시험 전에 대표 유형을 확실하게 익혀 보세요.

주 마무리 코너

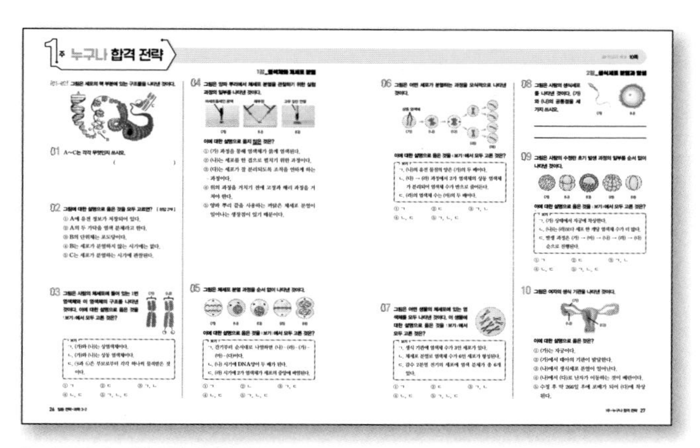

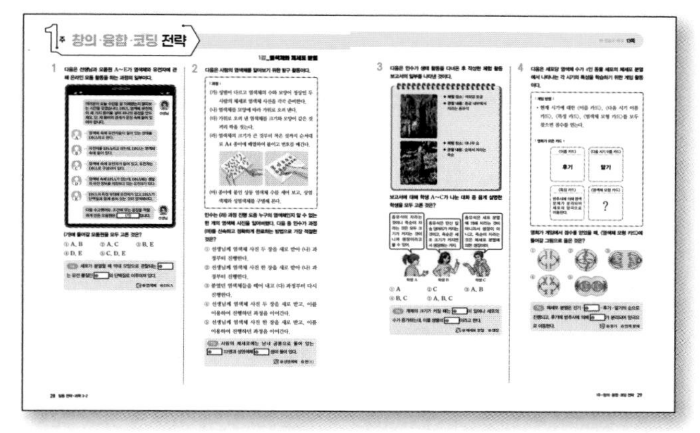

누구나 **합격 전략**

기초 이해력을 점검할 수 있는 종합 문제로 학습 자신감을 가질 수 있습니다.

창의·융합·코딩 **전략**

융·복합적 사고력과 문제 해결력을 길러 주는 문제로 구성하였습니다.

중간고사 마무리 코너

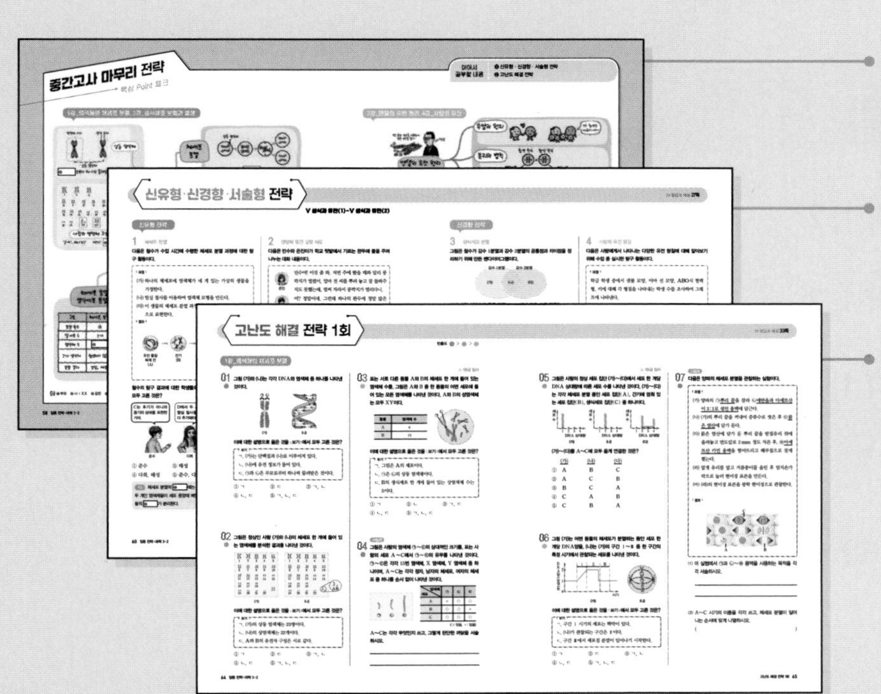

중간고사 마무리 **전략**

학습 내용을 마인드 맵으로 정리하여 앞에서 공부한 개념을 한눈에 파악할 수 있습니다.

신유형·신경향·서술형 **전략**

신유형·신경향·서술형 문제를 집중적으로 풀며 문제 적응력을 높일 수 있습니다.

고난도 해결 **전략**

실제 시험에 대비할 수 있는 고난도의 실전 문제를 2회 분량으로 구성하였습니다.

이 책의 차례 BOOK 1

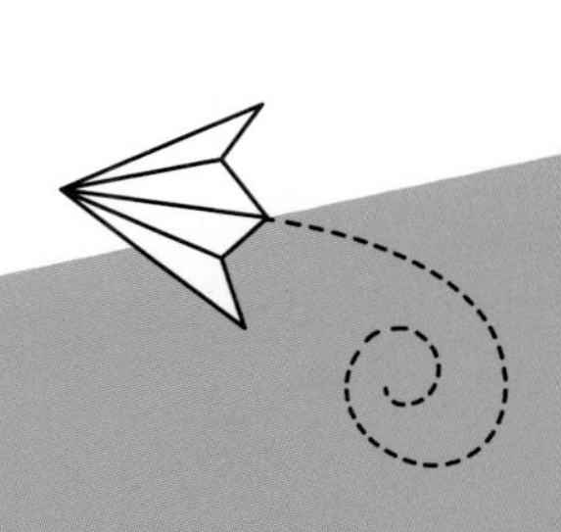

1주 V 생식과 유전(1)

1강_염색체와 체세포 분열

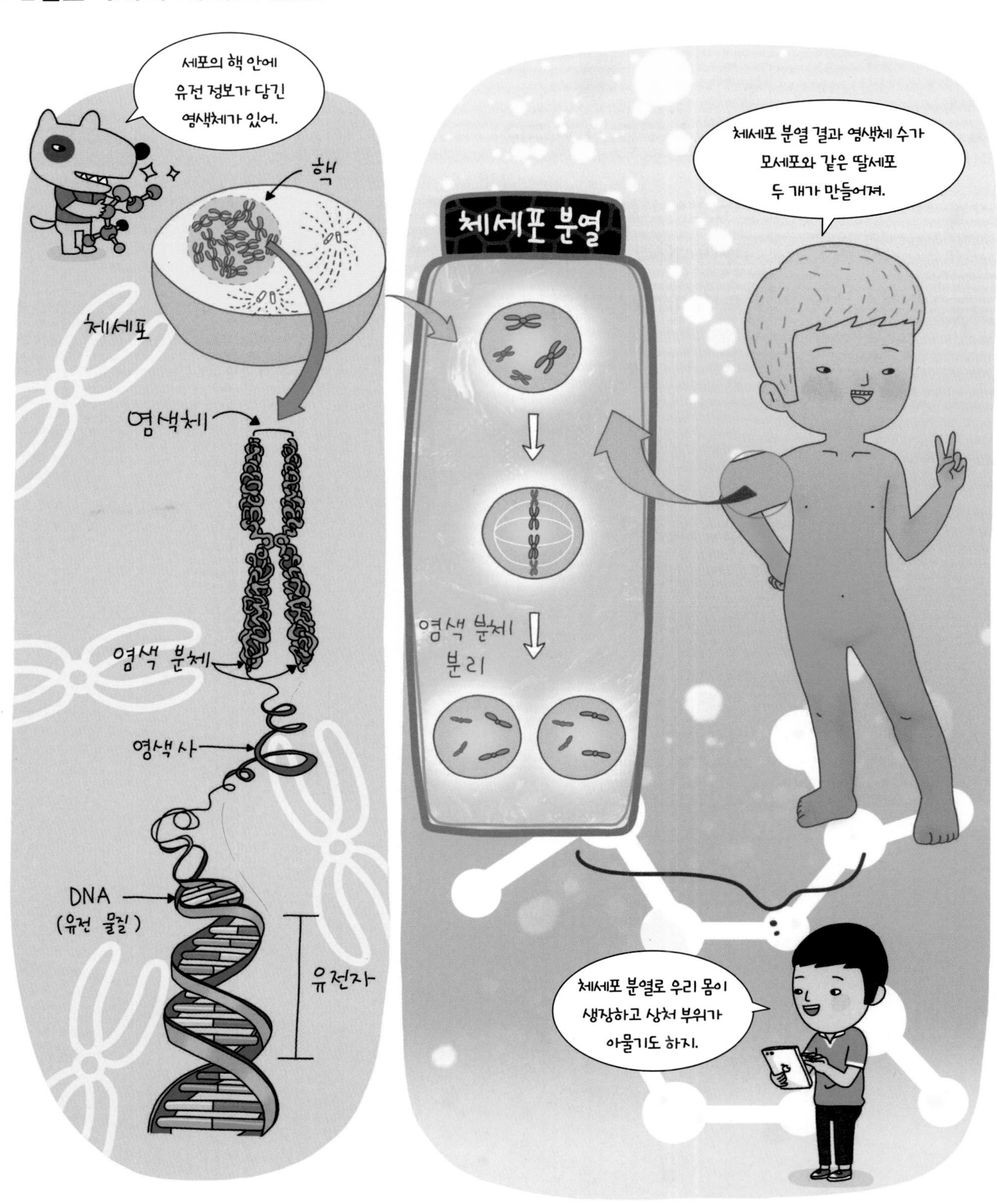

2강_생식세포 분열과 발생

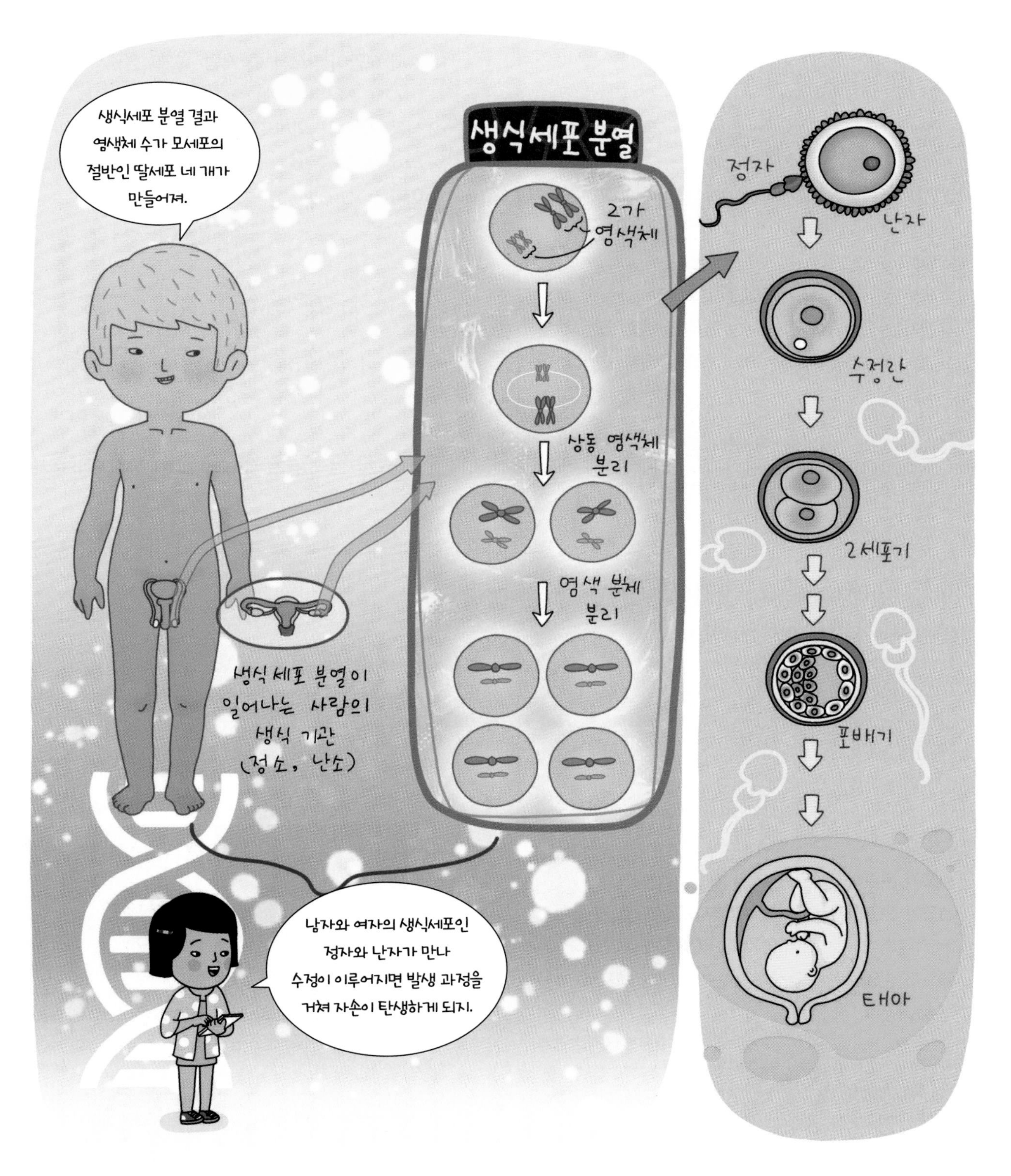

개념 돌파 전략 1

개념 1 염색체

1 염색체 생물의 유전 정보를 담아 전달하는 것으로, 세포 분열 시 염색사가 굵고 짧게 응축되어 막대 모양으로 나타난다.
→ 세포가 분열하지 않을 때는 염색체가 풀어져 긴 실 모양의 염색사로 존재한다.

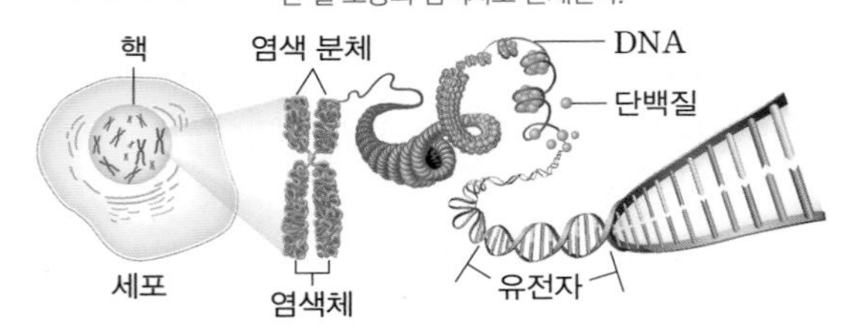

2 염색체의 구성

- 염색체는 ❶ [ ]와 단백질로 이루어진다.
- 유전자는 DNA에서 ❷ [ ]를 저장하고 있는 부분으로, 하나의 염색체에는 여러 개의 유전자가 있다.

❶DNA ❷유전 정보

확인Q 1 DNA에서 생물의 특징에 대한 다양한 정보가 담겨 있는 부분을 (   )라고 한다.

개념 2 세포 분열과 염색체, 염색 분체

1 세포 분열 시 염색체, 염색 분체의 변화

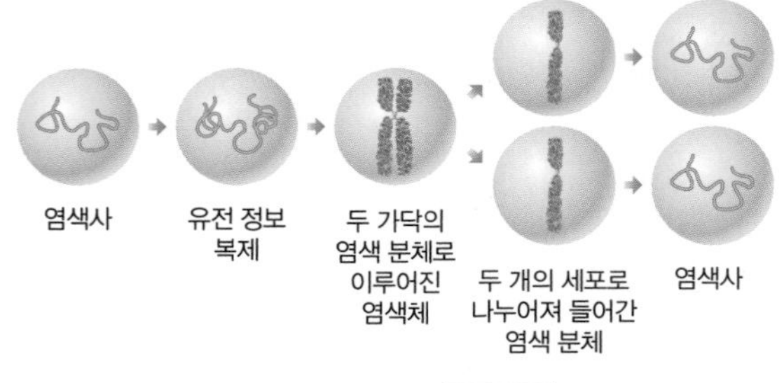

- 세포가 분열하기 전 DNA가 ❶ [ ] 된다.
- 세포가 분열하기 시작하면 염색사가 굵고 짧게 뭉쳐져 두 가닥의 ❷ [ ]로 이루어진 염색체가 나타난다.
- 세포가 분열하면서 염색 분체는 두 개의 세포로 나뉘어 들어간다.

❶복제 ❷염색 분체

확인Q 2 하나의 염색체를 구성하는 각각의 염색 분체에 있는 유전 정보는 (같다, 다르다).

개념 3 염색체 수와 상동 염색체

1 염색체의 수와 모양 어떤 생물의 체세포 속 염색체의 수와 모양은 모두 ❶ [ ], 생물의 종에 따라 염색체의 수와 모양이 다르다. 예 사람(46개), 침팬지(48개), 감자(48개), 소나무(24개)
→ 염색체 수가 같아도 종이 다르면 염색체의 크기나 모양, 유전자 등이 다르다.

2 상동 염색체 체세포에 있는 크기와 모양이 같은 한 쌍의 염색체 ➡ ❷ [ ]로부터 각각 하나씩 물려받은 것이다.

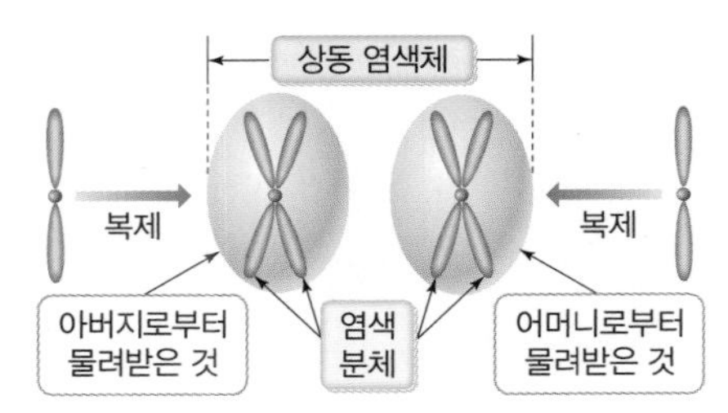

❶같으며 ❷부모

확인Q 3 같은 종의 생물은 체세포의 염색체 수와 모양이 모두 (같다, 다르다).

개념 4 사람의 염색체

1 상염색체 성별에 관계없이 남녀 공통으로 들어 있는 염색체로, ❶ [ ]쌍이다.

2 성염색체 남녀의 ❷ [ ]을 결정하는 염색체로, 한 쌍이 있다.(남자: XY, 여자: XX)
→ 성염색체는 남녀에 따라 모양이 다르다.

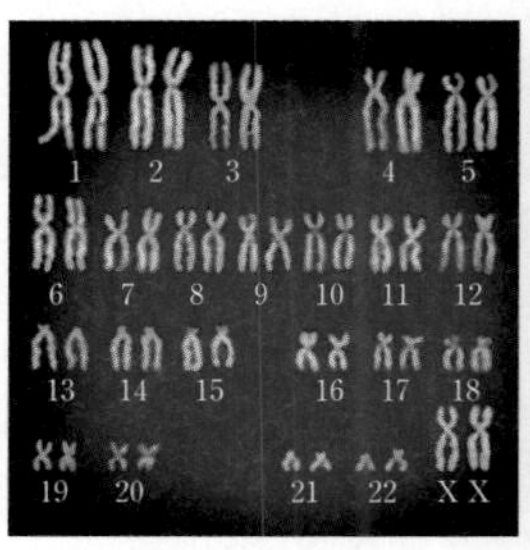

▲ 여자의 염색체(44+XX)

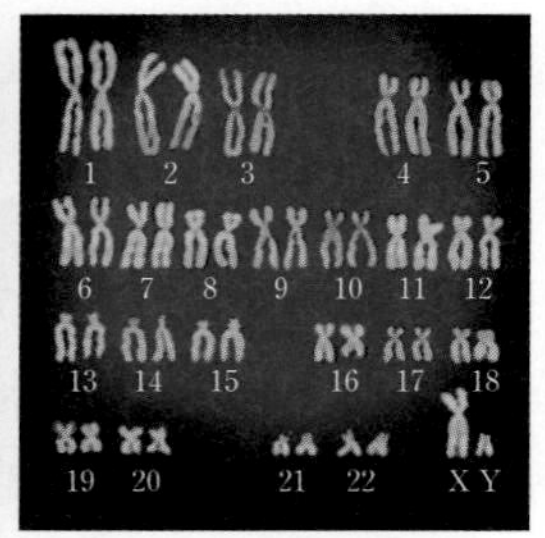

▲ 남자의 염색체(44+XY)

→ 부모 중 한쪽으로부터 물려받은 염색체를 n이라고 하며, 사람의 염색체 총 수는 $2n=46$으로 나타낸다.

❶22 ❷성

확인Q 4 여자의 체세포에는 (   )쌍의 상동 염색체가 들어 있다.

개념 5 세포가 분열하는 까닭과 체세포 분열

1 세포의 크기와 부피에 대한 표면적의 비의 관계 세포의 크기가 커질수록 부피도 커지고 표면적도 커지지만, 부피에 대한 표면적의 비는 ❶ ____ 진다.

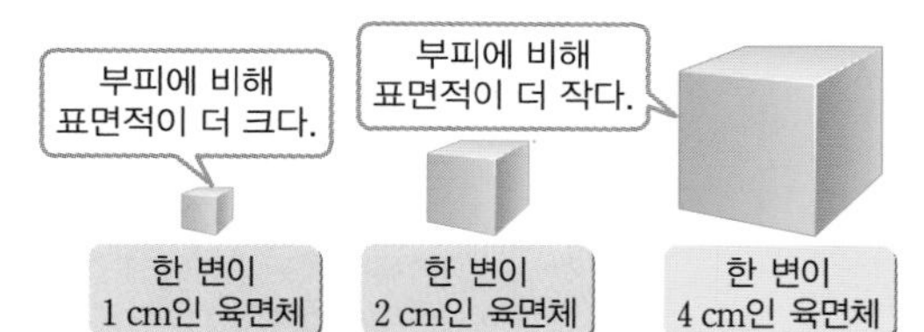

2 세포가 분열하는 까닭 세포의 크기가 커지면 물질 교환이 원활하지 못하게 된다. ➡ 세포는 어느 정도 커지면 ❷ ____ 하여 수를 늘려 생장한다.

❶ 작아 ❷ 분열

확인Q 5 세포의 크기가 커질수록 $\frac{\text{표면적}}{\text{부피}}$ 값이 (커, 작아)진다.

개념 6 체세포 분열-핵분열

1 간기 세포 분열을 준비하는 시기

2 핵분열 전기, 중기, 후기, 말기로 구분 → 염색체의 모양과 행동 변화로 구분한다.

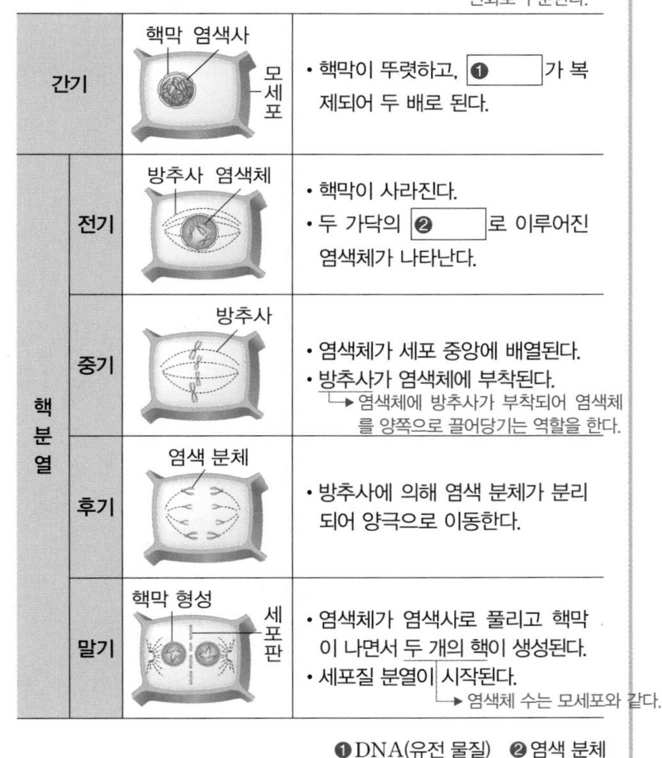

구분		특징
간기		• 핵막이 뚜렷하고, ❶ ____ 가 복제되어 두 배로 된다.
핵분열	전기	• 핵막이 사라진다. • 두 가닥의 ❷ ____ 로 이루어진 염색체가 나타난다.
	중기	• 염색체가 세포 중앙에 배열된다. • 방추사가 염색체에 부착된다. → 염색체에 방추사가 부착되어 염색체를 양쪽으로 끌어당기는 역할을 한다.
	후기	• 방추사에 의해 염색 분체가 분리되어 양극으로 이동한다.
	말기	• 염색체가 염색사로 풀리고 핵막이 나타나면서 두 개의 핵이 생성된다. • 세포질 분열이 시작된다. → 염색체 수는 모세포와 같다.

❶ DNA(유전 물질) ❷ 염색 분체

확인Q 6 염색체를 관찰하기에 가장 좋은 시기는 (   )이다.

개념 7 체세포 분열-세포질 분열

1 동물 세포의 세포질 분열 ❶ ____ 이 바깥쪽에서 안쪽으로 오므라드는 세포질 만입이 일어나면서 세포질이 나누어져 두 개의 딸세포가 생성된다.

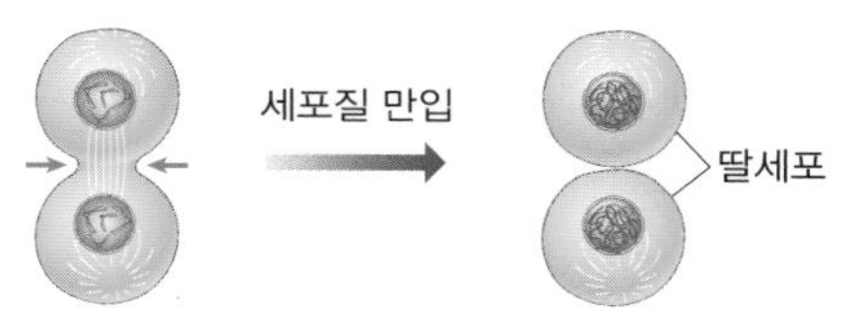

2 식물 세포의 세포질 분열 세포 안쪽에서 바깥쪽으로 ❷ ____ 이 자라면서 세포질이 나누어져 두 개의 딸세포가 생성된다. → 식물 세포는 세포벽으로 인해 안으로 오므라들기 어렵다.

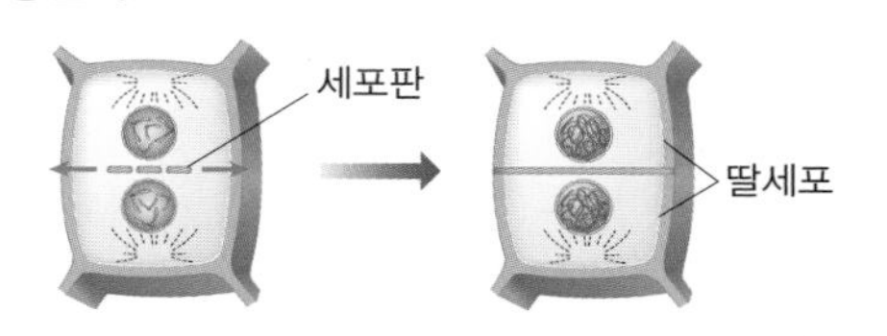

❶ 세포막 ❷ 세포판

확인Q 7 세포질 분열은 핵분열 ㉠(   )에 세포질이 나누어지면서 두 개의 ㉡(   )가 생성되는 과정이다.

개념 8 체세포 분열의 특징과 의의

1 체세포 분열의 특징

- 딸세포의 염색체 수는 모세포와 ❶ ____ .
- 분열 결과 한 개의 모세포에서 두 개의 딸세포가 생성된다.
- 동물의 경우 온몸의 체세포에서, 식물의 경우 생장점과 형성층에서 일어난다. → 식물의 분열 조직으로, 체세포 분열이 일어난다.

2 체세포 분열의 의의

- 생장: 다세포 생물은 체세포 분열로 생장한다.
- 재생: 체세포 분열을 통해 손상된 세포나 노화된 세포를 대체하여 생명 활동을 유지한다.
- 생식: 효모, 아메바, 짚신벌레 등 일부 단세포 생물은 체세포 분열로 생성된 딸세포가 새로운 ❷ ____ 가 된다.

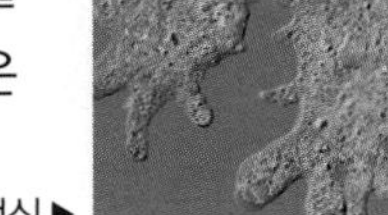
아메바의 번식 ▶

❶ 같다 ❷ 개체

확인Q 8 짚신벌레는 체세포 분열로 자손을 만드는 (   )을 한다.

개념 1 생식세포

1 생식 생물이 자신과 닮은 자손을 만드는 것

- 단세포 생물: 체세포 분열로 만들어진 딸세포가 새로운 개체가 되기도 한다.
- 다세포 생물: 암수 두 개체가 각각 만든 ❶ [　　]가 결합해서 새로운 개체가 만들어진다.

2 생식세포 유전 정보를 다음 세대에 전달하는 세포

- 식물의 생식세포: 정핵, 난세포
- 동물의 생식세포: 정자, 난자

3 생식세포 분열 생물의 생식 기관에서 생식세포를 만들 때 일어나는 분열 ➡ 감수 1분열과 감수 2분열이 연속해서 일어나 ❷ [　　] 개의 딸세포를 형성한다.
→ 유전 정보를 다음 세대에 전달한다.

❶ 생식세포 ❷ 네(4)

확인Q 1 생식세포 분열은 ㉠(　　　) 회의 세포 분열이 연속적으로 일어나 한 개의 모세포로부터 ㉡(　　　) 개의 딸세포가 생성된다.

개념 2 생식세포 분열-감수 1분열

1 감수 1분열 상동 염색체가 접합한 2가 염색체가 분리되면서 염색체 수가 반으로 줄어든다. → $2n \rightarrow n$

		그림	특징
간기		모세포, 핵막, 유전 물질	• 유전 물질이 복제되고, 세포의 크기가 커진다.
감수 1분열	전기	2가 염색체, 방추사	• 핵막이 사라진다. • 상동 염색체가 붙은 ❶ [　　]가 나타난다.
	중기		• 2가 염색체가 세포 중앙에 배열된다. • 방추사가 2가 염색체에 부착된다.
	후기	상동 염색체	• 방추사에 의해 2가 염색체의 상동 염색체가 ❷ [　　]되어 양극으로 이동한다. → 염색체 수가 반으로 줄어든다.
	말기, 세포질 분열	딸세포	• 핵막이 나타나고, 세포질이 나누어져 두 개의 딸세포가 생긴다.

❶ 2가 염색체 ❷ 분리

확인Q 2 감수 1분열 전기에 상동 염색체가 접합하여 ㉠(　　　)를 형성한 후 후기에 분리되므로 염색체 수가 ㉡(　　　)으로 줄어든다.

개념 3 생식세포 분열-감수 2분열

1 감수 2분열 체세포 분열처럼 염색 분체가 분리되어 염색체 수는 변하지 않는다. → $n \rightarrow n$

	그림	특징
전기		• 핵막이 사라지고 DNA ❶ [　　] 없이 감수 2분열 전기로 이어진다.
중기		• 염색체가 세포 중앙에 배열된다. • 방추사가 염색체에 부착된다.
후기	염색 분체	• 방추사에 의해 ❷ [　　]가 분리되어 양극으로 이동한다. → 염색체 수는 변함없다.
말기, 세포질 분열	딸세포	• 염색체가 염색사로 풀리고 핵막이 나타난다. • 세포질이 나누어져 네 개의 딸세포가 생긴다.

❶ 복제 ❷ 염색 분체

확인Q 3 감수 2분열에서는 체세포 분열처럼 ㉠(　　　)가 분리되기 때문에 염색체 ㉡(　　　)가 변하지 않는다.

개념 4 생식세포 분열의 특징과 의의

1 특징

- 세포 분열이 연속으로 2회 일어난다.
- 상동 염색체가 접합한 ❶ [　　]가 나타난다.
- 네 개의 딸세포가 생성된다.

2 의의

- 생식세포의 염색체 수는 모세포의 ❷ [　　]이므로, 암수 생식세포의 수정으로 생성된 자손은 부모와 염색체 수가 같다.

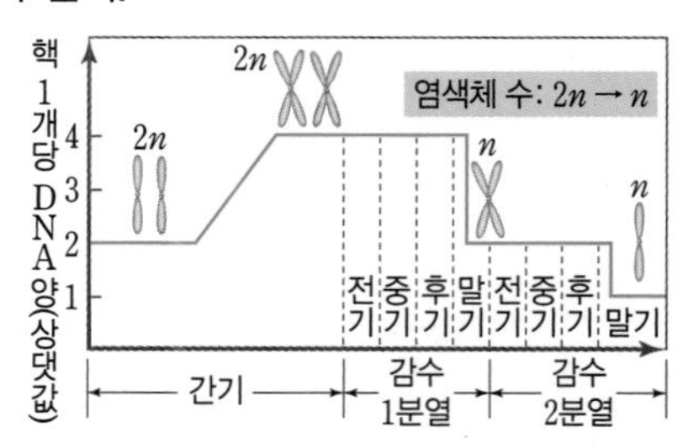

❶ 2가 염색체 ❷ 절반

확인Q 4 생식세포 분열 결과 염색체 수가 반으로 줄어들기 때문에 세대를 거듭해도 자손의 염색체 수가 (　　　)하게 유지된다.

개념 5 체세포 분열과 생식세포 분열의 비교

구분	체세포 분열	생식세포 분열
분열 장소	• 동물: 체세포 • 식물: 생장점, 형성층	• 동물: 정소, 난소 • 식물: 꽃밥, 밑씨
분열 횟수	1회	2회
2가 염색체	생성되지 않음	감수 1분열 ❶ ___ 에 생성됨
딸세포 수	두 개	네 개
염색체 수	❷ ___	절반으로 줄어듦
분열 결과	생장, 재생, 생식	생식세포 형성
공통점	• 간기: 유전 물질 복제 • 전기: 핵막이 없어지고 염색체가 나타남 • 중기: 염색체가 세포 중앙에 배열 • 후기: 염색체가 양극으로 이동 • 말기: 세포질 분열로 딸세포 생성	

❶ 전기 ❷ 변화 없음

확인Q 5 체세포에는 상동 염색체가 ㉠(　　　　)으로 있고, 생식세포에는 상동 염색체 중 ㉡(　　　　)씩만 있다.

개념 6 사람의 생식세포

1 정자

• 핵: 유전 물질이 들어 있다.

• 꼬리: 운동성이 있다.

2 난자

• 핵: 유전 물질이 들어 있다.

• 세포질: 수정란의 초기 발생에 필요한 양분이 저장되어 있어 크기가 크다.

3 정자와 난자의 비교

구분	정자	난자
생성 장소	❶ ___	❷ ___
염색체 수	체세포의 절반 → $n=23$	체세포의 절반 → $n=23$
운동성	있음	없음
양분	거의 없음	있음
크기	작음	큼

❶ 정소 ❷ 난소

확인Q 6 정자와 난자는 염색체 수가 체세포의 절반이므로 $n=($　　　　$)$의 염색체를 가지고 있다.

개념 7 임신이 되는 과정

1 배란에서 착상까지의 과정

• 배란: 약 28일을 주기로 난소에서 난자가 ❶ ___ 으로 배출되는 현상

• 수정: 수란관에서 정자와 난자가 결합하는 현상 (염색체 수가 체세포와 같아진다.)

• 난할: 수정란의 초기 세포 분열 ➡ 할구 생성

• 착상: 수정 후 5~7일 후 ❷ ___ 상태의 수정란이 자궁 내막에 파묻히는 현상 ➡ 임신이 시작됨

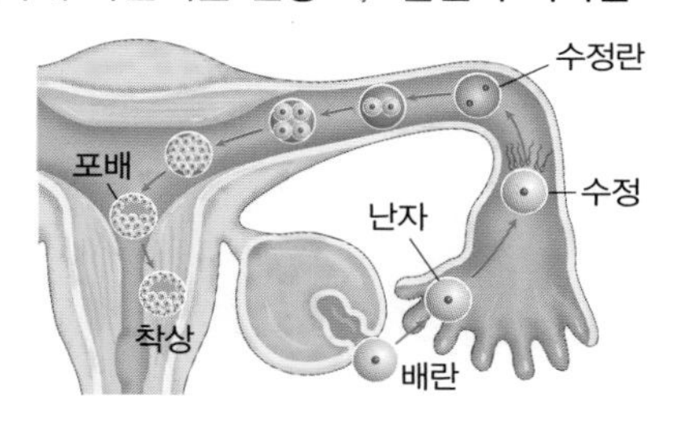

❶ 수란관 ❷ 포배

확인Q 7 난할 결과 만들어진 세포를 할구라고 하며, 난할이 진행되면 할구의 크기는 점점 (커진다, 작아진다).

개념 8 태아의 발생과 출산

1 배아 수정 후 ❶ ___ 주까지로 뇌, 심장 등 대부분의 기관이 형성된다.

2 태아 수정 후 8주가 지난 후부터 출산까지로, 대부분의 기관이 완성된다. ➡ 수정일로부터 약 266일(38주) 후 태아가 모체의 몸 밖으로 나온다(출산). (마지막 월경 시작일로부터 약 280일(40주))

3 모체와 태아 사이의 물질 교환 ❷ ___ 을 통해 물질 교환이 이루어진다.

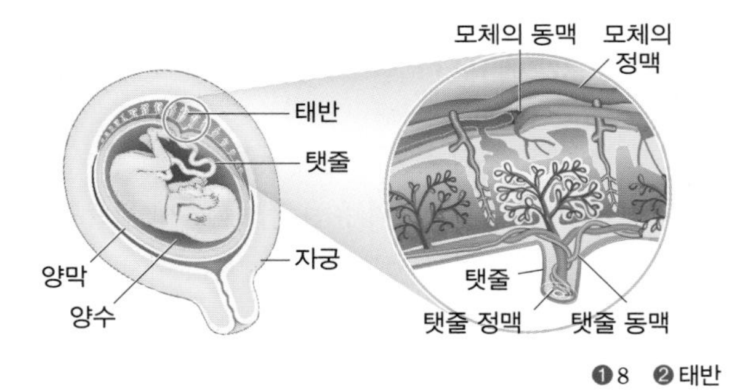

❶ 8 ❷ 태반

확인Q 8 태아는 탯줄로 태반과 연결되어 있으며, 태반에서는 태아와 모체의 혈액이 (섞인다, 섞이지 않는다).

1 염색체에 대한 설명으로 옳은 것을 | 보기 | 에서 모두 고른 것은?

보기
ㄱ. 유전 물질인 DNA가 들어 있다.
ㄴ. 생물의 크기가 클수록 염색체 수가 많다.
ㄷ. 사람의 체세포 한 개에는 46개가 들어 있다.
ㄹ. 세포가 분열할 때 핵 속에 나타나는 막대 모양의 구조물이다.

① ㄱ, ㄷ ② ㄴ, ㄹ ③ ㄱ, ㄴ, ㄷ
④ ㄱ, ㄷ, ㄹ ⑤ ㄴ, ㄷ, ㄹ

문제 해결 전략

세포 분열이 일어날 때 유전 정보를 담아 전달하는 역할을 하는 것을 ❶ ___ 라고 하며, 유전 물질인 ❷ ___ 와 단백질로 이루어져 있다.

답 ❶ 염색체 ❷ DNA

2 체세포 분열의 각 시기별 특징으로 옳은 것은?

① 전기 – 방추사가 부착된 염색체가 세포 중앙에 배열된다.
② 중기 – 응축된 염색체가 처음 나타난다.
③ 후기 – 염색 분체가 양극으로 이동하여 분리된다.
④ 말기 – 세포의 크기가 커지고 DNA가 복제된다.
⑤ 간기 – 두 개의 핵이 형성되고 세포질 분열이 시작된다.

문제 해결 전략

체세포 분열의 핵분열 중 염색사가 응축되어 염색체가 되며 방추사가 형성되는 시기는 ❶ ___ 이고, 방추사가 부착된 염색체가 세포 중앙에 배열되는 시기는 ❷ ___ 이다.

답 ❶ 전기 ❷ 중기

3 체세포 분열에 대한 설명으로 옳은 것을 | 보기 | 에서 모두 고른 것은?

보기
ㄱ. 양파의 뿌리 끝 세포에서 관찰할 수 있다.
ㄴ. 딸세포와 모세포의 유전 정보는 서로 다르다.
ㄷ. 몸을 구성하는 세포의 수가 늘어나면서 생장할 때 일어난다.
ㄹ. 동물 세포에서는 핵분열과 세포질 분열이 모두 일어나지만, 식물 세포에서는 세포질 분열이 일어나지 않는다.

① ㄱ, ㄷ ② ㄴ, ㄹ ③ ㄱ, ㄴ, ㄷ
④ ㄱ, ㄷ, ㄹ ⑤ ㄴ, ㄷ, ㄹ

문제 해결 전략

양파의 뿌리 끝을 관찰하면 ❶ ___ 을 하고 있는 세포들을 관찰할 수 있으며, 전기, 중기, 후기, 말기의 단계로 구분하는 ❷ ___ 이 끝나갈 때 세포질이 나누어지는 세포질 분열이 일어난다.

답 ❶ 체세포 분열 ❷ 핵분열

4 사람의 생식세포 형성 시 일어나는 세포 분열에 대한 설명으로 옳지 않은 것은?

① 감수 1분열에서 상동 염색체가 분리된다.
② 감수 2분열 전기에 2가 염색체가 형성된다.
③ 분열 결과 생긴 딸세포의 염색체 수는 모세포의 절반이다.
④ 감수 1분열이 끝난 후 DNA 복제 없이 감수 2분열이 시작된다.
⑤ 연속 2회 분열로 한 개의 모세포에서 네 개의 딸세포가 만들어진다.

문제 해결 전략

감수 1분열 전기에 상동 염색체가 붙은 ❶ [　　] 가 형성되어 중기에 세포 중앙에 배열되었다가 후기에 상동 염색체가 분리되고, 감수 2분열 후기에는 ❷ [　　] 가 분리되어 세포의 양극으로 이동한다.

답 ❶ 2가 염색체 ❷ 염색 분체

5 난할에 대한 설명으로 옳은 것을 | 보기 | 에서 모두 고른 것은?

보기
ㄱ. 수정란의 초기 세포 분열이다.
ㄴ. 난할을 거듭해도 세포 수는 일정하게 유지된다.
ㄷ. 난할 결과 세포 한 개당 염색체 수는 반으로 감소한다.
ㄹ. 난할을 거듭할수록 세포 하나의 크기는 점점 작아진다.

① ㄱ, ㄹ　② ㄴ, ㄷ　③ ㄷ, ㄹ
④ ㄱ, ㄴ, ㄷ　⑤ ㄱ, ㄴ, ㄹ

문제 해결 전략

수정란의 초기 세포 분열을 ❶ [　　] 이라고 하며, 세포 분열을 거듭할수록 세포의 수는 ❷ [　　] 하고 세포 하나의 크기는 작아진다.

답 ❶ 난할 ❷ 증가

6 다음은 사람의 발생 과정을 순서 없이 나열한 것이다.

(가) 성숙한 난자가 배란되어 수란관으로 들어간다.
(나) 속이 빈 공 모양의 포배 상태로 자궁 내막에 착상한다.
(다) 수정란은 난할을 거듭하면서 수란관을 따라 자궁으로 이동한다.
(라) 정자와 난자가 만나 수정이 이루어진다.

(가)~(라)를 발생 과정에 맞게 순서대로 나열한 것은?

① (가) - (라) - (다) - (나)
② (나) - (가) - (라) - (다)
③ (다) - (나) - (가) - (라)
④ (라) - (가) - (다) - (나)
⑤ (라) - (다) - (나) - (가)

문제 해결 전략

수정관에서 난자와 정자가 만나 수정이 이루어지고, 속이 빈 공 모양의 세포 덩어리인 ❶ [　　] 가 되어 자궁 내막에 파고드는 것을 ❷ [　　] 이라고 한다.

답 ❶ 포배 ❷ 착상

대표 기출 1 | 염색체의 구성 |

그림은 염색체의 구조를 나타낸 것이다.

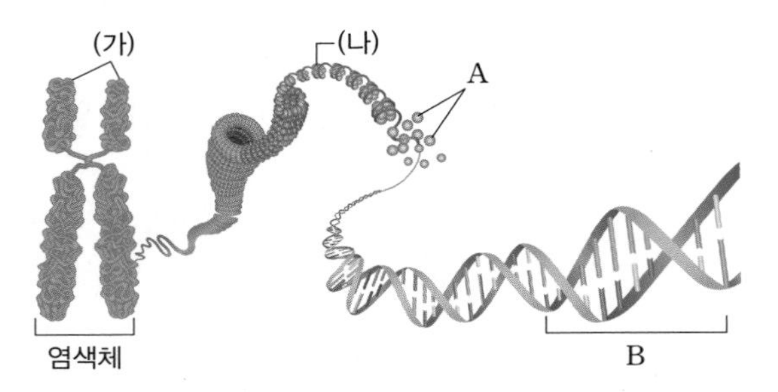

이에 대한 설명으로 옳지 않은 것을 모두 고르면? [정답 2개]

① (가)의 두 가닥은 염색 분체이다.
② (가)의 각각은 유전자 구성이 다르다.
③ (나)는 유전 물질인 DNA와 단백질로 이루어진다.
④ (나)는 염색사로, 세포 분열을 하지 않을 때 볼 수 있는 가늘고 긴 실 모양의 구조물이다.
⑤ A는 DNA로, 염색체를 구성한다.
⑥ B는 유전자로, 생물의 유전 형질을 나타내는 단위이다.

Tip (가)는 염색 분체, (나)는 염색사, A는 단백질, B는 유전자를 나타낸 것이다.

풀이 ② (가)의 염색 분체는 하나의 염색체가 간기 때 복제되어 형성된 것이므로, 유전 정보가 동일하다.
⑤ A는 염색체를 구성하는 단백질이다.

답 ②, ⑤

1-1 그림은 세포 분열 과정 중에 볼 수 있는 염색체를 나타낸 것이다. A에 대한 설명으로 옳지 않은 것은?

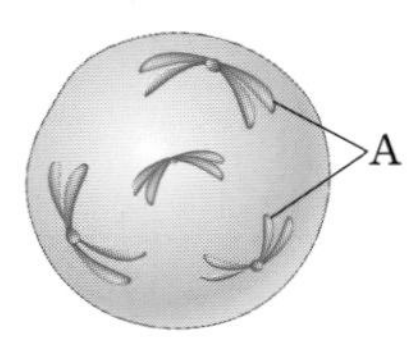

① 염색 분체이다.
② 유전 물질을 가지고 있다.
③ 세포 분열의 간기에 관찰할 수 있다.
④ 하나의 염색체는 두 개의 염색 분체로 이루어진다.
⑤ 하나의 염색체를 이루는 염색 분체는 유전 정보가 같다.

대표 기출 2 | 상동 염색체 |

그림은 세포에 있는 크기와 모양이 같은 한 쌍의 염색체를 나타낸 것이다. 이에 대한 설명으로 옳은 것을 보기 에서 모두 고르시오.

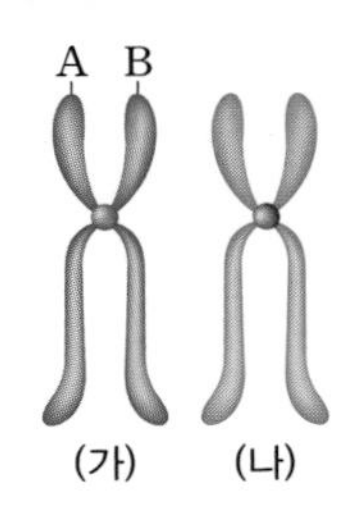

보기
ㄱ. 염색체는 네 개이다.
ㄴ. A와 B는 염색 분체로, 유전 정보가 다르다.
ㄷ. (가)와 (나)는 DNA와 단백질로 이루어진다.
ㄹ. (가)와 (나)는 상동 염색체로, 유전 정보가 같다.
ㅁ. (가)와 (나)는 부모로부터 하나씩 물려받은 것이다.
ㅂ. 사람의 체세포에는 (가), (나)와 같은 염색체가 46개 있다.

Tip (가)와 (나)는 상동 염색체이고, A와 B는 염색 분체이다.

풀이 ㄱ. (가)와 (나)는 상동 염색체 관계이므로 염색체는 두 개이다.
ㄴ. A와 B는 하나의 염색체가 복제되어 만들어진 염색 분체이므로 유전 정보가 같다.
ㄹ. (가)와 (나)는 부모로부터 하나씩 물려받은 상동 염색체이므로 유전 정보가 다르다.

답 ㄷ, ㅁ, ㅂ

2-1 사람의 상동 염색체에 대한 설명으로 옳은 것을 보기 에서 모두 고르시오.

보기
ㄱ. 여자의 체세포에는 23쌍의 상동 염색체가 있다.
ㄴ. 상동 염색체는 부모로부터 하나씩 물려받은 것이다.
ㄷ. 상동 염색체의 같은 위치에는 같은 형질을 결정하는 유전자가 있다.
ㄹ. 남자의 체세포에 들어 있는 성염색체 쌍은 모양과 크기가 달라 상동 염색체가 아니다.

대표 기출 3 | 생물의 염색체 수 |

표는 여러 생물의 체세포 염색체 수를 나타낸 것이다.

생물	염색체 수	생물	염색체 수
개	78	벼	24
초파리	8	양파	16
침팬지	48	완두	14
사람	46	감자	48

이에 대한 설명으로 옳은 것을 모두 고르면? [정답 2개]

① 식물보다 동물의 염색체 수가 많다.
② 같은 종은 체세포 염색체 수가 같다.
③ 고등한 생물일수록 염색체 수가 많다.
④ 생물의 종에 따라 염색체 수가 다르다.
⑤ 사람의 경우 남자와 여자의 염색체 수가 다르다.
⑥ 염색체 수가 같으면 다른 종이라도 교배 가능하다.

Tip 어떤 생물을 구성하는 체세포들은 염색체의 수와 모양이 모두 같다.

풀이 ①, ③ 생물의 종에 따라 염색체 수가 다르며, 염색체 수에 따라 식물과 동물을 구분할 수 없고, 고등한 생물인지도 구분할 수 없다.
⑤ 사람의 경우 남자와 여자 모두 체세포 염색체 수는 46이다.
⑥ 염색체 수가 같아도 다른 종이면 교배할 수 없다. 답 ②, ④

3-1 표는 여러 생물의 체세포 염색체 수를 나타낸 것이다.

생물	염색체 수	생물	염색체 수
완두	14	개구리	26
보리	14	초파리	8

이에 대한 설명으로 옳은 것을 | 보기 | 에서 모두 고르시오.

보기
ㄱ. 생물의 종에 따라 염색체 수가 다르다.
ㄴ. 염색체 수가 같으면 같은 종의 생물이다.
ㄷ. 생물의 크기가 클수록 염색체 수가 많다.
ㄹ. 같은 종이라도 몸의 부위에 따라 체세포의 염색체 수가 다르다.

대표 기출 4 | 사람의 염색체 |

그림은 사람의 염색체 구성을 나타낸 것이다.

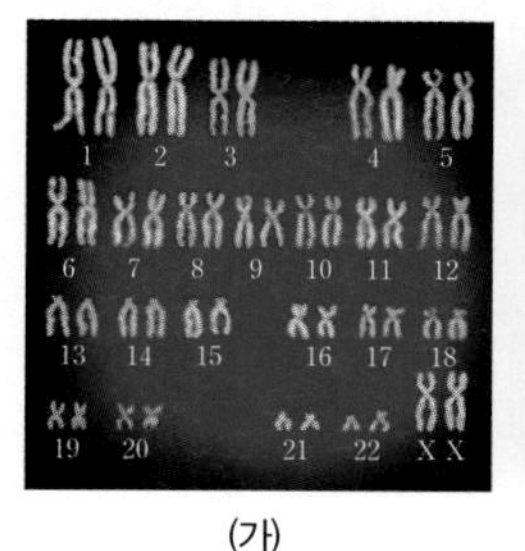

(가)

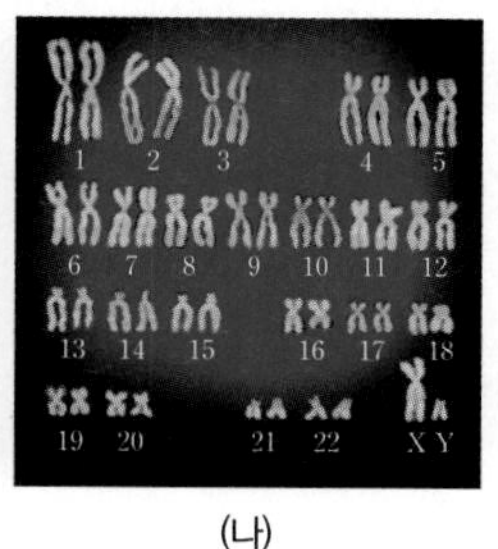

(나)

이에 대한 설명으로 옳은 것을 | 보기 | 에서 모두 고르시오.

보기
ㄱ. 사람의 염색체는 23개이다.
ㄴ. (가)는 남자, (나)는 여자의 염색체이다.
ㄷ. 성염색체의 구성에 따라 남녀 성별이 결정된다.
ㄹ. 남자의 성염색체는 XY, 여자의 성염색체는 XX이다.
ㅁ. 1번부터 22번까지의 염색체는 남녀 공통으로 가지는 상염색체이다.
ㅂ. X 염색체와 Y 염색체는 크기와 모양이 달라서 상동 염색체가 아니다.

Tip 사람의 염색체는 부모로부터 한 개씩 물려받은 상동 염색체가 23쌍이 있다.

풀이 ㄱ. 사람의 염색체는 모양과 크기가 같은 염색체가 한 쌍씩 총 23쌍이 있다.
ㄴ. (가)는 여자, (나)는 남자의 염색체이다.
ㅂ. X와 Y 염색체는 모양과 크기는 달라도 부모로부터 하나씩 물려받고, 생식세포 분열 시 2가 염색체를 형성하므로 상동 염색체이다.
답 ㄷ, ㄹ, ㅁ

4-1 그림은 어떤 사람의 염색체 구성을 나타낸 것이다.

1 2 3 4 5 6 .... 16 17 18 19 20 21 22 X Y

상염색체와 성염색체를 구분하고, 이 사람이 남자인지 여자인지 성별을 쓰시오.

(1) 상염색체: (   ) (2) 성염색체: (   )
(3) 성별: (   )

대표 기출 5

| 세포가 분열하는 까닭 |

표는 한 변의 길이가 1 cm, 2 cm, 4 cm인 정육면체의 표면적과 부피의 관계를 나타낸 것이다.

한 변의 길이(cm)	1 cm	2 cm	4 cm
표면적(cm^2)	6	24	96
부피(cm^3)	1	8	64
$\frac{표면적}{부피}$	6	3	1.5

정육면체를 세포라고 가정했을 때, 다음 설명으로 옳지 않은 것을 모두 고르면? [정답 2개]

① 세포가 커지면 표면적과 부피가 커진다.
② 세포가 커질수록 단위 부피당 표면적이 커진다.
③ 생물은 세포가 어느 정도 커지면 분열하여 세포 수를 늘려 생장한다.
④ 세포가 커지면 부피가 증가하는 정도가 표면적이 증가하는 정도보다 크다.
⑤ 세포의 크기가 큰 것이 작은 것에 비해 세포 중심으로의 물질 이동에 유리하다.

Tip 세포는 세포막을 통해 생명 활동에 필요한 물질을 받아들이고 세포 내 노폐물을 내보낸다.

풀이 ②, ⑤ 세포가 커질수록 세포막의 표면적이 증가하는 비율보다 세포의 부피가 증가하는 비율이 더 커지기 때문에 세포막을 통해 드나드는 물질 교환이 원활하지 않게 된다. 답 ②, ⑤

대표 기출 6

| 체세포 분열 관찰 |

그림은 양파 뿌리 끝을 재료로 체세포 분열을 관찰하기 위한 실험 과정을 나타낸 것이다.

(가) 아세트올세인 용액을 떨어뜨린다.

(나) 양파 뿌리 끝 / 에탄올 : 아세트산 = 3 : 1

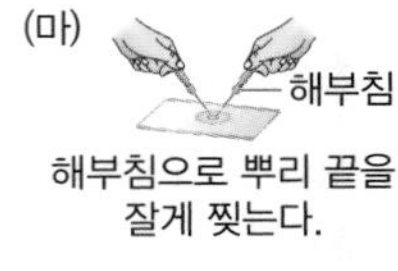

(라) 고무 달린 연필 / 덮개 유리

(마) 해부침 / 해부침으로 뿌리 끝을 잘게 찢는다.

이에 대한 설명으로 옳지 않은 것을 모두 고르면? [정답 2개]

① (가)는 핵과 염색체를 붉은색으로 염색한다.
② (나)는 뿌리 조직을 연하게 만든다.
③ (다)는 세포 분열을 멈추게 한다.
④ (라)는 조직을 한 층으로 얇게 펴는 과정이다.
⑤ 실험은 (나) → (다) → (가) → (마) → (라) 순으로 진행한다.
⑥ 양파 뿌리에는 생장점이 있어 세포 분열을 관찰하기 쉽다.

Tip 양파 뿌리 끝을 관찰하기 위한 과정은 고정 → 해리 → 염색 → 분리 → 압착의 순서로 한다.

풀이 ② (나)는 세포 고정 과정으로, 세포 분열을 멈추게 한다. ③ (다)는 해리 과정으로, 뿌리 조직을 연하게 한다. 답 ②, ③

5-1 그림은 한 변의 길이가 1 cm, 2 cm인 우무 조각을 붉은 식용 색소를 탄 물에 10분 동안 담근 후 꺼내어 잘랐을 때 붉게 물든 단면을 나타낸 것이다. 우무 조각을 세포라고 가정할 때, 이 실험에 대해 옳게 설명한 학생을 모두 고르시오.

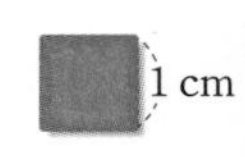

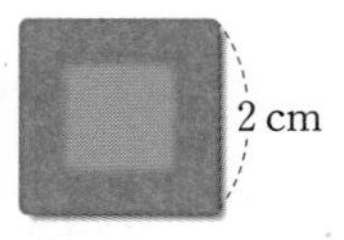

경민: 세포의 크기와 물질 교환은 관련 없어.
은서: 세포가 어느 정도 커지면 더 이상 자라지 않고 분열해.
준수: 세포가 커질수록 세포 중심까지 물질을 흡수하기 힘들어져.

6-1 그림은 체세포 분열을 관찰하기 위해 양파 뿌리 끝을 에탄올과 아세트산을 3 : 1로 섞은 용액에 하루 정도 담가 두는 과정이다. 이에 대한 설명으로 옳은 것을 | 보기 |에서 모두 고르시오.

| 보기 |
ㄱ. 세포 고정 과정이다.
ㄴ. 뿌리 조직을 연하게 하여 세포가 쉽게 떨어지게 한다.
ㄷ. 세포 분열을 멈추게 하여 세포 분열 각 단계를 관찰할 수 있다.

대표 기출 7 | 체세포 분열 |

그림은 어떤 생물의 몸을 구성하는 체세포의 분열과 생성된 딸세포를 나타낸 것이다.

이에 대한 설명으로 옳지 않은 것을 모두 고르면? [정답 2개]

① 다세포 생물은 체세포 분열로 생식을 한다.
② 손상되거나 수명이 다한 세포를 대체할 수 있다.
③ 식물의 경우 생장점이나 형성층에서 활발하게 일어난다.
④ 모세포와 딸세포의 염색체 수는 같지만 DNA양은 달라진다.
⑤ 세포는 무한정 커지지 않고 어느 정도 크기가 커지면 분열한다.
⑥ 짚신벌레와 같은 일부 단세포 생물은 체세포 분열로 생식을 한다.

Tip 체세포 분열은 체세포가 분열하여 한 개의 모세포로부터 두 개의 딸세포가 생성되는 과정이다.

풀이 ① 다세포 생물은 생식세포 분열로 생식세포를 형성한다.
④ 체세포 분열 후 모세포와 딸세포의 염색체 수와 DAN양에는 변화가 없다.

답 ①, ④

대표 기출 8 | 체세포 분열 |

그림은 염색체 수가 4인 어떤 세포의 체세포 분열 과정을 순서 없이 나타낸 것이다.

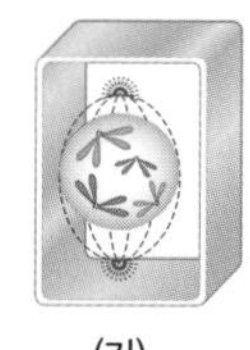
(가)

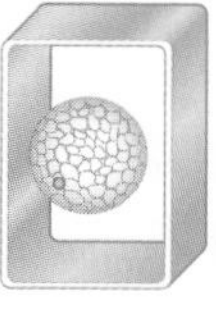
(나)

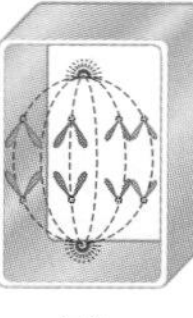
(다)

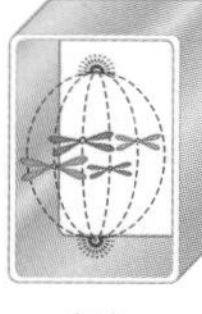
(라)

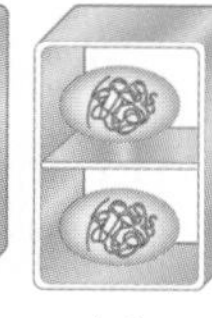
(마)

이에 대한 설명으로 옳은 것을 | 보기 | 에서 모두 고르시오.

보기
ㄱ. (가) 과정에서 염색체와 방추사가 나타난다.
ㄴ. (나) 과정에서 유전 물질이 복제되어 두 배로 된다.
ㄷ. (다) 과정에서 염색체 수가 절반으로 줄어든다.
ㄹ. (라) 과정은 염색체를 관찰하기에 가장 좋은 시기이다.
ㅁ. (마) 과정을 보면 동물 세포임을 알 수 있다.
ㅂ. 분열 과정은 (나) → (가) → (다) → (라) → (마) 순으로 진행된다.

Tip (가)는 전기, (나)는 간기, (다)는 후기, (라)는 중기, (마)는 말기 및 세포질 분열 시기이다.

풀이 ㄷ. 염색 분체가 나누어지므로 염색체 수는 4로 같다. 염색체 수가 반으로 줄어드는 시기는 감수 1분열 후기이다.
ㅁ. 세포 중앙에 세포판이 만들어지므로 식물 세포임을 알 수 있다.
ㅂ. 분열 과정은 (나) → (가) → (라) → (다) → (마) 순으로 진행된다.

답 ㄱ, ㄴ, ㄹ

7-1 그림은 체세포 분열의 한 시기를 나타낸 것이다. 이에 대한 설명으로 옳은 것을 | 보기 | 에서 모두 고르시오.

보기
ㄱ. 염색체를 관찰하기에 가장 좋은 시기이다.
ㄴ. 염색사가 응축되어 두 가닥의 염색 분체가 만들어진다.
ㄷ. 이 시기가 지나면 방추사에 의해 염색체가 끌려가서 네 개의 딸세포가 만들어진다.

8-1 그림은 두 가지 생물의 몸을 구성하는 세포의 세포질 분열을 나타낸 것이다. 이에 대한 설명으로 옳은 것을 | 보기 | 에서 모두 고르시오.

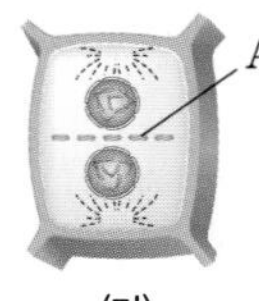

(가)

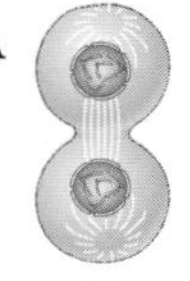
(나)

보기
ㄱ. (가)의 A는 세포판이다.
ㄴ. (나)의 세포에서는 바깥에서 안쪽으로 세포판이 만들어진다.
ㄷ. (가)는 식물 세포, (나)는 동물 세포에서 관찰된다.

1 세포의 크기와 물질 교환의 관계를 알아보기 위해 페놀프탈레인 용액을 첨가하여 만든 정육면체의 우무 조각을 수산화 나트륨 수용액에 일정 시간 동안 넣었다가 꺼내어 잘라 단면을 관찰했더니 그 결과가 표와 같았다.

한 변의 길이(cm)	부피(cm^3)	표면적(cm^2)	$\frac{표면적}{부피}$	붉게 물든 부분의 두께(cm)
1	1	6	6	0.5
2	8	24	3	0.5
4	64	96	1.5	0.5

우무 조각을 세포로 가정했을 때, 이 자료에 대한 설명으로 옳지 않은 것은?

① 세포가 커지면 단위 부피당 표면적은 감소한다.
② 한 변의 길이가 증가하면 부피와 표면적 모두 증가한다.
③ 세포는 단위 부피당 표면적이 클수록 물질 교환이 유리하다.
④ 세포가 커질 때 부피의 증가율보다 표면적의 증가율이 더 크다.
⑤ 세포 분열을 하면 세포가 작아져 부피에 대한 표면적의 비가 커진다.

Tip 세포의 크기가 작을수록 단위 부피당 ❶ ____이 증가하여 ❷ ____이 원활하게 일어날 수 있다.

답 ❶표면적 ❷물질 교환

2 표는 여러 생물의 체세포 한 개당 들어 있는 염색체 수를 나타낸 것이다.

생물	염색체 수	생물	염색체 수	생물	염색체 수
벼	24	보리	14	사람	46
완두	14	초파리	8	침팬지	48
감자	48	누에	56	개	78

이에 대한 설명으로 옳은 것을 | 보기 |에서 모두 고른 것은?

보기
ㄱ. 개의 유전자는 78가지이다.
ㄴ. 식물은 동물보다 염색체 수가 적다.
ㄷ. 염색체 수가 같아도 다른 종류의 생물일 수 있다.

① ㄱ ② ㄷ ③ ㄱ, ㄴ
④ ㄴ, ㄷ ⑤ ㄱ, ㄴ, ㄷ

Tip 염색체를 구성하고 있는 ❶ ____에 배열된 각각의 유전 정보를 ❷ ____라고 한다.

답 ❶DNA ❷유전자

3 그림은 어떤 생물의 몸을 구성하는 세포의 염색체 중 크기와 모양이 같은 한 쌍의 염색체를 나타낸 것이다. 이에 대한 설명으로 옳은 것을 | 보기 |에서 모두 고른 것은?

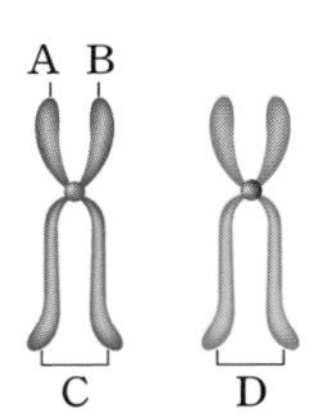

보기
ㄱ. A와 B는 각각 부모로부터 하나씩 물려받은 것이다.
ㄴ. A와 B는 체세포 분열 시 분리된다.
ㄷ. C와 D는 상동 염색체이다.

① ㄱ ② ㄴ ③ ㄷ
④ ㄴ, ㄷ ⑤ ㄱ, ㄴ, ㄷ

Tip 하나의 염색체를 구성하는 두 개의 ❶ ____는 DNA가 ❷ ____되어 형성된 것이다.

답 ❶염색 분체 ❷복제

4 그림은 어떤 사람 (가)의 체세포 한 개에 들어 있는 염색체를 나타낸 것이다. 이에 대한 설명으로 옳은 것을 |보기|에서 모두 고른 것은?

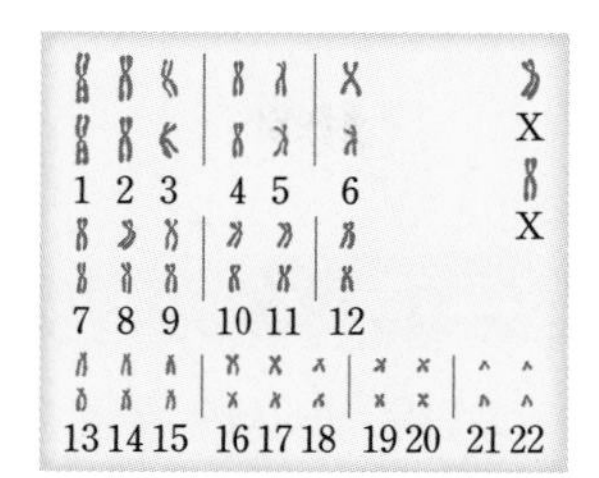

| 보기 |
ㄱ. (가)는 여자이다.
ㄴ. 세포당 2개의 성염색체가 있다.
ㄷ. 상염색체 22개와 X 염색체 1개는 아버지로부터 물려받은 것이다.

① ㄱ ② ㄴ ③ ㄱ, ㄷ
④ ㄴ, ㄷ ⑤ ㄱ, ㄴ, ㄷ

Tip 사람의 세포당 염색체 46개 중 남녀 공통으로 같은 모양과 크기를 갖는 44개의 염색체를 ❶ [ ]라고 하고, 남녀에 따라 다르게 나타나는 2개의 염색체를 ❷ [ ]라고 한다.

답 ❶ 상염색체 ❷ 성염색체

5 그림은 어떤 식물 세포의 체세포 분열 과정 중 (가)와 (나) 시기에서 나타나는 염색체의 일부를 나타낸 것이다. A의 염색체 수는 24이다.

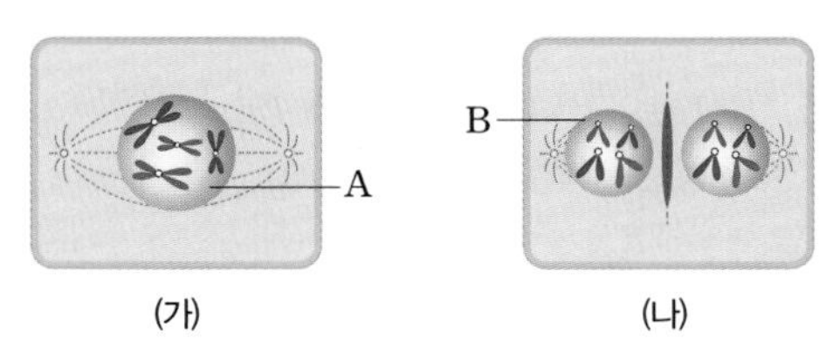

(가) (나)

이에 대한 설명으로 옳은 것을 |보기|에서 모두 고른 것은?

| 보기 |
ㄱ. (가)는 전기이다.
ㄴ. A의 염색 분체 수는 B의 염색체 수의 네 배이다.
ㄷ. (나) 시기에 세포질 분열이 시작된다.

① ㄱ ② ㄴ ③ ㄱ, ㄷ
④ ㄴ, ㄷ ⑤ ㄱ, ㄴ, ㄷ

Tip 체세포의 핵분열 과정은 전기-❶ [ ]-후기-말기의 순으로 진행되고, 식물 세포는 핵분열 말기에 세포판이 형성되면서 ❷ [ ]이 시작된다.

답 ❶ 중기 ❷ 세포질 분열

6 다음은 세포 분열을 관찰하기 위한 실험 과정을 나타낸 것이다.

| 과정 |
(가) 양파 뿌리 조각을 에탄올과 아세트산을 3:1로 섞은 용액에 하루 정도 담가 둔다.
(나) 뿌리 조각을 10 % 묽은 염산에 넣고 55 ℃~60 ℃의 온도에서 물 중탕한 다음, 꺼내어 증류수로 씻는다.
(다) 뿌리 조각에서 끝부분만 1 mm 정도 잘라 받침 유리에 놓고, 아세트올세인 용액을 한 방울 떨어뜨린다.
(라) 뿌리 끝을 해부침으로 잘게 찢고, 덮개 유리를 덮어 현미경 표본을 만든다.
(마) 현미경 표본의 덮개 유리 위를 고무 달린 연필로 가볍게 두드린 후 거름종이로 눌러 여분의 용액을 제거하고 현미경으로 관찰한다.

이 실험에 대한 설명으로 옳지 않은 것은?

① (가)의 뿌리 조각에는 체세포 분열이 일어나는 조직이 있다.
② (나)에서 염산에 의해 뿌리가 연해지면서 세포의 분리가 촉진된다.
③ (다)에서 아세트올세인 용액은 염색체를 붉게 염색하기 위해 이용한다.
④ (라)에서 뿌리 끝 세포의 해리와 고정이 일어난다.
⑤ (마)에서 고무 달린 연필로 두드리는 과정을 압착이라고 한다.

Tip 양파 뿌리 끝 부분에는 생장점이 있어 ❶ [ ] 분열 관찰에 이용할 수 있으며, 체세포 관찰 실험은 고정 → 해리 → ❷ [ ] → 분리 → 압착의 순으로 수행한다.

답 ❶ 체세포 ❷ 염색

대표 기출 1 | 생식세포 |

다음은 동물과 식물의 생식세포를 나타낸 것이다.

정자 꽃가루 난자 난세포

이에 대한 설명으로 옳은 것을 모두 고르면? [정답 4개]

① 생식세포 분열 결과 만들어진 것이다.
② 생식세포의 염색체 수는 체세포와 같다.
③ 생식세포는 유전 정보를 자손에게 전달한다.
④ 생식세포는 모두 발생에 필요한 양분을 가지고 있다.
⑤ 생식세포는 암수가 구별되는 생물의 생식에서 중요한 역할을 한다.
⑥ 정자와 난자는 동물의 생식세포, 꽃가루와 난세포는 식물의 생식세포이다.

Tip 생식세포는 유전 정보를 다음 세대에 전달하는 세포로, 암수가 구별되는 생물의 생식에서 중요한 역할을 한다.

풀이 ② 생식세포의 염색체 수는 체세포의 절반이며, 부모 각각의 생식세포가 수정하여 부모의 체세포와 염색체 수가 같아진다.
④ 난자와 난세포는 발생에 필요한 양분을 가지고 있으나, 정자와 꽃가루는 양분을 거의 가지고 있지 않다.
답 ①, ③, ⑤, ⑥

1-1 생물에서 생식이 가지는 가장 중요한 의미로 옳은 것은?

① 암수의 구별
② 생물의 생장
③ 종족의 유지
④ 염색체 수의 유지
⑤ 유전 물질의 복제

대표 기출 2 | 생식세포 분열 |

그림은 생식세포 분열 과정 중 일부를 순서 없이 나타낸 것이다.

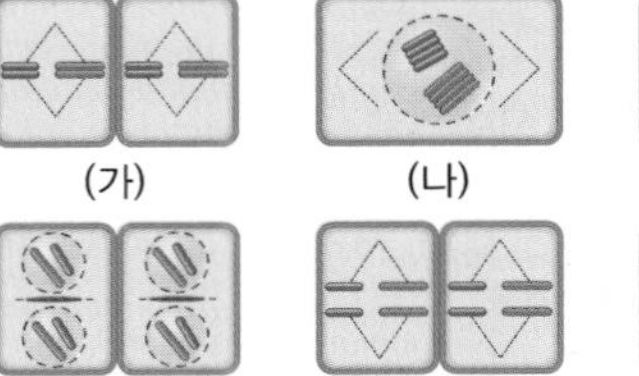
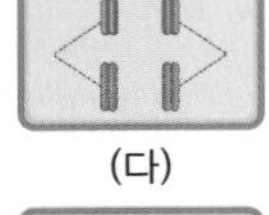

이에 대한 설명으로 옳은 것을 | 보기 |에서 모두 고르시오.

| 보기 |
ㄱ. (가)는 감수 1분열 중기이다.
ㄴ. (나)에서 2가 염색체가 형성된다.
ㄷ. (다)에서 염색 분체가 분리된다.
ㄹ. (라)의 염색체 수는 분열 전 모세포의 절반이다.
ㅁ. 동물에서 정자와 난자가 만들어질 때 일어난다.
ㅂ. 분열 과정은 (나) → (가) → (다) → (바) → (마) → (라) 순으로 진행된다.

Tip (가)는 감수 2분열 중기, (나)는 감수 1분열 전기, (다)는 감수 1분열 후기, (라)는 감수 2분열 말기, (마)는 감수 2분열 후기, (바)는 감수 1분열 중기이다.

풀이 ㄱ. (가)는 감수 2분열 중기이다.
ㄷ. (다)에서 상동 염색체가 분리된다.
ㅂ. 분열 과정은 (나) → (바) → (다) → (가) → (마) → (라) 순으로 진행된다.
답 ㄴ, ㄹ, ㅁ

2-1 그림은 세포 분열의 한 단계를 나타낸 것이다. 이에 대한 설명으로 옳은 것을 | 보기 |에서 모두 고르시오.

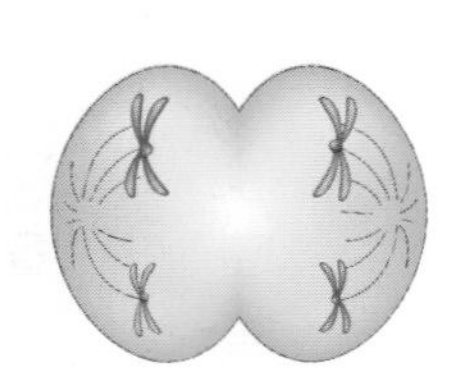

| 보기 |
ㄱ. 감수 1분열 후기이다.
ㄴ. 염색 분체가 방추사에 의해 양극으로 이동한다.
ㄷ. 이 세포 분열로 염색체 수가 체세포의 절반으로 줄어든다.

대표 기출 3 | 생식세포 분열 |

그림 (가)와 (나)는 두 가지 형태의 세포 분열 과정을 나타낸 것이다.

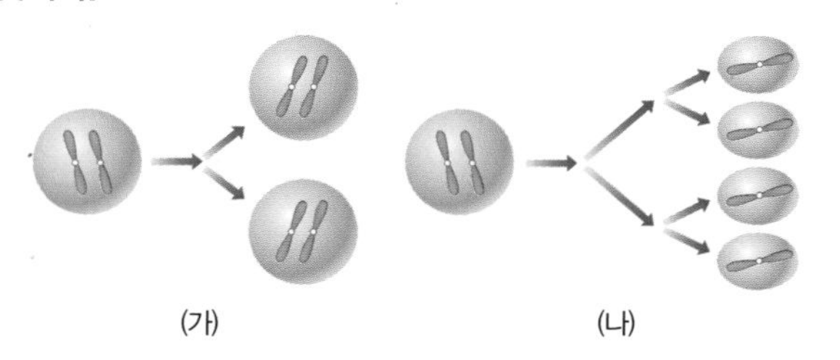

이에 대한 설명으로 옳은 것을 모두 고르면? [정답 3개]

① (가)는 생식세포 분열, (나)는 체세포 분열을 나타낸 것이다.
② (가)와 (나) 모두 유전 물질의 복제가 일어나는 시기가 있다.
③ (가)는 분열 결과 염색체 수가 절반으로 줄어들고, (나)는 염색체 수가 변함없다.
④ (가) 분열 결과 생식세포가 만들어지고, (나) 분열 결과 생물이 생장한다.
⑤ (나)에서 상동 염색체가 붙은 2가 염색체가 형성된다.
⑥ (나)의 세포 분열은 세대가 거듭되어도 염색체 수가 일정하게 유지되도록 한다.

Tip (가)는 체세포 분열, (나)는 생식세포 분열을 나타낸 것이다.

풀이 ①, ④ (가)는 체세포 분열로, 그 결과 생물이 생장한다. (나)는 생식세포 분열로, 그 결과 생식세포가 만들어진다.
③ (가)는 분열 결과 염색체 수가 변함없고, (나)는 분열 결과 염색체 수가 절반으로 줄어든다.

답 ②, ⑤, ⑥

3-1 그림은 어떤 생물의 세포에 들어 있는 모든 염색체의 수와 모양을 나타낸 것이다. 이에 대한 설명으로 옳은 것을 | 보기 |에서 모두 고르시오.

| 보기 |
ㄱ. 상동 염색체가 존재한다.
ㄴ. 생식세포 분열 결과 만들어진다.
ㄷ. 이 생물의 체세포 한 개에 들어 있는 염색체 수는 8이다.

대표 기출 4 | 생식세포 분열 과정에서 DNA양의 변화 |

그림은 생식세포 분열 과정에서 핵 한 개당 DNA양의 상대량을 나타낸 것이다.

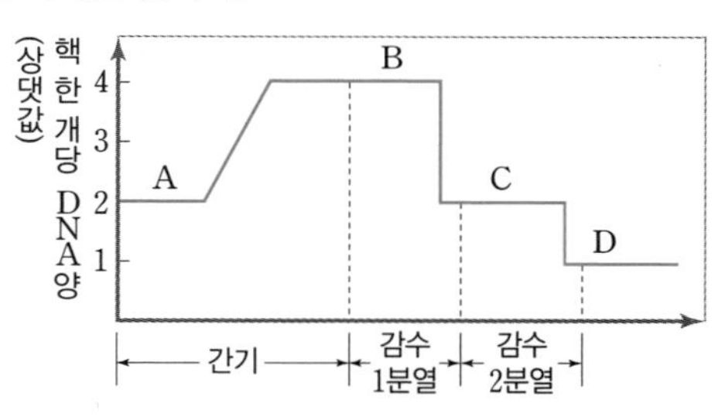

이에 대한 설명으로 옳은 것을 | 보기 |에서 모두 고르시오.

| 보기 |
ㄱ. A와 C에서 핵 한 개당 염색체 수는 같다.
ㄴ. A와 D에서 DNA양은 절반으로 줄고, 염색체 수는 같다.
ㄷ. B에서 2가 염색체가 나타난다.
ㄹ. B~C 과정에서 상동 염색체가 분리된다.
ㅁ. C~D 과정에서 염색 분체가 분리된다.
ㅂ. C는 간기이며, 유전 물질이 복제되는 시기가 있다.

Tip 생식세포 분열 결과 DNA양이 모세포의 절반인 딸세포 네 개가 만들어진다.

풀이 ㄱ. B~C 과정에서 상동 염색체가 분리되므로 C에서 핵 한 개당 염색체 수는 A에서의 절반이다.
ㄴ. A에 비해 D에서는 DNA양과 염색체 수 모두 감소한다.
ㅂ. 감수 1분열 후 C에서는 세포가 생장하는 시기인 간기 없이 핵분열이 시작된다.

답 ㄷ, ㄹ, ㅁ

4-1 동물에서 일어나는 체세포 분열과 생식세포 분열을 비교한 것으로 옳지 않은 것은?

	구분	체세포 분열	생식세포 분열
①	분열 장소	모든 체세포	정소, 난소
②	분열 횟수	1회	2회
③	딸세포 수	두 개	네 개
④	염색체 수	반으로 줄어듦	변화 없음
⑤	2가 염색체	형성하지 않음	형성함

대표 기출 5 | 사람의 생식세포 |

그림은 사람의 생식세포를 나타낸 것이다.

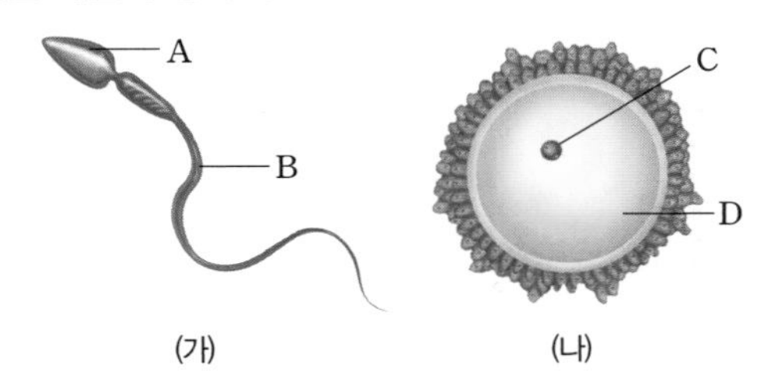

이에 대한 설명으로 옳은 것을 | 보기 | 에서 모두 고르시오.

보기
ㄱ. A와 C에는 유전 물질이 들어 있다.
ㄴ. B는 꼬리로, (가)는 꼬리를 이용하여 스스로 움직일 수 있다.
ㄷ. D에는 태아가 자라는 데 필요한 양분이 들어 있다.
ㄹ. (가)의 크기는 (나)와 비슷하다.
ㅁ. (가)는 난소에서, (나)는 정소에서 생성된다.
ㅂ. (가)와 (나)의 염색체 수는 체세포의 절반이다.

Tip (가)는 정자, (나)는 난자이며, A는 유전 물질이 들어 있는 정자의 머리, B는 정자의 꼬리, C는 난자의 핵, D는 난자의 세포질을 나타낸 것이다.

풀이 ㄷ, ㄹ. D에는 수정란의 초기 발생에 필요한 양분이 저장되어 있어 난자는 정자보다 크기가 훨씬 크다.
ㅁ. 정자는 정소에서, 난자는 난소에서 생성된다. **답** ㄱ, ㄴ, ㅂ

대표 기출 6 | 배란에서 착상까지의 과정 |

그림은 배란에서 착상까지의 과정을 나타낸 것이다.

수정란 2세포기 4세포기 8세포기 포배
난소
착상
자궁 내막

이에 대한 설명으로 옳은 것을 모두 고르면? [정답 3개]

① 정자는 수란관에서 난자와 만나 수정된다.
② 정자와 난자가 수정되면 임신이 시작된 것이다.
③ 수정란은 난할을 하면서 자궁으로 이동한다.
④ 수정란이 자궁에 착상하면 발생이 시작된다.
⑤ 수정란은 포배 상태에서 자궁 내막에 착상한다.
⑥ 난할이 시작되면 세포 수가 늘어나고 세포 각각의 크기는 일정하게 유지된다.

Tip 수란관 앞부분에서 정자와 난자가 결합하는 수정이 일어나며, 이때 만들어진 세포를 수정란이라고 한다.

풀이 ② 포배 상태의 수정란이 자궁 내막에 파묻히는 착상이 일어나면 임신이 되었다고 본다.
④ 수정란이 세포 분열을 거듭하여 조직과 기관이 만들어지고, 이들이 하나의 개체가 되기까지의 전 과정을 발생이라고 한다.
⑥ 난할은 딸세포가 커지는 시기가 거의 없이 세포 분열이 반복되므로 세포 수는 늘어나지만 각 세포의 크기는 점점 작아진다. **답** ①, ③, ⑤

5-1 그림은 사람의 정자와 난자의 수정이 일어나는 모습을 나타낸 것이다. 이에 대한 설명으로 옳은 것을 | 보기 | 에서 모두 고르시오.

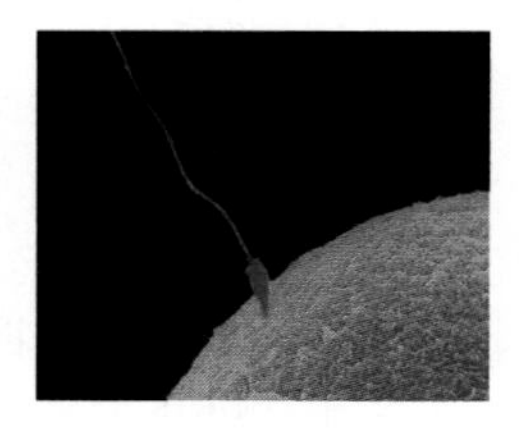

보기
ㄱ. 정자와 난자의 핵에는 각각 23개의 염색체가 있다.
ㄴ. 수정이 일어나면 체세포와 염색체 수가 같은 수정란이 만들어진다.
ㄷ. 난자가 정자보다 크기가 훨씬 큰 까닭은 난자의 세포질에서는 생명 활동이 일어나고 있기 때문이다.

6-1 그림은 수정란의 초기 발생 과정을 나타낸 것이다.

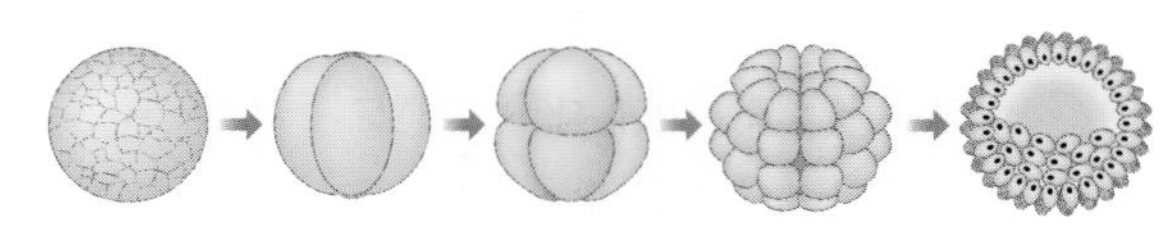

이에 대한 설명으로 옳은 것을 | 보기 | 에서 모두 고르시오.

보기
ㄱ. 난할 과정을 나타낸 것이다.
ㄴ. 생식세포 분열을 거듭하며 발생이 진행된다.
ㄷ. 세포 한 개의 크기는 점점 작아지며, 각 세포가 갖는 염색체 수는 변하지 않는다.

대표 기출 7 | 태아와 모체 사이의 물질 교환 |

그림은 모체와 태아 사이의 태반을 나타낸 것이다.

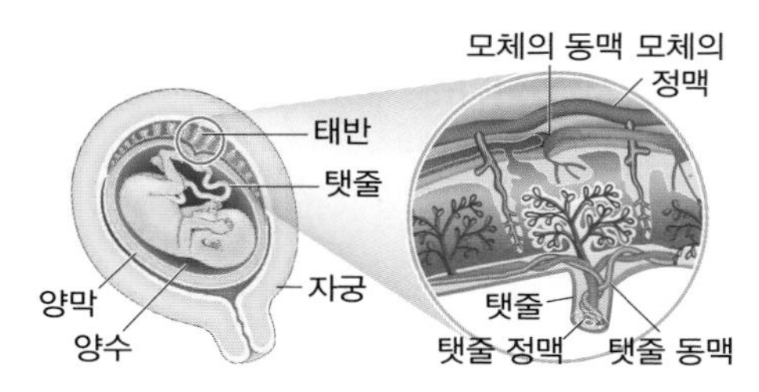

이에 대한 설명으로 옳은 것을 | 보기 | 에서 모두 고르시오.

보기

ㄱ. 태아는 탯줄로 태반과 연결되어 있다.
ㄴ. 배아와 모체 사이에 혈관이 발달하여 태반이 형성된다.
ㄷ. 태반을 통해 태아와 모체 사이에 물질 교환이 이루어진다.
ㄹ. 태아와 모체의 혈관은 직접 연결되어 있어 혈액이 섞인다.
ㅁ. 모체의 몸에서 발생한 이산화 탄소와 노폐물은 태아에게 전달된다.
ㅂ. 알코올 및 약물은 태반에서 걸러져서 태아에게 전달되지 않는다.

Tip 포배 상태의 수정란이 착상되면 배아와 모체 사이에 혈관이 발달하여 태반이 형성되면서 물질 교환이 이루어진다.

풀이 ㄹ. 태반에서는 태아와 모체의 혈관이 직접 연결되지 않는다.
ㅁ, ㅂ. 태아의 몸에서 발생한 이산화 탄소와 노폐물은 모체로 전달되며, 알코올 및 약물은 모체에서 태아에게로 전달될 수 있다.

답 ㄱ, ㄴ, ㄷ

대표 기출 8 | 태아의 발달 |

표는 태아의 각 기관이 발달하는 시기를 나타낸 것이다.

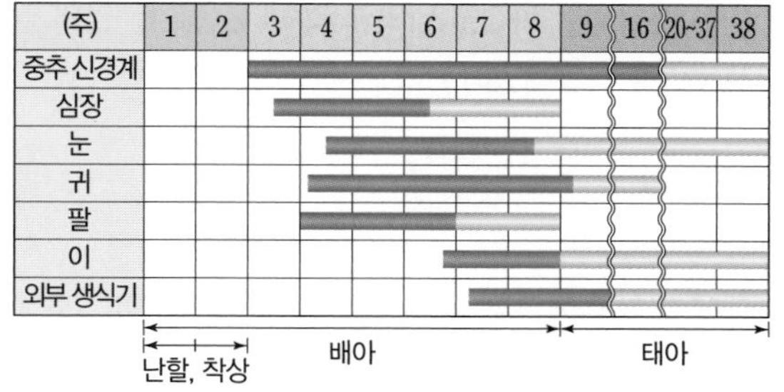

이에 대한 설명으로 옳은 것을 모두 고르면? [정답 3개]

① 모든 기관은 출산되기 전에 완성된다.
② 중추 신경계가 가장 먼저 발달하기 시작한다.
③ 외부 생식기가 가장 나중에 발달하기 시작한다.
④ 기관이 특히 발달하는 3주부터 태아라고 한다.
⑤ 기관의 형성과 완성 시기는 기관에 따라 다르다.
⑥ 임신 초기인 8주 이내에 약물이나 음주는 배아에게 영향을 미치지 않는다.

Tip 배아는 수정 후 8주까지로 뇌, 심장 등 대부분의 기관이 형성되며, 8주가 지난 이후부터 태아라고 부른다.

풀이 ① 중추 신경계, 눈, 이, 외부 생식기 등은 출산 이후에도 발달한다.
④ 수정 후 8주가 지나면 배아가 사람의 모습을 갖추게 되어 태아라고 부른다.
⑥ 착상 후 임신 2개월까지는 태반이 형성되고 기관이 형성되는 시기이므로 방사선, 약물, 음주 등에 노출되면 기형이 유발될 수 있다.

답 ②, ③, ⑤

7-1 그림은 태반에서 모체와 태아 사이의 물질 교환을 나타낸 것이다. (가)와 (나)로 이동하는 물질을 다음에서 골라 쓰시오.

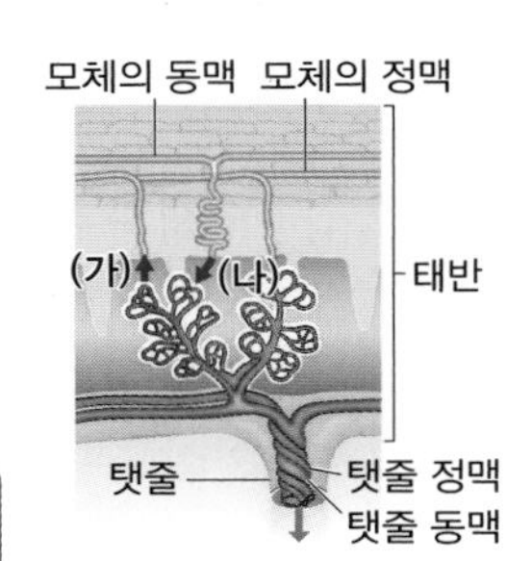

영양소	산소
이산화 탄소	노폐물

• (가): (　　　　　　)
• (나): (　　　　　　)

8-1 다음은 태아의 발달과 출산 과정을 설명한 것이다.

• 수정 후 ㉠(　　　)주 이내에는 중추 신경계와 심장 등 기관 대부분이 만들어지기 시작하므로 임신부의 약물 복용, 음주, 흡연 등은 배아의 기관 형성에 나쁜 영향을 줄 수 있다.
• 수정일로부터 약 ㉡(　　　)일 후 자궁이 수축하여 자궁 입구가 열리고 태아가 질을 통해 모체의 몸 밖으로 나온다.

(　　　) 안에 알맞은 말을 쓰시오.

1주 3일 필수 체크 전략 2

최다 오답 문제

1 그림은 남자의 생식 기관에서 생식세포가 형성될 때 염색체가 변화되는 과정을 나타낸 것이다. (단, 두 쌍의 상동 염색체만을 나타내었다.)

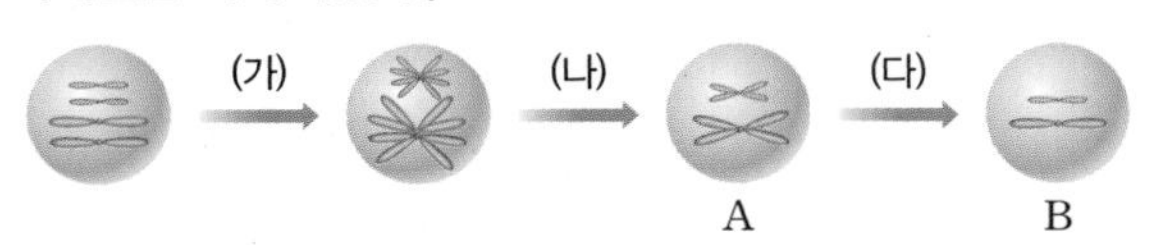

이에 대한 설명으로 옳은 것을 |보기|에서 모두 고른 것은?

보기
ㄱ. A와 B는 염색체 수가 같다.
ㄴ. (나)에서 염색 분체가 분리된다.
ㄷ. (가), (나), (다) 모두에서 DNA양이 변한다.

① ㄱ ② ㄴ ③ ㄱ, ㄷ
④ ㄴ, ㄷ ⑤ ㄱ, ㄴ, ㄷ

Tip 감수 1분열에서 ❶ [ ] 가 분리되고, 감수 2분열에서 ❷ [ ] 가 분리된다.
답 ❶상동 염색체 ❷염색 분체

2 그림은 식물의 꽃가루가 만들어지는 과정을 나타낸 것이다.

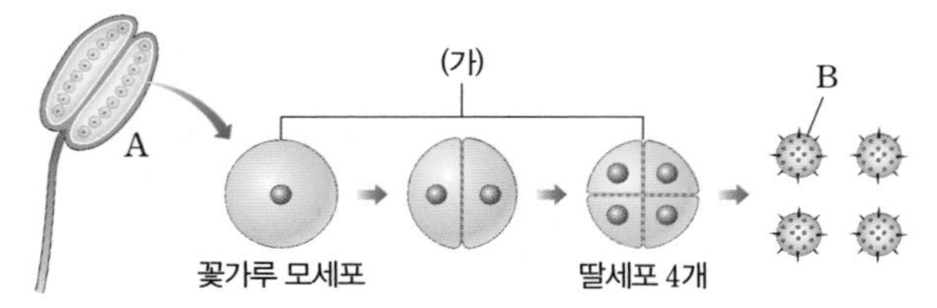

이에 대한 설명으로 옳은 것을 |보기|에서 모두 고른 것은?

보기
ㄱ. A는 꽃밥이고, B는 꽃가루이다.
ㄴ. (가)에서 염색체 수가 꽃가루 모세포의 절반인 딸세포가 생성된다.
ㄷ. B와 난세포가 결합하여 염색체 수가 꽃가루 모세포와 같은 세포가 형성된다.

① ㄱ ② ㄴ ③ ㄱ, ㄷ
④ ㄴ, ㄷ ⑤ ㄱ, ㄴ, ㄷ

Tip 생식세포 분열은 생물의 ❶ [ ] 기관에서 일어나며, 연속 2회 분열로 한 개의 모세포에서 ❷ [ ] 개의 딸세포가 형성된다.
답 ❶생식 ❷네(4)

3 그림은 어떤 남자의 생식 기관에서 일어나는 생식세포 분열 과정에서 세포 한 개에 들어 있는 DNA 상대량의 변화를 나타낸 것이다. 이에 대한 설명으로 옳지 않은 것을 모두 고르면? [정답 2개]

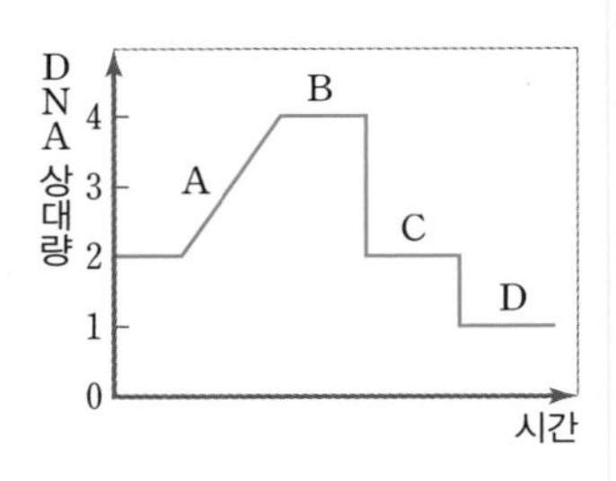

① A 구간에서 핵막과 인이 관찰된다.
② A 구간에서 DNA 복제가 일어난다.
③ B 구간에 2가 염색체가 형성되는 시기가 있다.
④ C 시기 세포의 염색체 수는 D 시기의 2배이다.
⑤ D 구간에 감수 2분열 중기의 세포가 있다.

Tip 감수 1분열이 일어나기 전 ❶ [ ] 에 DNA가 ❷ [ ] 되어 두 배로 되는 시기가 있다.
답 ❶간기 ❷복제

4 그림은 어떤 생물의 세포 분열 과정의 일부를 나타낸 것이다. (가)와 (나)는 각각 생식세포 분열과 체세포 분열 중 하나이며, 세포에 있는 염색체를 모두 나타낸 것이다.

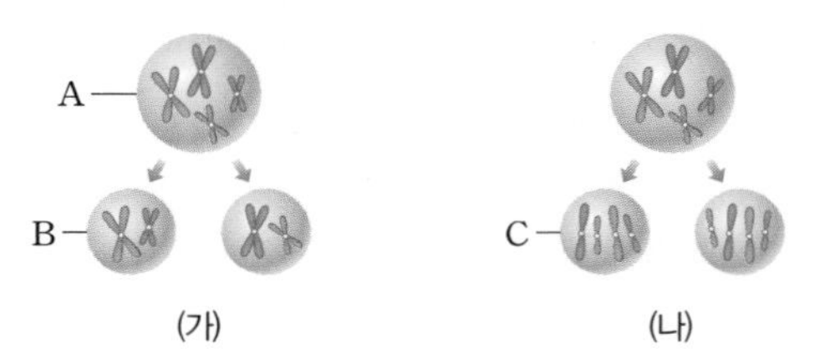

이에 대한 설명으로 옳은 것을 |보기|에서 모두 고른 것은?

보기
ㄱ. A의 염색 분체 수는 C 염색체 수의 두 배이다.
ㄴ. $\frac{\text{염색체 수}}{\text{DNA양}}$는 C가 B의 두 배이다.
ㄷ. (가)에서 상동 염색체가 분리된다.

① ㄱ ② ㄴ ③ ㄱ, ㄷ
④ ㄴ, ㄷ ⑤ ㄱ, ㄴ, ㄷ

Tip 감수 1분열에서 ❶ [ ] 가 접합한 ❷ [ ] 가 나타난다.
답 ❶상동 염색체 ❷2가 염색체

5 그림은 수정란의 초기 세포 분열 과정을 나타낸 것이다.

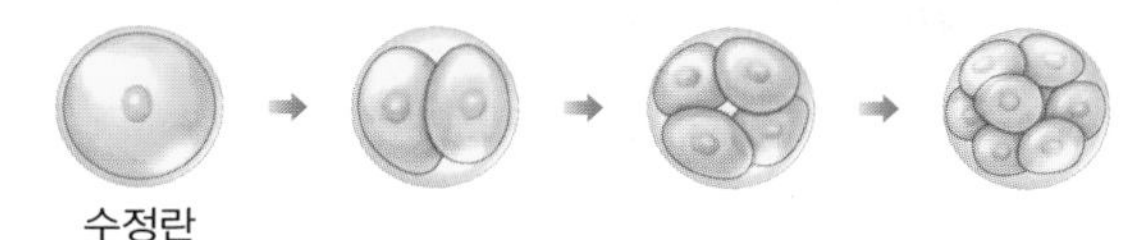

이 과정에서 관찰할 수 있는 세포의 모습으로 옳은 것을 |보기|에서 모두 고른 것은? (단, 체세포의 염색체 수를 4로 나타내었다.)

|보기|
ㄱ. ㄴ.
ㄷ. ㄹ.

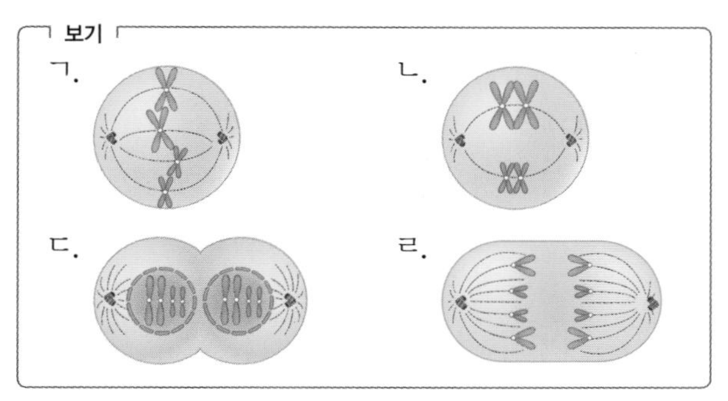

① ㄱ, ㄴ ② ㄷ, ㄹ ③ ㄱ, ㄴ, ㄷ
④ ㄱ, ㄷ, ㄹ ⑤ ㄴ, ㄷ, ㄹ

Tip 수정란이 수란관에서 빠른 속도로 세포 분열하여 세포의 수가 점점 늘어나는 과정을 ❶ ____ 이라고 한다. 이 과정에서 세포 수가 많아질수록 세포 한 개의 DNA양은 일정하게 유지되고 세포 한 개의 ❷ ____ 는 점점 작아진다.

답 ❶ 난할 ❷ 크기

6 그림은 수정란으로부터 임신이 되는 과정을 나타낸 것이다.

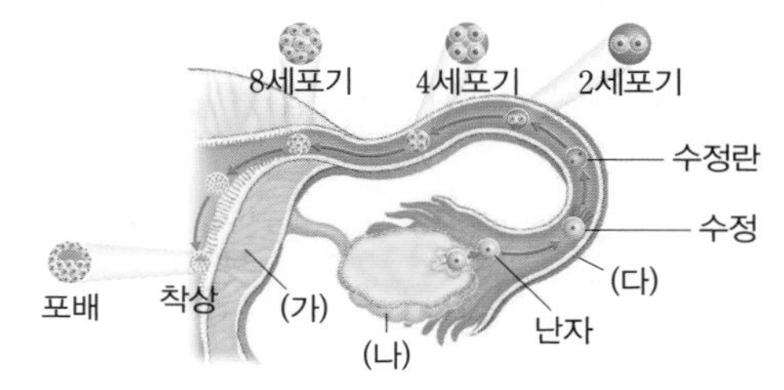

이에 대한 설명으로 옳지 않은 것은?

① (가)는 자궁이다.
② (다)에서 수정과 난할이 일어난다.
③ (다)를 따라 정자가 이동한다.
④ (가)~(다)에서 모두 생식세포 분열이 일어난다.
⑤ 배아가 발생되는 과정은 배란 → 수정 → 난할 → 착상의 순으로 일어난다.

Tip 난소에서 수란관으로 난자가 배출되는 것이 ❶ ____ 이고, 수정 후 포배 상태에서 자궁 내막으로 파고들어가는 것을 ❷ ____ 이라고 한다.

답 ❶ 배란 ❷ 착상

7 그림은 태아와 모체 사이의 태반을 나타낸 것이다.

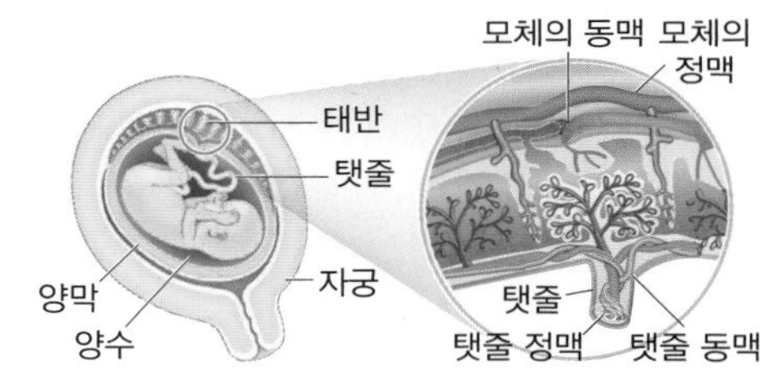

이에 대한 설명으로 옳은 것을 |보기|에서 모두 고른 것은?

|보기|
ㄱ. 태반에서 모체와 태아의 혈액이 섞인다.
ㄴ. 태아는 태반을 통해 모체로부터 영양소와 산소를 공급받는다.
ㄷ. 수정 후 5~7일이 되면 배아와 모체 사이에서 물질 교환이 일어난다.

① ㄱ ② ㄴ ③ ㄱ, ㄷ
④ ㄴ, ㄷ ⑤ ㄱ, ㄴ, ㄷ

Tip 착상 이후 배아와 모체를 연결하는 ❶ ____ 이 만들어지며, 이를 통해 모체로부터 ❷ ____ 와 영양소를 전달받는다.

답 ❶ 태반 ❷ 산소

1주 누구나 합격 전략

[01~02] 그림은 세포의 핵 부분에 있는 구조물을 나타낸 것이다.

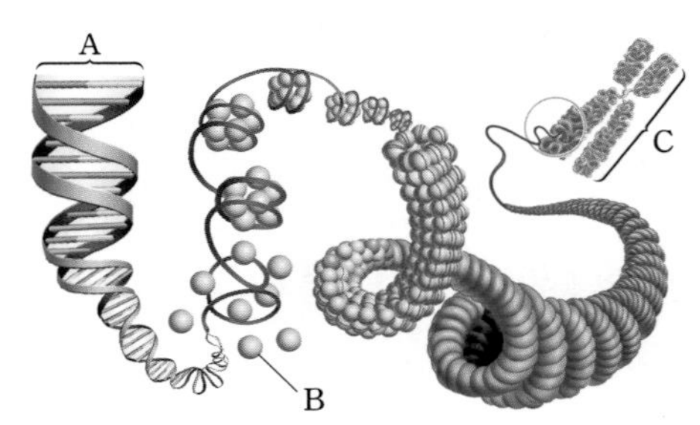

01 A~C는 각각 무엇인지 쓰시오.

( )

02 그림에 대한 설명으로 옳은 것을 모두 고르면? [정답 2개]

① A에 유전 정보가 저장되어 있다.
② A의 두 가닥을 염색 분체라고 한다.
③ B의 단위체는 포도당이다.
④ B는 세포가 분열하지 않는 시기에는 없다.
⑤ C는 세포가 분열하는 시기에 관찰된다.

03 그림은 사람의 체세포에 들어 있는 1번 염색체와 이 염색체의 구조를 나타낸 것이다. 이에 대한 설명으로 옳은 것을 |보기|에서 모두 고른 것은?

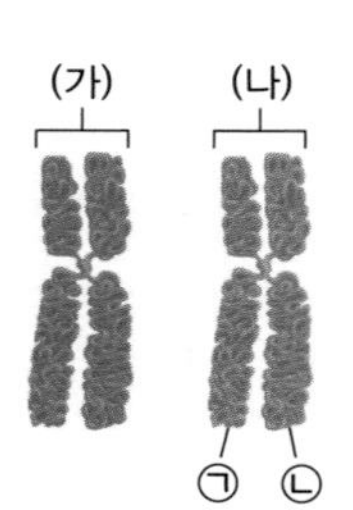

보기
ㄱ. (가)와 (나)는 상염색체이다.
ㄴ. (가)와 (나)는 상동 염색체이다.
ㄷ. ㉠과 ㉡은 부모로부터 각각 하나씩 물려받은 것이다.

① ㄱ ② ㄷ ③ ㄱ, ㄴ
④ ㄴ, ㄷ ⑤ ㄱ, ㄴ, ㄷ

04 그림은 양파 뿌리에서 체세포 분열을 관찰하기 위한 실험 과정의 일부를 나타낸 것이다.

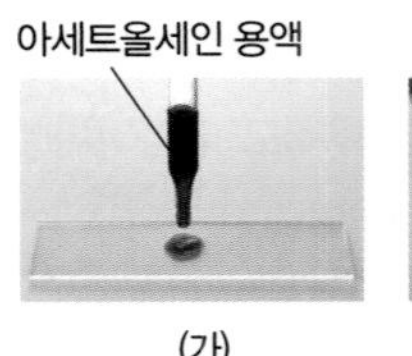

(가)

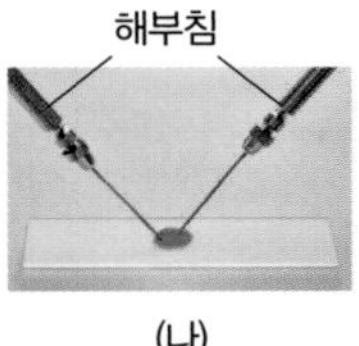

(나)

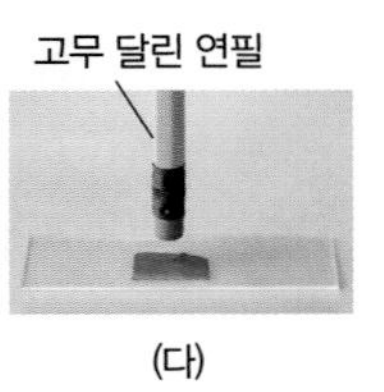

(다)

이에 대한 설명으로 옳지 않은 것은?

① (가) 과정을 통해 염색체가 붉게 염색된다.
② (나)는 세포를 한 겹으로 펼치기 위한 과정이다.
③ (다)는 세포가 잘 분리되도록 조직을 연하게 하는 과정이다.
④ 위의 과정을 거치기 전에 고정과 해리 과정을 거쳐야 한다.
⑤ 양파 뿌리 끝을 사용하는 까닭은 체세포 분열이 일어나는 생장점이 있기 때문이다.

05 그림은 체세포 분열 과정을 순서 없이 나타낸 것이다.

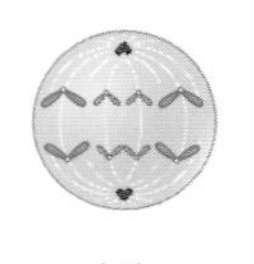
(가)

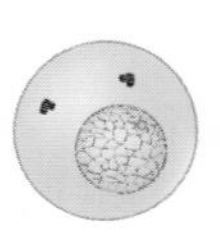
(나)

(다)

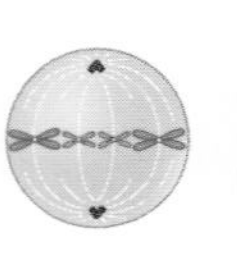
(라)

(마)

이에 대한 설명으로 옳은 것을 |보기|에서 모두 고른 것은?

보기
ㄱ. 간기부터 순서대로 나열하면 (나)-(라)-(가)-(마)-(다)이다.
ㄴ. (나) 시기에 DNA양이 두 배가 된다.
ㄷ. (라) 시기에 2가 염색체가 세포의 중앙에 배열된다.

① ㄱ ② ㄴ ③ ㄱ, ㄷ
④ ㄴ, ㄷ ⑤ ㄱ, ㄴ, ㄷ

06 그림은 어떤 세포가 분열하는 과정을 모식적으로 나타낸 것이다.

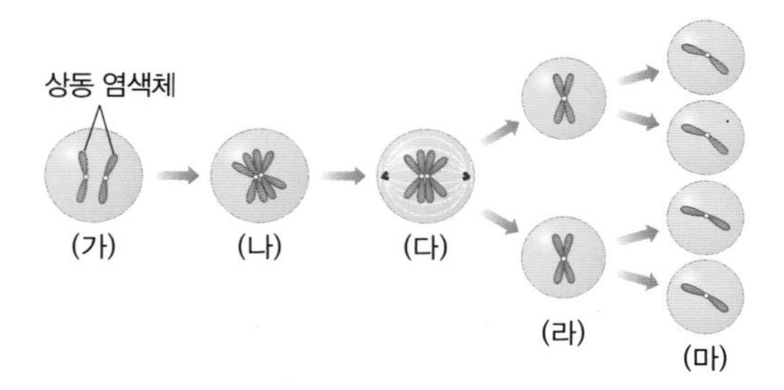

이에 대한 설명으로 옳은 것을 | 보기 | 에서 모두 고른 것은?

보기
ㄱ. (나)의 유전 물질의 양은 (가)의 두 배이다.
ㄴ. (다) → (라) 과정에서 2가 염색체의 상동 염색체가 분리되어 염색체 수가 반으로 줄어든다.
ㄷ. (라)의 염색체 수는 (마)의 두 배이다.

① ㄱ ② ㄷ ③ ㄱ, ㄴ
④ ㄴ, ㄷ ⑤ ㄱ, ㄴ, ㄷ

07 그림은 어떤 생물의 체세포에 있는 염색체를 모두 나타낸 것이다. 이 생물에 대한 설명으로 옳은 것을 | 보기 | 에서 모두 고른 것은?

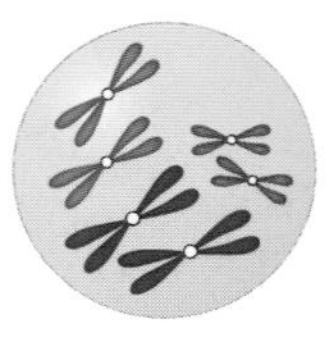

보기
ㄱ. 생식 기관에 염색체 수가 3인 세포가 있다.
ㄴ. 체세포 분열로 염색체 수가 6인 세포가 형성된다.
ㄷ. 감수 2분열 전기의 세포에 염색 분체가 총 6개 있다.

① ㄱ ② ㄷ ③ ㄱ, ㄴ
④ ㄴ, ㄷ ⑤ ㄱ, ㄴ, ㄷ

08 그림은 사람의 생식세포를 나타낸 것이다. (가)와 (나)의 공통점을 세 가지 쓰시오.

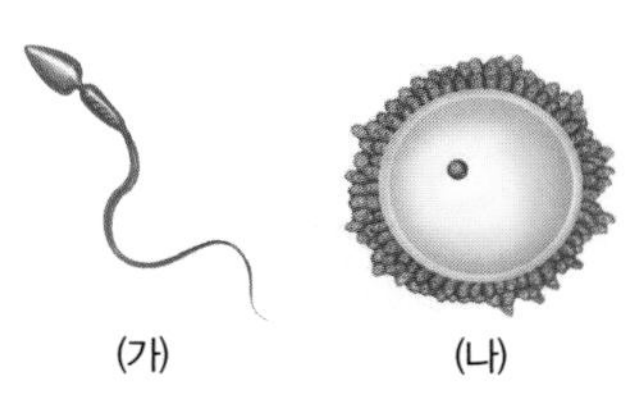

09 그림은 사람의 수정란 초기 발생 과정의 일부를 순서 없이 나타낸 것이다.

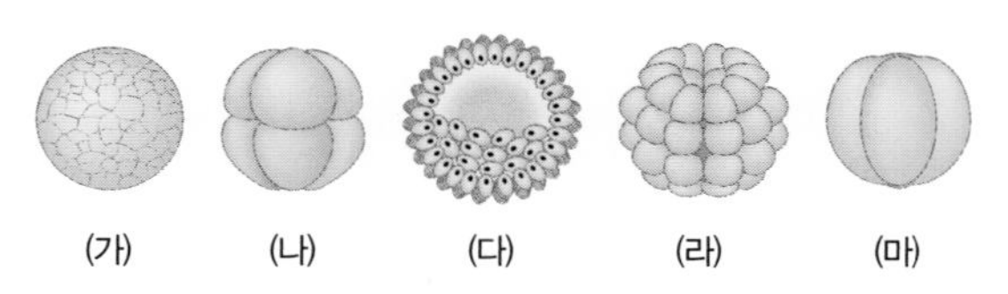

이에 대한 설명으로 옳은 것을 | 보기 | 에서 모두 고른 것은?

보기
ㄱ. (가) 상태에서 자궁에 착상한다.
ㄴ. (나)는 (라)보다 세포 한 개당 염색체 수가 더 많다.
ㄷ. 발생 과정은 (가) → (마) → (나) → (라) → (다) 순으로 진행된다.

① ㄱ ② ㄷ ③ ㄱ, ㄴ
④ ㄴ, ㄷ ⑤ ㄱ, ㄴ, ㄷ

10 그림은 여자의 생식 기관을 나타낸 것이다.

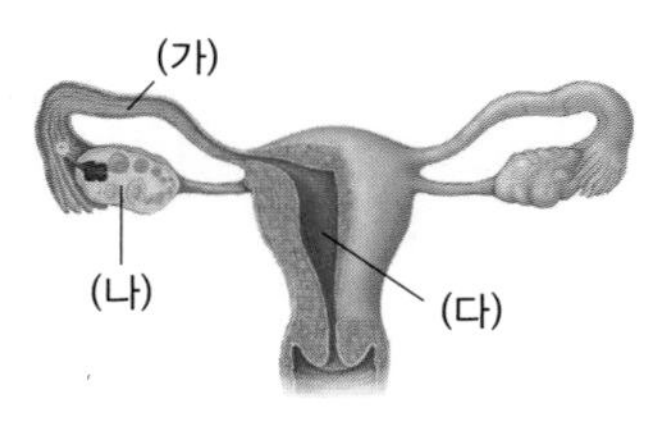

이에 대한 설명으로 옳은 것은?

① (가)는 자궁이다.
② (가)에서 태아의 기관이 발달한다.
③ (나)에서 생식세포 분열이 일어난다.
④ (나)에서 (다)로 난자가 이동하는 것이 배란이다.
⑤ 수정 후 약 266일 후에 포배가 되어 (다)에 착상된다.

1 다음은 선생님과 모둠원 A~E가 염색체와 유전자에 관해 온라인 모둠 활동을 하는 과정의 일부이다.

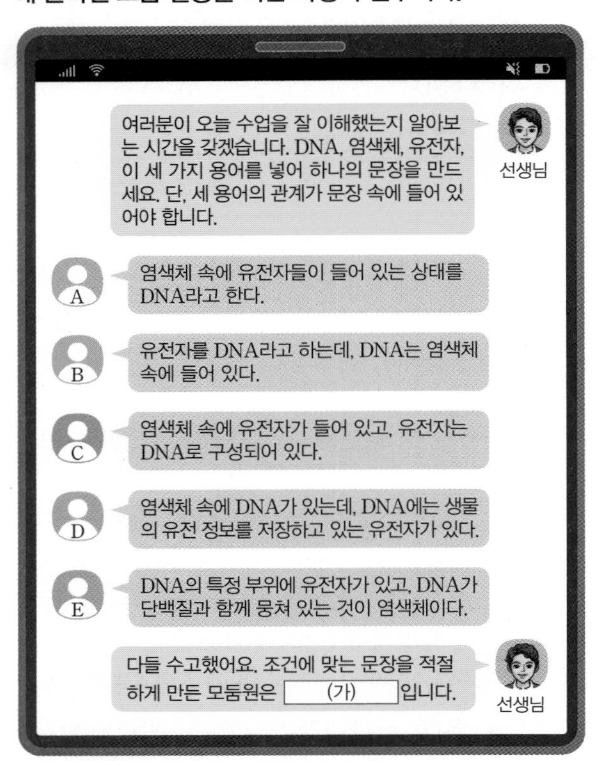

(가)에 들어갈 모둠원을 모두 고른 것은?

① A, B ② A, C ③ B, E
④ D, E ⑤ C, D, E

Tip 세포가 분열할 때 막대 모양으로 관찰되는 ❶ ____는 유전 물질인 ❷ ____와 단백질로 이루어져 있다.

답 ❶ 염색체 ❷ DNA

2 다음은 사람의 염색체를 알아보기 위한 탐구 활동이다.

| 과정 |

(가) 성별이 다르고 염색체의 수와 모양이 정상인 두 사람의 체세포 염색체 사진을 각각 준비한다.

(나) 염색체를 모양에 따라 가위로 오려 낸다.

(다) 가위로 오려 낸 염색체를 크기와 모양이 같은 것끼리 짝을 짓는다.

(라) 염색체의 크기가 큰 것부터 작은 것까지 순서대로 A4 종이에 배열하여 붙이고 번호를 매긴다.

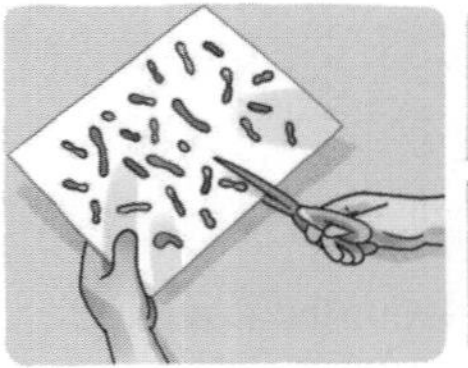

(마) 종이에 붙인 상동 염색체 수를 세어 보고, 상염색체와 성염색체를 구별해 본다.

민수는 (라) 과정 진행 도중 누구의 염색체인지 알 수 없는 한 개의 염색체 사진을 잃어버렸다. 다음 중 민수가 과정 (마)를 신속하고 정확하게 완료하는 방법으로 가장 적절한 것은?

① 선생님께 염색체 사진 두 장을 새로 받아 (나) 과정부터 진행한다.

② 선생님께 염색체 사진 한 장을 새로 받아 (나) 과정부터 진행한다.

③ 붙였던 염색체들을 떼어 내고 (다) 과정부터 다시 진행한다.

④ 선생님께 염색체 사진 두 장을 새로 받고, 이를 이용하여 진행하던 과정을 이어간다.

⑤ 선생님께 염색체 사진 한 장을 새로 받고, 이를 이용하여 진행하던 과정을 이어간다.

Tip 사람의 체세포에는 남녀 공통으로 들어 있는 ❶ ____ 22쌍과 성염색체 ❷ ____ 쌍이 들어 있다.

답 ❶ 상염색체 ❷ 한(1)

3 다음은 민수가 생태 활동을 다녀온 후 작성한 체험 활동 보고서의 일부를 나타낸 것이다.

보고서에 대해 학생 A~C가 나눈 대화 중 옳게 설명한 학생을 모두 고른 것은?

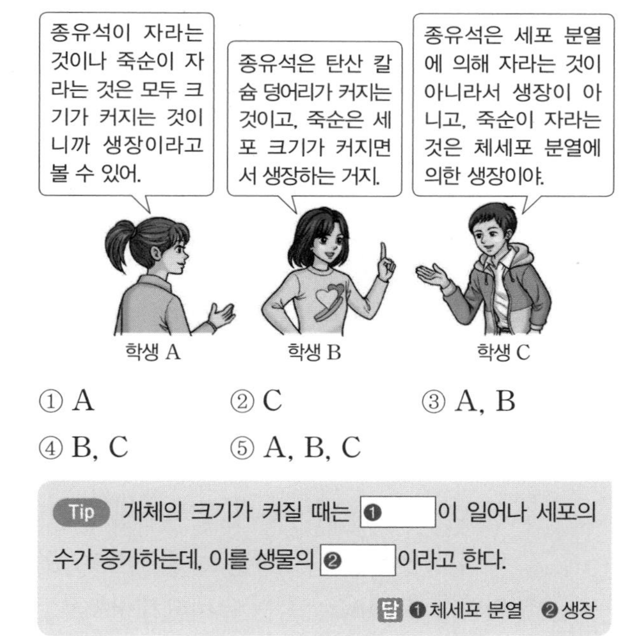

① A ② C ③ A, B
④ B, C ⑤ A, B, C

Tip 개체의 크기가 커질 때는 ❶ ___ 이 일어나 세포의 수가 증가하는데, 이를 생물의 ❷ ___ 이라고 한다.

답 ❶ 체세포 분열 ❷ 생장

4 다음은 세포당 염색체 수가 4인 동물 세포의 체세포 분열에서 나타나는 각 시기의 특성을 학습하기 위한 게임 활동이다.

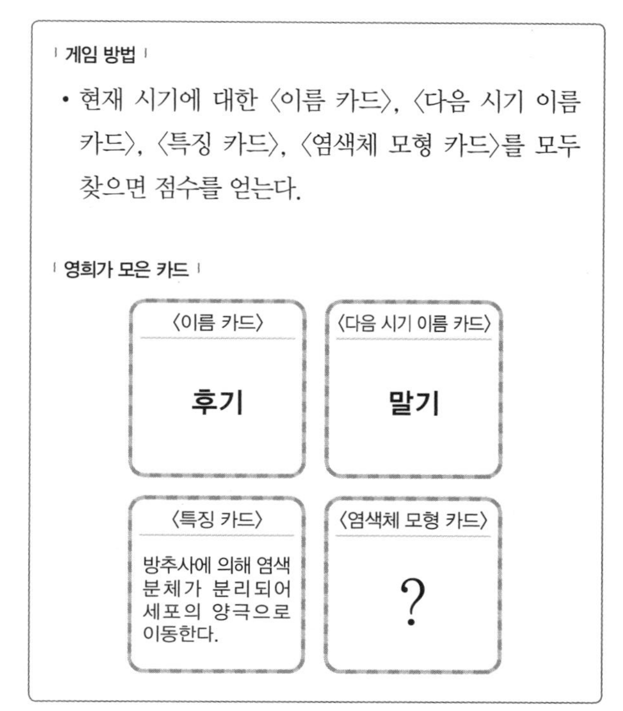

영희가 게임에서 점수를 얻었을 때, 〈염색체 모형 카드〉에 들어갈 그림으로 옳은 것은?

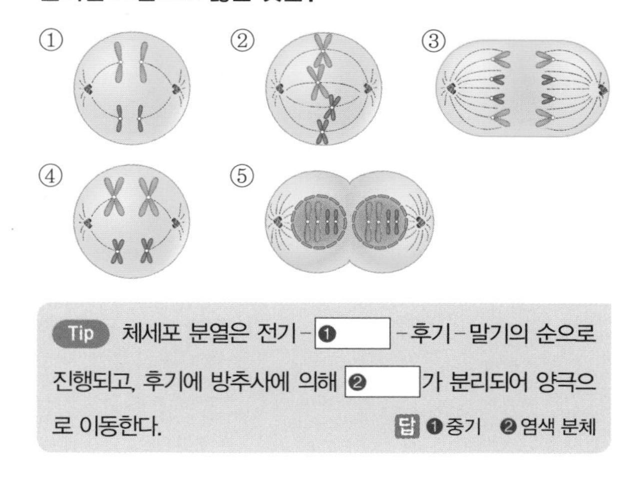

Tip 체세포 분열은 전기-❶ ___ -후기-말기의 순으로 진행되고, 후기에 방추사에 의해 ❷ ___ 가 분리되어 양극으로 이동한다.

답 ❶ 중기 ❷ 염색 분체

5 그림은 감수 1분열, 감수 2분열, 체세포 분열을 구분하는 순서도이다.

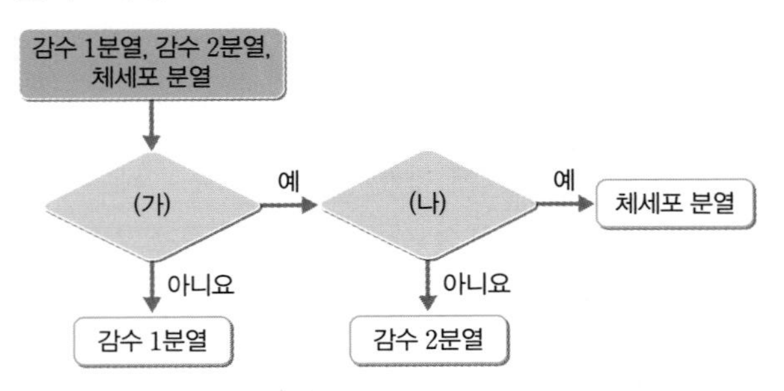

이에 대한 설명으로 옳은 것을 | 보기 |에서 모두 고른 것은?

보기
ㄱ. '핵분열 후기에 염색 분체가 분리되는가?'는 (가)에 해당한다.
ㄴ. '2가 염색체가 형성되는 시기가 있는가?'는 (가)에 해당한다.
ㄷ. '딸세포의 DNA양이 모세포의 절반인가?'는 (나)에 해당한다.

① ㄱ　② ㄷ　③ ㄱ, ㄴ
④ ㄴ, ㄷ　⑤ ㄱ, ㄴ, ㄷ

Tip 감수 1분열 ❶ ____에 ❷ ____가 붙어 2가 염색체가 형성되고, 후기에 분리된다. 답 ❶ 전기 ❷ 상동 염색체

6 다음은 세포 분열과 관련된 루미큐브 게임 자료이다.

| 준비물 |
체세포 분열, 감수 1분열, 감수 2분열의 각 시기에 대한 그림이 한 면에 있는 타일 (각 시기별 세 개씩 준비)

| 게임 방법 |
(가) 모든 타일을 뒤집어 중앙에 놓고, 세 모둠이 타일을 8개씩 가지고 간다.
(나) 자신의 모둠 차례가 되면 가지고 있는 타일 중 '미션'을 이루기 위해 가장 적절한 타일을 한 개 골라 내려놓는다. (단, 첫 타일은 감수 2분열이어야 하며, 내려놓을 타일이 없을 경우 중앙에 뒤집어진 타일을 하나 가지고 온다.)

[미션] 같은 종류의 세포 분열에서 연속된 시기인 세 개의 타일 혹은 같은 시기에 해당하는 세 개의 타일을 먼저 내려놓기

(다) '미션'을 먼저 완료한 모둠 순서대로 우선 순위가 된다.

다음은 영수네 모둠이 가진 타일이다.

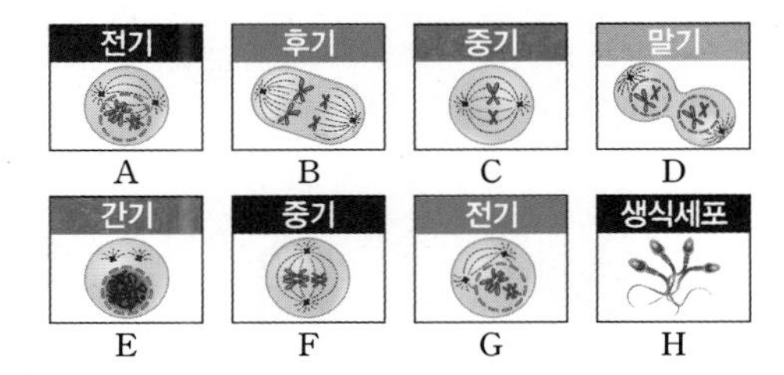

게임에서 이기기 위해 모둠에서 할 일로 옳은 것은?

① 차례가 올 때 A → F → B의 순으로 내려놓는다.
② 차례가 올 때 C → B → D의 순으로 내려놓는다.
③ 차례가 올 때 B → D → H의 순으로 내려놓는다.
④ 차례가 올 때 A → G의 순으로 내려놓고, 중앙에서 가져온 타일이 '전기'일 때 내려놓는다.
⑤ 차례가 올 때 C → F의 순으로 내려놓고, 중앙에서 가져온 타일이 '중기'일 때 내려놓는다.

Tip 생식세포 분열은 상동 염색체가 분리되는 ❶ ____이 일어난 후 DNA 복제 없이 ❷ ____가 분리되는 감수 2분열이 일어난다. 답 ❶ 감수 1분열 ❷ 염색 분체

7 다음은 영희가 임신이 잘 되지 않는 난임에 대해 발표한 자료의 일부이다.

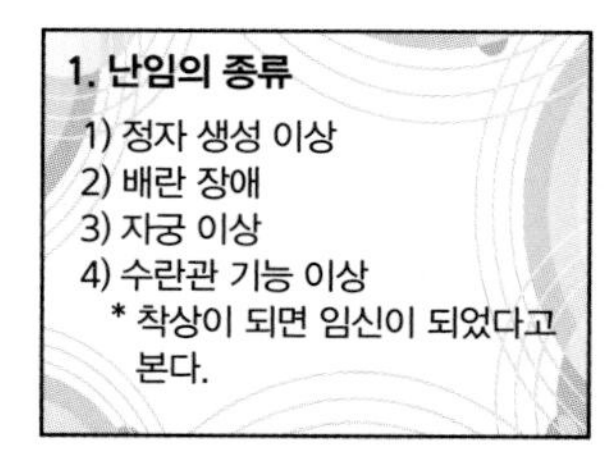

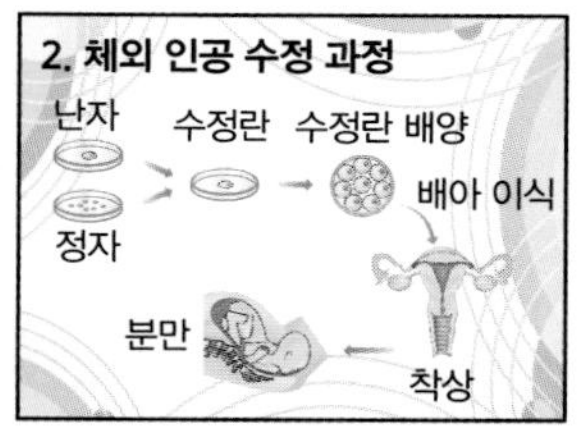

발표를 본 학생들의 대화 중 옳게 설명한 학생을 모두 고른 것은?

아기를 갖고자 할 때, 체외 인공 수정은 영희가 발표한 난임의 종류 네 가지 모두에 대해 적절한 해결 방법이야.

체외 인공 수정을 할 경우 임신 기간은 자연 임신인 경우와 같아.

체외 인공 수정을 할 경우 발생 과정 전체가 체외에서 진행되는 것이네.

유정

은서

태영

① 유정 ② 은서
③ 유정, 태영 ④ 은서, 태영
⑤ 유정, 은서, 태영

Tip 정자와 난자가 만나는 수정 과정은 여자의 생식 기관 중 ❶ [ ] 에서 일어나고, 착상은 ❷ [ ] 에서 일어난다.

답 ❶ 수란관 ❷ 자궁

8 그림은 발생 과정을 애니메이션으로 표현하기 위한 코딩의 일부를 나타낸 것이다.

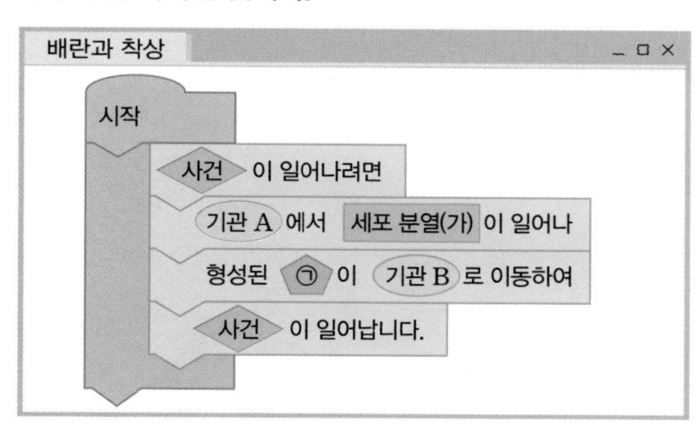

이에 대한 설명으로 옳지 <u>않은</u> 것은?

① 사건 이 배란일 때 기관 A 는 난소이다.
② 사건 이 배란일 때 ㉠ 은 난자이다.
③ 사건 이 배란일 때 기관 B 는 수란관이다.
④ 사건 이 착상일 때 기관 B 는 자궁이다.
⑤ 사건 이 착상일 때 세포 분열(가) 는 생식세포 분열이다.

Tip 배란은 ❶ [ ] 에서 수란관으로 난자가 배출되는 현상이고, 난할은 ❷ [ ] 이 수란관을 따라 자궁으로 이동하면서 체세포 분열을 통해 세포 수가 증가하는 것이다.

답 ❶ 난소 ❷ 수정란

2주 V 생식과 유전(2)

3강_멘델의 유전 원리

공부할 내용	3강_**멘델의 유전 원리** • 우열의 원리 • 분리의 법칙 • 독립의 법칙 4강_**사람의 유전** • 사람의 유전 연구 방법 • 상염색체 유전 • 성염색체 유전

4강_사람의 유전

2주 1일 개념 돌파 전략 1

개념 1 유전 용어

1 **유전** 부모의 ❶ ______이 자녀에게 전달되는 현상

2 **유전 용어**

형질	생물의 고유한 모양, 색깔, 크기, 성질 등 생물이 가지는 특성
대립 형질	하나의 형질에 대해 뚜렷하게 대비되는 형질 예 완두 씨의 색깔: 황색 ↔ 녹색
표현형	겉으로 드러나는 형질 예 완두 씨: 황색, 녹색
유전자형	형질을 나타내는 유전자 구성을 알파벳 기호로 나타낸 것 예 Rr
대립 유전자	대립 형질을 결정하는 유전자로, ❷ ______의 같은 위치에 있다. 예 둥근 유전자: R, 주름진 유전자: r
순종	한 형질을 나타내는 유전자의 구성이 같은 개체 예 RR, RRyy
잡종	한 형질을 나타내는 유전자의 구성이 다른 개체 예 Rr, RrYy

❶ 형질 ❷ 상동 염색체

확인Q 1 유전자형이 순종인 것은 '순', 잡종인 것은 '잡'을 쓰시오.

(1) Aa (　　) (2) AAbb (　　) (3) RrYy (　　)

개념 2 완두가 유전 실험 재료로 적합한 까닭

1 **완두가 유전 실험의 재료로 적합한 까닭**

- 재배하기 쉽고 한 세대가 ❶ ______.
- 자손의 수가 ❷ ______. ➡ 통계적인 분석에 유리
- 대립 형질이 뚜렷하다. ➡ 교배 결과 명확하게 해석
- 자가 수분과 타가 수분이 가능 ➡ 임의 교배 가능

2 **완두의 7가지 형질**

형질	씨 모양	씨 색깔	꽃 색깔	콩깍지 모양	콩깍지 색깔	꽃이 피는 위치	키
우성	둥글다	황색	보라색	매끈하다	녹색	줄기의 옆	크다
열성	주름지다	녹색	흰색	잘록하다	황색	줄기의 끝	작다

❶ 짧다 ❷ 많다

확인Q 2 수술의 꽃가루를 같은 그루의 꽃에 있는 암술에 묻히는 것을 무엇이라고 하는지 쓰시오.

개념 3 우열의 원리

1 **멘델의 실험** 순종의 둥근 완두와 주름진 완두를 교배하였더니 잡종 1대에서 모두 둥근 완두만 나타났다.

2 **우열의 원리** 대립 형질이 다른 두 순종 개체를 교배하여 얻은 잡종 1대에서 대립 형질 중 한 가지만 나타나는 것 ➡ 잡종 1대에서 나타나는 형질을 ❶ ______, 나타나지 않는 형질을 ❷ ______이라고 한다.

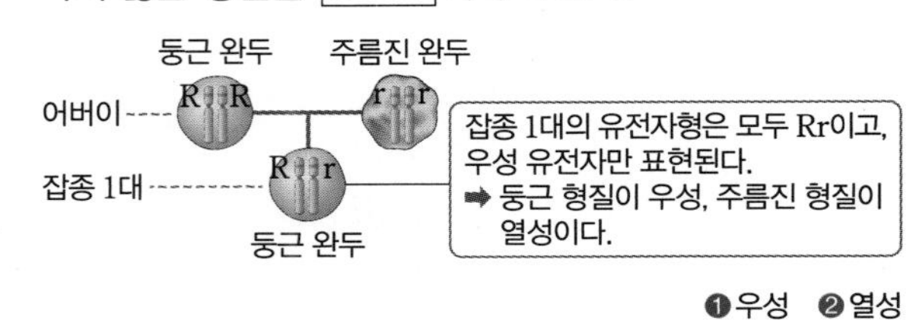

❶ 우성 ❷ 열성

확인Q 3 순종의 황색 완두와 녹색 완두를 교배하였더니 모두 황색 완두만 나왔다. 우성 형질은 무엇인지 쓰시오.

개념 4 분리의 법칙

1 **멘델의 실험** 순종의 둥근 완두와 주름진 완두를 교배하여 얻은 잡종 1대를 자가 수분하였더니 잡종 2대에서 둥근 완두와 주름진 완두가 약 ❶ ______의 비로 나왔다.

2 **분리의 법칙** 생식세포를 만드는 과정에서 한 쌍의 ❷ ______가 분리되어 각각 서로 다른 생식세포로 들어가는 유전 원리 ➡ 잡종 2대에서 우성과 열성이 일정한 비율로 나타난다.

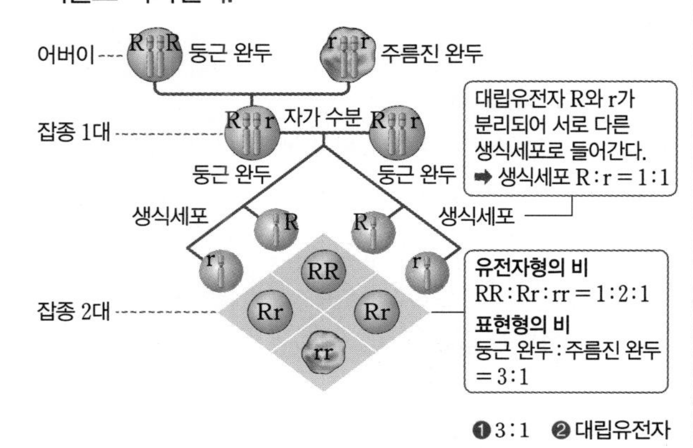

❶ 3 : 1 ❷ 대립유전자

확인Q 4 유전자형이 Rr인 둥근 완두를 자가 수분하면 잡종 1대에서는 둥근 완두와 주름진 완두가 (　　　)의 비율로 나타난다.

멘델은 유전 실험 결과를 해석하기 위해 여러 가지 가설을 세웠다.

개념 5 멘델의 가설

1 생물에는 한 가지 형질을 결정하는 한 쌍의 유전 인자가 있으며, 유전 인자는 부모에게서 자손으로 전달된다.
➡ 유전 인자는 오늘날의 유전자이다.

2 특정 형질에 대한 한 쌍의 유전 인자가 서로 다르면 그 중 하나는 표현되고, 다른 하나는 표현되지 않는다. ➡ ❶ ___의 원리

3 한 쌍의 유전 인자는 생식세포를 형성할 때 분리되어 각각 다른 생식세포로 나뉘어 들어가고, 생식세포를 통해 자손에게 전달된 유전 인자는 다시 쌍을 이룬다. ➡ ❷ ___의 법칙

❶우열 ❷분리

확인Q 5 멘델은 완두를 이용한 유전 연구를 통하여 유전 현상이 (   )에 의해 나타난다는 것을 제안하였다.

개념 6 우열의 원리가 성립하지 않는 유전

1 **분꽃의 꽃 색깔 유전** 순종의 붉은색 분꽃과 흰색 분꽃을 교배하면 붉은색 꽃 대립유전자(R)와 흰색 꽃 대립유전자(W) 사이의 ❶ ___ 관계가 뚜렷하지 않아 잡종 1대에서 중간 형질인 ❷ ___ 꽃만 나타난다.

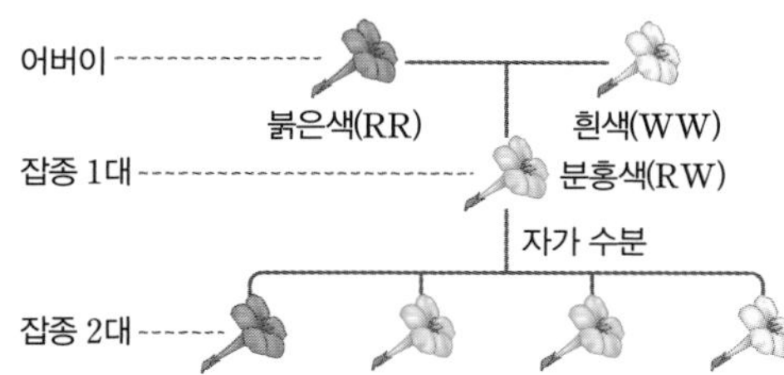

2 잡종 1대를 자가 수분하면 잡종 2대에서 분리의 법칙에 의해 붉은색 분꽃과 흰색 분꽃이 다시 나타난다. 따라서 분꽃 색깔 유전에서 우열의 원리는 성립하지 않지만, 분리의 법칙은 성립한다. ➡ 붉은색(RR) : 분홍색(RW) : 흰색(WW) = 1 : 2 : 1

❶우열 ❷분홍색

확인Q 6 붉은색 분꽃과 흰색 분꽃을 교배하였을 때 잡종 1대에서 분홍색 분꽃만 나타나는 까닭을 쓰시오.

개념 7 독립의 법칙

1 **멘델의 실험** 순종의 둥글고 황색인 완두와 순종의 주름지고 녹색인 완두를 교배하여 얻은 잡종 1대를 자가 수분하였더니 잡종 2대에서 둥글고 황색, 둥글고 녹색, 주름지고 황색, 주름지고 녹색인 완두가 ❶ ___의 비로 나타났다.

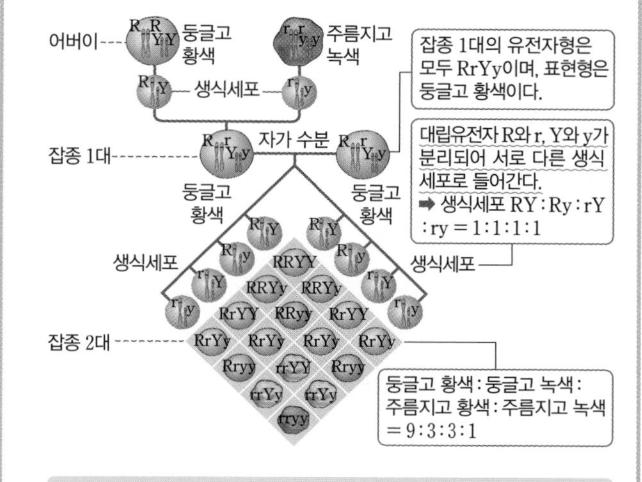

- 모양에 대한 표현형 비 ➡ 둥근 것 : 주름진 것 = 3 : 1
- 색깔에 대한 표현형 비 ➡ 황색 : 녹색 = 3 : 1

➡ 모양과 색깔에 대한 대립유전자 쌍은 서로 영향을 미치지 않고 각각 독립적으로 유전된다.

2 **독립의 법칙** 두 쌍 이상의 대립유전자가 서로 영향을 미치지 않고 각각 ❷ ___에 따라 유전되는 원리

❶9 : 3 : 3 : 1 ❷분리의 법칙

확인Q 7 독립의 법칙에서도 (   )의 법칙이 성립된다.

개념 8 우성 개체의 유전자형

1 **유전자형을 모르는 우성 개체를 열성 순종 개체와 교배하여 유전자형을 알아보는 방법**

- RR × rr → Rr ➡ 자손에서 우성 형질만 나오면 교배한 우성 개체는 ❶ ___(RR)이다.
- Rr × rr → Rr, rr ➡ 자손에서 우성 형질과 열성 형질이 1 : 1로 나오면 교배한 우성 개체는 ❷ ___(Rr)이다.

❶순종 ❷잡종

확인Q 8 황색 완두와 녹색 완두를 교배하였더니 모두 황색 완두만 나왔다면 교배한 황색 완두는 (   )이다.

개념 ❶ 사람의 유전 연구가 어려운 까닭

1 한 세대가 길다. ➡ 여러 세대에 걸쳐 특정 형질이 유전되는 방식을 관찰하기 어렵다.

2 자손의 수가 적다. ➡ ❶ ______를 내기 어렵다.

3 교배 실험이 불가능하다.

4 형질이 다양하고 대립 형질이 뚜렷하지 않은 경우가 많다. ➡ 정확하게 분석하기 어렵다.

5 환경의 영향을 많이 받는다. ➡ 유전자 구성이 같아도 ❷ ______에 따라 개인차가 나타난다.

❶ 통계 ❷ 환경

확인Q 1 사람의 유전 연구가 어려운 까닭은 한 세대가 ( )고, 자손의 수가 ( )으며, 교배 실험이 불가능하기 때문이다.

개념 ❷ 사람의 유전 연구 방법

쌍둥이 연구	쌍둥이를 비교하여 유전과 환경이 특정 형질에 미치는 영향 조사 •1란성 쌍둥이: 유전자 구성이 ❶ ______으므로 형질 차이는 ❷ ______의 영향이다. •2란성 쌍둥이: 유전자 구성이 다르므로 유전과 환경의 영향에 의해 형질 차이가 나타난다. (그림: 정자 난자 / 1란성 쌍둥이 / 2란성 쌍둥이)
가계도 분석	가계도를 분석하여 특정 형질을 가진 가계에서 형질이 어떻게 유전되는지 알아보는 방법 ➡ 형질의 우열 관계와 가족 구성원의 유전자형, 태어날 자손의 형질을 예측할 수 있다.
통계 조사	특정 형질의 유전에 대해 최대한 많은 사람을 조사하여 얻은 자료를 통계적으로 분석 ➡ 유전 형질의 특징, 유전자 분포 등을 밝힌다.
염색체와 유전자 조사	염색체나 유전자를 직접 분석하여 염색체의 이상 여부 및 유전 현상을 알아낸다.

❶ 같 ❷ 환경

확인Q 2 유전과 환경이 특정 형질에 미치는 영향을 알아보는 데 적합한 사람의 유전 연구 방법을 쓰시오.

개념 ❸ 가계도 분석

1 가계도에 사용되는 기호

• 남자는 □, 여자는 ○로 표시하며, 가로선은 부부 관계, 세로선은 부모와 자식 관계이다.

• 특정 형질의 여부를 색이나 무늬 등의 형태로 나타낸다.

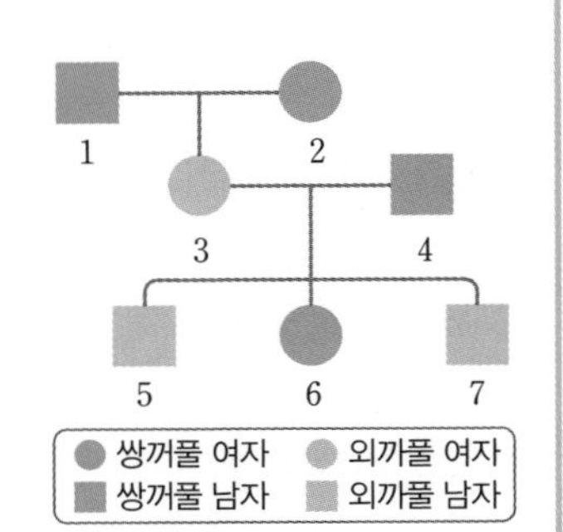

2 가계도 분석 방법 부모(1과 2)와 다른 형질을 지닌 자녀(3)가 태어나면 부모의 형질(쌍꺼풀)이 ❶ ______, 자녀의 형질(외까풀)이 ❷ ______(aa)이다. 자녀는 부모에게서 대립유전자를 하나씩 물려받으므로 1, 2, 4, 6의 유전자형은 Aa이다.

❶ 우성 ❷ 열성

확인Q 3 부모에게 없던 형질이 자녀에게 나타나면 부모의 형질이 ( ), 자녀의 형질이 ( )이다.

개념 ❹ 상염색체에 의한 유전

1 상염색체 유전 멘델의 유전 원리에 따라 유전되며, ❶ ______이 비교적 명확하게 구분되고, 남녀에 따라 형질이 나타나는 빈도에 차이가 ❷ ______.

2 상염색체에 있는 한 쌍의 대립유전자에 의해 결정되는 형질

구분	혀 말기	이마 선 모양	보조개
우성	가능	V자형	있음
열성	불가능	일자형	없음

구분	눈꺼풀	귓불 모양	엄지 모양
우성	쌍꺼풀	분리형	젖혀짐
열성	외까풀	부착형	곧음

❶ 대립 형질 ❷ 없다

확인Q 4 유전자가 ( )염색체에 있는 형질은 남녀에 따라 나타나는 빈도에 차이가 없다.

개념 5 미맹 유전 – 상염색체 유전

1 미맹 → PTC 용액의 쓴맛을 느끼지 못하는 형질

상염색체에 있는 한 쌍의 대립유전자에 의해 결정된다. ➡ 우열의 원리와 ❶ ___ 에 따라 유전되며, 성별에 관계없이 형질이 나타난다.

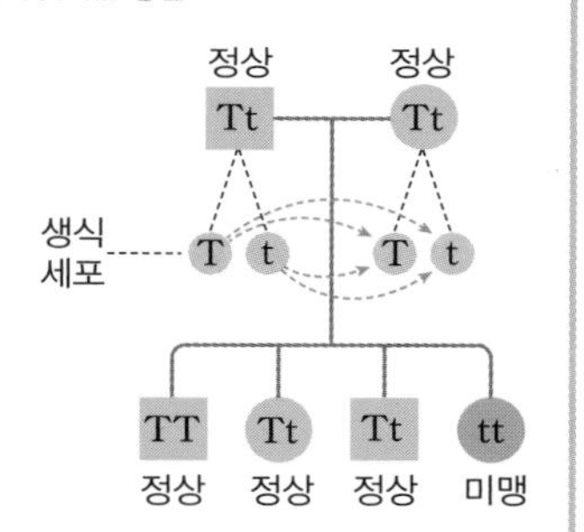

2 우열 관계 미맹 대립유전자(t)는 정상 대립유전자(T)에 대해 열성이다. ➡ 정상인 사람의 유전자형은 TT 또는 Tt이고, 미맹인 사람의 유전자형은 ❷ ___ 이다.

❶분리의 법칙 ❷tt

확인Q 5 그림은 어떤 가족의 미맹 가계도이다. 우성 유전자를 T, 열성 유전자를 t라고 할 때, (가)~(다)의 유전자형을 쓰시오.

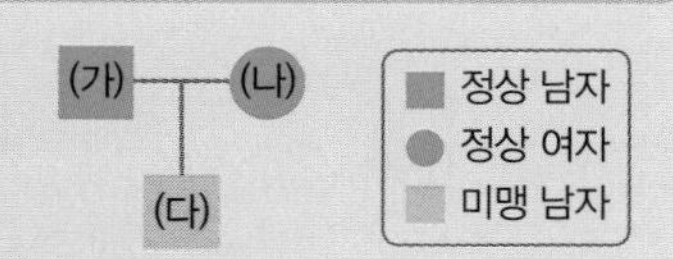

개념 6 ABO식 혈액형 유전 – 상염색체 유전

1 ABO식 혈액형

대립유전자의 종류는 A, B, O의 3가지이지만, ❶ ___ 쌍의 대립유전자에 의해 형질이 결정된다. 유전자가 ❷ ___ 염색체에 있어 성별에 관계없이 형질이 나타난다.

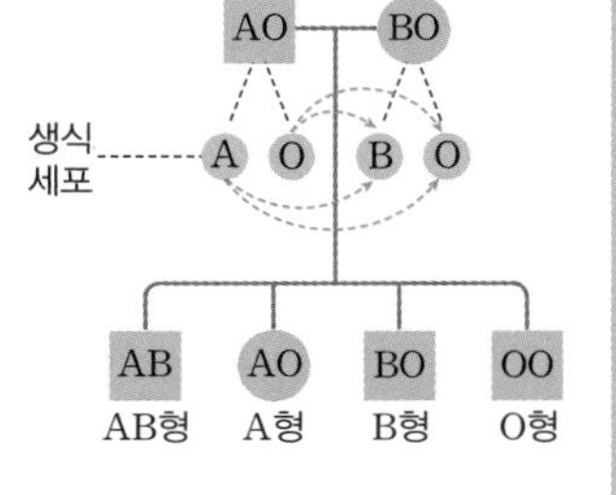

2 우열 관계 대립유전자 A와 B는 O에 대해 각각 우성이며, 대립유전자 A와 B 사이에는 우열 관계가 없다 (A=B>O).

3 표현형과 유전자형

표현형	A형	B형	AB형	O형
유전자형	AA, AO	BB, BO	AB	OO

❶한 ❷상

확인Q 6 유전자형이 각각 AO, BO인 부모 사이에서 태어날 수 있는 자녀의 혈액형을 모두 쓰시오.

개념 7 성염색체에 의한 유전

1 사람의 성 결정

- 여자(44+XX): 어머니와 아버지로부터 X 염색체를 1개씩 물려받는다.
- 남자(44+XY): 어머니로부터 X 염색체를, 아버지로부터 Y 염색체를 물려받는다.

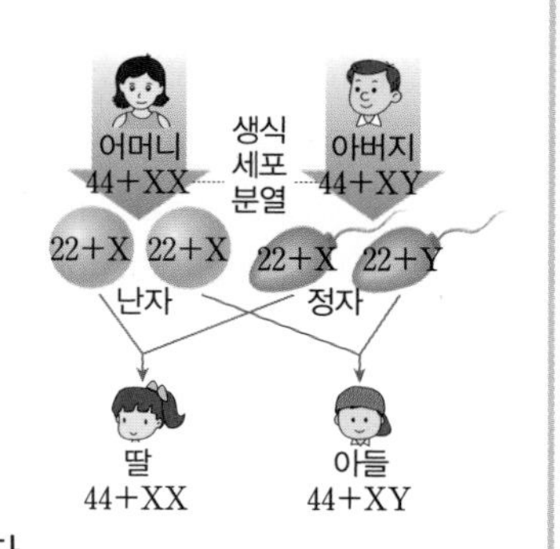

2 반성유전 형질을 결정하는 유전자가 ❶ ___ 염색체에 있어 성별에 따라 형질이 나타나는 빈도가 ❷ ___ 유전 현상 예 적록 색맹, 혈우병

❶성 ❷다른

확인Q 7 혈우병은 혈액이 응고되지 않아 상처가 나면 출혈이 잘 멈추지 않는 병으로 유전자가 (   ) 염색체에 있다.

개념 8 적록 색맹 유전 – 성염색체 유전

1 적록 색맹 → 붉은색과 초록색을 잘 구별하지 못하는 유전 형질

- 유전자가 X 염색체에 있으며, 적록 색맹 대립유전자(X′)는 정상 대립유전자(X)에 대해 ❶ ___ 이다.
- 여자보다 남자에게 더 많이 나타난다. ➡ 남자는 성염색체 구성이 XY이므로 적록 색맹 대립유전자가 1개만 있어도 색맹이 되지만, 여자는 2개의 X 염색체에 모두 적록 색맹 대립유전자가 있을 때만 색맹이 되기 때문이다.

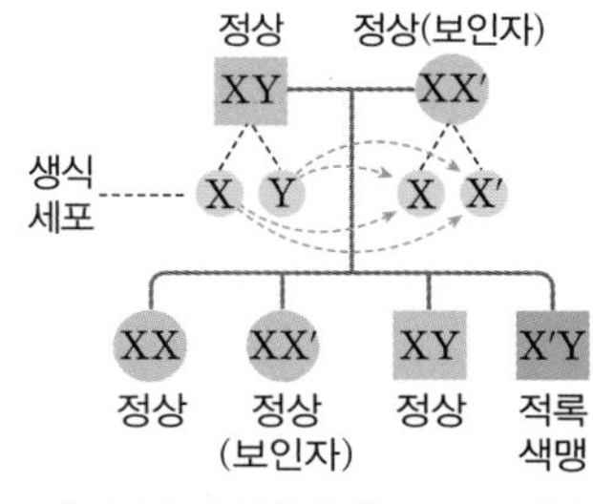

2 표현형과 유전자형

구분	남자		여자	
표현형	정상	적록 색맹	정상	적록 색맹
유전자형	XY	X′Y	XX, XX′(보인자)	❷ ___

❶열성 ❷X′X′

확인Q 8 아버지가 적록 색맹이면 (딸, 아들)은 모두 적록 색맹 대립유전자를 가지고, 어머니가 적록 색맹이면 (딸, 아들)은 모두 적록 색맹이다.

2주 1일 개념 돌파 전략 2

1 **하나의 형질을 유전자형으로 나타낼 때 RR 또는 Rr와 같이 쌍으로 표시하는 까닭은?**

① 유전자 수가 짝수이므로
② 두 쌍의 대립 형질을 강조하기 위해
③ 생식세포의 염색체 수가 짝수이므로
④ 대립유전자가 상동 염색체에 존재하므로
⑤ 유전자가 한 염색체에 2개씩 존재하므로

문제 해결 전략

하나의 형질을 결정하는 ❶ [ ] 는 ❷ [ ] 의 같은 위치에 있다. 우성 유전자는 알파벳 대문자로, 열성 유전자는 알파벳 소문자로 나타낸다.

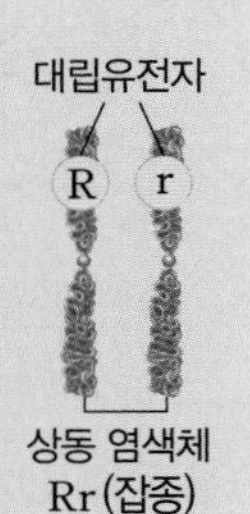

답 ❶ 대립유전자 ❷ 상동 염색체

2 **그림은 순종의 둥근 완두(RR)와 주름진 완두(rr)의 교배 실험을 나타낸 것이다. 잡종 1대에 대한 설명으로 옳은 것을 |보기|에서 모두 고르시오. (단, 둥근 모양이 주름진 모양에 대해 우성이다.)**

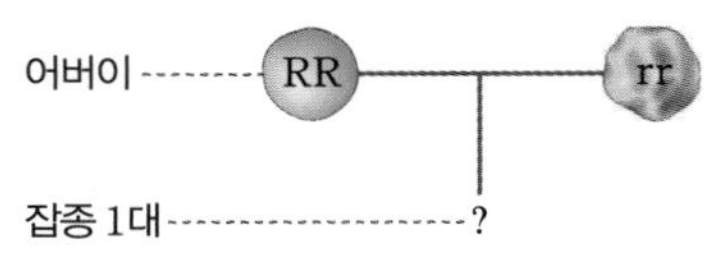

보기
ㄱ. 모두 순종이다.
ㄴ. 우성인 둥근 완두만 나타난다.
ㄷ. 잡종 1대를 자가 수분하여 얻은 잡종 2대의 표현형은 둥근 완두 : 주름진 완두가 1 : 3의 비로 나타난다.

문제 해결 전략

대립 형질이 다른 두 순종 개체를 교배하여 얻은 잡종 1대에서 대립 형질 중 한 가지만 나타나는 것을 ❶ [ ] 의 원리라고 하며, 잡종 1대에서 나타나는 형질을 ❷ [ ], 나타나지 않는 형질을 ❸ [ ] 이라고 한다.

답 ❶ 우열 ❷ 우성 ❸ 열성

3 **그림은 순종의 둥글고 황색인 완두(RRYY)와 순종의 주름지고 녹색인 완두(rryy)를 교배하여 잡종 1대를 얻고, 이를 다시 자가 수분하여 잡종 2대를 얻는 과정을 나타낸 것이다. 이에 대한 설명으로 옳지 않은 것은?**

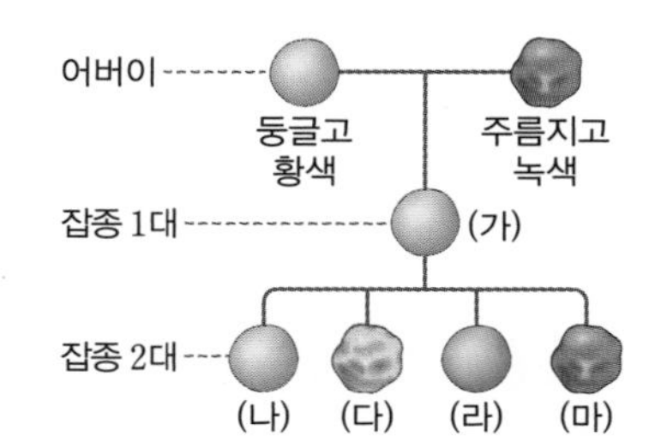

① (가)의 유전자형은 RrYy이다.
② (가)에서는 우성 형질이 나타난다.
③ (가)에서 생성되는 생식세포는 2종류이다.
④ (가)의 R과 r, Y와 y는 동일한 생식세포로 들어갈 수 없다.
⑤ (나) : (다) : (라) : (마)의 표현형의 비는 9 : 3 : 3 : 1이다.

문제 해결 전략

대립유전자 쌍은 서로 다른 ❶ [ ] 로 나뉘어 들어가기 때문에 ❷ [ ] 관계인 R와 r, Y와 y가 동시에 들어가는 정상 생식세포는 존재하지 않는다.

답 ❶ 생식세포 ❷ 대립유전자

4 사람의 유전을 연구하는 방법으로 옳지 않은 것은?

① 특정 형질에 대한 가계도를 조사한다.
② 한 가족의 염색체나 유전자를 분석한다.
③ 교배 실험을 하여 우열 관계를 조사한다.
④ 많은 사람을 조사하여 특정 형질에 대한 통계를 낸다.
⑤ 1란성 쌍둥이와 2란성 쌍둥이를 비교하여 환경의 영향에 대해 알아본다.

문제 해결 전략

각각 다른 지역에서 떨어져 자란 1란성 쌍둥이의 형질이 항상 동일한 경우, ❶ ( ) 의 영향보다는 ❷ ( ) 에 의해 결정되는 형질임을 알 수 있다.

답 ❶ 환경 ❷ 유전

5 그림은 어떤 집안의 미맹 유전에 대한 가계도이다.

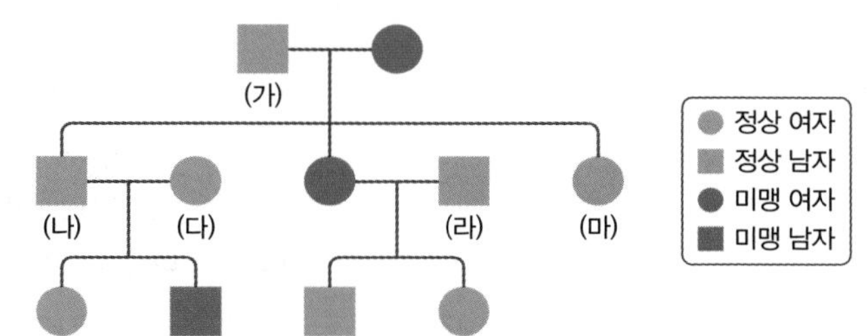

(가)~(마) 중 유전자형을 확실하게 알 수 없는 사람을 고르시오. (단, 정상 유전자는 T, 미맹 유전자는 t로 표시한다.)

문제 해결 전략

미맹이 아닌 부모 사이에서 미맹인 자녀가 태어났다면 미맹이 아닌 것이 ❶ ( ), 미맹이 ❷ ( ) 형질이고, 부모의 유전자형은 잡종이다.

답 ❶ 우성 ❷ 열성

6 그림은 어떤 집안의 적록 색맹 유전에 대한 가계도이다.

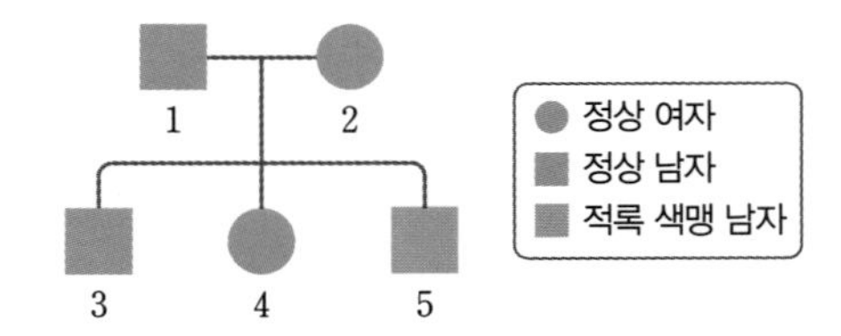

이에 대한 설명으로 옳지 않은 것은?

① 2는 적록 색맹 유전자를 가지고 있지 않다.
② 3은 2로부터 정상 유전자를 물려받았다.
③ 적록 색맹은 여자보다 남자에게 더 많이 나타난다.
④ 4가 적록 색맹 유전자를 가지고 있을 확률은 50 %이다.
⑤ 적록 색맹 유전자는 X 염색체에 있어서 남자는 적록 색맹 유전자가 하나만 있어도 적록 색맹이 된다.

문제 해결 전략

형질을 나타내는 유전자가 ❶ ( ) 염색체에 있어 남녀에 따라 형질이 나타나는 비율이 다른 유전 현상을 ❷ ( ) 이라고 한다.

답 ❶ 성 ❷ 반성유전

대표 기출 1 | 유전 용어 |

유전 용어에 대한 설명으로 옳지 않은 것을 모두 고르면? [정답 2개]

① 생물이 가진 여러 가지 특성을 형질이라고 한다.
② 유전자형이 RrYy로 표시된 개체는 순종이다.
③ 한 형질을 나타내는 유전자 구성이 다른 것을 열성이라고 한다.
④ 일반적으로 우성 유전자는 알파벳 대문자로, 열성 유전자는 알파벳 소문자로 쓴다.
⑤ 생물의 암수를 인위적으로 수정 또는 수분시켜 다음 세대를 얻는 것을 교배라고 한다.
⑥ 수술의 꽃가루가 같은 그루 내의 꽃에 있는 암술에 붙는 현상을 자가 수분이라고 한다.
⑦ 대립 형질을 가진 순종의 개체끼리 교배했을 때 잡종 1대에서 나타나는 형질을 우성이라고 한다.

Tip 한 형질을 결정하는 대립유전자의 구성이 같은 개체를 순종, 대립유전자의 구성이 다른 개체를 잡종이라고 한다.

풀이 ② 유전자형이 RrYy인 개체는 잡종이다.
③ 한 형질을 나타내는 유전자 구성이 다른 것을 잡종이라고 한다. 열성은 순종의 대립 형질끼리 교배했을 때 잡종 1대에 나타나지 않는 형질을 말한다. 답 ②, ③

대표 기출 2 | 멘델의 유전 연구 재료 |

멘델이 연구 재료로 사용한 완두가 유전 연구에 적합했던 까닭을 옳게 설명한 것을 모두 고르면? [정답 3개]

① 한 세대가 짧다.
② 대립 형질이 뚜렷하다.
③ 재배에 많은 비용이 든다.
④ 돌연변이가 많이 일어난다.
⑤ 자유로운 교배가 가능하다.
⑥ 자손의 수가 적어 통계 처리가 쉽다.
⑦ 생장 조건이 까다로워 재배 조건 설정이 복잡하다.

Tip 완두는 한 세대가 짧고, 자손의 수가 많으며, 대립 형질이 뚜렷하고, 자유로운 교배가 가능하며, 재배하기 쉬워 유전 연구 재료로 적합하다.

풀이 완두는 자손의 수가 많으며, 자가 수분이 잘 되어 순종을 얻기 쉽다. 또한, 완두는 대립 형질이 뚜렷하다. 답 ①, ②, ⑤

1-1 완두 씨의 모양과 색깔에 대한 유전자형 중 같은 표현형을 나타내는 것끼리 옳게 짝 지어진 것은? (단, R는 둥글게 하는 유전자, r는 주름지게 하는 유전자, Y는 황색 유전자, y는 녹색 유전자이다.)

① Rr, rr
② YY, yy
③ RRyy, rrYY
④ RrYy, RRyy
⑤ rrYY, rrYy

2-1 완두의 대립 형질끼리 짝 지은 것으로 옳지 않은 것은?

① 보라색 꽃과 흰색 꽃
② 색깔이 황색인 씨와 녹색인 씨
③ 매끈한 콩깍지와 주름진 콩깍지
④ 둥근 모양의 씨와 주름진 모양의 씨
⑤ 줄기의 키가 큰 것과 줄기 끝에 꽃이 피는 것

대표 기출 3

| 우열의 원리 |

그림과 같이 순종의 황색 완두와 순종의 녹색 완두를 교배하였더니 잡종 1대에서 모두 황색 완두가 나타났다.

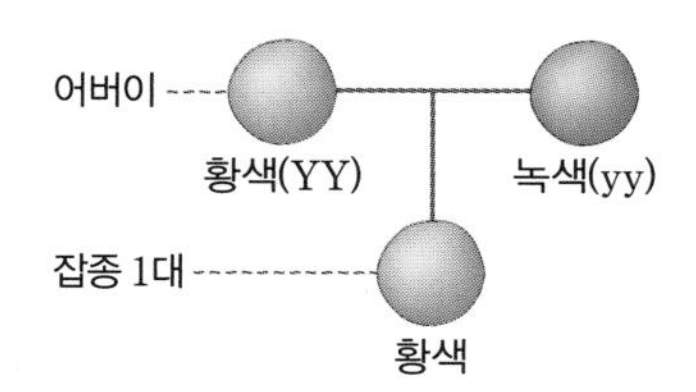

이 실험에 대한 설명으로 옳은 것은?

① 녹색이 황색에 대해 우성이다.
② 잡종 1대를 통해 독립의 법칙을 설명할 수 있다.
③ 자손은 부모 중 한쪽에서만 유전자를 물려받는다.
④ 잡종 1대를 자가 수분하면 잡종 2대에서 순종과 잡종의 비율이 1:1로 나온다.
⑤ 잡종 1대를 자가 수분하면 잡종 2대에서 황색 완두와 녹색 완두가 1:1의 비율로 나온다.

Tip 순종인 두 대립 형질을 교배했을 때 잡종 1대에서는 우성 형질만 나타난다.

풀이 잡종 1대에서 황색 완두만 나타났으므로 황색이 녹색에 대해 우성이다. 한 쌍의 대립 형질을 이용한 교배 실험에서는 독립의 법칙을 확인할 수 없다. 자손은 부모 양쪽으로부터 유전자를 물려받는다. 잡종 1대(Yy)를 자가 수분하면(Yy×Yy → YY, 2Yy, yy) 잡종 2대에서 황색 완두(YY, 2Yy)와 녹색 완두(yy)가 3:1의 비율로 나오며 순종(YY, yy)과 잡종(2Yy)은 1:1의 비율로 나온다.

답 ④

3-1 그림은 순종의 둥근 완두와 주름진 완두를 교배한 결과를 나타낸 것이다.

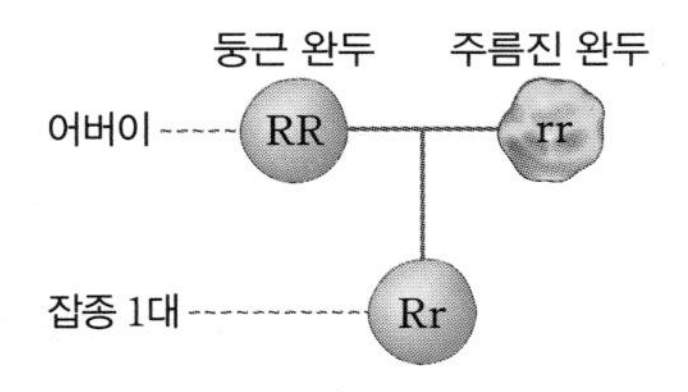

잡종 1대를 자가 수분하여 잡종 2대에서 총 2000개의 완두를 얻었을 때, 이 중 잡종 1대와 유전자형이 같은 것은 이론상 몇 개인가?

① 100개 ② 500개 ③ 1000개
④ 1500개 ⑤ 2000개

대표 기출 4

| 분리의 법칙 |

그림은 황색 완두(YY)와 녹색 완두(yy)를 교배하여 얻은 잡종 1대의 황색 완두를 자가 수분하여 잡종 2대를 얻는 과정을 나타낸 것이다. 잡종 1대의 생식세포의 유전자형과, 이 생식세포가 만들어지는 것과 관련된 멘델의 유전 원리를 옳게 짝 지은 것은?

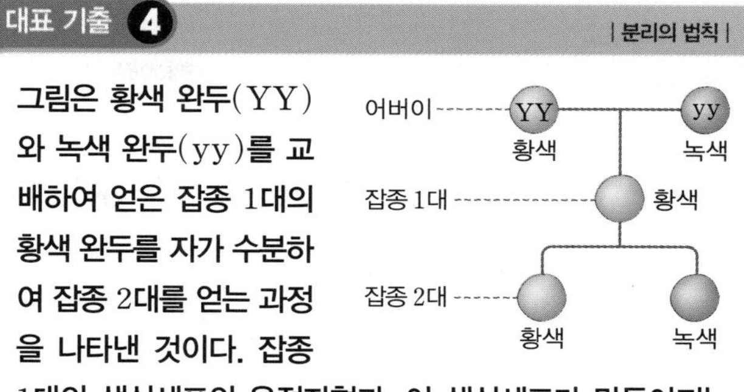

	생식세포의 유전자형	멘델의 유전 원리
①	Y, y	우열의 원리
②	Y, y	분리의 법칙
③	Y, y	독립의 법칙
④	YY, Yy, yy	우열의 원리
⑤	YY, Yy, yy	분리의 법칙

Tip 생식세포를 형성할 때 대립유전자가 나누어져 각각 다른 생식세포로 들어가는 것은 분리의 법칙이다.

풀이 잡종 1대의 유전자형은 Yy이다.

답 ②

4-1 그림은 완두 씨의 색깔 유전에 대한 교배 실험을 나타낸 것이다.

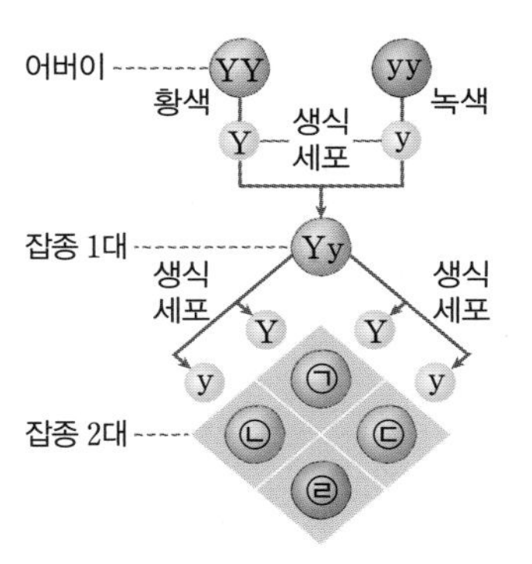

이에 대한 설명으로 옳은 것을 | 보기 | 에서 모두 고르시오.

보기
ㄱ. ㉠과 ㉣은 잡종이다.
ㄴ. Y와 y는 상동 염색체의 같은 위치에 있다.
ㄷ. 이 실험 결과를 통해 대립유전자가 각 생식세포로 나누어져 들어감을 알 수 있다.

대표 기출 5 | 독립의 법칙 |

그림은 멘델이 완두를 재료로 수행한 교배 실험을 나타낸 것이다. (단, R는 둥근 유전자, r는 주름진 유전자, Y는 황색 유전자, y는 녹색 유전자이다.)

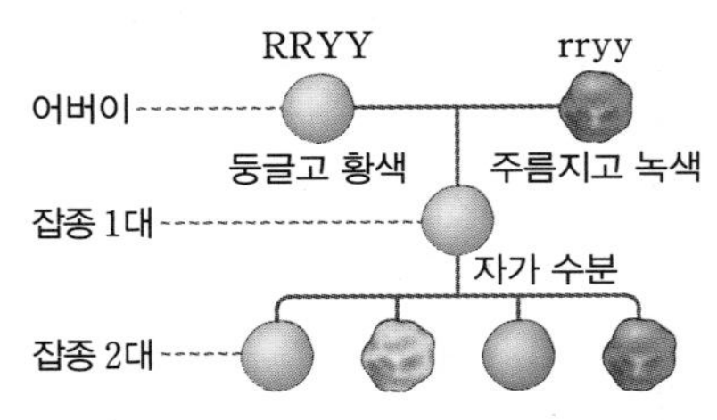

이 실험에 대한 설명으로 옳은 것을 모두 고르면? [정답 2개]

① 완두 씨의 색깔은 녹색이 황색에 대해 우성이다.
② 잡종 1대에서는 4종류의 생식세포가 같은 비율로 만들어진다.
③ 잡종 2대에서 둥글고 황색인 완두의 유전자형은 모두 RRYY이다.
④ 어버이의 둥글고 황색인 완두와 잡종 1대의 둥글고 황색인 완두의 유전자형은 같다.
⑤ 완두 씨의 모양 형질과 색깔 형질은 서로 영향을 주지 않고 독립적으로 유전된다.

Tip 두 쌍 이상의 대립 형질이 동시에 유전되어도 각 대립 형질은 다른 형질에 관계없이 독립적으로 유전된다.

풀이 ① 순종의 대립 형질끼리 교배했을 때 잡종 1대에 나타나는 형질이 우성 형질이므로 완두 씨의 색깔은 황색이 우성 형질이다.
② 잡종 1대에서는 4종류의 생식세포 RY, Ry, rY, ry가 1:1:1:1의 비로 만들어진다.
③, ④ 어버이의 둥글고 황색인 완두의 유전자형은 RRYY이고 잡종 1대의 유전자형은 RrYy이며, 잡종 2대의 둥글고 황색인 완두의 유전자형은 RRYY, RRYy, RrYY, RrYy의 4종류이다. **답** ②, ⑤

5-1 **그림은 순종의 둥글고 황색인 완두와 주름지고 녹색인 완두의 교배 실험을 나타낸 것이다. 잡종 1대를 자가 수분하여 얻은 잡종 2대의 완두가 1600개일 때 잡종 2대에서 주름지고 황색인 완두는 이론상 몇 개인지 쓰시오.**

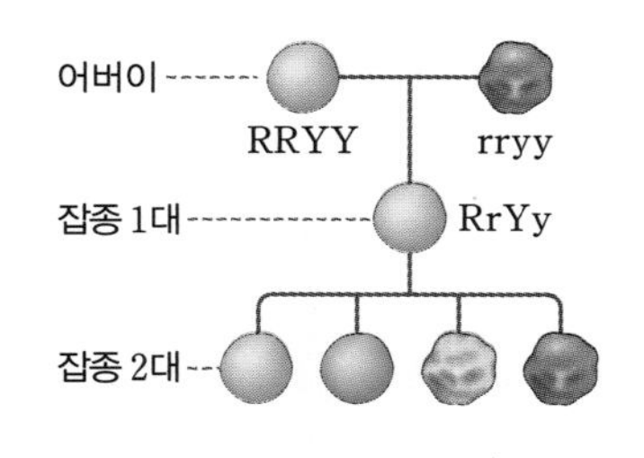

대표 기출 6 | 멘델의 가설 |

다음은 유전 현상에 대한 이론과 실험을 나타낸 것이다.

> (가) 멘델 이전의 유전 이론: 부모 형질이 물감처럼 섞여 유전되므로 자손은 부모 형질의 중간형으로 나타난다.
> (나) 멘델의 실험
> • 실험 Ⅰ: 순종의 둥근 완두와 순종의 주름진 완두를 교배시켜 잡종 1대에서 둥근 완두 253개를 얻었다.
> • 실험 Ⅱ: 실험 Ⅰ의 잡종 1대를 자가 수분시켜 잡종 2대에서 둥근 완두 5474개와 주름진 완두 1850개를 얻었다.

이에 대한 설명으로 옳은 것을 |보기|에서 모두 고르시오.

> 보기
> ㄱ. (가)에 의하면, 실험 Ⅰ의 잡종 1대는 모두 부모의 중간형인 약간 주름진 완두가 나왔어야 한다.
> ㄴ. 실험 Ⅱ의 결과는 (가)로도 설명이 가능하다.
> ㄷ. 멘델의 실험 결과로 서로 섞이지 않는 유전의 기본 단위가 존재함을 예상할 수 있다.

Tip 실험 Ⅰ의 결과를 멘델 이전의 유전 이론으로 예상하면 모든 잡종 1대는 부모의 형질이 반씩 섞인 약간 주름진 완두여야 한다.

풀이 ㄴ. 실험 Ⅱ의 결과를 멘델 이전 유전 이론으로 예상하면 잡종 1대가 모두 둥근 완두이기 때문에 잡종 2대도 모두 둥근 완두일 것이다.
ㄷ. 멘델은 완두를 이용한 실험 결과를 바탕으로 기존 유전 개념의 모순을 해결하였다. 그 결과 서로 섞이지 않는 유전의 기본 단위인 유전 인자가 존재함을 예상하였다. **답** ㄱ, ㄷ

6-1 **멘델의 가설과 유전 원리에 대한 설명으로 옳은 것은?**

① 유전 인자는 자손에게 전달되지 않는다.
② 한 형질은 한 쌍의 유전 인자에 의해 결정된다.
③ 생식세포 형성 시 대립유전자는 함께 이동한다.
④ 완두의 모양과 완두의 색깔은 유전될 때 서로 영향을 미친다.
⑤ 서로 다른 순종의 개체를 교배하면 잡종 1대에서 열성의 형질만 나타난다.

대표 기출 7 | 검정 교배 |

표는 유전자형을 모르는 둥근 완두 A와 B를 각각 주름진 완두와 교배한 결과를 나타낸 것이다.

구분	둥근 완두	주름진 완두
A×주름진 완두	51개	49개
B×주름진 완두	102개	0개

이로부터 알 수 있는 A, B의 유전자형을 옳게 짝 지은 것은? (단, R는 둥근 유전자를, r는 주름진 유전자를 나타낸다.)

	A	B		A	B
①	RR	rr	②	rr	RR
③	RR	Rr	④	Rr	RR
⑤	RR	RR			

Tip 유전자형을 모르는 우성 개체를 열성 순종 개체와 교배하여 자손에서 우성 형질만 나오면 교배한 우성 개체는 순종, 우성 형질과 열성 형질이 1:1의 비로 나오면 교배한 우성 개체는 잡종이다.

풀이 A의 경우 둥근 완두와 주름진 완두가 약 1:1의 비율로 나왔으므로 A는 잡종(Rr)이다. B의 경우 우성 형질인 둥근 완두만 나왔으므로 B는 순종(RR)이다. 답 ④

7-1 멘델은 완두를 이용하여 다음과 같이 교배 실험을 하였다.

[실험 Ⅰ] 황색 완두 A와 순종의 녹색 완두를 교배하니 황색 완두만 나왔다.
[실험 Ⅱ] 황색 완두 B와 순종의 녹색 완두를 교배하여 얻은 자손은 황색:녹색=1:1이었다.
[실험 Ⅲ] 황색 완두 C를 자가 수분하여 얻은 자손은 황색:녹색=3:1이었다.

[실험 Ⅰ~Ⅲ]으로 알 수 있는 A~C의 유전자형을 각각 쓰시오. (단, 황색 유전자는 Y, 녹색 유전자는 y로 표시한다.)

대표 기출 8 | 멘델 법칙이 적용되지 않는 유전 |

그림과 같이 순종의 붉은색 분꽃과 흰색 분꽃을 교배하여 잡종 1대를 얻고, 이 잡종 1대를 자가 수분시켜 잡종 2대를 얻었다.

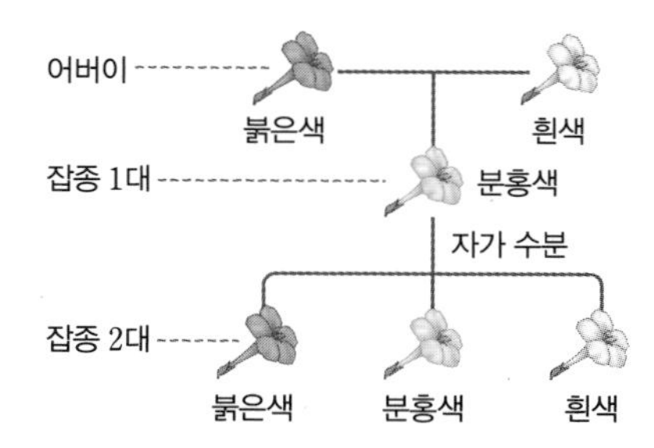

이에 대한 설명으로 옳은 것은?

① 멘델의 유전 원리 중 분리의 법칙에 어긋난다.
② 분꽃의 색깔은 우성 형질과 열성 형질이 뚜렷이 구분된다.
③ 잡종 1대는 붉은색 꽃 유전자와 흰색 꽃 유전자를 모두 가지고 있다.
④ 잡종 2대에서 표현형의 분리비와 유전자형의 분리비는 다르다.
⑤ 잡종 2대의 분홍색 분꽃을 자가 수분하면 분홍색 분꽃만 나온다.

Tip 분꽃의 꽃 색깔은 붉은색 꽃 유전자(R)와 흰색 꽃 유전자(W) 사이의 우열 관계가 불분명하여 잡종 1대에서 어버이의 중간 형질인 분홍색이 나타난다.

풀이 ① 분꽃의 꽃 색깔 유전은 멘델의 유전 원리 중 우열의 원리에 어긋난다.
③ 잡종 1대의 유전자형은 RW로 붉은색 꽃 유전자와 흰색 꽃 유전자를 모두 가지고 있다.
④ 잡종 2대의 표현형의 비와 유전자형의 비는 1:2:1로 같다.
⑤ 잡종 2대의 분홍색 분꽃(RW)을 자가 수분하면 붉은색 꽃:분홍색 꽃:흰색 꽃=1:2:1의 비로 나타난다. 답 ③

8-1 그림과 같이 순종의 붉은색 분꽃과 흰색 분꽃을 교배하였다. 잡종 1대의 분홍색 분꽃과 붉은색 분꽃을 교배하였을 때 나오는 자손의 표현형 비를 쓰시오.

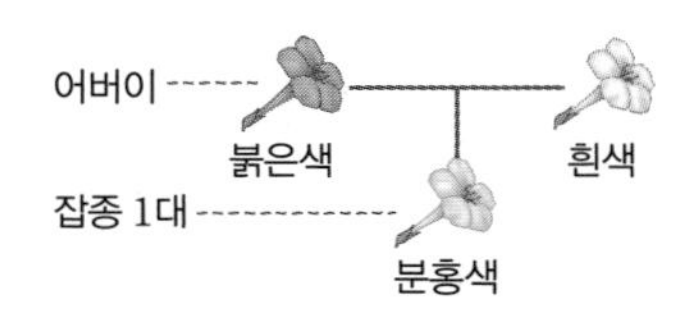

2주 2일 필수 체크 전략 2 최다 오답 문제

1 유전 용어에 대한 설명으로 옳은 것을 모두 고르면? [정답 2개]

① 표현형이 같으면 유전자형도 항상 같다.
② 대립유전자는 상동 염색체의 같은 위치에 있다.
③ 하나의 형질에 대해 서로 뚜렷하게 구별되는 형질을 대립유전자라고 한다.
④ 형질을 나타내는 유전자의 조합을 기호로 나타낸 것을 유전자형이라고 한다.
⑤ 대립 형질이 다른 순종 개체끼리 교배했을 때 잡종 1대에서 나타나는 형질을 열성이라고 한다.

Tip 대립 형질을 결정하는 유전자를 대립유전자라고 하며, ❶ ☐의 같은 위치에 있다. 대립유전자 구성을 기호로 나타낸 것을 ❷ ☐이라고 한다. 답 ❶상동 염색체 ❷유전자형

2 그림은 한 쌍의 상동 염색체에서 유전자의 위치를 나타낸 것이다.

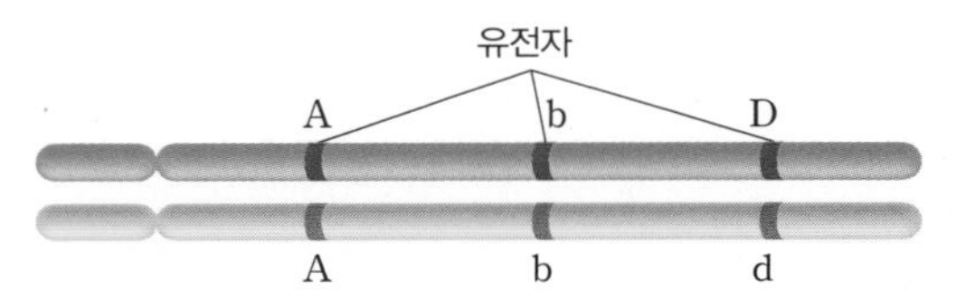

이에 대한 설명으로 옳지 않은 것을 모두 고르면? [정답 2개]

① A와 b는 대립유전자이다.
② D와 d는 같은 형질을 결정하는 데 관여한다.
③ 상동 염색체에는 항상 똑같은 대립유전자가 들어 있다.
④ D와 d는 감수 1분열 과정에서 분리되어 서로 다른 딸세포로 들어간다.
⑤ 한 쌍의 상동 염색체는 모양과 크기가 같으며, 부모로부터 각각 하나씩 물려받은 것이다.

Tip 같은 형질을 결정하는 데 관여하는 ❶ ☐는 상동 염색체의 같은 위치에 있으며, ❷ ☐ 시 분리되어 서로 다른 딸세포로 들어간다. 답 ❶대립유전자 ❷감수 1분열

3 그림과 같이 순종인 둥근 완두와 주름진 완주를 교배하여 잡종 1대에서 모두 둥근 완두를 얻었다. 이에 대한 설명으로 옳은 것을 보기에서 모두 고른 것은?

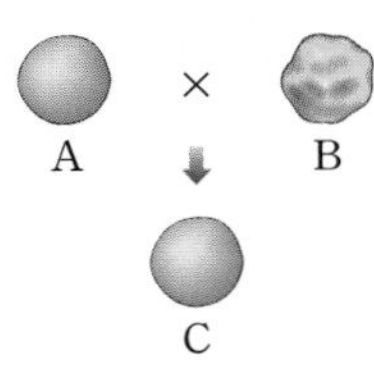

보기
ㄱ. 순종인 개체끼리 교배하면 자손에서는 어버이의 중간 형질이 나온다.
ㄴ. A와 C는 표현형은 같고 유전자형은 다르다.
ㄷ. B와 C를 교배하면 모두 둥근 완두만 나온다.

① ㄱ ② ㄴ ③ ㄱ, ㄷ
④ ㄴ, ㄷ ⑤ ㄱ, ㄴ, ㄷ

Tip 순종의 두 대립 형질을 교배했을 때 잡종 1대에서 ❶ ☐ 형질만 나타나는 현상을 ❷ ☐의 원리라고 한다. 답 ❶우성 ❷우열

4 다음은 완두를 이용한 교배 실험 결과를 정리한 것이다.

- 순종의 황색 완두와 순종의 녹색 완두를 교배하였더니 모두 황색 완두(가)만 나왔다.
- 황색 완두(가)를 자가 수분하였더니 황색 완두(나)와 녹색 완두(다)가 3 : 1의 비로 나왔다.

이에 대한 설명으로 옳은 것을 보기에서 모두 고르시오.

보기
ㄱ. 황색은 녹색에 대해 우성이다.
ㄴ. (나)에 포함된 개체들의 유전자형은 모두 (가)와 같다.
ㄷ. (다)는 모두 순종이다.

Tip 하나의 형질을 나타내는 유전자 조합이 서로 같으면 ❶ ☐, 다르면 ❷ ☐이다. 답 ❶순종 ❷잡종

>> 정답과 해설 18쪽

5 **다음은 멘델의 유전 원리를 알아보기 위한 모의 실험 과정이다.**

(가) 검은색 바둑알 10개와 흰색 바둑알 10개를 각각 함께 넣은 주머니를 2개 준비한다. 이때 붙임딱지를 이용하여 검은색 바둑알에는 우성 유전자(A), 흰색 바둑알에는 열성 유전자(a)를 표시해 둔다.
(나) 각 주머니에서 임의로 바둑알을 1개씩 꺼낸다.
(다) 꺼낸 바둑알을 짝지어 알파벳 조합을 표에 기록한다.

이에 대한 설명으로 옳은 것을 |보기|에서 모두 고른 것은?

보기
ㄱ. 검은색 바둑알과 흰색 바둑알은 실제 유전 현상에서 대립유전자에 해당한다.
ㄴ. (나)는 실제 유전 현상에서 생식세포가 형성되는 과정에 해당한다.
ㄷ. (다)는 실제 유전 현상에서 수정에 의해 대립유전자가 쌍을 이루는 과정에 해당한다.

① ㄱ ② ㄴ ③ ㄱ, ㄴ
④ ㄴ, ㄷ ⑤ ㄱ, ㄴ, ㄷ

Tip ❶ [ ]는 생식세포 형성 과정에서 분리되어 생식세포에 하나씩 들어갔다가 ❷ [ ]하면서 쌍을 이룬다.

답 ❶ 대립유전자 ❷ 수정

6 **둥근 완두와 주름진 완두를 교배하여 그림과 같은 결과를 얻었다.**

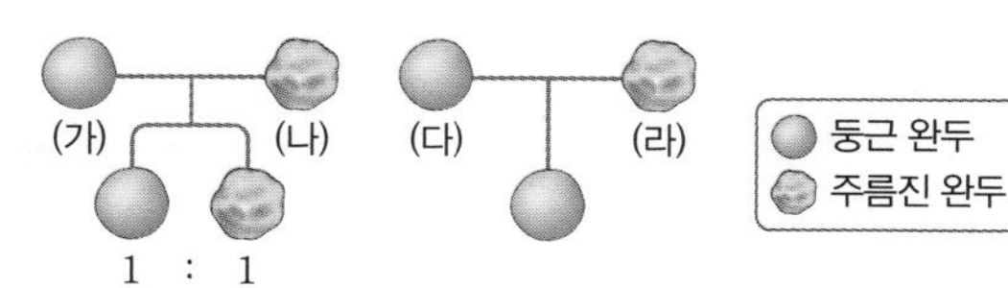

둥근 형질은 주름진 형질에 대해 우성이고, 둥근 유전자를 R, 주름진 유전자를 r라고 할 때 이 자료에 대한 설명으로 옳은 것을 |보기|에서 모두 고르시오.

보기
ㄱ. (가)의 유전자형은 Rr이다.
ㄴ. (가)와 (다)는 표현형이 같고 유전자형은 다르다.
ㄷ. (나)와 (라)는 표현형이 같고 유전자형은 다르다.

Tip 잡종 1대의 대립유전자가 서로 다른 생식세포로 나뉘어 들어가는 것을 ❶ [ ]의 법칙이라고 하며, 그 결과 잡종 1대에서 나타나지 않았던 ❷ [ ] 형질이 잡종 2대에서 일정한 비율로 나타난다.

답 ❶ 분리 ❷ 열성

7 **그림과 같이 순종의 둥글고 황색인 완두와 주름지고 녹색인 완두를 교배하여 모두 둥글고 황색인 잡종 1대를 얻고, 이 잡종 1대를 자가 수분하여 잡종 2대에서 둥글고 황색, 둥글고 녹색, 주름지고 황색(나), 주름지고 녹색인 완두를 얻었다. 잡종 2대의 총 개체 수는 320개이다.**

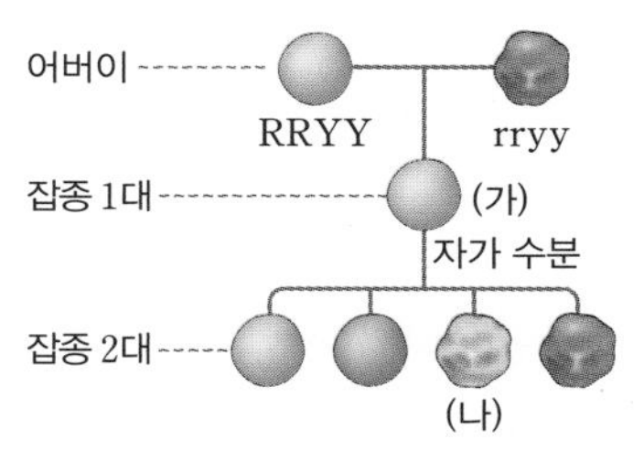

이에 대한 설명으로 옳은 것을 |보기|에서 모두 고르시오.

보기
ㄱ. (가) 유전자형은 RrYy이다.
ㄴ. (가)에서 만들어지는 생식세포 유전자형은 4종류이다.
ㄷ. (나)는 이론상 총 120개이다.

Tip 두 가지 형질에 대한 유전자가 동시에 유전될 때 서로 영향을 주거나 받지 않고 각각 독립적으로 ❶ [ ]되고 유전되는 것을 ❷ [ ]의 법칙이라고 한다.

답 ❶ 분리 ❷ 독립

2주 3일 필수 체크 전략 1 기출 선택지 All

대표 기출 ① | 사람의 유전 연구 방법 |

사람의 유전 연구가 어려운 까닭으로 옳은 것을 모두 고르면?

[정답 4개]

① 자유로운 교배가 가능하다.
② 형질이 다양하고, 복잡하다.
③ 환경의 영향을 많이 받는다.
④ 대립 형질이 뚜렷하고, 순종을 얻기 쉽다.
⑤ 자손의 수가 적어 충분한 양의 자료를 얻기 어렵다.
⑥ 한 세대가 길어서 1명의 연구자가 지속적으로 연구할 수 없다.

Tip 사람은 자유로운 교배가 불가능하며, 자손의 수가 적다. 또 한 세대가 길고, 형질이 복잡하며, 환경의 영향을 많이 받아 유전 연구가 어렵다.

풀이 ① 사람의 유전 연구는 연구자의 의도에 따라 자유로운 교배 실험이 불가능하다.
④ 사람은 형질이 다양하고 대립 형질이 뚜렷하지 않은 경우가 많아 정확하게 분석하기 어렵다.

답 ②, ③, ⑤, ⑥

대표 기출 ② | 쌍둥이 연구 |

그림은 쌍둥이의 발생 과정을 나타낸 것이다.

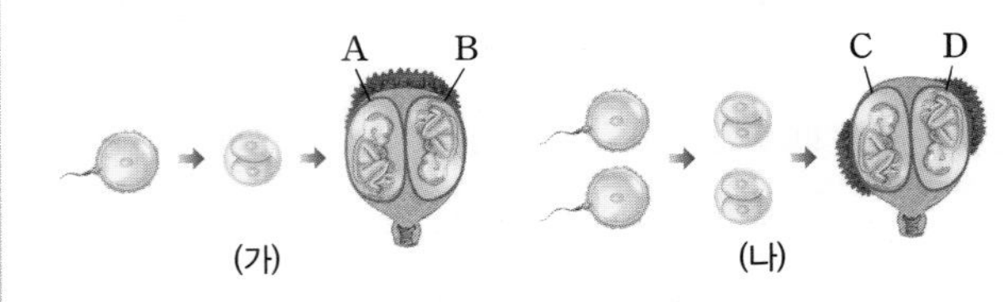

이에 대한 설명으로 옳은 것만을 | 보기 |에서 모두 고르시오.

보기
ㄱ. A와 B는 유전자 구성이 같다.
ㄴ. A와 B는 성별이 같지만, C와 D는 성별이 다를 수 있다.
ㄷ. C와 D의 형질 차이는 환경에 의해서만 나타난다.

Tip 1란성 쌍둥이는 유전자 구성이 같고, 2란성 쌍둥이는 유전자 구성이 다르다.

풀이 A와 B는 1개의 정자와 1개의 난자가 수정되어 발생 초기에 수정란이 둘로 분열되어 각각 태아로 자라는 1란성 쌍둥이이며, C와 D는 2개의 난자에 서로 다른 정자가 각각 수정되어 다른 태아로 자라는 2란성 쌍둥이이다.

답 ㄱ, ㄴ

①-1 다음은 사람의 유전 연구 방법 중 2가지를 나타낸 것이다.

(가) 친자 확인을 위해 부모와 자녀의 DNA를 분석하였다.
(나) 고등학교 학생들 중 미맹인 학생은 몇 %인지 조사하였다.

(가)와 (나)에 해당하는 사람의 유전 연구 방법을 옳게 짝 지은 것은?

	(가)	(나)
①	통계 조사	가계도 조사
②	가계도 조사	통계 조사
③	염색체 조사	가계도 조사
④	유전자 분석	통계 조사
⑤	유전자 분석	염색체 조사

②-1 그림은 서로 다른 환경에서 8년간 자란 1란성 쌍둥이의 모습을 나타낸 것이다.

애니
• 키: 124 cm
• 몸무게: 25 kg

안나
• 키: 114 cm
• 몸무게: 20 kg

애니 안나

두 여자 아이의 (가) 생김새가 같은 까닭, (나) 키와 몸무게가 다른 까닭을 옳게 짝 지은 것은?

	(가)	(나)
①	유전자 구성이 동일	유전자 구성이 다름
②	유전자 구성이 동일	환경의 영향을 받음
③	유전자 구성이 다름	환경의 영향을 받음
④	환경의 영향을 받음	유전자 구성이 동일
⑤	환경의 영향을 받음	유전자 구성이 다름

대표 기출 3

| 상염색체 유전 |

그림은 어떤 집안의 미맹 유전에 대한 가계도이다.

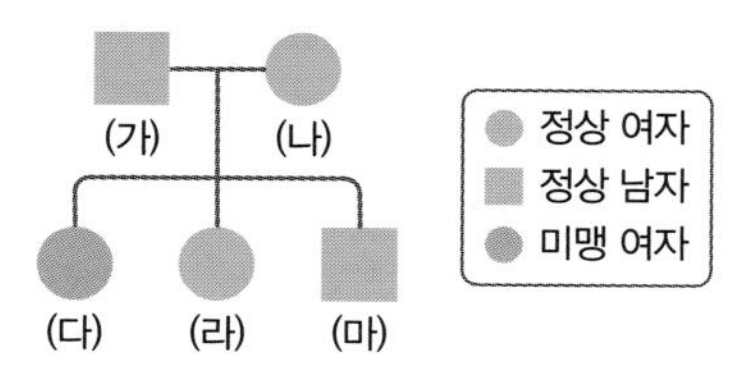

이에 대한 설명으로 옳은 것을 모두 고르면? [정답 2개]

① 미맹이 정상에 대해 우성이다.
② (가)의 미맹 유전자형은 순종이다.
③ (나)는 미맹 유전자를 가지고 있지 않다.
④ (라)가 미맹 유전자를 가지고 있을 확률은 100 %이다.
⑤ 이 가계도에서 유전자형을 정확히 알 수 없는 사람은 2명이다.

Tip 부모와 다른 형질의 자녀가 태어나면 부모의 형질이 우성, 자녀의 형질이 열성이다.

풀이 정상인 부모((가)와 (나)) 사이에서 미맹인 (다)가 태어났으므로 미맹이 정상에 대해 열성이고 부모의 미맹 유전자형은 잡종이다. 따라서 정상 유전자를 T, 미맹 유전자를 t라고 할 때 (가)와 (나)의 유전자형은 Tt, (다)의 유전자형은 tt이다. (라)와 (마)는 TT 또는 Tt이므로 유전자형을 정확히 알 수 없고, 미맹 유전자를 가지고 있을 확률은 50 %이다.

답 ⑤

3-1 그림은 어떤 집안의 이마 선 유전에 대한 가계도이다.

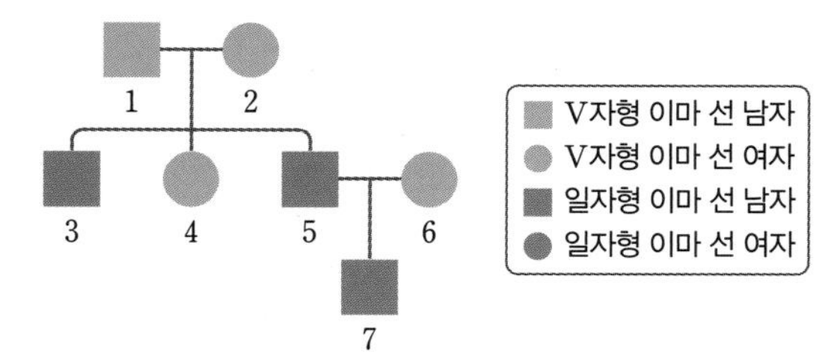

이에 대한 설명으로 옳은 것은?

① 일자형 이마 선이 우성 형질이다.
② 3, 5, 7은 이마 선 유전자형이 잡종이다.
③ 6은 일자형 이마 선 유전자를 가지고 있다.
④ 이마 선을 결정하는 유전자는 X 염색체에 있다.
⑤ 유전자형을 정확히 알 수 없는 사람은 2명이다.

대표 기출 4

| 상염색체 유전 |

표는 곱슬머리와 직모인 부모 사이에서 태어난 자녀들의 형질을 조사하여 기록한 것이다.

조사군	부모		자녀	
	부	모	직모	곱슬머리
1군	직모	직모	98	0
2군	직모	곱슬머리	97	103
3군	직모	곱슬머리	0	100
4군	곱슬머리	직모	0	105
5군	곱슬머리	곱슬머리	41	119

이 자료를 통해 알 수 있는 사실로 옳은 것을 | 보기 | 에서 모두 고르시오.

보기
ㄱ. 직모는 곱슬머리에 대해 열성 형질이다.
ㄴ. 1군 부모들의 유전자형은 모두 우성 순종이다.
ㄷ. 4군의 곱슬머리 자녀와 직모인 사람 사이에서 직모인 자녀가 태어날 확률은 50 %이다.

Tip 부모와 다른 형질의 자녀가 태어나면 부모의 형질이 우성, 자녀의 형질이 열성이다.

풀이 ㄱ. 5군에서 부모가 모두 곱슬머리일 때 부모에게 없던 형질인 직모가 태어났으므로 곱슬머리가 우성, 직모는 열성 형질이다.
ㄴ. 1군 부모들은 모두 열성 순종이다.
ㄷ. 4군의 곱슬머리 자녀의 유전자형은 잡종이다. 따라서 4군의 곱슬머리 자녀(Cc)와 직모(cc)인 사람 사이에서 직모인 자녀가 태어날 확률은 Cc × cc → Cc, Cc, cc, cc로 50 %이다.

답 ㄱ, ㄷ

4-1 그림은 두 집안의 혀 말기 유전에 대한 가계도이다.

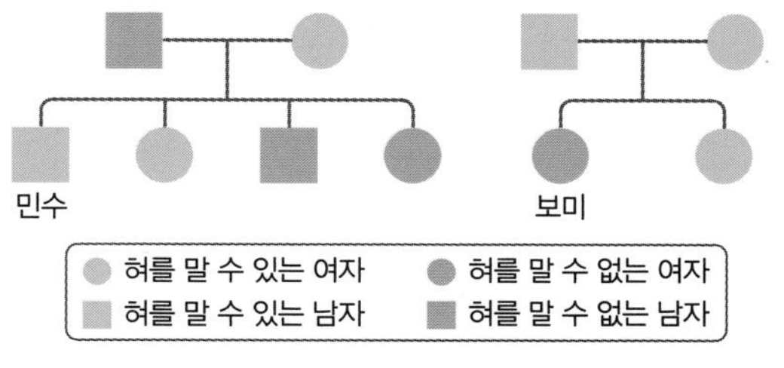

민수와 보미가 결혼을 할 경우, 혀를 U자형으로 말 수 없는 자녀가 태어날 확률은 몇 %인지 쓰시오.

대표 기출 5 | ABO식 혈액형 유전 |

그림은 어떤 가족의 ABO식 혈액형 유전 가계도이다.

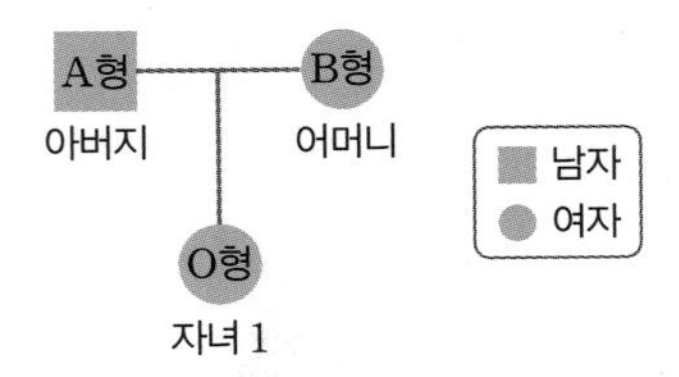

자녀 1의 동생이 태어날 때, 이 동생의 ABO식 혈액형이 A형일 확률은? (단, 돌연변이는 고려하지 않는다.)

① 0 % ② 25 % ③ 50 % ④ 75 % ⑤ 100 %

Tip ABO식 혈액형은 상염색체에 있는 한 쌍의 대립유전자에 의해 형질이 결정되며, 대립유전자의 종류는 A, B, O 세 가지이다.

풀이 A형인 아버지와 B형인 어머니 사이에서 O형인 자녀가 태어났으므로 이 가족의 유전자형은 아버지가 AO, 어머니가 BO, 자녀 1이 OO이다. 자녀 1의 동생이 태어날 때, 이 동생이 가질 수 있는 유전자형 비율은 AO:BO:AB:OO=1:1:1:1이므로 동생의 혈액형이 A형일 확률은 $\frac{1}{4}\times100=25\ \%$이다. **답** ②

대표 기출 6 | 성염색체 유전 |

사람의 성이 결정되는 방식과 성염색체에 의한 유전을 설명한 것으로 옳지 않은 것은?

① 한 쌍의 성염색체에 의해 성별이 결정된다.
② 여자의 성염색체 구성은 XX, 남자의 성염색체 구성은 XY이다.
③ 정자와 수정하는 난자의 성염색체에 의해 자녀의 성별이 결정된다.
④ 어머니가 적록 색맹 유전자가 있는 X 염색체를 아들에게 물려주면 아들은 적록 색맹이 된다.
⑤ 형질을 결정하는 유전자가 성염색체에 있는 경우, 이 형질이 나타나는 빈도는 남녀에 따라 차이가 있다.

Tip 여자의 성염색체 구성은 XX, 남자의 성염색체 구성은 XY이다. 적록 색맹 유전자는 X 염색체에 있으며, 남녀에 따라 형질이 나타나는 빈도가 다르다.

풀이 여자의 성염색체 구성은 XX, 남자의 성염색체 구성은 XY이므로 난자는 모두 X 염색체를 가지고, 정자는 X 염색체를 가지거나 Y 염색체를 가진다. 따라서 난자와 수정하는 정자의 성염색체에 의해 자녀의 성별이 결정된다. 아들의 X 염색체는 어머니로부터 물려받으므로 어머니가 적록 색맹 유전자가 있는 X 염색체를 물려주면 아들은 적록 색맹이 된다. **답** ③

5-1 그림은 두 집안의 ABO식 혈액형 유전 가계도이다.

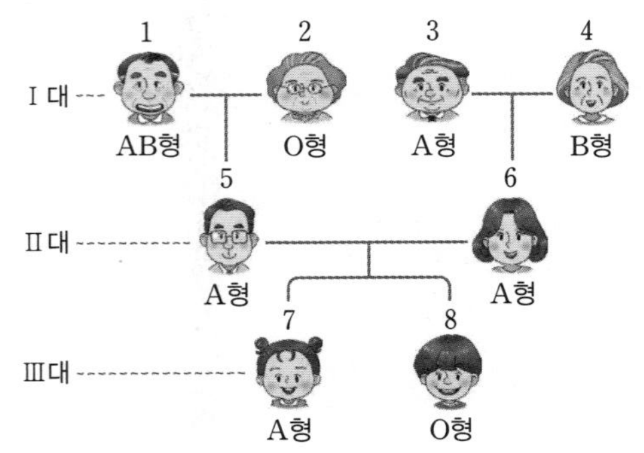

이 가계도에서 유전자형을 정확하게 알 수 없는 사람은 모두 몇 명인가?

① 1명 ② 2명 ③ 3명
④ 4명 ⑤ 5명

6-1 적록 색맹 유전에 대한 설명으로 옳은 것을 모두 고르면? [정답 2개]

① 반성유전을 한다.
② 적록 색맹은 정상에 대해 우성 형질이다.
③ 여자보다 남자에게 더 많이 나타난다.
④ 아버지가 적록 색맹이면 딸은 모두 적록 색맹이다.
⑤ 아버지가 정상이어도 적록 색맹인 딸이 태어날 수 있다.

대표 기출 7 | 적록 색맹 유전 |

그림은 영수 가족의 적록 색맹 유전에 대한 가계도이다.

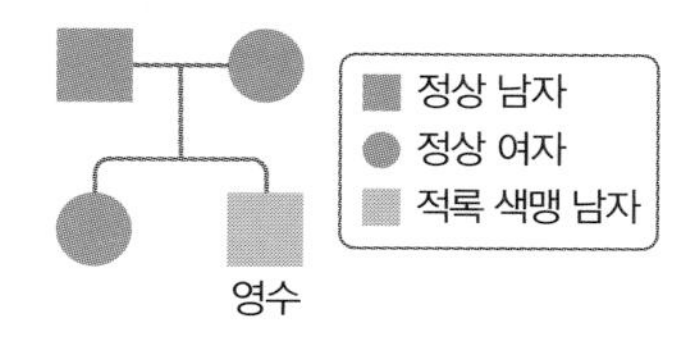

이에 대한 설명으로 옳은 것을 | 보기 |에서 모두 고른 것은? (단, 적록 색맹 유전자는 X 염색체에 있으며, 돌연변이는 고려하지 않는다.)

보기
ㄱ. 적록 색맹은 우성 형질이다.
ㄴ. 어머니는 적록 색맹에 대해 보인자이다.
ㄷ. 영수는 적록 색맹 유전자를 아버지로부터 물려받았다.

① ㄴ ② ㄷ ③ ㄱ, ㄴ
④ ㄱ, ㄷ ⑤ ㄴ, ㄷ

Tip 영수의 부모님은 모두 정상인데 영수는 적록 색맹을 가지고 있으므로 적록 색맹은 열성 형질이다.

풀이 ㄴ, ㄷ. 적록 색맹 유전자는 X 염색체에 있으므로 영수의 적록 색맹 유전자는 어머니로부터 물려받았다. 따라서 정상인 어머니는 적록 색맹 유전자를 갖는 보인자이다.

답 ①

7-1 다음은 여러 종류의 가계도를 나타낸 것이다. 이 중에서 적록 색맹 유전 가계도로 옳지 않은 것을 모두 고르면?

[정답 2개]

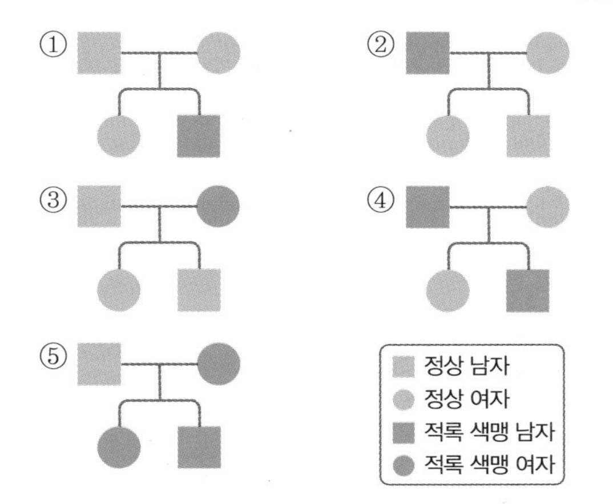

대표 기출 8 | 유전병 가계도 분석 |

그림은 어떤 집안의 유전병 유전 가계도이다.

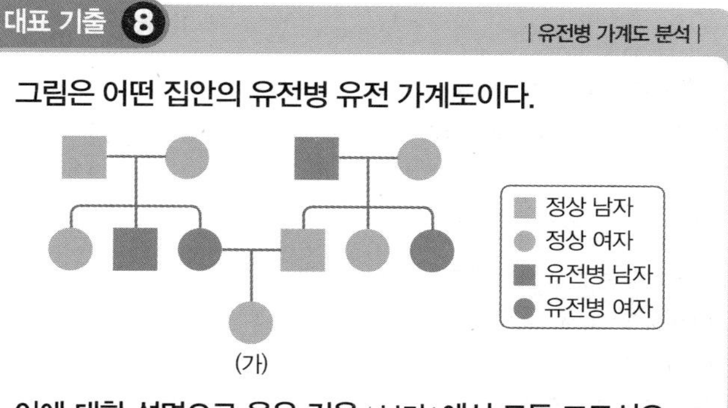

이에 대한 설명으로 옳은 것을 | 보기 |에서 모두 고르시오.

보기
ㄱ. 유전병은 우성 형질이다.
ㄴ. 유전병은 열성 형질이다.
ㄷ. 유전병 유전자는 상염색체에 있다.
ㄹ. 유전병 유전자는 성염색체인 X 염색체에 있다.
ㅁ. 유전병은 여자보다 남자에게 더 많이 나타난다.
ㅂ. (가)의 남동생이 태어날 경우 이 유전병이 나타날 확률은 50 %이다.

Tip 열성이면서 유전자가 X 염색체에 있다면 아버지로부터 정상 유전자가 있는 X 염색체를 물려받는 딸은 모두 정상이 되고, 어머니로부터 유전병 유전자가 있는 X 염색체를 물려받는 아들은 모두 유전병이 나타난다.

풀이 정상 부모 사이에서 유전병 자녀가 태어났으므로 정상은 우성 형질, 유전병은 열성 형질이다. 아버지가 정상인데 유전병인 딸과 정상인 딸이 모두 태어난 것으로 보아 이 유전병 유전자는 상염색체에 있다. (가)의 아버지는 (가)의 할아버지로부터 유전병 유전자를 물려받으므로 유전자형은 잡종이다. 따라서 (가)의 동생이 태어날 경우 이 유전병에 걸릴 확률은 Aa×aa → Aa, Aa, aa, aa이므로 50 %이다.

답 ㄴ, ㄷ, ㅂ

8-1 그림은 어떤 집안의 유전병 유전 가계도이다. 이 유전병 유전자는 성염색체인 X 염색체에 있다.

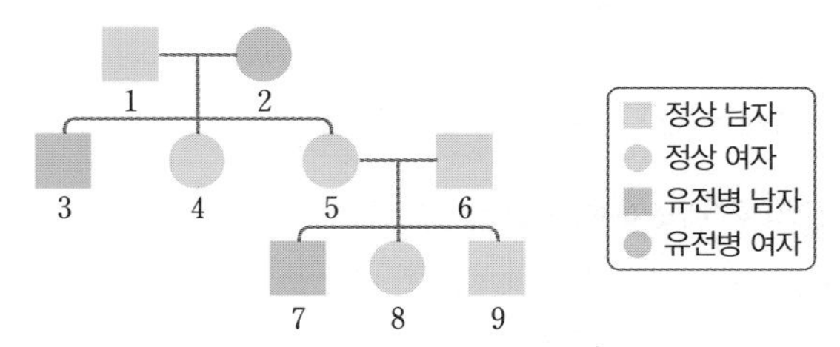

7의 유전병 대립유전자는 누구로부터 전달된 것인지 경로를 쓰시오.

1 표는 3가지 질병에 대해 1란성 쌍둥이의 일치율과 2란성 쌍둥이의 일치율을 비교한 것이다. 표현형이 같은 쌍둥이가 많을수록 일치율은 1.0에 가깝다.

쌍둥이 \ 질병	알코올 중독	치매	낫 모양 적혈구 빈혈증
1란성 쌍둥이	0.2	0.6	1.0
2란성 쌍둥이	0.4	0.3	0.25

이에 대한 설명으로 옳은 것을 보기에서 모두 고른 것은?

보기
ㄱ. 치매는 유전의 영향을 받지 않는다.
ㄴ. 모든 질병은 1란성 쌍둥이의 일치율이 2란성 쌍둥이의 일치율보다 높다.
ㄷ. 낫 모양 적혈구 빈혈증은 알코올 중독보다 유전의 영향을 많이 받는 형질이다.

① ㄱ ② ㄷ ③ ㄱ, ㄴ
④ ㄴ, ㄷ ⑤ ㄱ, ㄴ, ㄷ

Tip 1란성 쌍둥이는 쌍둥이 간 유전자 구성이 같아 ❶ 의 영향이 큰 형질일수록 일치율이 ❷ .

답 ❶유전 ❷높다

2 다음은 사람의 유전 형질 A의 특성을 나타낸 것이다.

(가) A를 나타내는 남녀의 비율은 비슷하다.
(나) 자녀는 A를 나타내지만 부모 모두 A를 나타내지 않을 수 있다.
(다) 멘델의 유전 원리를 따른다.

이에 대한 설명으로 옳지 않은 것은? (단, 형질 A는 한 쌍의 대립유전자에 의해 결정된다.)

① A의 유전자는 상염색체에 있다.
② A는 열성으로 유전되는 형질이다.
③ (나)에서 부모의 유전자형은 서로 다르다.
④ A의 유전 원리는 미맹의 유전 원리와 같다.
⑤ A를 나타내는 여자와 A를 나타내지 않는 남자 사이에서 태어나는 자녀가 A를 나타낼 확률은 50 % 이하이다.

Tip 유전자가 ❶ 염색체에 있고 한 쌍의 대립유전자에 의해 결정되는 형질은 남녀에게 나타나는 비율이 ❷ 하다.

답 ❶상 ❷비슷

3 그림은 어떤 집안의 유전병 유전 가계도이다.

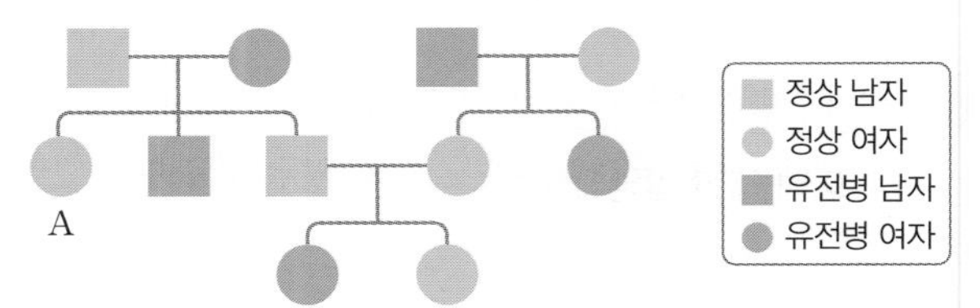

이에 대한 설명으로 옳은 것을 보기에서 모두 고르시오.

보기
ㄱ. 유전병은 정상에 대해 우성이다.
ㄴ. 유전병 유전자는 상염색체에 있다.
ㄷ. A는 유전병 유전자를 가지고 있다.

Tip 부모에게 나타나지 않은 형질이 자손에게 나타난 경우 자손의 형질이 ❶ 이고, 자손은 부모로부터 대립유전자를 각각 ❷ 개씩 물려받는다.

답 ❶열성 ❷1

4 그림은 민수 집안의 ABO식 혈액형 유전 가계도이다. 어머니의 혈액형 유전자 구성으로 가능한 것을 모두 고르면? [정답 2개]

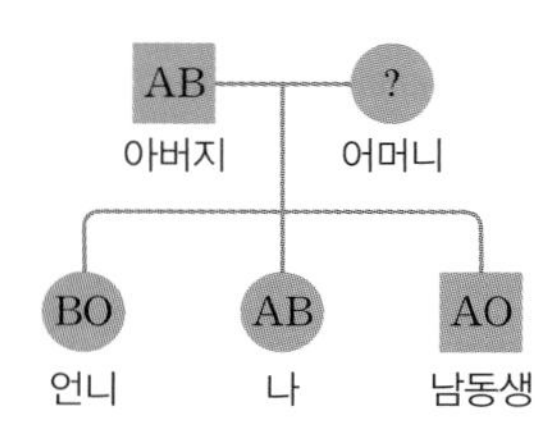

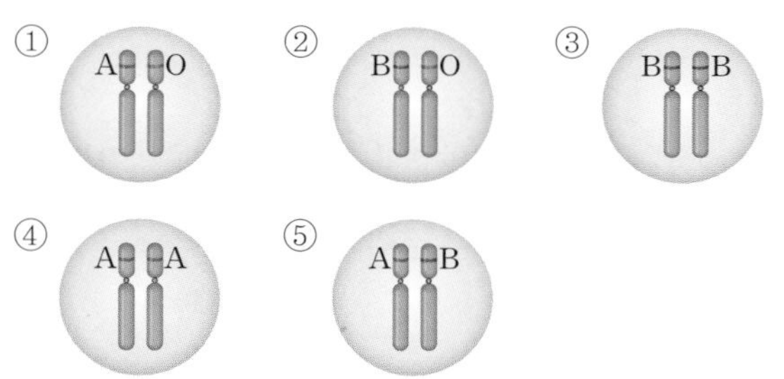

Tip ABO식 혈액형의 대립유전자는 A, B, O 3가지이고 2개의 대립유전자에 의해 결정되므로 유전자형은 ❶ [ ]가지이다. A와 B는 O에 대해 우성이고 A와 B 사이에 우열은 없으므로 표현형은 ❷ [ ]가지이다. 답 ❶6 ❷4

5 표는 세 남매 은지, 은성, 은호와 아버지의 ABO식 혈액형과 미맹 여부를 조사한 결과를 나타낸 것이다.

구분	아버지	은지	은성	은호
ABO식 혈액형	A형	O형	AB형	A형
미맹 여부	미맹	정상	미맹	정상

이에 대한 설명으로 옳은 것을 모두 고르면? [정답 3개]

① 어머니의 ABO식 혈액형은 B형이다.
② 은지와 어머니의 미맹 유전자형은 같다.
③ 어머니는 미맹 유전자를 갖고 있지 않다.
④ 아버지와 은호의 ABO식 혈액형 유전자형은 같다.
⑤ 은호의 동생이 태어날 때, 이 동생이 B형이면서 미맹일 확률은 25 %이다.

Tip ABO식 혈액형이 A형과 ❶ [ ]형인 부모에게서는 A형, B형, O형, AB형인 자녀가 모두 나올 수 있고, 미맹은 정상에 대해 ❷ [ ]이다. 답 ❶B ❷열성

6 그림은 어떤 집안의 적록 색맹 유전에 대한 가계도이다.

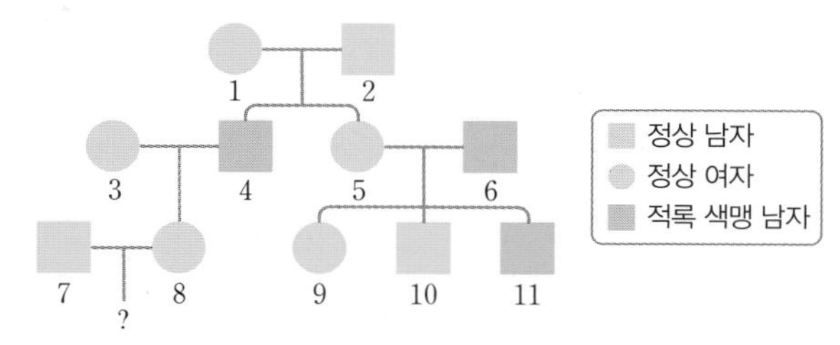

이에 대한 설명으로 옳은 것을 모두 고르면? [정답 2개]

① 1과 2 사이에서 적록 색맹인 4가 태어난 것으로 보아 적록 색맹은 열성이다.
② 8이 보인자일 확률은 50 %이다.
③ 7과 8 사이에서 자녀가 태어날 때 적록 색맹일 확률은 50 %이다.
④ 11의 적록 색맹 유전자는 1로부터 온 것이다.
⑤ 아버지가 적록 색맹이면 아들은 모두 적록 색맹이다.

Tip 유전자가 ❶ [ ]에 있어서 남녀에 따라 형질이 나타나는 비율이 달라지는 유전 현상을 ❷ [ ]이라고 한다. 답 ❶성염색체 ❷반성유전

7 그림은 어떤 집안의 ABO식 혈액형과 적록 색맹 유전에 대한 가계도이다.

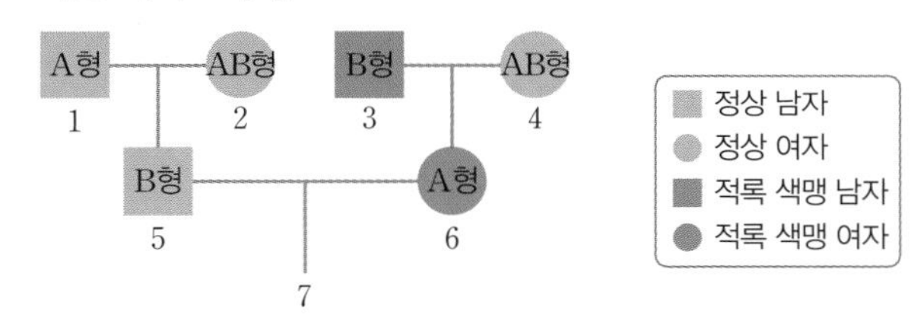

이에 대한 설명으로 옳은 것을 보기에서 모두 고르시오.

보기
ㄱ. 1과 6의 ABO식 혈액형 유전자형은 서로 다르다.
ㄴ. 6은 3과 4로부터 적록 색맹 대립유전자를 하나씩 물려받았다.
ㄷ. 7이 A형이고 적록 색맹인 아들일 확률은 25 %이다.

Tip 적록 색맹은 유전자가 ❶ [ ]에 있고, 정상에 대해 ❷ [ ]으로 유전되는 반성유전이다. 답 ❶X 염색체 ❷열성

01 멘델이 유전을 연구하는 데 완두를 선택한 까닭으로 옳지 않은 것은?

① 기르기 쉽다. ② 한 세대가 짧다.
③ 종자의 수가 많다. ④ 우성 형질만 있다.
⑤ 자가 수분과 타가 수분이 쉽다.

[02~03] 그림은 멘델이 실시한 완두의 교배 실험을 나타낸 것이다. (단, 어버이의 유전자형은 순종이다.)

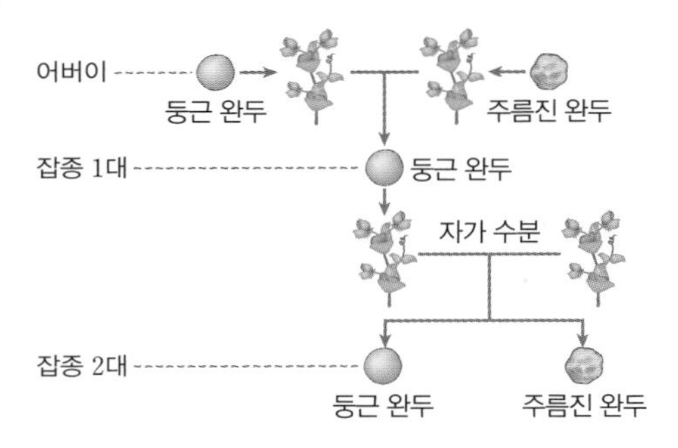

02 이에 대한 설명으로 옳은 것을 | 보기 | 에서 모두 고르시오.

보기
ㄱ. 잡종 1대는 순종이다.
ㄴ. 잡종 2대를 통해 분리의 법칙을 확인할 수 있다.
ㄷ. 잡종 2대에서 320개의 완두를 얻었다면 이중 잡종은 이론상 160개이다.

03 잡종 1대의 유전자 구성을 염색체에 옳게 나타낸 것은?

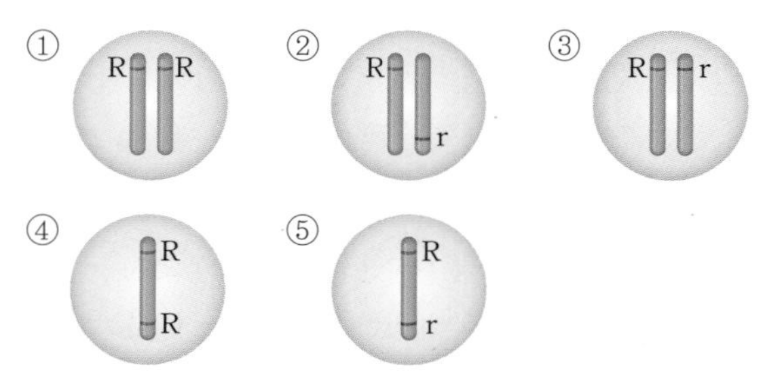

04 그림은 완두의 유전자가 자손에게 전달되는 과정을 정리한 생물 공책의 일부분이다. 단, 검은색 부분은 잉크로 가려진 부분이다.

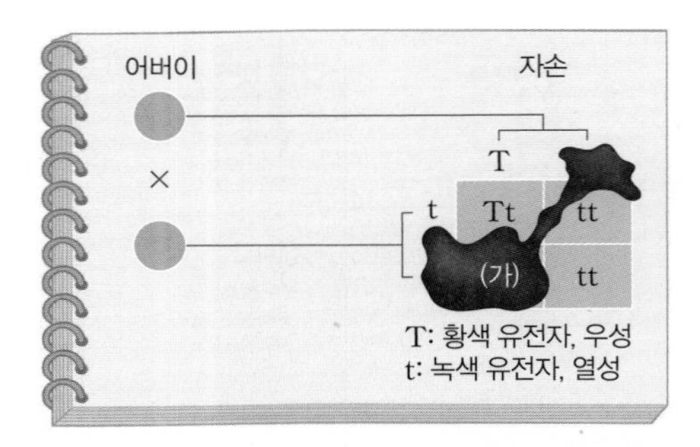

공책의 내용을 근거로 할 때, 완두의 유전에 대한 설명으로 옳은 것은?

① 자손의 표현형의 분리비는 3 : 1이다.
② 잉크로 가려진 부분 중 (가)는 Tt이다.
③ 어버이로 사용된 완두는 모두 황색이다.
④ 생식세포는 대립유전자를 쌍으로 가지고 있다.
⑤ 어버이로 사용된 완두의 유전자형은 TT와 Tt이다.

05 그림은 완두의 교배 실험을 나타낸 것이다.

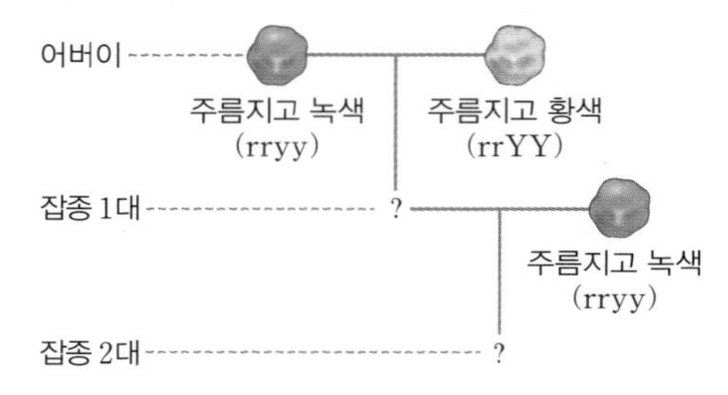

잡종 1대를 주름지고 녹색인 완두와 교배하여 얻은 잡종 2대에서 주름지고 녹색인 완두가 나타날 확률은 몇 %인지 쓰시오.

( )

06 사람의 지능에 대한 유전을 연구하기 위해 유전적 영향과 환경적 영향을 비교하려고 한다. 다음 중 사람의 지능에 대한 유전 연구 방법으로 가장 적절한 것은?

① 통계 조사 ② 가계도 조사
③ 쌍둥이 연구 ④ 유전자 분석
⑤ 염색체 분석

07 그림은 어떤 두 집안의 혀 말기 유전 가계도이다.

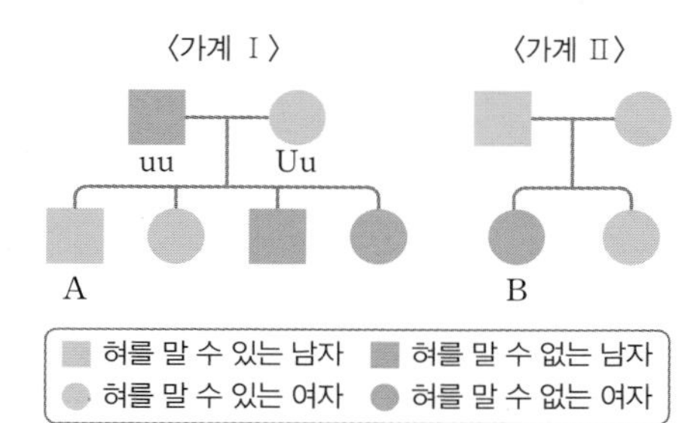

A와 B 사이에서 태어난 자녀가 혀를 말 수 없을 확률은 몇 %인지 쓰시오.

( )

08 표는 세 아이와 이들 부모의 ABO식 혈액형을 나타낸 것이다.

부모	(가)	(나)	(다)
혈액형	A형, B형	B형, B형	AB형, O형
아이	㉠	㉡	㉢
혈액형	A형	O형	AB형

세 아이와 이들의 부모가 모두 옳게 짝 지어진 것은? (단, 3쌍의 부모는 각 1명씩의 아이를 가진다.)

① (가) – ㉠ ② (나) – ㉢ ③ (다) – ㉡
④ (가) – ㉢ ⑤ (나) – ㉠

09 그림은 어떤 집안의 적록 색맹 유전 가계도이다.

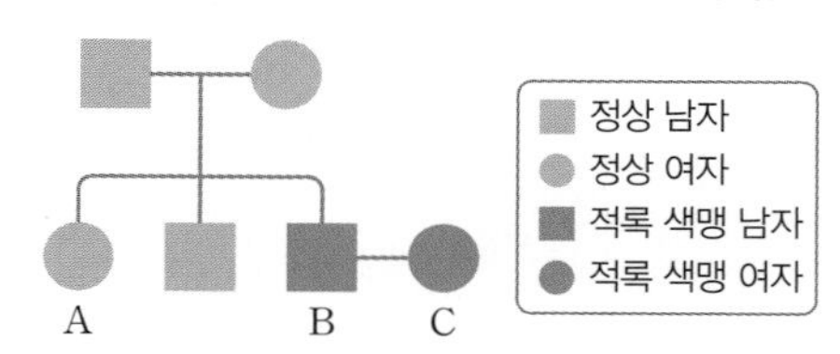

이에 대한 설명으로 옳은 것을 보기 에서 모두 고른 것은?

보기
ㄱ. A가 보인자일 확률은 100 %이다.
ㄴ. B의 적록 색맹 유전자는 어머니로부터 물려받았다.
ㄷ. B와 C 사이에서 태어나는 아들은 정상이다.

① ㄱ ② ㄴ ③ ㄷ
④ ㄱ, ㄴ ⑤ ㄱ, ㄷ

10 다음은 영희네 집안에서 나타나는 유전병 A에 대해 조사한 결과이다. 단, 유전병 A는 멘델의 유전 원리를 따른다.

• 영희의 부모님은 모두 정상이다.
• 영희는 유전병 A를 나타내고, 오빠는 정상이다.
• 오빠는 유전병 A를 나타내는 사람과 결혼하여 정상인 딸과 유전병 A를 나타내는 아들을 낳았다.

이에 대한 설명으로 옳은 것을 보기 에서 모두 고른 것은?

보기
ㄱ. 유전병 A는 정상에 대해 열성이다.
ㄴ. 유전병 A 유전자는 성염색체 Y에 존재한다.
ㄷ. 영희의 어머니와 오빠는 유전병 A 유전자를 가지고 있다.

① ㄱ ② ㄴ ③ ㄷ
④ ㄱ, ㄴ ⑤ ㄱ, ㄷ

1 다음은 3개 모둠이 유전 단원 수업에서 실시한 스피드 게임의 규칙과 A 모둠의 수행 내용이다.

| A 모둠의 수행 내용 |

1분 동안 답을 말한 용어와 설명은 다음과 같다.

용어	설명
대립유전자	완두의 색깔이 녹색, 황색 이렇게 서로 다른 유전자
표현형	겉으로 드러나는 형질
독립의 법칙	대립유전자 쌍이 따로따로 하나씩 생식세포에 들어가는 것
우성	잡종일 때 겉으로 나타나는 형질
2란성 쌍둥이	난자 하나에 정자 두 개가 들어가 수정된 것

A 모둠이 맞춘 용어의 개수와 그렇게 판단한 내용으로 옳은 것은?

① 5개 – 모든 용어에 대한 설명이 옳다.
② 4개 – 대립유전자에 대한 설명이 틀렸다.
③ 4개 – 독립의 법칙에 대한 설명이 틀렸다.
④ 3개 – 독립의 법칙, 2란성 쌍둥이에 대한 설명이 틀렸다.
⑤ 2개 – 대립유전자, 독립의 법칙, 2란성 쌍둥이에 대한 설명이 틀렸다.

Tip 대립유전자는 특정한 형질을 결정하는 ❶ ___ 쌍의 유전자로, ❷ ___ 염색체의 같은 자리에 있다.

답 ❶한 ❷상동

2 다음은 영수와 민지가 과학 동아리 활동 시간에 각각 유전 현상과 관련하여 탐구한 자료의 일부이다.

영수: 노팅엄에 사는 한 부부에게서 흑백 쌍둥이가 태어났다. 언니인 레미는 금발에 하얀 피부, 동생인 키언은 갈색 머리에 검은색 피부를 갖고 있었다. 레미와 키언 자매의 부모는 모두 흑인과 백인 사이에서 태어난 혼혈인이고, 의학적으로 가능하다는 의료진의 설명이 있었다.
민지: 19세기에는 '부모의 특성이 물감처럼 섞여 자손에게 전달된다.'거나 '혈액이 유전 물질이다.'라는 '혼합설'을 주장하는 학자들이 있었다. 반면, 부모로부터 자식 세대로 전달되는 특정한 물질 형태의 입자에 의해 유전 현상이 나타난다는 '입자설'이 있었다.

탐구 자료에 대한 동아리 부원들의 토의 내용 중 옳게 설명한 학생을 모두 고른 것은?

학생 A: 흑백 쌍둥이는 아마 2란성 쌍둥이일 거야.

학생 B: 멘델의 유전 원리는 19세기 이론 중에서 혼합설에 해당하는 것 같아.

학생 C: 흑백 쌍둥이가 태어난 것은 멘델의 유전 원리로 설명이 가능해. 부모가 갖고 있던 유전자가 분리되어 생식세포에 각각 들어갔다가 수정될 때 새로운 쌍이 형성된 거지.

① A ② C ③ A, C
④ B, C ⑤ A, B, C

Tip 생물의 형질을 결정하는 유전자가 쌍으로 존재하며, 이들이 생식세포 형성 시 ❶ ___ 되었다가 수정 시 새로운 쌍을 이룬다는 것이 ❷ ___ 의 유전 인자에 관한 가설이다.

답 ❶분리 ❷멘델

3 다음은 은지가 수업 시간에 실시한 멘델의 유전 원리 모의 활동이다.

| 유전 원리 모의 활동 |

(가) 파란색 주머니는 수술, 빨간색 주머니는 암술이라고 표시한다.
(나) 각 주머니에 검은색 20개, 흰색 20개씩 모두 40개의 바둑알을 넣는다. 이때 검은색 바둑알에는 우성 유전자(대문자 A), 흰색 바둑알에는 열성 유전자(소문자 a)를 표시해 둔다.
(다) 파란색 주머니와 빨간색 주머니에서 각각 임의로 바둑알을 하나씩 꺼내어 짝지은 다음, 이들의 조합을 기록한다. 꺼낸 바둑알은 다시 주머니에 넣는다.
(라) 이 과정을 30회 반복하여 결과를 기록한다.

위 모의 활동 과정을 멘델의 독립의 법칙을 확인하는 모의 활동으로 바꾸어 설계하려고 한다. 그 방법을 적절하게 제시한 학생을 모두 고르시오.

승기: (가)~(라) 과정을 실시한 후, (나) 과정을 B와 b를 표시한 바둑알로 교체하여 활동을 한 번 더 반복하여 실시하면 돼.

도연: (가)에서 두 주머니 안을 각각 두 칸으로 분리한 후, (나)에서 A를 표시한 검은색 바둑알과 a를 표시한 흰색 바둑알 각 20개씩을 한쪽 칸에, B를 표시한 검은색 바둑알과 b를 표시한 흰색 바둑알 각 20개씩을 다른 한쪽 칸에 넣고, (다)에서 각 주머니의 두 칸에서 각각 임의로 바둑알을 하나씩 꺼내어 나머지 과정을 실시해야 해.

지혜: (나)에서 A를 표시한 검은색 바둑알 10개, B를 표시한 검은색 바둑알 10개, a를 표시한 흰색 바둑알 10개, b를 표시한 흰색 바둑알 10개를 넣고 위 활동의 나머지 과정을 그대로 실시하면 돼.

Tip 서로 다른 두 가지 형질이 동시에 유전될 때, 각 형질은 서로 영향을 미치지 않고 각각 독립적으로 ❶ [ ] 의 법칙에 따라 유전된다는 것이 ❷ [ ] 의 법칙이다.

답 ❶분리 ❷독립

4 다음은 멘델의 유전 원리에 관해 온라인 수업을 하는 과정의 일부이다.

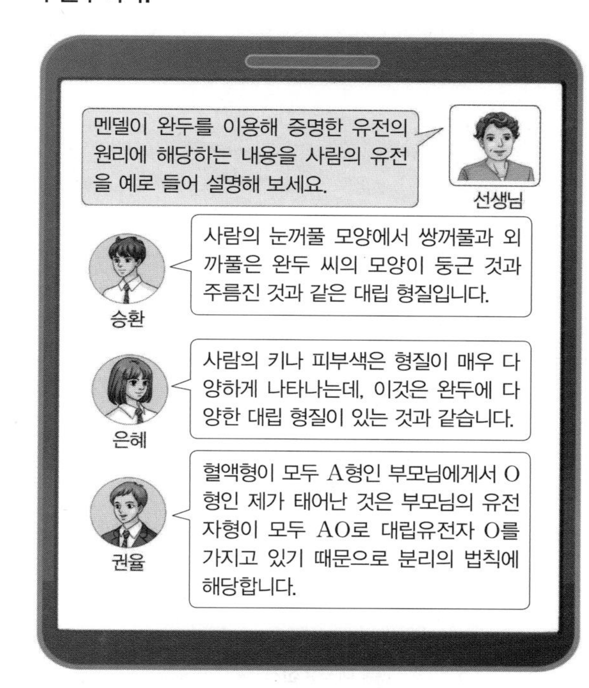

옳게 설명한 학생을 모두 고른 것은?

① 승환
② 은혜
③ 권율
④ 승환, 권율
⑤ 승환, 은혜, 권율

Tip 잡종일 때 표현형으로 나타나는 형질과 드러나지 않는 형질이 있는데, 이것을 ❶ [ ] 의 원리라고 하고, 생식세포를 만들 때 대립유전자가 서로 다른 생식세포로 나뉘어 들어가는 것을 ❷ [ ] 의 법칙이라고 한다.

답 ❶우열 ❷분리

5 자료는 지수가 지문에 대해 발표한 자료의 일부이고, 그림은 학급 학생들의 지문선 수를 조사하여 나타낸 것이다.

지문의 유전 원리

지문은 사람을 비롯한 영장류 대부분의 손가락 끝부분에 난 소용돌이 모양의 금으로, 태아의 발생 과정에서 손끝의 땀샘 부분이 융기하면서 만들어진다. 지문선의 수와 모양이 사람에 따라 다르므로 본인 확인용으로 활용된다.

[관계에 따른 지문선 수의 유사도]

관계	조사 수(쌍)	유사도
아버지와 자녀	405	0.49
부부	200	0.05
1란성 쌍둥이	80	0.95
2란성 쌍둥이	90	0.49

(완전히 일치하면 1, 전혀 일치하지 않으면 0)

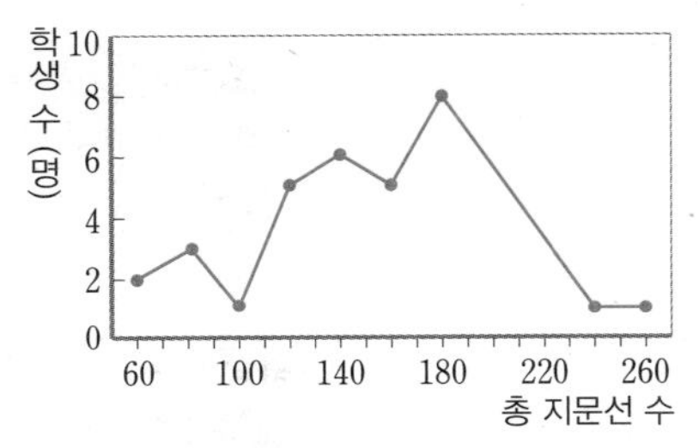

주어진 자료를 토대로 한 학생들의 토의 내용 중 옳게 설명한 학생을 모두 고르시오.

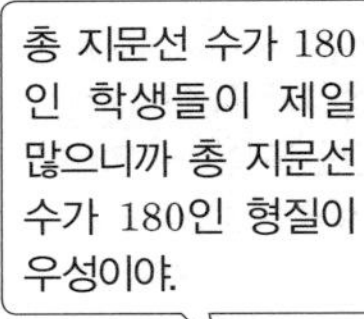

1란성 쌍둥이의 유사도가 매우 높은 것을 보면 총 지문선 수는 환경보다 유전의 영향이 더 큰 것 같아.

지문선 수는 완두 씨의 모양이나 색깔처럼 대립 형질이 뚜렷하지는 않네.

Tip 사람의 유전 연구에서 유전과 ❶ [ ] 의 영향을 분석하기 위해서 ❷ [ ] 간의 형질에 대한 일치도를 분석한다.

답 ❶ 환경 ❷ 쌍둥이

6 자료 (가)는 남학생인 우재와 우재 가족의 눈꺼풀에 대한 정보이고, (나)는 이를 가계도로 나타내기 위한 코딩 과정의 일부를, (다)는 코딩 결과를 나타낸 것이다.

- 아버지, 어머니, 우재의 누나, 우재는 쌍꺼풀이다.
- 우재의 여동생은 외까풀이다.
- 우재의 누나는 쌍꺼풀인 사람과 결혼하여 외까풀인 딸을 낳았다.

(가)

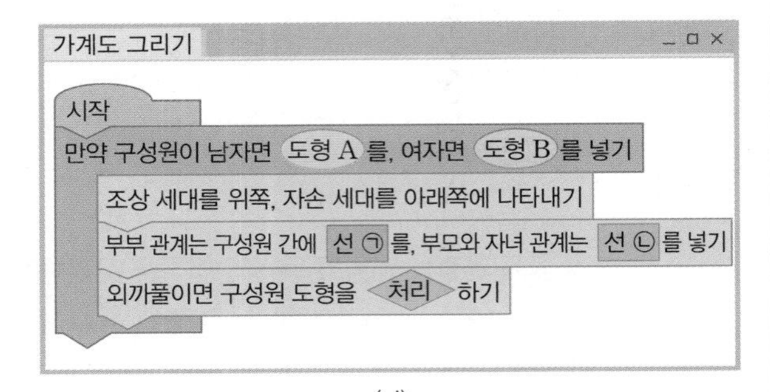

(나)

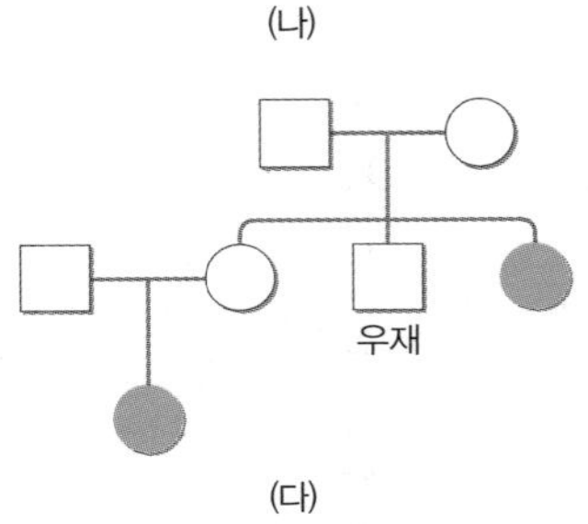

(다)

코딩 과정에 대한 설명으로 옳지 않은 것은?

① 도형 A 는 □이다.
② 도형 B 는 ○이다.
③ 선 ㉠ 는 |이다.
④ 선 ㉡ 는 ┬이다.
⑤ 처리 는 '녹색으로 채움'이다.

Tip 특정 형질에 대해 가족 관계와 각 구성원의 표현형을 기호로 나타낸 그림을 ❶ [ ] 라고 하며, 형질의 ❷ [ ] 관계와 구성원의 유전자형 등을 알 수 있다.

답 ❶ 가계도 ❷ 우열

>> 정답과 해설 25쪽

7 그림은 미맹, ABO식 혈액형, 적록 색맹을 구분한 순서도를 나타낸 것이다.

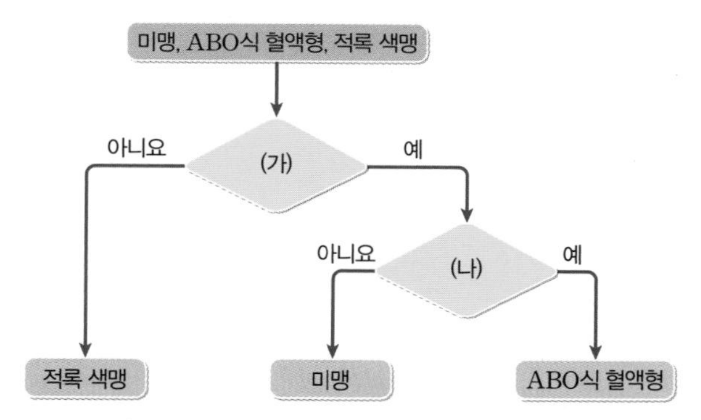

이에 대한 설명으로 옳은 것을 | 보기 | 에서 모두 고른 것은?

보기

ㄱ. '멘델의 분리의 법칙에 따라 유전되는가?'는 (가)에 해당한다.

ㄴ. '형질을 결정하는 유전자가 상염색체에 있는가?'는 (가)에 해당한다.

ㄷ. '세 가지 대립유전자가 관여하는가?'는 (나)에 해당한다.

① ㄱ ② ㄴ ③ ㄱ, ㄴ
④ ㄴ, ㄷ ⑤ ㄱ, ㄴ, ㄷ

Tip 적록 색맹 유전은 대립유전자가 ❶ ____ 염색체에 있어 남녀 간에 나타나는 비율이 다르고, 미맹과 ABO식 혈액형 유전은 대립유전자가 ❷ ____ 염색체에 있어 남녀 간에 나타나는 비율의 차이가 없다.

답 ❶ 성(X) ❷ 상

8 다음은 사람의 유전 모의 실험을 설계하는 모둠 활동의 내용이다.

(가) 3가지 색깔의 나무 막대를 각각 6개씩 준비하고, 색깔별로 보조개, 미맹, ABO식 혈액형의 형질을 정한다.

(나) 형질별로 6개의 나무 막대 아래쪽에 3개에는 우성 대립유전자를, 나머지 3개에는 열성 대립유전자를 써 넣은 다음 모든 나무 막대를 표시한 부분이 보이지 않도록 컵에 넣는다.

(다) 2명씩 짝을 지어 부모의 역할을 나누어 맡고, 각자 2종류의 나무 막대를 각각 1개씩 임의로 뽑아 자신의 컵에 담고 유전자형과 표현형을 기록한다.

(라) 각자 자신의 컵에서 나무 막대를 종류별로 하나씩 임의로 뽑아 둘 사이에서 태어나는 첫째 아이의 유전자형과 표현형을 기록한다.

(마) 과정 (라)를 반복하여 둘째 아이의 유전자형과 표현형을 기록한다.

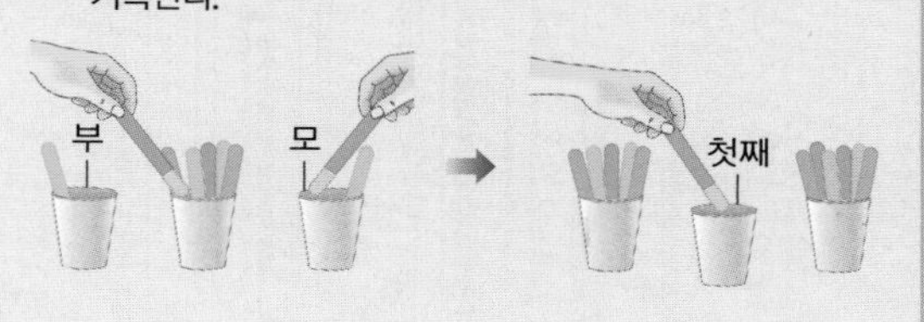

다음은 학생 A~D가 위의 활동이 올바른 모의 실험이 되도록 수정해야 할 부분을 지적한 내용이다. 옳지 않게 지적한 학생을 모두 고르시오.

학생 A: (가)에서 ABO식 혈액형은 관여하는 대립유전자가 3가지이고 우성 유전자와 열성 유전자 2가지로만 구분할 수 없기 때문에 (나) 과정을 그대로 할 수 없어.

학생 B: (다)에서 부모의 대립유전자 쌍을 만들기 위해서는 각 색깔별 막대를 2개씩 뽑아서 컵에 넣어야 해.

학생 C: (라)에서 아이의 대립유전자 쌍을 만들기 위해서는 각 컵에서 색깔별로 막대를 2개씩 뽑아야 해.

학생 D: 둘째 아이에 대해서도 활동을 수행하려면 (라)에서 뽑은 막대를 다시 컵에 넣는 것을 추가해야 해.

Tip 부모의 대립유전자 쌍은 생식세포 분열 시 분리되어 ❶ ____ 에 하나씩 들어가고, ❷ ____ 으로 쌍을 이루어 자손의 유전자형이 결정된다.

답 ❶ 생식세포 ❷ 수정

중간고사 마무리 전략

핵심 Point 체크

1강_염색체와 체세포 분열, 2강_생식세포 분열과 발생

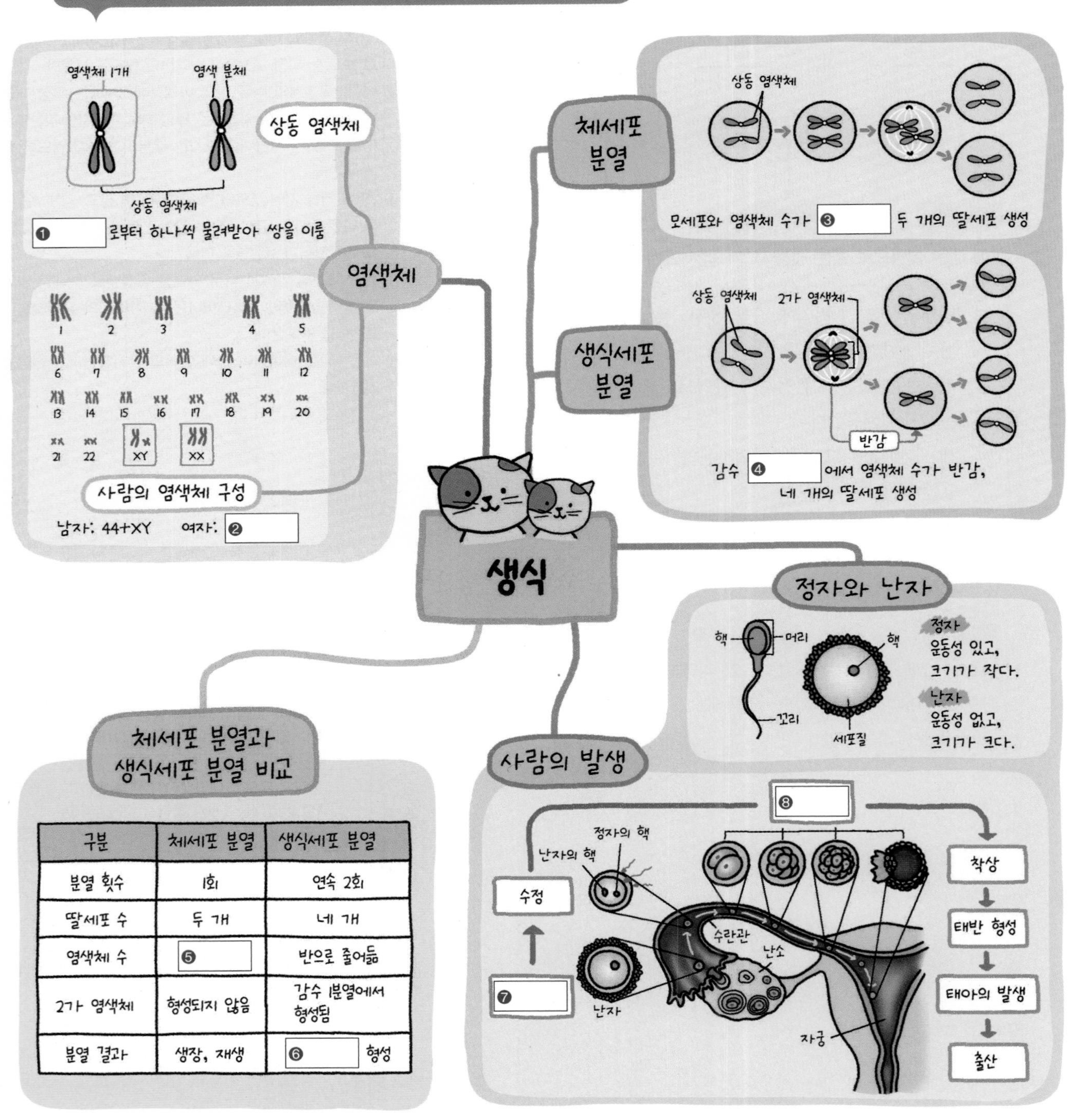

구분	체세포 분열	생식세포 분열
분열 횟수	1회	연속 2회
딸세포 수	두 개	네 개
염색체 수	❺	반으로 줄어듦
2가 염색체	형성되지 않음	감수 1분열에서 형성됨
분열 결과	생장, 재생	❻ 형성

답 ❶부모 ❷44+XX ❸같은 ❹1분열 ❺변화 없음 ❻생식세포 ❼배란 ❽난할

이어서 공부할 내용
❶ 신유형 · 신경향 · 서술형 전략
❷ 고난도 해결 전략

3강_멘델의 유전 원리, 4강_사람의 유전

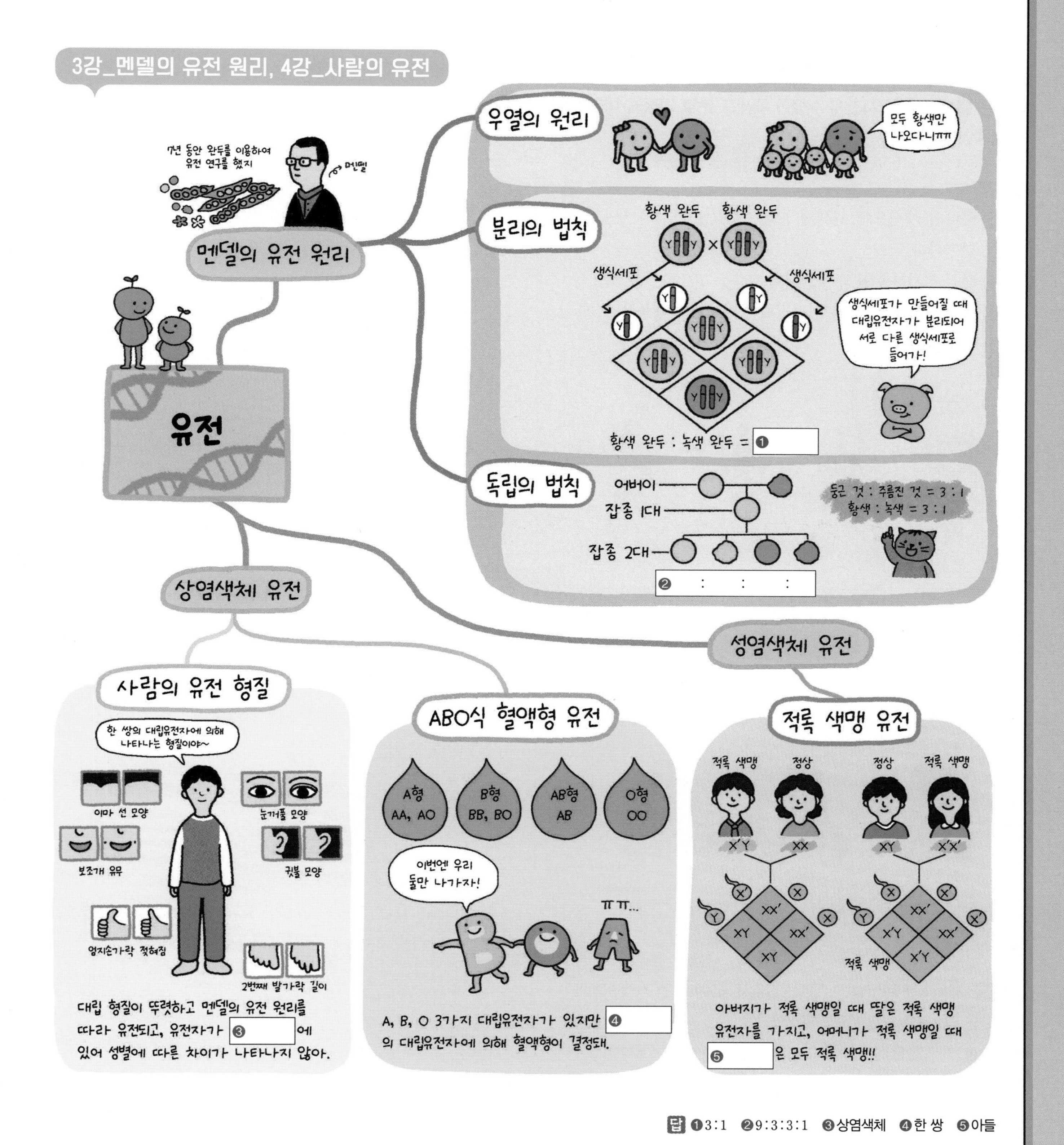

답 ❶3:1 ❷9:3:3:1 ❸상염색체 ❹한 쌍 ❺아들

신유형·신경향·서술형 전략

신유형 전략

1 체세포 분열

다음은 철수가 수업 시간에 수행한 체세포 분열 과정에 대한 탐구 활동이다.

| 과정 |

(가) 하나의 체세포에 염색체가 네 개 있는 가상의 생물을 가정한다.

(나) 털실 철사를 이용하여 염색체 모형을 만든다.

(다) 이 생물의 체세포 분열 과정에서 염색체의 행동을 모형으로 표현한다.

| 결과 |

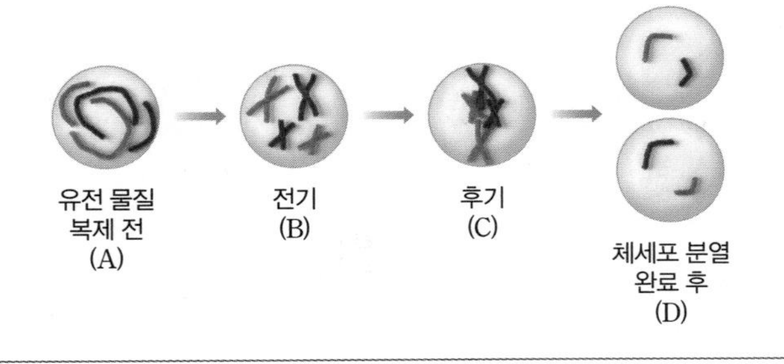

철수의 탐구 결과에 대한 학생들의 대화 중 옳게 설명한 학생을 모두 고른 것은?

C는 후기가 아니라 중기의 상태를 표현한 거야.

D에서 두 세포 모두 털실 철사를 두 개씩 더 추가해야 해.

B는 감수 1분열의 전기를 표현한 것이라고 해도 돼.

태성

① 준수 ② 태성 ③ 준수, 다희
④ 다희, 태성 ⑤ 준수, 다희, 태성

Tip 체세포 분열의 ❶ [ ]에는 방추사가 붙어 있는 염색 분체가 두 개인 염색체들이 세포 중앙에 배열되어 있고, 후기에는 각 염색체들의 ❷ [ ]가 분리된다.

답 ❶ 중기 ❷ 염색 분체

2 멘델의 유전 실험 재료

다음은 민수와 은진이가 학교 텃밭에서 기르는 완두에 물을 주며 나누는 대화 내용이다.

민수야! 이것 좀 봐. 저번 주에 봤을 때와 달리 콩깍지가 열렸어. 얼마 전 씨를 뿌려 놓고 잘 돌봐주지도 못했는데, 벌써 자라서 콩깍지가 열리다니.

어? 정말이네. 그런데 하나의 완두에 정말 많은 콩깍지가 열리는구나.

그런데 자세히 보니 콩깍지 모양과 색깔이 다르네. 매끈한 것과 잘록한 것도 있고, 녹색인 것과 황색인 것이 있어.

콩깍지뿐만 아니라 꽃의 색깔도 보라색과 흰색 두 종류가 있잖아.

위 대화로 알 수 있는 완두가 가진 유전 실험 재료로서의 장점을 | 보기 |에서 모두 고른 것은?

| 보기 |

ㄱ. 재배가 쉽고 짧은 시간에 여러 세대를 관찰할 수 있다.

ㄴ. 한 번에 얻는 자손의 수가 많아 교배 결과를 통계적으로 분석하기에 좋다.

ㄷ. 대립 형질이 뚜렷하여 교배 결과를 분석하지 않아도 우성과 열성을 알 수 있다.

① ㄱ ② ㄷ ③ ㄱ, ㄴ
④ ㄴ, ㄷ ⑤ ㄱ, ㄴ, ㄷ

Tip 멘델이 유전 실험 재료로 사용한 ❶ [ ]는 한 세대가 짧으며, 한 번에 얻는 자손 수가 많아 통계 분석에 유리하다. 또한, ❷ [ ]이 뚜렷하여 교배 결과를 명확하게 해석할 수 있다.

답 ❶ 완두 ❷ 대립 형질

신경향 전략

3 생식세포 분열

그림은 철수가 감수 1분열과 감수 2분열의 공통점과 차이점을 정리하기 위해 만든 벤다이어그램이다.

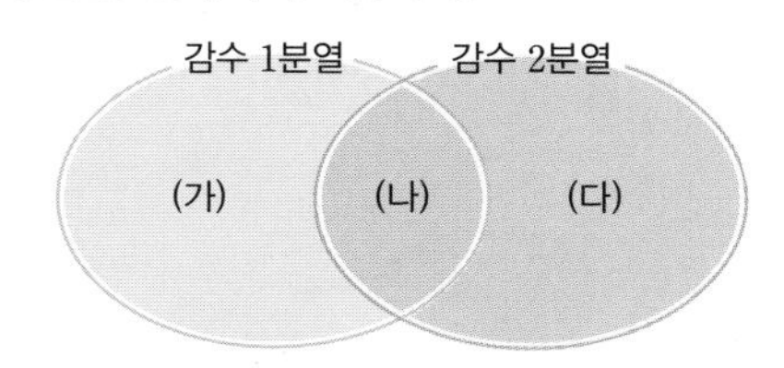

이에 대한 설명으로 옳은 것을 |보기|에서 모두 고른 것은?

| 보기 |
ㄱ. '2가 염색체가 형성된다.'는 (가)에 해당한다.
ㄴ. '딸세포의 유전자 구성이 모세포와 같다.'는 (나)에 해당한다.
ㄷ. '분열 과정에서 세포 한 개당 유전 물질의 양이 감소한다.'는 (다)에 해당한다.

① ㄱ　② ㄷ　③ ㄱ, ㄴ
④ ㄴ, ㄷ　⑤ ㄱ, ㄴ, ㄷ

Tip 2가 염색체는 감수 ❶ ☐ 분열 전기에 형성되었다가 후기에 분리되고, 감수 2분열에서는 각 염색체들의 ❷ ☐ 가 분리된다.

답 ❶ 1 ❷ 염색 분체

4 사람의 유전 형질

다음은 사람에게서 나타나는 다양한 유전 형질에 대해 알아보기 위해 수업 중 실시한 탐구 활동이다.

| 과정 |
학급 학생 중에서 귓불 모양, 이마 선 모양, ABO식 혈액형, 키에 대해 각 형질을 나타내는 학생 수를 조사하여 그래프에 나타낸다.

| 결과 |

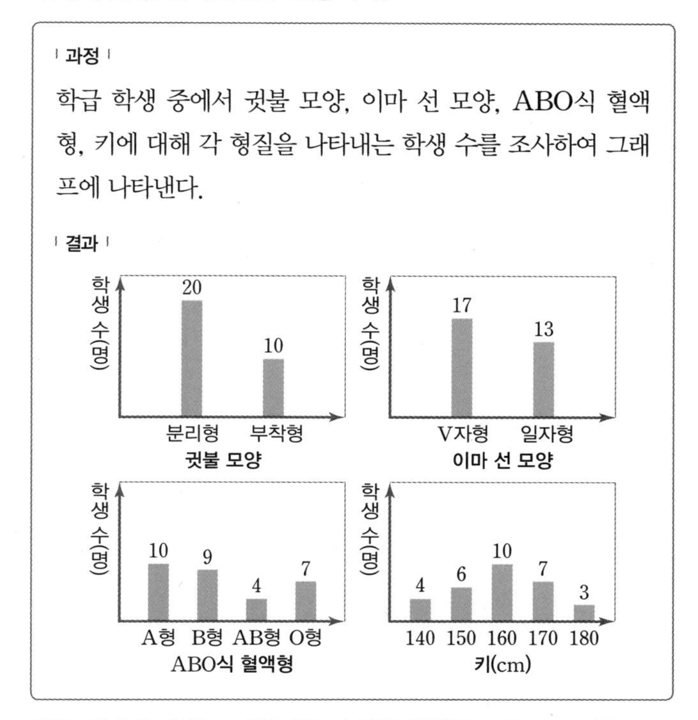

탐구 결과에 대해 토의한 내용이 옳은 학생을 모두 고르시오.

Tip 귓불 모양, 이마 선 모양 등의 형질은 유전자가 ❶ ☐ 에 있고 대립 형질이 뚜렷하여 우성과 열성이 뚜렷하게 구분되며, ❷ ☐ 의 유전 원리에 따라 유전된다.

답 ❶ 상염색체 ❷ 멘델

서술형 전략

5 세포 분열의 의의

다음은 세포가 분열하는 까닭을 알아보기 위한 실험이다.

| 과정 |

(가) 우무 덩어리로 한 변의 길이가 2 cm인 정육면체 조각을 두 개 만든다.

(나) 하나는 그대로, 나머지 하나는 8등분하여 한 개를 식용 색소 용액에 담근다.

(다) 15분 정도 지난 후 두 우무 덩어리를 꺼내 칼로 중앙을 잘라 단면에 색소가 중심까지 스며든 정도를 비교해 본다.

| 결과 |

우무 덩어리가 큰 것이나 작은 것 모두 색소가 스며든 길이는 비슷하고, 작은 덩어리는 중심까지 색소가 스며들었다.

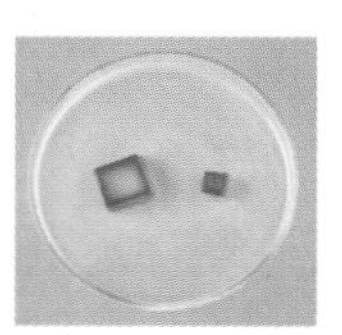

(1) 우무 덩어리의 표면적과 부피 간의 관계를 중심으로 우무 덩어리의 크기에 따른 색소 이동에 어떤 차이가 있는지 서술하시오.

(2) 개체의 생장이 일어날 때 체세포 분열이 일어나는 것이 생존에 유리한 까닭을 우무 덩어리를 세포로 가정하여 서술하시오.

Tip 개체의 크기가 커질수록 부피 대 표면적의 비는 ❶ ______ 하며, 개체의 생장이 일어날 때는 ❷ ______ 이 일어나 세포의 수가 증가하는 것이 유리하다.

답 ❶ 감소 ❷ 체세포 분열

6 수정되어 개체가 되기까지 과정

그림 (가)는 배란에서 출산까지의 과정을, (나)는 착상 이후 태아의 발생 과정을 나타낸 것이다.

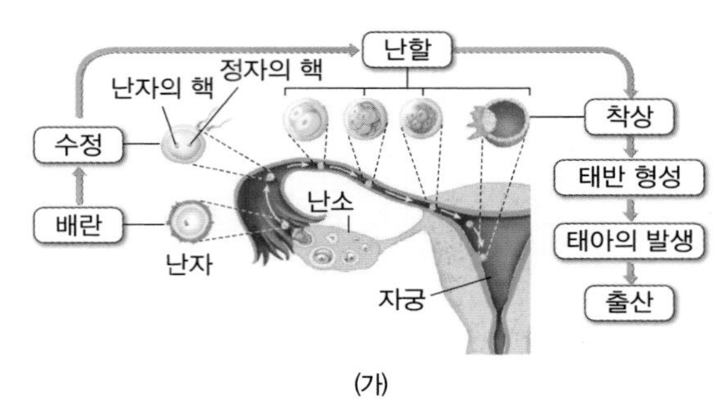

(가)

배아 시기 / 태아 시기
1~2주 3주 4주 5주 6주 7주 8주 9주 16주 20~37주 38주
중추 신경계
심장
팔
다리
귀
눈
입천장
치아
외부 생식기
착상
기본적인 구조 형성 시기 / 기관의 완성 시기

(나)

(1) (가)에서 자손의 성별이 결정되는 시기를 고르고, 성별이 결정되는 과정을 서술하시오.

(2) (나)를 참고하여 아기가 태어난 이후에도 발달이 계속되는 기관을 모두 골라 쓰시오.

( )

Tip 발생 과정은 배란 → ❶ ______ → 난할 → 착상 → 기관 형성의 순으로 진행되고, ❷ ______ 이 된 이후부터 임신이 되었다고 한다.

답 ❶ 수정 ❷ 착상

>> 정답과 해설 27쪽

7 멘델의 유전 실험

다음은 완두의 키 형질에 대한 멘델의 유전 실험 내용이다.

순종의 키 큰 완두와 키 작은 완두를 교배하였더니 잡종 1대에서 모두 키 큰 완두가 나왔다.

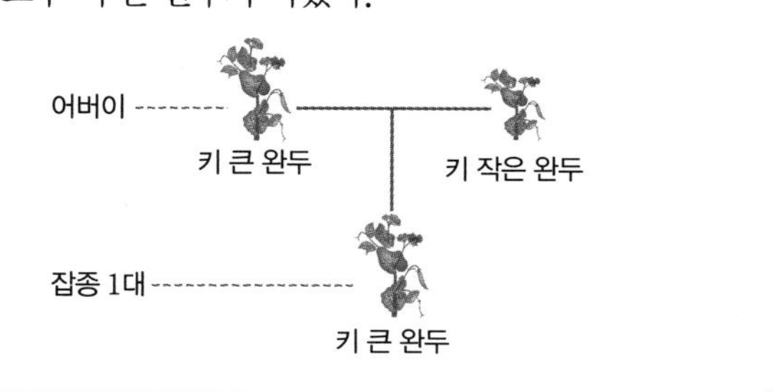

(1) 완두의 키 형질에서 우성은 무엇인지 쓰고, 그렇게 판단한 근거를 우성의 뜻과 연관지어 서술하시오.

(2) 잡종 1대의 유전자형이 순종인지 잡종인지 판단하기 위한 교배 방법을 설계하고, 판단 과정을 서술하시오.

Tip 우성 개체의 유전자형은 순종일 수도 있고 잡종일 수도 있으나, 열성 개체의 유전자형은 항상 [ ]이다. 답 순종

8 사람의 유전 모의 실험

다음은 사람의 머릿결과 눈꺼풀 유전을 알아보기 위한 모의 실험 과정이다. (단, 곱슬머리 유전자 D는 직모 유전자 d에 대해, 쌍꺼풀 유전자 E는 외꺼풀 유전자 e에 대해 각각 우성이다.)

(가) 철수와 영희는 그림과 같이 유전자가 적힌 카드가 들어 있는 상자를 2개씩 가지고 있다.

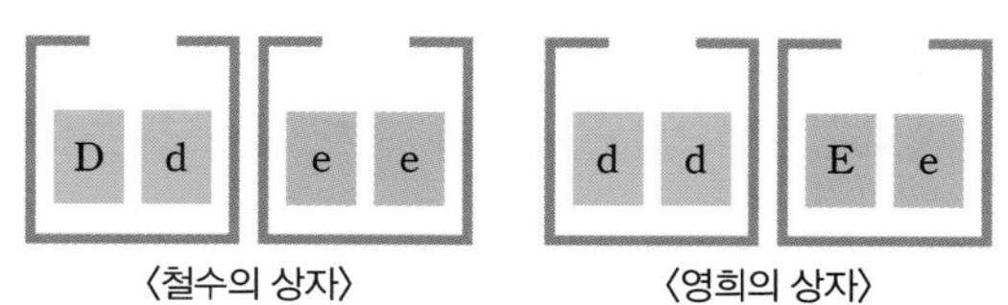

〈철수의 상자〉 〈영희의 상자〉

(나) 각각의 상자에서 카드를 1장씩 꺼낸다.
(다) 철수와 영희가 꺼낸 카드를 알파벳별로 짝을 짓는다.
(라) 유전자형과 표현형을 기록한다.

(1) (가)에서 머릿결 유전자와 눈꺼풀 유전자를 각각 다른 상자에 넣어 분리한 것은 무엇을 의미하는지 서술하시오.

(2) (다)에서 곱슬머리이고 쌍꺼풀이 나올 확률(%)을 쓰고, 풀이 과정을 서술하시오.

Tip 부모로부터 대립유전자를 [❶]개 씩 물려받아 쌍을 형성한 것이 자손의 유전자형이며, 잡종일 때 표현되는 형질이 [❷]이다. 답 ❶ 1 ❷ 우성

고난도 해결 전략 1회

빈출도 ● > ● > ●

1강_염색체와 체세포 분열

01 그림 (가)와 (나)는 각각 DNA와 염색체 중 하나를 나타낸 것이다.

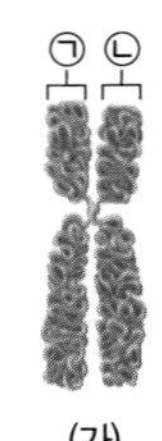

(가)

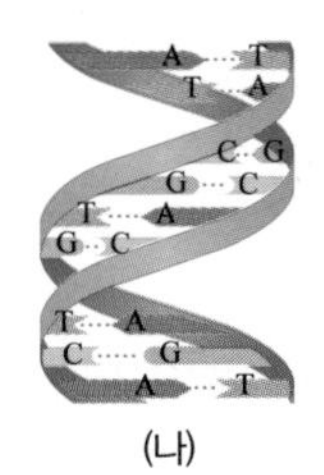

(나)

이에 대한 설명으로 옳은 것을 |보기|에서 모두 고른 것은?

|보기|
ㄱ. (가)는 단백질과 (나)로 이루어져 있다.
ㄴ. (나)에 유전 정보가 들어 있다.
ㄷ. ㉠과 ㉡은 부모로부터 하나씩 물려받은 것이다.

① ㄱ ② ㄷ ③ ㄱ, ㄴ
④ ㄴ, ㄷ ⑤ ㄱ, ㄴ, ㄷ

02 그림은 정상인 사람 (가)와 (나)의 체세포 한 개에 들어 있는 염색체를 분석한 결과를 나타낸 것이다.

(가)

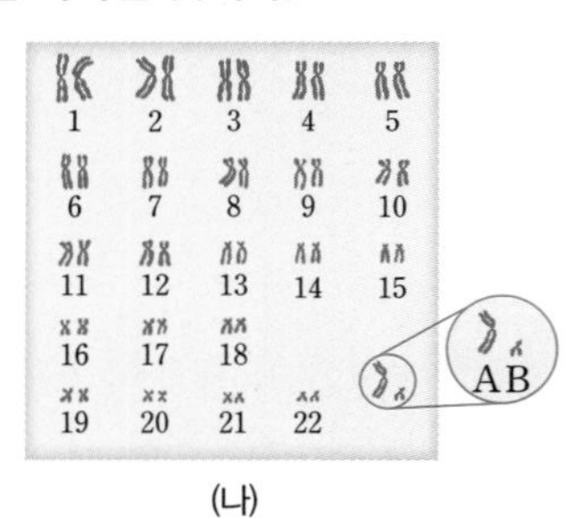

(나)

이에 대한 설명으로 옳은 것을 |보기|에서 모두 고른 것은?

|보기|
ㄱ. (가)의 상동 염색체는 23쌍이다.
ㄴ. (나)의 상염색체는 22개이다.
ㄷ. A와 B의 유전자 구성은 서로 같다.

① ㄱ ② ㄷ ③ ㄱ, ㄴ
④ ㄴ, ㄷ ⑤ ㄱ, ㄴ, ㄷ

1등급 킬러

03 표는 서로 다른 동물 A와 B의 체세포 한 개에 들어 있는 염색체 수를, 그림은 A와 B 중 한 동물의 어떤 세포에 들어 있는 모든 염색체를 나타낸 것이다. A와 B의 성염색체는 모두 XY이다.

동물	염색체 수
A	6
B	12

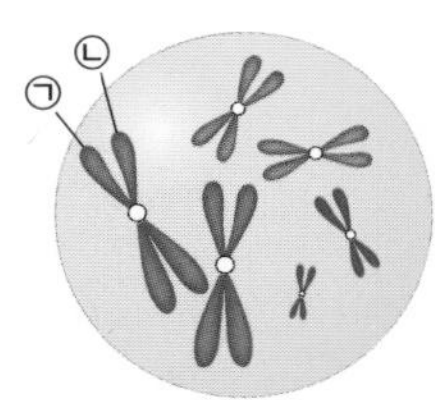

이에 대한 설명으로 옳은 것을 |보기|에서 모두 고른 것은?

|보기|
ㄱ. 그림은 A의 세포이다.
ㄴ. ㉠은 ㉡의 상동 염색체이다.
ㄷ. B의 생식세포 한 개에 들어 있는 상염색체 수는 5이다.

① ㄱ ② ㄴ ③ ㄱ, ㄷ
④ ㄴ, ㄷ ⑤ ㄱ, ㄴ, ㄷ

서술형

04 그림은 사람의 염색체 ㉠~㉢의 상대적인 크기를, 표는 사람의 세포 A~C에서 ㉠~㉢의 유무를 나타낸 것이다. ㉠~㉢은 각각 15번 염색체, X 염색체, Y 염색체 중 하나이며, A~C는 각각 정자, 남자의 체세포, 여자의 체세포 중 하나를 순서 없이 나타낸 것이다.

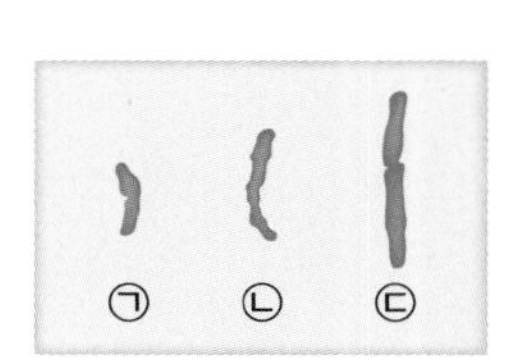

세포 \ 염색체	㉠	㉡	㉢
A	×	○	○
B	○	○	×
C	○	○	○

(○: 있음, ×: 없음)

A~C는 각각 무엇인지 쓰고, 그렇게 판단한 까닭을 서술하시오.

1등급 킬러

05

그림은 사람의 정상 세포 집단 (가)~(다)에서 세포 한 개당 DNA 상대량에 따른 세포 수를 나타낸 것이다. (가)~(다)는 각각 체세포 분열 중인 세포 집단(A), 간기에 멈춰 있는 세포 집단(B), 생식세포 집단(C) 중 하나이다.

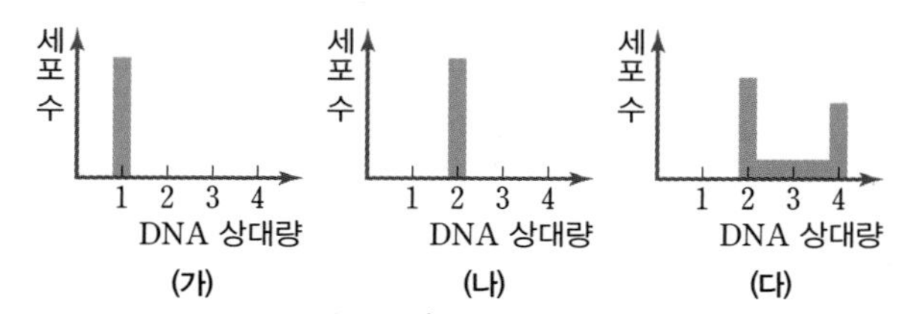

(가)~(다)를 A~C에 모두 옳게 연결한 것은?

	(가)	(나)	(다)
①	A	B	C
②	A	C	B
③	B	C	A
④	C	A	B
⑤	C	B	A

06

그림 (가)는 어떤 동물의 체세포가 분열하는 동안 세포 한 개당 DNA양을, (나)는 (가)의 구간 Ⅰ~Ⅲ 중 한 구간의 특정 시기에서 관찰되는 세포를 나타낸 것이다.

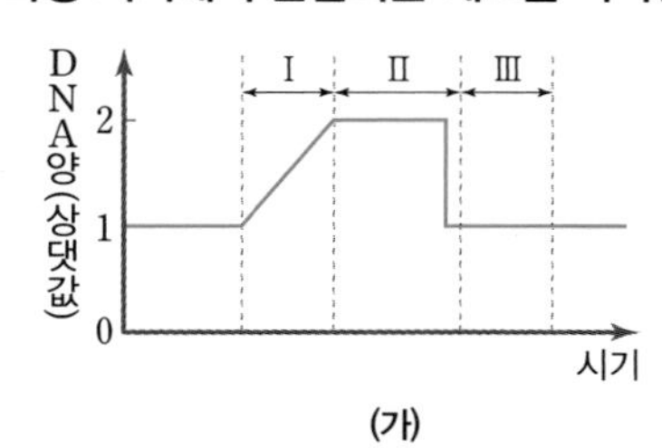

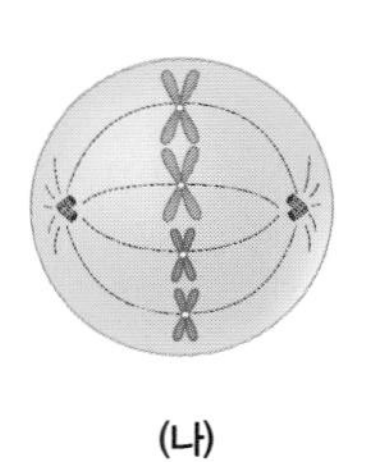

이에 대한 설명으로 옳은 것을 보기에서 모두 고른 것은?

보기
ㄱ. 구간 Ⅰ 시기의 세포는 핵막이 있다.
ㄴ. (나)가 관찰되는 구간은 Ⅱ이다.
ㄷ. 구간 Ⅲ에서 세포질 분열이 일어나기 시작한다.

① ㄱ ② ㄷ ③ ㄱ, ㄴ
④ ㄴ, ㄷ ⑤ ㄱ, ㄴ, ㄷ

서술형

07

다음은 양파의 체세포 분열을 관찰하는 실험이다.

과정

(가) 양파의 ㉠뿌리 끝을 잘라 ㉡에탄올과 아세트산이 3:1로 섞인 용액에 담근다.
(나) (가)의 뿌리 끝을 꺼내어 증류수로 씻은 후 ㉢묽은 염산에 담가 둔다.
(다) 묽은 염산에 담가 둔 뿌리 끝을 받침유리 위에 올려놓고 면도칼로 2 mm 정도 자른 후, ㉣아세트산 카민 용액을 떨어뜨리고 해부침으로 잘게 찢는다.
(라) 덮개 유리를 덮고 거름종이를 올린 후 엄지손가락으로 눌러 현미경 표본을 만든다.
(마) (라)의 현미경 표본을 광학 현미경으로 관찰한다.

결과

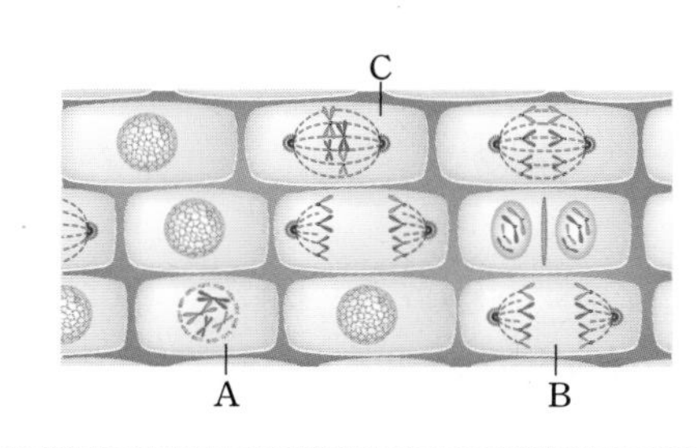

(1) 이 실험에서 ㉠과 ㉡~㉣ 용액을 사용하는 목적을 각각 서술하시오.

(2) A~C 시기의 이름을 각각 쓰고, 체세포 분열이 일어나는 순서에 맞게 나열하시오.
( )

2강_ 생식세포 분열과 발생

빈출도 ● > ● > ●

08 그림 (가)는 어떤 동물의 생식세포 분열 과정 일부에서 시간에 따른 핵 한 개당 DNA 상대량을, (나)는 구간 Ⅰ과 Ⅱ 중 한 구간에서 관찰되는 세포의 모든 염색체를 나타낸 것이다. Ⅰ과 Ⅱ에서 관찰되는 세포의 염색체 수는 같다.

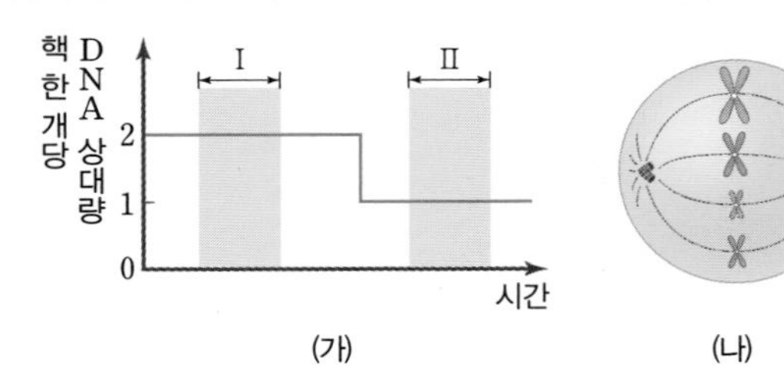

이에 대한 설명으로 옳은 것을 보기에서 모두 고른 것은?

보기
ㄱ. 구간 Ⅰ의 세포에는 핵막이 있다.
ㄴ. (나)는 구간 Ⅱ에서 관찰된다.
ㄷ. 이 동물의 체세포 분열 중기의 세포 한 개당 염색체 수는 8이다.

① ㄱ ② ㄷ ③ ㄱ, ㄴ
④ ㄴ, ㄷ ⑤ ㄱ, ㄴ, ㄷ

1등급 킬러

09 그림 (가)는 생식세포 분열이 진행 중인 어떤 세포에서 상동 염색체 사이의 거리 변화를, (나)는 (가)의 t_1에서 관찰된 염색체와 방추사를 나타낸 것이다.

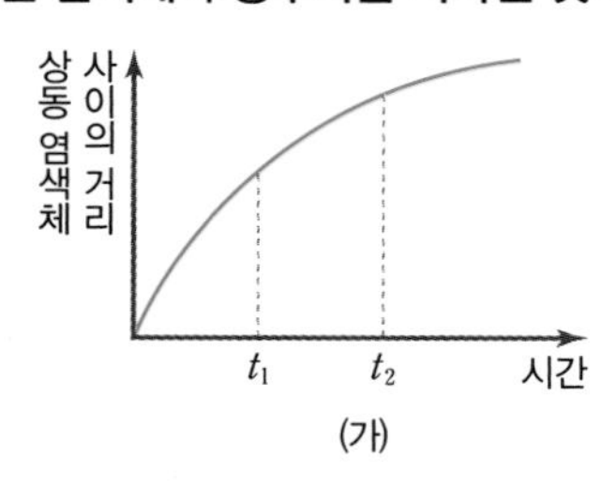

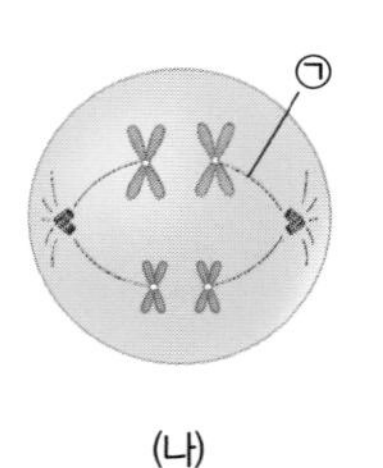

이에 대한 설명으로 옳은 것을 보기에서 모두 고른 것은?

보기
ㄱ. (나)는 감수 1분열 후기의 세포이다.
ㄴ. ㉠의 길이는 t_1에서보다 t_2에서 길다.
ㄷ. t_2에서 염색 분체가 분리된다.

① ㄱ ② ㄴ ③ ㄱ, ㄷ
④ ㄴ, ㄷ ⑤ ㄱ, ㄴ, ㄷ

10 그림은 백합의 꽃밥에 있는 세포 ㉠~㉣의 세포 한 개당 염색체 수와 핵 한 개당 DNA양을 순서 없이 나타낸 것이다.

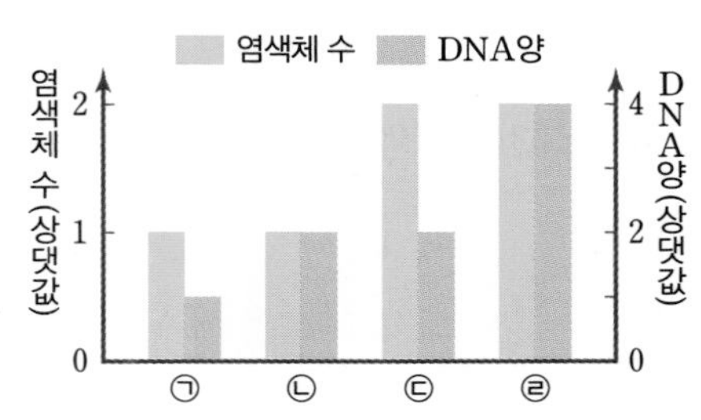

생식세포가 만들어지는 과정에 따라 ㉠~㉣을 순서대로 옳게 나열한 것은?(단, 간기의 염색사는 염색체로 간주한다.)

① ㉠-㉡-㉢-㉣ ② ㉡-㉢-㉣-㉠
③ ㉢-㉠-㉡-㉣ ④ ㉢-㉣-㉡-㉠
⑤ ㉣-㉡-㉢-㉠

11 그림은 생식세포 분열이 일어나는 과정을 나타낸 것이다.

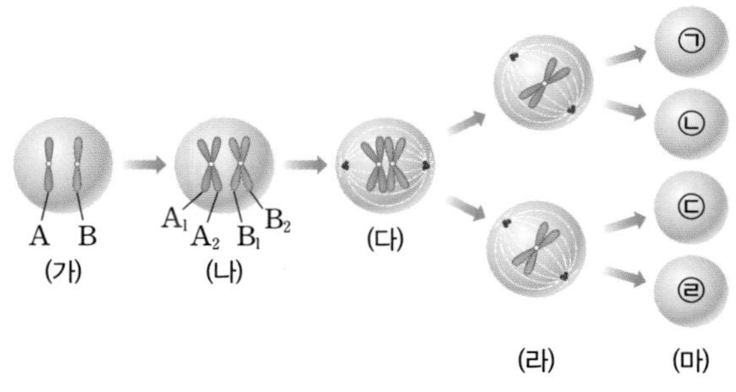

(1) (가)의 세포 한 개당 DNA양을 2라고 했을 때, (나)~(마)의 세포 한 개당 DNA양을 각각 쓰시오.

( )

(2) (나)의 A_1, A_2, B_1, B_2 기호를 이용하여 (마)의 ㉠~㉣이 각각 가질 수 있는 염색체의 종류를 쓰시오. (㉠~㉣의 순서는 고려하지 않는다.)

( )

12 그림은 생식과 초기 발생, 세포 분열 과정의 일부를 나타낸 것이다. (단, (가)와 (나)에는 1번 염색체의 분리만 표시했다.)

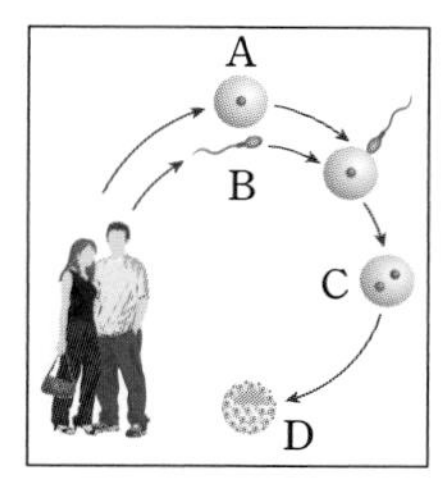

생식과 초기 발생

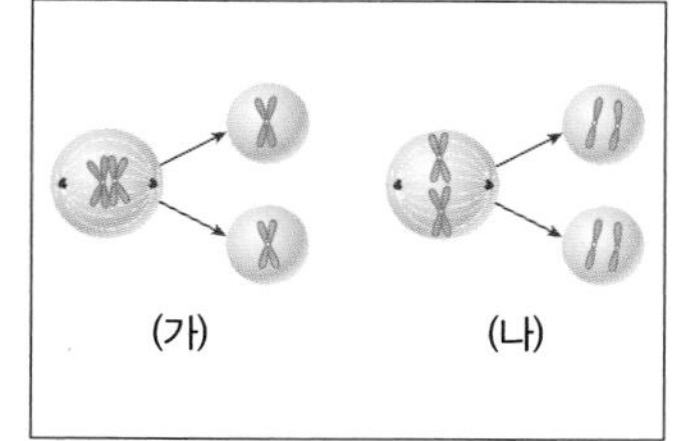

세포 분열

이에 대한 설명으로 옳은 것을 | 보기 | 에서 모두 고른 것은?

보기
ㄱ. A와 B는 (가) 과정을 거쳐서 만들어진다.
ㄴ. C는 (나) 과정을 거쳐 D에 이른다.
ㄷ. C와 D의 세포 한 개당 DNA양은 같다.

① ㄱ ② ㄴ ③ ㄱ, ㄷ
④ ㄴ, ㄷ ⑤ ㄱ, ㄴ, ㄷ

1등급 킬러

13 그림은 사람의 초기 발생 과정을 나타낸 것이다.

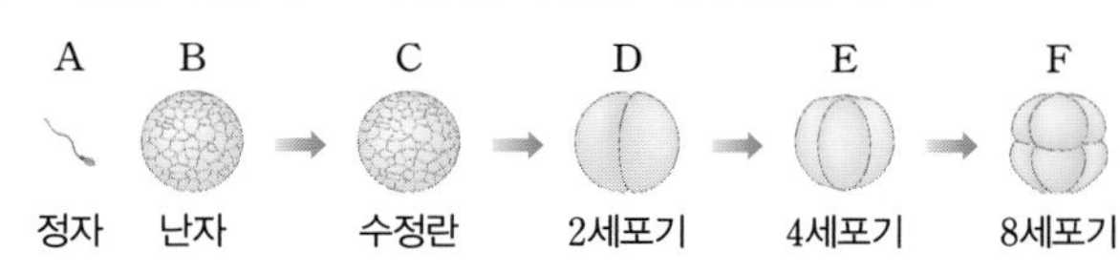

A~F의 DNA 총량과 세포질 총량을 비교한 것으로 옳은 것은?

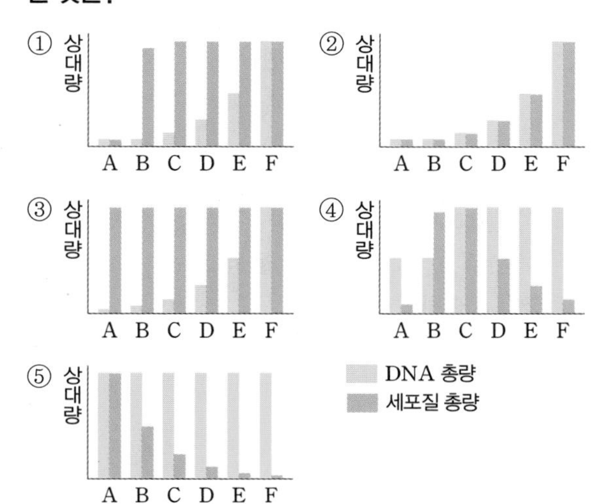

14 그림은 수정란의 초기 발생 과정에서의 변화를 나타낸 것이다.

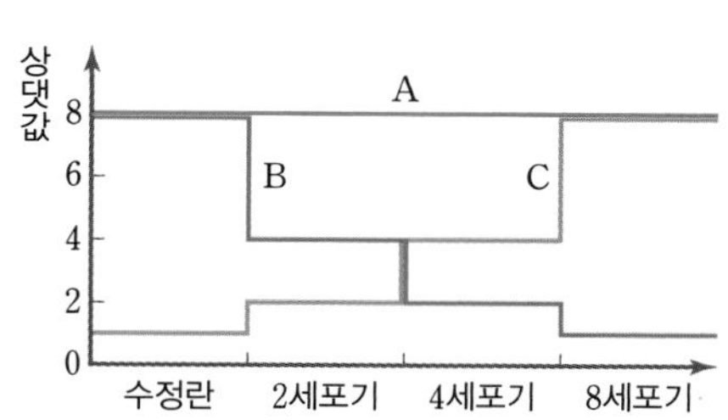

A~C에 해당하는 것이 모두 옳게 연결된 것은?

	A	B	C
①	세포 한 개당 염색체 수	세포 한 개당 세포질의 양	해당 시기의 세포 수
②	세포 한 개당 세포질의 양	세포 한 개당 염색체 수	세포 한 개당 DNA양
③	해당 시기의 세포 수	세포 한 개당 세포질의 양	세포 한 개당 염색체 수
④	세포 한 개당 세포질의 양	해당 시기의 세포 수	세포 한 개당 DNA양
⑤	세포 한 개당 염색체 수	세포 한 개당 DNA양	해당 시기의 세포 수

서술형

15 그림 (가)는 1란성 쌍둥이, (나)는 2란성 쌍둥이의 발생 과정을 나타낸 것이다.

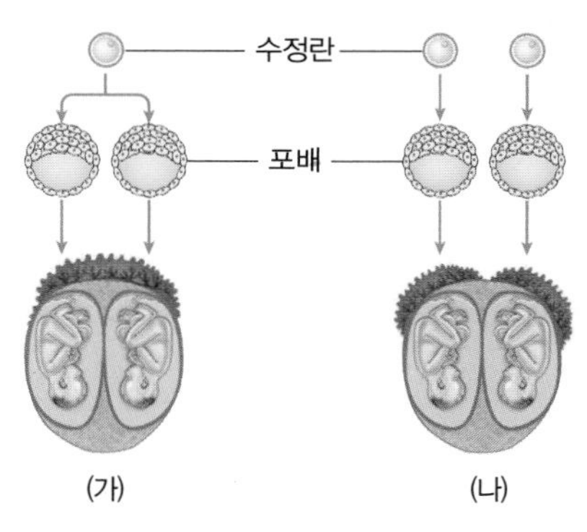

(가)와 (나)에서 쌍둥이 간 성별의 일치 가능성에 대해 각각 쓰고, 그렇게 판단한 까닭을 서술하시오.

고난도 해결 전략 2회

빈출도 ● > ● > ●

3강_멘델의 유전 원리

01 다음은 바둑알을 이용하여 유전 원리를 알아보는 실험 과정이다.

(가) ㉠ 흰색과 검은색 바둑알을 50개씩 준비하여 흰색 바둑알에는 R, 검은색 바둑알에는 r로 표시한다.
(나) 속이 보이지 않는 두 주머니에 각각 꽃가루, 난세포라고 표시한다.
(다) 각 주머니에 흰색 바둑알과 검은색 바둑알을 각각 25개씩 넣고 잘 섞는다.
(라) ㉡ 각 주머니에서 바둑알을 1개씩 꺼내어 기호의 조합을 기록하고, 원래의 주머니에 다시 넣는다.

이에 대한 설명으로 옳은 것을 | 보기 |에서 모두 고른 것은?

보기
ㄱ. ㉠은 생식세포에 해당한다.
ㄴ. ㉡은 생식세포가 만들어질 때 특정 형질을 결정하는 대립유전자가 각 생식세포로 나뉘어 들어가는 과정에 해당한다.
ㄷ. 이 실험으로 두 쌍의 대립 형질이 유전될 때 각 대립 형질은 서로 영향을 주지 않고 독립적으로 유전된다는 멘델의 가설을 확인할 수 있다.

① ㄱ ② ㄴ ③ ㄱ, ㄷ
④ ㄴ, ㄷ ⑤ ㄱ, ㄴ, ㄷ

∴ 1등급 킬러

02 표는 어떤 식물의 대립 형질과 유전자를 나타낸 것이고, 그림은 염색체에 존재하는 이들 유전자의 위치를 나타낸 것이다.

구분	씨 모양		씨 색깔	
형질	둥글다	주름지다	황색	녹색
유전자	A	a	B	b

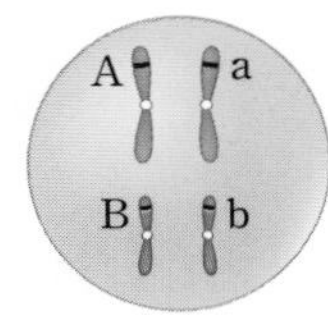

이에 대한 설명으로 옳은 것을 | 보기 |에서 모두 고른 것은?

보기
ㄱ. 씨의 모양과 색깔은 멘델의 독립의 법칙을 따른다.
ㄴ. 생식세포 분열 시 A와 a는 분리되어 서로 다른 생식 세포로 들어간다.
ㄷ. B가 부계로부터 물려받은 것이라면, b는 모계로부터 물려받은 것이다.

① ㄱ ② ㄴ ③ ㄱ, ㄷ
④ ㄴ, ㄷ ⑤ ㄱ, ㄴ, ㄷ

서술형

03 다음은 완두를 이용한 교배 실험 결과를 정리한 것이다.

(가) 황색 완두 A와 순종의 녹색 완두를 교배하였더니 황색 완두만 나왔다.
(나) 황색 완두 B와 순종의 녹색 완두를 교배하였더니 황색 완두와 녹색 완두가 1:1의 비로 나타났다.
(다) 황색 완두 C를 자가 수분하였더니 황색 완두와 녹색 완두가 3:1의 비로 나타났다.

이 실험에서 우성 유전자를 Y, 열성 유전자를 y로 표시하여 완두 A~C의 유전자형을 각각 쓰고, 그렇게 판단한 근거를 서술하시오.

>> 정답과 해설 34쪽

04

그림은 순종의 흰색 털 짧은 꼬리 고양이와 순종의 검은색 털 긴 꼬리 고양이의 교배 결과를 나타낸 것이다.

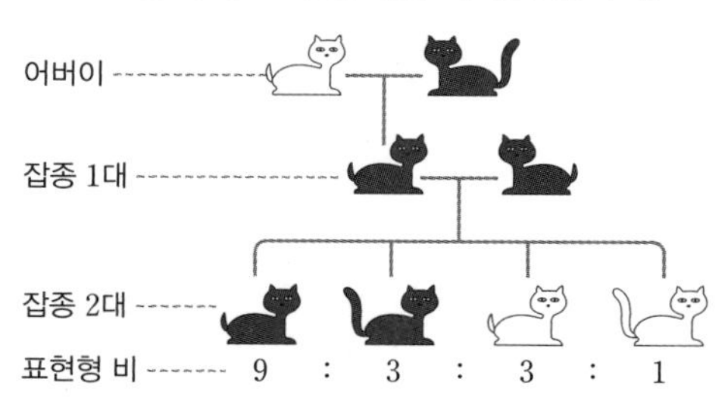

이에 대한 설명으로 옳은 것을 보기 에서 모두 고르시오.

보기
ㄱ. 잡종 1대의 털 색깔과 꼬리 길이 유전자형은 모두 잡종이다.
ㄴ. 검은색 털과 짧은 꼬리는 각각 흰색 털과 긴 꼬리에 대해 우성이다.
ㄷ. 잡종 2대에서 짧은 꼬리와 긴 꼬리의 비율은 3:1이다.

05

표는 콩깍지가 매끈하고 녹색인 완두(AaBb)를 자가 교배하여 얻은 자손의 표현형과 유전자형 그리고 개수를 나타낸 것이다.

표현형	유전자형	개수(개)
매끈하고 녹색	AABB, AaBB, AABb, AaBb	3907
매끈하고 황색	AAbb, Aabb	1301
잘록하고 녹색	aaBB, aaBb	1303
잘록하고 황색	aabb	434

이에 대한 설명으로 옳은 것을 보기 에서 모두 고르시오.

보기
ㄱ. 유전자 A와 B는 상동 염색체의 같은 자리에 위치한다.
ㄴ. 완두의 콩깍지 모양과 색깔은 멘델의 독립의 법칙에 따라 유전된다.
ㄷ. 콩깍지가 잘록하고 녹색인 완두를 자가 교배하면 콩깍지가 매끈하고 녹색인 완두가 나오지 않는다.

서술형 ⁂ 1등급 킬러

06

그림은 어떤 식물에서 키와 꽃 색깔의 유전 현상을 알아보기 위한 두 가지 교배 실험 결과를 나타낸 것이다. a~j는 (가)~(라)의 생식세포를 나타내며, 키와 꽃 색깔은 각각 한 쌍의 대립유전자에 의해 결정된다. a~j 이외에 다른 종류의 생식세포는 형성되지 않았다.

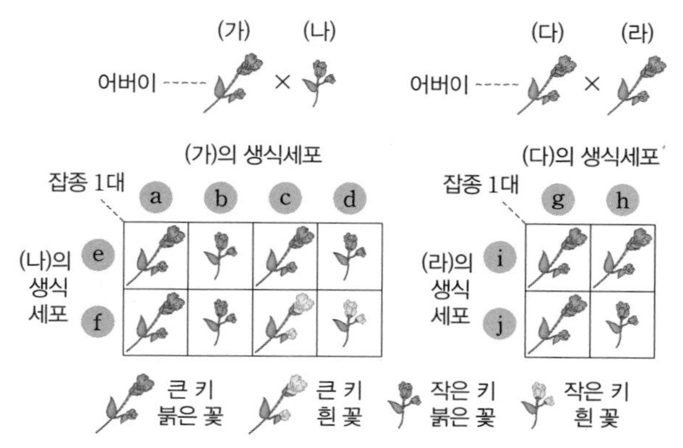

(1) 이 식물의 키와 꽃 색깔에서 우성과 열성을 각각 구분하여 쓰고, 그렇게 판단한 까닭을 서술하시오.

(2) 이 식물의 키에 대한 우성 유전자를 L, 열성 유전자를 l이라고 하고 꽃 색깔에 대한 우성 유전자를 R, 열성 유전자를 r라고 할 때, 키와 꽃 색깔에 대한 (가)~(라)의 유전자형을 쓰시오. (단, 돌연변이는 없다.)

- (가): (   )
- (나): (   )
- (다): (   )
- (라): (   )

빈출도 ● > ● > ●

4강_사람의 유전

07 그림은 500명의 ABO식 혈액형, 지문선 수, 홍역 발병 여부를 조사한 것이고, 표는 세 가지 조사 항목에 대한 쌍둥이 사이의 일치율을 나타낸 것이다. 쌍둥이 간에 같은 형질이 나타나는 비율이 높을수록 일치율이 높다.

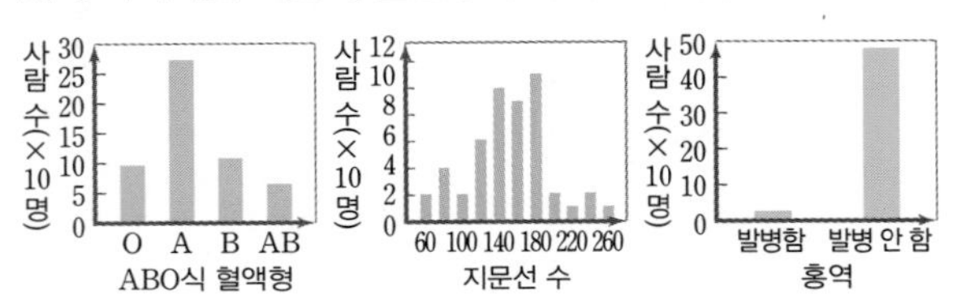

조사 항목	1란성 쌍둥이(%)	2란성 쌍둥이(%)
ABO식 혈액형	100	66
지문선의 수	95	49
홍역 발병	90	87

이에 대한 설명으로 옳은 것을 보기에서 모두 고르시오.

보기
ㄱ. ABO식 혈액형은 환경보다 유전의 영향을 많이 받는다.
ㄴ. 지문선 수는 한 쌍의 대립유전자에 의해 결정된다.
ㄷ. 홍역의 발병 여부는 유전에 의해 결정된다.

08 그림은 두 종류의 쌍둥이 발생 과정을 나타낸 것이다. 이에 대한 설명으로 옳은 것을 보기에서 모두 고르시오.

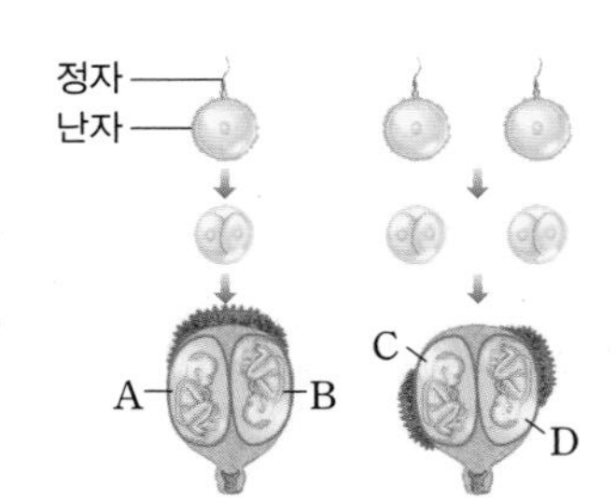

보기
ㄱ. A가 미맹이면 B도 미맹이다.
ㄴ. C와 D의 성별은 반드시 다르다.
ㄷ. C와 D의 아버지가 적록 색맹이면 C와 D는 반드시 적록 색맹이다.

09 표는 철수네 가족의 귓불 모양을 나타낸 것이다.

구성원	아버지	어머니	누나	철수
귓불 모양	분리형	분리형	부착형	분리형

이에 대한 설명으로 옳은 것을 보기에서 모두 고른 것은?

보기
ㄱ. 귓불 모양 유전자는 상염색체에 있다.
ㄴ. 철수 어머니의 유전자형은 순종이다.
ㄷ. 철수의 동생이 태어날 때 동생이 부착형 귓불일 확률은 25 %이다.

① ㄱ ② ㄴ ③ ㄱ, ㄷ
④ ㄴ, ㄷ ⑤ ㄱ, ㄴ, ㄷ

서술형 ⁂ 1등급 킬러

10 표는 가족 Ⅰ과 Ⅱ의 눈꺼풀 모양과 보조개의 유무를 나타낸 것이다.

구분	가족 Ⅰ			가족 Ⅱ		
	부	모	자녀 A (딸)	부	모	자녀 B (아들)
눈꺼풀	쌍꺼풀	쌍꺼풀	외까풀	외까풀	쌍꺼풀	외까풀
보조개	무	유	유	유	유	무

(1) 눈꺼풀 모양과 보조개의 유무에서 각각 우성인 것을 쓰시오.

• 눈꺼풀: (　　　　　)
• 보조개: (　　　　　)

(2) A와 B가 결혼하여 아이를 낳을 경우 이 아이가 보조개가 있는 남자일 확률(%)을 쓰고, 풀이 과정을 서술하시오.

11 그림은 어떤 집안의 적록 색맹 유전에 대한 가계도이다.

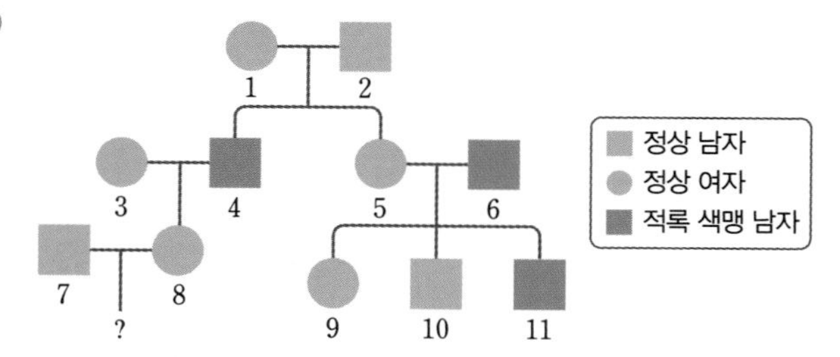

이에 대한 설명으로 옳지 않은 것은? [정답 2개]

① 1은 적록 색맹 유전자를 가지고 있다.
② 5와 9는 유전자형이 같다.
③ 7과 8 사이에서 아이가 태어날 때, 이 아이가 적록 색맹인 아들일 확률은 25 %이다.
④ 10이 적록 색맹인 여자와 결혼하여 아이가 태어날 때, 이 아이가 적록 색맹일 확률은 100 %이다.
⑤ 11의 적록 색맹 유전자는 6으로부터 물려받았다.

12 그림은 어떤 집안의 ABO식 혈액형과 미맹 유전에 대한 가계도이다.

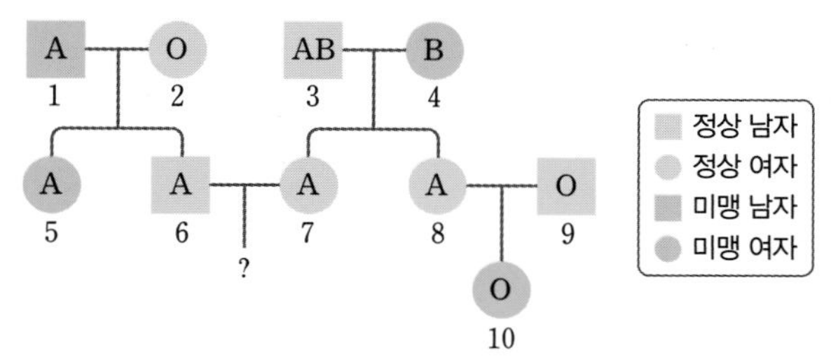

이에 대한 설명으로 옳은 것을 보기 에서 모두 고른 것은?

보기
ㄱ. 2와 9는 미맹 유전자형이 같다.
ㄴ. 5와 8은 ABO식 혈액형 유전자형이 같다.
ㄷ. 6과 7 사이에서 태어나는 아이의 미맹과 ABO식 혈액형 유전자형이 모두 6과 같을 확률은 50 %이다.

① ㄱ ② ㄷ ③ ㄱ, ㄴ
④ ㄴ, ㄷ ⑤ ㄱ, ㄴ, ㄷ

13 그림은 어떤 유전병 유전 가계도이고, 표는 그림의 구성원 1~4에서 이 유전병의 발현에 관여하는 대립유전자 A와 A*의 DNA 상대량을 조사하여 나타낸 것이다.

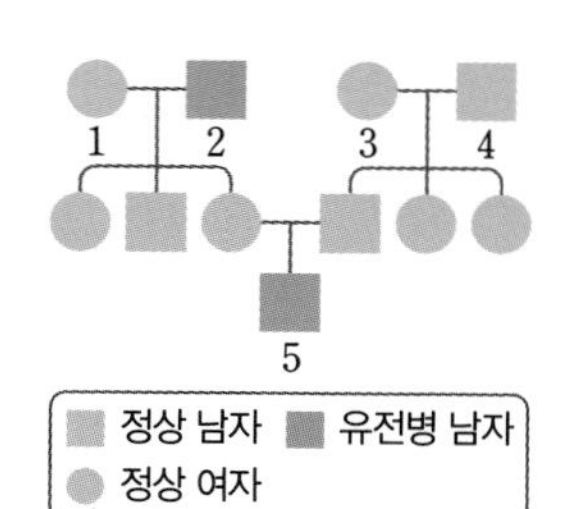

구성원	DNA 상대량	
	A	A*
1	2	0
2	0	2
3	2	0
4	1	1

이에 대한 설명으로 옳은 것을 보기 에서 모두 고르시오.

보기
ㄱ. A는 A*에 대해 우성이다.
ㄴ. A와 A*는 성염색체에 있다.
ㄷ. 5의 동생이 태어날 때, 동생이 여자이면서 유전병을 나타낼 확률은 12.5 %이다.

서술형 ∴ 1등급 킬러

14 그림은 어떤 유전병 유전 가계도이다.

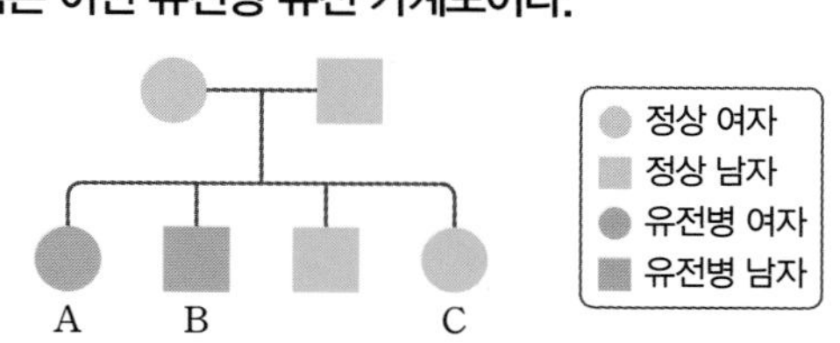

(1) 이 유전병 유전자가 상염색체와 성염색체 중 어디에 있는지 쓰고, 그렇게 판단한 까닭을 서술하시오.

(2) C가 이 유전병에 대해 어머니와 같은 유전자형을 가질 확률을 분수로 쓰고, 풀이 과정을 서술하시오.

memo

단기간 고득점을 위한 2주

전략 질주

중학 전략

내신 전략 시리즈

국어/영어/수학
필수 개념을 꽉~ 잡아 주는 초단기 내신 대비서!

일등전략 시리즈

국어/영어/수학/사회/과학 (국어는 3주 1권 완성)
철저한 기출 분석으로 상위권 도약을 돕는 고득점 전략서!

book.chunjae.co.kr

교재 내용 문의 ·························· 교재 홈페이지 ▸ 중학 ▸ 교재상담
교재 내용 외 문의 ························ 교재 홈페이지 ▸ 고객센터 ▸ 1:1문의
발간 후 발견되는 오류 ···················· 교재 홈페이지 ▸ 중학 ▸ 학습지원 ▸ 학습자료실

일등공략 필승학습!
단기간에 끝장내자!

중학 과학 3-2

BOOK 2

book.chunjae.co.kr

특목고 대비

일등 전략

시험에 잘 나오는

대표 유형 ZIP

시험에 잘 나오는 대표 유형 ZIP

중학 과학 3-2

BOOK 2

특목고 대비

일등 전략

천재교육

자르는 선

시험에 잘 나오는

대표 유형 ZIP

중학 과학 3-2

BOOK 2

기말고사 대비

일등 전략

이 책의 차례 BOOK 2

대표 유형 42 생체 모방 기술

그림 (가)~(다)는 생체 모방 기술을 적용한 제품의 예를 나타낸 것이다.

(가) 상어 비늘을 모방한 수영복

(나) 홍합을 모방한 의료용 접착제

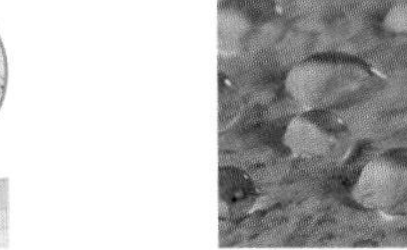
(다) 연잎을 모방한 발수 페인트

이에 대한 설명으로 옳은 것을 |보기|에서 모두 고른 것은?

보기
ㄱ. (가)는 물의 저항을 최소화할 수 있는 구조를 모방하여 마찰력을 줄인다.
ㄴ. (나)는 생물체의 구성 성분을 모방하는 방법으로 개발되었다.
ㄷ. (다)를 칠하면 빗물이 굴러떨어지면서 먼지가 저절로 씻겨나간다.

① ㄱ ② ㄷ ③ ㄱ, ㄴ ④ ㄴ, ㄷ ⑤ ㄱ, ㄴ, ㄷ

답 ⑤

1 읽기 전략 키워드 → 생체 모방 기술

2 해결 전략 생체 모방 기술의 사례와 특징을 알아 두자.

- 생체 모방 기술: 생체 물질의 기본 ❶ [ ] 와 기능, 구성 성분 등을 첨단 과학 기술과 결합하여 새로운 제품을 개발
- 생물체의 구조와 기능을 모방: 상어 비늘을 모방한 수영복, 하늘다람쥐를 모방한 윙슈트, 연잎의 표면 구조를 모방한 발수 페인트, 나방 눈의 구조를 모방한 유리 등
- 생물체의 구성 ❷ [ ] 을 모방: 홍합을 모방한 의료용 접착제 등

답 ❶ 구조 ❷ 성분

3 암기 전략
생체 모방 기술

대표 유형 41 과학 기술의 양면성

다음은 과학 기술의 발전이 인류에 미친 영향에 대한 설명이다.

(가) 생명 공학 기술의 발달로 생명 경시 현상이 우려된다.
(나) 교통 수단이 발달하여 먼 거리를 쉽게 이동할 수 있다.
(다) 네트워크 시스템이 발달함에 따라 개인 정보 유출 사건이 발생하고 있다.
(라) 디지털 기기의 보급으로 많은 사람들이 빠르게 서로의 의견을 주고받을 수 있다.

(가)~(라)를 각각 긍정적인 측면과 부정적인 측면으로 옳게 짝지은 것은?

	긍정적인 측면	부정적인 측면
①	(가), (나)	(다), (라)
②	(가), (다)	(나), (라)
③	(나), (다)	(가), (라)
④	(나), (라)	(가), (다)
⑤	(다), (라)	(가), (나)

답 ④

1 읽기 전략 키워드 → 과학 기술, 인류에 미친 영향, 긍정적인 측면, 부정적인 측면

2 해결 전략 과학 기술의 양면성에 대해 이해하고 알아 두자.

- 과학 기술의 발달은 인류의 삶을 풍요롭게 하고 사회의 ❶ ______ 변화를 가져다줌
- 과학 기술은 때로는 인류를 파괴할 무기가 되기도 하며, 환경 오염 등의 새로운 문제를 일으키기도 함 → 따라서 새로운 과학 기술을 연구할 때에는 유용성뿐만 아니라 사회적 영향, ❷ ______ 측면 등을 신중하게 고려해야 함

답 ❶ 긍정적인 ❷ 윤리적

3 암기 전략

과학 기술의 양면성

대표 유형 01 수레의 운동에서 역학적 에너지 전환

그림과 같이 마찰이 없는 구불구불한 비탈길을 따라 수레가 이동하고 있다.

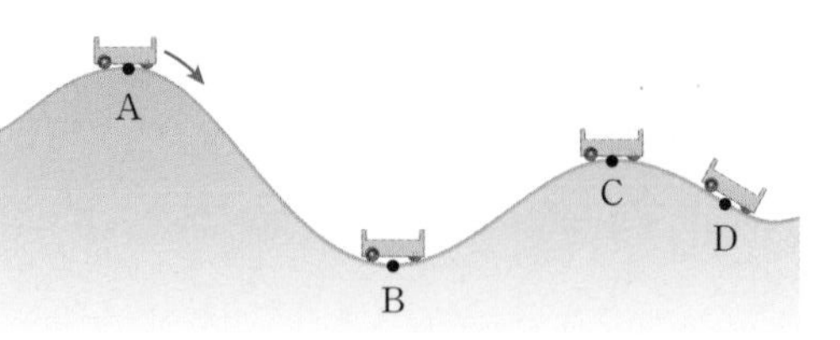

수레의 운동에서 (가)위치 에너지가 운동 에너지로 전환되는 구간과 (나)운동 에너지가 위치 에너지로 전환되는 구간을 옳게 짝 지은 것을 모두 고르면? [정답 2개]

	(가)	(나)		(가)	(나)
①	AB 구간	BC 구간	②	AB 구간	CD 구간
③	BC 구간	AB 구간	④	BC 구간	CD 구간
⑤	CD 구간	BC 구간			

답 ①, ⑤

1 읽기 전략 키워드 → 위치 에너지, 운동 에너지, 전환

2 해결 전략 수레가 비탈길을 따라 운동할 때 위치 에너지와 운동 에너지의 전환에 대해 알아 두자.

① 물체가 ❶ ____ 갈 때: 위치 에너지 → 운동 에너지
- 수레가 내려가는 구간: AB 구간, CD 구간

② 물체가 ❷ ____ 갈 때: 운동 에너지 → 위치 에너지
- 수레가 올라가는 구간: BC 구간

답 ❶ 내려 ❷ 올라

3 암기 전략

역학적 에너지 전환

대표 유형 40 첨단 과학 기술의 활용 사례

그림은 일상생활에서 사물 인터넷(IoT)을 활용하는 모습을 나타낸 것이다.

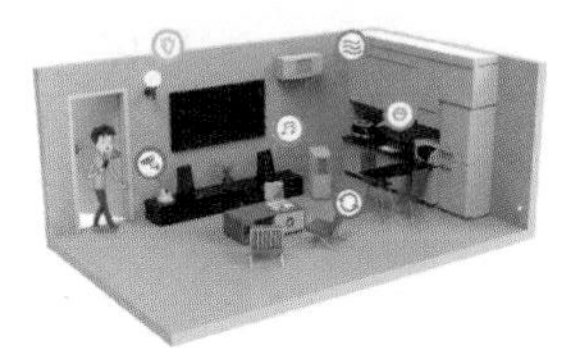

사물 인터넷(IoT)에 대한 설명으로 옳은 것을 |보기|에서 모두 고른 것은?

보기
ㄱ. 형광성 물질에 전류를 흘려 주면 스스로 빛을 내는 현상을 이용하는 기술이다.
ㄴ. 각종 사물에 센서와 통신 기능을 내장하여 인터넷을 연결하는 기술이다.
ㄷ. 컴퓨터가 인간의 지능적 행동을 모방하여 스스로 추론, 학습, 판단하는 기술이다.

① ㄴ ② ㄷ ③ ㄱ, ㄴ ④ ㄱ, ㄷ ⑤ ㄱ, ㄴ, ㄷ

답 ①

1 읽기 전략 키워드 → 사물 인터넷(IoT)

2 해결 전략 첨단 과학 기술의 활용 사례를 알아 두자.

- 유기 발광 다이오드(OLED): 전류가 흐르면 스스로 ❶ ____ 을 내는 유기 화합물
  → 매우 얇은 모니터나 구부러지는 디스플레이 등을 제작하는 데 이용
- 인공 지능(AI): ❷ ____ 의 학습 능력과 추론 능력, 지각 능력 등을 컴퓨터 프로그램으로 실현한 기술 → 인공 지능 스피커, 자율 주행 자동차 등에 이용
- 사물 인터넷(IoT): 인터넷을 기반으로 사물들을 연결하여 사람과 사물, 사물과 사물 간의 정보를 주고받는 지능형 기술

답 ❶ 빛 ❷ 인간

3 암기 전략

첨단 과학 기술의 사례

유기 발광 다이오드 → 형광물질 반짝반짝 OLED

인공지능 → 생각하는 컴퓨터 AI

사물 인터넷 → 모두 다 연결 IoT

대표 유형 39 과학 기술과 인류 문명의 발달

그림은 증기 기관의 모습을 나타낸 것이다.

증기 기관의 발명이 인류 문명에 미친 영향으로 옳은 것을 | 보기 | 에서 모두 고른 것은?

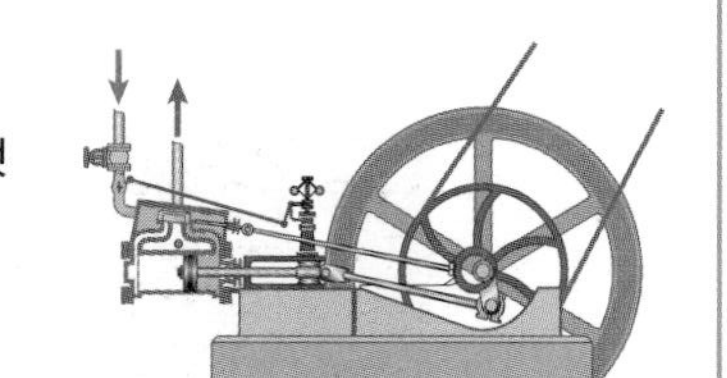

보기
ㄱ. 기계의 사용으로 제품의 생산량이 획기적으로 증대되었다.
ㄴ. 밤에도 불을 밝힐 수 있게 되어, 24시간 생활이 가능해졌다.
ㄷ. 농업 사회를 산업 사회로 변화시키는 산업 혁명의 원동력이 되었다.

① ㄱ ② ㄴ ③ ㄱ, ㄷ ④ ㄴ, ㄷ ⑤ ㄱ, ㄴ, ㄷ

답 ③

1 읽기 전략 키워드 → 증기 기관, 인류 문명에 미친 영향

2 해결 전략 과학 기술이 인류 문명의 발달에 미친 영향을 알아 두자.

- 금속의 발견과 사용: 인류는 ❶ [ ] 을 이용해 생활에 필요한 도구를 만들어 사용하기 시작했으며, 철제 농기구의 사용은 생산력을 비약적으로 증대시킴
- 증기 기관의 발명: 석탄으로 움직이는 기계를 사용하여 제품의 생산량을 늘림
  → 농업 사회를 공업 사회로 변화시키는 ❷ [ ] 의 원동력으로 작용
- 전기의 사용: 발전기로 전기 에너지를 생산하면서 밤에도 전기를 이용해 불을 밝혔으며, 기계를 작동시킬 때 전기가 증기 기관을 대신함

답 ❶ 불 ❷ 산업 혁명

3 암기 전략
과학 기술과 인류 문명의 발달 과정

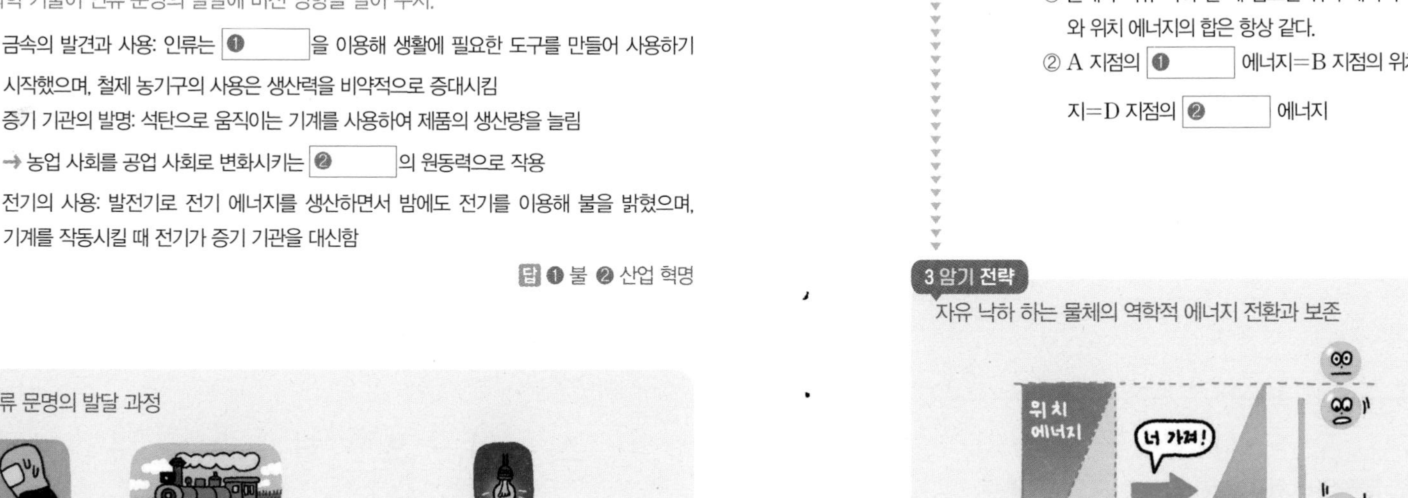

대표 유형 02 자유 낙하 운동에서 역학적 에너지 보존

그림은 공기 저항과 마찰을 무시할 때 물체가 자유 낙하 운동을 하는 모습을 일정 시간 간격으로 나타낸 것이다.

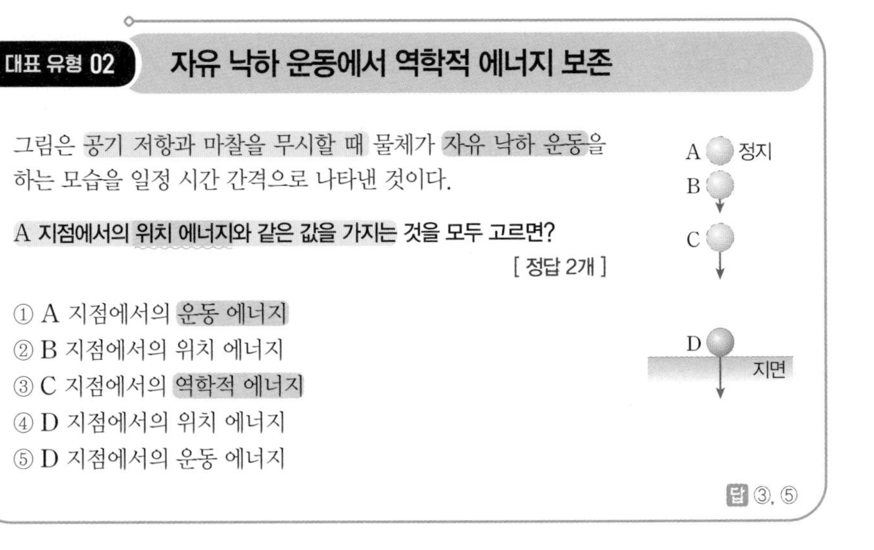

A 지점에서의 위치 에너지와 같은 값을 가지는 것을 모두 고르면? [정답 2개]

① A 지점에서의 운동 에너지
② B 지점에서의 위치 에너지
③ C 지점에서의 역학적 에너지
④ D 지점에서의 위치 에너지
⑤ D 지점에서의 운동 에너지

답 ③, ⑤

1 읽기 전략 키워드 → 자유 낙하 운동, 위치 에너지, 운동 에너지, 역학적 에너지

2 해결 전략 공기 저항과 마찰을 무시할 때 자유 낙하 운동에서 역학적 에너지 보존을 이해하자.

① 물체가 자유 낙하 할 때 감소한 위치 에너지가 운동 에너지로 전환되기 때문에 운동 에너지와 위치 에너지의 합은 항상 같다.
② A 지점의 ❶ [ ] 에너지=B 지점의 위치 에너지+운동 에너지=C 지점의 역학적 에너지=D 지점의 ❷ [ ] 에너지

답 ❶ 위치 ❷ 운동

3 암기 전략
자유 낙하 하는 물체의 역학적 에너지 전환과 보존

위치 에너지 / 너 가져! / 운동 에너지

자유 낙하 할 때:
위치 에너지 감소
운동 에너지 증가
역학적 에너지 일정

감소한 위치 에너지
=
증가한 운동 에너지

대표 유형 03 위로 던져 올린 물체의 역학적 에너지 전환과 보존

다음은 위로 던져 올린 물체의 역학적 에너지 전환과 보존을 알아보기 위한 실험이다.

| 실험 과정 |

질량이 0.1 kg인 공을 위로 던져 올린 모습을 분석하였더니 위치 A~C에서 공의 높이와 속력이 표와 같았다.

위치	A	B	C
지면으로부터 높이(m)	0.5	0.8	0.9
속력(m/s)	2.8	1.4	0

0.9 m --- C
0.8 m --- B
0.5 m --- A
지면

| 실험 결과 |

위의 자료를 이용하여 중력에 의한 위치 에너지, 운동 에너지, 역학적 에너지를 다음과 같이 구하였다.

위치	A	B	C
위치 에너지(J)	0.490	0.784	0.882
운동 에너지(J)	0.392	0.098	0
역학적 에너지(J)	0.882	0.882	0.882

이 실험을 통해 알 수 있는 사실을 | 보기 | 에서 모두 고른 것은?

보기
ㄱ. 공이 올라가는 동안 위치 에너지가 감소한다.
ㄴ. 공이 올라가는 동안 운동 에너지는 증가한다.
ㄷ. 공은 지면으로부터 0.9 m 높이까지 올라간다.
ㄹ. 공이 올라가는 동안 역학적 에너지는 일정하다.

① ㄱ, ㄴ　② ㄱ, ㄷ　③ ㄴ, ㄷ　④ ㄴ, ㄹ　⑤ ㄷ, ㄹ

답 ⑤

1 읽기 전략
① 문제에서 핵심 키워드 찾기
역학적 에너지 전환과 보존, 중력에 의한 위치 에너지, 운동 에너지, 역학적 에너지
② 역학적 에너지 전환과 보존 알아보기
• 물체가 올라갈 때 운동 에너지는 위치 에너지로 전환된다.
• 중력에 의한 위치 에너지와 운동 에너지의 합인 역학적 에너지는 일정하게 보존된다.

대표 유형 38 우주 탐사의 역사와 성과

그림 (가)~(다)는 우주 탐사의 역사에서 성과를 낸 탐사 장비를 나타낸 것이다.

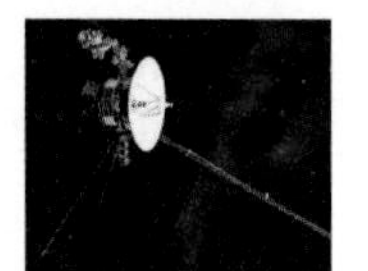
(가) 보이저 2호

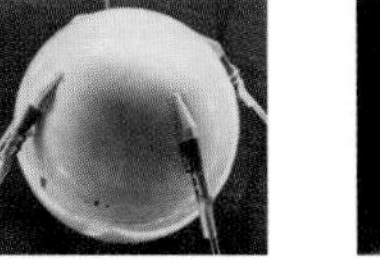
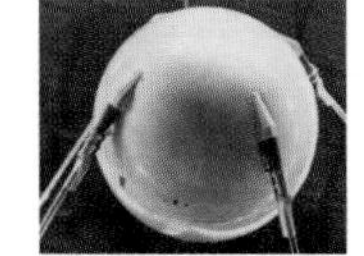
(나) 스푸트니크 1호

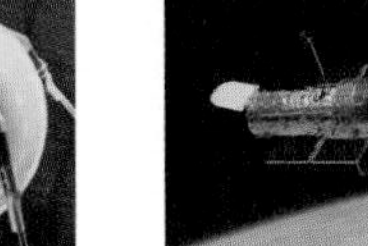
(다) 허블 우주 망원경

(가)~(다)에 대한 설명으로 옳은 것을 | 보기 | 에서 모두 고른 것은?

보기
ㄱ. (가)는 화성의 기후와 지질, 생명체 연구 등을 수행했다.
ㄴ. (나)는 인류 최초의 인공위성이다.
ㄷ. (다)는 지상 관측으로는 얻을 수 없는 관측 자료를 생산한 우주 망원경이다.

① ㄱ　② ㄷ　③ ㄱ, ㄴ　④ ㄴ, ㄷ　⑤ ㄱ, ㄴ, ㄷ

답 ④

1 읽기 전략 키워드 → **우주 탐사 성과, 탐사 장비**

2 해결 전략 우주 탐사의 역사와 성과를 알아 두자.
① 스푸트니크 1호: 최초의 인공위성
② 아폴로 11호: 최초로 ❶ 　　 착륙
③ 보이저 2호: 1989년 해왕성을 근접 통과
④ 허블 우주 망원경: 천문학 발전에 공헌
⑤ 큐리오시티: ❷ 　　 에 착륙하여 탐사
⑥ 뉴호라이즌스호: 최초로 명왕성 근접 통과
⑦ 파커 탐사선: 최초의 태양 탐사선

답 ❶ 달 ❷ 화성

3 암기 전략
탐사 장비의 발사 순서

대표 유형 37 우주 탐사의 목적과 의의

그림은 2021년 10월에 나로우주센터에서 대한민국 최초의 저궤도 실용위성 발사용 로켓인 누리호를 쏘아올리는 장면이다.

(출처: 한국항공우주연구원)

인류가 우주를 탐사하는 목적과 의의에 대한 설명으로 옳지 않은 것은?

① 우주에 대해 폭넓게 이해할 수 있다.
② 우주에 대한 호기심을 충족시킬 수 있다.
③ 지구의 환경과 생명에 대해 이해할 수 있다.
④ 인류의 편의와 삶의 질 향상에 기여할 수 있다.
⑤ 우주에서만 이용되는 첨단 기술 개발이 가능하다.

답 ⑤

1 읽기 전략 키워드 → 우주 탐사, 목적, 의의

2 해결 전략 우주를 탐사하는 목적과 의의를 기억하자.

- 우주에 대해 ❶ [ ] 하고, 인간의 본질적인 지적 호기심을 충족
- 우주 탐사 과정에서 다양한 정보와 새로운 지식을 습득
- 우주 탐사 기술을 ❷ [ ] 에 응용 → 궁극적으로 인류의 편의와 삶의 질 향상
- 우주 탐사의 영향: 안경테, 골프채, MRI, 기능성 옷감, 정수기, 전자레인지 등 우주 탐사를 위해 개발된 첨단 기술은 실생활에 다양하게 이용되고 있음

답 ❶ 이해 ❷ 실생활

3 암기 전략 우주 탐사의 목적과 의의

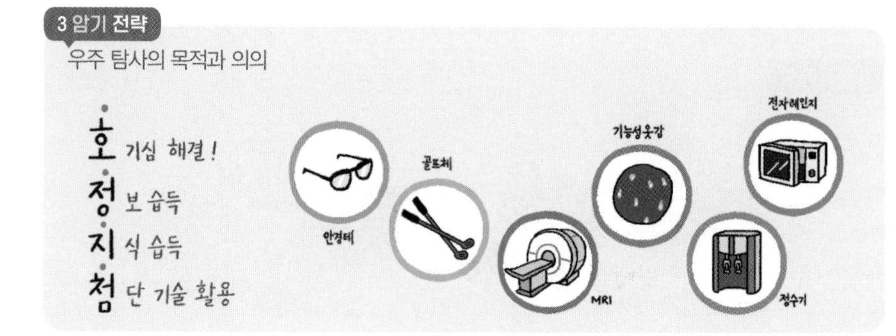

2 해결 전략

① 연직 위로 던져 올린 공의 역학적 에너지 전환

- 위로 던져 올린 공은 위로 올라갈수록 높이가 높아지므로 중력에 의한 위치 에너지가 ❶ [ ] 한다.
  → 위치 에너지의 크기: $A<B<C$
- 연직 위로 던져 올린 공은 위로 올라갈수록 속력이 느려지므로 운동 에너지는 ❷ [ ] 한다.
  → 운동 에너지의 크기: $A>B>C$
- 공을 연직 위로 던져 올린 경우 운동 에너지는 위치 에너지로 전환된다.

0.9 m --- C
0.8 m --- B
0.5 m --- A
지면

㉠>㉡>㉢: 올라갈수록 같은 시간 동안 이동 거리가 작다. → 속력이 느려진다.

② 연직 위로 던져 올린 공의 역학적 에너지 보존

- 공기 저항을 무시하면 증가한 위치 에너지와 감소한 운동 에너지는 같다.
- 중력에 의한 위치 에너지와 운동 에너지의 합은 일정하게 보존된다.
- 이를 역학적 에너지 보존 법칙이라고 한다.
  → 역학적 에너지의 크기: $A=B=C$

오답 피하는 법

- 올라가는 동안 높이가 높아지므로 위치 에너지가 증가한다.
- 역학적 에너지는 보존되므로 증가한 위치 에너지만큼 운동 에너지는 감소한다.

답 ❶ 증가 ❷ 감소

3 암기 전략 위로 던져 올린 물체의 역학적 에너지 전환과 보존

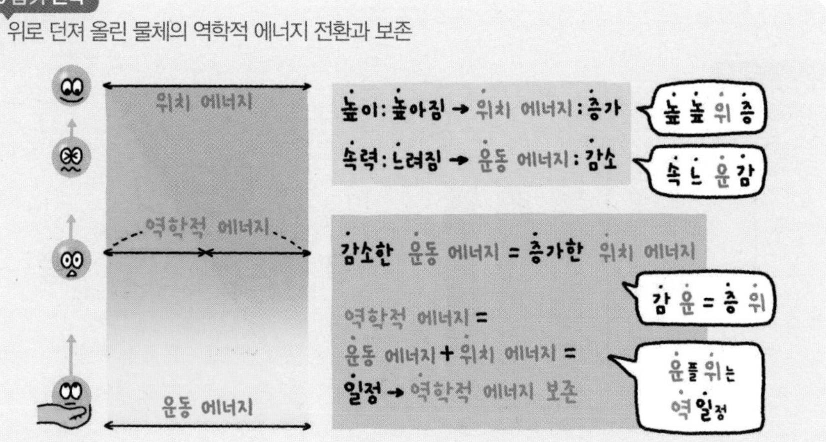

대표 유형 04 자유 낙하 운동에서 위치 에너지와 운동 에너지의 비

그림과 같이 어떤 물체를 12 m 높이에서 가만히 놓아 떨어뜨렸다. (단, 공기 저항은 무시한다.)

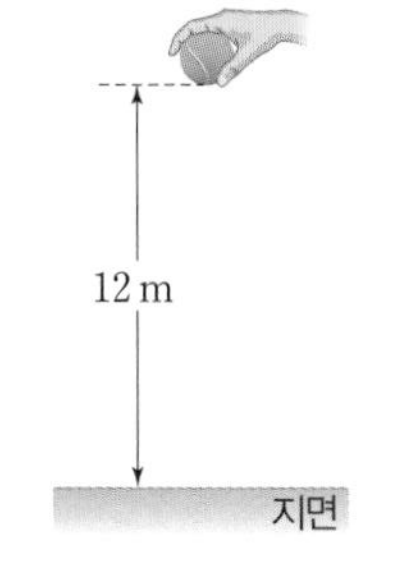

(1) 자유 낙하 하는 동안 중력에 의한 위치 에너지와 운동 에너지가 같아지는 높이를 쓰시오.

(2) 자유 낙하 하는 동안 물체의 위치 에너지가 운동 에너지의 3배가 되는 높이를 쓰시오.

답 (1) 6 m (2) 9 m

1 읽기 전략 키워드 → 자유 낙하, 중력에 의한 위치 에너지, 운동 에너지

2 해결 전략 물체가 자유 낙하 할 때 위치 에너지는 운동 에너지로 전환되며, 감소한 위치 에너지와 증가한 운동 에너지가 같음을 이해하자.

① 위치 에너지는 높이에 비례하고, 운동 에너지는 낙하 거리에 비례한다.
→ 감소한 위치 에너지=증가한 운동 에너지

② 처음 높이에서 위치 에너지를 12라고 하면 절반인 6 m 높이에서 위치 에너지는 6, 운동 에너지도 6이다.

③ 12 m를 4등분 하면 높이 9 m에서 위치 에너지는 ❶ [ ], 운동 에너지는 ❷ [ ] 이므로 위치 에너지가 운동 에너지의 3배이다.

답 ❶ 9 ❷ 3

3 암기 전략
자유 낙하 운동에서 위치 에너지와 운동 에너지의 비

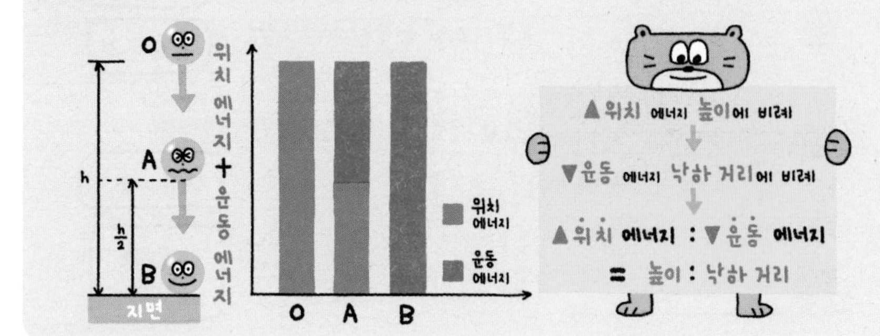

대표 유형 36 대폭발 우주론(빅뱅 우주론)

그림은 대폭발 우주론을 설명하는 모형을 나타낸 것이다.

현재와 비교한 A 시기 우주의 크기와 온도를 옳게 짝지은 것은?

	우주의 크기	우주의 온도
①	작다	낮다
②	작다	높다
③	작다	같다
④	크다	낮다
⑤	크다	높다

현재
시간
A
대폭발(빅뱅)

답 ②

1 읽기 전략 키워드 → 대폭발 우주론, 크기, 온도

2 해결 전략 대폭발 우주론의 내용을 알아 두자.

- 대폭발 우주론(빅뱅 우주론): 먼 과거에 모든 물질과 에너지가 모인 한 점에서 ❶ [ ] 로 시작된 우주가 점점 팽창하여 현재의 우주가 되었다는 이론
- 과거의 우주는 지금보다 크기가 작고 온도가 높았다.
- 대폭발 이후 우주는 계속해서 ❷ [ ] 하고 있다.
- 대폭발은 약 138억 년 전에 일어났으므로, 우주의 나이는 약 138억 년이다.

우주의 크기
대폭발
시간

답 ❶ 대폭발 ❷ 팽창

3 암기 전략
대폭발 우주론

BIG BANG
빅뱅!!
138억 년 전, 어느 날...
과거 우주 라떼는 말이야~
"더 작고, 더 뜨거웠지~"

대표 유형 35 우주 팽창 모형 실험

그림은 풍선에 스티커를 붙이고 풍선을 불면서 그 변화를 관찰한 실험이다.

풍선 표면을 우주 공간, 스티커를 은하에 비유했을 때, 팽창하는 우주의 특징에 대한 설명으로 옳은 것을 | 보기 | 에서 모두 고른 것은?

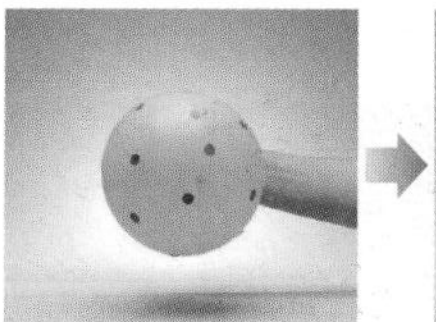

스티커들이 서로 멀어짐

보기
ㄱ. 멀리 있는 은하일수록 멀어지는 속도가 느리다.
ㄴ. 특별한 중심 없이 모든 방향으로 균일하게 팽창한다.
ㄷ. 어느 지점에서 보더라도 은하들은 관측자로부터 멀어진다.

① ㄱ ② ㄷ ③ ㄱ, ㄴ ④ ㄴ, ㄷ ⑤ ㄱ, ㄴ, ㄷ

답 ④

1 읽기 전략 키워드 → 풍선(우주 공간), 스티커(은하), 팽창하는 우주의 특징

2 해결 전략 팽창하는 우주의 특징을 알아 두자.

- 우주가 팽창함에 따라 은하들이 서로 멀어지고 있다.
- 우주 공간은 특별한 중심 없이 모든 방향으로 균일하게 ❶ (　　) 하고 있다.

- 우주의 어느 지점에서 보더라도 은하들이 관측자로부터 멀어지는 현상이 나타난다.
- 멀리 있는 은하일수록 더 ❷ (　　) 멀어진다.

답 ❶ 팽창 ❷ 빠르게

3 암기 전략 팽창하는 우주

모든 방향으로! (특별한 중심 無) 어디서나 (어느 지점에서 보더라도 멀어짐) 멀수록 빨리!! (멀리 있는 은하일수록 빠르게 멀어짐)

대표 유형 05 위로 던져 올린 물체의 역학적 에너지 전환

그림은 공을 연직 위로 던져 올릴 때 (가)는 공의 운동을 일정 시간 간격으로 나타낸 것이고, (나)는 높이에 따른 역학적 에너지 변화를 나타낸 것이다.

정지 ㉠ ㉡ 출발 (가) (나)

(나)에서 삼각형 ㉠과 ㉡이 의미하는 것을 옳게 짝 지은 것은? (단, 공기 저항은 무시한다.)

	㉠	㉡
①	위치 에너지	운동 에너지
②	운동 에너지	위치 에너지
③	위치 에너지	역학적 에너지
④	운동 에너지	역학적 에너지
⑤	역학적 에너지	역학적 에너지

답 ①

1 읽기 전략 키워드 → 연직 위, 역학적 에너지 변화, 위치 에너지, 운동 에너지

2 해결 전략 물체가 위로 올라갈 때 역학적 에너지 전환을 알아 두자.

① ㉠은 올라갈수록 커진다. → 위로 올라갈수록 높이가 높아지므로 ❶ (　　) 에너지는 증가한다.
② ㉡은 올라갈수록 작아진다. → 위로 올라갈수록 증가한 위치 에너지만큼 ❷ (　　) 에너지는 감소한다.

답 ❶ 위치 ❷ 운동

3 암기 전략 위로 던져 올린 물체의 운동과 역학적 에너지 전환

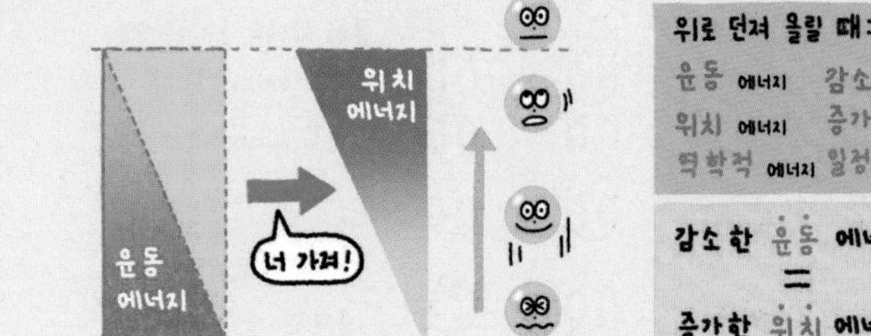

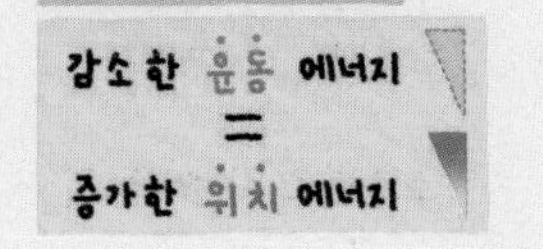

대표 유형 06 위로 던져 올린 물체의 역학적 에너지 보존

그림은 연직 위로 던져 올린 공이 최고 높이에 올랐다가 떨어지는 모습을 일정 시간 간격으로 표시하여 펼쳐서 나타낸 것이다.

C, B, D, A, E, 기준면

이에 대한 설명으로 옳은 것을 |보기|에서 모두 고른 것은? (단, 공기의 저항은 무시하고, B와 D의 높이는 같다.)

보기
ㄱ. A와 E에서 운동 에너지는 같다.
ㄴ. B에서의 속력은 D에서보다 느리다.
ㄷ. BC 구간에서 증가한 위치 에너지와 CD 구간에서 증가한 운동 에너지는 같다.

① ㄱ ② ㄴ ③ ㄱ, ㄷ ④ ㄴ, ㄷ ⑤ ㄱ, ㄴ, ㄷ

답 ③

1 읽기 전략 키워드 → 위로 던져 올린 공, 운동 에너지, 속력, 증가한 위치 에너지, 증가한 운동 에너지

2 해결 전략 위로 던져 올린 물체가 올라갈 때와 내려올 때의 역학적 에너지 보존을 이해하자.

① 역학적 에너지는 보존되므로 A와 E에서의 운동 에너지가 같다. 따라서 ❶ ___ 도 같다.
② B와 D의 높이가 같으면 역학적 에너지는 보존되므로 ❷ ___ 도가 같다. 따라서 속력도 같다.
③ BC 구간에서 증가한 위치 에너지는 CD 구간에서 증가한 운동 에너지와 같다.

답 ❶ 속력 ❷ 운동 에너지

3 암기 전략 위로 던져 올린 물체의 역학적 에너지 보존

공이 위로 올라갈 때
운동 에너지가 감소
↓
위치 에너지가 증가
↓
감소한 운동 에너지 = 증가한 위치 에너지

공이 아래로 내려올 때
위치 에너지가 감소
↓
운동 에너지가 증가
↓
감소한 위치 에너지 = 증가한 운동 에너지

대표 유형 34 허블의 외부 은하 분류

그림 (가)~(다)는 여러 외부 은하의 모습을 나타낸 것이다.

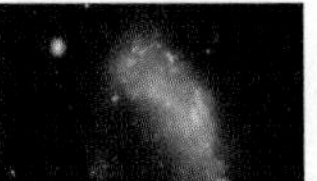
(가)
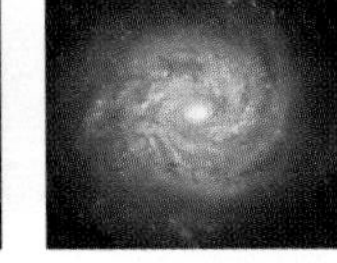
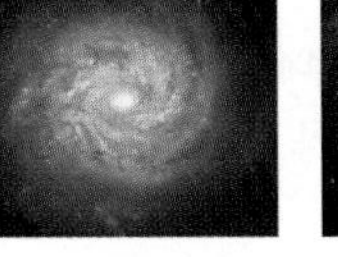
(나)
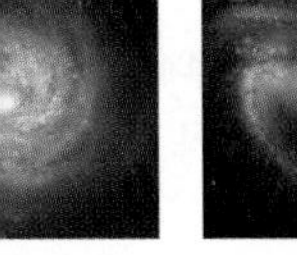
(다)

(가)~(다)를 모양을 기준으로 분류했을 때, 은하의 종류를 쓰시오.

답 (가): 불규칙 은하, (나): 정상 나선 은하, (다): 막대 나선 은하

1 읽기 전략 키워드 → 외부 은하, 은하의 종류

2 해결 전략 허블의 외부 은하 분류에 따른 은하의 종류를 알아 두자.

• 허블은 외부 은하를 모양에 따라 분류했다.
① 타원 은하: 나선팔이 없는 타원 모양의 은하
② 정상 나선 은하: 은하 중심에서 ❶ ___ 이 휘어져 나간 은하
③ 막대 나선 은하: ❷ ___ 모양의 중심부 양 끝에서 나선팔이 뻗어나간 은하 예 우리은하
④ 불규칙 은하: 규칙적인 모양이 없는 은하

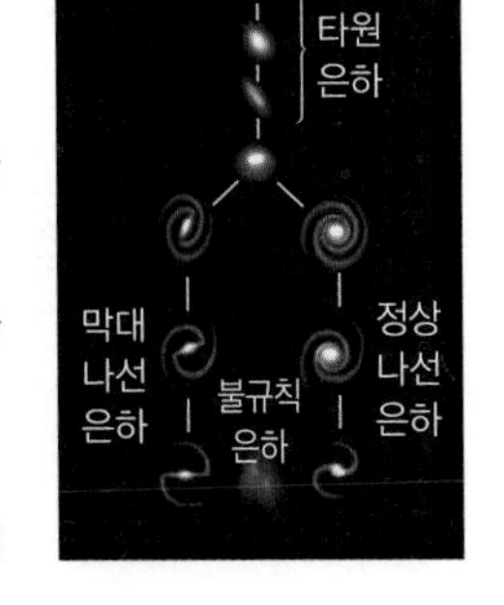

답 ❶ 나선팔 ❷ 막대

3 암기 전략 모양에 따른 외부 은하 분류

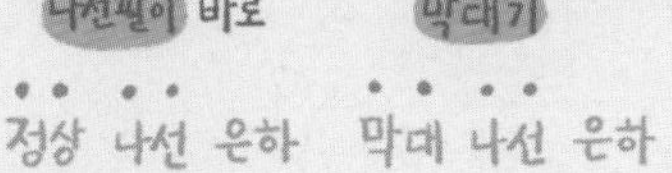

나선 은하
타원 모양 → 타원 은하
중심에서 나선팔이 바로 → 정상 나선 은하
중심을 관통하는 막대기 → 막대 나선 은하
규칙 없는 모양 → 불규칙 은하

대표 유형 33 성운

그림 (가)~(다)는 서로 다른 세 종류의 성운의 모습을 나타낸 것이다.

(가) 버나드 68

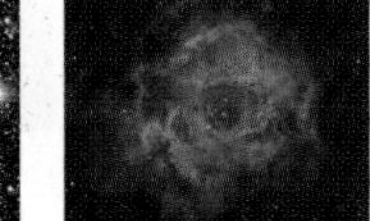
(나) 장미성운

(다) M78

이에 대한 설명으로 옳은 것을 | 보기 | 에서 모두 고른 것은?

보기
ㄱ. (가)는 암흑 성운이다.
ㄴ. (나)는 주변의 별빛을 반사시켜 밝게 보인다.
ㄷ. (다)는 주로 파란색 빛을 내는 반사 성운이다.
ㄹ. (가)~(다)는 주로 우리은하의 나선팔에 분포한다.

① ㄱ, ㄴ ② ㄴ, ㄹ ③ ㄷ, ㄹ ④ ㄱ, ㄴ, ㄷ ⑤ ㄱ, ㄷ, ㄹ

답 ⑤

1 읽기 전략 키워드 → 암흑 성운, 반사 성운

2 해결 전략 성운의 종류와 특징을 익혀 두자.

- 성운: 성간 물질이 밀집되어 구름처럼 보이는 천체로, 주로 우리은하의 나선팔에 분포
  - ① 방출 성운: 근처의 별로부터 에너지를 받아 빛을 내는 성운으로, 주로 ❶ [ ] 빛을 낸다.
  - ② 반사 성운: 주변의 별빛을 반사시켜 밝게 보이는 성운으로, 주로 파란색 빛을 낸다.
  - ③ 암흑 성운: 성간 물질이 뒤쪽에서 오는 별빛을 가려서 별이 없는 것처럼 ❷ [ ] 보이는 성운으로, 은하수의 일부분을 검게 보이도록 하는 원인이다.

답 ❶ 붉은색 ❷ 검게

3 암기 전략
성운의 종류와 특징

안 보여
빛을 가리는 암흑 성운
별
별의 에너지로 빛을 방출 → 방출 성운
별빛을 반사 → 반사 성운

대표 유형 07 위로 던져 올린 물체의 역학적 에너지 전환과 보존

그림과 같이 질량이 3 kg인 물체가 B 위치에서 A 위치로 올라갈 때, 각 위치에서의 운동 에너지가 표와 같다. (단, 공기 저항은 무시한다.)

3 kg, A, B

위치	운동 에너지	기준면으로부터의 높이
A	120 J	(가)
B	267 J	1 m

(1) 기준면으로부터 높이 (가)에 알맞은 값을 단위와 함께 쓰시오.

(2) A 위치와 B 위치에서의 역학적 에너지를 비교하시오.

답 (1) 6 m (2) A=B

1 읽기 전략 키워드 → 운동 에너지, 기준면, 역학적 에너지

2 해결 전략 물체를 위로 던져 올렸을 때 역학적 에너지 전환 관계와 보존을 알아 두자.

① 올라가는 동안 운동 에너지가 ❶ [ ] 에너지로 전환된다.
② 감소한 ❷ [ ] 에너지와 증가한 위치 에너지는 같다.
③ 감소한 운동 에너지=증가한 위치 에너지=147 J, A와 B의 높이 차$=\frac{147}{9.8\times3}=5$(m)

답 ❶ 위치 ❷ 운동

3 암기 전략
위로 던져 올린 물체의 올라간 높이

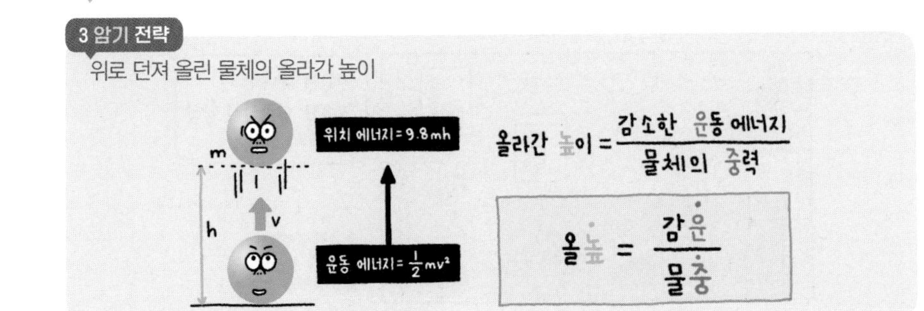

대표 유형 08 경사면을 따라 운동하는 수레의 역학적 에너지 보존

그림과 같이 높이가 (가)인 A에 가만히 놓은 수레가 경사면을 따라 운동하여 기준면상의 C를 지난다. 수레의 속력은 C에서가 B에서의 2배이고, B의 높이는 (나)이다.

정지 A (가) B (나) 기준면 C

높이의 비 (가):(나)는? (단, 수레의 크기와 공기 저항 및 모든 마찰은 무시한다.)

① 2:1 ② 3:1 ③ 3:2
④ 4:3 ⑤ 5:4

답 ④

1 읽기 전략 키워드 → 기준면, 속력, 높이

2 해결 전략 경사면을 따라 운동하는 물체의 역학적 에너지 전환을 알아 두자.

① 그림 분석
- 역학적 에너지는 보존되므로 A, B, C에서의 ❶ ______ 에너지는 일정
- 증가한 운동 에너지=감소한 위치 에너지
- B에서의 운동 에너지를 E라고 하면 C에서의 운동 에너지=❷ ______

② 역학적 에너지 보존
- A에서 위치 에너지=C에서의 운동 에너지
- $9.8\,m\times$(가)$=[9.8\,m\times$(나)$]+E=4\,E$
- $9.8\,m\times$(나)$=4\,E-E=3\,E$

답 ❶ 역학적 ❷ $4\,E$

3 암기 전략 역학적 에너지 전환과 보존

대표 유형 32 성단

그림 (가)와 (나)는 서로 다른 두 종류의 성단을 나타낸 것이다.

(가) 구상 성단 (나) 산개 성단

(가)와 비교한 (나)의 특징에 대한 설명으로 옳은 것을 |보기|에서 모두 고른 것은?

보기
ㄱ. 주로 우리은하의 나선팔에 분포한다.
ㄴ. 별들이 공 모양으로 빽빽하게 모여 있다.
ㄷ. 표면 온도가 높은 파란색 별들로 구성되어 있다.

① ㄴ ② ㄷ ③ ㄱ, ㄴ ④ ㄱ, ㄷ ⑤ ㄱ, ㄴ, ㄷ

답 ④

1 읽기 전략 키워드 → 서로 다른 두 종류, 성단

2 해결 전략 성단의 종류와 특징을 알아 두자.

- 산개 성단
  - → 수십~수만 개의 별들이 일정한 모양 없이 모여 있는 집단
  - → 주로 우리은하의 나선팔에 분포
  - → 대부분 젊고 표면 온도가 높은 ❶ ______ 별들로 구성
- 구상 성단
  - → 수만~수십만 개의 별들이 공 모양으로 모여 있는 집단
  - → 주로 우리은하 ❷ ______ 와 은하 원반을 둘러싼 구형의 공간에 분포
  - → 대부분 늙고 표면 온도가 낮은 붉은색 별들로 구성

답 ❶ 파란색 ❷ 중심부

3 암기 전략 성단의 종류와 특징

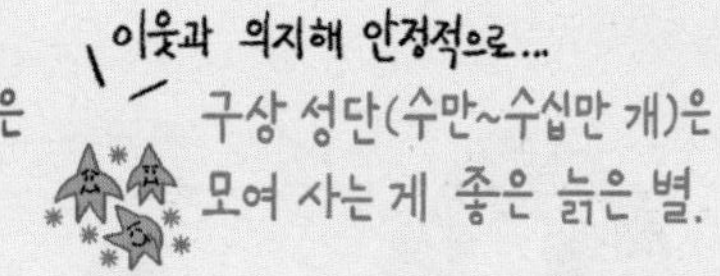

핵심 키워드 · 우리은하의 특징

대표 유형 31 우리은하의 모양

그림은 옆에서 본 우리은하의 모양을 나타낸 것이다.

이에 대한 설명으로 옳은 것을 |보기|에서 모두 고른 것은?

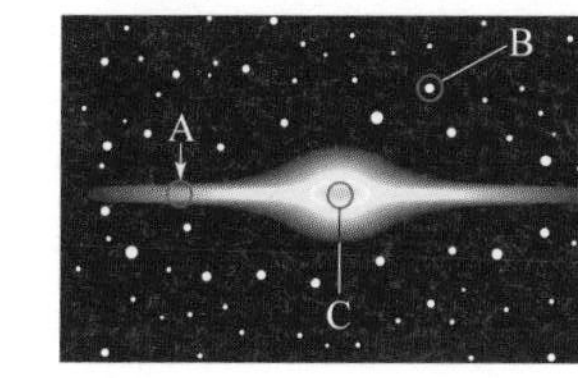

보기
ㄱ. A를 위에서 내려다 보면 별들이 나선 모양으로 분포한다.
ㄴ. C에는 막대 모양의 구조가 있다.
ㄷ. A ~ C 중 태양계의 위치로 가장 옳은 것은 B이다.

① ㄴ ② ㄷ ③ ㄱ, ㄴ ④ ㄱ, ㄷ ⑤ ㄱ, ㄴ, ㄷ

답 ③

1 읽기 전략 키워드 → 옆에서 본 우리은하의 모습

2 해결 전략 우리은하의 모양을 기억하자.

우리은하는 약 2000억 개의 별들을 포함하고 있으며, ❶ ____ 는 우리은하의 중심에서 약 8.5 kpc(약 3만 광년) 떨어진 ❷ ____ 에 위치하고 있다.

답 ❶ 태양계 ❷ 나선팔

3 암기 전략 우리은하의 모양

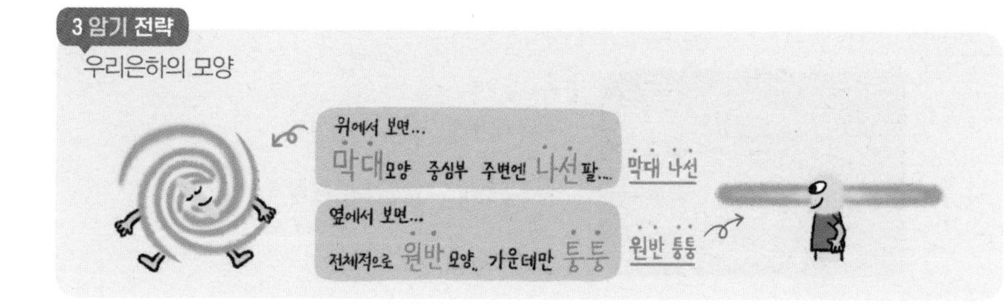

핵심 키워드 · 왕복 운동에서 역학적 에너지 전환과 보존 알아보기

대표 유형 09 그네의 운동에서 역학적 에너지 전환과 보존

그림은 영희가 그네를 타고 A, O, B 사이를 왕복 운동하는 모습을 나타낸 것으로, A와 B는 최고 높이, O는 최저 높이이다.

이에 대한 설명으로 옳은 것을 |보기|에서 모두 고른 것은? (단, 공기 저항과 모든 마찰은 무시한다.)

보기
ㄱ. A와 B의 높이는 같다.
ㄴ. A에서 O로 운동할 때 영희의 운동 에너지는 증가한다.
ㄷ. O에서 B로 운동할 때 영희의 역학적 에너지는 증가한다.

① ㄱ ② ㄷ ③ ㄱ, ㄴ ④ ㄴ, ㄷ ⑤ ㄱ, ㄴ, ㄷ

답 ③

1 읽기 전략 키워드 → 왕복 운동, 최고 높이, 최저 높이, 운동 에너지, 역학적 에너지

2 해결 전략 그네의 왕복 운동에서 역학적 에너지의 전환과 보존을 이해하자.

① AO 구간: 높이가 낮아지므로 위치 에너지 → 운동 에너지로의 전환
② OB 구간: 높이가 높아지므로 운동 에너지 → 위치 에너지로의 전환
③ 기준면이 0일때 A, B에서의 위치 에너지=O에서의 운동 에너지
④ 역학적 에너지는 ❶ ____ 되므로 A, B의 높이는 ❷ ____.

답 ❶ 보존 ❷ 같다

3 암기 전략 마찰을 무시할 때 역학적 에너지 전환과 보존

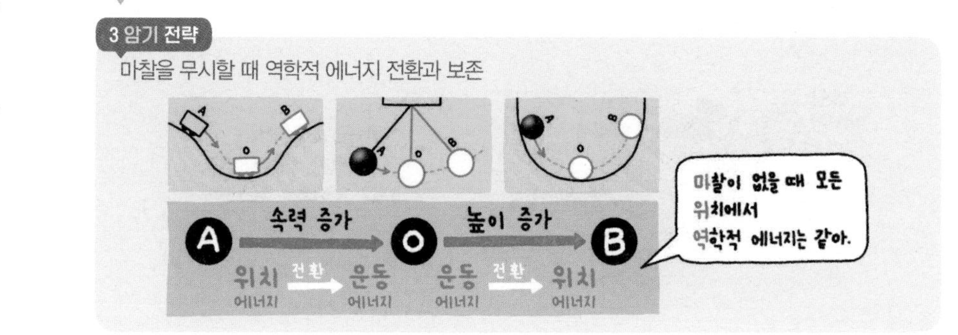

대표 유형 10 에너지 보존 법칙

헤어드라이어에 1000 J의 전기 에너지를 공급하였을 때 헤어드라이어에서의 에너지 전환이 그림과 같았다.

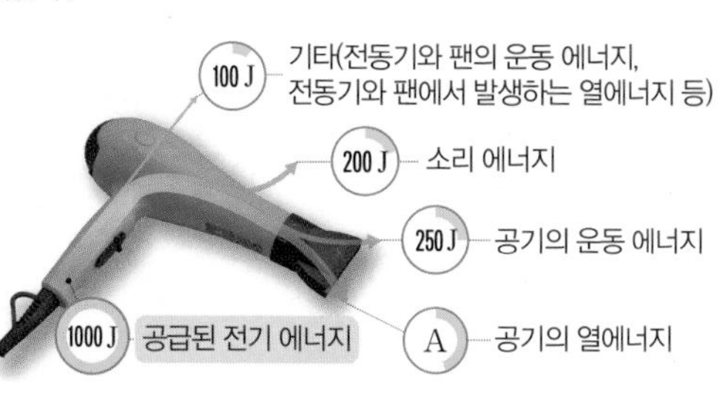

(1) 공기의 열에너지로 전환된 에너지 A는 몇 J인가?

(2) 에너지가 전환될 때 에너지가 새로 생기거나 사라지지 않고 그 양은 항상 일정하게 보존되는 법칙을 무엇이라고 하는가?

답 (1) 450 J (2) 에너지 보존 법칙

1 읽기 전략 키워드 → 전기 에너지, 에너지 전환, 열에너지, 에너지, 법칙

2 해결 전략 헤어드라이어에서 전기 에너지 전환을 통해 에너지 보존 법칙을 이해하자.

① 헤어드라이어에 공급한 전기 에너지는 소리 에너지, 공기의 운동 에너지 및 열에너지 등으로 전환된다.

② 헤어드라이어가 소비한 ❶ [ ] 에너지와 전환된 에너지의 ❷ [ ] 은 같다.

답 ❶ 전기 ❷ 합

3 암기 전략

에너지 보존 법칙

대표 유형 30 은하수

그림은 은하수의 모습을 나타낸 것이다.

이에 대한 설명으로 옳은 것을 |보기|에서 모두 고른 것은?

보기
ㄱ. 지구에서 관측한 우리은하 일부분의 모습이다.
ㄴ. 북반구와 남반구 중 북반구에서만 관측이 가능하다. → 북반구와 남반구 어디에서나 관측 가능
ㄷ. 궁수자리 부근의 은하수가 가장 폭이 넓고 뚜렷하게 보인다.

① ㄱ ② ㄴ ③ ㄱ, ㄷ ④ ㄴ, ㄷ ⑤ ㄱ, ㄴ, ㄷ

답 ③

1 읽기 전략 키워드 → 은하수

2 해결 전략 은하수의 특징을 알아 두자.

- 은하수: 지구에서 관측한 ❶ [ ] 일부분의 모습
- 은하면에 위치한 별들이 뿌연 띠 모양으로 나타남
- 우리은하의 ❷ [ ] 방향인 궁수자리 쪽이 가장 폭이 넓고 밝게 보임(북반구 여름철)

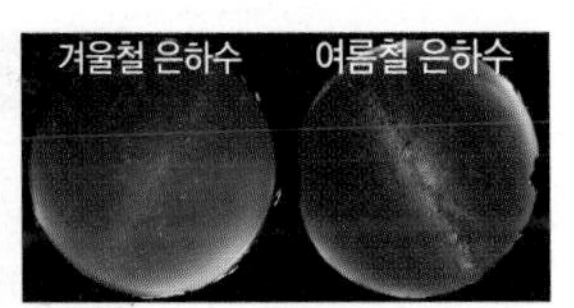

답 ❶ 우리은하 ❷ 중심

3 암기 전략

은하수의 특징

은하수는 ??
- 지구에서 본 우리 은하 일부
여름철에, 궁수자리 방향이 폭이 넓고 밝게 보여.

대표 유형 29 별의 겉보기 등급과 색

그림은 별 A~E의 겉보기 등급과 색을 표시한 것이다.

별 A~E에 대한 설명으로 옳은 것을 |보기|에서 모두 고른 것은?

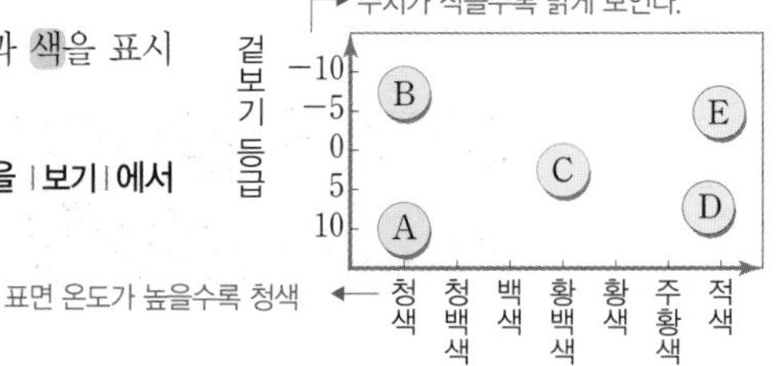

보기
ㄱ. A는 C보다 표면 온도가 더 높다.
ㄴ. D는 B보다 더 밝게 관측된다.
ㄷ. C는 E보다 표면 온도가 더 낮다.

① ㄱ ② ㄴ ③ ㄱ, ㄷ ④ ㄴ, ㄷ ⑤ ㄱ, ㄴ, ㄷ

답 ①

1 읽기 전략 키워드 → 겉보기 등급, 색

2 해결 전략 별의 겉보기 등급과 색에 대한 자료를 통해 별의 밝기와 표면 온도를 알아내자.

- 별의 겉보기 등급 비교: 서로 다른 별의 겉보기 등급으로, 관측자에게 보이는 ❶ [ ] 적인 밝기를 비교할 수 있다.
- 별의 표면 온도에 따라 색이 다른 이유: ❷ [ ] 가 높을수록 파장이 짧은 청색 빛을 많이 방출하고, 온도가 낮을수록 파장이 긴 적색 빛을 많이 방출

답 ❶ 상대 ❷ 온도

3 암기 전략
별의 겉보기 등급과 색

겉보기 등급은 수치가 작을수록 밝다.
-2 -1 0 1 2

별의 색은? 표면온도가 높을수록 청색! 낮을수록 적색!

대표 유형 11 전자기 유도

그림과 같은 장치를 이용하면 코일에 전지와 같은 전원 장치를 연결하지 않더라도 발광 다이오드에 불을 켤 수 있다.

코일에 전류가 흐르지 않는 경우는?

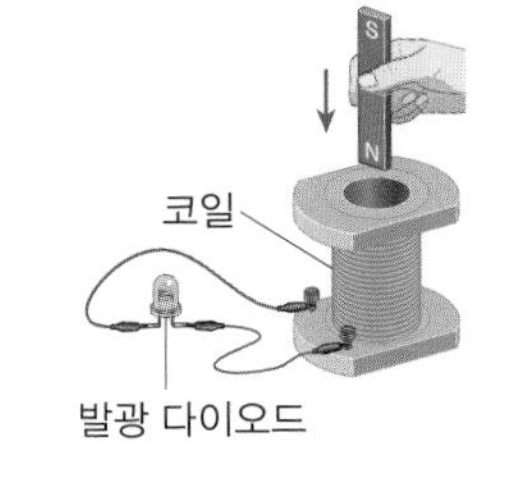

① 자석을 코일에 가까이할 때
② 자석을 코일에서 멀리할 때
③ 코일을 자석에 가까이할 때
④ 코일을 자석에서 멀리할 때
⑤ 자석을 코일 속에 넣어 둔 채로 가만히 있을 때

답 ⑤

1 읽기 전략 키워드 → 코일, 전류, 자석을 코일에 가까이할 때, 자석을 코일에서 멀리할 때

2 해결 전략 전자기 유도가 일어나는 과정으로부터 전기가 발생하는 원리를 이해하자.

① 그림 분석
- 자석을 코일에 가까이하거나 멀리할 때 코일을 통과하는 ❶ [ ] 이 변한다.
- 코일에 ❷ [ ] 가 흐르면 발광 다이오드에 불이 켜진다.

② 선택지 분석
- ①, ②, ③, ④와 같이 자석 또는 코일이 움직이는 경우 코일을 통과하는 자기장이 변하므로 전류가 발생한다.
- ⑤는 코일을 통과하는 자기장이 변하지 않으므로 전류가 발생하지 않는다.

답 ❶ 자기장 ❷ 전류

3 암기 전략
전자기 유도

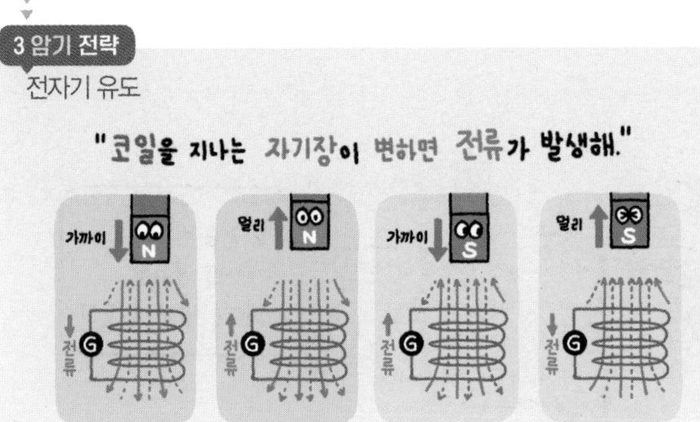

●핵심 키워드 ● 전류가 발생하는 원리 알아보기

대표 유형 12 전류가 발생하는 원리

그림은 코일 근처에 자석의 N극을 가까이 가져갈 때 검류계 바늘이 a 방향으로 움직이는 것을 나타낸 것이다.

이에 대한 설명으로 옳은 것을 | 보기 | 에서 모두 고른 것은?

보기
ㄱ. 코일에는 전자기 유도가 일어나므로 전류가 발생한다.
ㄴ. 자석의 N극을 가까이 가져갈 때 자석과 코일 사이에는 밀어내는 힘이 작용한다.
ㄷ. 자석의 S극을 코일에 가까이 가져가면 검류계의 바늘은 b 방향으로 움직인다.

① ㄱ ② ㄴ ③ ㄱ, ㄷ ④ ㄴ, ㄷ ⑤ ㄱ, ㄴ, ㄷ

답 ⑤

1 읽기 전략 키워드 → 코일, 자석, 검류계 바늘, 전자기 유도, 전류, 밀어내는 힘

2 해결 전략 전자기 유도와 유도 전류가 발생하는 원리를 이해하자.

① 자석이 움직이면 코일을 통과하는 ❶ ______ 이 변하고 코일에는 ❶ ______ 의 변화를 방해하는 방향으로 전류가 흐른다.

② 자석의 N극을 코일에 가까이 가져갈 때 유도 전류는 자기장의 변화를 방해하는 방향으로 흐르기 때문에 자석의 ❷ ______ 극을 밀어내는 방향으로 전류가 흐른다.

답 ❶ 자기장 ❷ N

3 암기 전략 전류가 발생하는 원리

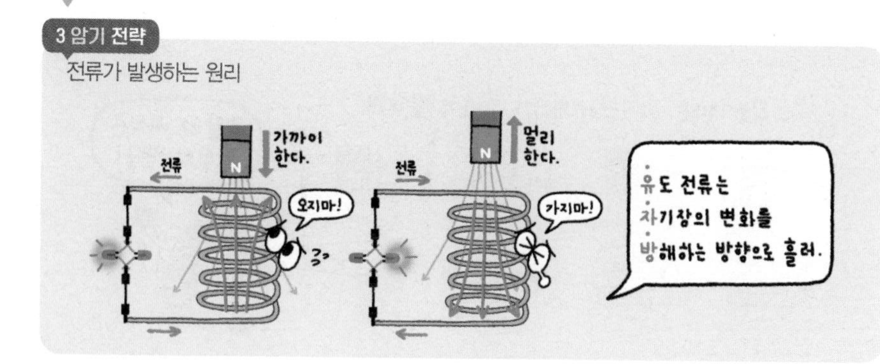

●핵심 키워드 ● 별의 색과 표면 온도 관계

대표 유형 28 별의 색과 표면 온도

그림은 각각 청색, 백색, 주황색을 띠는 별 A~C의 모습을 나타낸 것이다.

A B C

별 A~C를 표면 온도가 높은 것부터 순서대로 옳게 나열한 것은?

① A-B-C ② A-C-B ③ B-A-C
④ B-C-A ⑤ C-B-A

답 ①

1 읽기 전략 키워드 → 표면 온도

2 해결 전략 별의 색은 표면 온도에 따라 달라지는 것을 기억하자.

- 표면 온도가 낮을수록 ❶ ______ 을 띤다.
- 표면 온도가 높아짐에 따라 점차 황색, 백색, ❷ ______ 을 띤다.

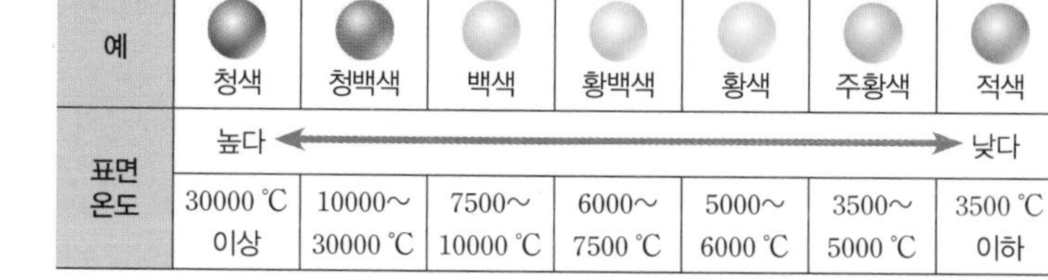

예	청색	청백색	백색	황백색	황색	주황색	적색
표면 온도	높다 ←						→ 낮다
	30000 ℃ 이상	10000~30000 ℃	7500~10000 ℃	6000~7500 ℃	5000~6000 ℃	3500~5000 ℃	3500 ℃ 이하

답 ❶ 적색(붉은색) ❷ 청색(파란색)

3 암기 전략 별의 색과 표면 온도

파랑 > 백색 > 노랑 > 주황 > 빨강

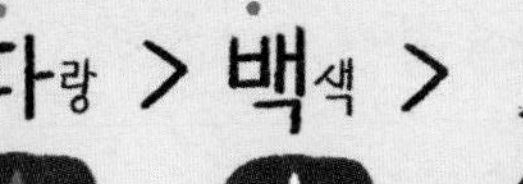
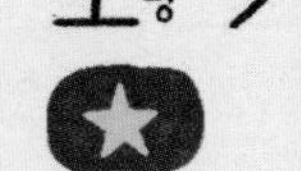

대표 유형 27 별의 등급과 거리 관계

표는 별 A~D의 겉보기 등급과 절대 등급을 나타낸 것이다.

별	A	B	C	D
겉보기 등급	0.2	−0.3	1.8	2.8
절대 등급	1.7	−2.2	1.8	3.2

이에 대한 설명으로 옳은 것을 | 보기 | 에서 모두 고른 것은?

보기
ㄱ. A는 B보다 지구로부터 거리가 먼 별이다.
ㄴ. C는 D보다 지구로부터 거리가 가까운 별이다.
ㄷ. A와 D는 지구로부터의 거리가 10 pc보다 가까운 별이다.

① ㄱ ② ㄷ ③ ㄱ, ㄴ ④ ㄴ, ㄷ ⑤ ㄱ, ㄴ, ㄷ

답 ②

1 읽기 전략 키워드 → 겉보기 등급, 절대 등급, 거리

2 해결 전략 별의 등급과 거리 관계를 적용해 보자.

• 겉보기 등급: 관측자에게 보이는 별의 밝기를 상대적으로 비교하여 나타낸 등급
→ 등급이 ❶ [ ] 수록 밝게 보임

• 절대 등급: 별이 ❷ [ ] 거리에 있다고 가정할 때의 등급
→ 실제 밝기를 비교할 수 있음

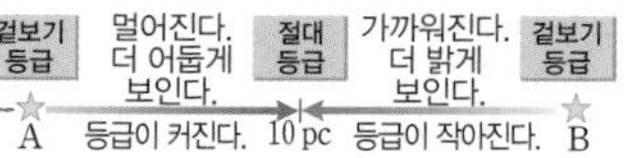

답 ❶ 작을 ❷ 10 pc

3 암기 전략
별의 등급과 거리 관계 — 거리 지수

"겉절이" 겉보기 등급에서 절대 등급 빼봐~
음수(−)면 10 pc보다 가깝다!
0(영)이면 10 pc!!
양수(+)면 10 pc보다 멀다!

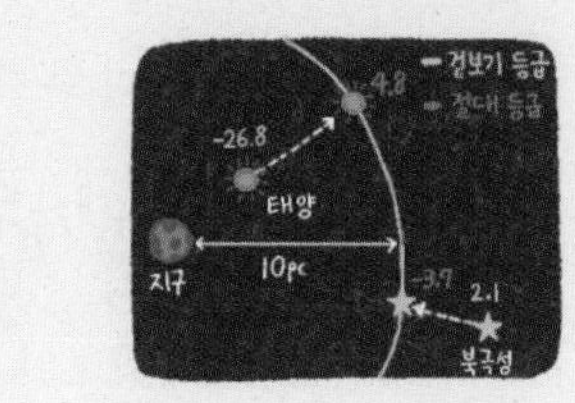

대표 유형 13 발전기에서 전류가 발생하는 원리

그림은 발전기에서 전류가 발생하는 원리를 간단히 나타낸 것이다.

날개 자석 코일 S N 회전축

이에 대한 설명으로 옳은 것을 | 보기 | 에서 모두 고른 것은?

보기
ㄱ. 자석 사이의 코일이 회전하면 코일에 전류가 발생하여 전구에 불이 켜진다.
ㄴ. 코일이 회전하는 속력이 클수록 전구의 밝기는 밝아진다.
ㄷ. 발전기는 전기 에너지를 역학적 에너지로 전환시키는 장치이다.

① ㄱ ② ㄷ ③ ㄱ, ㄴ ④ ㄴ, ㄷ ⑤ ㄱ, ㄴ, ㄷ

답 ③

1 읽기 전략 키워드 → 발전기, 코일이 회전하는 속력, 전기 에너지, 역학적 에너지

2 해결 전략 발전기에서 전류가 발생하는 원리를 이해하자.

① 발전기는 영구 자석과 그 속에서 회전할 수 있는 코일로 이루어져 있다.
② 코일이 회전하면 전자기 유도에 의해 코일에 전류가 흐르면서 전기가 생산된다.
③ 발전기는 자석 속에서 코일이 움직이는 ❶ [ ] 에너지가 ❷ [ ] 에너지로 전환되는 장치이다.

답 ❶ 역학적 ❷ 전기

3 암기 전략
발전기에서 전자기 유도

코일이 자석 사이에서 회전
자기장 변화
전기 발생
역학적 에너지 → 전기 에너지
전류

대표 유형 14 손 발전기 만들기

다음은 자석의 운동에 의해 전류가 발생하는 현상을 관찰하는 실험이다.

| 실험 과정 |

(가) 투명관에 에나멜선을 촘촘히 감아 코일을 만든다.

(나) 에나멜선 양 끝을 사포로 벗기고 발광 다이오드와 에나멜선을 연결한다.

(다) 투명관에 자석을 넣고 마개를 닫은 다음 천천히 또는 빨리 흔들어 보며 발광 다이오드를 관찰한다.

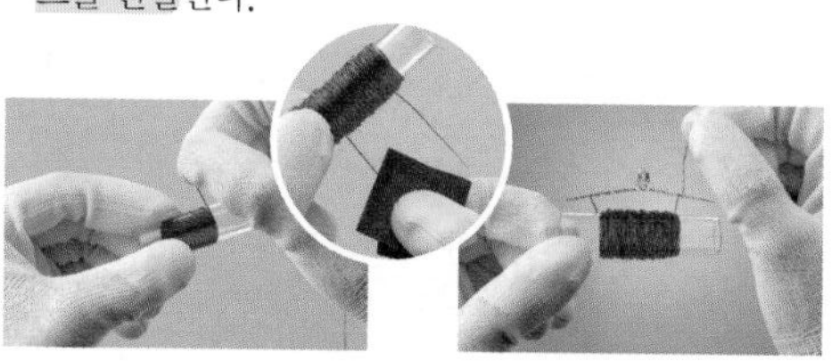

| 실험 결과 |

1. 자석이 든 투명관을 흔들면 발광 다이오드에 불이 켜진다.
2. 발광 다이오드의 밝기는 자석이 빨리 움직일수록 밝다.

이에 대한 설명으로 옳지 않은 것은?

① 손 발전기에서 전류의 변화로 자기장이 발생한다.
② 투명관을 빨리 흔들수록 더 센 전류가 발생한다.
③ 투명관을 길이 방향으로 흔들 때 전류가 발생한다.
④ 손 발전기에서 운동 에너지는 전기 에너지로 전환된다.
⑤ 발광 다이오드에서 전기 에너지가 빛에너지로 전환된다.

답 ①

1 읽기 전략 ① 문제에서 핵심 키워드 찾기

자석의 운동, 코일, 발광 다이오드, 자석, 손 발전기, 운동 에너지, 전기 에너지

② 전자기 유도와 유도 전류

- 전자기 유도: 코일 근처에서 자석이 움직일 때 코일을 통과하는 자기장이 변하면서 코일에 전류가 발생하는 현상
- 유도 전류: 전자기 유도에 의해 발생하는 전류
- 발전기: 영구 자석과 그 속에서 회전할 수 있는 코일로 이루어진 장치 → 코일이 회전할 때 전자기 유도에 의해 전기를 생산

대표 유형 26 별의 밝기와 등급

그림은 겉보기 등급이 −1등급이고, 거리가 1 pc만큼 떨어진 별 S를 관측하는 모습을 나타낸 것이다.

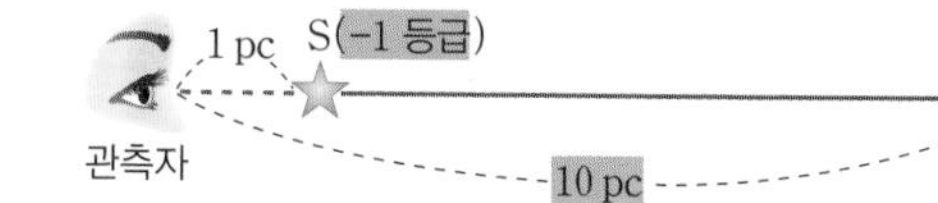

별 S의 위치를 관측자로부터 10 pc만큼 떨어진 S′으로 이동시켰을 때의 겉보기 등급으로 옳은 것은?

① −6등급 ② −4등급 ③ −2등급 ④ 2등급 ⑤ 4등급

답 ⑤

1 읽기 전략 키워드 → 겉보기 등급, 거리, 위치, 이동

2 해결 전략 별의 밝기 차이와 등급의 관계를 알아 두자.

- 별의 밝기는 등급으로 표시하며, 등급의 숫자가 ❶ [ ] 수록 밝은 별이다.
- 1등급 차이 나는 별은 약 2.5배의 밝기 차이가 난다.
- 1등급인 별은 6등급인 별보다 약 ❷ [ ] 배 더 밝다.

6 등급 → 약 2.5배 → 5 등급 → 약 2.5배 → 4 등급 → 약 2.5배 → 3 등급 → 약 2.5배 → 2 등급 → 약 2.5배 → 1 등급

← 어둡다 약 100배 밝다 →

답 ❶ 작을 ❷ 100

3 암기 전략

별의 밝기와 등급

별의 등급이요? 이 두 가지만 기억하세요!

1등급 차이는 약 2.5배!
5등급 차이는 약 100배!
(약 2.5^5 배라구..)

대표 유형 25 별의 밝기와 거리의 관계

그림은 별의 밝기와 거리의 관계를 나타낸 것이다.

별 S를 관측하는 위치가 A에서 B로 이동하였을 때, 별 S의 겉보기 밝기 변화에 대한 설명으로 옳은 것은?

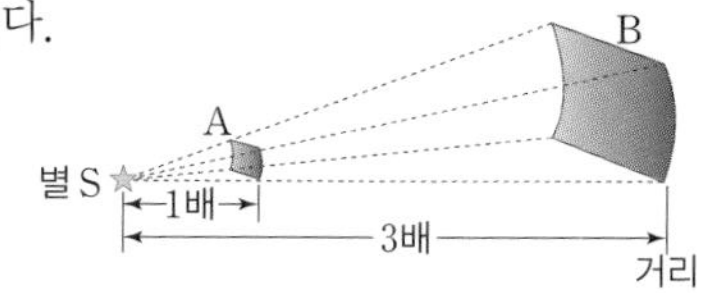

① 3배 밝아진다. ② 6배 밝아진다. ③ 9배 밝아진다.
④ $\frac{1}{3}$배로 어두워진다. ⑤ $\frac{1}{9}$배로 어두워진다.

답 ⑤

1 읽기 전략 키워드 → 별의 밝기와 거리 관계, 관측하는 위치, 겉보기 밝기 변화

2 해결 전략 별의 밝기와 거리의 관계를 알아 두자.

- 광원에서 거리가 2배, 3배, … 멀어지면, 빛이 도달하는 면적은 2^2배, 3^2배, …가 된다.
  → 같은 면적에 도달하는 빛의 양은 $\frac{1}{2^2}$배, $\frac{1}{3^2}$배, …로 ❶ ( ) 든다.

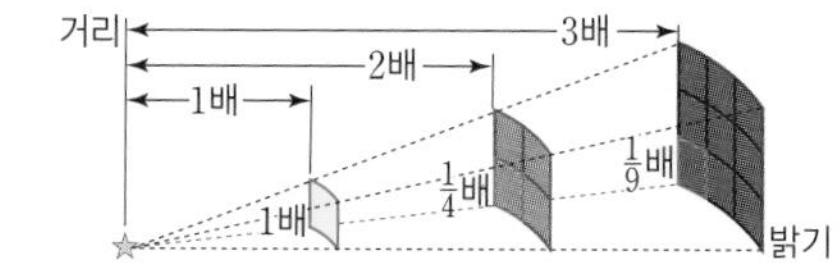

- 관측자의 눈에 들어오는 빛의 양은 광원으로부터의 거리의 ❷ ( ) 에 반비례한다.

답 ❶ 줄어 ❷ 제곱

3 암기 전략
별의 밝기와 거리 관계

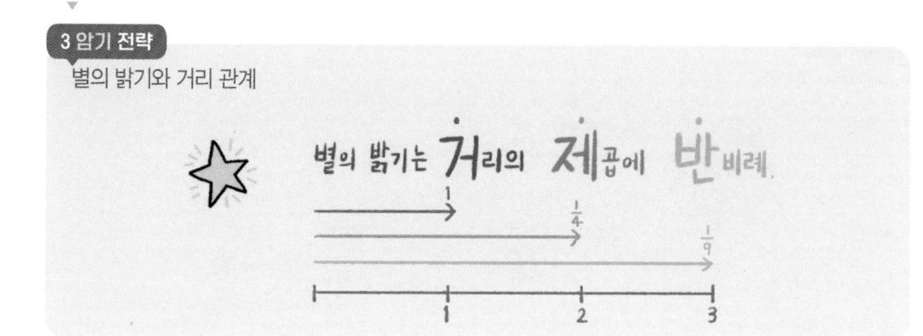

2 해결 전략

① 손 발전기의 구조와 전자기 유도
- 손 발전기는 에나멜선을 감아 만든 코일 속에서 자석이 움직일 수 있게 되어 있다.
- 자석이 움직이면 코일 주위에 ❶ ( ) 의 변화가 생기므로 코일에 전류가 흐른다.

② 손 발전기에서의 에너지 전환과 유도 전류
- 손 발전기에서 코일을 감은 투명관 속의 자석이 움직이면 코일을 통과하는 자기장의 세기가 변하게 되어 코일에 전류가 발생한다.
- 코일 속에서 자석이 움직이면 자석의 역학적 에너지가 전기 에너지로 전환되어 전류가 발생한다.
- 코일에 흐르는 전류를 유도 전류라고 한다.

③ 유도 전류의 세기
- 투명관에 들어 있는 자석이 빠르게 움직일수록 발광 다이오드의 밝기는 밝다.
- 에나멜선을 촘촘하게 많이 감은 코일로 실험하면 발광 다이오드의 밝기가 더 밝다.

④ 에너지 전환
- 자석이 움직이면 코일에 전류가 흐른다. 자석의 ❷ ( ) → 전기 에너지
- 발광 다이오드에 불이 켜진다. 전기 에너지 → 빛에너지

오답 피하는 법
- 자석이 움직이지 않을 때는 켜지지 않던 발광 다이오드가 자석이 움직이면 켜진다.
  → 자석 주위에는 자기장이 형성된다. 자석을 움직인다는 표현은 코일 주위의 자기장이 변한다는 것을 의미한다.
- 자석이 움직이면 코일을 통과하는 자기장이 변하여 코일에 전류가 발생한다.

답 ❶ 자기장 ❷ 운동 에너지

3 암기 전략
유도 전류의 세기

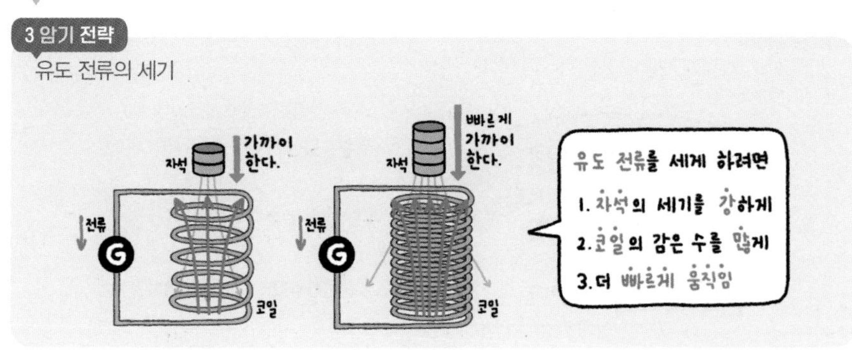

대표 유형 15 발전기에서 에너지 전환

그림과 같은 발전기는 자석 사이에서 코일을 회전시켜 전기를 만든다.

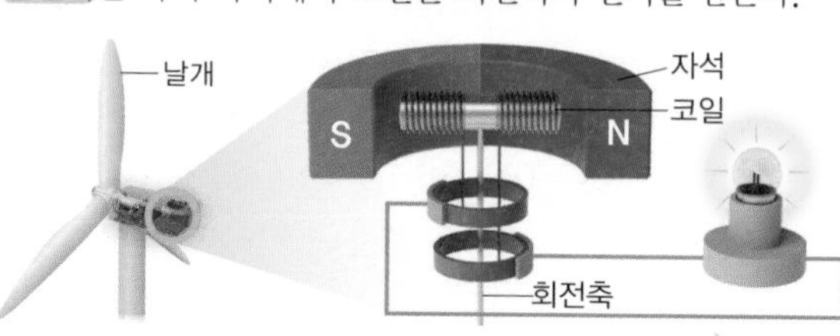

발전기에 연결된 전등에 불이 켜질 때 에너지 전환 과정을 옳게 나타낸 것은?

① 열에너지 → 빛에너지 → 전기 에너지
② 빛에너지 → 전기 에너지 → 운동 에너지
③ 전기 에너지 → 운동 에너지 → 빛에너지
④ 운동 에너지 → 전기 에너지 → 빛에너지
⑤ 빛에너지 → 화학 에너지 → 전기 에너지

답 ④

1 읽기 전략 키워드 → 발전기, 에너지 전환 과정, 운동 에너지, 전기 에너지, 빛에너지

2 해결 전략 발전기의 구조를 이해하고 발전기에서 일어나는 에너지 전환 과정을 알아 두자.

① 발전기는 자석과 그 속에서 회전할 수 있는 코일로 이루어져 있고, 코일이 회전하면 전기가 생산된다.
② 코일이 회전하면 전자기 유도에 의해 코일에 전류가 흐른다.

❶ ☐ 에너지 → ❷ ☐ 에너지

답 ❶ 운동 ❷ 전기

3 암기 전략 발전기에서 에너지 전환

자석, 코일, 회전축, S, N

코일 회전 — 운동 에너지
↓ 전환
유도 전류 발생 — 전기 에너지
↓ 전환
발광 다이오드 — 빛에너지

대표 유형 24 별의 거리 단위

다음은 지구에서 별 A~D까지의 거리에 대한 설명이다.

- A: 지구에서 10 pc 떨어져 있는 별
- B: 연주 시차가 0.2″인 별
- C: 지구에서 3.26 LY(광년) 떨어져 있는 별
- D: 지구에서 200 AU 떨어져 있는 별

별 A~D를 지구에서 거리가 먼 것부터 순서대로 옳게 나열한 것은?

① A-B-C-D
② A-C-D-B
③ B-C-A-D
④ B-D-A-C
⑤ D-C-B-A

답 ①

1 읽기 전략 키워드 → 별까지의 거리

2 해결 전략 우주에서 천체의 거리를 나타내는 단위를 비교해 보자.

- 1 AU(천문단위): 태양과 ❶ ☐ 사이의 평균 거리
- 1 LY(광년): 빛이 ❷ ☐ 동안 가는 거리
- 1 pc(파섹): 연주 시차가 1″인 별까지의 거리

→ 1 pc ≒ 3.26 LY ≒ 206265 AU ≒ 3×10^{13} km

- A: 10 pc, B: 5 pc, C: 1 pc, D: 약 0.001 pc

답 ❶ 지구 ❷ 1년

3 암기 전략 천체의 거리 단위

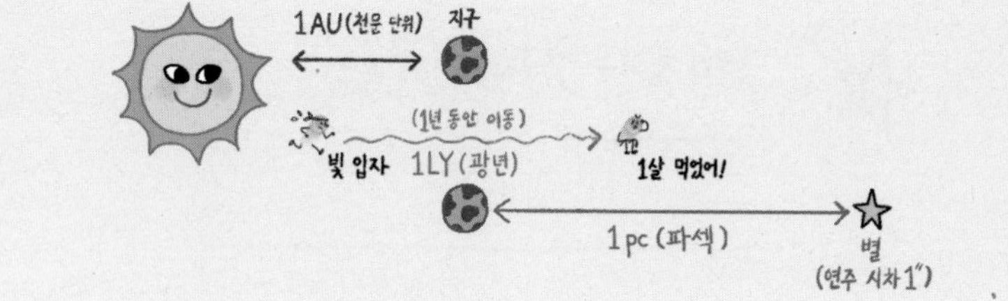

대표 유형 23 별의 연주 시차와 거리 관계

표는 지구에서 관측한 별 A~C의 연주 시차를 나타낸 것이다.

별	A	B	C
연주 시차(″)	0.05	0.1	0.02

이에 대한 설명으로 옳은 것을 | 보기 | 에서 모두 고른 것은?

| 보기 |

별까지의 거리(pc) = $\frac{1}{\text{연주 시차}(″)}$

ㄱ. A는 지구로부터 20 pc 떨어진 거리에 있다.
ㄴ. B는 A보다 지구로부터 가까운 거리에 위치한다.
ㄷ. A~C 중에서 지구로부터의 거리는 C가 가장 멀다.

① ㄱ ② ㄴ ③ ㄱ, ㄷ ④ ㄴ, ㄷ ⑤ ㄱ, ㄴ, ㄷ

답 ⑤

1 읽기 전략 키워드 → 연주 시차, 거리

2 해결 전략 별의 연주 시차를 알면 별까지의 거리를 계산할 수 있다!

- 별까지의 거리는 연주 시차에 반비례 → 별까지의 거리가 멀수록 별의 연주 시차는 작다.
- 연주 시차가 1″인 별까지의 거리를 ❶ [　　] 이라고 한다.
- 대부분의 별들은 지구에서 매우 멀리 떨어져 있기 때문에 연주 시차 측정이 어렵다.

→ 따라서 연주 시차는 비교적 ❷ [　　] 거리에 있는 별의 거리를 구할 때 이용

답 ❶ 1 pc(파섹) ❷ 가까운

3 암기 전략 별까지의 거리와 연주 시차의 관계

별까지의 거리는??

거리 = $\frac{1}{\text{연주 시차}}$

나는 파섹(pc) 단위

나는 초(″) 단위

대표 유형 16 여러 가지 가전제품에서 전기 에너지의 전환

다음은 가전제품에 공급된 전기 에너지가 주로 전환되는 에너지를 나타낸 것이다.

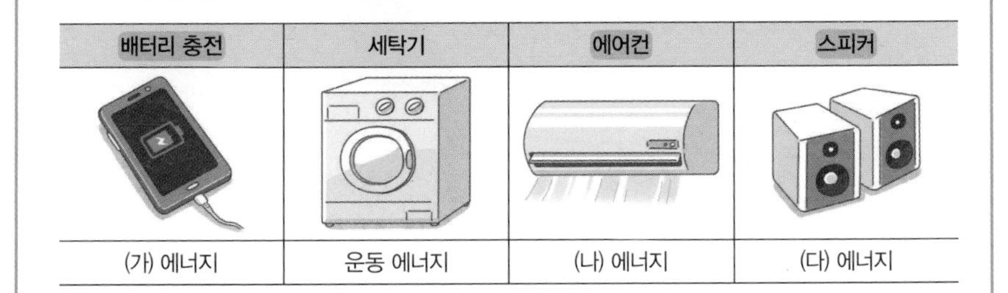

배터리 충전	세탁기	에어컨	스피커
(가) 에너지	운동 에너지	(나) 에너지	(다) 에너지

(가), (나), (다)에 알맞은 말을 옳게 짝 지은 것은?

	(가)	(나)	(다)
①	전기	열	화학
②	화학	운동	소리
③	화학	운동	운동
④	전기	소리	운동
⑤	화학	열	소리

답 ②

1 읽기 전략 키워드 → 전기 에너지, 전환되는 에너지, 배터리 충전, 에어컨, 스피커

2 해결 전략 가전제품에 공급된 전기 에너지가 주로 어떤 에너지로 전환되는지 알아 두자.

① 배터리 충전: ❶ [　　] 에너지가 화학 에너지로 전환된다.
② 에어컨: 전기 에너지가 전동기를 돌린다(운동 에너지).
③ 스피커: 전기 에너지에 의해 진동판이 ❷ [　　] 하면서 소리가 난다.

답 ❶ 전기 ❷ 진동

3 암기 전략 전기 에너지의 전환

대표 유형 17 자가발전 충전기에서의 에너지 전환

그림은 자가발전 충전기의 손잡이를 돌려 스마트 기기를 충전하는 모습이다.

이 과정에서 일어나는 에너지 전환 과정을 옳게 나타낸 것은?

① 열에너지 → 전기 에너지 → 화학 에너지
② 전기 에너지 → 화학 에너지 → 열에너지
③ 화학 에너지 → 전기 에너지 → 빛에너지
④ 빛에너지 → 화학 에너지 → 전기 에너지
⑤ 운동 에너지 → 전기 에너지 → 화학 에너지

답 ⑤

1 읽기 전략 키워드 → 자가발전 충전기, 충전, 운동 에너지, 전기 에너지, 화학 에너지

2 해결 전략 자가발전 충전기로 스마트 기기를 충전할 때 일어나는 에너지 전환을 알아 두자.

① 스마트 기기를 충전할 때는 전기 에너지가 ❶ ____ 로 전환되며, 기기를 사용할 때는 ❶ ____ 가 전기 에너지로 전환된다.
② 자가발전 충전기의 손잡이를 돌리면: 운동 에너지 → 전기 에너지
③ 스마트 기기 충전: 전기 에너지 → ❷ ____ 에너지

답 ❶ 화학 에너지 ❷ 화학

3 암기 전략
자가발전 충전기에서의 에너지 전환

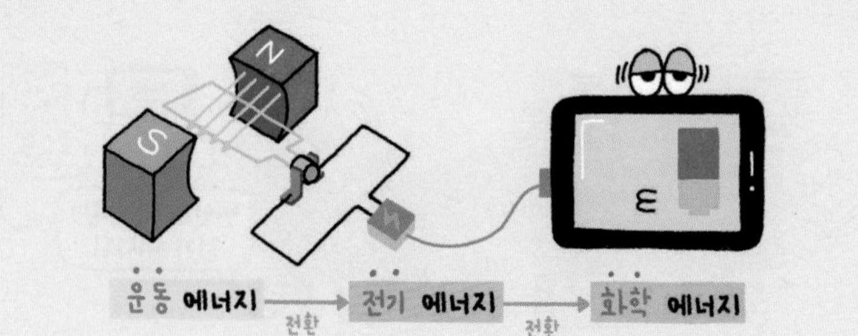

대표 유형 22 별의 연주 시차

그림은 지구 공전 궤도 상의 서로 다른 두 지점 A와 B에서 관측한 별 S의 겉보기 위치 변화(S_A, S_B)를 나타낸 것이다.

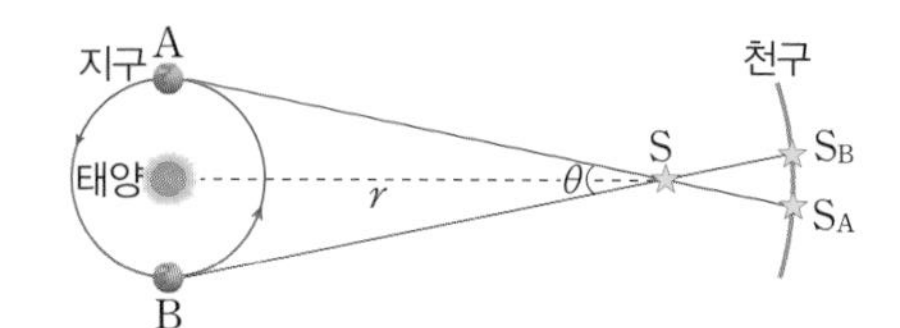

이에 대한 설명으로 옳은 것을 |보기|에서 모두 고른 것은?

보기
ㄱ. 별 S의 연주 시차는 θ이다.
ㄴ. 별 S까지의 거리 r과 θ는 반비례 관계이다.
ㄷ. 지구가 A에서 B까지 이동하는 데 6개월이 걸린다.

① ㄱ ② ㄷ ③ ㄱ, ㄴ ④ ㄴ, ㄷ ⑤ ㄱ, ㄴ, ㄷ

답 ④

1 읽기 전략 키워드 → 지구 공전 궤도 상의 두 지점, 겉보기 위치 변화

2 해결 전략 별의 연주 시차 개념을 확실히 알아두자.

- 지구가 공전함에 따라 별의 겉보기 위치가 달라진다.
- 별의 시차는 ❶ ____ 간격으로 지구 공전 궤도 양끝에서 별을 관측하여 측정
- 별의 연주 시차는 시차의 ❷ ____ 에 해당 → 단위는 초(″)

답 ❶ 6개월 ❷ 절반$\left(\frac{1}{2}\right)$

3 암기 전략
연주시차의 정의

"연주 시차는 시차의 절반!!"

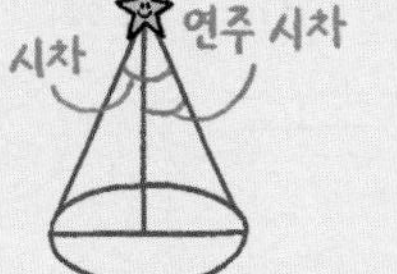

대표 유형 21 시차

그림은 화이트보드에 번호를 적은 종이를 붙인 후 양쪽 눈을 번갈아 감으면서 연필이 보이는 위치의 번호를 확인하는 실험을 나타낸 것이다.

연필이 보이는 위치 사이의 각(θ)이 커지는 경우로 옳은 것을 | 보기 |에서 모두 고른 것은? → 시차의 크기는 물체와의 거리에 반비례

보기
ㄱ. 팔을 뻗어 연필을 눈에서 멀어지게 한 경우
ㄴ. 팔을 구부리며 연필을 눈 가까이 이동시킨 경우
ㄷ. 연필과 눈 사이 거리를 유지하며 뒤로 한 발짝 이동한 경우

① ㄱ ② ㄴ ③ ㄱ, ㄷ ④ ㄴ, ㄷ ⑤ ㄱ, ㄴ, ㄷ

답 ②

1 읽기 전략 키워드 → 양쪽 눈, 연필이 보이는 위치, 연필이 보이는 위치 사이의 각(θ)

2 해결 전략 시차의 개념을 이해하고 문제에 적용하자.

- 시차: 한 물체를 서로 다른 위치에서 관측했을 때 나타나는 ❶ [ ] 위치의 차이
- 시차의 크기는 두 관측 지점과 물체 사이의 각도로 나타냄
- 물체까지의 거리가 멀수록 시차는 작게 나타남
  → 시차의 크기는 물체와의 거리에 ❷ [ ]
- 시차를 이용하면 물체까지의 거리를 구할 수 있음

$$\text{시차} \propto \frac{1}{\text{물체까지의 거리}}$$

답 ❶ 겉보기 ❷ 반비례

3 암기 전략 거리와 시차 사이의 관계

우리 사이.. 멀어지면… 작아지고.. 가까워지면… 커진다!!

대표 유형 18 소비 전력

다음은 여러 가지 가전제품이 일정 시간 동안 소비한 전기 에너지를 나타낸 것이다.

(가)	(나)	(다)	(라)
1분 동안 2400 J의 전기 에너지 소비	4분 동안 4200 J의 전기 에너지 소비	10초 동안 250 J의 전기 에너지 소비	1초 동안 800 J의 전기 에너지 소비

(가)~(다)를 소비 전력이 큰 것부터 차례대로 나열하시오.

답 (라)-(가)-(다)-(나)

1 읽기 전략 키워드 → 전기 에너지, 소비 전력

2 해결 전략 소비 전력의 뜻을 알고 가전제품의 소비 전력을 구하는 방법을 알아 두자.

- 소비 전력(W): 1초 동안 전기 기구가 소모하는 전기 에너지(J)의 양

① 선풍기: 2400 J/60 s = ❶ [ ] W
② 전등: 4200 J/240 s = ❷ [ ] W
③ 텔레비전: 250 J/10 s = 25 W
④ 헤어드라이어: 800 J/1 s = 800 W

답 ❶ 40 ❷ 17.5

3 암기 전략 소비 전력 구하기

대표 유형 19 전기 기구에 흐르는 전류

그림은 어떤 선풍기에 표시되어 있는 제품의 정보를 간단히 나타낸 것이다.

정격 전압	220 V
소비 전력	55 W
제조 년 월 일	2022년 03월 05일

(1) 이 선풍기를 1초 동안 사용할 때 소비하는 전기 에너지는 몇 J인가?

(2) 이 선풍기를 220 V의 전원에 연결할 때 흐르는 전류의 세기는 몇 A인가?

답 (1) 55 J (2) 0.25 A

1 읽기 전략 키워드 → 정격 전압, 소비 전력, 전기 에너지, 전류의 세기

2 해결 전략 선풍기의 정격 전압과 소비 전력, 정격 전압에 연결할 때 흐르는 전류에 대해 알아보자.

① 정격 전압은 전기 기구를 정상적으로 작동하기 위해 필요한 전압을 뜻한다.

② 소비 전력이 55 W인 선풍기는 1초에 ❶ ☐ J의 전기 에너지를 소비한다.

③ 선풍기의 정격 전압이 220 V이므로 선풍기에 흐르는 전류는 55 W = 220 V × 전류(A)에서 전류는 ❷ ☐ A이다.

답 ❶ 55 ❷ 0.25

3 암기 전략 전기 기구에 흐르는 전류 구하기

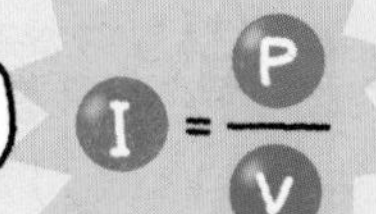

대표 유형 20 전기 에너지와 전력량

그림과 같이 소비 전력이 1600 W인 에어컨과 80 W인 선풍기가 있다.

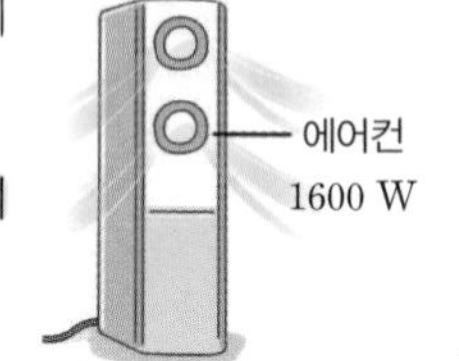

(1) 에어컨을 2시간 동안 사용할 때 소비되는 전력량은 몇 Wh인가?

(2) 에어컨과 선풍기를 동시에 2시간 동안 사용할 때 소비되는 전력량은 몇 Wh인가?

(3) 에어컨을 2시간 동안 사용할 때 소비되는 전기 에너지로 선풍기는 몇 시간 동안 사용할 수 있는가?

답 (1) 3200 Wh (2) 3360 Wh (3) 40시간

1 읽기 전략 키워드 → 소비 전력, 전력량, 전기 에너지

2 해결 전략 가전제품을 사용할 때 소비한 전력량 구하는 방법을 알아 두자.

① 전력량 = 소비 전력 × 시간
→ 에어컨을 2시간 사용할 때의 전력량: 1600 W × 2 h = ❶ ☐ Wh

② 선풍기를 2시간 사용할 때의 전력량: 80 W × 2 h = ❷ ☐ Wh

③ 에어컨은 선풍기보다 소비 전력이 20배 크다. 따라서 같은 전기 에너지로 선풍기는 에어컨보다 20배 더 긴 시간을 사용할 수 있다.

답 ❶ 3200 ❷ 160

3 암기 전략 전기 에너지와 전력량

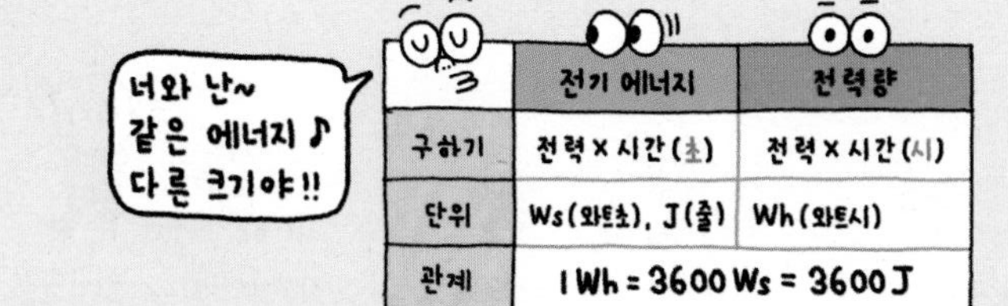

	전기 에너지	전력량
구하기	전력 × 시간(초)	전력 × 시간(시)
단위	Ws(와트초), J(줄)	Wh(와트시)
관계	1 Wh = 3600 Ws = 3600 J	

중학 과학 3-2

BOOK 2

기 말 고 사   대 비

이 책의 구성과 활용

주 도입

이번 주에 배울 내용이 무엇인지 안내하는 부분입니다. 재미있는 개념 삽화를 통해 앞으로 배울 학습 내용을 미리 떠올려 봅니다.

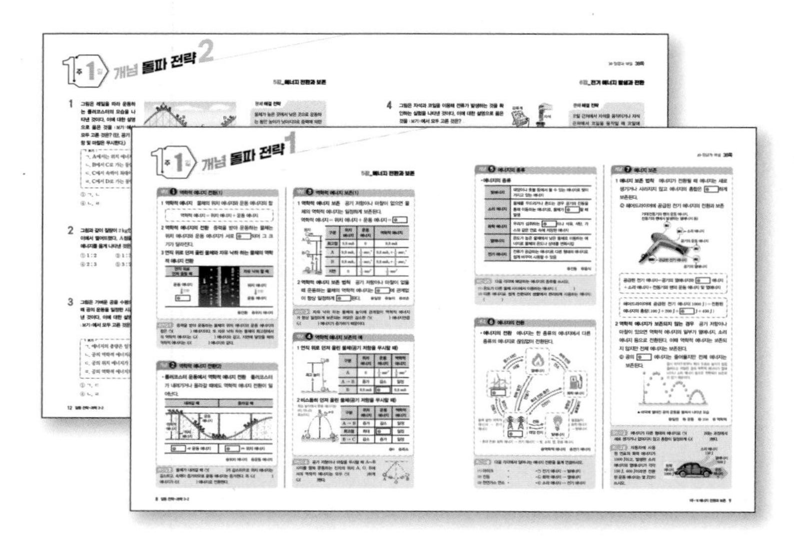

1일 개념 돌파 전략

주제별로 꼭 알아야 하는 핵심 개념을 익히고 문제를 풀며 개념을 잘 이해했는지 확인합니다.

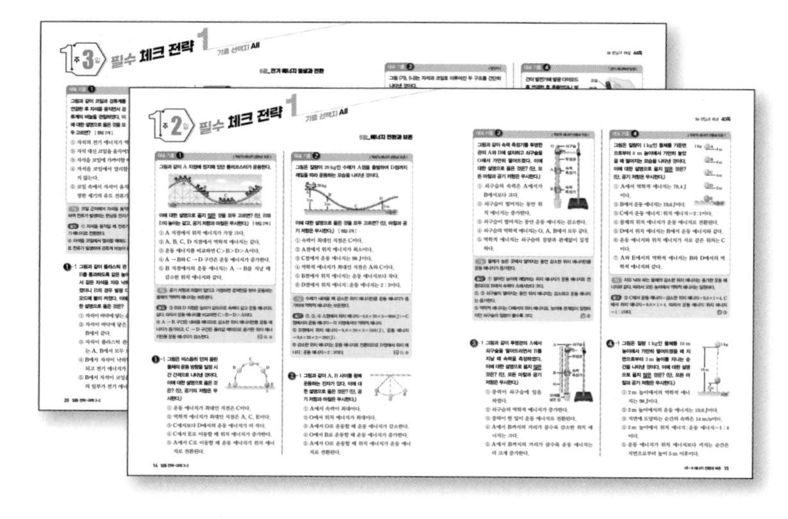

2일, 3일 필수 체크 전략

꼭 알아야 할 대표 기출 유형 문제를 쌍둥이 문제와 함께 풀어 보며 문제에 접근하는 과정과 해결 방법을 체계적으로 연습합니다.

부록 시험에 잘 나오는 **대표 유형 ZIP**

부록을 뜯으면 미니북으로 활용할 수 있습니다. 시험 전에 대표 유형을 확실하게 익혀 보세요.

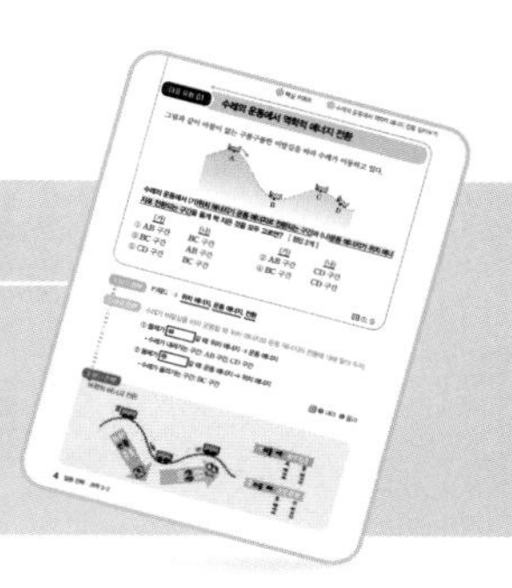

주 마무리 코너

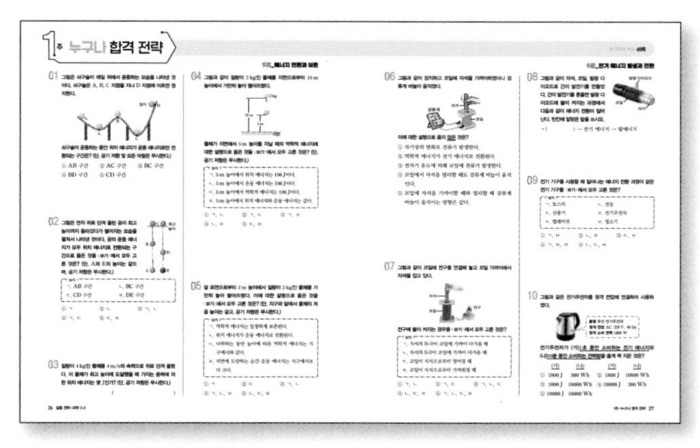

누구나 합격 전략

기초 이해력을 점검할 수 있는 종합 문제로 학습 자신감을 가질 수 있습니다.

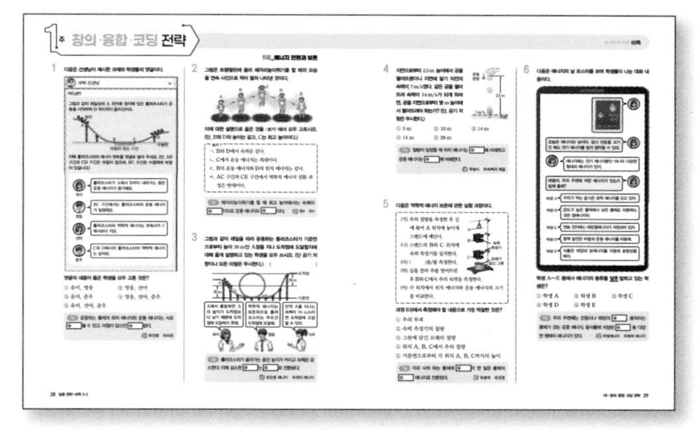

창의·융합·코딩 전략

융·복합적 사고력과 문제 해결력을 길러 주는 문제로 구성하였습니다.

기말고사 마무리 코너

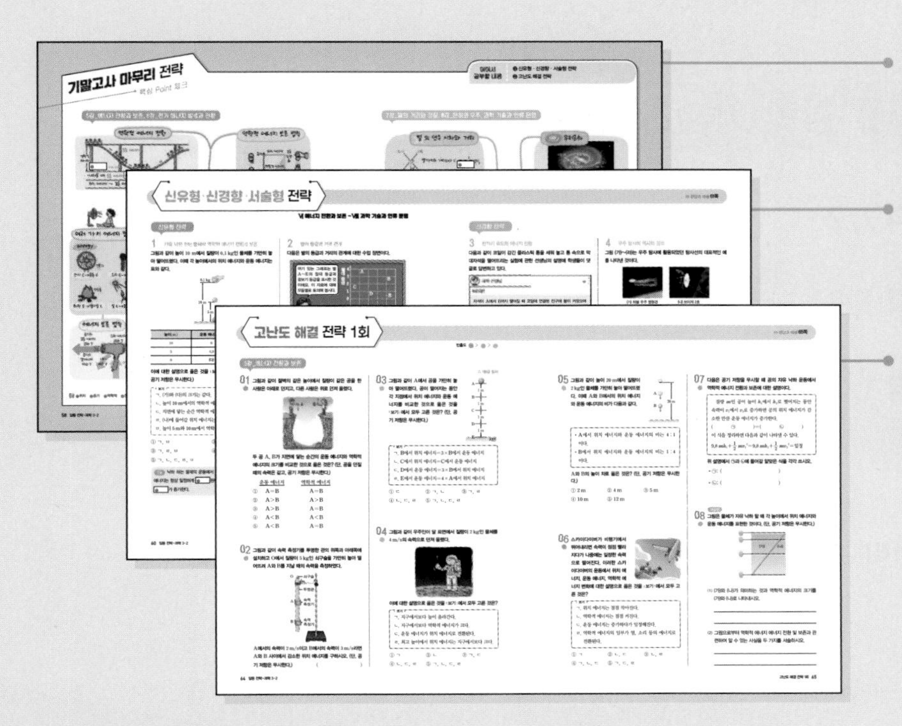

기말고사 마무리 전략

학습 내용을 마인드 맵으로 정리하여 앞에서 공부한 개념을 한눈에 파악할 수 있습니다.

신유형·신경향·서술형 전략

신유형 · 신경향 · 서술형 문제를 집중적으로 풀며 문제 적응력을 높일 수 있습니다.

고난도 해결 전략

실제 시험에 대비할 수 있는 고난도의 실전 문제를 2회 분량으로 구성하였습니다.

이 책의 차례 BOOK 2

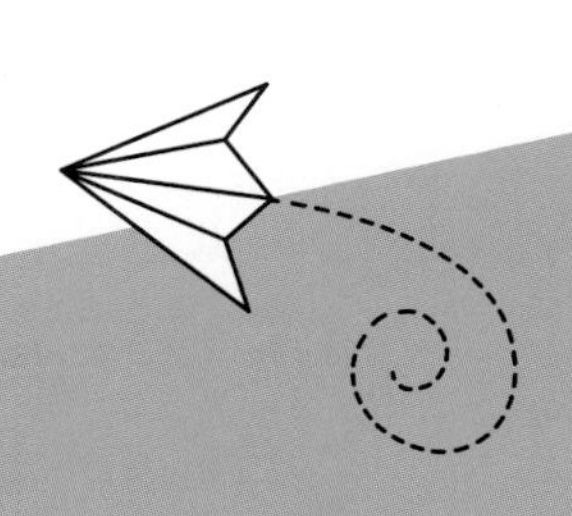

1주 VI 에너지 전환과 보존

5강_에너지 전환과 보존

공부할 내용	5강_에너지 전환과 보존	• 역학적 에너지 전환과 보존 • 에너지 전환과 보존	• 에너지의 종류
	6강_전기 에너지 발생과 전환	• 전자기 유도 • 전기 에너지 전환	• 소비 전력과 전력량

6강_전기 에너지 발생과 전환

개념 1 역학적 에너지 전환(1)

1 역학적 에너지 물체의 위치 에너지와 운동 에너지의 합

역학적 에너지 = 위치 에너지 + 운동 에너지

2 역학적 에너지의 전환 중력을 받아 운동하는 물체는 위치 에너지와 운동 에너지가 서로 ❶ (   )되어 그 크기가 달라진다.

3 연직 위로 던져 올린 물체와 자유 낙하 하는 물체의 역학적 에너지 전환

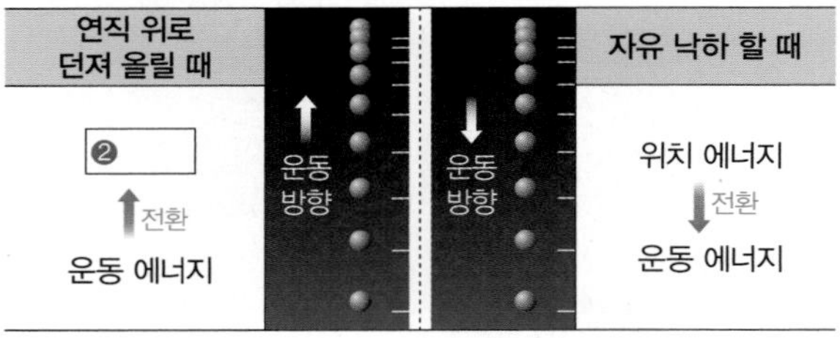
연직 위로 던져 올릴 때
❷
전환
운동 에너지
운동 방향
운동 방향
자유 낙하 할 때
위치 에너지
전환
운동 에너지

❶전환 ❷위치 에너지

확인Q 1 중력을 받아 운동하는 물체의 위치 에너지와 운동 에너지의 합은 ㉠(   ) 에너지이다. 또 자유 낙하 하는 물체의 최고점에서의 역학적 에너지는 ㉡(   ) 에너지와 같고, 지면에 닿았을 때의 역학적 에너지는 ㉢(   ) 에너지와 같다.

개념 2 역학적 에너지 전환(2)

1 롤러코스터 운동에서 역학적 에너지 전환 롤러코스터가 내려가거나 올라갈 때에도 역학적 에너지 전환이 일어난다.

내려갈 때	올라갈 때
❶ ( ) ➡ 운동 에너지	❷ ( ) ➡ 위치 에너지

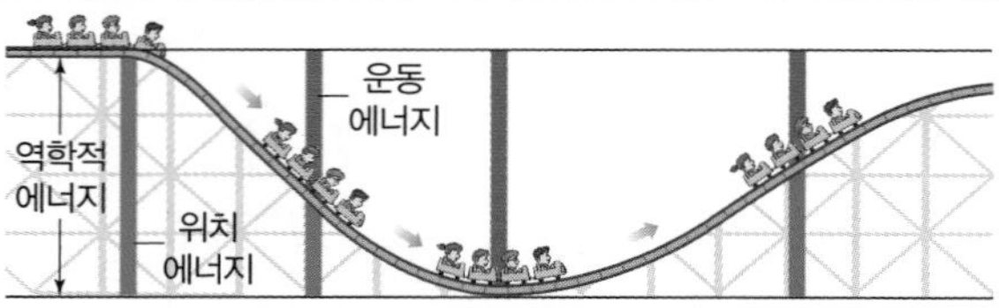
운동 에너지
역학적 에너지
위치 에너지

❶위치 에너지 ❷운동 에너지

확인Q 2 물체가 내려갈 때 ㉠(   )가 감소하므로 위치 에너지는 감소하고, 속력이 증가하므로 운동 에너지는 증가한다. 즉 ㉡(   ) 에너지가 ㉢(   ) 에너지로 전환된다.

개념 3 역학적 에너지 보존(1)

1 역학적 에너지 보존 공기 저항이나 마찰이 없으면 물체의 역학적 에너지는 일정하게 보존된다.

역학적 에너지 = 위치 에너지 + 운동 에너지 = ❶ (   )

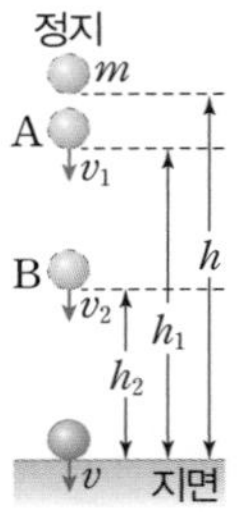
정지
m
A
v_1
B
v_2
h
h_1
h_2
v
지면

구분	위치 에너지	운동 에너지	역학적 에너지
최고점	$9.8\,mh$	0	$9.8\,mh$
A	$9.8\,mh_1$	$\frac{1}{2}mv_1^2$	$9.8\,mh_1+\frac{1}{2}mv_1^2$
B	$9.8\,mh_2$	$\frac{1}{2}mv_2^2$	$9.8\,mh_2+\frac{1}{2}mv_2^2$
지면	0	$\frac{1}{2}mv^2$	$\frac{1}{2}mv^2$

2 역학적 에너지 보존 법칙 공기 저항이나 마찰이 없을 때 운동하는 물체의 역학적 에너지는 ❷ (   )에 관계없이 항상 일정하게 ❸ (   )된다.

❶일정 ❷높이 ❸보존

확인Q 3 자유 낙하 하는 물체의 높이에 관계없이 역학적 에너지가 항상 일정하게 보존되는 까닭은 감소한 ㉠(   ) 에너지만큼 ㉡(   ) 에너지가 증가하기 때문이다.

개념 4 역학적 에너지 보존의 예

1 연직 위로 던져 올린 물체(공기 저항을 무시할 때)

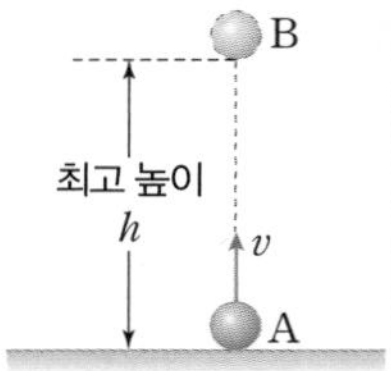
B
최고 높이
h
v
A

구분	위치 에너지	운동 에너지	역학적 에너지
A	0	$\frac{1}{2}mv^2$	$\frac{1}{2}mv^2$
A → B	증가	감소	일정
B	$9.8\,mh$	❶ ( )	$9.8\,mh$

2 비스듬히 던져 올린 물체(공기 저항을 무시할 때)

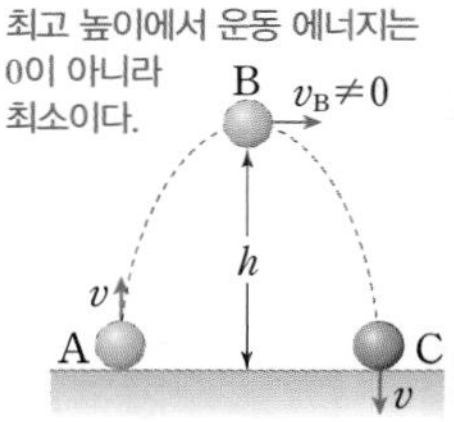
최고 높이에서 운동 에너지는 0이 아니라 최소이다.
B
$v_B \neq 0$
h
v
A
C
v

구분	위치 에너지	운동 에너지	역학적 에너지
A → B	증가	감소	일정
최고점	최대	❷ ( )	일정
B → C	감소	증가	일정

❶0 ❷최소

확인Q 4 공기 저항이나 마찰을 무시할 때 A~B 사이를 왕복 운동하는 진자의 위치 A, O, B에서의 역학적 에너지는 모두 ㉠(   )하게 ㉡(   )된다.

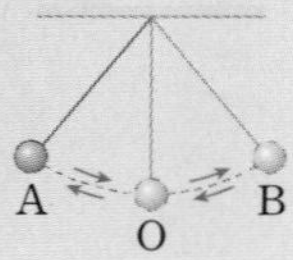
A
O
B

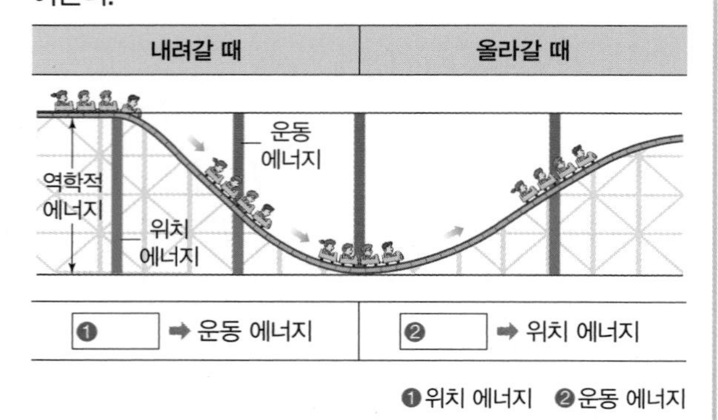

개념 5 에너지의 종류

1 에너지의 종류

빛에너지	태양이나 촛불 등에서 볼 수 있는 에너지로 빛이 가지고 있는 에너지
소리 에너지	물체를 두드리거나 흔드는 경우 공기의 진동을 통해 이동하는 에너지로, 물체가 ❶ 할 때 발생
화학 에너지	우리가 섭취하는 ❷ 이나 석유, 석탄, 가스와 같은 연료 속에 저장된 에너지
열에너지	온도가 높은 물체에서 낮은 물체로 이동하는 에너지로 물체의 온도나 상태를 변화시킴
전기 에너지	전류가 공급하는 에너지로 다른 형태의 에너지로 쉽게 바꾸어 사용할 수 있음

❶ 진동 ❷ 음식

확인Q 5 다음 각각에 해당하는 에너지의 종류를 쓰시오.

(1) 온도가 다른 물체 사이에서 이동하는 에너지: (　　　　)

(2) 다른 에너지로 쉽게 전환되어 생활에서 편리하게 사용하는 에너지: (　　　　)

개념 6 에너지의 전환

1 에너지의 전환 에너지는 한 종류의 에너지에서 다른 종류의 에너지로 끊임없이 전환된다.

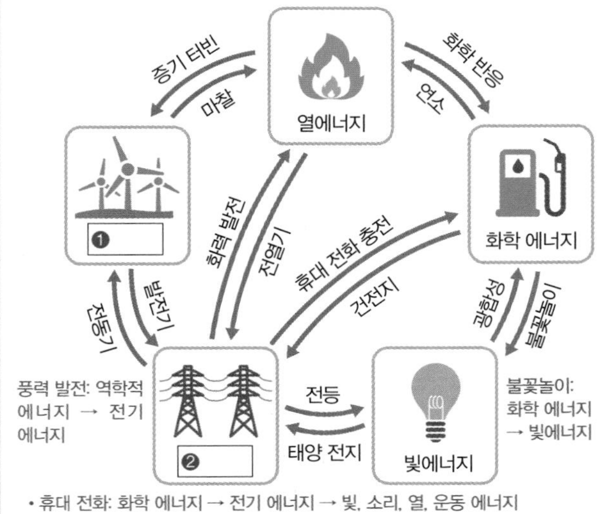

• 휴대 전화: 화학 에너지 → 전기 에너지 → 빛, 소리, 열, 운동 에너지

❶ 역학적 에너지 ❷ 전기 에너지

확인Q 6 다음 각각에서 일어나는 에너지 전환을 옳게 연결하시오.

(1) 마이크 • 　　　　• ㉠ 전기 에너지 → 빛에너지

(2) 전등 • 　　　　• ㉡ 화학 에너지 → 열에너지

(3) 천연가스 연소 • 　　　　• ㉢ 소리 에너지 → 전기 에너지

개념 7 에너지 보존

1 에너지 보존 법칙 에너지가 전환될 때 에너지는 새로 생기거나 사라지지 않고 에너지의 총합은 ❶ 하게 보존된다.

예 헤어드라이어에 공급된 전기 에너지의 전환과 보존

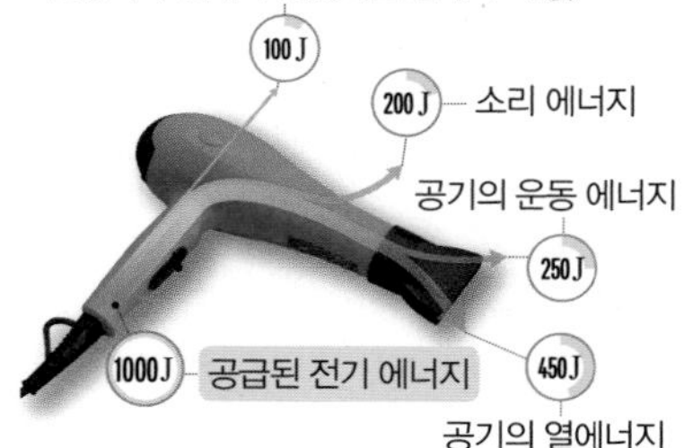

공급된 전기 에너지 = 공기의 열에너지와 ❷ 에너지 + 소리 에너지 + 전동기와 팬의 운동 에너지 및 열에너지

헤어드라이어에 공급된 전기 에너지(1000 J) = 전환된 에너지의 총량(100 J + 200 J + ❸ J + 450 J)

2 역학적 에너지가 보존되지 않는 경우 공기 저항이나 마찰이 있으면 역학적 에너지의 일부가 열에너지, 소리 에너지 등으로 전환된다. 이때 역학적 에너지는 보존되지 않지만 전체 에너지는 보존된다.

예 공의 ❹ 에너지는 줄어들지만 전체 에너지는 보존된다.

공이 바닥으로부터 튀어 오르는 높이가 점점 줄어드는 까닭은 공의 역학적 에너지가 열에너지나 소리 에너지 등으로 전환되어 보존되지 않기 때문이다.

▲ 바닥에 떨어진 공의 운동을 펼쳐서 나타낸 모습

❶ 일정 ❷ 운동 ❸ 250 ❹ 역학적

확인Q 7 에너지가 다른 형태의 에너지로 ㉠(　　　　)되는 과정에서 새로 생기거나 없어지지 않고 총합이 일정하게 ㉡(　　　　)된다.

확인Q 8 자동차에 사용된 연료의 화학 에너지가 1000 J이고, 발생한 소리 에너지와 열에너지가 각각 150 J, 600 J이라면 전환된 운동 에너지는 몇 J인지 쓰시오.

개념 1 전자기 유도(1)

1 **전자기 유도** 코일 근처에서 ❶ [　　] 을 움직이거나 자석 근처에서 ❷ [　　] 을 움직이면 코일 주변의 자기장이 변하여 코일에 전류(유도 전류)가 발생하는 현상

▲전류 발생하지 않음　▲전류 발생

2 **전자기 유도의 이용** 발전기, 신용 카드 판독기, 태블릿 컴퓨터의 터치펜, 도난 방지 장치, 금속 탐지기 등

• 신용 카드 판독기: 신용 카드를 판독기에 통과시키면 판독기 안의 코일 주변의 ❸ [　　] 이 변하여 유도 전류가 흐른다.

❶자석 ❷코일 ❸자기장

확인Q 1 코일 주변에서 자석을 움직일 때 주변의 ㉠(　　　)이 변하여 ㉡(　　　)가 흐르는 현상을 ㉢(　　　)라고 한다.

개념 2 전자기 유도(2)

1 **유도 전류** 전자기 유도 현상에 의해 발생하는 전류

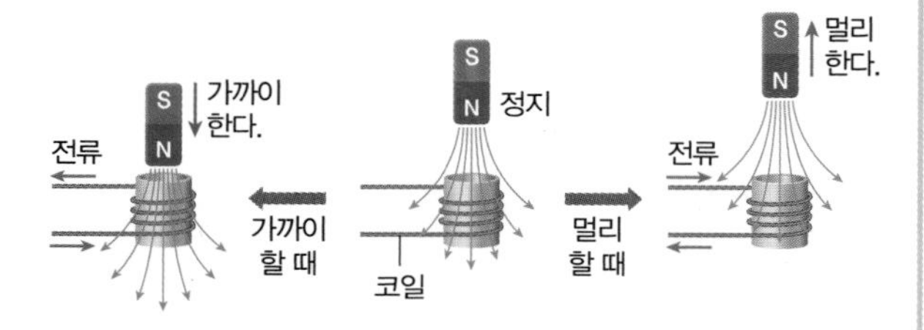

2 **유도 전류의 방향** 자석을 가까이할 때와 멀리할 때 흐르는 전류의 방향이 서로 ❶ [　　] 이다. 이는 자기장의 변화를 방해하는 방향으로 전류가 흐르기 때문이다.

3 **유도 전류의 세기** 자석의 세기가 강할수록, 코일의 ❷ [　　] 가 많을수록, 자석을 빠르게 움직일수록 유도 전류의 세기가 크다.

❶반대 ❷감은 수

확인Q 2 코일 주위에서 자석을 움직일 때 검류계 바늘이 움직이는 까닭은 전자기 유도에 의해 코일에 ㉠(　　　)가 발생하기 때문이다. 자석을 가까이할 때와 멀리할 때 ㉡(　　　)의 방향은 서로 ㉢(　　　)이다.

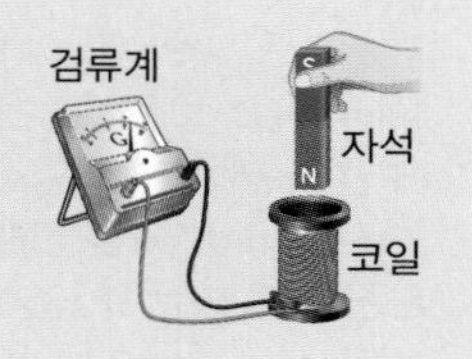

개념 3 발전기

1 **발전** 위치 에너지와 운동 에너지 등의 에너지를 이용하여 전기 에너지를 만드는 것

2 **발전기** 자석과 ❶ [　　] 로 이루어진 발전 장치

• 발전기의 원리: 코일이 자석 주위를 회전하면 코일 내부를 지나는 ❷ [　　] 이 변하여 코일에 전류가 발생

• 발전기에서 에너지 전환: ❸ [　　] ➡ 전기 에너지

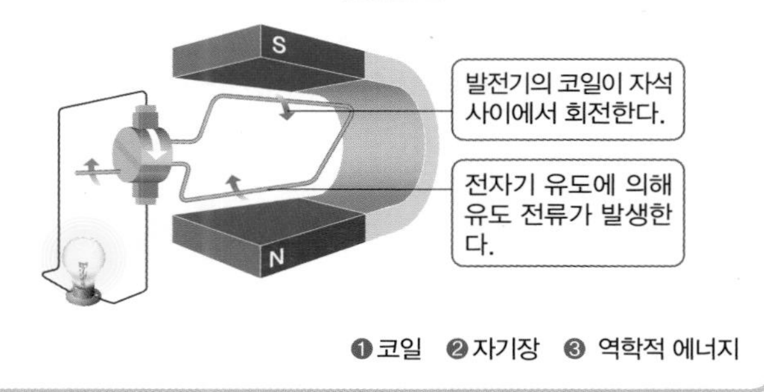

❶코일 ❷자기장 ❸ 역학적 에너지

확인Q 3 그림과 같이 발전기의 구조는 ㉠(　　　)과 코일로 이루어져 있으며, 발전기에서 전기를 생산되는 원리는 ㉡(　　　)이다.

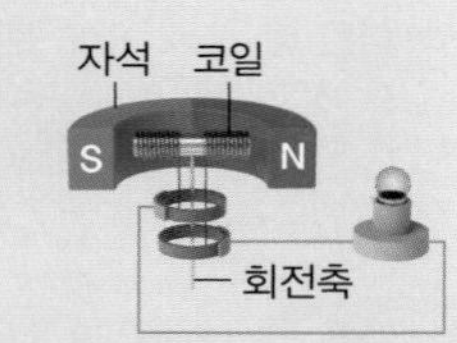

개념 4 전기 에너지의 발생

1 **전기 에너지** 전류의 흐름, 즉 전자의 운동에 의해 만들어지는 에너지

• 단위: J(줄)을 사용한다. → 1 J은 전기 기구가 1초 동안 사용되는 전기 에너지의 양이다.

2 **전기 에너지의 발생 원리** 전자기 유도

3 **여러 발전 시설에서 만드는 전기 에너지**

풍력 발전소	바람의 ❶ [　　] 가 발전기를 돌려 전기를 만든다.
수력 발전소	물의 ❷ [　　] 를 이용하여 전기를 만든다.
자전거의 자가 발전식 전조등	바퀴의 운동 에너지가 발전기를 돌려 전조등을 켠다.
발광 인라인스케이트	바퀴의 운동 에너지에 의해 코일이 자석 주위를 돌며 바퀴의 LED에 불을 켠다.

❶운동 에너지 ❷위치 에너지

확인Q 4 다음 발전 시설에서 에너지 전환 관계를 쓰시오.

(1) 수력 발전: 물의 (　　　) 에너지 → (　　　) 에너지
(2) 풍력 발전: 바람에 의한 (　　　) 에너지 → (　　　) 에너지
(3) 화력 발전: 화석 연료를 태울 때 (　　　)에너지 → (　　　) 에너지

개념 5 전기 에너지의 전환

1 전기 에너지의 장점

- 전선을 이용해 먼 곳까지 전달할 수 있다.
- 배터리에 저장, 휴대하고 다니며 사용할 수 있다.
- 전기 기구를 통해 다른 에너지로 쉽게 전환된다.

2 전기 에너지 전환의 예

❶ 운동 에너지 ❷ 열에너지 ❸ 화학 에너지

확인Q 5 각 전기 기구에서 일어나는 전기 에너지 전환을 쓰시오.

(1) 스피커: 전기 에너지를 (   )로 전환한다.
(2) 전기다리미: 전기 에너지를 (   )로 전환한다.
(3) 선풍기: 전기 에너지를 (   )로 전환한다.

개념 6 소비 전력(1)

1 소비 전력 전기 기구가 ❶ 동안 소비하는 전기 에너지의 양

- 단위: ❷, kW(킬로와트) 등
- 1 W: 전기 기구가 1초 동안 1 J의 전기 에너지를 소비하는 전력

2 소비 전력 구하는 식 소비 전력은 전기 에너지를 사용한 시간으로 나누어 구한다.

$$소비\ 전력(W) = \frac{전기\ 에너지(J)}{시간(s)}$$

$$1\ W = 1\ J/s$$

[참고] 전기 에너지 = 전압 × 전류 × 시간, 전력 = 전압 × 전류
1 J = 1 V × 1 A × 1 s, 1 W = 1 V × 1 A

❶ 1초 ❷ W(와트)

확인Q 6 1 W는 1초 동안 ㉠(   )의 전기 에너지를 사용할 때의 전력이다. 1 kW는 ㉡(   ) W와 같다.

개념 7 소비 전력(2)

1 정격 전압 전기 기구가 정상적으로 작동할 수 있는 전압

2 정격 소비 전력 정격 전압을 걸어 주었을 때 1초 동안 사용하는 ❶ 의 양

- 220 V − 44 W: 220 V의 전원에 연결하면 1초 동안 44 J의 전기 에너지를 사용, 즉 정격 전압 220 V를 걸었을 때 정격 소비 전력은 ❷ W라는 의미이다.

제품명	공기청정기
모델명	CJ-1108
정격 전압	220 V~ 60 Hz
상	단상
소비 전력	44 W
정격 풍량	15.2 m2/min
안전장치	도어개치폐전원장치
제조원/판매원	○○주식회사

3 전압과 소비 전력을 이용해 전류, 저항 구하기(예시)

- $전류 = \frac{전력}{전압} = \frac{44\ W}{220\ V} = 0.2\ A$
- $저항 = \frac{전압}{전류} = \frac{220\ V}{0.2\ A} = 1100\ \Omega$

❶ 전기 에너지 ❷ 44

확인Q 7 전기다리미와 선풍기를 정격 전압에 연결할 때 1초 동안 사용한 전기 에너지를 각각 쓰시오.

(1) 전기다리미: (   )
(2) 선풍기: (   )

전기다리미	선풍기
220 V − 120 W	220 V − 60 W

개념 8 전력량

1 전력량 전기 기구가 어느 시간 동안 사용한 전기 에너지의 양 → 전력량은 전력과 달리 단위 시간이 1초가 아닌 일정 시간(1 h) 동안 소비하는 전기 에너지의 양이다.

- 단위: ❶, kWh(킬로와트시) 등
- 1 Wh: 1 W의 전력을 1시간 동안 사용할 때 전력량

2 전력량 구하는 식 전력량은 전기 기구의 소비 전력에 사용한 ❷ 을 곱하여 구한다.

$$전력량(Wh) = 소비\ 전력(W) \times 시간(h)$$

- 일정 시간 동안 사용한 전력량은 전기 요금 청구에 활용된다.

❶ Wh(와트시) ❷ 시간

확인Q 8 전력량에 대한 설명이다. 빈칸에 알맞은 말을 쓰시오.

(1) 1 Wh는 (   ) 동안 1 W의 전력을 사용할 때 전력량이다.
(2) 220 V − 80 W라고 쓰여 있는 전기 기구를 60분 동안 사용했을 때의 전력량은 (   ) Wh이다.

1 그림은 레일을 따라 운동하는 롤러코스터의 모습을 나타낸 것이다. 이에 대한 설명으로 옳은 것을 |보기|에서 모두 고른 것은? (단, 공기 저항 및 마찰은 무시한다.)

보기
ㄱ. A에서는 위치 에너지가 최소, C에서는 운동 에너지가 최소이다.
ㄴ. B에서 C로 가는 동안 위치 에너지는 점점 증가한다.
ㄷ. C에서 속력이 최대이므로 운동 에너지도 최대이다.
ㄹ. C에서 D로 가는 동안 운동 에너지가 점점 감소한다.

① ㄱ, ㄴ　② ㄱ, ㄷ　③ ㄴ, ㄷ
④ ㄴ, ㄹ　⑤ ㄷ, ㄹ

문제 해결 전략

물체가 높은 곳에서 낮은 곳으로 운동하는 동안 높이가 낮아지므로 중력에 의한 위치 에너지는 ❶ ☐ 하고, 운동 에너지는 ❷ ☐ 한다. 즉, 위치 에너지가 운동 에너지로 전환된다.

답 ❶ 감소 ❷ 증가

2 그림과 같이 질량이 2 kg인 공을 지면으로부터 10 m 높이에서 떨어뜨렸다. A점을 지날 때 위치 에너지 : 운동 에너지를 옳게 나타낸 것은? (단, 공기 저항은 무시한다.)

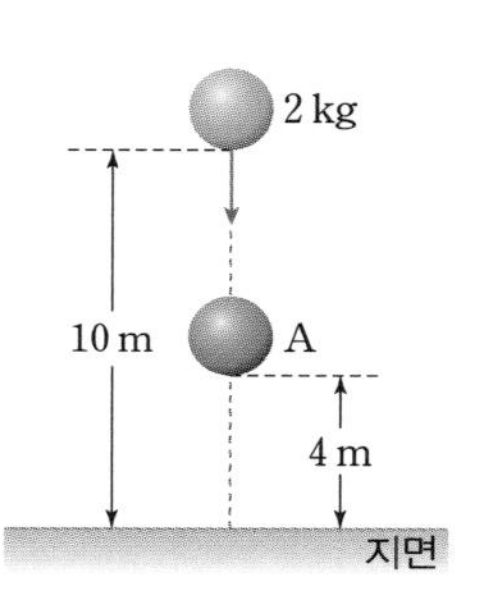

① 1 : 2　② 1 : 3　③ 2 : 1
④ 2 : 3　⑤ 3 : 2

문제 해결 전략

자유 낙하 하는 동안 물체의 역학적 에너지는 일정하게 ❶ ☐ 된다. 즉, 물체가 자유 낙하 운동 할 때 중력에 의한 위치 에너지는 ❷ ☐ 하고, 운동 에너지는 ❸ ☐ 한다.

답 ❶ 보존 ❷ 감소 ❸ 증가

3 그림은 가벼운 공을 수평으로 살짝 던졌을 때 공의 운동을 일정한 시간 간격으로 나타낸 것이다. 이에 대한 설명으로 옳은 것을 |보기|에서 모두 고른 것은?

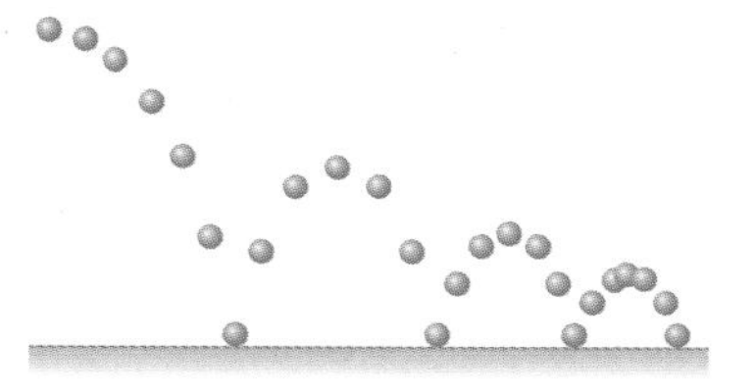

보기
ㄱ. 에너지의 총량은 일정하게 보존된다.
ㄴ. 공의 역학적 에너지는 일정하게 보존된다.
ㄷ. 공의 위치 에너지가 모두 운동 에너지로 전환된다.
ㄹ. 공의 역학적 에너지의 일부가 열에너지로 전환된다.

① ㄱ, ㄷ　② ㄱ, ㄹ　③ ㄴ, ㄷ
④ ㄴ, ㄹ　⑤ ㄷ, ㄹ

문제 해결 전략

에너지는 한 형태에서 다른 형태로 ❶ ☐ 되며, 그 과정에서 갖는 에너지의 총합은 일정하게 ❷ ☐ 된다.

답 ❶ 전환 ❷ 보존

4 그림은 자석과 코일을 이용해 전류가 발생하는 것을 확인하는 실험을 나타낸 것이다. 이에 대한 설명으로 옳은 것을 | 보기 | 에서 모두 고른 것은?

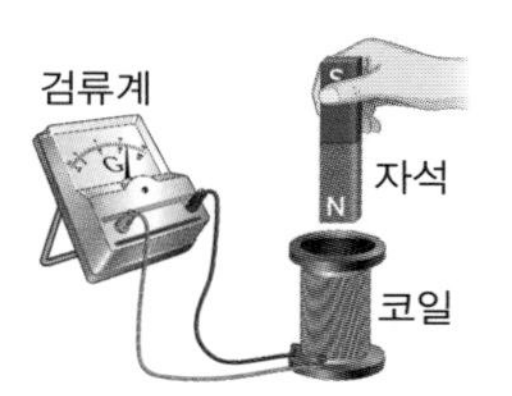

보기
ㄱ. 자석을 코일에 가까이할 때와 멀리할 때 전류가 발생한다.
ㄴ. 자석이 코일 속에 멈춰 있을 때 검류계 바늘이 최대를 가리킨다.
ㄷ. 자석을 코일에 가까이할 때와 멀리할 때 전류의 방향은 서로 반대이다.

① ㄱ ② ㄴ ③ ㄱ, ㄴ
④ ㄱ, ㄷ ⑤ ㄴ, ㄷ

문제 해결 전략

코일 근처에서 자석을 움직이거나 자석 근처에서 코일을 움직일 때 코일에 ❶ [ ]가 유도되는 현상을 ❷ [ ]라고 한다.

답 ❶ 전류 ❷ 전자기 유도

5 각 전기 기구에서 전기 에너지가 주로 전환되는 에너지를 옳게 짝 지은 것은?

	세탁기	전기난로	TV	배터리 충전
①	운동 에너지	화학 에너지	열에너지	빛에너지
②	운동 에너지	열에너지	빛에너지	화학 에너지
③	화학 에너지	빛에너지	열에너지	운동 에너지
④	열에너지	운동 에너지	화학 에너지	빛에너지
⑤	빛에너지	화학 에너지	운동 에너지	열에너지

문제 해결 전략

전기 에너지는 전선을 이용하여 먼 곳까지 전달할 수 있으며, ❶ [ ]에 저장하여 휴대하고 다닐 수 있다. 또한 전기 기구를 통해 다른 에너지로 쉽게 ❷ [ ]된다.

답 ❶ 배터리 ❷ 전환

6 표는 여러 가지 전기 기구의 소비 전력과 하루 동안 사용한 시간을 나타낸 것이다.

전기 기구	소비 전력	사용 시간	전기 기구	소비 전력	사용 시간
텔레비전	40 W	4 h	세탁기	800 W	1 h
형광등	20 W	8 h	헤어드라이어	1500 W	1 h
냉장고	45 W	24 h	전기밥솥	1150 W	5 h
선풍기	50 W	10 h	에어컨	2200 W	5 h

이에 대한 설명으로 옳은 것은? (단, 한 달은 30일이다.) [정답 2개]

① 형광등은 1초에 20 W의 전기 에너지를 소비한다.
② 냉장고는 1초에 45 J의 전기 에너지를 소비한다.
③ 세탁기는 하루 동안 2400 J의 에너지를 사용한다.
④ 한 달 동안 사용한 헤어드라이어의 전력량은 45 kWh이다.
⑤ 한 달 동안 소비한 전기 에너지가 가장 큰 전기 기구는 냉장고이다.

문제 해결 전략

모든 전기 기구에는 소비 전력이 표시되어 있으며, 제품의 종류마다 소비 전력이 다르다. ❶ [ ]는 전기 기구가 1초 동안 1 J의 전기 에너지를 소비하는 전력이며, ❷ [ ]는 1 W의 전력을 1시간 동안 사용했을 때의 전력량이다.

답 ❶ 1 W ❷ 1 Wh

대표 기출 1 | 역학적 에너지 전환과 보존 |

그림과 같이 A 지점에 정지해 있던 롤러코스터가 운동한다.

이에 대한 설명으로 옳지 않은 것을 모두 고르면? (단, B와 D의 높이는 같고, 공기 저항과 마찰은 무시한다.) [정답 2개]

① A 지점에서 위치 에너지가 가장 크다.
② A, B, C, D 지점에서 역학적 에너지는 같다.
③ 운동 에너지를 비교하면 C>B>D>A이다.
④ A → B와 C → D 구간은 운동 에너지가 증가한다.
⑤ B 지점에서의 운동 에너지는 A → B를 지날 때 감소한 위치 에너지와 같다.

Tip 공기 저항과 마찰이 없다고 가정하면 중력만을 받아 운동하는 물체의 역학적 에너지는 보존된다.

풀이 ③ B와 D 지점은 높이가 같으므로 속력이 같고 운동 에너지도 같다. 따라서 운동 에너지를 비교하면 C>B=D>A이다.
④ A → B 구간은 내려올 때이므로 감소한 위치 에너지만큼 운동 에너지가 증가하고, C → D 구간은 올라갈 때이므로 증가한 위치 에너지만큼 운동 에너지가 감소한다.

답 ③, ④

1-1 그림은 비스듬히 던져 올린 물체의 운동 방향을 일정 시간 간격으로 나타낸 것이다. 이에 대한 설명으로 옳은 것은? (단, 공기의 저항은 무시한다.)

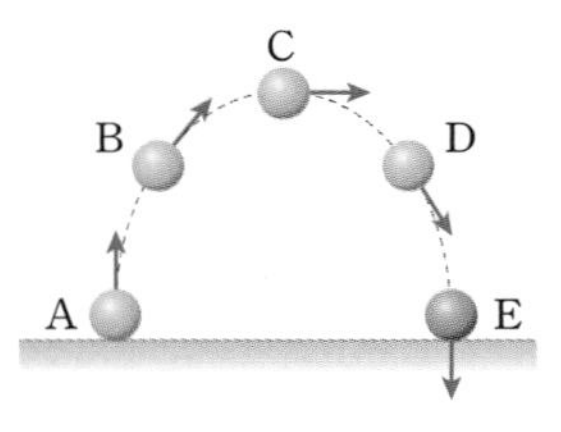

① 운동 에너지가 최대인 지점은 C이다.
② 역학적 에너지가 최대인 지점은 A, C, E이다.
③ C에서보다 D에서의 운동 에너지가 더 작다.
④ C에서 E로 이동할 때 위치 에너지가 증가한다.
⑤ A에서 C로 이동할 때 운동 에너지가 위치 에너지로 전환된다.

대표 기출 2 | 역학적 에너지 전환과 보존 |

그림은 질량이 20 kg인 수레가 A점을 출발하여 D점까지 레일을 따라 운동하는 모습을 나타낸 것이다.

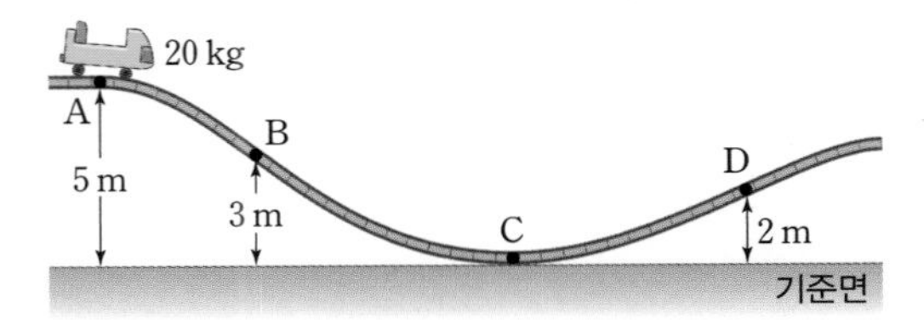

이에 대한 설명으로 옳은 것을 모두 고르면? (단, 마찰과 공기 저항은 무시한다.) [정답 2개]

① 속력이 최대인 지점은 C이다.
② A점에서 위치 에너지가 최소이다.
③ C점에서 운동 에너지는 98 J이다.
④ 역학적 에너지가 최대인 지점은 A와 C이다.
⑤ B점에서 위치 에너지는 운동 에너지보다 작다.
⑥ D점에서 위치 에너지 : 운동 에너지는 2 : 3이다.

Tip 수레가 내려올 때 감소한 위치 에너지만큼 운동 에너지가 증가하여 역학적 에너지는 보존된다.

풀이 ②, ③, ④ A점에서 위치 에너지$=9.8\times20\times5=980(\mathrm{J})=$C점에서의 운동 에너지=각 지점에서의 역학적 에너지
⑤ B점에서 위치 에너지$=9.8\times20\times3=588(\mathrm{J})$, 운동 에너지$=9.8\times20\times2=392(\mathrm{J})$
⑥ 감소한 위치 에너지는 운동 에너지로 전환되므로 D점에서 위치 에너지 : 운동 에너지=2 : 3이다.

답 ①, ⑥

2-1 그림과 같이 A, B 사이를 왕복 운동하는 진자가 있다. 이에 대한 설명으로 옳은 것은? (단, 공기 저항과 마찰은 무시한다.)

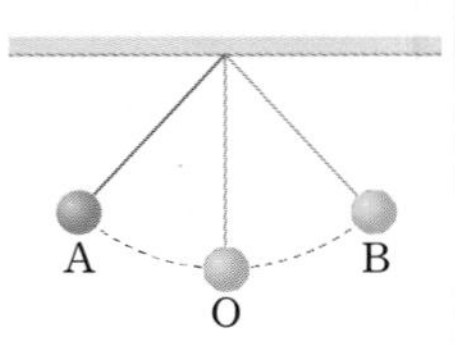

① A에서 속력이 최대이다.
② O에서 위치 에너지가 최대이다.
③ A에서 O로 운동할 때 운동 에너지가 감소한다.
④ O에서 B로 운동할 때 운동 에너지가 증가한다.
⑤ A에서 O로 운동할 때 위치 에너지가 운동 에너지로 전환된다.

대표 기출 3

| 역학적 에너지 전환과 보존 |

그림과 같이 속력 측정기를 투명한 관의 A와 B에 설치하고 쇠구슬을 O에서 가만히 떨어뜨렸다. 이에 대한 설명으로 옳은 것은? (단, 모든 마찰과 공기 저항은 무시한다.)

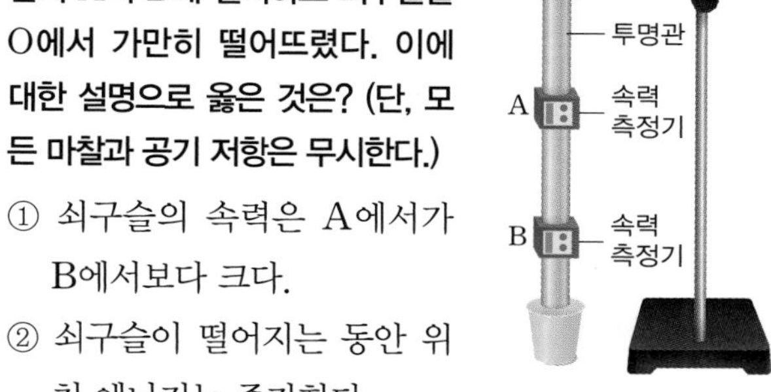

① 쇠구슬의 속력은 A에서가 B에서보다 크다.

② 쇠구슬이 떨어지는 동안 위치 에너지는 증가한다.

③ 쇠구슬이 떨어지는 동안 운동 에너지는 감소한다.

④ 쇠구슬의 역학적 에너지는 O, A, B에서 모두 같다.

⑤ 역학적 에너지는 쇠구슬의 질량과 관계없이 일정하다.

Tip 물체가 높은 곳에서 떨어지는 동안 감소한 위치 에너지만큼 운동 에너지가 증가한다.

풀이 ① 떨어진 높이에 해당하는 위치 에너지가 운동 에너지로 전환되므로 B에서 속력이 A에서보다 크다.
②, ③ 쇠구슬이 떨어지는 동안 위치 에너지는 감소하고 운동 에너지는 증가한다.
⑤ 역학적 에너지는 O에서의 위치 에너지로, 높이에 관계없이 일정하지만 쇠구슬의 질량이 클수록 크다.

답 ④

대표 기출 4

| 역학적 에너지 전환과 보존 |

그림은 질량이 1 kg인 물체를 기준면으로부터 8 m 높이에서 가만히 놓았을 때 떨어지는 모습을 나타낸 것이다. 이에 대한 설명으로 옳지 않은 것은? (단, 공기 저항은 무시한다.)

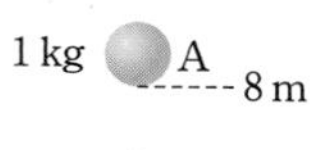

① A에서 역학적 에너지는 78.4 J이다.

② B에서 운동 에너지는 19.6 J이다.

③ C에서 운동 에너지 : 위치 에너지 = 2 : 1이다.

④ 물체의 위치 에너지가 운동 에너지로 전환된다.

⑤ D에서 위치 에너지는 B에서 운동 에너지와 같다.

⑥ 운동 에너지와 위치 에너지가 서로 같은 위치는 C이다.

⑦ A와 E에서의 역학적 에너지는 B와 D에서의 역학적 에너지와 같다.

Tip 자유 낙하 하는 물체의 감소한 위치 에너지는 증가한 운동 에너지와 같다. 따라서 모든 높이에서 역학적 에너지는 일정하다.

풀이 ③ C에서 운동 에너지 = 감소한 위치 에너지 = $9.8\times1\times4$, C에서 위치 에너지 = $9.8\times1\times4$, 따라서 운동 에너지 : 위치 에너지 = 1 : 1이다.

답 ③

3-1 **그림과 같이 투명관의 A에서 쇠구슬을 떨어뜨리면서 B를 지날 때 속력을 측정하였다. 이에 대한 설명으로 옳지 않은 것은? (단, 모든 마찰과 공기 저항은 무시한다.)**

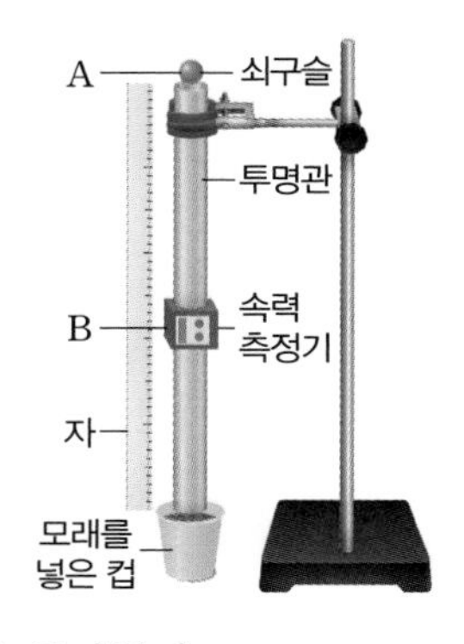

① 중력이 쇠구슬에 일을 하였다.

② 쇠구슬의 역학적 에너지가 증가한다.

③ 중력이 한 일이 운동 에너지로 전환된다.

④ A에서 B까지의 거리가 클수록 감소한 위치 에너지는 크다.

⑤ A에서 B까지의 거리가 클수록 운동 에너지는 더 크게 증가한다.

4-1 **그림은 질량 1 kg인 물체를 10 m 높이에서 가만히 떨어뜨렸을 때 지면으로부터 2 m 높이를 지나는 순간을 나타낸 것이다. 이에 대한 설명으로 옳지 않은 것은? (단, 모든 마찰과 공기 저항은 무시한다.)**

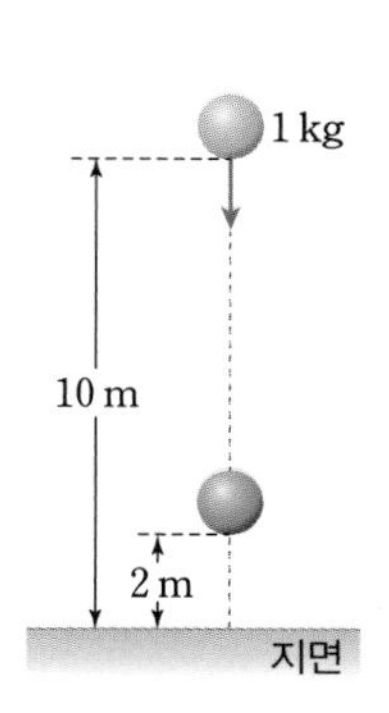

① 2 m 높이에서의 역학적 에너지는 98 J이다.

② 2 m 높이에서의 운동 에너지는 19.6 J이다.

③ 지면에 도달하는 순간의 속력은 14 m/s이다.

④ 2 m 높이에서 위치 에너지 : 운동 에너지 = 1 : 4이다.

⑤ 운동 에너지가 위치 에너지보다 커지는 순간은 지면으로부터 높이 5 m 이후이다.

대표 기출 5

| 역학적 에너지 전환과 보존 |

그림은 A에서 속력 v_0으로 연직 위로 던져 올린 물체가 최고 높이 D에서 다시 떨어지는 모습을 펼쳐서 일정 시간 간격으로 나타낸 것이다. 이에 대한 설명으로 옳지 않은 것은? (단, 공기 저항은 무시하며, B와 F의 높이는 같고, C와 E의 높이가 같다.)

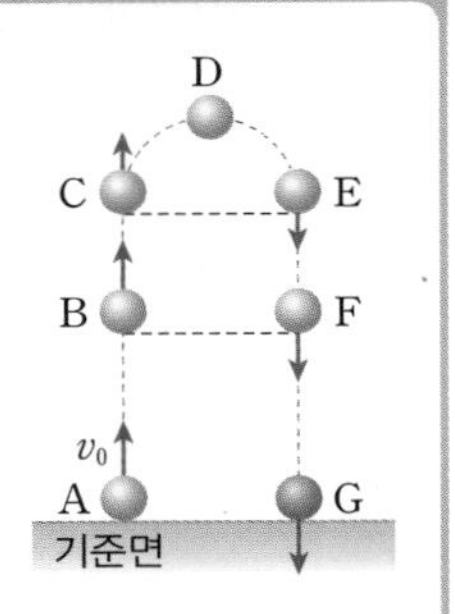

① 물체가 떨어져 G에 닿는 순간의 속력은 v_0이다.

② B → C 구간에서는 운동 에너지가 모두 위치 에너지로 전환된다.

③ A에서 G까지 운동하는 동안 물체의 역학적 에너지는 일정하게 보존된다.

④ A → B 구간에서 감소한 운동 에너지는 F → G 구간에서 감소한 위치 에너지와 같다.

⑤ B → C 구간에서 증가한 위치 에너지는 E → F 구간에서 감소한 운동 에너지와 같다.

Tip 연직 위로 던진 물체의 경우 역학적 에너지가 보존될 때 기준면에서의 운동 에너지=최고 높이에서의 위치 에너지이다.

풀이 ⑤ B → C 구간에서 증가한 위치 에너지는 이때 감소한 운동 에너지와 같다. 또는 E → F 구간에서 증가한 운동 에너지와 같고 이때 감소한 위치 에너지와 같다.

답 ⑤

5-1 그림은 질량이 2 kg인 물체를 9.8 m/s의 속력으로 연직 위로 던져 올렸을 때 물체의 운동을 펼쳐서 나타낸 것이다. 이에 대한 설명으로 옳은 것은? (단, 공기 저항은 무시하며, B와 D의 높이가 같다.)

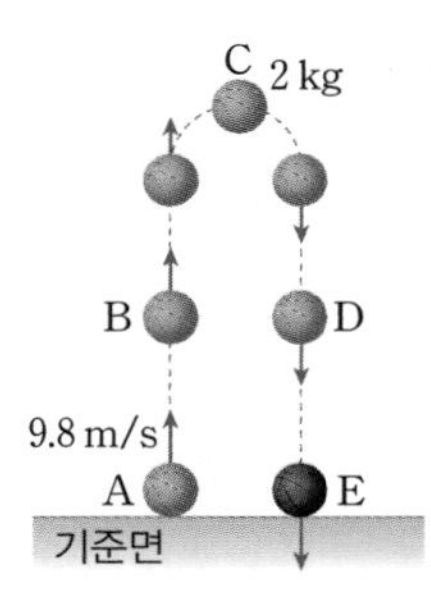

① C의 높이는 9.8 m이다.

② C에서 물체의 운동 에너지는 19.6 J이다.

③ A에서 역학적 에너지와 위치 에너지는 같다.

④ B와 D에서의 역학적 에너지는 C에서의 운동 에너지와 같다.

⑤ 위로 올라가는 A → C 구간에서 증가한 위치 에너지는 이때 감소한 운동 에너지와 같다.

대표 기출 6

| 역학적 에너지 전환과 보존 |

그림 (가)는 지면으로부터 5 m 높이에서 질량 2 kg의 물체를 10 m/s의 속력으로 수평으로 던지는 모습을 나타낸 것이고, (나)는 연직 위로 던져 올리는 모습을 나타낸 것이다.

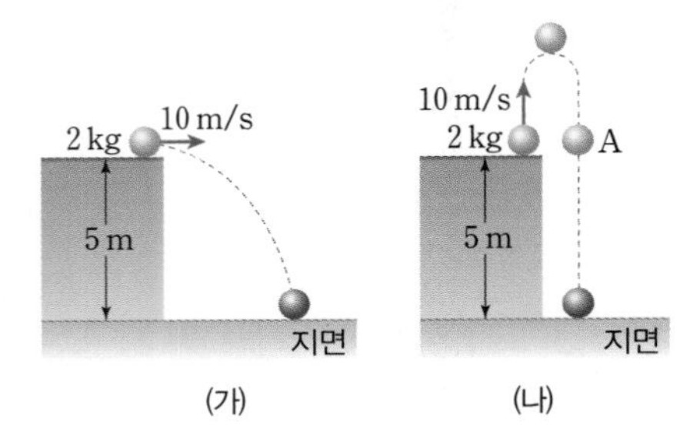

이에 대한 설명으로 옳은 것을 모두 고르면? (단, 모든 마찰과 공기 저항은 무시한다.) [정답 2개]

① 높이 5 m에서 역학적 에너지는 (가)=(나)이다.

② (나)에서 A를 지날 때의 속력은 10 m/s보다 크다.

③ 지면에 닿은 순간 역학적 에너지는 (가)<(나)이다.

④ 지면에 닿은 순간 운동 에너지는 (가)<(나)이다.

⑤ (나)의 최고점에서 역학적 에너지는 198 J이다.

⑥ (나)의 최고점에서 역학적 에너지는 A에서보다 크다.

Tip (가), (나) 모두 역학적 에너지=5 m 높이에서의 위치 에너지+운동 에너지이다. (나)에서 최고점에서의 역학적 에너지=최고점에서의 위치 에너지=5 m 높이에서의 위치 에너지+운동 에너지

풀이 ② (나)에서 A를 지나는 속력은 10 m/s이다.
③, ④ 지면에 닿은 순간의 역학적 에너지=지면에 닿은 순간의 운동 에너지이며, (가)=(나)이다.
⑥ (나)에서 최고점에서 역학적 에너지는 A에서와 같다.

답 ①, ⑤

6-1 표는 질량 4 kg인 물체가 높은 곳에서 자유 낙하할 때 알 수 없는 높이 A, B, C에서의 위치 에너지와 운동 에너지를 나타낸 것이다.

높이	위치 에너지	운동 에너지
A	180 J	20 J
B	100 J	100 J
C	50 J	150 J

이 물체가 바닥에 닿는 순간의 속력은? (단, 모든 마찰과 공기 저항은 무시한다.)

① 5 m/s ② 8 m/s ③ 10 m/s ④ 15 m/s ⑤ 20 m/s

>> 정답과 해설 40쪽

대표 기출 7

| 에너지 전환과 보존 |

에너지의 전환과 보존에 대한 설명으로 옳은 것을 |보기|에서 모두 고른 것은?

보기
ㄱ. 에너지는 다른 형태로 전환될 때 새로 생겨나거나 일부는 소멸된다.
ㄴ. 에너지가 전환될 때 한 형태의 에너지로만 전부 전환될 수 있다.
ㄷ. 역학적 에너지 보존 법칙은 공기 저항이나 마찰을 무시할 때에만 성립한다.
ㄹ. 에너지 전환 과정에서 열에너지가 발생하면 에너지는 발생한 열에너지 만큼만 소멸된다.
ㅁ. 에너지는 여러 형태의 에너지로 전환되지만 전환 전후의 에너지의 총량은 일정하다.
ㅂ. 자유 낙하 하는 물체는 낙하하는 동안 공기와의 마찰에 의해 모두 열에너지로 전환된다.

① ㄴ, ㅁ ② ㄷ, ㅁ ③ ㅁ, ㅂ
④ ㄱ, ㄷ, ㅁ ⑤ ㄴ, ㄹ, ㅁ, ㅂ

Tip 에너지는 한 형태에서 다른 형태로 전환되며, 전환 과정에서 에너지 총량은 보존된다.

풀이 ㄱ. 에너지는 전환 과정에서 새로 생겨나거나 소멸되지 않는다. 다만 우리가 사용할 수 있는 유용한 에너지가 감소하는 것이다.
ㄴ. 에너지가 전환될 때 한 형태의 에너지로만 전부 전환되지 않고 마찰 등에 의한 열에너지가 발생하게 된다.
ㄹ. 에너지는 소멸되지 않으며 유용한 에너지가 감소할 따름이다.
ㅂ. 자유 낙하 할 때 위치 에너지가 운동 에너지로 전환된다. 답 ②

대표 기출 8

| 에너지 전환과 보존 |

그림은 헤어드라이어에서 일어나는 에너지 전환과 보존을 나타낸 것이다.

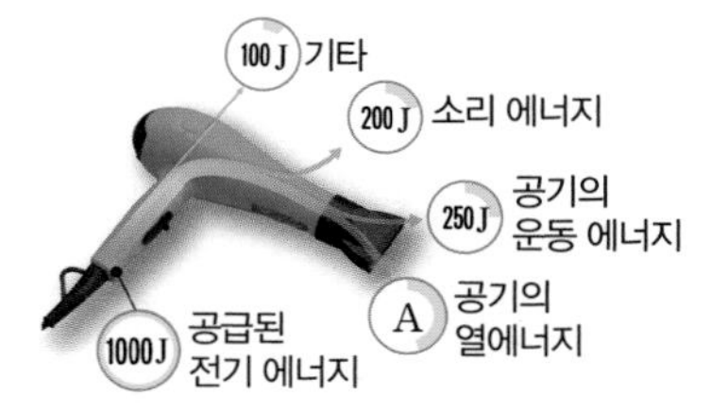

이에 대한 설명으로 옳은 것을 |보기|에서 모두 고른 것은?

보기
ㄱ. 공기의 열에너지로 사용된 전기 에너지 A는 450 J이다.
ㄴ. 헤어드라이어는 전기 에너지를 주로 공기의 열에너지와 운동 에너지로 전환한다.
ㄷ. 헤어드라이어에 공급된 전기 에너지가 다른 에너지로 전환되면서 새로운 에너지가 생성된다.
ㄹ. 헤어드라이어에서 전환된 소리 에너지, 공기의 운동 에너지와 열에너지, 기타를 합하면 1000 J이다.

① ㄱ, ㄹ ② ㄴ, ㄷ ③ ㄷ, ㄹ
④ ㄱ, ㄴ, ㄷ ⑤ ㄱ, ㄴ, ㄹ

Tip 헤어드라이어에 공급된 전기 에너지는 다른 형태의 에너지로 전환되며, 전환 전후 에너지의 총합은 일정하게 보존된다.

풀이 ㄷ. 헤어드라이어에 공급된 전기 에너지가 다른 형태의 에너지로 전환되며, 새로운 에너지가 생성되지는 않는다. 답 ⑤

7-1 휴대 전화를 사용할 때의 에너지 전환에 대한 설명으로 옳지 않은 것은?

① 따뜻해질 때: 전기 에너지가 열에너지로 전환된다.
② 진동할 때: 전기 에너지가 운동 에너지로 전환된다.
③ 벨 소리가 울릴 때: 전기 에너지가 소리 에너지로 전환된다.
④ 배터리를 충전할 때: 화학 에너지가 전기 에너지로 전환된다.
⑤ 화면에 영상이 나타날 때: 전기 에너지가 빛에너지로 전환된다.

8-1 에너지 전환과 보존에 대한 설명으로 옳지 않은 것은?

① 마이크는 소리 에너지를 전기 에너지로 전환한다.
② 선풍기는 전기 에너지가 주로 운동 에너지로 전환된다.
③ 광합성이 일어나면 빛에너지가 화학 에너지로 전환된다.
④ 모닥불에서는 화학 에너지가 빛에너지, 열에너지로 전환된다.
⑤ 한 형태의 에너지에서 다른 형태의 에너지로 변하는 것을 에너지 보존 법칙이라고 한다.

1주 2일 필수 체크 전략 2 최다 오답 문제

1 그림과 같이 수레를 A에 가만히 놓았더니 레일을 따라 운동하여 C에 정지해 있던 나무 도막을 수평으로 밀고 간 후 멈추었다.

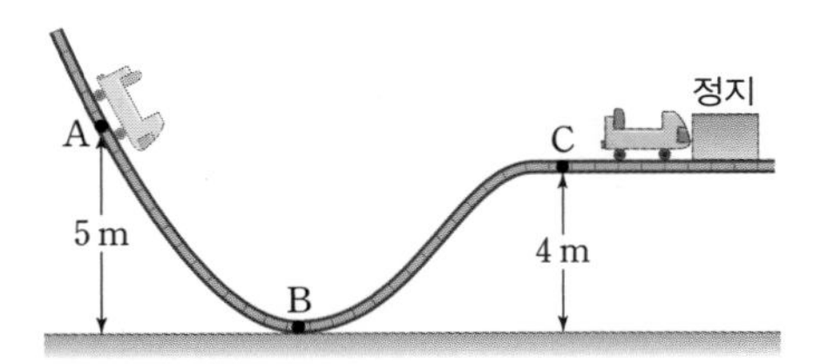

수레가 나무 도막에 한 일의 양과 크기가 같은 것을 | 보기 | 에서 모두 고르시오. (단, 마찰과 공기 저항은 무시한다.)

보기
ㄱ. C에서 수레의 운동 에너지
ㄴ. A와 C에서 수레의 위치 에너지의 차
ㄷ. B와 C에서 수레의 운동 에너지의 차

Tip 물체가 높은 곳에서 내려올 때 ❶ ____ 에너지가 운동 에너지로 전환되고, 이 ❷ ____ 에너지는 물체를 밀고 가는 일을 한다. 답 ❶위치 ❷운동

2 그림과 같이 롤러코스터가 높이 h인 A에서 출발하여 레일의 가장 아래인 B를 통과할 때 속력이 v이었다.

B를 통과할 때 속력이 $3v$가 되려면 A의 높이를 몇 배 높여야 하는가? (단, 공기 저항과 마찰은 무시한다.)

① 3배 ② 6배 ③ 9배
④ 12배 ⑤ 15배

Tip 위치 에너지는 $9.8\,mh$이고 운동 에너지는 $\frac{1}{2}mv^2$이다. ❶ ____ 에너지가 전환될 때 감소한 위치 에너지만큼 운동 에너지가 ❷ ____ 한다. 답 ❶역학적 ❷증가

3 그림은 공을 연직 위로 던져 올렸을 때 올라갈 때와 내려올 때의 모습을 펼쳐서 나타낸 것이다. 이에 대한 설명으로 옳지 <u>않은</u> 것은? (단, 공기 저항은 무시한다.)

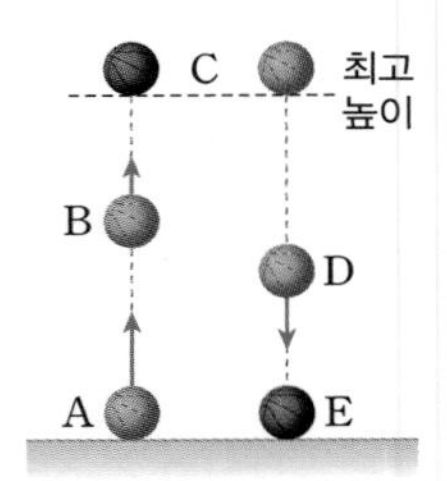

① 공의 위치 에너지는 D>E이다.
② 공의 운동 에너지는 C>B이다.
③ 공의 역학적 에너지는 C=D이다.
④ 공의 운동 에너지가 위치 에너지로 전환되는 구간은 A → B, B → C이다.
⑤ 공의 위치 에너지가 운동 에너지로 전환되는 구간은 C → D, D → E이다.

Tip 공이 위로 올라갈 때 ❶ ____ 에너지가 ❷ ____ 에너지로 전환되므로, 운동 에너지가 위치 에너지로 전환되는 구간은 A → B, B → C이다. 답 ❶운동 ❷위치

4 그림은 자유 낙하 하는 어떤 물체의 운동 에너지와 위치 에너지의 변화를 높이에 따라 나타낸 것이다.

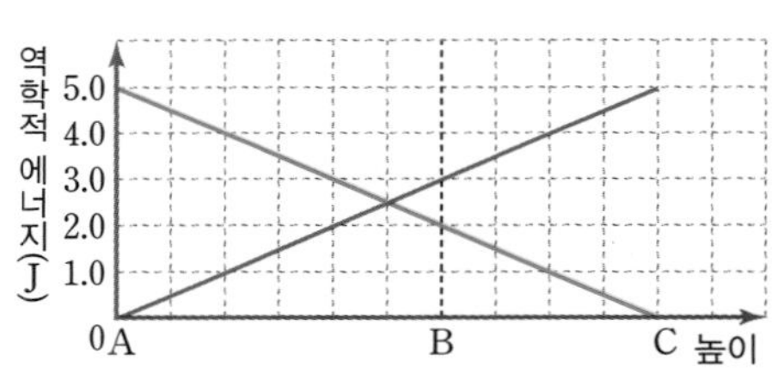

이에 대한 설명으로 옳지 <u>않은</u> 것은?

① 운동 에너지는 점점 증가한다.
② A, B, C점에서 역학적 에너지는 같다.
③ C에서 위치 에너지와 A에서 운동 에너지는 같다.
④ 감소한 운동 에너지는 증가한 위치 에너지와 같다.
⑤ B에서 A로 운동하는 동안 감소한 위치 에너지는 3 J이다.

Tip 자유 낙하 하는 물체의 감소한 ❶ ____ 에너지는 증가한 ❷ ____ 에너지와 같으며, 역학적 에너지는 보존된다. 답 ❶위치 ❷운동

>> 정답과 해설 41쪽

5

그림과 같이 $5\,\mathrm{m}$ 높이에서 질량이 $2\,\mathrm{kg}$인 물체를 $6\,\mathrm{m/s}$의 속력으로 연직 위로 던져 올렸다. 물체가 지면에 닿는 순간 역학적 에너지와 운동 에너지를 옳게 짝 지은 것은? (단, 공기 저항은 무시한다.)

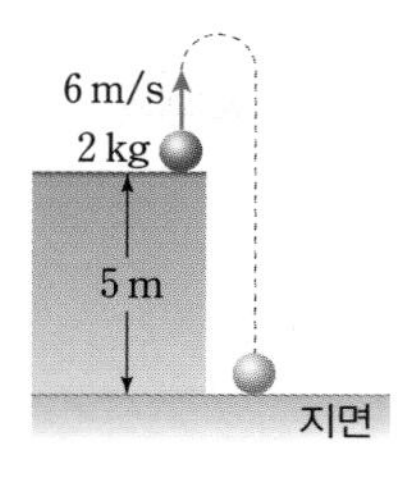

	역학적 에너지	운동 에너지
①	60 J	36 J
②	90 J	60 J
③	104	36 J
④	128 J	60 J
⑤	134 J	134 J

Tip 지면에 닿은 순간 ❶ [ ] 에너지는 역학적 에너지 보존에 의해 처음 위치에서 갖는 ❷ [ ] 에너지와 같다.

답 ❶운동 ❷역학적

6

그림은 질량이 m인 물체를 기준면에서 연직 위로 속력 v로 던져 올렸을 때 시간에 따른 속력 변화를 나타낸 것이다. 이에 대한 설명으로 옳은 것은? (단, 모공기 저항은 무시한다.)

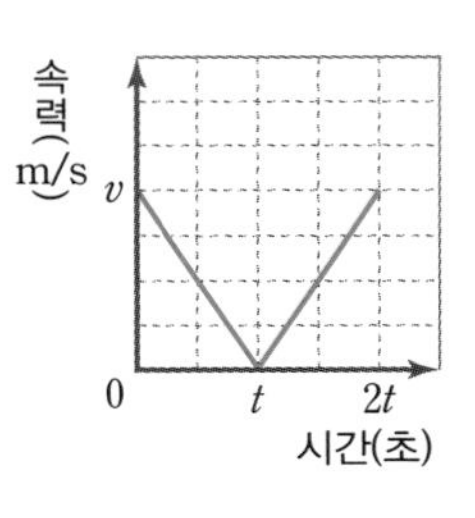

① $0 \sim t$초 동안 운동 에너지는 일정하다.

② t초에 물체는 기준면에 도달한다.

③ $0.5\,t$초에 물체의 역학적 에너지는 $\frac{1}{2}mv^2$이다.

④ $2\,t$초에 물체는 가장 높은 지점에 오른다.

⑤ $t \sim 2\,t$초 동안 물체의 중력에 의한 위치 에너지가 점점 증가한다.

Tip 연직 위로 던져 올린 물체는 올라가는 동안 ❶ [ ] 가 위치 에너지로 전환되고, 내려오는 동안 ❷ [ ] 가 운동 에너지로 전환된다.

답 ❶운동 에너지 ❷위치 에너지

7

그림은 지면으로부터 높이가 $3\,\mathrm{m}$인 A에서 물체를 가만히 놓았을 때 물체가 B를 통과하여 C를 지나는 순간의 모습을 나타낸 것이다. C에서 물체의 운동 에너지를 E라고 할 때, A에서 물체의 위치 에너지와 B에서 물체의 운동 에너지의 합으로 옳은 것은? (단, 공기 저항과 물체의 크기는 무시한다.)

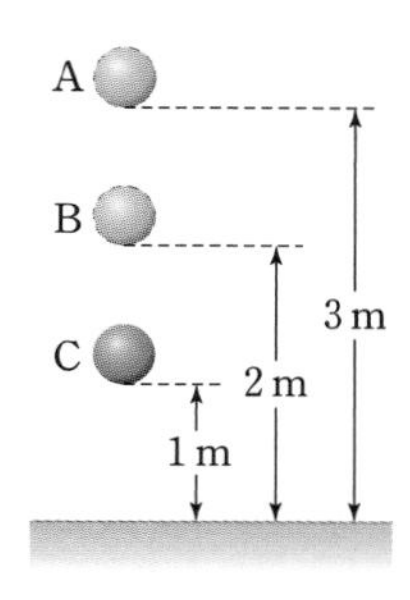

① $\frac{1}{4}E$ ② $\frac{1}{2}E$ ③ $\frac{3}{2}E$

④ E ⑤ $2E$

Tip 역학적 에너지 ❶ [ ] 법칙에 의해 자유 낙하 하는 물체의 위치 에너지는 ❷ [ ] 에너지로 전환된다.

답 ❶보존 ❷운동

8

그림은 세탁기에서의 에너지 전환을 나타낸 것이다.

이에 대한 설명으로 옳은 것을 | 보기 | 에서 모두 고른 것은?

보기

ㄱ. 전환된 에너지 중 A는 열에너지이다.

ㄴ. 세탁기가 사용한 전기 에너지는 전환된 모든 에너지를 합한 것과 같다.

ㄷ. 에너지가 전환될 때 새로운 에너지가 생성된다.

ㄹ. 전기 에너지가 다른 형태의 에너지로 전환된 만큼 에너지는 소멸되어 없어진다.

① ㄱ, ㄴ ② ㄴ, ㄷ ③ ㄷ, ㄹ

④ ㄱ, ㄴ, ㄷ ⑤ ㄱ, ㄴ, ㄹ

Tip 에너지가 전환될 때 새로운 형태의 에너지가 ❶ [ ] 되거나 소멸되지 않으며, 전체 에너지의 합은 일정하게 ❷ [ ] 된다.

답 ❶생성 ❷보존

대표 기출 1 | 전자기 유도 |

그림과 같이 코일과 검류계를 연결한 후 자석을 움직이면서 검류계의 바늘을 관찰하였다. 이에 대한 설명으로 옳은 것을 모두 고르면? [정답 2개]

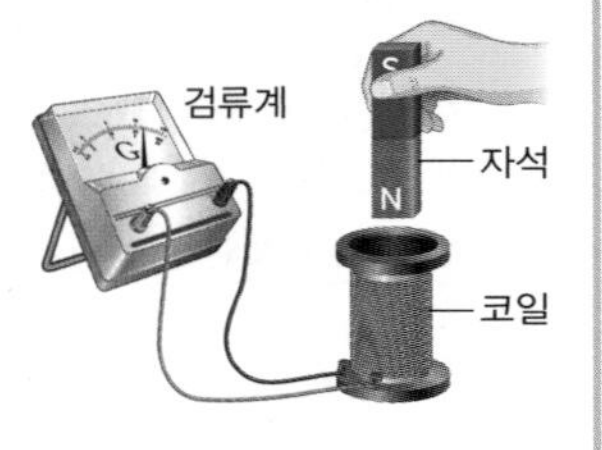

① 자석의 전기 에너지가 역학적 에너지로 전환된다.
② 자석 대신 코일을 움직여도 검류계 바늘이 움직인다.
③ 자석을 코일에 가까이할 때 검류계 바늘이 움직인다.
④ 자석을 코일에서 멀리할 때 검류계 바늘이 움직이지 않는다.
⑤ 코일 속에서 자석이 움직이지 않을 때는 코일에 일정한 세기의 유도 전류가 흐른다.

Tip 코일 근처에서 자석을 움직일 때 코일을 지나는 자기장이 변하여 전류가 발생하는 현상을 전자기 유도라고 한다.

풀이 ① 자석을 움직일 때 전류가 발생하므로 역학적 에너지가 전기 에너지로 전환된다.
④ 자석을 코일에서 멀리할 때에도 코일에 자기장의 변화가 일어나므로 전류가 발생하여 검류계 바늘이 움직인다.

답 ②, ③

1-1 그림과 같이 플라스틱 관 A, B를 통과하도록 같은 높이에서 같은 자석을 자유 낙하시켰더니 B의 경우 발광 다이오드에 불이 켜졌다. 이에 대한 설명으로 옳은 것은?

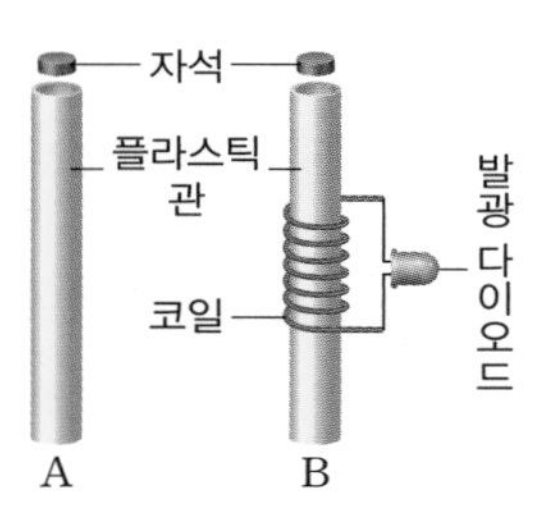

① 자석이 바닥에 닿는 순간의 속력은 A, B에서 같다.
② 자석이 바닥에 닿은 순간의 역학적 에너지는 A, B에서 같다.
③ 자석이 플라스틱 관을 통과할 때 역학적 에너지는 A, B에서 모두 보존된다.
④ B에서 자석이 낙하할 때 역학적 에너지가 소멸되고 전기 에너지가 생성되었다.
⑤ B에서 자석이 코일을 통과하면서 역학적 에너지의 일부가 전기 에너지로 전환된다.

대표 기출 2 | 전자기 유도 |

그림은 자석의 N극을 코일에 가까이하거나 멀리하는 모습을 나타낸 것이다.

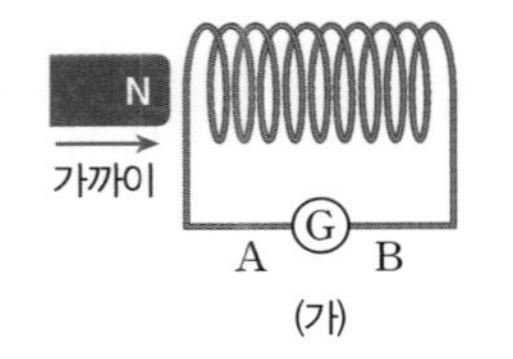

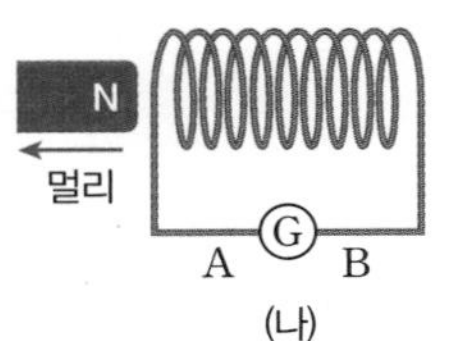

이에 대한 설명으로 옳은 것을 | 보기 | 에서 모두 고르시오.

보기
ㄱ. (가)에서 유도 전류는 A-Ⓖ-B 방향으로 흐른다.
ㄴ. (나)에서 유도 전류는 B-Ⓖ-A 방향으로 흐른다.
ㄷ. 자석의 극을 바꾸어 S극이 코일 속으로 들어갈 때 유도 전류는 B-Ⓖ-A 방향으로 흐른다.

Tip 유도 전류는 자기장의 변화를 방해하는 방향으로 흐른다.

풀이 자석의 N극이 코일에 접근하면 접근하는 쪽 코일에는 N극을 밀어내는 방향으로 전류가 흐르고, 멀어지면 N극을 당기는 방향으로 전류가 흐른다.

답 ㄱ, ㄴ, ㄷ

2-1 그림과 같이 막대에 코일을 감고 자석을 가까이하거나 멀리하였더니 코일에 전류가 발생하였다.

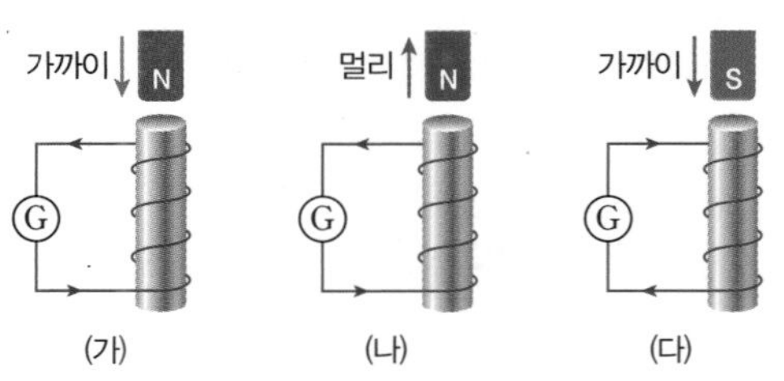

이에 대한 설명으로 옳지 않은 것은?

① 전류의 방향이 옳은 것은 (나)이다.
② 코일의 감은 수가 많으면 전류의 세기는 세진다.
③ 전류는 자기장의 변화를 방해하는 방향으로 흐른다.
④ (가)는 코일의 위쪽에 N극을 만들어 다가오는 N극을 밀어내는 방향으로 전류가 흐른다.
⑤ (다)는 코일의 위쪽에 S극을 만들어 다가오는 S극을 밀어내는 방향으로 전류가 흐른다.

>> 정답과 해설 44쪽

대표 기출 3

| 발전기 |

그림 (가), (나)는 자석과 코일로 이루어진 두 구조를 간단히 나타낸 것이다.

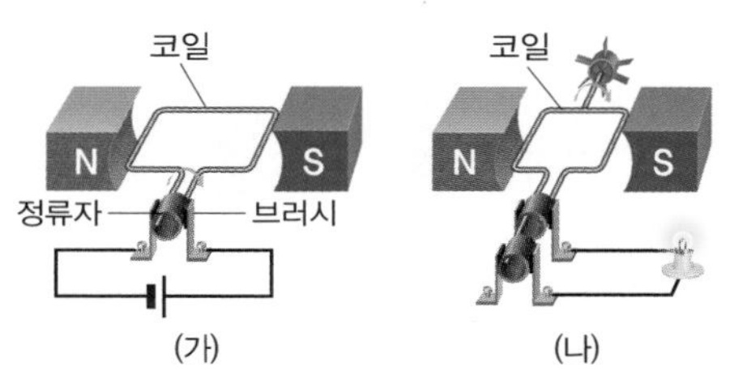

이에 대한 설명으로 옳은 것을 | 보기 | 에서 모두 고르시오.

보기
ㄱ. (가)는 발전기, (나)는 전동기의 구조이다.
ㄴ. (나)는 역학적 에너지가 전기 에너지로 전환된다.
ㄷ. (가)에서는 코일을 통과하는 자기장이 변하여 코일에 전류가 흐른다.
ㄹ. (나)의 코일은 자기장에서 전류가 흐르는 도선이 힘을 받아 회전한다.
ㅁ. 선풍기의 내부는 (가)와 같은 구조로, 자전거 전조등은 (나)와 같은 구조로 되어 있다.

Tip 전동기는 전기 에너지를 역학적 에너지로, 발전기는 역학적 에너지를 전기 에너지로 전환하는 장치이다.

풀이 ㄱ. (가)는 전동기, (나)는 발전기의 구조이다.
ㄷ. (가)는 자기장 속에서 전류가 힘을 받기 때문에 코일이 회전한다.
ㄹ. (나)는 자기장 속에서 코일을 회전시키면 코일을 통과하는 자기장이 변하여 코일에 유도 전류가 발생한다.

답 ㄴ, ㅁ

대표 기출 4

| 전기 에너지의 발생 |

간이 발전기에 발광 다이오드를 연결한 후 흔들었더니 발광 다이오드에 불이 켜졌다. 이에 대한 설명으로 옳은 것을 모두 고르면? [정답 3개]

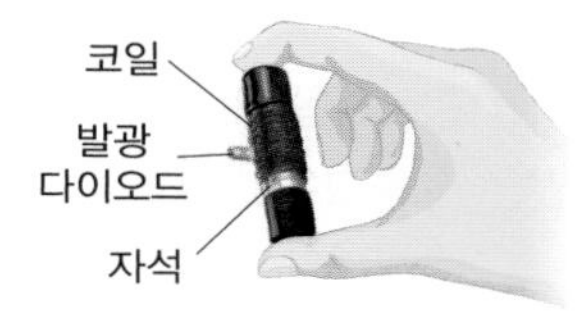

① 자석을 코일 근처에서 움직이면 코일에 전류가 발생한다.
② 발광 다이오드에서는 빛에너지가 전기 에너지로 전환된다.
③ 간이 발전기를 흔들면 전기 에너지가 역학적 에너지로 전환된다.
④ 움직이는 자석의 역학적 에너지가 전기 에너지로 전환된다.
⑤ 간이 발전기를 더 빠르게 흔들면 발광 다이오드 불빛이 더 밝아졌다 어두워지기를 반복한다.
⑥ 발광 다이오드에 불을 켜는 것은 역학적 에너지가 전기 에너지에서 다시 화학 에너지로 전환된 것이다.
⑦ 자전거의 자가 발전식 전조등도 이와 같은 원리로 전등에 불을 켠다.

Tip 자석의 역학적 에너지가 전기 에너지로 전환된다.

풀이 발광 다이오드의 불빛은 자석의 역학적 에너지가 전기 에너지로 전환되고, 전기 에너지가 다시 빛에너지로 전환된 것이다.

답 ①, ④, ⑦

3-1 다음은 발전기의 원리에 대한 설명이다. 빈칸에 알맞은 말을 쓰시오.

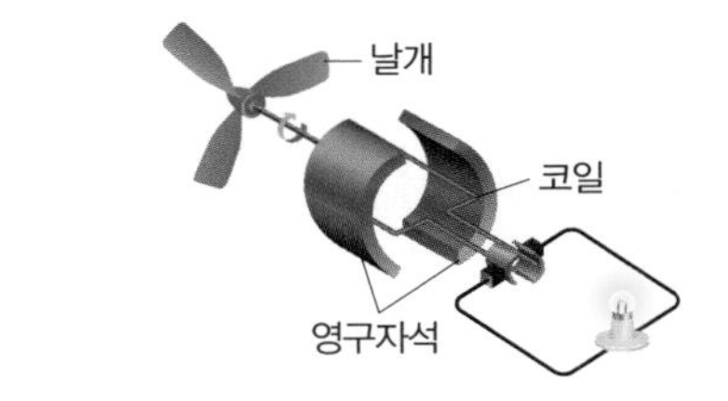

외부로부터 투입되는 ㉠(　　　) 에너지에 의해 날개가 회전하면 자석 사이에 놓인 코일이 회전하게 된다. 이때 코일을 통과하는 ㉡(　　　)이 변하여 ㉢(　　　) 에너지가 발생한다.

4-1 그림과 같은 간이 발전기를 만들어 흔들었더니 발광 다이오드에 불이 켜졌다. 불빛의 밝기를 더 밝게 하는 방법을 | 보기 | 에서 모두 고른 것은?

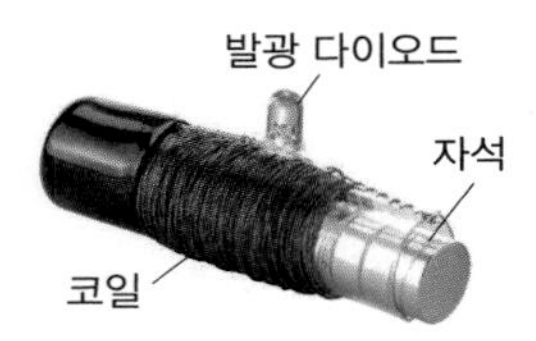

보기
ㄱ. 센 자석을 사용한다.
ㄴ. 코일을 더 많이 감는다.
ㄷ. 더 빠르게 흔든다.
ㄹ. 건전지를 새것으로 교체한다.

① ㄱ　② ㄴ, ㄷ　③ ㄷ, ㄹ　④ ㄱ, ㄴ, ㄷ　⑤ ㄱ, ㄴ, ㄹ

대표 기출 5

| 전기 에너지의 전환 |

가정에서 사용하는 전기 기구의 에너지 전환 과정으로 옳지 않은 것을 모두 고르면? [정답 3개]

① 스탠드: 전기 에너지 → 빛에너지
② 전기밥솥: 전기 에너지 → 열에너지
③ 오디오: 전기 에너지 → 소리 에너지
④ 세탁기: 전기 에너지 → 운동 에너지
⑤ 배터리 충전: 화학 에너지 → 전기 에너지
⑥ LED 전구: 화학 에너지 → 빛에너지
⑦ 텔레비전: 전기 에너지 → 빛에너지+소리 에너지
⑧ 진공청소기: 운동 에너지 → 전기 에너지
⑨ 전기장판: 전기 에너지 → 열에너지
⑩ 에어컨: 전기 에너지 → 운동 에너지

Tip 전기 기구는 용도에 맞게 전기 에너지를 다른 형태의 에너지로 쉽게 전환하여 이용한다.

풀이 • 배터리 충전: 전기 에너지 → 화학 에너지
• LED 전구: 전기 에너지 → 빛에너지
• 진공청소기: 전기 에너지 → 운동 에너지

답 ⑤, ⑥, ⑧

대표 기출 6

| 소비 전력과 전력량 |

그림은 가정에서 사용하는 LED 전구에 표기된 제품 정보를 나타낸 것이다. 이에 대한 설명으로 옳은 것을 | 보기 |에서 모두 고른 것은?

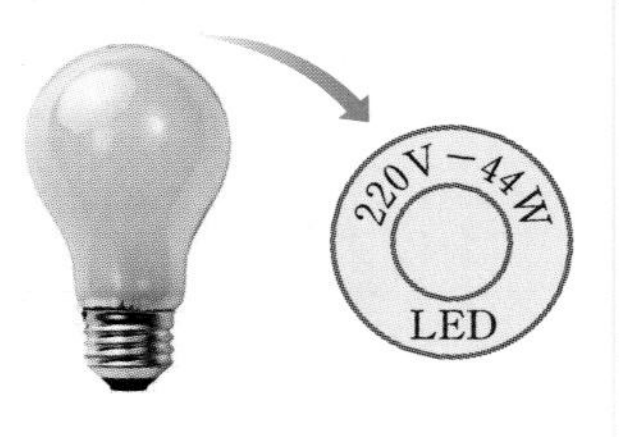

| 보기 |
ㄱ. 전기 에너지를 주로 빛에너지로 전환한다.
ㄴ. 정격 소비 전력은 44 W이다.
ㄷ. 220 V에 연결했을 때 1시간에 44 J의 전기 에너지를 소비한다.
ㄹ. 220 V에 연결했을 때 2시간 동안 소비하는 전력량은 88 Wh이다.

① ㄱ ② ㄴ, ㄷ ③ ㄷ, ㄹ
④ ㄱ, ㄴ, ㄷ ⑤ ㄱ, ㄴ, ㄹ

Tip $\text{소비 전력(W)} = \dfrac{\text{전기 에너지(J)}}{\text{시간(s)}}$

풀이 ㄷ. 정격 전압인 220 V에 연결했을 때 44 W를 소비하므로 1초에 44 J의 전기 에너지를 소비한다.

답 ⑤

5-1 헤어드라이어를 작동하면 날개가 돌아가면서 따뜻한 바람이 나온다. 이에 대한 설명으로 옳은 것을 모두 고르면? [정답 2개]

① 소비한 전기 에너지의 양은 전환된 열에너지의 양과 같다.
② 전환된 에너지의 총합은 소비한 전기 에너지의 양과 같다.
③ 소비한 전기 에너지의 양은 전환된 운동 에너지의 양과 같다.
④ 소비한 전기 에너지는 주로 열에너지와 운동 에너지로 전환된다.
⑤ 전환된 운동 에너지와 열에너지를 합하면 소비한 전기 에너지보다 많다.

6-1 그림과 같이 소비 전력이 1200 W인 에어컨과 40 W인 선풍기를 사용할 때에 대한 설명으로 옳은 것을 | 보기 |에서 모두 고른 것은?

| 보기 |
ㄱ. 에어컨을 1시간 동안 켜면 소비한 전력량은 1200 Wh이다.
ㄴ. 선풍기를 1시간 동안 켜면 144 kJ의 전기 에너지를 소비한다.
ㄷ. 에어컨을 1시간 동안 켜면 1200 W의 전기 에너지를 소비한다.
ㄹ. 선풍기와 에어컨을 같은 시간 동안 켜면 에어컨은 선풍기보다 전기 에너지를 30배 많이 소비한다.

① ㄱ ② ㄴ, ㄷ ③ ㄷ, ㄹ
④ ㄱ, ㄴ, ㄷ ⑤ ㄱ, ㄴ, ㄹ

>> 정답과 해설 44쪽

대표 기출 7

| 소비 전력과 전력량 |

표는 여러 가지 전기 기구의 소비 전력을 나타낸 것이다.

전기 기구	소비 전력(W)	전기 기구	소비 전력(W)
형광등	35	충전기	6
LED등	15	전기난로	900
전기밥솥	1000	전기장판	250
에어컨	1200	선풍기	40

이에 대한 설명으로 옳은 것을 모두 고르면? [정답 2개]

① 충전기를 1시간 사용했을 때 전기 에너지는 6 J이다.
② 형광등을 10시간 사용했을 때 전력은 350 Wh이다.
③ 같은 시간 동안 전기 에너지를 가장 적게 사용하는 것은 충전기이다.
④ LED등은 10시간 동안 전기 에너지를 150 J 소비한다.
⑤ 전기 에너지를 빛에너지로 전환하는 기구는 열에너지로 전환하는 기구보다 소비 전력이 더 크다.
⑥ 에어컨을 1시간 동안 켰을 때와 선풍기를 30시간 켰을 때 사용하는 전기 에너지의 양은 같다.

Tip 전기 에너지(J)=소비 전력(W)×시간(s)
전력량(Wh)=전력(W)×시간(h)

풀이 ① 전기 에너지=6 W×3600 s=21600 J
② 형광등을 10시간 동안 사용했을 때 전력량은 350 Wh이다.
④ 전기 에너지=전력(W)×시간(s)=15 W×10×3600 s=540 kJ
⑤ 열에너지로 전환하는 기구의 소비 전력이 더 크다. **답** ③, ⑥

7-1 그림은 전구를 1분 동안 사용했을 때 일어난 전기 에너지 전환을 나타낸 것이다. 이에 대한 설명으로 옳은 것은?

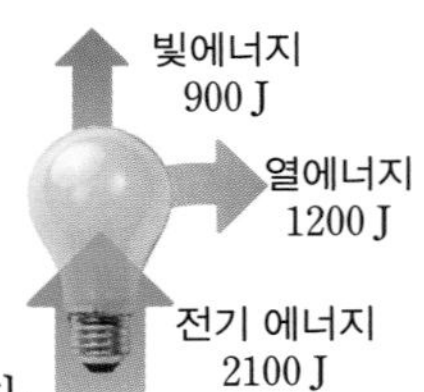

① 전구의 소비 전력은 35 W이다.
② 전구는 1분 동안 900 J의 전기 에너지를 소비한다.
③ 전구를 1시간 동안 사용했을 때 소비하는 전력량은 2100 Wh이다.
④ 전환된 에너지를 모두 합하면 전환되기 전의 에너지 총량보다 적다.
⑤ 열에너지로 전환되는 전기 에너지의 양이 많을수록 에너지 효율이 좋은 전구이다.

대표 기출 8

| 소비 전력과 전력량 |

그림은 두 전구 (가), (나)를 1초 동안 사용했을 때 방출하는 열에너지 및 빛에너지를 나타낸 것이다.

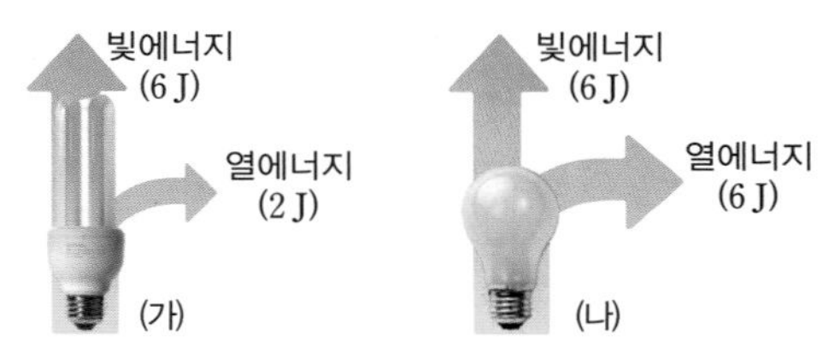

이에 대한 설명으로 옳은 것을 | 보기 | 에서 모두 고르시오.

보기
ㄱ. 소비 전력의 비 (가) : (나)=3 : 2이다.
ㄴ. 전구의 밝기는 (가)가 (나)보다 더 밝다.
ㄷ. (나)보다 (가)를 사용할 때 에너지를 절약할 수 있다.
ㄹ. 1분 동안 소비한 전기 에너지는 (가)가 (나)보다 많다.
ㅁ. 1초 동안 방출하는 빛에너지는 (가)=(나)이다.
ㅂ. (가), (나) 모두 소비한 전기 에너지는 방출한 빛에너지와 열에너지의 합과 같다.

Tip 전구의 주 목적은 전기 에너지를 이용하여 빛에너지를 얻는 것이므로 같은 빛에너지를 낼 때 소비한 전기 에너지가 적을수록 전기 에너지를 절약할 수 있다.

풀이 ㄱ. 소비 전력$=\dfrac{\text{전기 에너지(J)}}{\text{시간(s)}}$이며 (가)는 8 W, (나)는 12 W이므로 (가) : (나)=2 : 3이다.
ㄴ. 두 전구의 빛에너지가 같으므로 밝기도 같다.
ㄹ. 같은 시간 동안 소비한 에너지는 (가) 8 J, (나) 12 J이므로 (나)가 (가)보다 많다. **답** ㄷ, ㅁ, ㅂ

8-1 다음은 유미네 집에서 사용하는 전기 기구별 소비 전력과 하루 동안 사용한 시간을 나타낸 것이다.

전기 기구	소비 전력(W)	하루 사용 시간(h)
텔레비전	60	2
전등	30	5
컴퓨터	100	3
냉장고	200	24

유미네 집에서 한 달(30일) 동안 전기 기구를 사용했을 때, 총 사용한 전력량은?

① 390 Wh ② 5370 Wh ③ 18450 Wh
④ 36900 Wh ⑤ 161100 Wh

1 그림은 코일과 발광 다이오드를 연결한 후 코일 속에 막대 자석을 넣었다 뺐다 하면서 발광 다이오드에 불이 켜지는 것을 관찰하는 실험을 나타낸 것이다.

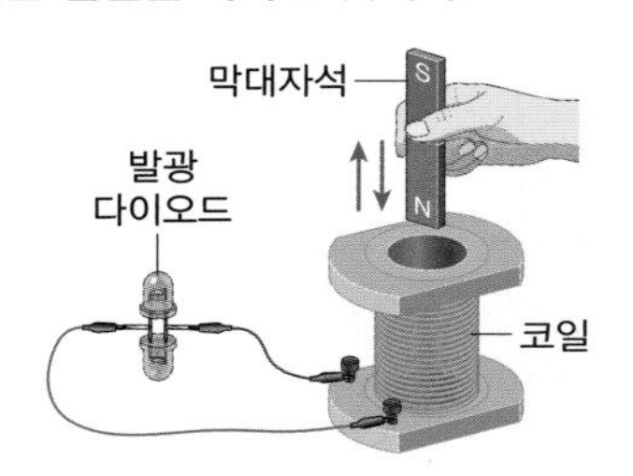

이에 대한 설명으로 옳은 것을 | 보기 |에서 모두 고른 것은?

| 보기 |
ㄱ. 자석의 역학적 에너지가 전기 에너지로 전환된다.
ㄴ. 자석이 코일 속으로 완전히 들어갔을 때만 발광 다이오드에 불이 켜진다.
ㄷ. 코일에 발생한 전기 에너지는 발광 다이오드에서 빛에너지로 전환된다.
ㄹ. 자석을 코일 속에 넣었다 뺐다 반복해야 전류의 방향이 한 방향으로 일정하게 유지된다.
ㅁ. 자석을 코일 속에 넣었다 뺐다 하면 두 개의 발광 다이오드가 서로 번갈아 가며 불이 켜진다.
ㅂ. 자석을 코일 속에 넣었다 빼기를 빠르게 하면 발광 다이오드 불빛이 더 깜박거린다.

① ㄱ, ㄴ, ㅁ ② ㄱ, ㄷ, ㅁ
③ ㄴ, ㄷ, ㅁ ④ ㄴ, ㄹ, ㅂ
⑤ ㄹ, ㅁ, ㅂ

Tip 전자기 유도에 의해 발생한 ❶ [ ]의 세기는 자석의 세기가 강할수록, 코일의 감은 수가 많을수록, 자석이 움직이는 ❷ [ ]이 클수록 크다.

답 ❶ 전류 ❷ 속력

2 그림과 같이 투명한 원통의 중간에 코일을 감고 발광 다이오드를 연결한 통 안으로 질량이 $0.2\ \mathrm{kg}$인 자석을 기준면으로부터 $0.8\ \mathrm{m}$의 높이인 A 위치에서 가만히 놓았더니 자석이 코일을 통과한 후 기준면으로부터 $0.1\ \mathrm{m}$의 높이인 B 지점을 $3\ \mathrm{m/s}$의 속력으로 통과한다.

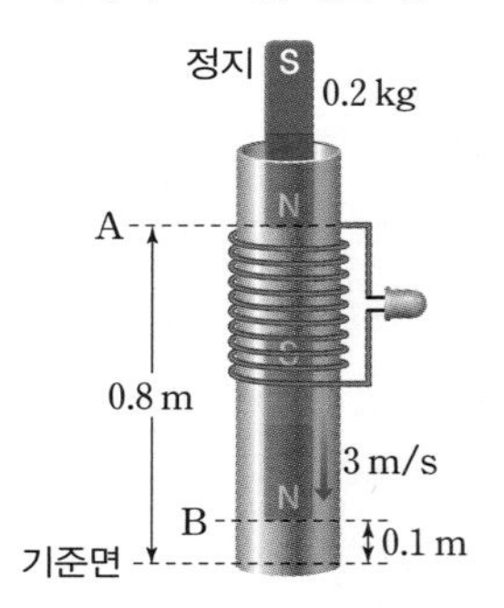

이에 대한 설명으로 옳은 것을 | 보기 |에서 모두 고른 것은? (단, 중력 가속도 상수는 10이고, 자석의 크기 및 공기 저항은 무시한다.)

| 보기 |
ㄱ. A에서 자석의 역학적 에너지는 1.6 J이다.
ㄴ. 자석이 A에서 B까지 낙하하는 동안 코일에 전기 에너지로 전환된 역학적 에너지는 0.5 J이다.
ㄷ. 만약 코일이 없다면 기준면에 도달하는 순간 자석의 속력은 4 m/s이다.
ㄹ. 자석의 역학적 에너지는 보존되므로 B에서도 그대로 1.6 J이다.

① ㄱ, ㄴ ② ㄴ, ㄷ ③ ㄱ, ㄴ, ㄷ
④ ㄱ, ㄷ, ㄹ ⑤ ㄴ, ㄷ, ㄹ

Tip 자석이 투명 관에서 코일이 감긴 구간을 지나는 동안 자석의 ❶ [ ] 에너지는 감소하고, 감소한 역학적 에너지는 코일에 유도된 ❷ [ ] 에너지로 전환된다.

답 ❶ 역학적 ❷ 전기

3 표는 가정에서 사용하는 전기 기구의 소비 전력과 주로 전환되는 에너지를 나타낸 것이다.

전기 기구	소비 전력(W)	전환되는 에너지
전기난로	1500	열에너지
진공청소기	900	(가)
텔레비전	200	(나)
세탁기	550	(다)
컴퓨터 모니터	100	빛에너지

이에 대한 설명으로 옳은 것을 |보기|에서 모두 고른 것은?

보기
ㄱ. (가)와 (다)는 같은 종류의 에너지이다.
ㄴ. (나)는 배터리를 충전할 때 전환되는 에너지와 같다.
ㄷ. 세탁기를 30분 동안 사용하였을 때 소비한 전력량은 225 Wh이다.
ㄹ. 전기난로를 60분 동안 사용하였을 때 소비한 전기 에너지는 9000 J이다.
ㅁ. 컴퓨터 모니터를 2시간 동안 사용할 때와 텔레비전을 1시간 동안 사용할 때의 전력량은 같다.

① ㄱ, ㄷ ② ㄱ, ㅁ ③ ㄱ, ㄴ, ㄹ
④ ㄷ, ㄹ, ㅁ ⑤ ㄴ, ㄷ, ㄹ, ㅁ

Tip 1 W는 1 초 동안 ❶ ___ 의 전기 에너지를 소비하는 전력이며, ❷ ___ 는 1 W의 전력을 1시간 동안 사용했을 때의 전력량이다. 답 ❶ 1 J ❷ 1 Wh

4 표는 전기 기구의 정격 소비 전력과 하루 사용 시간을 나타낸 것이다.

전기 기구	정격 소비 전력(W)	하루 사용 시간(h)
전등	220 V－60 W	10
헤어드라이어	220 V－1000 W	0.5

전기 요금이 1 kWh당 500원이라고 할 때, 전등과 헤어드라이어를 한 달(30일) 동안 사용한 전기 요금은 얼마인가?

① 1650원 ② 15000원 ③ 16500원
④ 18000원 ⑤ 165000원

Tip 1 W의 전력을 ❶ ___ 동안 사용했을 때의 전력량은 ❷ ___ 이다. 답 ❶ 1시간 ❷ 1 Wh

5 그림과 같이 소비 전력이 각각 $2P$, $3P$, P인 세 전구 A, B, C가 있다. 전구 A, B, C가 1초 동안 방출하는 빛에너지는 10 J로 모두 같으며, 사용한 시간과 이때 소비한 총 전력량은 표와 같다.

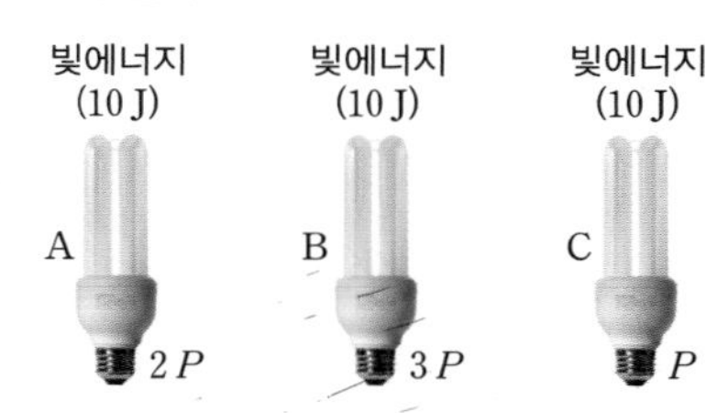

전구	사용한 시간	총 전력량
A	3시간	360 Wh
B	2시간	
C	6시간	

이에 대한 설명으로 옳은 것을 |보기|에서 모두 고른 것은?

보기
ㄱ. A는 1초 동안 40 J의 전기 에너지를 소비한다.
ㄴ. 같은 시간 동안 B에서 발생한 열에너지는 C에서의 3배이다.
ㄷ. A와 B를 모두 C로 교체하면 140 Wh의 전력량이 감소한다.

① ㄱ ② ㄷ ③ ㄱ, ㄴ
④ ㄱ, ㄷ ⑤ ㄱ, ㄴ, ㄷ

Tip 전기 기구가 일정 시간 동안 소비하는 전기 에너지의 양을 ❶ ___ 이라 하고, 전력량은 전력에 ❷ ___ 을 곱하여 구한다. 답 ❶ 전력량 ❷ 시간

6 200 V－10 W인 전구를 200 V의 전압에 연결하여 사용할 때 흐르는 전류의 세기는 얼마인가?

① 0.05 ② 0.1 A ③ 0.5 A
④ 10 A ⑤ 20 A

Tip 소비 전력은 ❶ ___ 를 사용한 시간으로 나누어 구한다. 따라서 1 W는 ❷ ___ J/s이다. 답 ❶ 전기 에너지 ❷ 1

01 그림은 쇠구슬이 레일 위에서 운동하는 모습을 나타낸 것이다. 쇠구슬은 A, B, C 지점을 지나 D 지점에 이르면 정지한다.

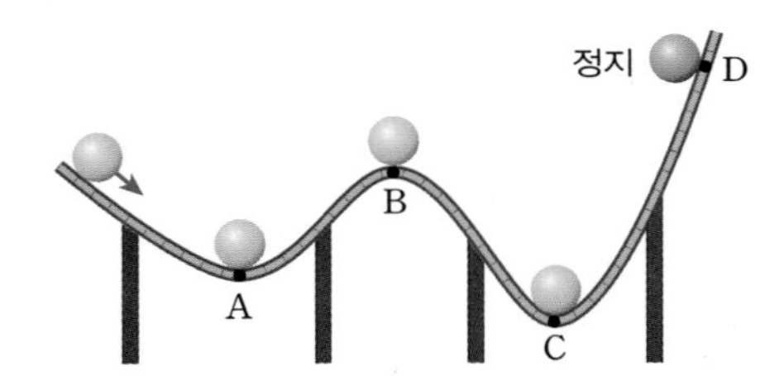

쇠구슬이 운동하는 동안 위치 에너지가 운동 에너지로만 전환되는 구간은? (단, 공기 저항 및 모든 마찰은 무시한다.)

① AB 구간 ② AC 구간 ③ BC 구간
④ BD 구간 ⑤ CD 구간

02 그림은 연직 위로 던져 올린 공이 최고 높이까지 올라갔다가 떨어지는 모습을 펼쳐서 나타낸 것이다. 공의 운동 에너지가 위치 에너지로 전환되는 구간으로 옳은 것을 |보기|에서 모두 고른 것은? (단, A와 E의 높이는 같으며, 공기 저항은 무시한다.)

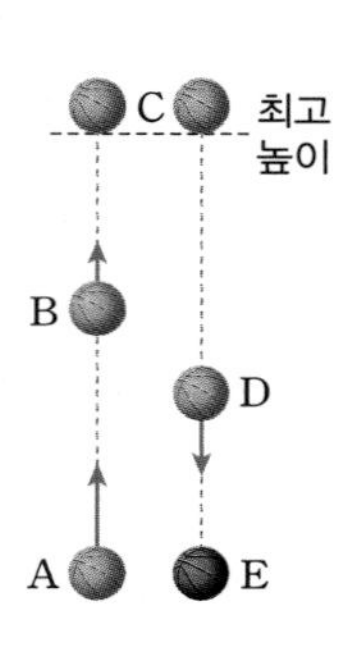

보기
ㄱ. AB 구간 ㄴ. BC 구간
ㄷ. CD 구간 ㄹ. DE 구간

① ㄱ ② ㄴ ③ ㄱ, ㄴ
④ ㄱ, ㄷ ⑤ ㄷ, ㄹ

03 질량이 4 kg인 물체를 4 m/s의 속력으로 위로 던져 올렸다. 이 물체가 최고 높이에 도달했을 때 가지는 중력에 의한 위치 에너지는 몇 J인가? (단, 공기 저항은 무시한다.)

( )

04 그림과 같이 질량이 2 kg인 물체를 지면으로부터 10 m 높이에서 가만히 놓아 떨어뜨렸다.

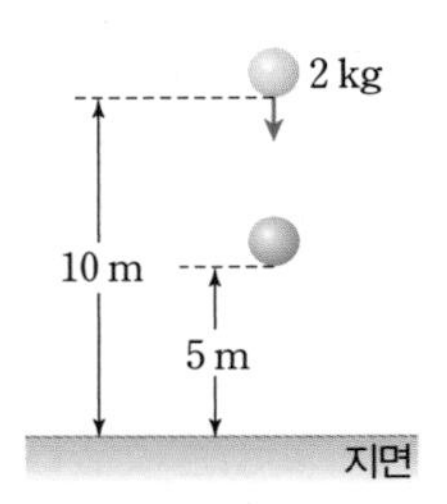

물체가 지면에서 5 m 높이를 지날 때의 역학적 에너지에 대한 설명으로 옳은 것을 |보기|에서 모두 고른 것은? (단, 공기 저항은 무시한다.)

보기
ㄱ. 5 m 높이에서 위치 에너지는 196 J이다.
ㄴ. 5 m 높이에서 운동 에너지는 196 J이다.
ㄷ. 5 m 높이에서 역학적 에너지는 196 J이다.
ㄹ. 5 m 높이에서 위치 에너지와 운동 에너지는 같다.

① ㄱ, ㄴ ② ㄱ, ㄷ ③ ㄱ, ㄹ
④ ㄴ, ㄹ ⑤ ㄷ, ㄹ

05 달 표면으로부터 2 m 높이에서 질량이 2 kg인 물체를 가만히 놓아 떨어뜨렸다. 이에 대한 설명으로 옳은 것을 |보기|에서 모두 고른 것은? (단, 지구와 달에서 물체의 처음 높이는 같고, 공기 저항은 무시한다.)

보기
ㄱ. 역학적 에너지는 일정하게 보존된다.
ㄴ. 위치 에너지가 운동 에너지로 전환된다.
ㄷ. 낙하하는 동안 높이에 따른 역학적 에너지는 지구에서와 같다.
ㄹ. 지면에 도달하는 순간 운동 에너지는 지구에서보다 크다.

① ㄱ ② ㄷ ③ ㄱ, ㄴ
④ ㄱ, ㄴ, ㄹ ⑤ ㄴ, ㄷ, ㄹ

06 그림과 같이 장치하고 코일에 자석을 가까이하였더니 검류계 바늘이 움직였다.

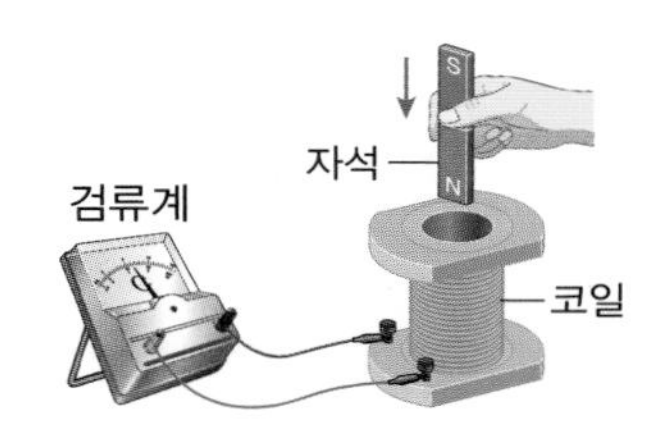

이에 대한 설명으로 옳지 않은 것은?

① 자기장의 변화로 전류가 발생한다.
② 역학적 에너지가 전기 에너지로 전환된다.
③ 전자기 유도에 의해 코일에 전류가 발생한다.
④ 코일에서 자석을 멀리할 때도 검류계 바늘이 움직인다.
⑤ 코일에 자석을 가까이할 때와 멀리할 때 검류계 바늘이 움직이는 방향은 같다.

07 그림과 같이 코일에 전구를 연결해 놓고 코일 가까이에서 자석을 잡고 있다.

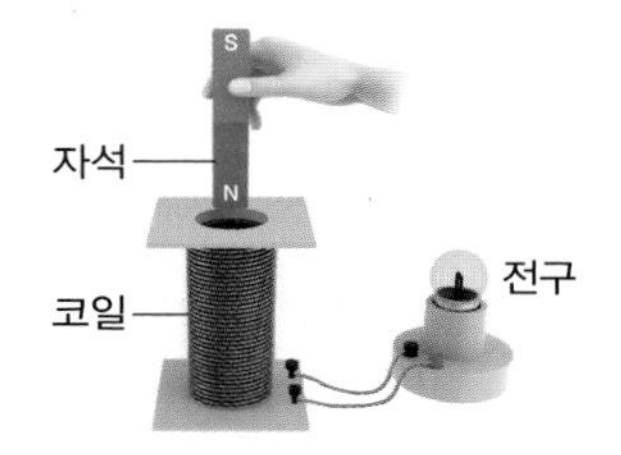

전구에 불이 켜지는 경우를 | 보기 |에서 모두 고른 것은?

보기
ㄱ. 자석의 N극이 코일에 가까이 다가올 때
ㄴ. 자석의 S극이 코일에 가까이 다가올 때
ㄷ. 코일이 자석으로부터 멀어질 때
ㄹ. 코일이 자석으로부터 가까워질 때

① ㄱ, ㄴ ② ㄱ, ㄷ ③ ㄱ, ㄴ, ㄷ
④ ㄴ, ㄷ, ㄹ ⑤ ㄱ, ㄴ, ㄷ, ㄹ

08 그림과 같이 자석, 코일, 발광 다이오드로 간이 발전기를 만들었다. 간이 발전기를 흔들면 발광 다이오드에 불이 켜지는 과정에서 다음과 같이 에너지 전환이 일어난다. 빈칸에 알맞은 말을 쓰시오.

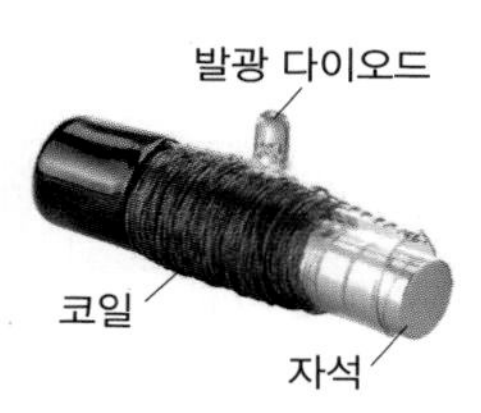

• (   ) → 전기 에너지 → 빛에너지

09 전기 기구를 사용할 때 일어나는 에너지 전환 과정이 같은 전기 기구를 | 보기 |에서 모두 고른 것은?

보기
ㄱ. 토스터 ㄴ. 전등
ㄷ. 선풍기 ㄹ. 전기주전자
ㅁ. 텔레비전 ㅂ. 청소기

① ㄱ, ㅁ ② ㄴ, ㄹ ③ ㄷ, ㅂ
④ ㄱ, ㄹ, ㅁ ⑤ ㄴ, ㄷ, ㅂ

10 그림과 같은 전기주전자를 정격 전압에 연결하여 사용하였다.

품명 무선 전기주전자
정격 전압 AC 220 V, 60 Hz
정격 소비 전력 1800 W

전기주전자가 (가)1초 동안 소비하는 전기 에너지와 (나)10분 동안 소비하는 전력량을 옳게 짝 지은 것은?

	(가)	(나)		(가)	(나)
①	1800 J	300 Wh	②	1800 J	10800 Wh
③	1800 J	18000 Wh	④	18000 J	300 Wh
⑤	18000 J	18000 Wh			

1 다음은 선생님이 제시한 과제와 학생들의 댓글이다.

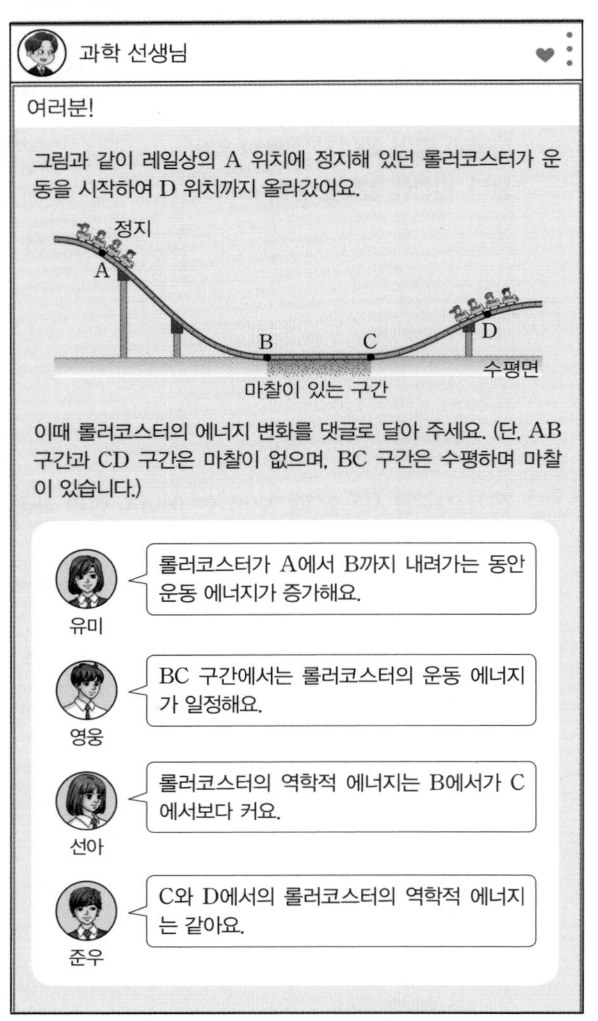

댓글의 내용이 옳은 학생을 모두 고른 것은?

① 유미, 영웅　　② 영웅, 선아
③ 유미, 준우　　④ 영웅, 선아, 준우
⑤ 유미, 선아, 준우

> **Tip** 운동하는 물체의 위치 에너지와 운동 에너지는 서로 ❶ 될 수 있고, 마찰이 없으면 ❷ 된다.
>
> 답 ❶ 전환 ❷ 보존

2 그림은 트램펄린에 올라 제자리높이뛰기를 할 때의 모습을 연속 사진으로 찍어 펼쳐 나타낸 것이다.

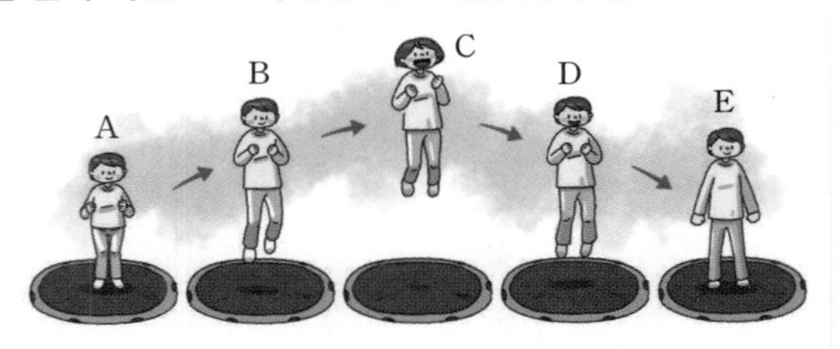

이에 대한 설명으로 옳은 것을 보기에서 모두 고르시오. (단, B와 D의 높이는 같고, C는 최고 높이이다.)

보기
ㄱ. B와 D에서 속력은 같다.
ㄴ. C에서 운동 에너지는 최대이다.
ㄷ. B의 운동 에너지와 D의 위치 에너지는 같다.
ㄹ. AC 구간과 CE 구간에서 역학적 에너지 전환 과정은 반대이다.

> **Tip** 제자리높이뛰기를 할 때 최고 높이에서는 속력이 ❶ 이므로 운동 에너지도 ❷ 이다.
>
> 답 ❶ 0 ❷ 0

3 그림과 같이 레일을 따라 운동하는 롤러코스터가 기준면으로부터 높이 20 m인 A점을 지나 도착점에 도달할지에 대해 옳게 설명하고 있는 학생을 모두 쓰시오. (단 공기 저항이나 모든 마찰은 무시한다.) (　　　　　　)

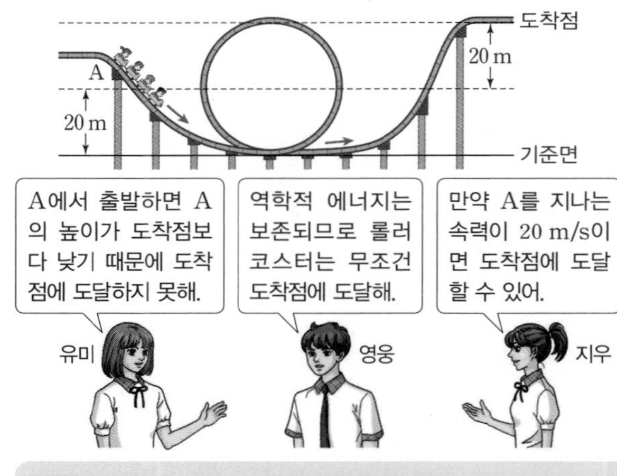

> **Tip** 롤러코스터가 올라가는 동안 높이가 커지고 속력은 감소한다. 이때 감소한 ❶ 는 ❷ 로 전환된다.
>
> 답 ❶ 운동 에너지 ❷ 위치 에너지

4 지면으로부터 2.5 m 높이에서 공을 떨어뜨렸더니 지면에 닿기 직전의 속력이 7 m/s였다. 같은 공을 떨어뜨려 속력이 14 m/s가 되게 하려면, 공을 지면으로부터 몇 m 높이에서 떨어뜨려야 하는가? (단, 공기 저항은 무시한다.)

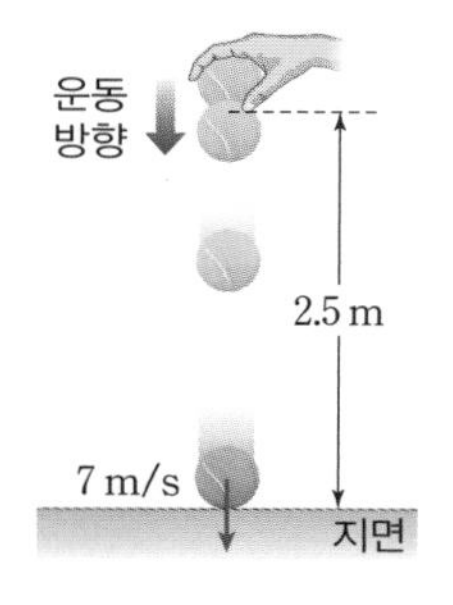

① 5 m ② 10 m ③ 14 m
④ 14 m ⑤ 28 m

Tip 질량이 일정할 때 위치 에너지는 ❶ ☐ 에 비례하고 운동 에너지는 ❷ ☐ 에 비례한다.

답 ❶ 높이 ❷ 속력의 제곱

5 다음은 역학적 에너지 보존에 관한 실험 과정이다.

(가) 추의 질량을 측정한 후 실에 묶어 A 위치에 놓이게 스탠드에 매단다.
(나) 스탠드의 B와 C 위치에 속력 측정기를 설치한다.
(다) (　　　)을/를 측정한다.
(라) 실을 잘라 추를 떨어뜨린 후 B와 C에서 추의 속력을 측정한다.
(마) 각 위치에서 위치 에너지와 운동 에너지의 크기를 비교한다.

과정 (다)에서 측정해야 할 내용으로 가장 적절한 것은?

① 추의 부피
② 속력 측정기의 질량
③ 그릇에 담긴 모래의 질량
④ 위치 A, B, C에서 추의 질량
⑤ 기준면으로부터 각 위치 A, B, C까지의 높이

Tip 자유 낙하 하는 물체에 ❶ ☐ 이 한 일은 물체의 ❷ ☐ 에너지로 전환된다.

답 ❶ 중력 ❷ 운동

6 다음은 에너지의 날 포스터를 보며 학생들이 나눈 대화 내용이다.

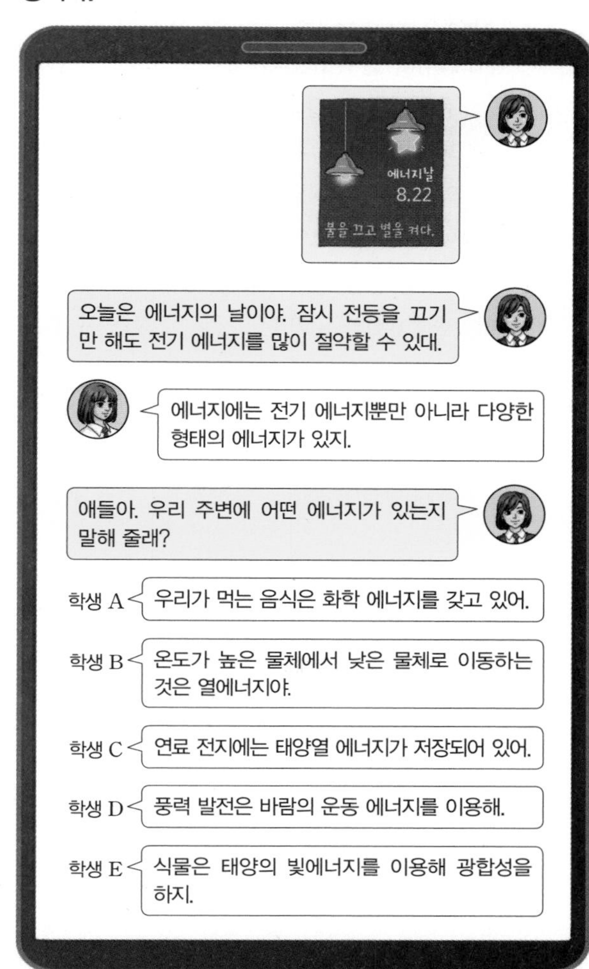

학생 A~E 중에서 에너지의 종류를 잘못 말하고 있는 학생은?

① 학생 A ② 학생 B ③ 학생 C
④ 학생 D ⑤ 학생 E

Tip 우리 주변에는 전등이나 태양의 ❶ ☐, 움직이는 물체가 갖는 운동 에너지, 음식물에 저장된 ❷ ☐ 등 다양한 형태의 에너지가 있다.

답 ❶ 빛에너지 ❷ 화학 에너지

7 다음은 자석과 코일을 이용해 전류를 발생시키는 실험이다.

| 실험 과정 |

(가) 그림과 같이 코일과 검류계를 연결하여 회로를 구성한다.

(나) 막대자석의 N극을 아래로 하여 코일에 가까이하면서 검류계 바늘을 관찰한다.

(다) 과정 (나)와 달리 (㉠)하면서 검류계를 관찰한다.

| 실험 결과 |

• 검류계 바늘이 움직인 방향은 (나)와 (다)에서 서로 반대이다.

과정 (다)의 ㉠에 들어갈 수 있는 내용을 | 보기 |에서 모두 고른 것은?

| 보기 |

ㄱ. 자석의 N극을 아래로 하여 (나)보다 빠르게 코일에 가까이

ㄴ. 자석의 N극을 아래로 하여 코일에서 멀리

ㄷ. 자석의 S극을 아래로 하여 코일에 가까이

① ㄱ ② ㄴ ③ ㄱ, ㄷ

④ ㄴ, ㄷ ⑤ ㄱ, ㄴ, ㄷ

Tip 자석을 코일에 가까이하면 코일을 통과하는 ❶ ____ 이 변하므로 코일에 전류가 유도된다. 이때 유도 전류의 방향은 자석을 가까이할 때와 멀리할 때가 서로 ❷ ____.

답 ❶ 자기장 ❷ 반대이다

8 그림은 자전거의 전조등과 자전거 바퀴에 달린 발전기의 구조를 나타낸 것이다. 이때 회전축이 돌아가면 ((가)).

빈칸 (가)에 적합한 것으로 옳지 않은 것은?

① 코일에 유도 전류가 흐른다.

② 전자기 유도 현상이 일어난다.

③ 역학적 에너지가 전기 에너지로 전환된다.

④ 자석이 회전하고 코일 주위의 자기장이 변한다.

⑤ 전조등이 켜지고 반대로 돌아가면 꺼진다.

Tip 자석 사이의 코일이 회전하면 ❶ ____ 에 의해 코일에 ❷ ____ 가 흐른다.

답 ❶ 전자기 유도 ❷ 전류

9 그림과 같이 꼬마전구, 버저를 스위치와 함께 두 손 발전기 A, B에 병렬로 연결한 회로에서 A를 돌릴 때 B가 돌아가는 현상에 대해 학생들이 대화하고 있다.

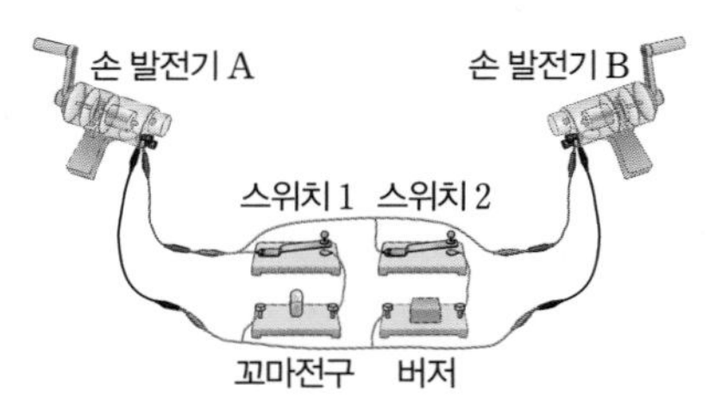

옳게 말하고 있는 학생을 모두 쓰시오. ( )

손 발전기 A를 돌리는 역학적 에너지는 전기 에너지로 전환돼.

맞아. 전환된 전기 에너지의 일부는 꼬마전구와 버저에서 빛에너지와 소리 에너지로 전환되지.

전구의 빛에너지와 버저의 소리 에너지는 손 발전기 B의 역학적 에너지로 전환돼.

Tip 손 발전기를 돌리면 ❶ ____ 에너지가 ❷ ____ 에너지로 전환된다.

답 ❶ 역학적 ❷ 전기

>> 정답과 해설 49쪽

10 표는 여러 가지 전기 기구의 소비 전력과 전기 에너지의 전환을 나타낸 것이다.

전기 기구	소비 전력	주로 전환되는 에너지
진공청소기	900 W	운동 에너지
헤어드라이어	1600 W	열에너지
선풍기	40 W	운동 에너지
형광등	35 W	빛에너지
전기밥솥	1040 W	열에너지
보조 배터리	18 W	A

이에 대한 설명으로 옳지 않은 것은?

① A는 화학 에너지이다.

② 전기밥솥은 1초에 1040 J의 전기 에너지를 소비한다.

③ 열에너지로 전환하는 전기 기구의 소비 전력이 대체로 큰 편이다.

④ 1초 동안 소비하는 전기 에너지가 가장 큰 전기 기구는 전기밥솥이다.

⑤ 전기밥솥을 1초 동안 사용하는 전기 에너지로 선풍기를 26초 동안 사용할 수 있다.

Tip 소비 전력이 1200 W인 전열기는 ❶ [ ] 를 발생하기 위해 1초 동안 ❷ [ ] J의 전기 에너지를 소모한다.

답 ❶ 열에너지 ❷ 1200

11 그림과 같이 두 전구 (가), (나)를 1초 동안 사용했을 때 방출되는 빛에너지와 열에너지를 나타낸 것이다.

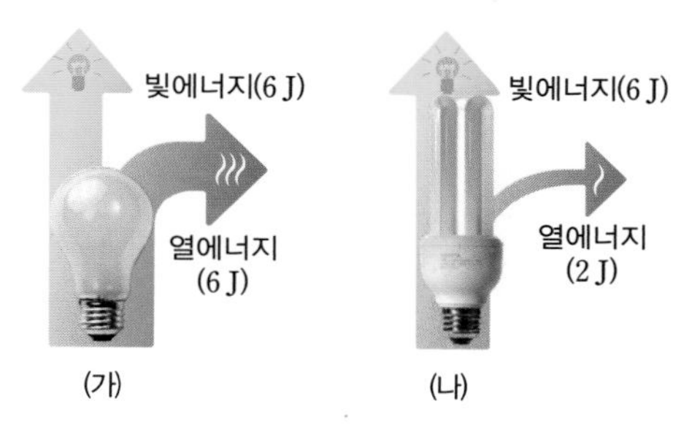

(가), (나) 중 더 효율적인 전구를 쓰고, 그 까닭을 소비 전력을 비교하여 서술하시오.

Tip 소비 전력이 20 W인 전기 기구는 ❶ [ ] 초 동안 ❷ [ ] J의 전기 에너지를 소비한다.

답 ❶ 1 ❷ 20

12 표는 유미네 집에서 사용하는 전기 기구의 소비 전력과 하루 동안 사용 시간을 나타낸 것이다.

구분 \ 기구	헤어 드라이어	핸드폰 충전기	전자레인지	노트북
소비 전력	1000 W	10 W	700 W	100 W
사용 시간	10분	5시간	10분	1시간

전기 에너지를 가장 크게 줄일 수 있는 방법을 옳게 말하고 있는 학생을 쓰시오. ( )

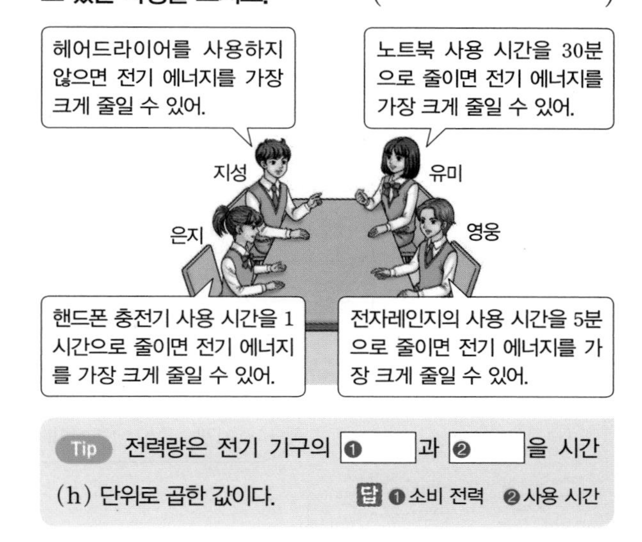

Tip 전력량은 전기 기구의 ❶ [ ] 과 ❷ [ ] 을 시간(h) 단위로 곱한 값이다.

답 ❶ 소비 전력 ❷ 사용 시간

2주 Ⅶ 별과 우주~ Ⅷ 과학 기술과 인류 문명

7강_별의 거리와 성질

색	파란색	청백색	흰색	황백색	노란색	주황색	붉은색
표면 온도	높다 ↔ 낮다						
	30000 °C 이상	10000 ~ 30000 °C	7500 ~ 10000 °C	6000 ~ 7500 °C	5000 ~ 6000 °C	3500 ~ 5000 °C	3500 °C 이하

8강_은하와 우주, 과학 기술과 인류 문명

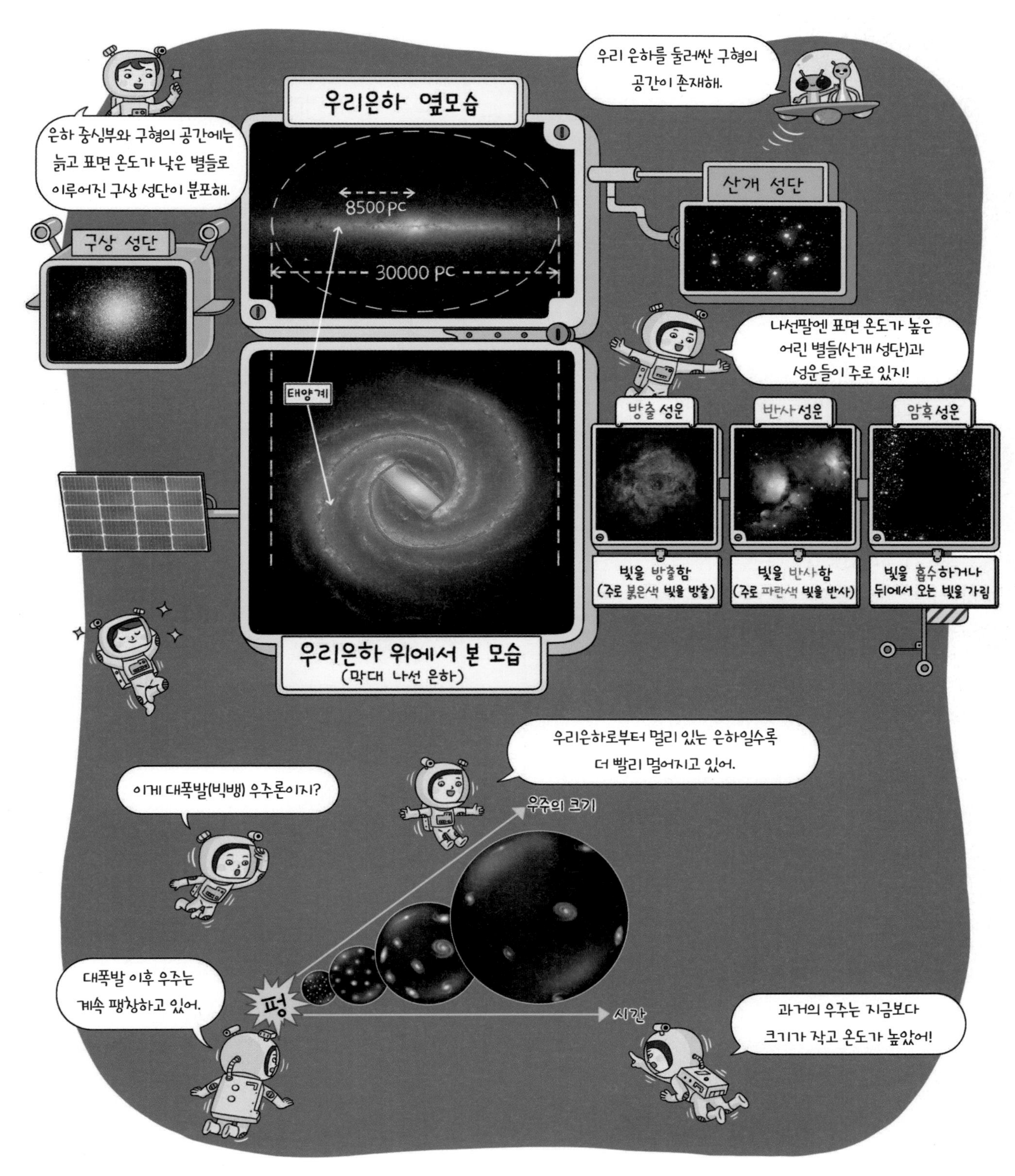

2주 1일 개념 돌파 전략 1

개념 1 별의 연주 시차

1 **시차** 관측자의 ❶ ☐에 따라 물체의 겉보기 방향이 달라지는 정도 ➡ 시차의 크기는 두 관측 지점과 물체가 이루는 각도로 표기

2 **별의 연주 시차** 6개월 간격으로 지구에서 별을 관측하였을 때 생기는 ❷ ☐의 $\frac{1}{2}$에 해당하는 값으로, 단위는 초(″)를 사용

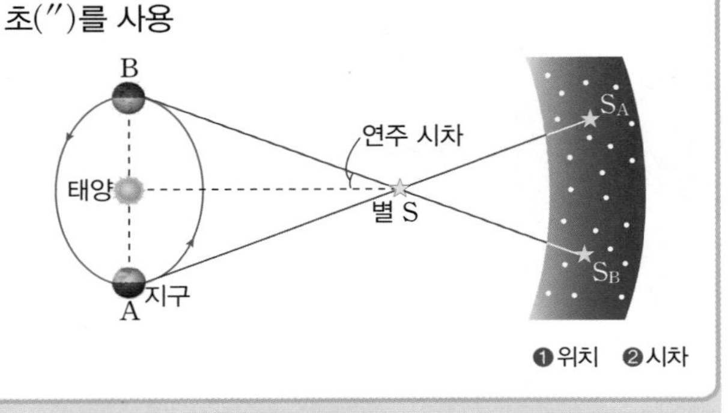

❶위치 ❷시차

확인Q 1 시차의 크기는 물체와의 거리가 (   ) 커진다.

개념 2 별의 연주 시차와 거리

1 **별의 연주 시차와 거리의 관계**
- 별까지의 거리는 연주 시차에 ❶ ☐
- 지구로부터 멀리 있는 별일수록 연주 시차가 작음
- 연주 시차를 측정하면 별까지의 거리를 구할 수 있음

2 **별의 거리 단위**
- 1 pc(파섹): 연주 시차가 ❷ ☐인 별까지의 거리

$$\text{별까지의 거리(pc)} = \frac{1}{\text{연주 시차}(″)}$$

- 1 AU(천문단위): 태양과 지구 사이의 평균 거리
- 1 LY(광년): 빛이 1년 동안 가는 거리

➡ 1 pc ≒ 3.26 LY ≒ 206265 AU ≒ 3×10^{13} km

❶반비례 ❷1″

확인Q 2 별의 연주 시차는 별까지의 거리에 (   )한다.

개념 3 별의 밝기와 거리

1 **별의 밝기에 영향을 주는 요소**
- 별이 방출하는 ❶ ☐의 양
- 지구로부터 별까지의 거리

2 **별의 밝기와 거리 관계** 별의 밝기는 별까지 거리의 ❷ ☐에 반비례

$$\text{별의 밝기} \propto \frac{1}{(\text{별까지의 거리})^2}$$

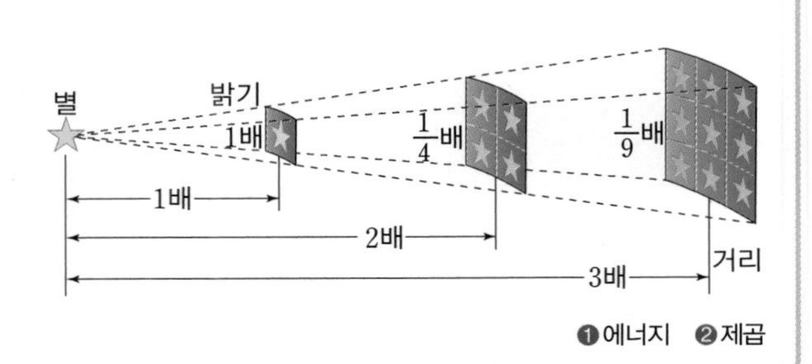

❶에너지 ❷제곱

확인Q 3 방출하는 에너지양이 같은 별이라도 거리가 가까울수록 (   ) 보인다.

개념 4 별의 밝기와 등급

1 **별의 등급** 고대 그리스에서는 밝기에 따라 별을 6등급 체계로 구분 ➡ 맨눈으로 가장 밝게 보이는 별을 1등급, 가장 어둡게 보이는 별을 6등급으로 하여 그 사이의 별을 상대적 밝기에 따라 2~5등급으로 구분

2 **별의 등급과 밝기 관계** 등급의 숫자가 ❶ ☐ 밝은 별
➡ 5등급 차이는 약 100배의 밝기 차이
➡ 1등급 차이는 약 ❷ ☐배($100^{\frac{1}{5}}$)의 밝기 차이

6등급 → 약 2.5배 → 5등급 → 약 2.5배 → 4등급 → 약 2.5배 → 3등급 → 약 2.5배 → 2등급 → 약 2.5배 → 1등급

← 어둡다　　약 100배　　밝다 →

❶작을수록 ❷2.5

확인Q 4 별의 밝기는 (   )으로 표시하며, 등급의 숫자가 작을수록 밝은 별이다.

개념 5 겉보기 등급과 절대 등급

1 겉보기 등급

- 관측자에게 보이는 별의 밝기를 ❶ [ ]으로 비교하여 나타낸 등급
- 겉보기 등급 숫자가 작은 별일수록 밝게 보임

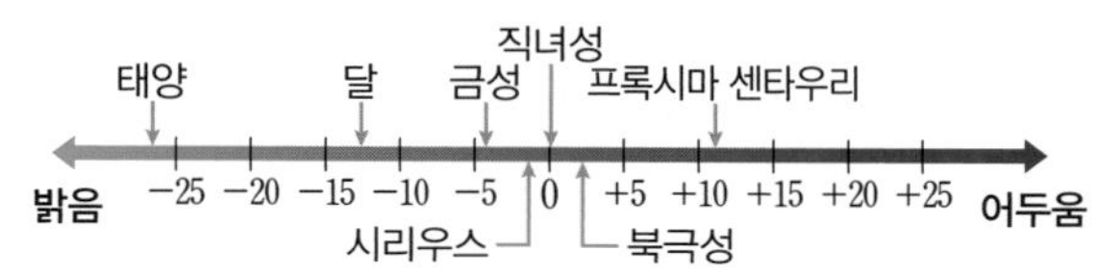

2 절대 등급

- 모든 별이 지구로부터 10 pc만큼 떨어진 거리에 있다고 가정할 때의 등급
- 별까지의 거리가 모두 같으므로 별의 ❷ [ ] 밝기를 비교 가능

❶상대적 ❷실제

확인Q 5 별의 실제 밝기를 비교하기 위해서는 별들이 (   ) 거리에 있을 때의 밝기를 비교해야 한다.

개념 6 별의 등급과 거리 관계

1 별의 등급과 거리

- 별까지의 거리가 10 pc보다 ❶ [ ] 별
  ➡ 겉보기 등급 < 절대 등급
- 별까지의 거리가 10 pc보다 먼 별
  ➡ 겉보기 등급 > 절대 등급
- 별까지의 거리가 10 pc인 별
  ➡ 겉보기 등급 = 절대 등급

2 거리 지수 '겉보기 등급 − 절대 등급'의 값으로, 거리 지수가 ❷ [ ] 별까지의 거리가 더 멀다.

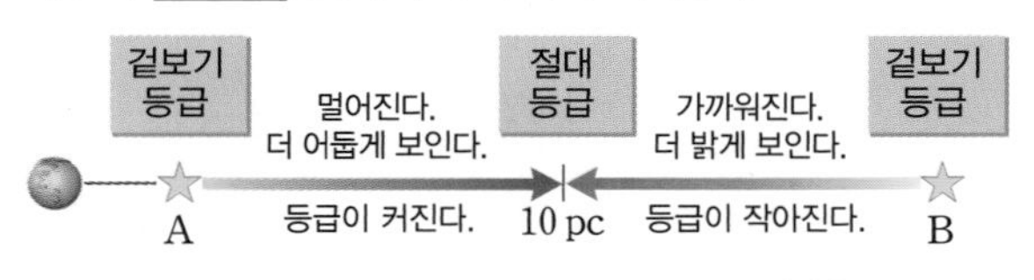

❶가까운 ❷클수록

확인Q 6 태양은 10 pc보다 가까이 있으므로 겉보기 등급이 절대 등급보다 (   ).

개념 7 별의 색과 표면 온도

1 별의 색 별의 색은 별의 ❶ [ ]에 따라 달라짐

➡ 별의 표면 온도가 낮을수록 ❷ [ ]을 띠고, 표면 온도가 높아짐에 따라 점차 황색, 백색, 청색을 띰

2 표면 온도에 따른 별의 색

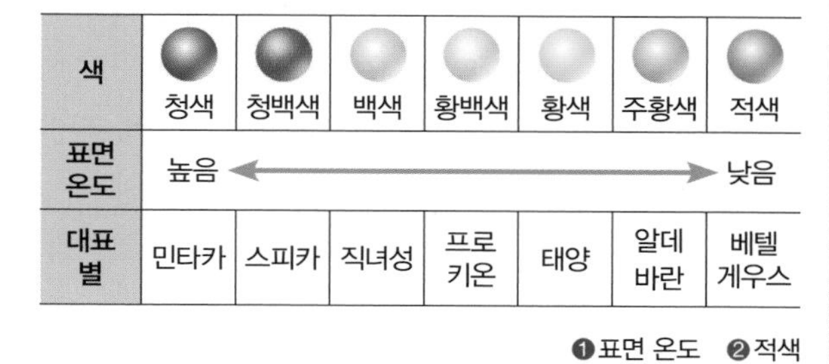

색	청색	청백색	백색	황백색	황색	주황색	적색
표면 온도	높음 ←						→ 낮음
대표 별	민타카	스피카	직녀성	프로키온	태양	알데바란	베텔게우스

❶표면 온도 ❷적색

확인Q 7 별의 색은 표면 온도가 낮을수록 붉은색을 띠고, 표면 온도가 높아짐에 따라 점차 황색, 백색, (   )을 띤다.

개념 8 색이 다른 별의 예

1 색이 다른 별 별을 구성하는 성분이나 ❶ [ ]와 관계없이 표면 온도에 따라 색이 다르게 보임

스피카: 표면 온도가 약 22000 ℃인 청백색 별

시리우스: 표면 온도가 약 10000 ℃인 백색 별

아크투루스: 표면 온도가 약 4300 ℃인 주황색 별

2 오리온자리의 베텔게우스와 리겔 리겔이 베텔게우스보다 표면 온도가 ❷ [ ]므로 두 별의 색이 다르게 보임

❶크기 ❷높으

확인Q 8 태양은 (   ) 별로, 표면 온도가 적색 별보다 높고 청색 별보다 낮다.

개념 1 우리은하

1 **은하수** 지구에서 관측한 우리은하 일부분의 모습으로, 은하면에 위치한 별들이 뿌연 띠 모양으로 보임

2 **우리은하** [❶]가 속해 있는 은하

- 위에서 본 모습은 중심부가 막대 모양이고, 주변에는 별들이 나선 모양으로 분포
- 옆에서 본 모습은 지름이 약 30 kpc(약 10만 광년)이고 중심부가 부풀어 있는 납작한 [❷] 모양
- 태양계는 우리 은하 중심에서 약 8.5 kpc(약 3만 광년) 떨어진 나선팔에 위치

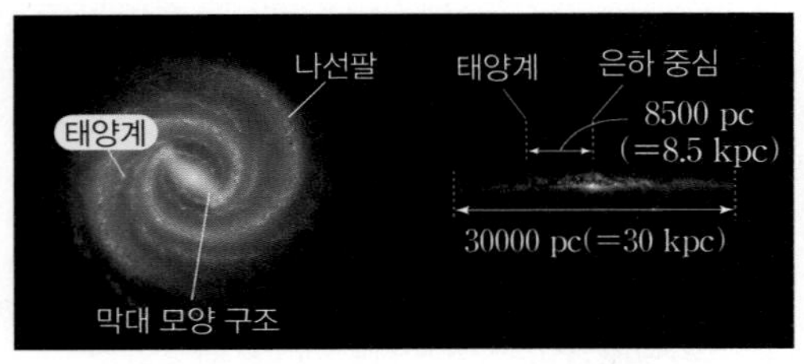

▲ 위에서 본 모습 ▲ 옆에서 본 모습

❶ 태양계 ❷ 원반

확인Q 1 밤하늘에 별들이 뿌연 띠 모양으로 보이는 은하수는 지구에서 본 ( )의 일부이다.

개념 2 성단

1 **성단** 많은 별들이 모여 집단을 이루고 있는 천체

2 **산개 성단** 별들이 일정한 모양 없이 모여 있음

- 주로 우리은하의 [❶]에 분포
- 대부분 젊고 표면 온도가 높은 파란색 별들로 구성

3 **구상 성단** 별들이 공 모양으로 모여 있음

- 주로 우리은하 중심부와 은하 원반을 둘러싼 구형의 공간(헤일로)에 분포
- 대부분 늙고 표면 온도가 낮은 [❷] 별들로 구성

▲ 산개 성단 (플레이아데스 성단)

▲ 구상 성단 (M4)

❶ 나선팔 ❷ 붉은색

확인Q 2 성단은 많은 별들이 모여 ( )을 이루고 있는 천체이다.

개념 3 성운

1 **성운** 성간 물질이 밀집되어 [❶]처럼 보이는 천체로, 주로 우리은하의 나선팔에 분포

2 **방출 성운** 근처의 별빛을 흡수하여 받아 온도가 높아져 스스로 빛을 내는 성운 ➡ 주로 붉은색 빛을 냄

3 **반사 성운** 주변의 별빛을 [❷]하여 밝게 보이는 성운 ➡ 주로 파란색으로 보임

4 **암흑 성운** 성간 물질이 뒤쪽에서 오는 별빛을 가려서 검게 보이는 성운 ➡ 은하수의 군데군데가 검게 보이는 것은 암흑 성운 때문

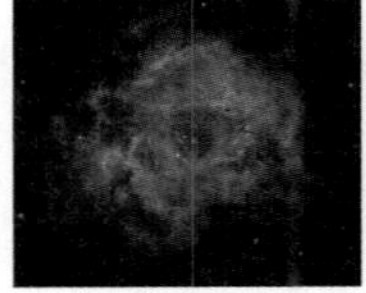
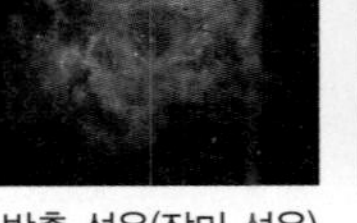

▲ 방출 성운(장미 성운)

▲ 반사 성운(M78)

▲ 암흑 성운(버나드 68)

❶ 구름 ❷ 반사

확인Q 3 별과 별 사이의 넓은 공간에 희박하게 퍼져 있는 기체와 먼지들을 ( )이라고 한다.

개념 4 우주의 팽창

1 **멀어지는 외부 은하**

- 외부 은하: 우리은하 밖에 있는 은하
- 허블은 안드로메다은하가 외부 은하라는 것을 최초로 발견하였고, 멀리 있는 외부 은하들이 우리은하에서 [❶] 있다는 사실을 확인

➡ 우주 팽창의 증거

2 **팽창하는 우주**

- 우주 공간은 모든 방향으로 균일하게 팽창
- 팽창의 [❷]은 따로 존재하지 않음

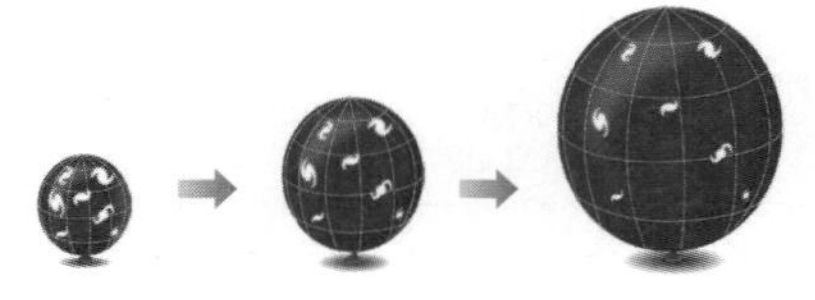

❶ 멀어지고 ❷ 중심

확인Q 4 우리은하로부터 멀리 있는 은하일수록 더 빨리 멀어지고 있다는 것은 ( )의 증거이다.

개념 5 대폭발 우주론(빅뱅 우주론)

1 **대폭발 우주론(빅뱅 우주론)** 먼 과거에 우주의 모든 물질과 에너지가 모인 한 ❶ ___에서 대폭발로 시작된 우주가 점점 팽창하여 현재의 모습이 되었다는 이론

- 과거의 우주는 지금보다 크기가 작고 온도가 높았음
- 대폭발 이후 우주는 계속 ❷ ___하고 있음

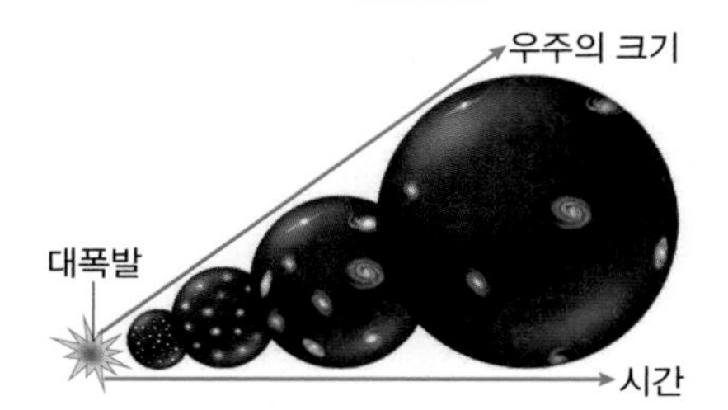

❶점 ❷팽창

확인Q 5 대폭발 우주론에 의하면 한 점에서 시작한 우주가 (   )로 인해 점점 팽창하여 현재의 모습을 이루었다.

개념 6 우주 탐사

1 **우주 탐사의 목적과 의의**

- 우주에 대한 이해와 인간의 지적 ❶ ___ 충족
- 우주 탐사 과정에서 다양한 정보와 새로운 지식 습득
- 우주 탐사 기술을 ❷ ___에 응용
  ➡ 인류의 편의와 삶의 질 향상

2 **우주 탐사의 역사와 성과**

- 스푸트니크 1호 (1957): 최초의 인공위성 발사 성공
- 아폴로 11호 (1969): 최초의 달 착륙 성공
- 보이저 2호 (1977): 1989년에 해왕성 근접 통과
- 허블 우주 망원경 (1990): 천문학 발전에 공헌
- 탐사 로봇 큐리오시티 (2011): 2012년에 화성 착륙
- 뉴호라이즌스호 (2006): 2015년에 최초로 명왕성 근접 통과
- 파커 탐사선 (2018): 최초의 태양 대기권 진입

3 **우주 탐사 기술의 활용** 주변에서 볼 수 있는 물건 중 우주 탐사를 위해 개발된 기술이 적용된 사례가 많음

예 안경테, 골프채, MRI, 기능성 옷감, 정수기, 전자레인지 등

❶호기심 ❷실생활

확인Q 6 우주 탐사로 습득한 지식과 정보로부터 지구 (   )과 생명에 대해 보다 깊이 이해할 수 있다.

개념 7 과학 기술과 인류 문명

1 **과학 기술과 인류 문명의 발달**

- **과학적 발견**: 암모니아의 합성, 페니실린의 발견 등
- **기술의 발달**: 컴퓨터의 발명, 유전자 분석 기술 등
- **기기의** ❶ ___: 망원경의 발명, 현미경의 발명 등

2 **첨단 과학 기술의 활용 사례**

- **유기 발광 다이오드**(OLED): 형광성 물질에 전류를 흘려주면 스스로 빛을 내는 현상 이용
- **인공 지능**(AI): 기계가 인간과 같은 지능을 가짐
- **사물 인터넷**(IoT): 모든 사물을 ❷ ___으로 연결

❶발명 ❷인터넷

확인Q 7 증기 기관의 발명은 생산력 증대와 공장 자동화를 가져와 (   )을 일으켰다.

개념 8 우리 생활과 과학

1 **첨단 과학 기술**

- **나노 기술**: 1～수십 nm 크기 수준에서 물질이나 구조를 다루는 기술
- **생명 공학 기술**: 생명 과학 지식을 바탕으로 생명 현상과 생물 기능을 인간 생활에 활용하는 기술
- **정보 통신 기술**: 정보를 주고받는 것뿐만 아니라 개발, 저장, 처리, 관리에 필요한 모든 기술

2 **우리 생활에 이용되는 첨단 과학 기술**

- **스마트폰**: 하나의 기기로 노트북, 디지털카메라, MP3 플레이어 등의 여러 기능을 이용
- **3D 프린터**: 3차원 도면 데이터를 바탕으로 입체적인 물건 생성
- **자율 주행 자동차**: 다양한 ❶ ___로 주변 상황을 인식하고, 인식한 정보를 처리하며 주행 가능

3 **생체 모방 기술** 생체 물질의 기본 구조, 구성 성분, 기능 등을 첨단 과학 기술과 결합하여 새로운 제품을 개발

4 **과학 기술의 양면성** 생활의 편리와 인간 수명 증가, 식량 부족 해결 등의 긍정적 측면과 환경오염, 에너지 부족 등의 ❷ ___ 측면이 공존

❶센서 ❷부정적

확인Q 8 첨단 과학 기술은 이전에 사용하던 (   ) 과학 기술과 구별되는 새로운 과학 기술이다.

1

별의 연주 시차에 대한 설명으로 옳은 것을 |보기|에서 모두 고른 것은?

보기
ㄱ. 연주 시차가 1″인 별까지의 거리는 1 pc이다.
ㄴ. 지구로부터 멀리 있는 별일수록 연주 시차는 크다.
ㄷ. 지구에서 별을 6개월 간격으로 측정한 시차의 $\frac{1}{2}$에 해당하는 값이다.

① ㄱ ② ㄴ ③ ㄱ, ㄷ
④ ㄴ, ㄷ ⑤ ㄱ, ㄴ, ㄷ

문제 해결 전략

지구로부터 멀리 있는 별일수록 연주 시차가 ❶ ____, 가까이 있는 별일수록 연주 시차가 ❷ ____.

답 ❶ 작고 ❷ 크다

2

별의 밝기와 등급에 대한 설명으로 옳은 것은?

① 별의 밝기는 거리의 제곱에 비례한다.
② 절대 등급의 숫자가 작은 별일수록 어두운 별이다.
③ 겉보기 등급으로 별의 실제 밝기를 비교할 수 있다.
④ 등급이 1등급인 별은 6등급인 별과 약 100배의 밝기 차이가 난다.
⑤ 겉보기 등급이 절대 등급보다 큰 별은 지구로부터 거리가 10 pc보다 가깝다.

문제 해결 전략

거리 지수는 ❶ ____에서 ❷ ____을 뺀 값으로, 이 값이 작을수록 가까이 있는 별이다.

답 ❶ 겉보기 등급 ❷ 절대 등급

3

표는 별 A~D의 색을 나타낸 것이다.

별	A	B	C	D
색깔	적색	황색	청색	백색

표면 온도가 가장 높은 별과 가장 낮은 별을 순서대로 바르게 짝지은 것은?

① A, B ② A, C ③ B, A
④ C, A ⑤ D, B

문제 해결 전략

별의 ❶ ____을 관장하면 표면 온도를 알 수 있으며, 별의 표면 온도와 ❷ ____는 관계가 없다.

답 ❶ 색 ❷ 밝기

4 우리은하에 대한 설명으로 옳은 것을 |보기|에서 모두 고른 것은?

보기
ㄱ. 태양계는 우리은하의 중심에 위치한다.
ㄴ. 은하수는 지구에서 관측한 우리은하 일부분의 모습이다.
ㄷ. 옆에서 보면 중심부가 부풀어 있는 납작한 원반 모양이다.
ㄹ. 위에서 보면 원 모양의 중심부에 나선팔이 연결되어 분포한다.

① ㄱ, ㄴ　② ㄴ, ㄷ　③ ㄷ, ㄹ
④ ㄱ, ㄴ, ㄹ　⑤ ㄱ, ㄷ, ㄹ

문제 해결 전략

우리은하는 ❶ [　　] 가 속해 있는 은하로, 은하수는 ❷ [　　] 에서 관측한 우리은하 일부분의 모습이다.

답 ❶ 태양계 ❷ 지구

5 우주 탐사의 목적과 의의에 대한 설명으로 옳지 않은 것은?

① 지구 환경과 생명에 대해 이해할 수 있다.
② 다양한 정보와 새로운 지식을 습득할 수 있다.
③ 우주에 대한 인류의 지적 호기심을 충족할 수 있다.
④ 준비 과정에서 얻은 첨단 과학 기술을 실생활에 응용할 수 있다.
⑤ 국가 간의 경쟁을 유발하여 우주 관련 예산 확보와 국가의 성장을 도모할 수 있다.

문제 해결 전략

우주 탐사 과정에서 습득한 다양한 정보와 새로운 ❶ [　　] 은 지구의 환경과 ❷ [　　] 에 대한 이해를 증진시킨다.

답 ❶ 지식 ❷ 생명

6 과학 기술과 인류 문명의 관계에 대한 설명으로 옳은 것을 |보기|에서 모두 고른 것은?

보기
ㄱ. 과학 기술이 발달하면서 공업과 서비스업 위주의 사회가 점차 농업과 어업 위주의 사회로 변화하였다.
ㄴ. 금속의 발견으로 철제 농기구를 사용함에 따라 생산력이 비약적으로 증대되었다.
ㄷ. 암모니아의 합성으로 질소 비료를 대량으로 생산할 수 있게 되어 식량 생산량이 획기적으로 늘어났다.
ㄹ. 과학 기술과 음악, 미술이 융합되어 미디어 아트나 테크놀로지 아트 등과 같은 새로운 예술 분야가 등장했다.

① ㄱ, ㄴ　② ㄱ, ㄷ　③ ㄴ, ㄹ
④ ㄱ, ㄷ, ㄹ　⑤ ㄴ, ㄷ, ㄹ

문제 해결 전략

발전기로 ❶ [　　] 에너지를 생산하게 되면서, 가정이나 공장에서 기계를 작동시킬 때도 전기가 ❷ [　　] 기관을 대신하였다.

답 ❶ 전기 ❷ 증기

2주 2일 필수 체크 전략 1 기출 선택지 All

7강_별의 거리와 성질

대표 기출 1 | 별의 연주 시차 |

그림은 지구에서 6개월 간격으로 관측한 별 S의 모습을 나타낸 것이다.

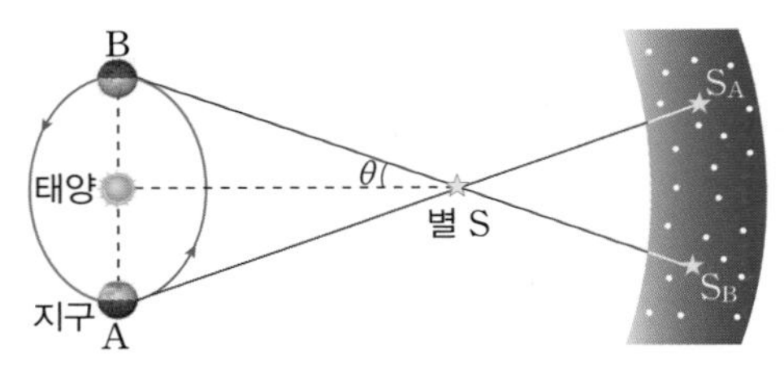

이에 대한 설명으로 옳은 것을 | 보기 |에서 모두 고르시오.

보기
ㄱ. θ는 초($''$) 단위를 사용한다.
ㄴ. 별 S의 거리가 가까워지면 시차는 작아진다.
ㄷ. 지구에서 관측한 별 S의 연주 시차는 $\frac{\theta}{2}$이다.
ㄹ. 지구가 A에서 B까지 이동하는 데 6개월이 걸렸다.
ㅁ. 연주 시차를 이용해 별까지의 거리를 구할 수 있다.
ㅂ. 연주 시차는 지구 자전의 증거이다.

Tip 별의 연주 시차는 6개월 간격으로 지구에서 별을 관측하였을 때 생기는 시차의 $\frac{1}{2}$에 해당하는 값이다.

풀이 ㄴ. 별 S의 거리가 가까워지면 시차는 커진다.
ㄷ. 그림에서 별 S의 연주 시차는 θ이다.
ㅂ. 연주 시차는 지구가 공전하기 때문에 관측된다.

답 ㄱ, ㄹ, ㅁ

1-1 그림은 화이트보드에 숫자를 쓴 종이를 붙이고 양쪽 눈을 번갈아 감으면서 연필이 보이는 위치를 확인하는 실험을 나타낸 것이다. 이에 대한 설명으로 옳은 것을 | 보기 |에서 모두 고르시오.

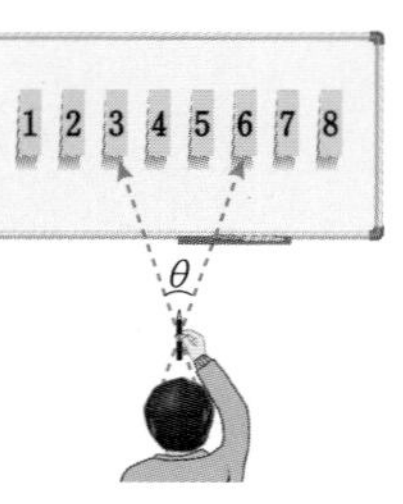

보기
ㄱ. 연필이 보이는 두 위치 사이의 각(θ)을 시차라고 한다.
ㄴ. 연필과 눈 사이의 거리가 멀어지면 θ의 크기는 작아진다.
ㄷ. 연필과 눈 사이의 거리를 유지한 상태에서 화이트보드에 가까이 다가가면 θ의 크기는 작아진다.

대표 기출 2 | 별의 연주 시차와 거리 |

그림은 지구가 공전하며 위치가 E_1에서 E_2로 변함에 따라 관측되는 별 A와 B의 시차를 나타낸 것이다.

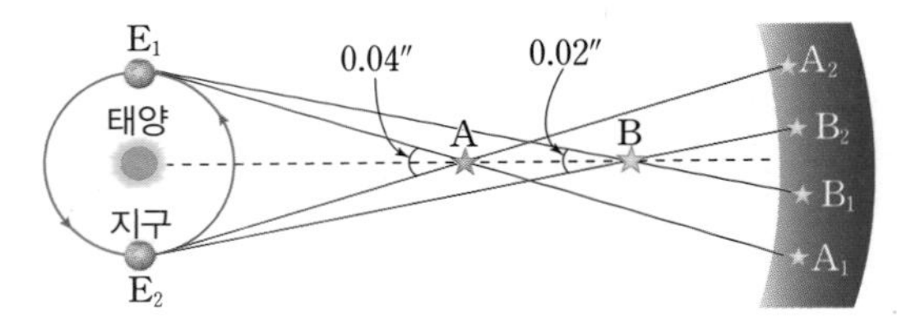

이에 대한 설명으로 옳은 것을 | 보기 |에서 모두 고르시오.

보기
ㄱ. 별 A의 연주 시차는 0.02″이다.
ㄴ. 별 B까지의 거리는 10 pc이다.
ㄷ. 별의 연주 시차와 별까지의 거리는 반비례한다.
ㄹ. 별 B는 A보다 지구로부터 2배 멀리 떨어져 있다.
ㅁ. 지구가 E_1에서 E_2로 이동하는 데 3개월이 걸렸다.
ㅂ. 연주 시차가 0.03″인 별은 B보다 지구에 더 가까이 있다.

Tip 별까지의 거리는 연주 시차에 반비례한다.

풀이 ㄴ. 별 B의 연주 시차는 0.01″이므로, 별까지의 거리는 $\frac{1}{0.01''}=100$ pc이다.
ㅁ. 지구가 E_1에서 E_2로 이동하는 데 걸린 시간은 6개월이다.

답 ㄱ, ㄷ, ㄹ, ㅂ

2-1 그림은 지구에서 6개월 간격으로 관측한 별 S의 모습을 나타낸 것이다.

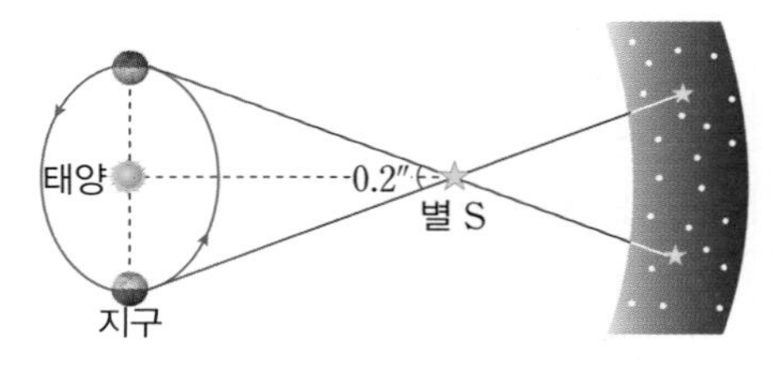

이에 대한 설명으로 옳은 것을 | 보기 |에서 모두 고르시오.

보기
ㄱ. 별 S의 연주 시차는 0.2″이다.
ㄴ. 별 S는 지구로부터 32.6 LY(광년) 떨어져 있다.
ㄷ. 별 S와 지구 사이의 거리가 멀어지면 연주 시차가 커진다.

대표 기출 3 | 별의 밝기와 등급 |

그림은 별의 밝기와 거리의 관계를 나타낸 것이다.

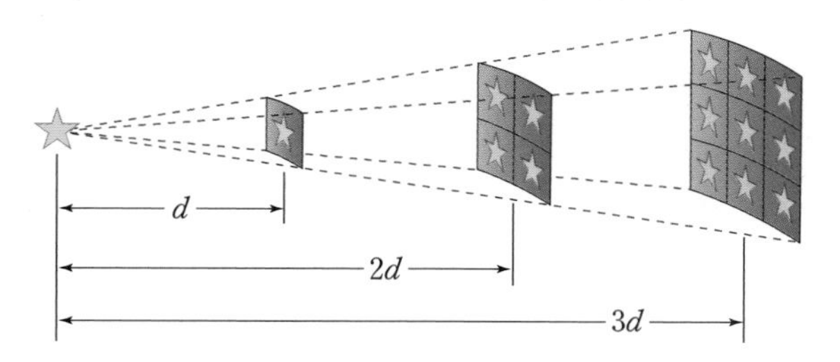

이에 대한 설명으로 옳은 것을 모두 고르면? [정답 3개]

① 별의 밝기는 거리의 제곱에 반비례한다.
② 1등급 차이는 약 2.5배의 밝기 차이를 나타낸다.
③ 별까지의 거리가 가까워지면 겉보기 등급은 커진다.
④ 별까지의 거리가 3배 멀어지면 밝기는 $\frac{1}{3}$배로 줄어든다.
⑤ 밝기를 나타내는 등급의 숫자가 작을수록 어둡게 보인다.
⑥ 별까지의 거리가 같다면 에너지를 많이 방출하는 별이 더 밝게 보인다.

Tip 별의 밝기는 등급으로 표시하며, 등급의 숫자가 작을수록 밝은 별이다.

풀이 ③ 별까지의 거리가 가까워지면 밝기는 거리의 제곱에 반비례하여 밝아진다. 따라서 겉보기 등급은 작아진다.
④ 별의 밝기는 거리의 제곱에 반비례하므로, 별까지의 거리가 3배 멀어지면 밝기는 $\frac{1}{9}$배로 어두워진다.
⑤ 밝기를 나타내는 등급의 숫자가 작을수록 밝게 보이는 별이다.

답 ①, ②, ⑥

3-1 그림은 별의 밝기와 거리의 관계를 나타낸 것이다.

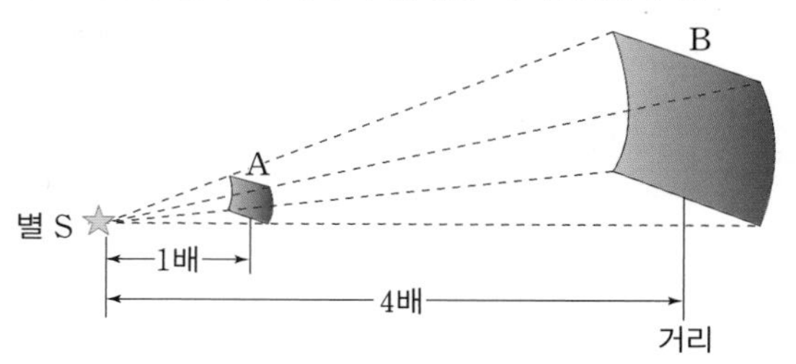

별 S에 대한 관측자의 위치가 A에서 B로 이동했을 때 밝기 변화에 대한 설명으로 옳은 것을 | 보기 |에서 모두 고른 것은?

| 보기 |
ㄱ. $\frac{1}{16}$배로 어둡게 보인다.
ㄴ. 절대 등급은 변하지 않는다.
ㄷ. 겉보기 등급의 숫자가 작아진다.

① ㄱ ② ㄷ ③ ㄱ, ㄴ
④ ㄱ, ㄷ ⑤ ㄴ, ㄷ

3-2 그림은 여러 천체의 겉보기 등급을 나타낸 것이다.

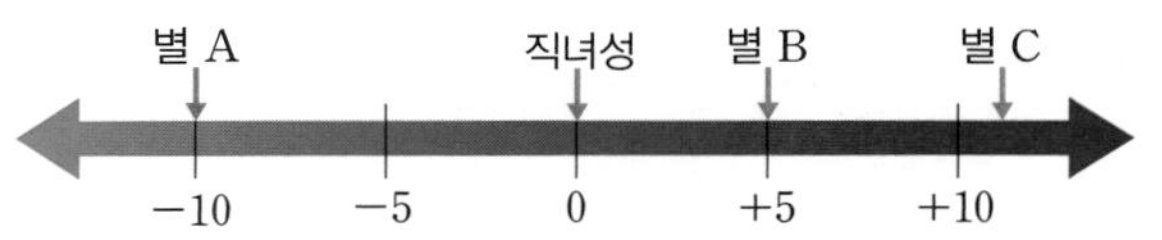

이에 대한 설명으로 옳은 것을 | 보기 |에서 모두 고른 것은?

| 보기 |
ㄱ. 별 A는 직녀성보다 밝게 보인다.
ㄴ. 별 B는 직녀성의 $\frac{1}{100}$배로 어둡게 보인다.
ㄷ. 별 C는 별 A보다 실제 밝기가 어둡다.

① ㄱ ② ㄴ ③ ㄱ, ㄴ
④ ㄴ, ㄷ ⑤ ㄱ, ㄴ, ㄷ

대표 기출 4 | 겉보기 등급과 절대 등급 |

표는 여러 별들의 겉보기 등급과 절대 등급을 나타낸 것이다.

별	겉보기 등급	절대 등급
리겔	0.1	−6.8
시리우스	−1.5	1.4
베가	0.0	0.5
베텔게우스	0.8	−5.5

이에 대한 설명으로 옳은 것을 | 보기 | 에서 모두 고르시오.

보기
ㄱ. 리겔은 시리우스보다 어둡게 보인다.
ㄴ. 시리우스는 베텔게우스보다 실제 밝기가 밝다.
ㄷ. 베가는 리겔보다 실제 밝기가 어둡다.
ㄹ. 베텔게우스는 리겔보다 밝게 보인다.
ㅁ. 우리 눈에 가장 밝게 보이는 별은 리겔이다.
ㅂ. 이 별들 중에서 실제로 가장 밝은 별은 리겔이다.

Tip 절대 등급은 별이 10 pc의 거리에 있다고 가정할 때의 등급이다.

풀이 ㄴ. 시리우스는 절대 등급이 1.4이고, 베텔게우스는 절대 등급이 −5.5이므로, 시리우스는 베텔게우스보다 실제 밝기가 어두운 별이다.
ㄹ. 베텔게우스는 겉보기 등급이 0.8이고, 리겔은 겉보기 등급이 0.1이므로, 베텔게우스는 리겔보다 어둡게 보이는 별이다.
ㅁ. 우리 눈에 가장 밝게 보이는 별은 겉보기 등급이 가장 작은 시리우스이다. 답 ㄱ, ㄷ, ㅂ

대표 기출 5 | 별의 등급과 거리 관계 |

표는 별 A～E의 겉보기 등급과 절대 등급을 나타낸 것이다.

별	A	B	C	D	E
겉보기 등급	1.3	1.7	0.8	2.0	−0.1
절대 등급	−6.9	1.7	2.2	−3.6	0.6

지구로부터 별 A～E까지의 거리에 대한 설명으로 옳은 것을 | 보기 | 에서 모두 고르시오.

보기
ㄱ. A는 B보다 가까운 거리에 있다.
ㄴ. B의 거리는 10 pc이다.
ㄷ. C는 10 pc보다 멀리 떨어져 있다.
ㄹ. D는 A보다 거리가 멀다.
ㅁ. E는 10 pc보다 가까운 별이다.
ㅂ. 지구에서 가장 멀리 있는 별은 C이다.

Tip 거리 지수는 '겉보기 등급−절대 등급'으로, 거리 지수가 클수록 별까지의 거리가 더 멀다.

풀이 ㄱ. A는 겉보기 등급이 절대 등급보다 크므로 10 pc보다 멀다.
ㄷ. C는 겉보기 등급이 절대 등급보다 작으므로, 10 pc보다 거리가 가깝다.
ㄹ. D의 거리 지수는 5.6, A의 거리 지수는 8.2이므로 D가 A보다 거리가 가깝다.
ㅂ. 별 A～E의 거리 지수는 차례로 8.2, 0, −1.4, 5.6, −0.7이므로 지구에서 가장 멀리 떨어져 있는 별은 A이다. 답 ㄴ, ㅁ

4-1 표는 별 A～C의 겉보기 등급과 절대 등급을 나타낸 것이다.

별	A	B	C
겉보기 등급	−0.3	1.2	−2.8
절대 등급	−5.2	1.2	0.4

이에 대한 설명으로 옳은 것을 | 보기 | 에서 모두 고르시오.

보기
ㄱ. A는 B보다 실제 밝기가 밝다.
ㄴ. B는 10 pc의 거리에 있는 별이다.
ㄷ. C는 A보다 어둡게 보인다.

5-1 표는 별 A～C의 절대 등급과 거리 지수(겉보기 등급−절대 등급)를 나타낸 것이다.

별	A	B	C
절대 등급	−2.4	1.7	−2.4
거리 지수	0	−1.1	2.9

이에 대한 설명으로 옳은 것을 | 보기 | 에서 모두 고르시오.

보기
ㄱ. A의 거리는 10 pc이다.
ㄴ. B는 C보다 거리가 멀다.
ㄷ. C는 10 pc보다 거리가 가깝다.

대표 기출 6 | 별의 색과 표면 온도 |

표는 별 A~E의 겉보기 등급, 연주 시차, 색을 나타낸 것이다.

별	겉보기 등급	연주 시차(″)	색
A	2.1	0.4	흰색
B	−1.1	0.2	파란색
C	1.7	0.1	노란색
D	−0.6	0.5	청백색
E	2.6	0.6	붉은색

이에 대한 설명으로 옳은 것을 모두 고르면? [정답 3개]

① A는 C보다 표면 온도가 낮다.
② B는 겉보기 등급보다 절대 등급이 더 작다.
③ C는 32.6 LY(광년)만큼 떨어진 거리에 있다.
④ D는 E보다 표면 온도가 높다.
⑤ A~E 중 A의 표면 온도가 가장 높다.
⑥ A~E 중 E가 지구에서 가장 가까운 거리에 있다.

Tip 별의 표면 온도가 낮을수록 붉은색을 띠고, 표면 온도가 높아짐에 따라 점차 노란색, 흰색, 파란색을 띤다.

풀이 ① A는 흰색이고 C는 노란색이다. 흰색 별이 노란색 별보다 표면 온도가 높으므로, A는 C보다 표면 온도가 높다.
② B의 연주 시차는 0.2″이므로, B의 거리는 $\frac{1}{0.2''}=5$ pc이다. 거리가 10 pc보다 가까우므로 겉보기 등급보다 절대 등급이 더 크다.
⑤ A~E 중 표면 온도가 가장 높은 별은 파란색인 별 B이다.

답 ③, ④, ⑥

6-1 표는 별 A~C의 절대 등급과 연주 시차, 색을 나타낸 것이다.

별	절대 등급	연주 시차(″)	색
A	−3.5	0.2	노란색
B	−0.3	0.4	흰색
C	−0.3	0.1	주황색

이에 대한 설명으로 옳은 것을 | 보기 |에서 모두 고르시오.

보기
ㄱ. A는 C보다 실제 밝기가 어둡다.
ㄴ. C는 B의 $\frac{1}{16}$배의 밝기로 보인다.
ㄷ. A~C 중 C의 표면 온도가 가장 높다.

6-2 그림은 별 A~E의 겉보기 등급과 색을 나타낸 것이다.

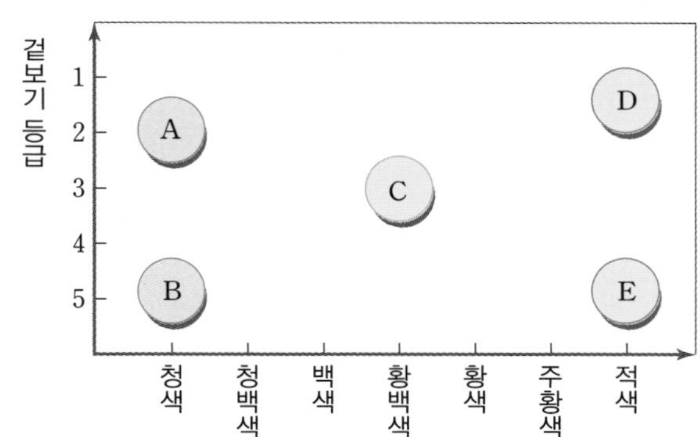

이에 대한 설명으로 옳은 것을 | 보기 |에서 모두 고르시오.

보기
ㄱ. A는 C보다 밝게 보인다.
ㄴ. B는 D보다 표면 온도가 낮다.
ㄷ. A~E 중 표면 온도가 가장 낮으면서, 가장 어둡게 보이는 별은 E이다.

1 그림은 화이트보드에 1부터 8까지 숫자를 적은 종이를 붙인 후 양쪽 눈을 번갈아 감으면서 연필이 보이는 위치의 변화를 확인하는 실험을 나타낸 것이다.

이에 대한 설명으로 옳은 것을 | 보기 | 에서 모두 고른 것은?

보기
ㄱ. 각 θ를 시차라고 한다.
ㄴ. 길이가 더 긴 연필로 교체하면 θ의 크기가 커진다.
ㄷ. 이 실험으로부터 시차와 거리 사이의 관계를 알 수 있다.
ㄹ. 눈과 연필 사이의 거리를 가깝게 하면 θ의 크기는 작아진다.

① ㄱ, ㄴ ② ㄱ, ㄷ ③ ㄴ, ㄹ
④ ㄱ, ㄷ, ㄹ ⑤ ㄴ, ㄷ, ㄹ

Tip 시차는 물체까지의 거리에 ❶ ____ 하며, 시차의 크기는 물체와의 거리가 가까울수록 ❷ ____.

답 ❶반비례 ❷커진다

2 표는 지구에서 관측한 별 A~E의 연주 시차를 나타낸 것이다.

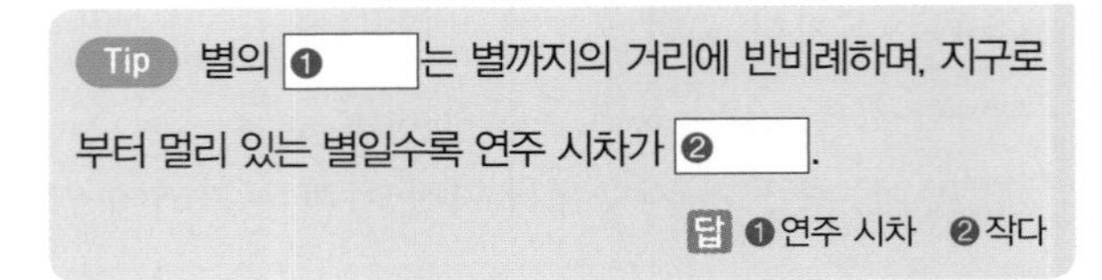

별	A	B	C	D	E
연주 시차(″)	0.2	0.25	0.4	0.1	0.01

지구로부터 거리가 가까운 별부터 순서대로 옳게 나열한 것은?

① A-B-E-D-C
② A-C-B-E-D
③ C-B-A-D-E
④ C-E-D-A-B
⑤ E-D-A-B-C

Tip 별의 ❶ ____ 는 별까지의 거리에 반비례하며, 지구로부터 멀리 있는 별일수록 연주 시차가 ❷ ____.

답 ❶연주 시차 ❷작다

3 그림은 6개월 간격으로 관측한 별 A, B의 모습을 나타낸 것이다.

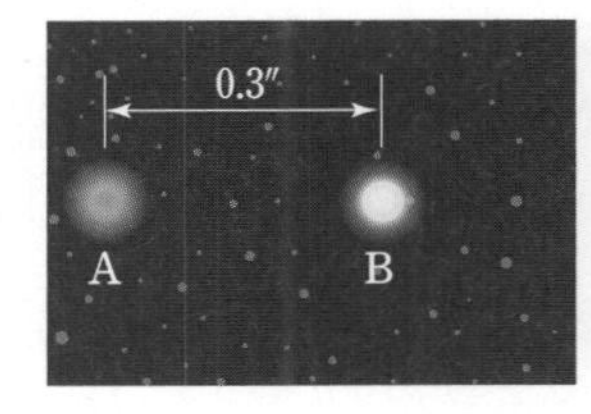

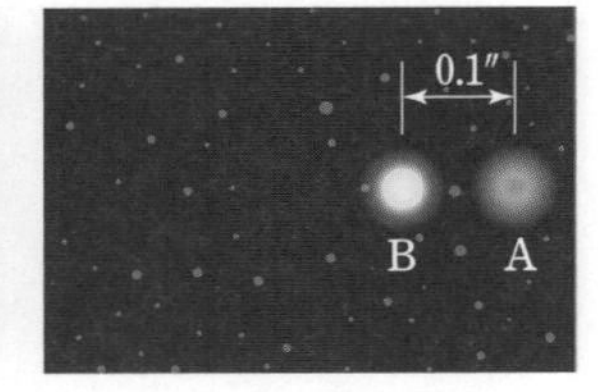

이에 대한 설명으로 옳지 않은 것은? (단, 별 B의 위치는 변하지 않았다.)

① A의 연주 시차는 0.2″이다.
② A는 B보다 거리가 가까운 별이다.
③ A는 16.3 LY(광년) 떨어진 거리에 있다.
④ 별의 연주 시차는 별까지의 거리에 비례한다.
⑤ B는 너무 멀리 떨어져 있어서 연주 시차를 이용해 거리를 구할 수 없다.

Tip 연주 시차가 1″인 별까지의 거리는 ❶ ____ 이며, 이는 ❷ ____ LY(광년)과 같다.

답 ❶1 pc ❷3.26

4 그림은 별의 밝기와 거리의 관계를 나타낸 것이다.

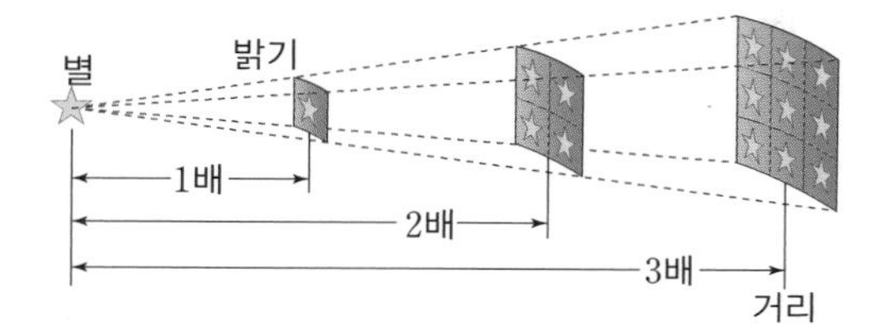

별의 밝기에 영향을 미치는 요인 중 거리만을 고려했을 때, 별의 밝기가 처음의 $\frac{1}{25}$배로 줄었다면, 별까지의 거리는 어떻게 변하였겠는가?

① 2배로 멀어졌다.
② 5배로 멀어졌다.
③ $\frac{1}{5}$배로 가까워졌다.
④ 25배로 멀어졌다.
⑤ $\frac{1}{25}$배로 가까워졌다.

Tip 별의 밝기는 거리의 ❶ [ ] 에 ❷ [ ] 한다.

답 ❶ 제곱 ❷ 반비례

5 표는 여러 별들의 겉보기 등급과 절대 등급을 나타낸 것이다.

별	겉보기 등급	절대 등급
태양	−26.7	4.8
베가	0.0	0.5
폴라리스	2.1	−3.7
베텔게우스	0.8	−5.5

이에 대한 설명으로 옳은 것을 | 보기 | 에서 모두 고른 것은?

보기
ㄱ. 이 별들 중 태양이 가장 밝게 보인다.
ㄴ. 베가의 실제 밝기는 폴라리스보다 밝다.
ㄷ. 폴라리스는 베텔게우스보다 거리가 멀다.
ㄹ. 베가는 10 pc보다 가까운 거리에 위치한다.

① ㄱ, ㄷ ② ㄱ, ㄹ ③ ㄴ, ㄷ
④ ㄱ, ㄴ, ㄹ ⑤ ㄴ, ㄷ, ㄹ

Tip 겉보기 등급이 절대 등급보다 ❶ [ ] 거리가 ❷ [ ] 보다 가까운 별이다.

답 ❶ 작으면 ❷ 10 pc

6 그림은 대표적인 겨울철 별자리 중 하나인 오리온자리의 모습을 나타낸 것이다. 오리온자리의 베텔게우스는 붉은색, 리겔은 청백색으로 보이는 별이다.

이로부터 알 수 있는 사실로 가장 적절한 것은?

① 베텔게우스는 리겔보다 크기가 작다.
② 베텔게우스는 리겔보다 거리가 가깝다.
③ 베텔게우스는 리겔보다 표면 온도가 낮다.
④ 베텔게우스는 리겔보다 절대 등급이 작다.
⑤ 베텔게우스는 리겔보다 겉보기 등급이 크다.

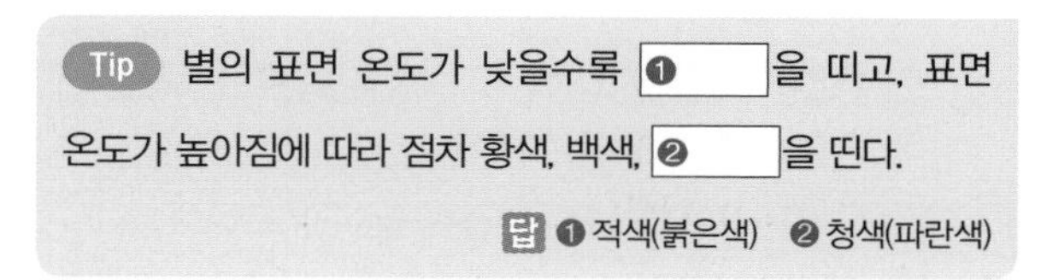
Tip 별의 표면 온도가 낮을수록 ❶ [ ] 을 띠고, 표면 온도가 높아짐에 따라 점차 황색, 백색, ❷ [ ] 을 띤다.

답 ❶ 적색(붉은색) ❷ 청색(파란색)

대표 기출 ① | 우리은하 |

그림 (가)는 우리은하를 위에서 본 모습을, (나)는 옆에서 본 모습을 나타낸 것이다.

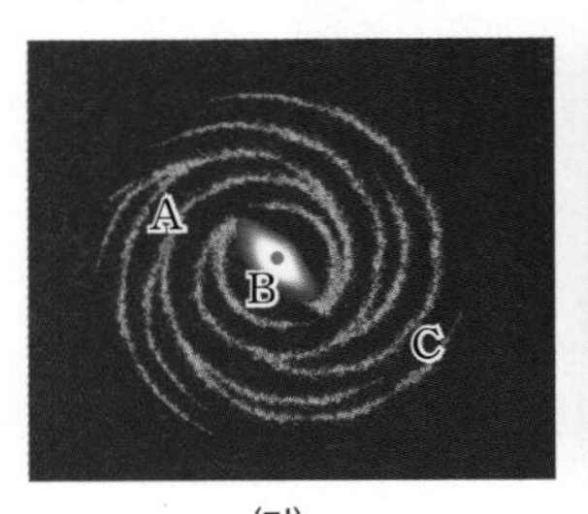

(가)

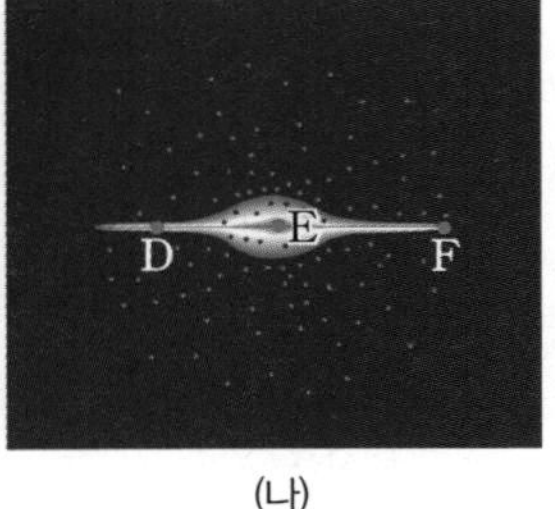

(나)

이에 대한 설명으로 옳은 것을 | 보기 | 에서 모두 고르시오.

보기
ㄱ. 우리은하에서 태양계는 A, D에 위치한다.
ㄴ. A에서 바라본 B 방향의 은하수는 다른 방향보다 폭이 넓고 뚜렷하다.
ㄷ. A에서 B까지의 거리는 약 8500 pc이다.
ㄹ. B는 막대 모양의 구조이다.
ㅁ. C에는 B보다 늙은 별들이 많이 분포한다.
ㅂ. E에서 F까지의 거리는 약 30 kpc이다.

Tip 우주에 분포하는 수많은 은하 중 태양계가 속해 있는 은하를 우리은하라고 한다.

풀이 ㅁ. 우리은하의 나선팔에는 주로 파란색의 젊은 별들이, 중심부에는 주로 붉은색의 늙은 별들이 분포한다.
ㅂ. 우리은하의 지름은 약 30 kpc이므로, 중심인 E에서 가장자리인 F까지의 거리는 약 15 kpc이다.
답 ㄱ, ㄴ, ㄷ, ㄹ

대표 기출 ② | 성단 |

그림 (가)와 (나)는 서로 다른 두 종류의 성단의 모습을 나타낸 것이다.

(가)

(나)

이에 대한 설명으로 옳은 것을 | 보기 | 에서 모두 고르시오.

보기
ㄱ. (가)는 구상 성단, (나)는 산개 성단이다.
ㄴ. (가)는 대부분 늙은 별들로 구성되어 있다.
ㄷ. (가)는 주로 우리은하의 나선팔에 분포한다.
ㄹ. (가)는 (나)에 비해 별들이 빽빽하게 모여 있다.
ㅁ. (나)는 대체로 표면 온도가 낮은 붉은색 별들로 구성되어 있다.
ㅂ. 구성하는 별의 개수는 (나)보다 (가)가 더 많다.

Tip 성단은 모양에 따라 산개 성단과 구상 성단으로 구분한다.

풀이 ㄱ. (가)는 산개 성단, (나)는 구상 성단이다.
ㄴ. (가)는 대부분 젊고 표면 온도가 높은 파란색 별들로 구성되어 있다.
ㄹ. 구상 성단은 별들이 공 모양으로 빽빽하게 모여 있으며, 산개 성단은 별들이 일정한 모양 없이 모여 있다.
ㅂ. 대체로 산개 성단보다 구상 성단의 별의 개수가 많다.
답 ㄷ, ㅁ

①-1 그림은 옆에서 본 우리은하의 모습을 나타낸 것이다. 이에 대한 설명으로 옳은 것을 | 보기 | 에서 모두 고르시오.

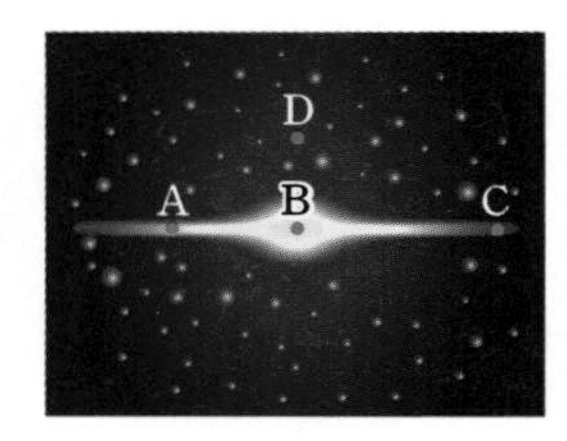

보기
ㄱ. A~D 중 태양계는 A에 위치한다.
ㄴ. B는 막대 모양의 구조이다.
ㄷ. 파란색의 젊은 별들은 C보다 D에 주로 분포한다.

②-1 그림은 어떤 성단의 모습을 나타낸 것이다. 이에 대한 설명으로 옳은 것을 | 보기 | 에서 모두 고르시오.

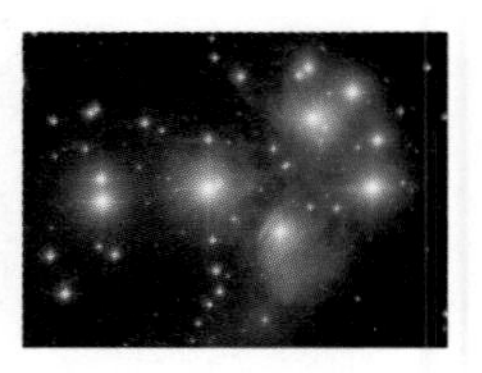

보기
ㄱ. 별들이 일정한 모양 없이 모여 있다.
ㄴ. 대부분 표면 온도가 낮은 붉은색 별들로 구성된다.
ㄷ. 주로 우리은하 중심부와 은하 원반을 둘러싼 구형의 공간에 분포한다.

대표 기출 ③

| 성운 |

그림 (가)~(다)는 서로 다른 세 종류의 성운을 나타낸 것이다.

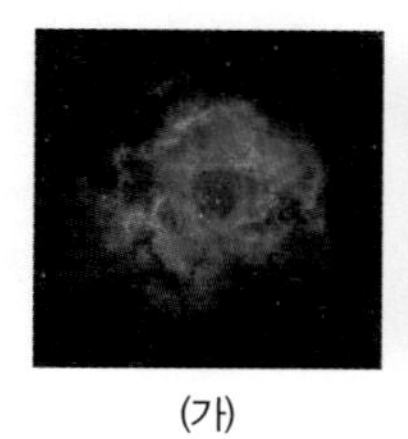
(가)

(나)

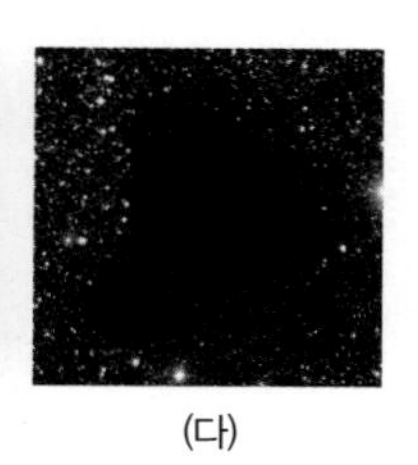
(다)

이에 대한 설명으로 옳은 것을 모두 고르면? [정답 3개]

① (가)는 반사 성운이다.
② (나)는 주로 붉은색 빛을 낸다.
③ (나)는 주변의 별빛을 반사하여 밝게 보인다.
④ (다)는 은하수의 군데군데를 검게 보이게 한다.
⑤ (다)는 근처의 별로부터 에너지를 받아 스스로 빛을 낸다.
⑥ (가)~(다)는 모두 우리은하의 나선팔에 분포한다.

Tip 성운은 성간 물질이 밀집되어 구름처럼 보이는 천체이다.

풀이 ① (가)는 방출 성운이다.
② (나)는 반사 성운으로 주변의 별빛을 반사하여 밝게 보이며, 주로 파란색으로 보인다.
⑤ (다)는 암흑 성운으로, 성간 물질이 뒤쪽에서 오는 별빛을 가려서 검게 보이는 성운이다.

답 ③, ④, ⑥

③-1 그림은 옆에서 본 우리은하의 모습을 나타낸 것이다.

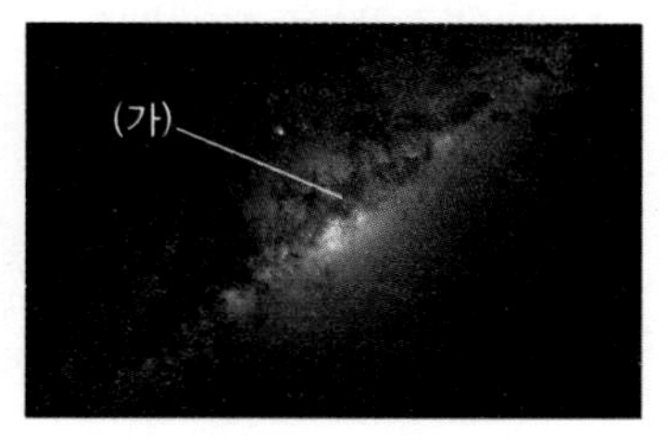

이에 대한 설명으로 옳은 것을 | 보기 | 에서 모두 고르시오.

보기
ㄱ. 궁수자리 방향에서 폭이 넓고 밝게 보인다.
ㄴ. 북반구에서는 여름철보다 겨울철에 더 잘 관측된다.
ㄷ. (가) 부분이 검게 보이는 이유는 암흑 성운이 뒤쪽의 별빛을 가리기 때문이다.

대표 기출 ④

| 외부 은하와 우주의 팽창 |

그림 (가)와 (나)는 모양이 서로 다른 두 천체의 모습을 나타낸 것이다.

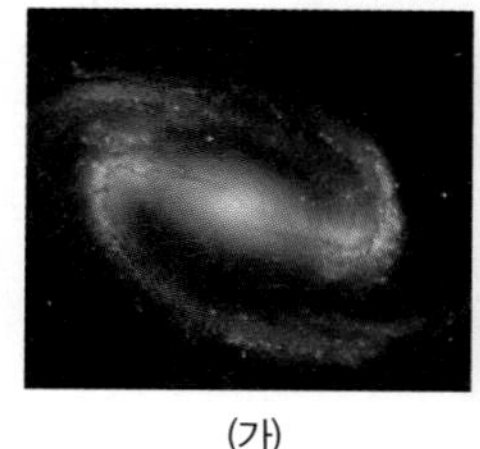
(가)

(나)

이에 대한 설명으로 옳은 것을 모두 고르면? [정답 3개]

① (나)는 타원 은하이다.
② 우리은하는 (가)와 같은 모양을 하고 있다.
③ 우주 공간에서 은하들은 서로 가까워지고 있다.
④ 허블은 외부 은하의 존재를 최초로 발견하였다.
⑤ (나)는 우리은하의 원반을 둘러싼 구형 공간에 주로 분포한다.
⑥ (가), (나)와 같은 천체들을 관측하여 우주가 팽창하고 있다는 사실을 발견했다.

Tip 은하는 모양에 따라 분류할 수 있으며, 우리은하 밖에 있는 은하를 외부 은하라고 한다.

풀이 ① (나)는 정상 나선 은하이다.
③ 우주의 크기는 점점 커지고 있으며, 은하들은 서로 점점 멀어지고 있다.
⑤ (가), (나)와 같은 외부 은하들은 우리은하 밖에 있는 은하들이다.

답 ②, ④, ⑥

④-1 그림은 우주가 팽창하는 모습을 모형으로 나타낸 것이다.

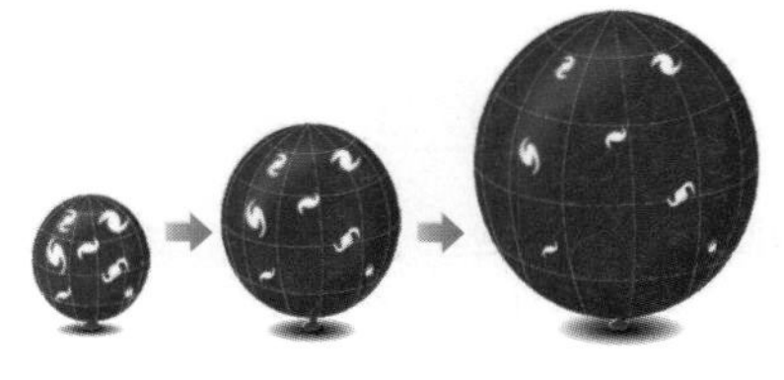

이에 대한 설명으로 옳은 것을 | 보기 | 에서 모두 고르시오.

보기
ㄱ. 우주는 우리은하를 중심으로 팽창한다.
ㄴ. 우주는 모든 방향으로 균일하게 팽창한다.
ㄷ. 멀리 떨어진 은하일수록 더 빠르게 멀어진다.

대표 기출 5

| 대폭발 우주론(빅뱅 우주론) |

그림은 대폭발 우주론의 모형을 나타낸 것이다.

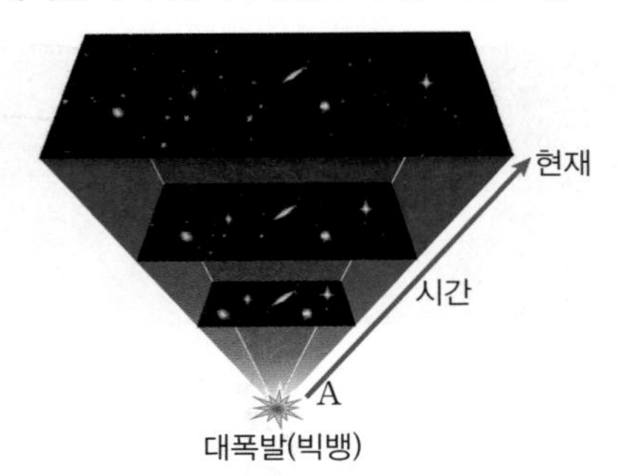

이에 대한 설명으로 옳은 것을 | 보기 | 에서 모두 고르시오.

보기
ㄱ. A 시기 우주의 온도는 현재보다 낮았다.
ㄴ. A 시기 우주의 크기는 현재보다 작았다.
ㄷ. 대폭발 이후 은하 사이의 거리는 멀어지고 있다.
ㄹ. 대폭발 이후 우주의 크기는 일정하게 유지되고 있다.
ㅁ. 대폭발 이전에는 우주의 모든 물질과 에너지가 한 점에 모여 있었다.
ㅂ. 관측 기술의 발달로 대폭발 우주론을 뒷받침하는 증거들이 늘어나고 있다.

Tip 한 점에서 시작한 우주가 대폭발로 인해 점점 팽창하여 현재의 모습을 이루었다.

풀이 ㄱ. A 시기의 초기 우주는 현재보다 크기가 작고 온도가 높았다.
ㄹ. 대폭발 이후 우주는 계속해서 팽창하고 있다.

답 ㄴ, ㄷ, ㅁ, ㅂ

5-1 그림은 대폭발 우주론의 모형을 나타낸 것이다.

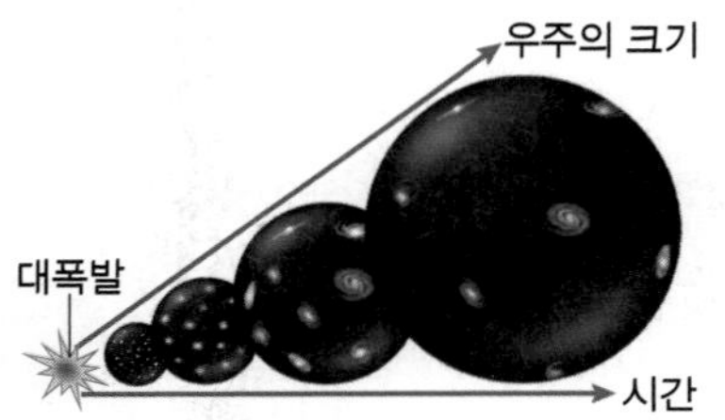

이에 대한 설명으로 옳은 것을 | 보기 | 에서 모두 고르시오.

보기
ㄱ. 대폭발 이후 우주의 크기는 계속해서 커지고 있다.
ㄴ. 과거의 우주는 현재보다 크기가 작고 온도가 높았다.
ㄷ. 모든 물질과 에너지가 모인 한 점에서 대폭발로 우주가 시작되었다.

대표 기출 6

| 우주 탐사 |

그림은 1969년 인류 최초로 달에 착륙한 우주인의 모습을 나타낸 것이다. 이와 같은 우주 탐사에 대한 설명으로 옳은 것을 | 보기 | 에서 모두 고르시오.

보기
ㄱ. 환경 문제를 일으키지 않는 활동이다.
ㄴ. 인간의 본질적인 지적 호기심을 충족할 수 있다.
ㄷ. 우주 기술은 인간의 실생활에서 사용되기 어렵다.
ㄹ. 우주 탐사의 범위는 태양계 안으로 한정되어 있다.
ㅁ. 지구의 환경과 생명에 대해 더 깊이 이해할 수 있다.
ㅂ. 막대한 비용과 시간이 소요되므로 국가 간 협력이 매우 어렵다.

Tip 우주 탐사는 우주에 대한 인류의 호기심을 해결하기 위해 시작되었다.

풀이 ㄱ. 우주 탐사를 위해 사용되고 버려진 인공 물체들이 우주 쓰레기 문제를 일으키고 있다.
ㄷ. 우주 탐사를 위해 개발된 첨단 기술들은 실생활에 응용되어 삶의 질을 향상하는 데 기여하고 있다.
ㄹ. 우주 탐사는 태양계를 포함한 우주 전체를 대상으로 이루어지고 있다.
ㅂ. 우주 탐사는 막대한 비용과 시간이 들어가기 때문에 국가 간 협력이 필요하다.

답 ㄴ, ㅁ

6-1 그림은 2021년 2월 화성에 착륙한 탐사 로버인 퍼서비어런스가 촬영하여 전송한 사진이다.

이와 같은 우주 탐사의 목적에 대한 설명으로 옳은 것을 | 보기 | 에서 모두 고르시오.

보기
ㄱ. 우주에 대한 이해와 지적 호기심을 충족한다.
ㄴ. 지구 환경과 생명에 대해 깊이 이해할 수 있다.
ㄷ. 인류의 삶의 질을 향상시키는 목적은 포함되지 않는다.

대표 기출 7

| 과학 기술과 인류 문명의 관계 |

그림은 철광석에서 철을 뽑아내는 제련 과정을 나타낸 것이다.

철과 같은 금속의 발견이 인류 문명에 끼친 영향에 대한 설명으로 옳은 것을 모두 고르면? [정답 3개]

① 계급 사회가 철폐되었다.
② 농업 생산량이 증대되었다.
③ 농업 중심 사회에서 공업 중심 사회로 전환되었다.
④ 석기 시대를 벗어나 청동기, 철기 시대로 진입하였다.
⑤ 통신 및 교통수단의 혁신이 일어나 지구촌이 형성되었다.
⑥ 장신구, 무기, 농기구를 비롯한 생활에 필요한 여러가지 도구를 만들었다.

Tip 금속의 발견은 계급의 출현과 국가 간의 전쟁 등 광범위한 사회적 변화를 초래하였다.

풀이 ① 철제 농기구의 사용으로 생산력이 비약적으로 증대되면서 계급이 출현했다.
③ 증기 기관의 발견과 사용에 대한 설명이다.
⑤ 전기가 인류 문명에 미친 영향에 대한 설명이다. 답 ②, ④, ⑥

7-1 그림 (가)와 (나)는 인류 문명의 발달에 영향을 미친 과학 기술 사례를 나타낸 것이다.

(가) 망원경의 발명 (나) 페니실린의 발견

이에 대한 설명으로 옳은 것을 |보기|에서 모두 고르시오.

보기
ㄱ. (가)를 통해 질병의 원인을 발견할 수 있게 되었다.
ㄴ. (나)는 인간의 수명이 크게 연장되는 데 기여를 했다.
ㄷ. (가)와 (나) 모두 과학적 발견의 예시에 해당한다.

대표 기출 8

| 우리 생활과 과학 |

그림 (가)~(다)는 첨단 과학 기술을 적용한 물질의 예이다.

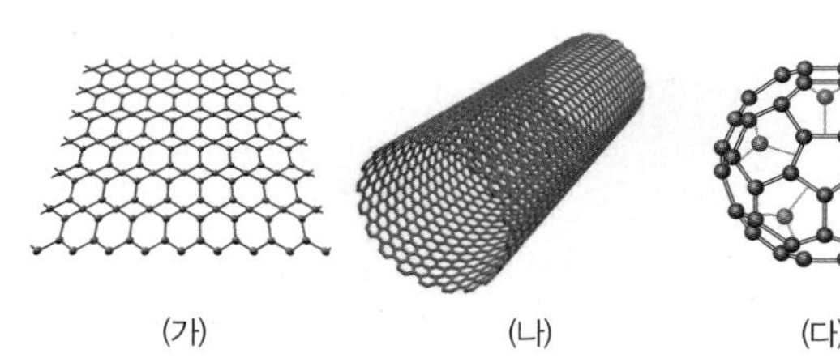

(가) (나) (다)

이에 대한 설명으로 옳은 것을 모두 고르면? [정답 3개]

① (가)는 매우 강한 판으로, 휘어지지 않는다.
② (나)는 밀도가 크고 탄성이 약한 성질을 갖는다.
③ (다)는 아주 작은 물질을 가둘 수 있다.
④ (가)와 (나)는 구조와 성질이 같다.
⑤ (가)~(다)는 모두 나노 기술로 만들어진 물질이다.
⑥ (가)~(다)는 모두 탄소 원자로만 이루어진 물질이다.

Tip 나노 기술은 1~수십 nm 크기 수준에서 물질이나 구조를 다루는 기술을 말한다.

풀이 ① 그래핀은 매우 얇고 신축성이 좋아 휘어지는 디스플레이에 이용된다.
② 탄소 나노 튜브는 매우 가볍고 탄성이 크다.
④ 세 물질 모두 탄소 원자로만 이루어져 있어 구성이 같지만 각 물질의 구조와 성질은 다르다. 답 ③, ⑤, ⑥

8-1 그림은 미세한 돌기로 인해 물이 스며들지 않는 연잎의 표면이다.

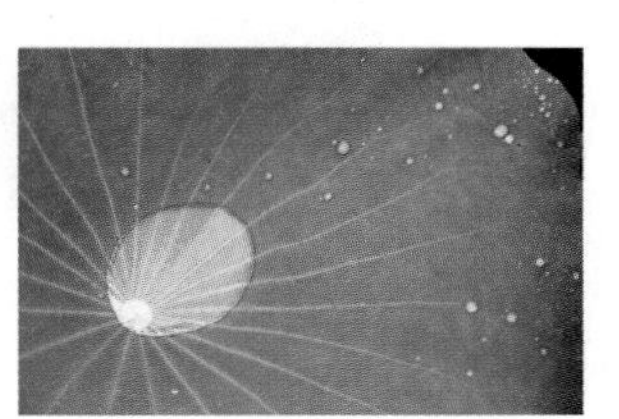

이러한 연잎의 표면 구조를 모방한 기술로 옳은 것을 |보기|에서 모두 고르시오.

보기
ㄱ. 물속에서의 저항을 줄여주는 수영복
ㄴ. 인체에 해를 끼치지 않는 의료용 접착제
ㄷ. 물이 굴러떨어지면서 먼지가 저절로 씻기는 발수 페인트

2주 3일 필수 체크 전략 2 최다 오답 문제

8강_은하와 우주, 과학 기술과 인류 문명

1 그림은 은하수의 모습을 나타낸 것이다.

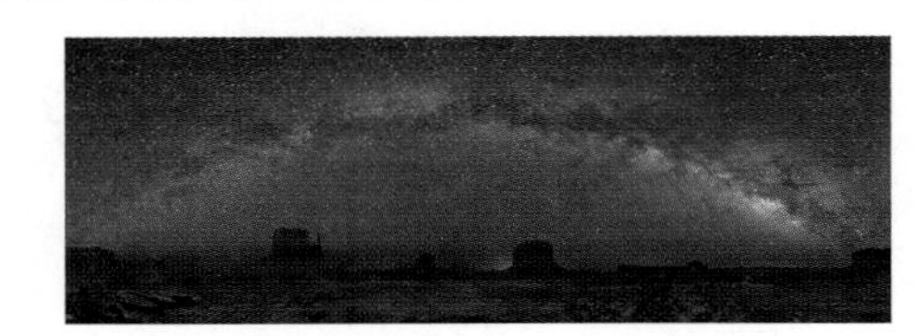

이에 대한 설명으로 옳은 것을 | 보기 | 에서 모두 고른 것은?

보기
ㄱ. 지구에서 관측한 우리은하 일부분의 모습이다.
ㄴ. 궁수자리 쪽이 반대편보다 폭이 넓고 밝게 보인다.
ㄷ. 암흑 성운이 별빛을 가리기 때문에 군데군데 검게 보인다.

① ㄱ ② ㄷ ③ ㄱ, ㄴ
④ ㄴ, ㄷ ⑤ ㄱ, ㄴ, ㄷ

Tip 은하수는 지구에서 관측한 ❶ ___ 일부분의 모습으로, 은하면에 위치한 별들이 뿌연 ❷ ___ 모양으로 나타난다.
답 ❶우리은하 ❷띠

2 그림은 우리은하 안에 있는 어느 천체의 모습을 나타낸 것이다.

이에 대한 설명으로 옳지 않은 것은?

① 구상 성단이다.
② 대부분 늙은 별들로 구성되어 있다.
③ 별들이 빽빽하게 모여 있는 집단이다.
④ 우리은하 중심부와 헤일로에 주로 분포한다.
⑤ 주로 온도가 높은 푸른색 별들로 이루어져 있다.

Tip 성단은 많은 수의 ❶ ___ 들이 모여 ❷ ___ 을 이루는 천체이다.
답 ❶별 ❷집단

3 그림 (가)와 (나)는 서로 다른 두 성운의 모습을 나타낸 것이다.

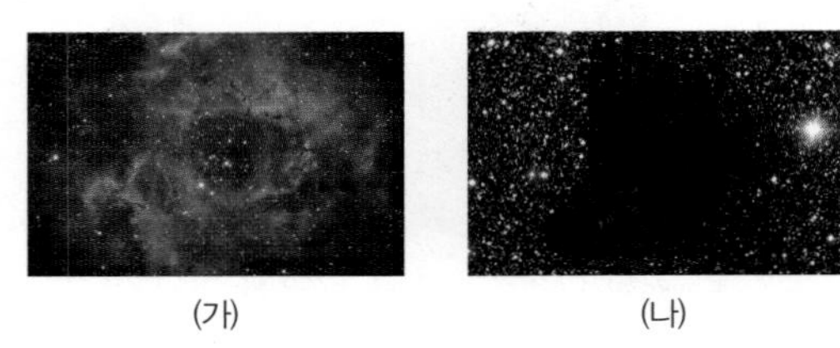

(가) (나)

이에 대한 설명으로 옳은 것은?

① (가)는 암흑 성운이다.
② (가)는 주변의 별빛을 반사시켜 밝게 보인다.
③ (나)는 주로 파란색으로 보인다.
④ (나)는 뒤쪽에서 오는 별빛을 가린다.
⑤ (가)와 (나)는 모두 우리은하 밖에 분포하고 있다.

Tip 성운은 ❶ ___ 이 밀집되어 ❷ ___ 처럼 보이는 천체이다.
답 ❶성간 물질 ❷구름

4 그림은 우리은하에서 관측했을 때 외부 은하 A, B가 멀어지는 모습을 나타낸 것이다.

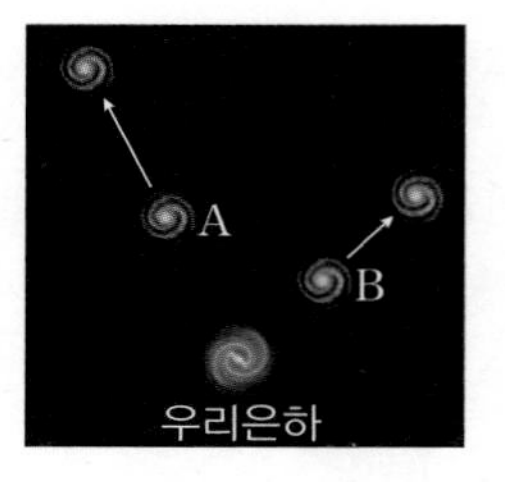

이에 대한 설명으로 옳은 것을 | 보기 | 에서 모두 고른 것은?

보기
ㄱ. A는 B보다 우리은하에서 가까운 거리에 있다.
ㄴ. 우주는 모든 방향으로 팽창하고 있다.
ㄷ. 외부 은하들은 우리은하를 중심으로 멀어진다.

① ㄱ ② ㄴ ③ ㄱ, ㄷ
④ ㄴ, ㄷ ⑤ ㄱ, ㄴ, ㄷ

Tip 우주 공간은 ❶ ___ 방향으로 ❷ ___ 하게 팽창한다.
답 ❶모든 ❷균일

5 다음은 우주 탐사를 위해 개발된 어느 금속에 대한 설명이다.

- 1950년대부터 미국과 러시아에서 항공 우주용으로 사용하기 위해 연구해 온 금속이다.
- 부식에 강하고, 다른 금속 소재보다 매우 가볍고 강도가 우수하다.

이 금속이 실생활에 이용된 사례에 해당하는 것은?

①
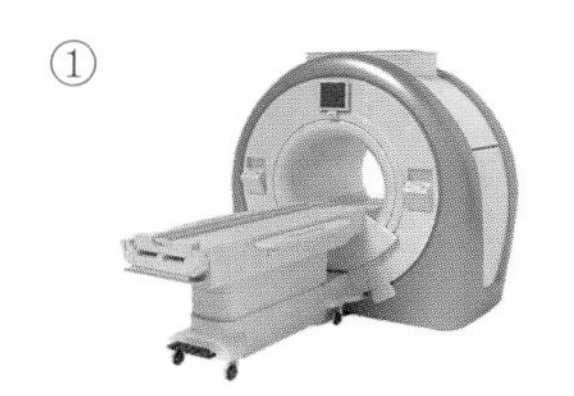

②
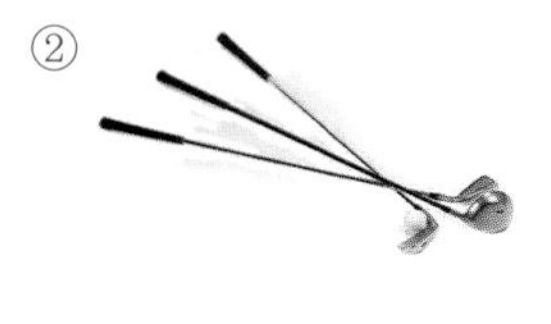

③

④

⑤

Tip 우주 탐사를 위해 개발된 ❶ [ ]은 ❷ [ ]에 다양하게 이용된다. 답 ❶첨단 기술 ❷실생활

6 그림은 증기 기관차의 모습을 나타낸 것이다.

증기 기관의 발명이 인류 문명 발달에 미친 영향에 대한 설명으로 옳지 <u>않은</u> 것은?

① 산업 혁명의 원동력이 되었다.
② 농업 사회를 산업 사회로 변화시켰다.
③ 통신 및 교통수단의 혁신을 가져왔다.
④ 제품의 생산량이 획기적으로 늘어났다.
⑤ 한꺼번에 많은 화물을 실어 나를 수 있었다.

Tip 증기 기관은 ❶ [ ] 사회를 ❷ [ ] 사회로 변화시키는 산업 혁명의 원동력이 되었다. 답 ❶농업 ❷산업

7 그림 (가)~(다)는 우리 생활에 이용되는 첨단 과학 기술의 예이다.

(가) 스마트폰

(나) 3D 프린터

(다) 자율 주행 자동차

이에 대한 설명으로 옳은 것을 |보기|에서 모두 고른 것은?

|보기|

ㄱ. (가)는 컴퓨터, 디지털카메라, MP3 플레이어 등의 여러 기능을 통합할 수 있다.
ㄴ. (나)는 3차원 도면 데이터를 바탕으로 입체적인 물건을 만들 수 있다.
ㄷ. (다)는 다양한 센서가 주변 상황을 인식하며 주행하는 자동차이다.

① ㄴ ② ㄷ ③ ㄱ, ㄴ
④ ㄱ, ㄷ ⑤ ㄱ, ㄴ, ㄷ

Tip 상상력과 노력이 결합한 ❶ [ ] 제품은 우리 생활을 보다 ❷ [ ]하게 만든다. 답 ❶첨단 ❷편리

2주 누구나 합격 전략

01 그림은 지구 공전 궤도상의 서로 다른 두 지점 A와 B에서 관측한 별 S의 모습을 나타낸 것이다.

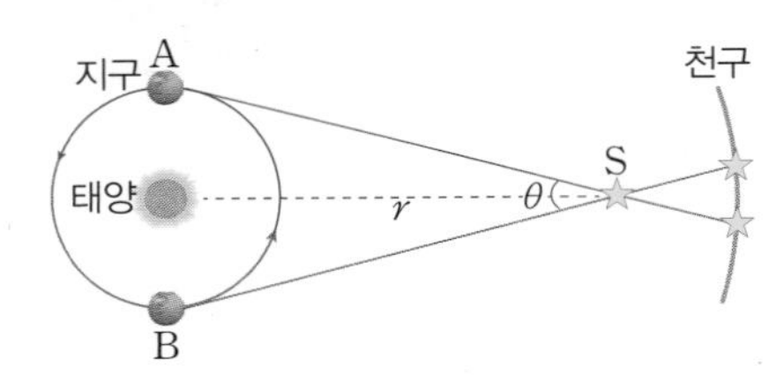

이에 대한 설명으로 옳은 것은?

① θ는 별 S의 연주 시차이다.
② 별 S까지의 거리 r는 연주 시차에 비례한다.
③ 연주 시차가 1″인 별까지의 거리는 1 pc이다.
④ 지구가 A에서 B까지 이동하는 데 3개월이 걸린다.
⑤ 멀리 떨어진 별일수록 연주 시차를 측정하기가 쉽다.

02 다음 별 A~D 중 지구로부터 거리가 가까운 것부터 순서대로 옳게 나열한 것은?

A: 지구에서 관측한 연주 시차가 0.1″인 별
B: 지구에서 6.52 LY(광년) 떨어져 있는 별
C: 지구로부터 거리가 0.1 pc만큼 멀리 위치한 별
D: 지구와 태양 사이의 평균 거리보다 2000배만큼 멀리 떨어져 있는 별

① A-B-C-D
② B-A-D-C
③ B-C-A-D
④ D-B-A-C
⑤ D-C-B-A

03 지구에서 −1등급으로 보이는 별 S는 지구로부터 0.7 pc의 거리에 있다.

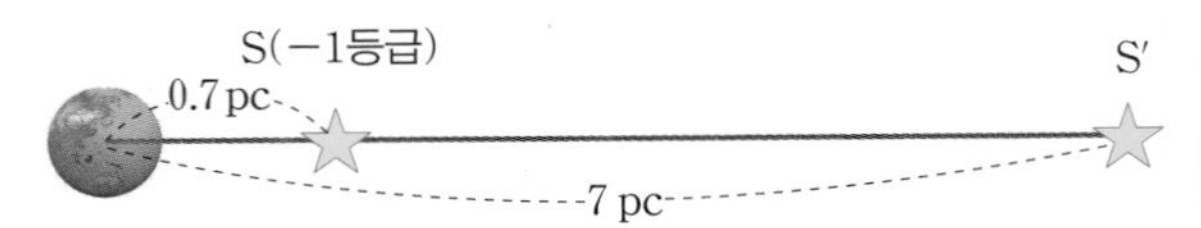

별 S의 거리가 7 pc으로 멀어져 S′의 위치에 있다고 할 때 이 별의 겉보기 등급은?

① −4등급 ② −1등급 ③ 0등급
④ 4등급 ⑤ 6등급

04 표는 별 A~C의 겉보기 등급과 절대 등급을 나타낸 것이다.

별	겉보기 등급	절대 등급
A	−1.7	2.1
B	−1.3	−1.3
C	1.5	0.2

지구에서 먼 별부터 순서대로 옳게 나열한 것은?

① A-B-C ② A-C-B ③ B-C-A
④ C-A-B ⑤ C-B-A

05 그림은 별 A~E의 절대 등급과 색을 나타낸 것이다.

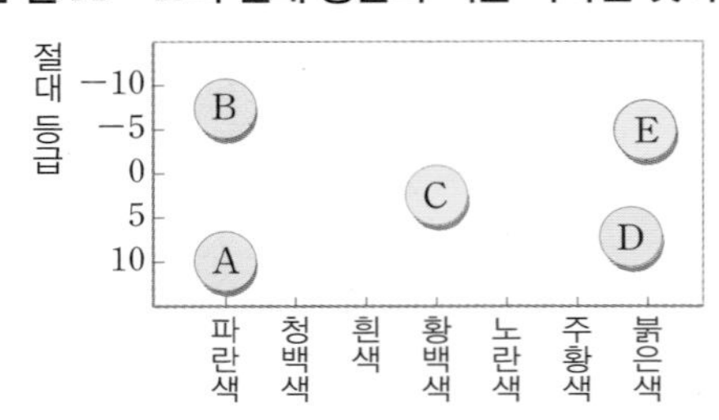

별 A~E 중 표면 온도가 가장 높고, 가장 어두운 별은?

① A ② B ③ C
④ D ⑤ E

06 그림은 여러 은하의 모습을 나타낸 것이다.

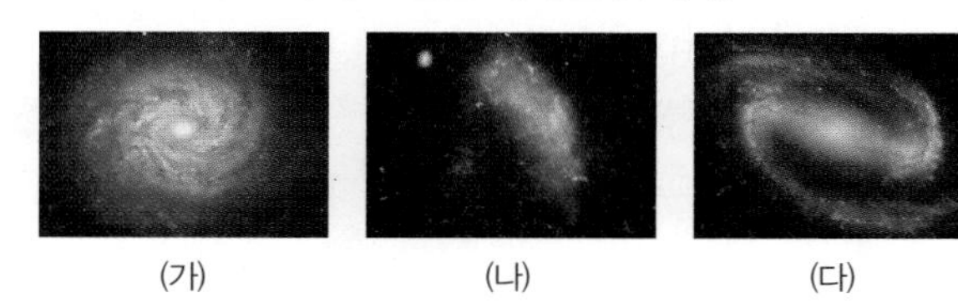

(가) (나) (다)

(가)~(다)에 해당하는 은하의 종류를 옳게 짝지은 것은?

	(가)	(나)	(다)
①	정상 나선 은하	막대 나선 은하	불규칙 은하
②	정상 나선 은하	불규칙 은하	막대 나선 은하
③	막대 나선 은하	정상 나선 은하	불규칙 은하
④	불규칙 은하	막대 나선 은하	정상 나선 은하
⑤	불규칙 은하	정상 나선 은하	막대 나선 은하

07 그림 (가)와 (나)는 우리은하 안에 있는 두 천체의 모습을 나타낸 것이다.

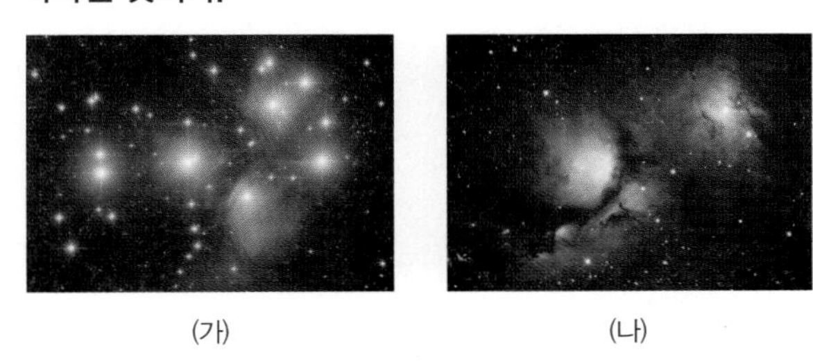

(가) (나)

이에 대한 설명으로 옳은 것을 | 보기 | 에서 모두 고른 것은?

보기
ㄱ. (가)는 방출 성운이다.
ㄴ. (가)는 주로 나이가 많은 늙은 별들로 구성된다.
ㄷ. (나)는 주변의 별빛을 반사시켜 파란색으로 보인다.
ㄹ. (가)와 (나)는 대부분 우리은하의 나선팔에 분포한다.

① ㄱ, ㄴ ② ㄱ, ㄷ ③ ㄷ, ㄹ
④ ㄱ, ㄴ, ㄹ ⑤ ㄴ, ㄷ, ㄹ

08 그림은 우주의 팽창을 부풀어 오르는 풍선의 표면에 비유하여 표현한 것이다. 이에 대한 설명으로 옳지 않은 것은?

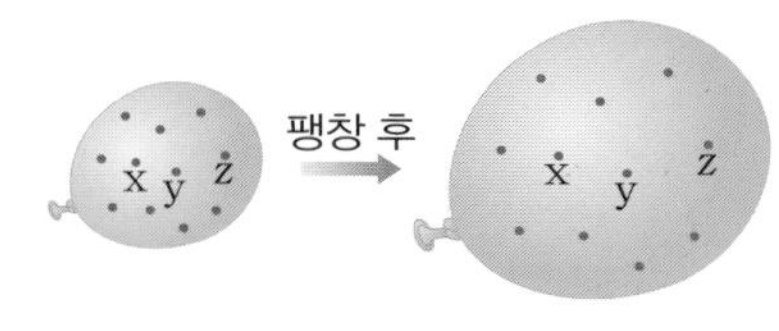

① 풍선 표면은 우주 공간에 해당한다.
② 풍선 표면의 모든 점은 서로 멀어진다.
③ 풍선 표면의 점 x, y, z는 은하를 의미한다.
④ 풍선 표면에서 점 x는 팽창의 기준이 된다.
⑤ 점 y로부터 멀어진 정도는 점 x보다 z가 크다.

09 그림 (가)는 보이저 2호, (나)는 허블 우주 망원경의 모습을 나타낸 것이다.

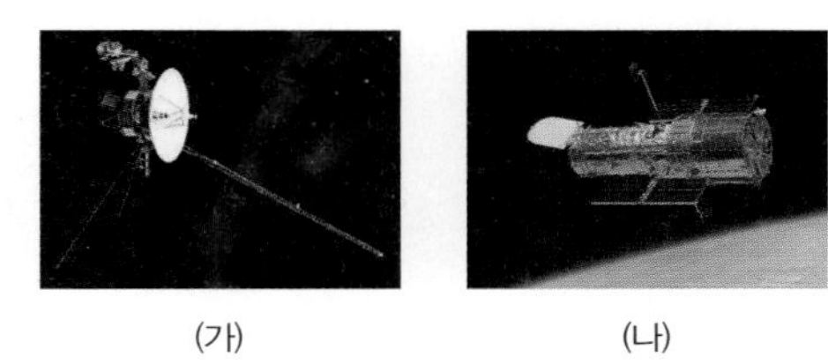

(가) (나)

이에 대한 설명으로 옳은 것을 | 보기 | 에서 모두 고른 것은?

보기
ㄱ. (가)는 (나)보다 나중에 발사되었다.
ㄴ. (가)는 (나)보다 지구에서 더 먼 거리에 위치한다.
ㄷ. (가)와 (나)는 모두 인간이 우주를 폭넓게 이해하는 데 도움을 주었다.

① ㄱ ② ㄴ ③ ㄱ, ㄷ
④ ㄴ, ㄷ ⑤ ㄱ, ㄴ, ㄷ

10 그림 (가)는 물총새를, (나)는 물총새의 부리처럼 앞부분을 디자인한 고속 열차의 모습을 나타낸 것이다.

(가) (나)

이와 같이 생체 물질의 기본 구조나 기능 등을 첨단 과학 기술과 결합하여 새로운 제품을 개발하는 기술은 무엇인지 쓰시오. ( )

1 다음은 시차를 측정하기 위한 실험 과정을 나타낸 것이다.

| 실험 과정 |

(가) 종이에 5 cm 간격으로 1부터 8까지 숫자를 적는다.

(나) 종이를 접어 세우고 앞에 스타이로폼 공을 꽂은 막대를 세운 후 스타이로폼 공에서 50 cm 떨어진 위치에 두 사람이 나란히 앉는다.

(다) 학생 A, B는 한쪽 눈을 감고 스타이로폼 공을 관찰하고, 이때 스타이로폼 공이 보이는 위치의 번호를 각각 적는다.

(라) 스타이로폼 공을 학생 A, B로부터 더 먼 곳에 놓고, 과정 (다)를 반복한다.

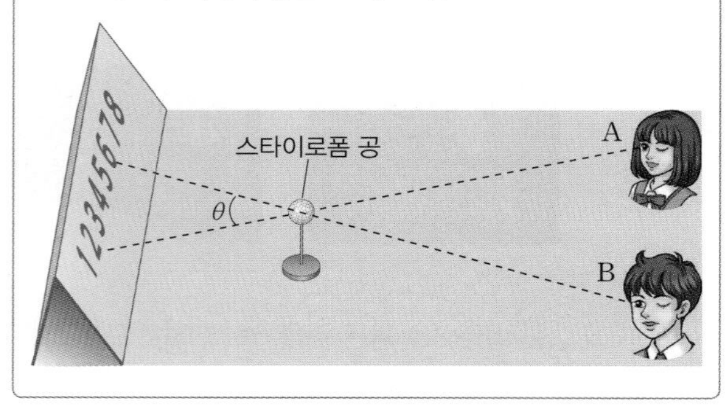

(1) 과정 (라)의 결과를 과정 (다)의 결과와 비교했을 때, θ의 크기가 어떻게 변할지 쓰시오.

( )

(2) 스타이로폼 공의 위치를 그대로 둔 상태에서 θ의 크기를 더 크게 변화시킬 수 있는 방법으로 옳은 것은?

① 학생 A가 B로부터 멀리 이동한다.
② 스타이로폼 공을 더 큰 것으로 바꾼다.
③ 종이를 스타이로폼 공으로부터 멀리 이동시킨다.
④ 학생 A와 B가 함께 종이로부터 멀리 이동한다.
⑤ 학생 A와 B가 함께 오른쪽으로 두 발자국 이동한다.

Tip 시차란 관측자의 ❶ ___ 에 따라 ❷ ___ 방향이 달라지는 정도를 각도로 나타낸 값이다. 답 ❶위치 ❷겉보기

2 다음은 새로운 별의 발견 소식을 전하는 가상 뉴스의 한 장면을 나타낸 것이다.

'전략성'에 대해 옳은 설명을 한 학생을 모두 고른 것은?

① 민재 ② 수아 ③ 민재, 준상
④ 준상, 수아 ⑤ 민재, 준상, 수아

Tip 별까지의 거리는 연주 시차에 ❶ ___ 하므로 지구로부터 멀리 있는 별일수록 연주 시차가 ❷ ___.

답 ❶반비례 ❷작다

>> 정답과 해설 59쪽

3 그림은 별까지의 거리와 밝기의 관계를 애니메이션으로 표현하기 위한 코딩 중 일부를 나타낸 것이다.

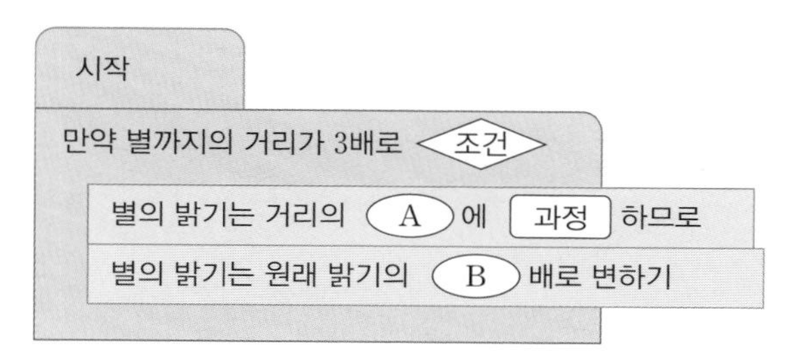

그림에서 〈조건〉, (A), [과정], (B)에 들어갈 내용으로 옳은 것은?

	〈조건〉	(A)	[과정]	(B)
①	멀어지면	두 배	비례	6
②	멀어지면	제곱	비례	$\frac{1}{6}$
③	멀어지면	제곱	반비례	$\frac{1}{9}$
④	가까워지면	두 배	반비례	6
⑤	가까워지면	제곱	비례	$\frac{1}{9}$

Tip 별의 밝기에 영향을 주는 요소에는 별이 ❶ ___ 하는 에너지의 양과 별까지의 ❷ ___ 가 있다. 답 ❶ 방출 ❷ 거리

4 그림은 스마트폰으로 대표적인 겨울철 별자리 중 하나인 오리온자리를 보고 선생님과 학생들이 나눈 대화이다.

이에 대해 가장 적절하게 설명한 학생은?

① 수하　② 민재　③ 승완
④ 재림　⑤ 준상

Tip 별의 표면 온도가 낮을수록 ❶ ___ 을 띠고, 표면 온도가 높아짐에 따라 점차 황색, 백색, ❷ ___ 을 띤다.

답 ❶ 적색(붉은색) ❷ 청색(파란색)

5 다음은 은하수 사진을 보고 학생들이 나눈 대화이다.

이에 대해 옳지 않은 설명을 한 학생은?

> 해수: 은하수는 지구에서 우리은하 일부분의 모습을 관측한 것이지.
> 영주: 남반구나 북반구의 특정 지역에서만 볼 수 있어.
> 민영: A와 B 중에서 궁수자리가 있는 방향은 B야.
> 희림: 우리은하 중심 방향에는 별들이 밀집해 있어서 은하수가 더 넓고 밝게 보여.
> 지효: 은하수 군데군데가 검게 보이는 이유는 성간 물질이 뒤에서 오는 별빛을 가리기 때문이야.

① 해수 ② 영주 ③ 민영
④ 희림 ⑤ 지효

Tip 은하수는 지구에서 본 ❶ ______ 일부분의 모습으로, 별들이 뿌연 ❷ ______ 모양으로 나타난다.

답 ❶ 우리은하 ❷ 띠

6 그림은 산개 성단, 구상 성단, 방출 성운, 반사 성운, 암흑 성운을 구분하는 과정을 나타낸 것이다.

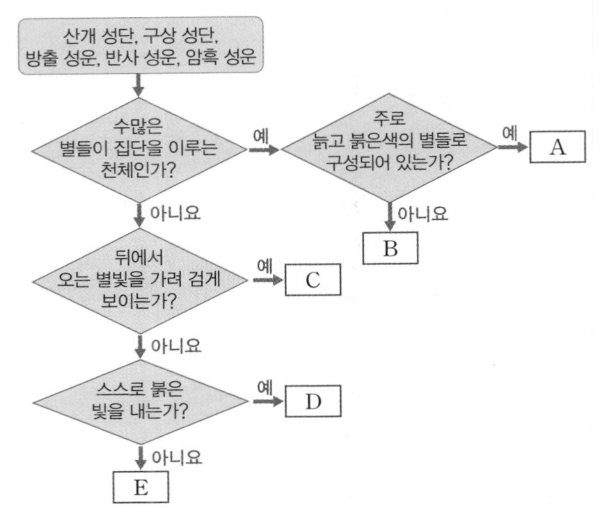

A～E에 해당하는 천체의 모습을 옳게 연결한 것은?

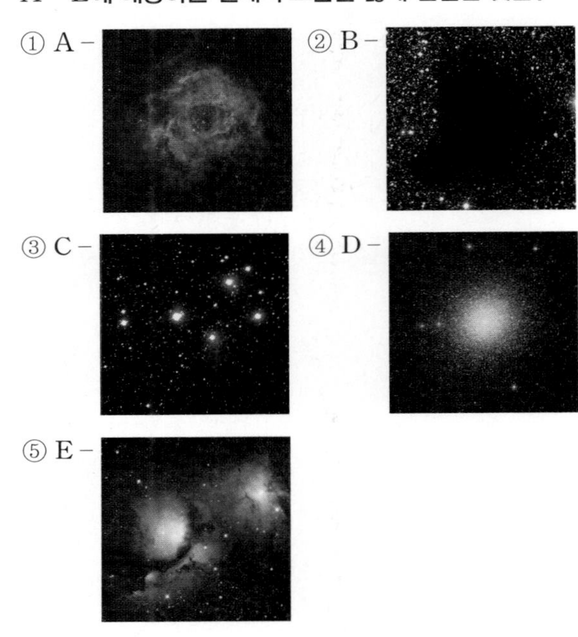

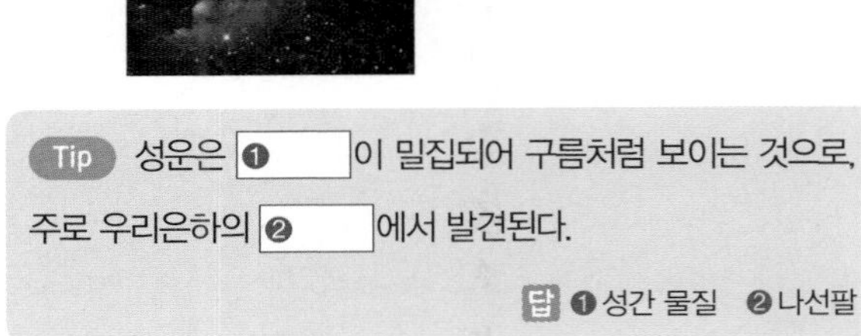

7 다음은 우주 팽창을 알아보기 위한 실험 과정을 나타낸 것이다.

| 실험 과정 |

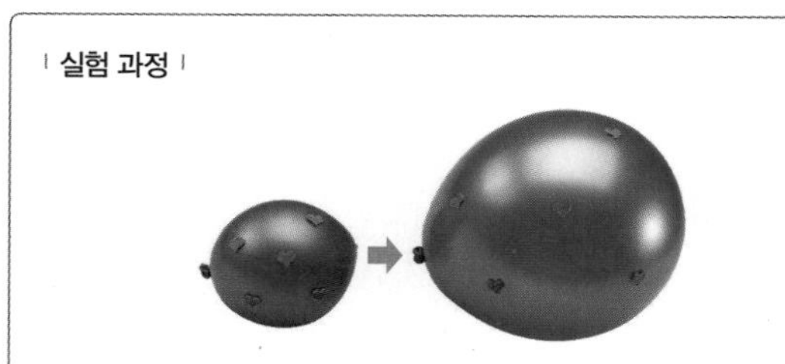

(가) 풍선에 바람을 조금 불어 넣고, 표면에 적당한 간격으로 여러 개의 스티커를 붙인다.
(나) 풍선에 바람을 더 많이 불어 넣으면서 스티커 사이의 간격이 어떻게 변하는지 관찰한다.

이에 대한 설명으로 옳은 것을 | 보기 |에서 모두 고른 것은?

| 보기 |
ㄱ. 풍선의 표면은 우주 공간에 비유된다.
ㄴ. 서로 멀리 떨어진 스티커일수록 더 빨리 멀어진다.
ㄷ. 팽창하는 풍선의 표면에는 특별한 중심이 존재하지 않는다.
ㄹ. 스티커는 성단이나 성운같이 우리은하 안에 분포하는 천체들을 나타낸다.

① ㄱ, ㄹ ② ㄴ, ㄷ ③ ㄱ, ㄴ, ㄷ
④ ㄱ, ㄷ, ㄹ ⑤ ㄴ, ㄷ, ㄹ

Tip 우주 공간은 ❶ ______ 없이 모든 방향으로 균일하게 ❷ ______ 하고 있다. 답 ❶중심 ❷팽창

8 그림은 경복궁에 전등을 켠 모습을 그린 시등도(始燈圖)이다. 이 그림을 보고 전기의 사용이 인류 문명에 미친 영향에 대해 선생님과 학생들이 대화를 나누었다.

이와 관련하여 옳지 않은 설명을 한 사람은?

① 경아 ② 금나 ③ 형준
④ 경수 ⑤ 준상

Tip 발전기로 ❶ ______ 에너지를 생산하게 되면서, 기계를 작동시킬 때도 ❷ ______ 을 대신하게 되었다.
답 ❶전기 ❷증기 기관

기말고사 마무리 전략

핵심 Point 체크

5강_에너지 전환과 보존, 6강_전기 에너지 발생과 전환

답 ❶위치 ❷증가 ❸역학적 ❹전기 ❺자석 ❻에너지 ❼전기 에너지 ❽소비 전력

7강_별의 거리와 성질, 8강_은하와 우주, 과학 기술과 인류 문명

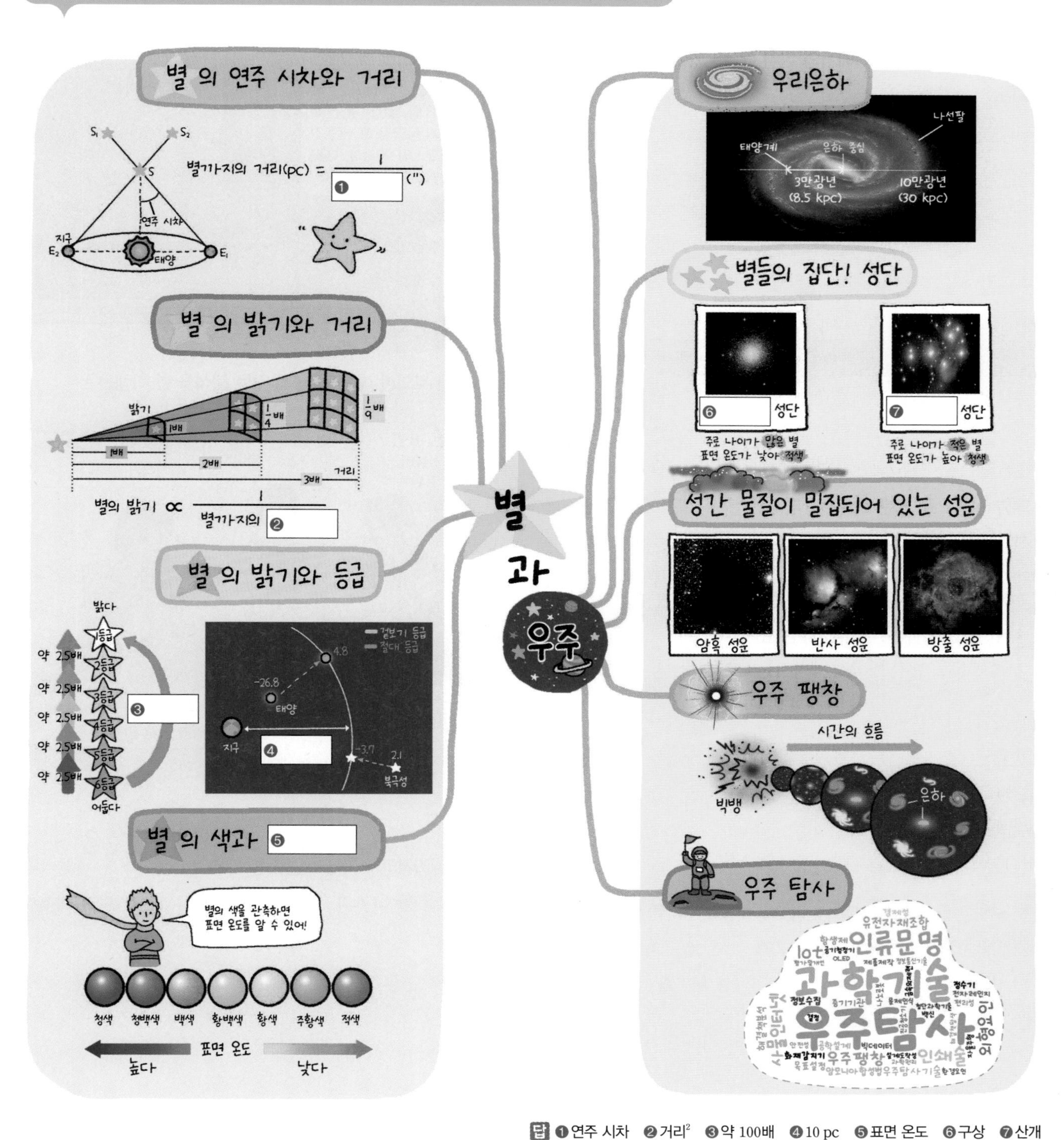

답 ❶ 연주 시차 ❷ 거리^2 ❸ 약 100배 ❹ 10 pc ❺ 표면 온도 ❻ 구상 ❼ 산개

신유형·신경향·서술형 전략

신유형 전략

1 자유 낙하 하는 물체의 역학적 에너지 전환과 보존

그림과 같이 높이 10 m에서 질량이 0.1 kg인 물체를 가만히 놓아 떨어뜨렸다. 이때 각 높이에서의 위치 에너지와 운동 에너지는 표와 같다.

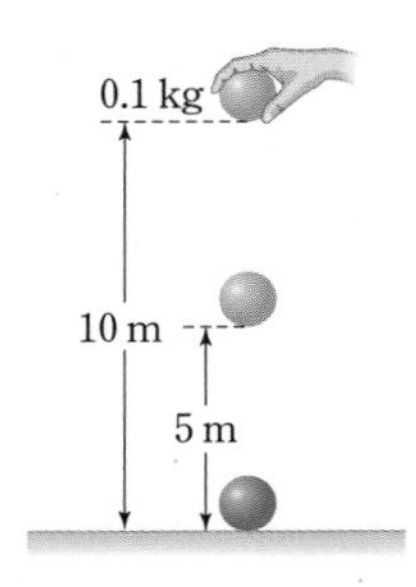

높이(m)	운동 에너지(J)	위치 에너지(J)
10	0	(가)
5	4.9	(나)
0	(다)	0

이에 대한 설명으로 옳은 것을 |보기|에서 모두 고른 것은? (단, 공기 저항은 무시한다.)

보기
ㄱ. (가)와 (다)의 크기는 같다.
ㄴ. 높이 10 m에서의 역학적 에너지는 4.9 J이다.
ㄷ. 지면에 닿는 순간 역학적 에너지는 4.9 J이다.
ㄹ. (나)에 들어갈 위치 에너지는 4.9 J이다.
ㅁ. 높이 5 m와 10 m에서 역학적 에너지는 같다.

① ㄱ, ㅁ ② ㄴ, ㄷ
③ ㄱ, ㄹ, ㅁ ④ ㄴ, ㄷ, ㄹ
⑤ ㄱ, ㄴ, ㄷ, ㄹ, ㅁ

Tip 낙하 하는 물체의 운동에서 공기의 저항을 무시하면 역학적 에너지는 항상 일정하게 ❶ [ ] 된다. 이때 감소한 위치 에너지만큼 ❷ [ ] 가 증가한다.

답 ❶ 보존 ❷ 운동 에너지

2 별의 등급과 거리 관계

다음은 별의 등급과 거리의 관계에 대한 수업 장면이다.

이에 대해 토의한 내용 중 옳지 않은 해석을 한 학생은?

① 수진 ② 희민 ③ 재빈
④ 지윤 ⑤ 영철

Tip 별까지의 거리가 10 pc보다 가까운 별은 ❶ [ ] 등급이 ❷ [ ] 등급보다 작다.

답 ❶ 겉보기 ❷ 절대

신경향 전략

3 전자기 유도와 에너지 전환

다음과 같이 코일이 감긴 플라스틱 통을 세워 놓고 통 속으로 막대자석을 떨어뜨리는 실험에 관한 선생님의 설명에 학생들이 댓글로 답변하고 있다.

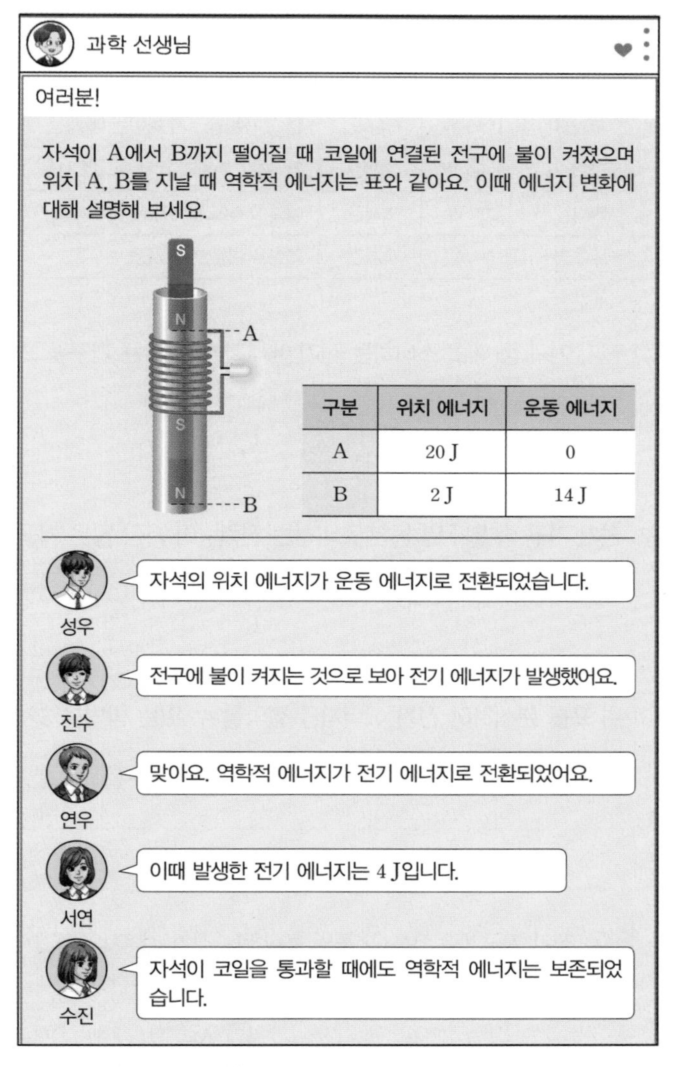

구분	위치 에너지	운동 에너지
A	20 J	0
B	2 J	14 J

댓글에서 에너지 변화를 잘못 설명하고 있는 학생은?

① 성우 ② 진수 ③ 연우
④ 서연 ⑤ 수진

Tip 자석이 떨어지면서 코일 구간을 지날 때 자석의 역학적 에너지가 ❶ ____ 에너지로 일부 전환되므로 ❷ ____ 에너지는 보존되지 않는다.

답 ❶ 전기 ❷ 역학적

4 우주 탐사의 역사와 성과

그림 (가)~(라)는 우주 탐사에 활용되었던 탐사선의 대표적인 예를 나타낸 것이다.

(가) 허블 우주 망원경

(나) 보이저 2호

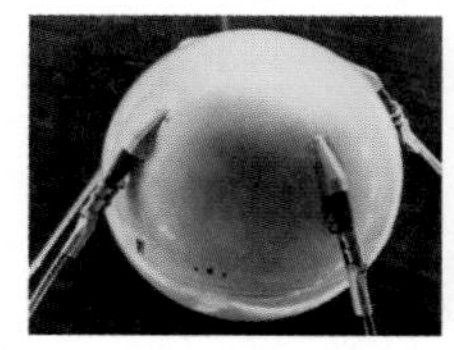
(다) 스푸트니크 1호

(라) 큐리오시티

(가)~(라)를 우주 탐사의 역사에서 오래된 것부터 순서대로 바르게 나열한 것은?

① (가) – (나) – (다) – (라)
② (가) – (라) – (나) – (다)
③ (다) – (라) – (가) – (나)
④ (다) – (나) – (가) – (라)
⑤ (라) – (가) – (나) – (다)

Tip 1957년에 최초의 ❶ ____ 인 스푸트니크 1호가 발사되었고, 2012년에 탐사 로봇 큐리오시티가 ❷ ____ 에 착륙하였다.

답 ❶ 인공위성 ❷ 화성

서술형 전략

5 위로 던져 올린 물체의 역학적 에너지 전환과 보존

다음은 질량이 1 kg인 공을 연직 위로 던져 올렸을 때 높이에 따라 공이 가지는 위치 에너지와 운동 에너지를 측정한 값이다. (단, 공기 저항은 무시한다.)

높이(m)	운동 에너지(J)	위치 에너지(J)
0	98.0	0
5	49.0	49.0
8	㉠	78.4

(1) ㉠에 들어갈 운동 에너지의 크기를 단위와 함께 쓰시오.

( )

(2) 공이 올라갈 수 있는 최고 높이를 구하시오.

( )

(3) 위 자료로부터 역학적 에너지 전환과 보존에 대해 알 수 있는 사실 3가지를 서술하시오.

Tip 공이 위로 올라갈 때 ❶ 위치 에너지는 ❷ 운동 에너지와 같다.

답 ❶증가한 ❷감소한

6 소비 전력과 전기 에너지의 절약

표는 어느 가정에서 일주일 동안 사용한 전기 기구의 소비 전력과 각 전기 기구를 사용한 시간 및 사용 내용을 나타낸 것이다.

전기 기구	소비 전력	사용 시간	사용 내용
선풍기	50 W	2시간	더위를 식히는 데 사용
헤어드라이어	1500 W	1시간	젖은 머리카락을 말리는 데 사용
전자레인지	1600 W	0.5시간	언 고기를 빠르게 녹이는 데 사용
진공청소기	1200 W	2시간	방, 거실, 주방의 바닥 청소에 사용
세탁기	500 W	8시간	매일 오후에 빨랫감 세탁에 사용
욕실 조명	50 W	4시간	욕실을 이용할 때 사용

(1) 전기 기구 중 매초 소비하는 전기 에너지가 가장 큰 기구를 쓰시오.

( )

(2) 전기 기구 중 일주일 동안 소비하는 전력량이 가장 많은 기구를 쓰시오.

( )

(3) 위 표를 분석하여 전기 에너지를 절약할 수 있는 방법을 3가지 제시하시오.

Tip 전기 기구가 일정 시간 동안 소비하는 전기 에너지의 양을 ❶ 이라 한다. 전력량은 ❷ 과 시간의 곱으로 구한다.

답 ❶전력량 ❷소비 전력

7 성단과 성운

그림 (가)와 (나)는 우리은하에 위치하는 성단과 성운 중 하나의 모습을 각각 나타낸 것이다.

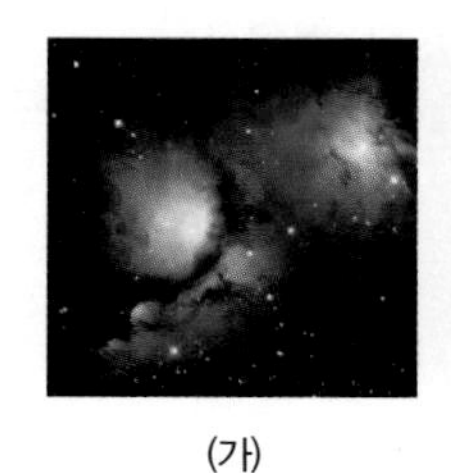

(가)

(나)

(1) (가)와 (나)는 각각 어떤 성단과 성운인지 종류를 쓰시오.

• (가): (   ), (나): (   )

(2) (가) 천체가 빛을 내는 원리를 서술하시오.

(3) (나)의 특징을 아래 천체와 비교하여 서술하시오.

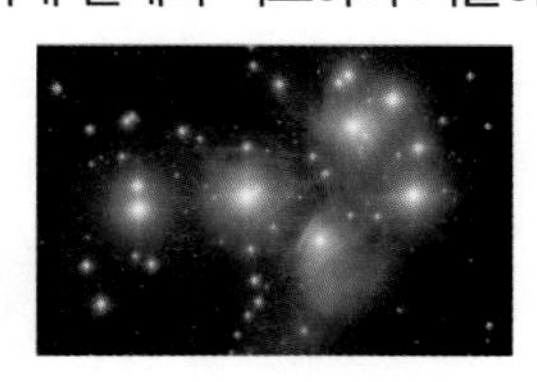

Tip 성단은 많은 수의 ❶ [   ]들이 모여 집단을 이룬 천체이고, 성운은 ❷ [   ]이 밀집되어 구름처럼 보이는 천체이다.

답 ❶ 별 ❷ 성간 물질

8 과학 기술의 양면성

그림 (가)는 플라스틱 물병이 진열되어 있는 모습을, (나)는 강가의 모래사장으로 떠밀려 온 플라스틱 쓰레기의 모습을 나타낸 것이다.

(가)

(나)

(1) (가)와 (나)를 보고 '과학 기술의 양면성'에 대해 서술하시오.

(2) 플라스틱은 우리 생활과 밀접하게 관련된 발명품이지만 (나)와 같은 문제가 지적되고 있다. 그 이유를 서술하시오.

Tip 새로운 과학 기술에 대해 ❶ [   ]뿐만 아니라 사회적인 영향과 ❷ [   ]적인 측면 등을 신중히 고려해야 한다.

답 ❶ 유용성 ❷ 윤리

고난도 해결 전략 1회

빈출도 ● > ● > ●

5강_에너지 전환과 보존

01 그림과 같이 절벽의 같은 높이에서 질량이 같은 공을 한 사람은 아래로 던지고, 다른 사람은 위로 던져 올렸다.

두 공 A, B가 지면에 닿는 순간의 운동 에너지와 역학적 에너지의 크기를 비교한 것으로 옳은 것은? (단, 공을 던질 때의 속력은 같고, 공기 저항은 무시한다.)

	운동 에너지	역학적 에너지
①	A=B	A=B
②	A>B	A>B
③	A>B	A=B
④	A<B	A<B
⑤	A<B	A=B

02 그림과 같이 속력 측정기를 투명한 관의 위쪽과 아래쪽에 설치하고 O에서 질량이 5 kg인 쇠구슬을 가만히 놓아 떨어뜨려 A와 B를 지날 때의 속력을 측정하였다.

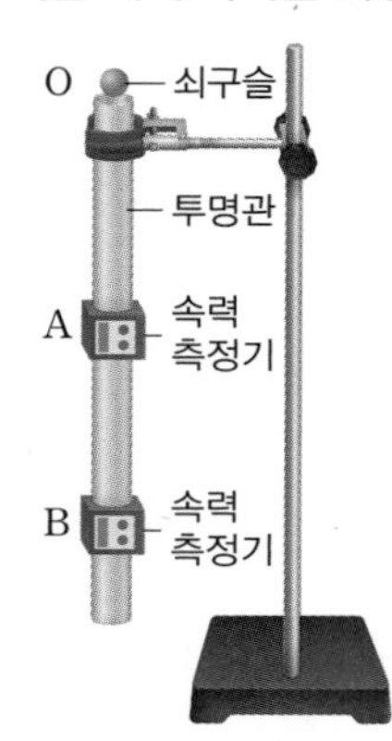

A에서의 속력이 2 m/s이고 B에서의 속력이 3 m/s라면 A와 B 사이에서 감소한 위치 에너지를 구하시오. (단, 공기 저항은 무시한다.) (　　　　　)

03 ⁂ 1등급 킬러

그림과 같이 A에서 공을 가만히 놓아 떨어뜨렸다. 공이 떨어지는 동안 각 지점에서 위치 에너지와 운동 에너지를 비교한 것으로 옳은 것을 보기에서 모두 고른 것은? (단, 공기 저항은 무시한다.)

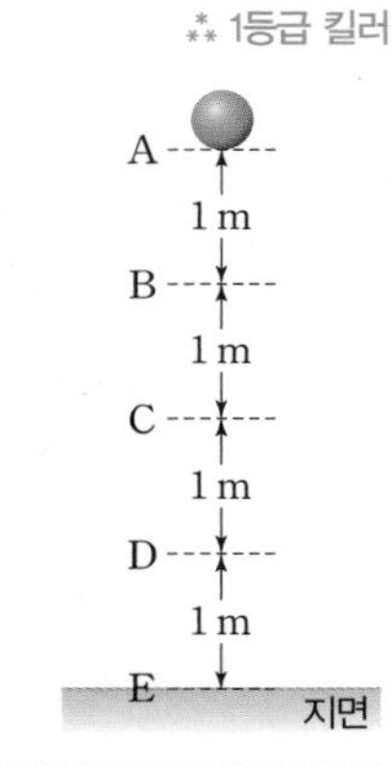

보기
ㄱ. B에서 위치 에너지=3×B에서 운동 에너지
ㄴ. C에서 위치 에너지=C에서 운동 에너지
ㄷ. D에서 운동 에너지=3×B에서 위치 에너지
ㄹ. E에서 운동 에너지=4×A에서 위치 에너지

① ㄷ　② ㄱ, ㄴ　③ ㄱ, ㄹ
④ ㄴ, ㄷ, ㄹ　⑤ ㄱ, ㄴ, ㄷ, ㄹ

04 그림과 같이 우주인이 달 표면에서 질량이 2 kg인 물체를 4 m/s의 속력으로 던져 올렸다.

이에 대한 설명으로 옳은 것을 보기에서 모두 고른 것은?

보기
ㄱ. 지구에서보다 높이 올라간다.
ㄴ. 지구에서보다 역학적 에너지가 크다.
ㄷ. 운동 에너지가 위치 에너지로 전환된다.
ㄹ. 최고 높이에서 위치 에너지는 지구에서보다 크다.

① ㄱ　② ㄴ　③ ㄱ, ㄷ
④ ㄴ, ㄷ, ㄹ　⑤ ㄱ, ㄴ, ㄷ, ㄹ

05 그림과 같이 높이 20 m에서 질량이 2 kg인 물체를 가만히 놓아 떨어뜨렸다. 이때 A와 B에서의 위치 에너지와 운동 에너지의 비가 다음과 같다.

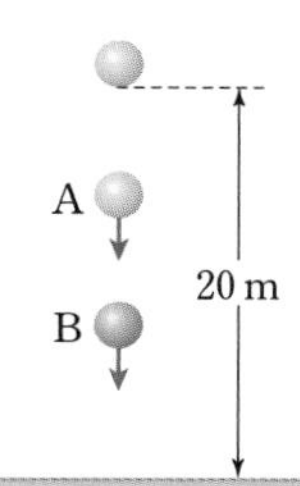

- A에서 위치 에너지와 운동 에너지의 비는 4 : 1이다.
- B에서 위치 에너지와 운동 에너지의 비는 1 : 4이다.

A와 B의 높이 차로 옳은 것은? (단, 공기 저항은 무시한다.)

① 2 m ② 4 m ③ 5 m
④ 10 m ⑤ 12 m

06 스카이다이버가 비행기에서 뛰어내리면 속력이 점점 빨라지다가 나중에는 일정한 속력으로 떨어진다. 이러한 스카이다이버의 운동에서 위치 에너지, 운동 에너지, 역학적 에너지 변화에 대한 설명으로 옳은 것을 |보기|에서 모두 고른 것은?

보기
ㄱ. 위치 에너지는 점점 작아진다.
ㄴ. 역학적 에너지는 점점 커진다.
ㄷ. 운동 에너지는 증가하다가 일정해진다.
ㄹ. 역학적 에너지의 일부가 열, 소리 등의 에너지로 전환된다.

① ㄱ ② ㄴ, ㄷ ③ ㄴ, ㄹ
④ ㄱ, ㄴ, ㄷ ⑤ ㄱ, ㄷ, ㄹ

07 다음은 공기 저항을 무시할 때 공의 자유 낙하 운동에서 역학적 에너지 전환과 보존에 대한 설명이다.

질량 m인 공이 높이 h_1에서 h_2로 떨어지는 동안 속력이 v_1에서 v_2로 증가하면 공의 위치 에너지가 감소한 만큼 운동 에너지가 증가한다.
(㉠)=(㉡)
이 식을 정리하면 다음과 같이 나타낼 수 있다.
$9.8\,mh_1+\frac{1}{2}mv_1^2=9.8\,mh_2+\frac{1}{2}mv_2^2=$일정

위 설명에서 ㉠과 ㉡에 들어갈 알맞은 식을 각각 쓰시오.

- ㉠: ( )
- ㉡: ( )

서술형
08 그림은 물체가 자유 낙하 할 때 각 높이에서 위치 에너지와 운동 에너지를 표현한 것이다. (단, 공기 저항은 무시한다.)

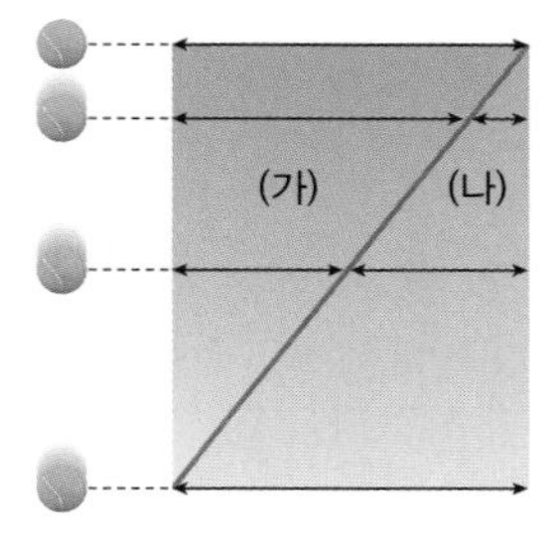

(1) (가)와 (나)가 의미하는 것과 역학적 에너지의 크기를 (가)와 (나)로 나타내시오.

(2) 그림으로부터 역학적 에너지 에너지 전환 및 보존과 관련하여 알 수 있는 사실을 두 가지를 서술하시오.

6강_ 전기 에너지 발생과 전환

빈출도 ● > ● > ●

09 그림과 같이 코일에 검류계를 연결하고 자석을 코일에 가까이하였더니 검류계 바늘이 가운데에서 오른쪽으로 움직였다.

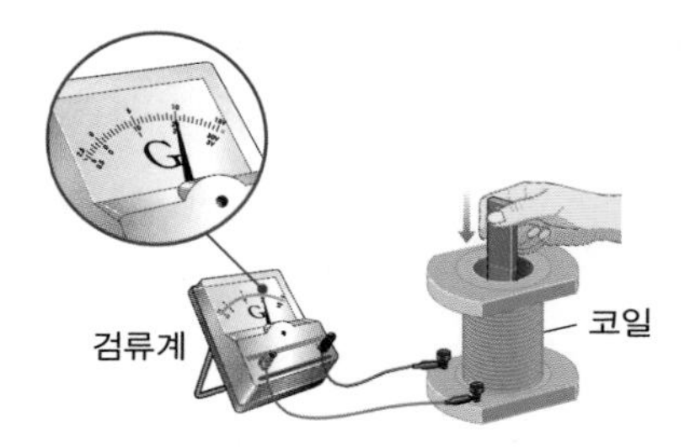

자석을 코일에서 멀리할 때 나타나는 현상을 옳게 설명한 것은?

① 검류계 바늘이 왼쪽으로 움직인다.
② 검류계 바늘이 가운데에서 움직이지 않는다.
③ 검류계 바늘이 오른쪽으로 더 크게 움직인다.
④ 검류계 바늘이 오른쪽으로 더 작게 움직인다.
⑤ 검류계 바늘이 가운데를 중심으로 좌우로 왔다 갔다 한다.

10 다음은 에어컨을 작동시켰을 때 나타나는 현상을 설명한 것이다.

> 에어컨을 작동시켰더니 표시창에 여러 가지 신호가 나타나면서 차가운 바람이 나와 방 안을 시원하게 해 주었다. 작동 중에는 윙윙거리는 소리도 나고, 에어컨을 손으로 만져 보니 따뜻했다.

에어컨을 작동시켰을 때 일어나는 전기 에너지의 전환에 해당하지 않는 것은?

① 빛에너지
② 열에너지
③ 화학 에너지
④ 운동 에너지
⑤ 소리 에너지

11 다음은 가정에서 전기 에너지를 사용하는 여러 가지 예를 나타낸 것이다.

> (가) 스마트 기기를 충전한다.
> (나) 난방을 위해 전기난로를 켠다.
> (다) 진공청소기를 이용하여 청소를 한다.

각각의 경우 전기 에너지의 전환을 쓰시오.

• (가): 전기 에너지 → (　　　　　　)
• (나): 전기 에너지 → (　　　　　　)
• (다): 전기 에너지 → (　　　　　　)

서술형

12 그림은 손잡이를 계속 누르기를 반복하면 불이 켜지는 자가발전 손전등의 모습이다.

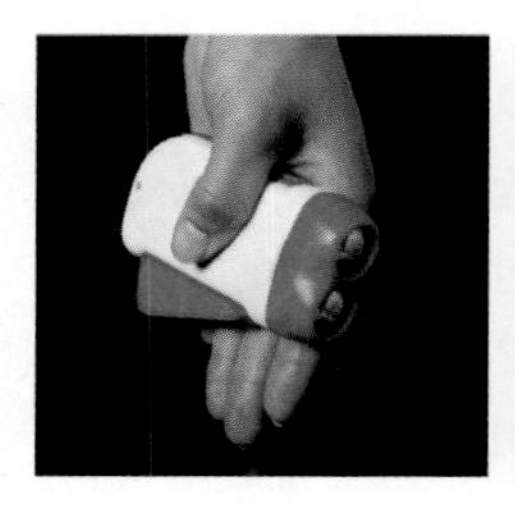
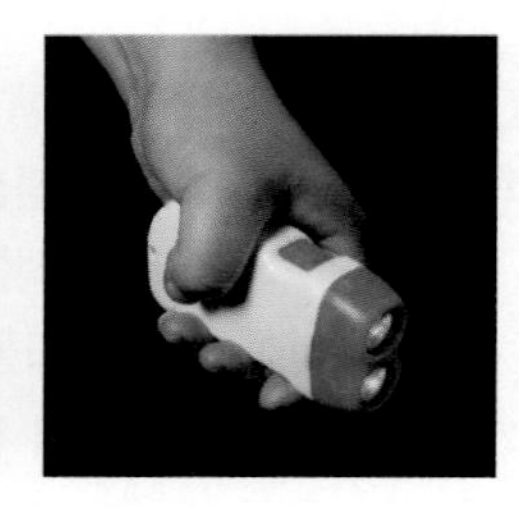

(1) 자가발전 손전등에서 전기를 발생하는 원리를 무엇이라고 하는가? (　　　　　　)

(2) 다음 주어진 단어를 모두 포함하여 자가발전 손전등에서 전등에 불이 켜지는 원리를 서술하시오.

> 자석, 코일, 전류, 전기 에너지, 운동 에너지, 빛에너지

13 그림과 같은 선풍기의 작동 버튼에서 '강풍'을 누르면 '약풍'을 눌렀을 때보다 바람의 세기가 더 강하다. 이러한 현상에 대한 설명으로 옳은 것을 |보기|에서 모두 고른 것은?

보기
ㄱ. 전기 에너지가 운동 에너지로 전환된다.
ㄴ. 약풍과 강풍에 관계없이 소비 전력은 같다.
ㄷ. 강풍일 때 소비되는 전기 에너지가 더 많다.

① ㄱ ② ㄴ ③ ㄱ, ㄷ
④ ㄴ, ㄷ ⑤ ㄱ, ㄴ, ㄷ

14 그림은 선풍기에 표시된 정격 전압과 소비 전력을 나타낸 것이다.

이에 대한 설명으로 옳은 것을 |보기|에서 모두 고른 것은?

보기
ㄱ. 선풍기가 1초 동안 소비하는 전기 에너지는 45 J이다.
ㄴ. 선풍기를 전압 220 V에 연결하여 사용하면 소비 전력은 45 W가 된다.
ㄷ. 선풍기를 하루 동안 사용하면 소비하는 전기 에너지는 45 Wh이다.

① ㄱ ② ㄷ ③ ㄱ, ㄴ
④ ㄴ, ㄷ ⑤ ㄱ, ㄴ, ㄷ

1등급 킬러

15 그림은 가정에서 사용하는 전기난로와 전기난로에 표시되어 있는 정격 전압과 소비 전력을 나타낸 것이다.

전기난로를 전압 220 V에 연결할 때 전기난로에 흐르는 전류의 세기는 얼마인가?

① 1.5 A ② 5 A ③ 10 A
④ 15 A ⑤ 20 A

16 그림과 같은 전구를 10분 동안 사용하였더니 전구에서의 전기 에너지 전환이 다음과 같았다.

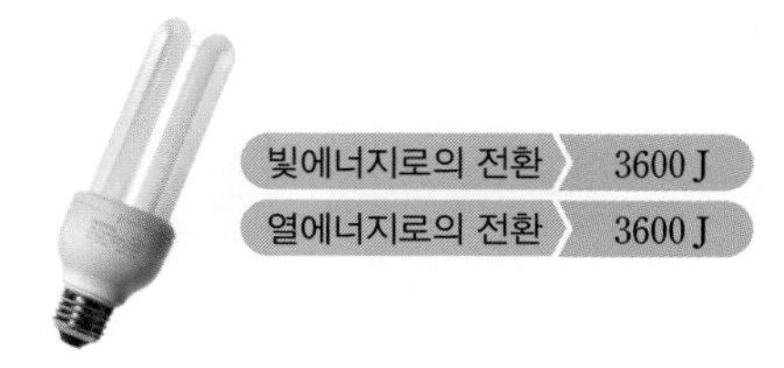

이에 대한 설명으로 옳은 것은?

① 전구의 소비 전력은 14 W이다.
② 전구가 1초 동안 소비하는 전기 에너지는 12 J이다.
③ 전구가 1분 동안 소비하는 전기 에너지는 360 J이다.
④ 전구가 10분 동안 소비하는 전기 에너지는 3600 J이다.
⑤ 전구를 1시간 사용하면 소비하는 전력량은 36 Wh이다.

고난도 해결 전략 2회

빈출도 ● > ● > ●

7강_별의 거리와 성질

01 그림은 지구 공전 궤도 상 6개월 간격의 두 지점 E_1, E_2에서 별 S_1과 S_2를 관측한 결과를 나타낸 것이다.

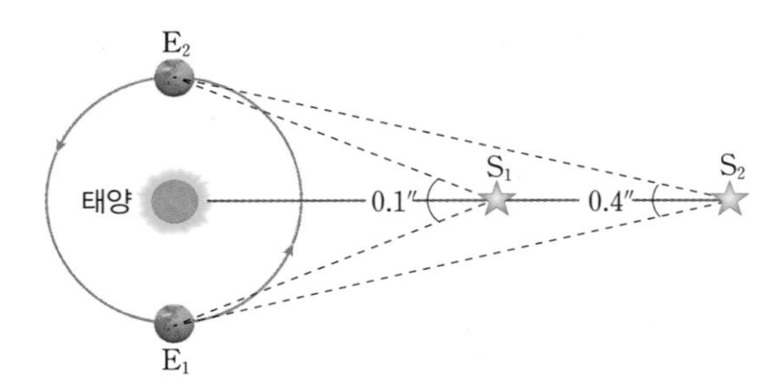

이에 대한 설명으로 옳은 것을 |보기|에서 모두 고른 것은?

보기

ㄱ. S_1의 연주 시차는 0.1″이다.
ㄴ. S_2는 5 pc 떨어진 거리에 있다.
ㄷ. 지구에서 별 S_1과 S_2까지의 거리가 멀어지면 두 별 모두 연주 시차가 커질 것이다.

① ㄱ ② ㄴ ③ ㄱ, ㄷ
④ ㄴ, ㄷ ⑤ ㄱ, ㄴ, ㄷ

⁂ 1등급 킬러

02 그림 (가)와 (나)는 6개월 간격으로 관측한 별 A, B, C의 모습을 나타낸 것이다.

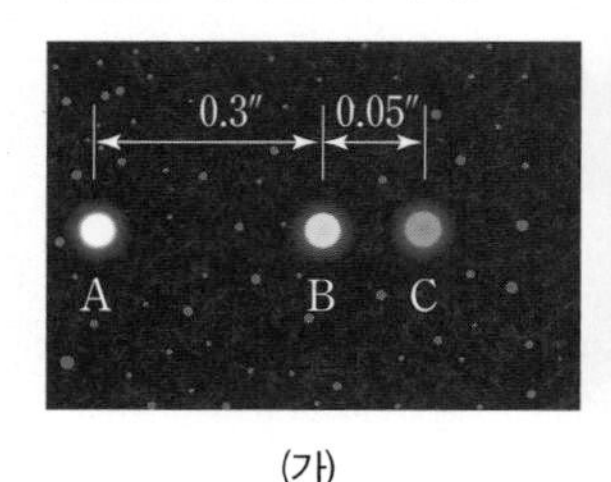

(가)

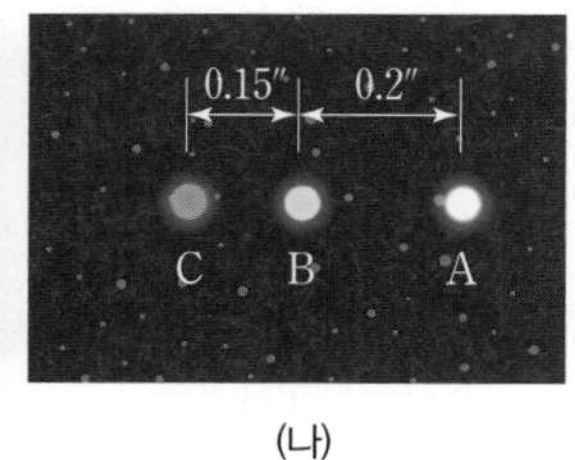

(나)

별 B의 위치가 변하지 않았다면, 지구에서 별 A와 C까지의 거리를 옳게 구한 것은?

	A	C		A	C
①	2 pc	5 pc	②	4 pc	5 pc
③	4 pc	10 pc	④	5 pc	10 pc
⑤	5 pc	20 pc			

03 그림은 별 S로부터 각각 2 pc, 6 pc만큼 떨어진 A, B 지점을 나타낸 것이다.

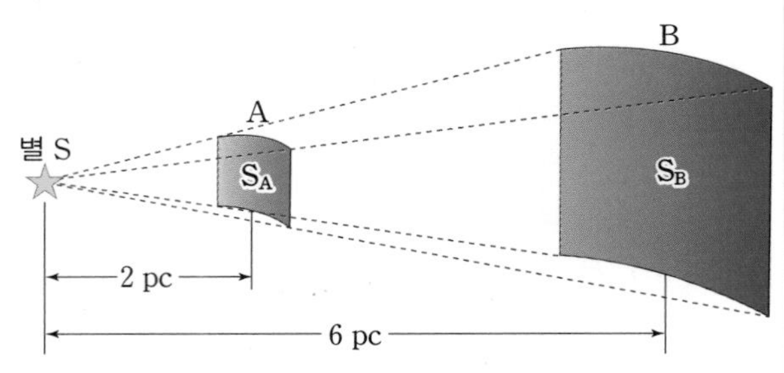

A와 B 지점에서 같은 면적에 도달하는 별 S의 빛의 양을 비율로 나타낸 것으로 옳은 것은?

① 1 : 3 ② 1 : 9 ③ 3 : 1
④ 6 : 1 ⑤ 9 : 1

04 그림은 15 pc 떨어져 있는 별 S와 1.5 pc 떨어져 있는 별 S′를 나타낸 것이다.

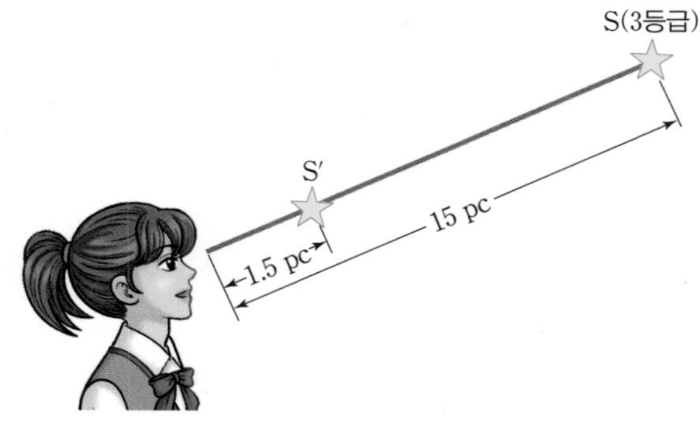

겉보기 등급이 3등급인 별 S가 S′의 위치로 이동하였을 때의 겉보기 등급을 구하시오.

( )

05 표는 별 A~D의 절대 등급과 연주 시차를 나타낸 것이다.

별	절대 등급	연주 시차
A	−4.2	0.2″
B	1.7	0.01″
C	−2.2	0.5″
D	0.6	0.1″

이에 대한 설명으로 옳지 않은 것은?

① A의 겉보기 등급은 −4.2보다 작다.
② B의 겉보기 등급은 −4.3이다.
③ C는 A보다 지구로부터 거리가 가깝다.
④ D의 겉보기 등급은 절대 등급과 같다.
⑤ A~D 중 실제로 가장 밝은 별은 A이다.

1등급 킬러

06 표는 별 A~E의 겉보기 등급과 절대 등급을 나타낸 것이다.

별	A	B	C	D	E
겉보기 등급	1.9	−0.2	2.5	−0.7	3.2
절대 등급	2.6	3.2	2.5	−2.3	−0.6

별 A~E 중 32.6 LY(광년)보다 가까이 있는 별을 모두 고른 것은?

① A, B ② A, E ③ B, C
④ C, D ⑤ D, E

07 그림 (가)와 (나)는 오리온자리를 구성하는 별이다.

(가)

(나)

그림을 통해 알 수 있는 사실로 옳은 것은?

① (가)는 (나)보다 반지름이 작다.
② (가)는 (나)보다 절대 등급이 작다.
③ (가)는 (나)보다 표면 온도가 낮다.
④ (가)는 (나)보다 겉보기 등급이 크다.
⑤ (가)는 (나)보다 지구에서 멀리 떨어져 있다.

08 표는 여러 별의 절대 등급과 색을 나타낸 것이다.

별	절대 등급	색
알데바란	−0.6	주황색
베가	0.5	흰색
민타카	−5.8	파란색
태양	4.8	노란색

이에 대한 설명으로 옳은 것을 |보기|에서 모두 고른 것은?

보기
ㄱ. 알데바란은 베가보다 표면 온도가 낮다.
ㄴ. 베가와 태양이 같은 거리에 있다면 베가가 더 밝게 보인다.
ㄷ. 네 별 중에서 민타카의 표면 온도가 가장 높다.
ㄹ. 태양은 민타카보다 실제 밝기가 밝다.

① ㄱ, ㄴ ② ㄱ, ㄹ ③ ㄷ, ㄹ
④ ㄱ, ㄴ, ㄷ ⑤ ㄴ, ㄷ, ㄹ

빈출도 ● > ● > ●

8강_은하와 우주, 과학 기술과 인류 문명

09 ● 그림은 우리은하를 위에서 본 모습을 나타낸 것이다.

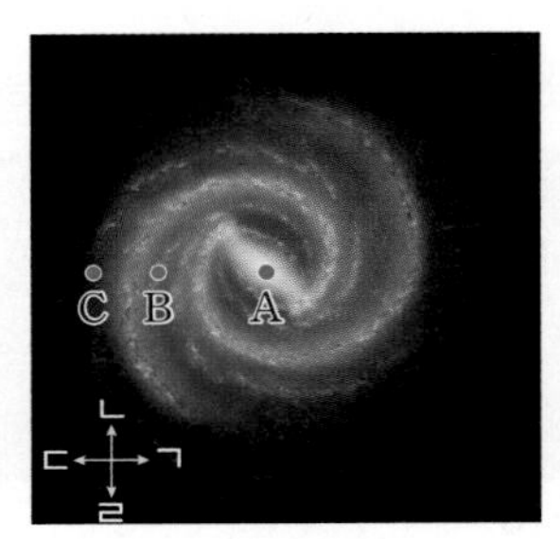

A~C 중 태양계의 위치로 옳은 것과, ㄱ~ㄹ 중 궁수자리의 방향을 옳게 짝지은 것은? (단, ㄱ~ㄹ은 태양계에서 본 방향을 나타낸다.)

	태양계 위치	궁수자리 방향
①	A	ㄴ
②	A	ㄷ
③	B	ㄱ
④	B	ㄹ
⑤	C	ㄱ

10 ● 그림 (가)와 (나)는 우리은하 내 서로 다른 두 천체의 모습을 나타낸 것이다.

(가) (나)

(가)와 비교한 (나)의 특징으로 옳은 것을 보기에서 모두 고른 것은?

보기
ㄱ. 대부분 젊은 별들로 구성되어 있다.
ㄴ. 주로 우리은하의 중심부와 헤일로에 분포한다.
ㄷ. 온도가 높은 푸른색 별들이 대부분을 차지한다.

① ㄴ ② ㄷ ③ ㄱ, ㄴ ④ ㄱ, ㄷ ⑤ ㄱ, ㄴ, ㄷ

⁂ 1등급 킬러

11 ● 그림 (가)와 (나)는 서로 다른 두 성운의 모습을 나타낸 것이다.

(가) (나)

이에 대한 설명으로 옳지 않은 것은?

① (가)는 반사 성운이다.
② (가)는 주변의 별빛을 반사하여 밝게 보인다.
③ (나)는 스스로 붉은색 빛을 낸다.
④ (나)는 근처의 뜨거운 별로부터 에너지를 받는다.
⑤ (가)와 (나)는 주로 우리은하의 중심부에 분포한다.

12 ● 그림은 우리은하에서 은하 A와 B의 멀어지는 속도를 나타낸 것이다.

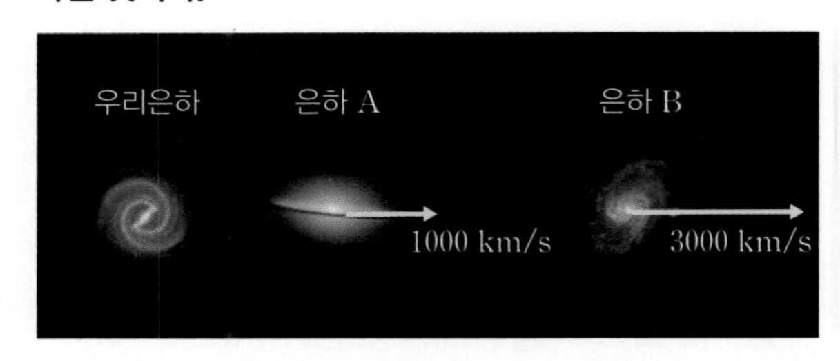

이에 대한 설명으로 옳은 것을 보기에서 모두 고른 것은?

보기
ㄱ. 우주 팽창의 중심에는 우리은하가 있다.
ㄴ. 은하 A에서 관측하면 은하 B는 2000 km/s의 속도로 멀어진다.
ㄷ. 은하 B에서 관측하면 은하 A는 가까워지고, 우리은하는 멀어진다.

① ㄱ ② ㄴ ③ ㄱ, ㄷ ④ ㄴ, ㄷ ⑤ ㄱ, ㄴ, ㄷ

>> 정답과 해설 68쪽

1등급 킬러

13 그림은 대폭발 우주론에 근거하여 우주가 팽창하는 모습을 나타낸 것이다.

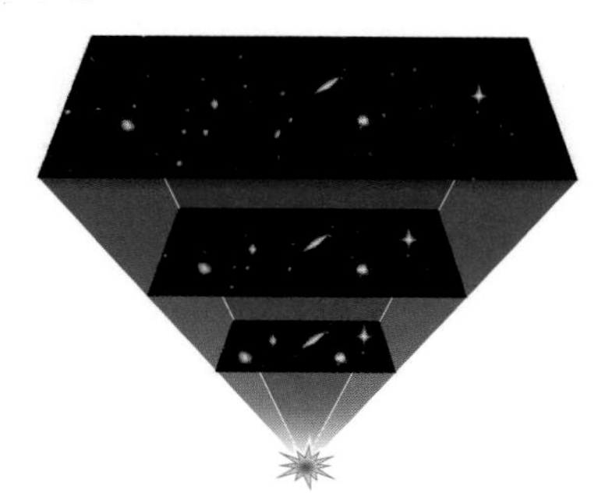

이에 대한 설명으로 옳은 것을 | 보기 | 에서 모두 고른 것은?

보기
ㄱ. 과거의 우주는 지금보다 온도가 높았다.
ㄴ. 시간이 지나면 우주의 총 질량이 증가할 것이다.
ㄷ. 대폭발 이전에 우주의 모든 물질과 에너지가 한 점에 모여 있었다.

① ㄴ ② ㄷ ③ ㄱ, ㄴ
④ ㄱ, ㄷ ⑤ ㄱ, ㄴ, ㄷ

14 표는 인류 역사의 대표적인 우주 탐사에 대한 설명이다.

탐사	설명
A	태양계의 왜소 행성인 명왕성을 최초로 근접 통과하였다.
B	인류 최초로 지구가 아닌 다른 천체에 착륙하여 탐사를 수행하였다.
C	해왕성을 근접 통과하며 많은 자료를 지구로 보내왔다.

이에 대한 설명으로 옳은 것을 | 보기 | 에서 모두 고른 것은?

보기
ㄱ. A는 B보다 먼저 수행되었다.
ㄴ. B 이후에 다른 행성에서도 유인 탐사가 이루어졌다.
ㄷ. C는 현재 태양계를 벗어나 계속 멀어지고 있다.

① ㄱ ② ㄷ ③ ㄱ, ㄴ
④ ㄴ, ㄷ ⑤ ㄱ, ㄴ, ㄷ

15 다음은 첨단 과학 기술의 활용 사례 중 하나에 대한 설명이다.

'이것'은 모든 사물을 인터넷으로 연결하는 기술이다. '이것'은 사람과 사물 사이뿐만 아니라 사물과 사물 사이에도 정보를 주고 받을 수 있어서 우리 생활에 편리하게 이용된다. 즉, 세상에 존재하는 여러 객체들이 다양한 방식으로 서로 연결되어 개별 객체들이 제공하지 못했던 새로운 서비스를 제공할 수 있다.

여기에서 설명하고 있는 '이것'은 무엇인지 쓰시오.

(   )

16 다음 중 과학 기술의 발달에 대한 설명으로 옳지 않은 것은?

① 과학 기술의 발달은 인류의 삶을 풍요롭게 하고 사회의 긍정적인 변화를 가져온다.
② 새로운 과학 기술을 연구할 때는 유용성뿐만 아니라 사회적 영향이나 윤리적 측면 등을 신중하게 고려해야 한다.
③ 과학 기술은 인류를 파괴할 수 있는 악의 무기가 되기도 하고, 환경 오염과 같은 새로운 문제를 일으키기도 한다.
④ 과학 기술이 소수의 개인이나 기업에 의해 장악된다면 각종 불평등을 심화시키고, 인간의 존엄성을 파괴하는 결과를 초래할 수 있다.
⑤ 과학 기술 관련 정보들이 대중에게 알려지면 사회적 혼란을 야기할 수 있으므로, 과학 기술의 미래 발전 방향에 대한 결정은 과학자 중심으로 이루어져야 한다.

memo

book.chunjae.co.kr

교재 내용 문의 ………………………… 교재 홈페이지 ▸ 중학 ▸ 교재상담
교재 내용 외 문의 ……………………… 교재 홈페이지 ▸ 고객센터 ▸ 1:1문의
발간 후 발견되는 오류 ……………… 교재 홈페이지 ▸ 중학 ▸ 학습지원 ▸ 학습자료실

일등공략 필승학습!
단기간에 끝장내자!

특목고 대비

일등 전략

중학 과학 3-2

BOOK 3

정답과 해설

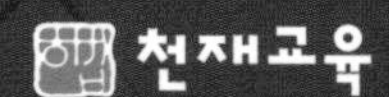

정답은
이안에
있어!

정답과 해설

정답과 해설

BOOK 1

1주 V 생식과 유전(1)

1일 개념 돌파 전략 1 확인Q 8~9쪽

1강_염색체와 체세포 분열

1 유전자 2 같다 3 같다 4 23 5 작아 6 중기
7 ㉠ 말기, ㉡ 딸세포 8 생식

1 DNA에서 생물의 유전 정보를 저장하고 있는 특정한 부위를 유전자라고 한다. 유전자는 생물의 유전 형질을 나타내는 단위로, DNA에 있다.

2 막대 모양으로 관찰되는 염색체는 보통 두 개의 가닥으로 이루어져 있는데, 각각의 가닥을 염색 분체라고 한다. 하나의 염색체를 구성하는 각각의 염색 분체는 DNA가 복제되어 형성되므로 유전 정보가 같다.

3 생물은 종에 따라 염색체의 수와 모양이 다르다. 같은 종의 생물은 체세포에 들어 있는 염색체의 수와 모양, 크기가 일정한데, 이를 핵형이라고 한다. 즉, 핵형이 같아야 같은 종의 생물이다.

4 남녀의 체세포에는 22쌍의 상염색체와 한 쌍의 성염색체가 들어 있어서, 상동 염색체는 모두 23쌍이다. 상염색체는 성별에 관계없이 암수가 공통으로 가지고 있는 염색체로, 사람의 경우 1번부터 22번까지의 염색체가 상염색체이다. 성염색체는 성별에 따라 차이가 나타나는 한 쌍의 염색체로, 성을 결정하며, 남자의 성염색체는 XY, 여자의 성염색체는 XX이다.

5 세포의 크기가 커질수록 부피와 표면적은 커지지만, 부피에 대한 표면적의 비는 작아져서 물질 교환이 원활하지 못하게 된다. 따라서 세포는 어느 정도 크기가 커지면 더 이상 자라지 않고 분열하며, 생물은 세포 수를 늘려 생장한다.

6 세포의 염색체를 관찰하기에 가장 좋은 시기는 염색체가 세포 중앙에 배열하는 중기이다.

7 세포질 분열은 핵분열 말기에 시작되며, 세포질이 나누어지면서 두 개의 딸세포가 생성된다. 동물 세포는 세포막이 밖에서 안으로 오므라들면서 세포질이 나누어지며, 식물 세포는 세포 안에서 밖으로 세포판이 자라면서 세포질이 나누어진다.

8 효모, 짚신벌레, 아메바 등 일부 단세포 생물은 체세포 분열로 생성된 두 개의 딸세포가 각각 하나의 개체가 되는 생식이 일어난다.

1일 개념 돌파 전략 1 확인Q 10~11쪽

2강_생식세포 분열과 발생

1 ㉠ 2, ㉡ 네(4) 2 ㉠ 2가 염색체, ㉡ 절반 3 ㉠ 염색 분체, ㉡ 수
4 일정 5 ㉠ 쌍, ㉡ 하나 6 23 7 작아진다 8 섞이지 않는다

1 생식세포 분열은 생물의 생식 기관에서 생식세포를 만들 때 일어나는 세포 분열이다. 생식세포 분열은 염색체의 복제가 일어난 후 세포 분열이 연속적으로 2회 일어나 네 개의 딸세포가 생성된다. 첫 번째 분열을 감수 1분열이라 하고, 두 번째 분열을 감수 2분열이라 한다.

2 감수 1분열 전기에 복제된 상동 염색체가 접합하여 만들어진 2가 염색체가 후기에 분리되므로 감수 1분열 결과 염색체 수가 반으로 줄어든다. 생식세포 분열 과정에서 염색체 수가 반으로 줄어들므로 감수 분열이라고도 한다.

3 감수 2분열은 감수 1분열에 이어서 간기 없이 곧바로 분열이 시작된다. 감수 2분열에서는 체세포 분열처럼 염색 분체가 분리되기 때문에 염색체 수가 변하지 않는다.

4 염색체 수가 모세포의 절반인 생식세포가 결합하여 태어난 자손은 부모와 같은 염색체 수를 가지게 된다. 따라서 생물은 세대를 거듭해도 자손의 염색체 수가 변하지 않고 항상 일정하게 유지된다.

5 생식세포에는 체세포의 상동 염색체 중 한 벌만 있어 염색체 수가 체세포의 절반이다. 따라서 생식세포의 수정으로 생긴 자손은 어버이와 같은 수의 염색체를 가진다.

6 사람의 체세포 염색체 수는 $2n=46$이므로 체세포의 절반인 정자와 난자의 염색체 수는 $n=23$이다.

7 수정란의 초기 세포 분열을 난할이라 하고, 난할 결과 만들어진 세포를 할구라고 한다. 난할은 체세포 분열이며, 딸세포가 커지는 시기가 거의 없이 세포 분열이 반복되므로 세포 수는 늘어나지만 각각의 세포 크기는 점점 작아진다. 따라서 세포 분열을 거듭해도 전체적인 크기는 수정란과 거의 차이가 없으며, 각 세포가 갖는 핵 속의 염색체 수는 변하지 않는다.

8 태아는 탯줄로 태반과 연결되어 있으며, 태반을 통해 모체와 태아 사이에서 물질 교환이 일어난다. 모체의 혈액 속에 있는 산소와 영양소는 태아에게 전달되고, 태아의 몸에서 발생한 이산화 탄소와 노폐물은 모체로 전달되어 몸 밖으로 배출된다. 태반에서 태아와 모체의 혈관은 직접 연결되어 있지 않으므로 혈액이 섞이지 않는다.

1일 개념 돌파 전략 2 12~13쪽

1 ④	2 ③	3 ①	4 ②
5 ①	6 ①		

1 염색체

염색체는 세포 분열이 일어날 때 염색사가 굵고 짧게 뭉쳐져서 생긴 막대 모양의 구조물로, DNA와 단백질로 이루어져 있다. DNA에서 생물의 특징에 대한 유전 정보가 담겨 있는 부분을 유전자라고 하며, 하나의 염색체에는 여러 개의 유전자가 있다. 사람의 염색체는 22쌍의 상염색체와 한 쌍의 성염색체로 구성되어 체세포 한 개에는 총 46개의 염색체가 들어 있다.

바로 알기 ㄴ. 생물의 종류에 따라 염색체 수와 모양이 다르며, 생물의 크기와 염색체의 수는 관련이 없다.

2 체세포 분열 과정

③ 체세포 분열 후기에는 방추사에 의해 염색 분체가 분리되어 양극으로 이동한다.

바로 알기 체세포 분열의 전기에 응축된 염색체가 처음 나타나고, 중기에 방추사가 부착된 염색체가 세포 중앙에 배열되었다가 후기에 염색 분체가 양극으로 이동하여 분리되고, 말기에 두 개의 핵이 형성되며 세포질 분열이 시작된다. 간기에 세포의 크기가 커지고 DNA가 복제된다.

3 체세포 분열의 특징

ㄱ. 식물에서 체세포 분열은 생장점이 있는 뿌리 끝의 세포나 줄기의 형성층에서 관찰할 수 있다.

ㄷ. 체세포 분열로 다세포 생물에서는 생장과 재생이 일어나고, 일부 단세포 생물에서는 생식이 일어난다. 생장은 체세포 분열을 통해 체세포의 수를 늘리는 것으로, 그 예로 키가 자라거나 나무의 굵기가 굵어지는 것을 들 수 있다. 재생은 세포가 손상되거나 수명이 다했을 경우 체세포 분열을 통해 새로운 세포를 만들어 손상된 세포나 노화된 세포를 대체하여 생명 활동을 유지하는 것으로, 그 예로 잘린 도마뱀 꼬리가 재생되거나 상처 부위에 새살이 돋는 것을 들 수 있다. 효모, 짚신벌레, 아메바 등 일부 단세포 생물은 체세포 분열로 생성된 두 개의 딸세포가 각각 하나의 개체가 되는 생식이 일어난다.

바로 알기 ㄴ. 체세포 분열의 말기에 형성된 두 개의 핵은 염색체의 구성이 같고 모세포의 핵과도 같다.

ㄹ. 세포질 분열은 동물 세포와 식물 세포에서 모두 일어나며, 동물 세포에서는 밖에서 안으로 세포막이 함입되면서 세포질이 나누어지고, 식물 세포에서는 두 핵 사이에 세포판이 형성되면서 나누어진다.

4 생식세포 분열의 특징

생식세포 분열은 염색체의 복제가 일어난 후 세포 분열이 연속적으로 2회 일어난다. 첫 번째 분열을 감수 1분열, 두 번째 분열을 감수 2분열이라 한다. 감수 1분열에서는 상동 염색체가 접합하여 만들어진 2가 염색체가 분리되어 염색체 수가 반으로 줄어든다. 감수 2분열은 감수 1분열에 이어서 간기 없이 곧바로 시작된다. 감수 2분열에서는 체세포 분열처럼 염색 분체가 분리되기 때문에 염색체 수는 변하지 않는다. 이처럼 생식세포 분열에서는 한 개의 모세포로부터 네 개의 딸세포가 만들어진다.

바로 알기 ② 감수 1분열 전기에 상동 염색체 쌍이 붙은 2가 염색체가 나타나 후기에 분리되고, 감수 2분열 후기에서는 염색 분체가 분리된다.

5 난할

ㄱ. 수정란의 초기 세포 분열을 난할이라 하고, 난할 결과 만들어진 세포를 할구라고 한다.

ㄹ. 난할은 체세포 분열이며, 딸세포가 커지는 시기가 거의 없이 세포 분열이 반복되므로 세포 수는 늘어나지만 각각의 세포는 크기가 점점 작아지며, 전체적인 크기는 수정란과 거의 차이가 없다.

바로 알기 ㄴ. 수정란이 난할을 거듭할수록 세포의 수는 증가하고, 세포 하나의 크기는 작아진다.

ㄷ. 난할은 핵분열이 체세포 분열 방식으로 진행되므로 세포 한 개당 염색체 수는 일정하게 유지된다.

6 임신이 되는 과정

약 28일을 주기로 난소에서 성숙한 난자가 수란관으로 배출된다(가). → 배란된 난자는 수란관 앞부분에서 정자와 만나 결합한다. 이때 만들어진 새로운 한 개의 세포를 수정란이라고 한다(라). → 수정란은 난할을 거듭하여 세포의 수를 늘리면서 수란관을 따라 자궁으로 이동한다(다). → 수정 후 5~7일 후에 포배 상태의 수정란이 자궁 내막에 파묻히는 착상이 일어나며, 이때부터 임신이 되었다고 본다(나). 포배는 초기 발생 과정에서 수정란이 난할을 거듭하면서 형성된 안쪽에 빈 공간이 있는 둥근 세포 덩어리를 말한다.

2일 필수 체크 전략 1 기출 선택지 All 14~17쪽

❶-1 ③　❷-1 ㄱ, ㄴ, ㄷ　❸-1 ㄱ
❹-1 (1) 1~22번 (2) XY (3) 남자
❺-1 은서, 준수　❻-1 ㄱ, ㄷ　❼-1 ㄱ
❽-1 ㄱ, ㄷ

❶-1 염색체의 구성

①, ④ 막대 모양으로 관찰되는 염색체는 보통 두 가닥으로 이루어져 있는데, 각각의 가닥을 염색 분체라고 한다.

② 염색체는 유전 물질인 DNA와 단백질로 이루어져 있다. DNA에는 생물의 유전 형질을 나타내는 단위인 유전자가 존재하며, 하나의 DNA에 여러 개의 유전자가 있다.

⑤ 하나의 염색체를 이루는 두 가닥의 염색 분체는 간기 때 복제되어 만들어진 것이므로 유전 정보가 같다.

바로 알기 ③ 염색체는 세포 분열이 일어날 때 염색사가 굵고 짧게 뭉쳐져서 생긴 막대 모양의 구조물로, 간기 때는 가늘고 긴 실 모양의 염색사 형태로 존재한다.

❷-1 상동 염색체

ㄱ. 여자의 상동 염색체는 23쌍이며, 이 중 22쌍은 상염색체이고 한 쌍은 성염색체이다.

ㄴ. 상동 염색체는 하나의 체세포에 들어 있는 모양과 크기가 같은 한 쌍의 염색체로, 부모로부터 각각 한 개씩 물려받아 쌍을 이룬 것이다.

ㄷ. 상동 염색체의 같은 위치에는 같은 형질을 결정하는 유전자가 있는데, 이를 대립유전자라고 한다.

바로 알기 ㄹ. 상염색체와 여자의 성염색체인 두 개의 X 염색체는 모양과 크기가 같은 상동 염색체로 이루어져 있다. 그러나 남자의 성염색체인 X 염색체와 Y 염색체는 모양과 크기가 서로 다르지만, 부모 양쪽으로부터 각각 물려받아 쌍을 이루며 생식세포 분열 시 2가 염색체를 형성하므로 상동 염색체에 포함시킨다.

❸-1 생물의 염색체 수

ㄱ. 생물종에 따라 염색체의 수와 모양이 다르며, 같은 종의 생물은 체세포 염색체의 수와 모양이 같다.

바로 알기 ㄴ. 생물종이 달라도 염색체 수가 같을 수는 있으나 모양은 다르게 나타난다.

ㄷ. 생물의 크기와 염색체 수는 관련성이 없다.

ㄹ. 같은 종에서 몸의 부위별 체세포의 염색체 수는 같다.

❹-1 사람의 염색체

자료 분석 + 사람의 염색체

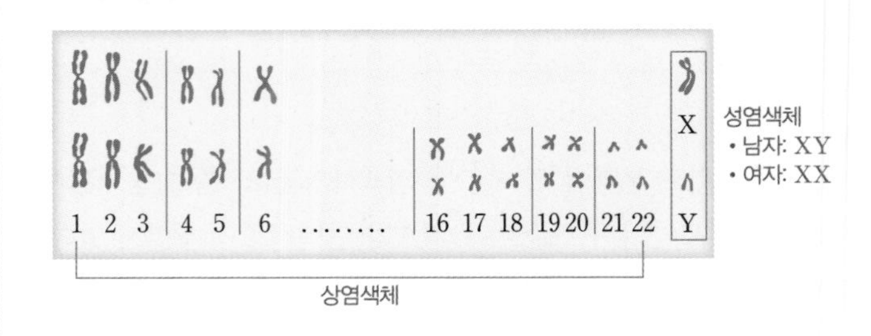

사람의 상동 염색체는 23쌍이며, 22쌍의 상염색체와 한 쌍의 성염색체로 구성된다. 그림에서 1~22번까지는 상염색체이며, X 염색체와 Y 염색체는 성염색체이다. 성염색체는 성별에 따라 차이가 나타나는 한 쌍의 염색체로 성을 결정한다. 남자의 성염색체는 XY, 여자의 성염색체는 XX이다.

❺-1 세포가 분열하는 까닭

자료 분석 + 세포의 크기와 부피에 대한 표면적 비의 관계

한 변의 길이(cm)	1	2
표면적(cm^2)	6	24
부피(cm^3)	1	8
$\frac{표면적}{부피}$	6	3

세포의 크기가 커지면 부피도 커지고 표면적도 커진다. 그러나 부피가 증가하는 정도가 표면적이 증가하는 정도보다 크다.

• 은서: 세포의 크기가 커지면 세포막의 표면적이 증가하는 비율보다 세포의 부피가 증가하는 비율이 더 크기 때문에 세포막을 통해 드나드는 물질 교환이 원활하지 않게 된다. 따라서 세포는 어느 정도 크기가 커지면 더 이상 자라지 않고 분열하며, 생물은 세포 수를 늘려 생장한다.

• 준수: 우무 조각이 작은 것은 색소가 이동한 길이가 중심까지 닿는 반면, 큰 것은 중심까지 닿지 못했다. 우무 조각이 큰 것을 작은 것과 비교해 볼 때 부피는 8배 큰 반면, 표면적은 4배 크다. 즉, 부피 대 표면적의 비가 $\frac{1}{2}$로 작아진다. 이것은 조각의 크기에 비해 색소를 흡수하는 표면적이 작음을 나타낸다.

바로 알기 • 경민: 세포의 크기가 작은 것이 큰 것에 비해 부피에 대한 표면적의 비가 커서 세포 중심으로의 물질 이동에 유리하다.

❻-1 체세포 분열 관찰

체세포 분열을 관찰하기 위해서는 고정 → 해리 → 염색 → 분리 → 압착의 순서로 현미경 표본을 만든다.

ㄱ, ㄷ. 양파의 뿌리를 에탄올과 아세트산을 3 : 1의 비율로 혼합한 용액에 담가 고정시킨다. 이렇게 세포를 고정하는 까닭은 세포 분열이 현재의 상태에서 멈추도록 하여 다양한 시기의 세포를 관찰하기 위한 것이다. 또한, 세포를 현미경 표본으로 만들어 관찰하는 과정에서 세포가 손상될 수 있다. 그러나 고정 과정을 거치면 세포를 그 상태로 정지시킬 수 있다.

바로 알기 ㄴ. 관찰하려는 양파 뿌리는 식물 세포이므로 염산에 넣어 세포 사이에 있는 세포 간 물질을 녹여 내고 세포벽을 무르게 하는 해리 과정을 거쳐야 한다. 이렇게 처리하면 현미경 표본을 만들 때 세포와 세포가 잘 분리되어 한 겹으로 펼 수 있어 세포를 관찰하기에 유리하다.

❼-1 체세포 분열

자료 분석 + 체세포 분열 - 중기

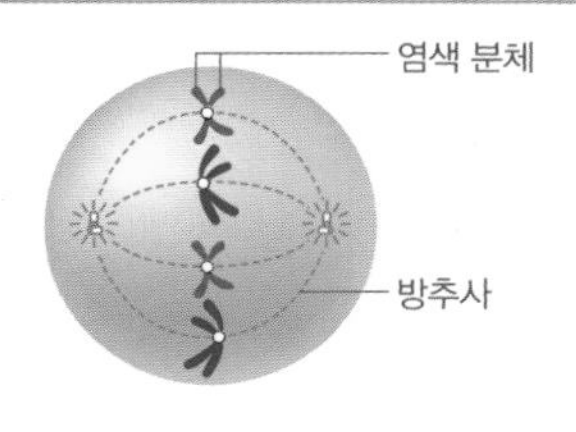

ㄱ. 그림은 체세포 분열 중기를 나타낸 것으로, 방추사가 부착된 염색체가 세포 중앙에 배열하며, 염색체를 관찰하기에 가장 좋은 시기이다.

바로 알기 ㄴ. 전기에는 염색사가 응축되어 두 가닥의 염색 분체로 되어 있는 염색체가 된다.

ㄷ. 후기에는 염색 분체가 나뉘어 방추사에 이끌려 양극으로 이동하며, 말기 및 세포질 분열을 거쳐 두 개의 딸세포가 만들어진다.

암기 Tip 체세포 분열 시 염색체의 변화

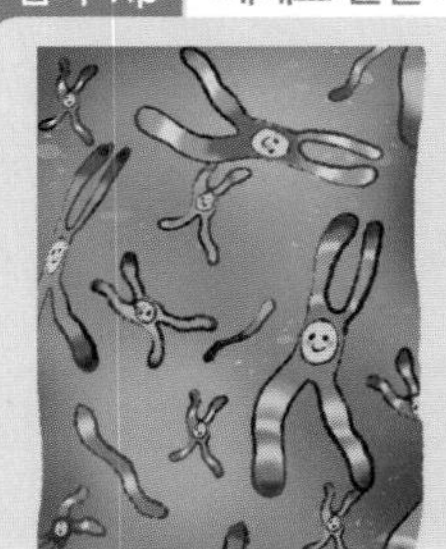

전기 ➡ 염색체 나타남
중기 ➡ 염색체 세포 중앙 배열
후기 ➡ 염색체 양극으로 이동
말기 ➡ 염색체가 염색사로

염색체 나 중 이 사

❽-1 체세포 분열

자료 분석 + 체세포 분열 - 세포질 분열

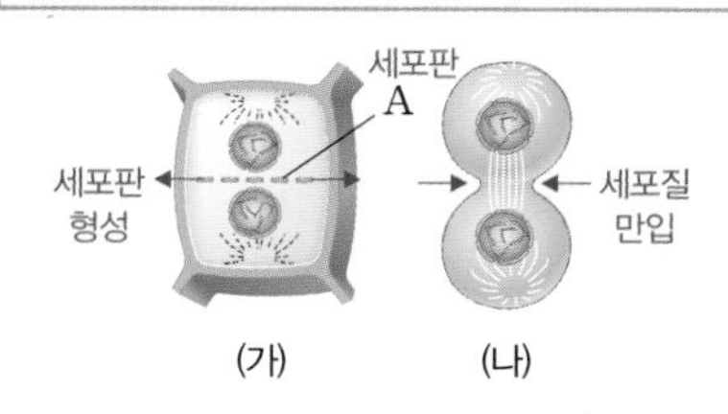

ㄱ. A는 세포판으로, 세포 안에서 밖으로 세포판이 자라면서 세포질이 나누어진다.

ㄷ. (가)는 세포판이 형성되는 식물 세포의 세포질 분열, (나)는 세포질 만입이 일어나는 동물 세포의 세포질 분열이다.

바로 알기 ㄴ. 동물 세포는 세포막이 밖에서 안으로 오므라들면서 세포질이 나누어진다.

2일 필수 체크 전략 2 최다 오답 문제 18~19쪽

1 ④	2 ②	3 ④	4 ⑤
5 ③	6 ④		

1 세포의 부피와 표면적 간의 관계

세포에 생명 현상이 일어나기 위해서는 세포막을 통한 물질 교환이 원활하게 일어나야 하는데, 부피의 증가율을 표면적의 증가율이 따라가지 못하므로 개체의 크기가 커질 때는 세포의 크기가 커지는 것이 아니라 세포의 수가 증가하도록 세포 분열이 일어난다.

① 한 변의 길이가 1 cm, 2 cm, 4 cm로 커질 때 단위 부피당 표면적은 6, 3, 1.5로 작아진다.

② 한 변의 길이가 증가하면 부피와 표면적 모두 증가한다.

③ 세포는 세포막을 통해 생명 활동에 필요한 물질을 받아들이고 세포 내 노폐물을 내보낸다. 따라서 단위 부피당 표면적이 클수록 물질 교환이 원활하게 일어난다.

⑤ 세포 분열을 하면 세포가 작아져 부피에 대한 표면적의 비가 커진다. 따라서 세포는 어느 정도 크기가 커지면 더 이상 자라지 않고 분열하며, 생물은 세포 수를 늘려 생장한다.

바로 알기 ④ 한 변의 길이가 2배 증가하면 부피는 8배 증가하게 되지만, 표면적은 4배 증가하게 된다. 이처럼 세포가 커질 때 표면적의 증가율보다 부피의 증가율이 더 크다.

2 염색체의 수와 모양

ㄷ. 감자와 침팬지의 염색체 수는 48로 같다. 이처럼 염색체 수가 같아도 다른 종류의 생물일 수 있다.

바로 알기 ㄱ. 하나의 염색체에는 여러 개의 유전자가 들어 있으므로 염색체 수보다 유전자 수가 더 많다.

ㄴ. 염색체 수와 모양은 생물 고유의 특성으로, 염색체 수의 차이는 식물과 동물에 관계 없다.

3 상동 염색체

자료 분석 + 상동 염색체

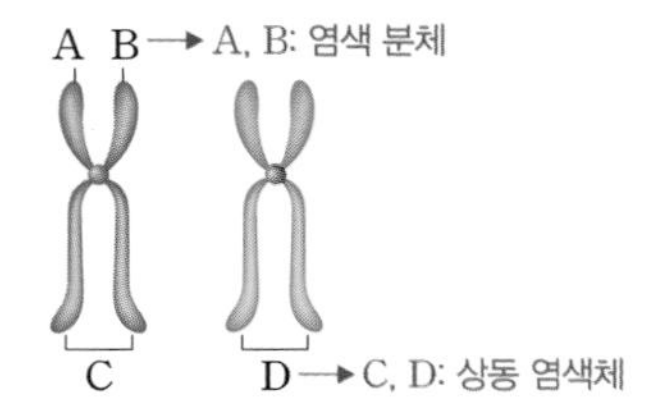

선택지 분석

~~ㄱ. A와 B는 각각 부모로부터 하나씩 물려받은 것이다.~~
→ 복제되어 형성된 염색 분체이므로 부모 중 한 명으로부터 물려받은 것이다.

ⓛ A와 B는 체세포 분열 시 분리된다.

ⓒ C와 D는 상동 염색체이다.

ㄴ. 염색체는 보통 두 개의 가닥으로 이루어져 있는데, 각각의 가닥을 염색 분체라고 한다. 염색 분체는 간기 때 DNA가 복제되어 생성된 것이다. 염색 분체는 체세포 분열 후기에 방추사에 이끌려 양극으로 이동하면서 분리된다.

ㄷ. 상동 염색체는 하나의 체세포에 들어 있는 모양과 크기가 같은 한 쌍의 염색체로, 사람의 상동 염색체는 23쌍(46개)이다.

바로 알기 ㄱ. 상동 염색체는 부모로부터 하나씩 물려받은 것이고, 염색 분체는 복제로 형성된 것이다.

4 사람의 염색체

자료 분석 + 사람의 염색체

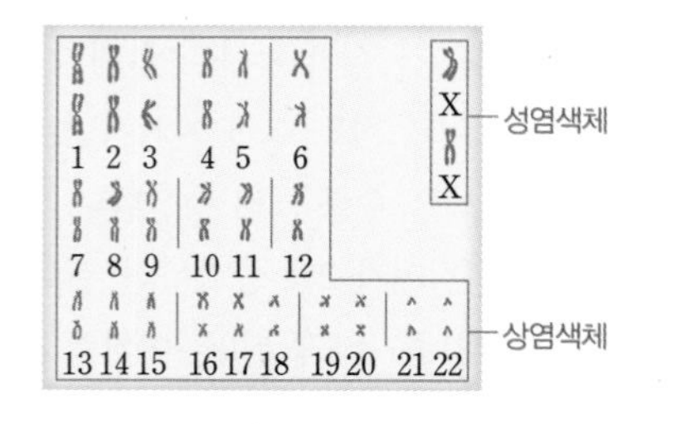

남자와 여자는 공통적으로 세포당 44개의 상염색체를 갖고, 남자는 성염색체인 X 염색체 한 개와 Y 염색체 한 개를, 여자는 성염색체인 X 염색체를 두 개 갖는다.

ㄱ. (가)는 성염색체로 X 염색체 두 개를 가지므로 여자이다.

ㄴ. 남자의 성염색체는 XY, 여자의 성염색체는 XX로, 세포당 두 개의 성염색체가 있다.

ㄷ. 체세포에 있는 상동 염색체는 부모 양쪽으로부터 각각 한 개씩 물려받아 쌍을 이룬 것이다. 따라서 (가)의 체세포에 들어 있는 46개의 염색체 중 상염색체 22개와 X 염색체 한 개는 아버지로부터 물려받은 것이며, 나머지 상염색체 22개와 X 염색체 한 개는 어머니로부터 물려받은 것이다.

5 체세포 분열

자료 분석 + 체세포 분열에서 염색체의 변화

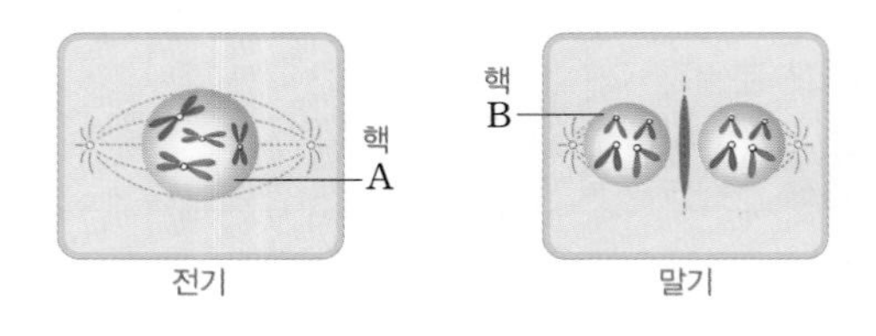

ㄱ. (가)는 체세포 분열 전기이고, (나)는 말기이다.

ㄷ. 체세포 분열 말기에는 염색체가 다시 염색사 형태로 풀리고, 핵막이 다시 나타나 똑같은 두 개의 핵이 생긴다. 또한, 세포 안에서 밖으로 세포판이 형성되면서 세포질 분열이 시작된다.

바로 알기 ㄴ. (가)는 간기 때 DNA가 복제되어 하나의 염색체가 두 가닥의 염색 분체로 이루어져 있으며, (나)는 말기 때 염색 분체가 나뉘어져 하나의 염색체가 한 가닥으로 이루어져 있다. 따라서 A의 염색 분체 수는 B의 염색체 수의 두 배이다.

6 체세포 분열 관찰하기

체세포 분열 관찰 실험은 고정 → 해리 → 염색 → 분리 → 압착의 순서로 현미경 표본을 만들어 관찰한다.

① 양파의 뿌리 끝에는 체세포 분열이 일어나는 생장점이 있어 다양한 염색체 모양과 행동을 관찰할 수 있다. (가)는 고정 과정으로, 세포 분열이 현재의 상태에서 멈추도록 하여 다양한 시기의 세포를 관찰하기 위한 것이다.

② (나)는 해리 과정으로, 이렇게 처리하면 현미경 표본을 만들 때 세포와 세포가 잘 분리되어 한 겹으로 펴질 수 있어 세포를 관찰하기에 유리하다.

③ (다)는 염색 과정으로, 아세트올세인 용액(혹은 아세트산 카민 용액)으로 핵과 염색체를 붉은색으로 염색한다.
⑤ (마)는 압착 과정으로, 세포 조직을 한 층으로 얇게 편 후 납작하게 하여 여러 층의 세포를 하나의 세포층으로 만들기 위한 과정이다.

바로 알기 ④ 고정은 (가) 과정에서 일어나고, 에탄올과 아세트산 혼합 용액이 고정액이다. 해리는 (나) 과정에서 일어난다.

ㄷ. 감수 1분열 전기에 상동 염색체가 접합하여 2가 염색체를 형성한 후 후기에 분리되므로 감수 1분열 결과 염색체 수가 반으로 줄어든다.

바로 알기 ㄴ. 염색 분체가 방추사에 의해 분리되어 양극으로 이동하는 시기는 감수 2분열 후기이다.

암기 Tip 감수 1분열과 감수 2분열의 특징 비교

감수 1분열: 상동 염색체 분리 ➡ 염색체 수 반감
감수 2분열: 염색 분체 분리 ➡ 염색체 수 유지

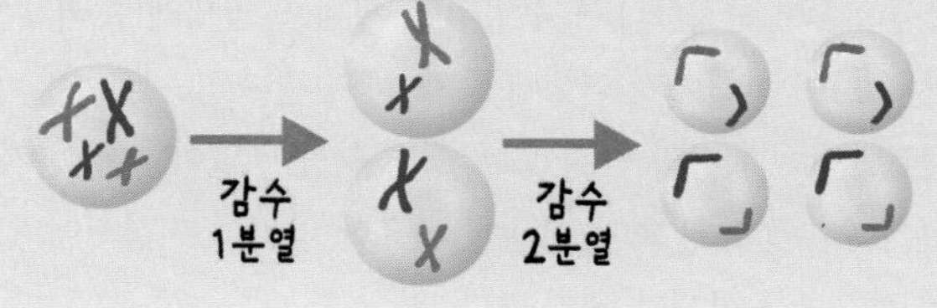

3일 필수 체크 전략 1 기출 선택지 All 20~23쪽

❶-1 ③ ❷-1 ㄱ, ㄷ ❸-1 ㄴ, ㄷ ❹-1 ④
❺-1 ㄱ, ㄴ ❻-1 ㄱ, ㄷ
❼-1 (가) 이산화 탄소, 노폐물, (나) 영양소, 산소
❽-1 ㉠ 8, ㉡ 266

❶-1 생식

생식은 생물이 살아 있는 동안 자신과 닮은 자손을 만드는 것을 말한다. 생물은 생식세포를 만들어 유전 정보를 다음 세대에 전달하며, 생식세포는 암수가 구별되는 생물의 생식에서 중요한 역할을 한다. 식물의 생식세포로는 꽃가루와 난세포가 있고, 동물의 생식세포로는 정자와 난자가 있다. 생물의 생식 기관에서 이러한 생식세포를 만들 때 일어나는 세포 분열을 생식세포 분열이라고 하며, 유전 정보를 다음 세대에 전달하는 역할을 한다.

❷-1 생식세포 분열

자료 분석 + 생식세포 분열

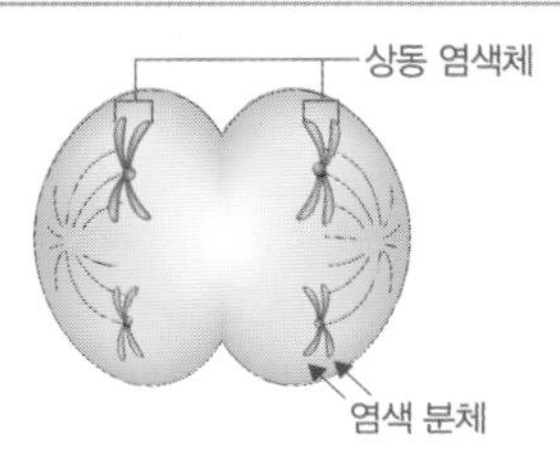

ㄱ. 상동 염색체가 각각 방추사에 이끌려 양극으로 이동하고 있으므로 감수 1분열 후기이다.

❸-1 생식세포

상동 염색체는 하나의 체세포에 들어 있는 모양과 크기가 같은 한 쌍의 염색체를 말한다. 그림에서 염색체의 모양과 크기가 모두 다르므로 상동 염색체라고 할 수 없다. 따라서 생식세포의 염색체 구성을 나타낸 것이다.
ㄴ. 생식세포는 생식세포 분열 결과 만들어진다.
ㄷ. 생식세포의 염색체 수는 체세포의 절반이므로, 이 생물의 체세포 한 개에 들어 있는 염색체 수는 8이다.

바로 알기 ㄱ. 생식세포는 체세포의 상동 염색체 중에서 하나만 가지므로 상동 염색체가 존재하지 않는다.

❹-1 생식세포 분열 과정에서 DNA양의 변화

① 체세포 분열은 동물의 경우 모든 체세포에서 일어나고 식물의 경우 생장점과 형성층에서 일어난다. 생식세포 분열은 동물의 경우 정소와 난소에서 일어나고 식물의 경우 꽃밥과 밑씨에서 일어난다.
② 체세포 분열은 1회의 세포 분열이 일어난다. 반면, 생식세포 분열은 2회 연속으로 세포 분열이 일어나는데, 첫 번째 분열을 감수 1분열, 두 번째 분열을 감수 2분열이라고 한다.
③ 체세포 분열 결과 두 개의 딸세포가 만들어지고, 생식세포 분열 결과 네 개의 딸세포가 만들어진다.
⑤ 체세포 분열에서는 상동 염색체가 붙은 2가 염색체가 나타나지 않고, 생식세포 분열에서는 감수 1분열 전기에 2가 염색체가 형성된다.

바로 알기 ④ 체세포 분열 결과 염색체 수는 변함없고($2n$), 생식세포 분열 결과 염색체 수는 반으로 줄어든다(n).

5-1 사람의 생식세포

사람의 생식세포에는 남자의 정소에서 만들어지는 정자와 여자의 난소에서 만들어지는 난자가 있다.

ㄱ. 정자와 난자의 핵에는 체세포 염색체 수($2n$)의 절반(n)인 염색체가 있다. 사람의 체세포 염색체 수는 46이므로 정자와 난자의 염색체 수는 23이다.

ㄴ. 정자(n)와 난자(n)가 수정되면 체세포 염색체 수와 같은 수정란($2n$)이 만들어져 염색체 수가 46이 된다.

바로 알기 ㄷ. 정자와 난자 모두 생명 활동이 일어나며, 난자의 세포질에는 수정란의 초기 발생에 필요한 양분이 저장되어 있어 난자는 정자보다 크기가 훨씬 크다.

6-1 수정란의 초기 발생 과정

자료 분석 + 난할

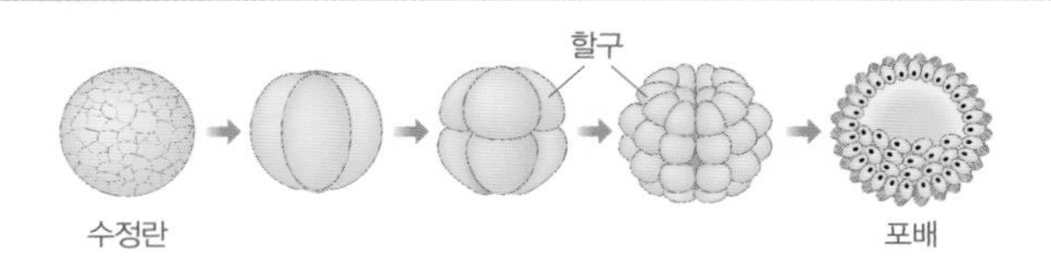

ㄱ. 그림은 수정란의 초기 세포 분열인 난할 과정을 나타낸 것이며, 난할 결과 만들어진 세포를 할구라고 한다.

ㄷ. 난할은 딸세포가 커지는 시기가 거의 없이 세포 분열이 반복되므로 세포 수는 늘어나지만, 각각의 세포는 크기가 점점 작아진다. 세포 분열을 거듭해도 전체적인 크기는 수정란과 거의 차이가 없으며, 각 세포가 갖는 핵 속의 염색체 수는 변하지 않는다. 수정 후 5~7일 후에 포배 상태의 수정란이 자궁 내막에 파묻히는 현상을 착상이라고 하며, 이때부터 임신이 되었다고 본다.

바로 알기 ㄴ. 난할은 체세포 분열 과정이다.

7-1 태아와 모체 사이의 물질 교환

포배 상태에 수정란이 착상되면 배아와 모체 사이에 혈관이 발달하여 태반이 형성된다. 태아는 탯줄로 태반과 연결되어 있으며, 태반을 통해 모체와 태아 사이에 물질 교환이 일어난다. 이때 태아와 모체의 혈관은 직접 연결되어 있지 않으므로 혈액이 섞이지 않는다. 모체의 혈액 속에 들어 있는 산소와 영양소는 태아에게 전달되고, 태아의 몸에서 발생한 이산화 탄소와 노폐물은 모체로 전달되어 몸 밖으로 배출된다.

8-1 태아의 발달과 출산

모체가 섭취한 물질은 태반을 통해 배아에게도 전달된다. 수정 후 8주 이내에는 중추 신경계가 가장 먼저 발달하기 시작하고 심장 등 기관 대부분이 만들어지기 시작하므로, 이 기간에 임신부의 약물 복용, 음주, 흡연 등은 배아의 기관 형성에 나쁜 영향을 줄 수 있다. 따라서 술과 담배는 절대 금하고, 약물을 복용해야 할 경우는 반드시 의사의 처방에 따른다. 수정일로부터 약 266일(38주) 후 자궁이 수축하여 자궁 입구가 열리고 태아가 질을 통해 모체의 몸 밖으로 나온다.

3일 필수 체크 전략 2 최다 오답 문제 24~25쪽

1 ③	2 ⑤	3 ④, ⑤	4 ⑤
5 ④	6 ④	7 ②	

1 생식세포 분열

자료 분석 + 생식세포 분열 과정에서 염색체 변화

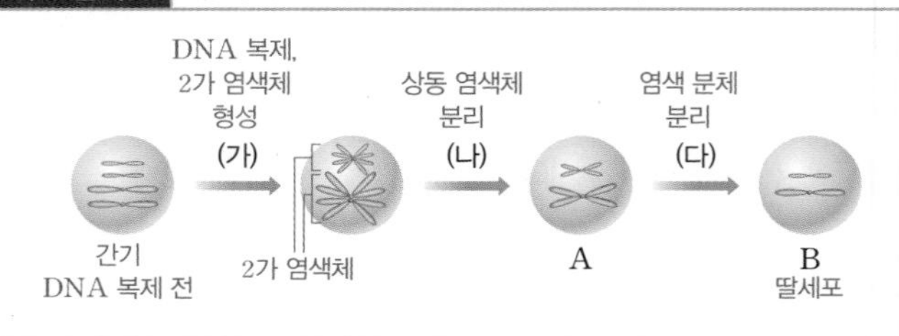

과정 (가)는 간기의 염색체가 복제되고 2가 염색체를 형성하는 과정이고, (나)는 상동 염색체가 나누어져 염색체 수가 절반으로 줄어드는 과정이며, (다)는 염색 분체가 나누어져 체세포 염색체 수의 절반을 갖는 생식세포가 형성되는 과정을 나타낸 것이다.

ㄱ. A와 B는 각각 염색체 수가 23으로 같다.

ㄷ. (가)에서는 DNA가 복제되면서 DNA양이 2배로 증가한다. (나)에서는 상동 염색체가 나누어져 염색체 수가 반으로 줄어들면서 DNA양도 반으로 줄어든다. (다)에서는 염색 분체가 나누어지므로 염색체 수는 같지만 DNA양이 반으로 줄어든다.

바로 알기 ㄴ. (나)에서는 2가 염색체의 상동 염색체가 분리되며, (다)에서 염색 분체가 분리된다.

2 생식세포 분열

자료 분석 + 식물의 꽃가루 생성

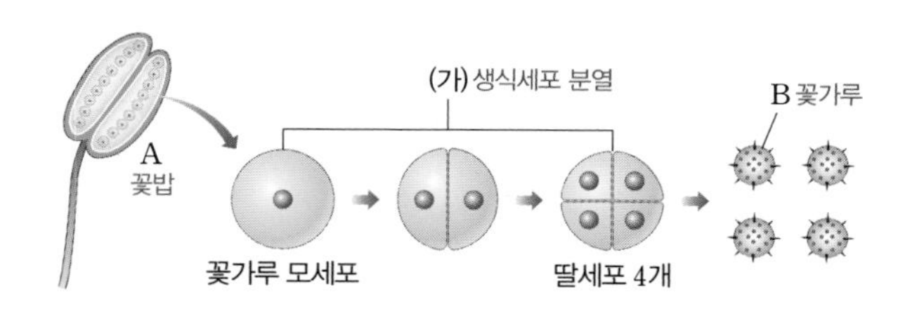

A는 꽃밥, B는 꽃가루이고, 꽃밥에서 생식세포인 꽃가루가 만들어지는 과정 (가)는 생식세포 분열이다. 식물의 난세포, 꽃가루는 동물의 난자, 정자와 같이 생식세포 분열로 생성된다. 생식세포 분열로 염색체의 수가 모세포의 절반이 되므로 암수 생식세포가 결합하여 생긴 자손은 부모와 같은 개수의 염색체를 가지게 된다. 따라서 생물은 세대를 거듭해도 자손의 염색체 수가 변하지 않고 항상 일정하게 유지된다.

3 생식세포 분열

자료 분석 + 생식세포 분열 과정에서 DNA양 변화

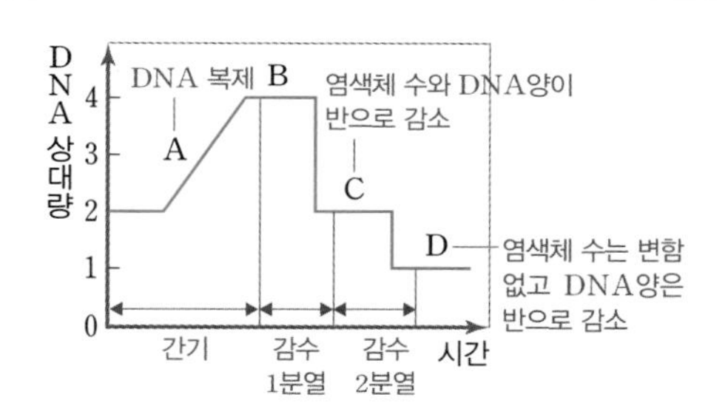

간기에 DNA 복제가 일어나 DNA양이 두 배로 증가했다가 감수 1분열이 완료되면 염색체 수는 반으로 줄고 DNA양은 원래대로 된다. 감수 2분열이 진행되면 염색 분체의 분리가 일어나 다시 DNA양이 줄어 처음 양의 $\frac{1}{2}$이 된다. A는 간기 중 DNA가 복제되는 시기이고, B는 감수 1분열, C는 감수 2분열이 진행되는 구간이다.

① DNA가 복제되는 A 구간(간기)에서는 핵막과 인이 관찰되고, 염색체는 염색사 형태로 풀어져 있다.

② A는 간기에 포함되므로 핵막과 인이 관찰되며, DNA 복제가 일어나서 DNA 상대량이 두 배가 된다.

③ 감수 1분열 전기에 상동 염색체가 붙은 2가 염색체가 형성된다.

바로 알기 ④ C 시기의 염색체 수는 D 시기와 같고, C 시기의 DNA 상대량은 D 시기의 두 배이다.

⑤ C 구간에 감수 2분열 중기의 세포가 있으며, D 시기는 감수 2분열 말기 이후이다.

4 체세포 분열과 생식세포 분열

자료 분석 + 체세포 분열과 생식세포 분열에서 염색체의 변화

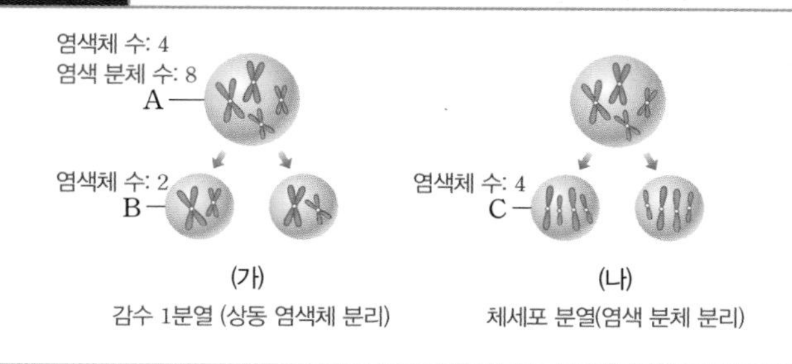

(가)는 감수 1분열이고, (나)는 체세포 분열이다.

ㄱ. A의 염색 분체 수는 8이고 C의 염색체 수는 4이다.

ㄴ. B와 C의 DNA양은 같고 염색체 수는 C가 B의 두 배이므로 $\frac{\text{염색체 수}}{\text{DNA양}}$는 C가 B의 두 배이다.

ㄷ. 감수 1분열에서 상동 염색체가 분리되며, 체세포 분열에서는 염색 분체가 분리된다.

5 난할

난할은 체세포 분열 과정이다.

ㄱ. 체세포 분열 중기로, 방추사가 부착된 염색체가 세포 중앙에 배열된다.

ㄷ. 체세포 분열 말기로, 두 개의 핵이 생기고 세포질 분열이 시작된다.

ㄹ. 체세포 분열 후기로, 방추사에 의해 염색 분체가 분리되어 양극으로 이동한다.

바로 알기 ㄴ. 감수 1분열 중기로, 2가 염색체가 세포 중앙에 배열되고, 방추사가 각각의 상동 염색체에 붙는다.

6 임신이 되는 과정

① (가)는 자궁으로, 정자와 난자의 결합으로 만들어진 수정란이 포배 상태로 자궁 내막에 착상하여 모체로부터 영양을 공급받으며 태아로 자란다.

②, ③ (나)는 난소, (다)는 수란관으로, 난소에서 수란관으로 배란된 난자는 수란관 앞부분에서 정자와 결합하는 수정이 일어난

다. 수정란은 난할을 거듭하여 세포 수를 늘리면서 수란관을 따라 자궁으로 이동한다.

⑤ 배아가 발생되는 과정은 배란 → 수정 → 난할 → 착상 순으로 일어난다.

바로 알기 ④ 난자가 생성되는 난소(나)에서는 생식세포 분열이 일어난다. (가)에서 일어나는 발생 과정과 (다)에서 일어나는 수정란의 세포 분열인 난할은 체세포 분열이다.

7 태반의 형성과 물질 교환

ㄴ. 태반을 통해 모체의 산소와 영양소는 태아에게 전달되고, 태아의 몸에서 발생한 이산화 탄소와 노폐물은 모체에게 전달되어 몸 밖으로 배출된다.

바로 알기 ㄱ. 모체와 태아의 혈관은 직접 연결되어 있지 않으므로 모체와 태아의 혈액은 섞이지 않는다.

ㄷ. 배아가 착상된 후에 배아와 모체 사이에 혈관이 발달하여 태반이 형성된다. 배아는 탯줄로 태반과 연결되어 있으며, 태반을 통해 모체와 배아 사이에 물질 교환이 일어난다.

암기 Tip 태반에서의 물질 교환

태아 ⇄ 모체 (산소, 영양소: 모체 → 태아 / 이산화 탄소, 노폐물: 태아 → 모체)

아기에게 좋은 것을 먹여야지.

1주차 누구나 합격 전략 26~27쪽

01 A: DNA, B: 단백질, C: 염색체			02 ①, ⑤
03 ③	04 ③	05 ②	06 ③
07 ⑤	08 해설 참조	09 ②	10 ③

01 염색체의 구조

A는 DNA, B는 단백질, C는 염색체이다. 세포 분열 시 응축되어 막대 모양으로 나타나는 것은 염색체이며, 보통 두 가닥으로 이루어져 있는데, 각각의 가닥을 염색 분체라고 한다. 염색체는 세포가 분열하지 않을 때는 핵 속에 풀어져 가늘고 긴 실 모양의 염색사 형태로 존재하며, DNA와 단백질로 구성된다. DNA에는 생물의 유전 형질을 나타내는 단위인 유전자가 존재하며, 하나의 DNA에는 여러 개의 유전자가 있다.

02 염색체의 구조

① 두 가닥의 사슬 모양 물질인 DNA에는 생물의 생김새나 성질에 대한 유전 정보가 저장되어 있다.

⑤ 세포 분열이 일어날 때 DNA와 단백질이 강하게 뭉쳐진 상태인 염색체로 관찰된다.

바로 알기 ② 분열이 일어나기 전 간기에 DNA가 복제되어 두 가닥의 염색 분체가 형성되며, C를 이루는 각각의 가닥을 염색 분체라고 한다. 염색 분체는 유전 정보가 같고, 세포 분열 시 분리되어 각각의 딸세포로 들어간다.

③ 단백질의 단위체는 아미노산이다.

④ 분열이 일어나지 않을 때는 염색체가 염색사의 형태로 풀어져 있으며, 염색사도 DNA와 단백질로 이루어져 있다.

03 염색체의 종류

자료 분석+ 상동 염색체와 염색 분체

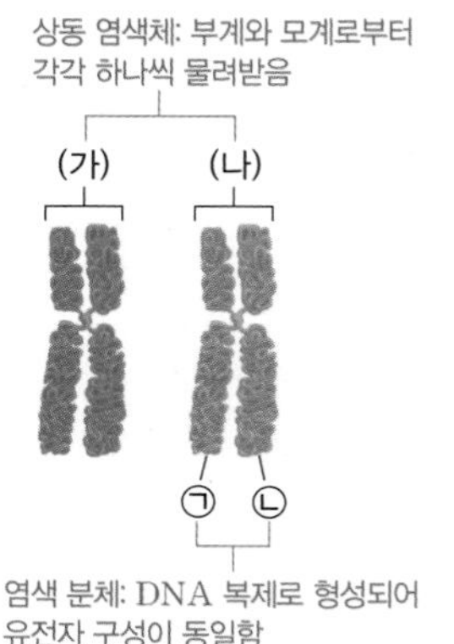

(가)와 (나)는 사람의 염색체 중 1번 염색체를 이루는 상동 염색체이고, ㉠과 ㉡는 하나의 염색체를 구성하는 염색 분체이다.
ㄱ. 사람의 염색체는 1번부터 22번까지 22쌍의 상염색체와 한 쌍의 성염색체로 구성된다.
ㄴ. 크기와 모양이 같은 한 쌍의 염색체를 상동 염색체라고 한다. 상동 염색체는 부모로부터 각각 한 개씩 물려받아 쌍을 이룬 것이다.
바로 알기 ㄷ. ㉠과 ㉡은 DNA 복제로 형성된 염색 분체이며, 유전 정보가 같다.

04 체세포 분열 관찰

① (가)는 아세트올세인 용액 또는 아세트산 카민 용액으로 식물 세포의 핵과 염색체를 염색하는 과정으로, 세포 분열 과정에서 염색체의 배열과 이동을 관찰할 수 있다.
② (나)는 뿌리 끝을 해부침으로 잘게 찢는 분리 과정이고, (다)는 덮개 유리를 덮어 고무가 달린 연필로 가볍게 두드린 다음 엄지 손가락으로 지그시 누르는 압착 과정인데, 모두 세포 조직을 한 층으로 얇게 편 후 납작하게 하여 여러 층의 세포를 하나의 세포층으로 만들기 위한 과정이다. 세포끼리 겹치지 않아야 현미경으로 관찰할 때 세포 내 구조물을 좀 더 명확하게 관찰할 수 있다.
④ 세포 분열 관찰 실험은 고정 → 해리 → 염색 → 분리 → 압착의 순으로 하여 현미경 표본을 만든다. 따라서 염색 전에 세포가 손상되는 것을 막기 위해 세포 분열을 멈추게 하는 고정 과정과 염산에 넣어 세포 간 물질을 녹여 내고 세포벽을 무르게 하는 해리 과정을 먼저 실시해야 한다.
⑤ 식물 조직 중 생장점은 체세포 분열이 활발하게 일어나는 조직이며, 뿌리 끝에 있다.
바로 알기 ③ 조직을 연하게 할 때는 묽은 염산을 이용하며, (다)는 세포층을 한 층으로 얇게 펴는 압착 과정이다.

05 체세포 분열 과정

자료 분석 + 체세포 분열 과정에서 염색체의 이동

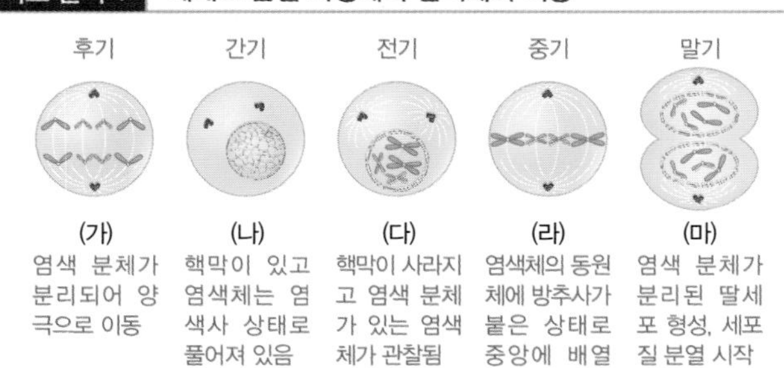

ㄴ. 간기에 DNA양이 두 배로 복제되며, 간기 이후 전기의 염색체는 염색 분체가 두 개 있는 상태로 나타난다.
바로 알기 ㄱ. 체세포 분열은 간기－전기－중기－후기－말기 순서로 일어나므로 순서대로 나열하면 (나)－(다)－(라)－(가)－(마)이다.
ㄷ. 중기에 염색체가 세포의 중앙에 배열되는 것은 맞지만, 2가 염색체는 감수 1분열에서 나타나며 체세포 분열에서는 나타나지 않는다.

06 생식세포 분열 과정

자료 분석 + 생식세포 분열 과정

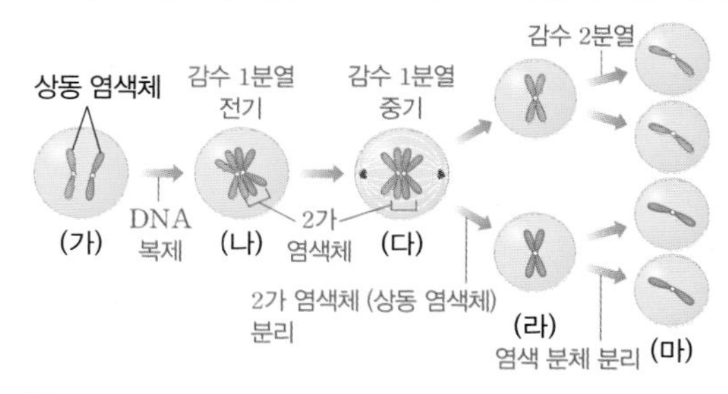

선택지 분석
㉠ (나)의 유전 물질의 양은 (가)의 두 배이다.
㉡ (다) → (라) 과정에서 2가 염색체의 상동 염색체가 분리되어 염색체 수가 반으로 줄어든다.
✗ (라)의 염색체 수는 (마)의 두 배이다. → (마)와 동일

ㄱ. (나)의 염색체가 각각 두 개의 염색 분체로 되어 있으므로 (가)에서 (나)로 되는 동안 DNA 복제가 일어났음을 알 수 있다.
ㄴ. (다)는 감수 1분열 중기로, 상동 염색체 쌍이 붙어 있는 2가 염색체가 있는 상태이며, 이것이 후기에 분리되면서 형성된 딸세포의 염색체 수는 모세포의 절반이 된다.
바로 알기 ㄷ. (라)에서 (마)로 되는 과정은 염색 분체가 분리되는 감수 2분열 과정이며, 염색 분체는 하나의 염색체가 복제된 것이므로 분리되어도 염색체 수는 변하지 않는다.

07 체세포 분열과 생식세포 분열

자료 분석 + 체세포와 생식세포의 염색체 수

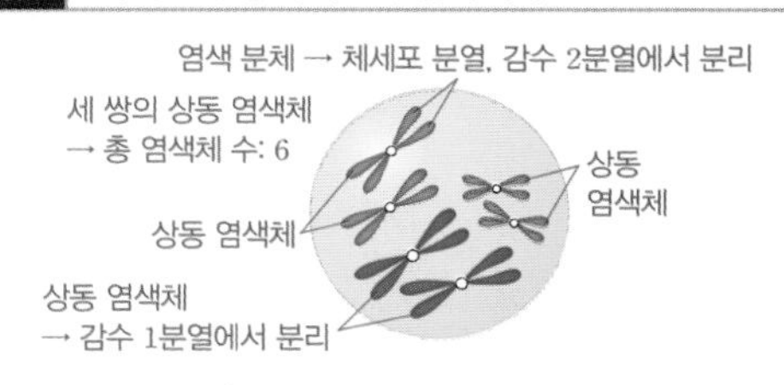

상동 염색체가 세 쌍으로, 총 6개의 염색체가 들어 있다.

ㄱ. 생식 기관에서 생식세포 분열이 일어나 염색체 수가 체세포의 절반인 생식세포가 형성된다.

ㄴ. 체세포 분열에서는 모세포와 딸세포의 염색체 수가 같다.

ㄷ. 감수 2분열은 감수 1분열에서 염색체 수가 반으로 감소한 상태에서 전기가 시작된다. 따라서 염색 분체가 두 가닥으로 구성된 염색체가 세 개 들어 있으므로 염색 분체는 총 6개이다.

08 정자와 난자의 구조

자료 분석 + 정자와 난자의 구조

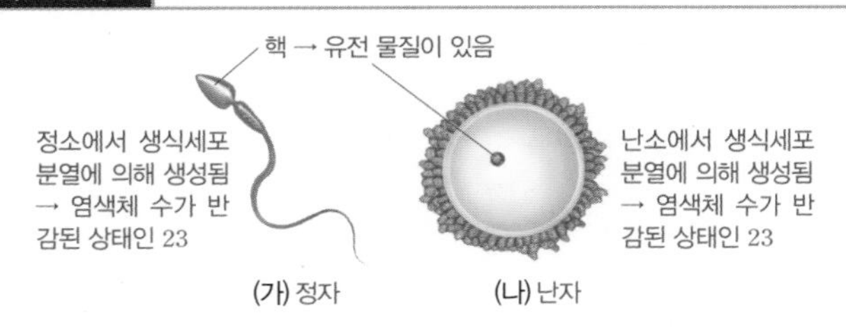

(가)는 정자이고, (나)는 난자이다. 정자는 머리와 꼬리로 구분되며, 머리에는 유전 물질이 들어 있는 핵이 있고 꼬리를 이용해 난자를 향해 이동할 수 있다. 난자는 핵과 세포질로 이루어지며, 핵에는 유전 물질이 들어 있고 세포질에는 수정란의 초기 발생에 필요한 양분이 저장되어 있어 정자보다 크기가 훨씬 크다. 정자와 난자는 생식 기관에서 생식세포 분열로 생성되는 생식세포로, 염색체 수가 체세포의 절반이다.

모범 답안 유전 물질이 있다. 핵이 있다. 염색체 수가 23이다. 생식세포 분열로 형성된다. 생식 기관에서 형성된다. 등

채점 기준	배점(%)
(가)와 (나)의 공통점 3가지를 옳게 쓴 경우	100
(가)와 (나)의 공통점 2가지를 옳게 쓴 경우	60
(가)와 (나)의 공통점 1가지를 옳게 쓴 경우	30

09 난할

난할은 수정란의 초기 체세포 분열이며, 세포 수가 증가하다가 포배 상태로 자궁에 착상한다.

ㄷ. 수정란인 (가)에서 (마) → (나) → (라)의 순으로 세포질의 생장이 없는 체세포 분열이 일어나다가 포배인 (다) 상태가 되어 자궁에 착상한다.

바로 알기 ㄱ. (가)는 수정란이며, 난할이 일어난 후 속이 빈 공 모양의 세포 덩어리인 포배 상태에서 자궁 내막에 파고 들어가는 착상이 일어난다.

ㄴ. 난할 과정은 체세포 분열이므로 각 세포당 염색체 수는 같다.

10 여자의 생식 기관

자료 분석 + 여자의 생식 기관 구조

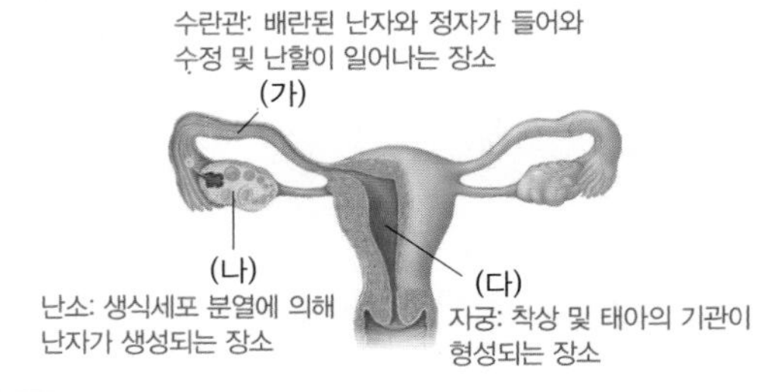

선택지 분석

- ~~① (가)는 자궁이다.~~ → 수란관
- ~~② (가)에서 태아의 기관이 발달한다.~~ → (다)
- ③ (나)에서 생식세포 분열이 일어난다.
- ~~④ (나)에서 (다)로 난자가 이동하는 것이 배란이다.~~ → (나)에서 (가)로 성숙한 난자가 배출되는 것이 배란이다.
- ~~⑤ 수정 후 약 266일 후에 포배가 되어 (다)에 착상된다.~~ → 5~7일 후

(가)는 수란관, (나)는 난소, (다)는 자궁이다.

③ 난소에서 생식세포 분열이 일어나 생식세포인 난자가 형성된다.

바로 알기 ① (가)는 수란관이다.

② 자궁(다)에서 착상된 배아가 태아로 발생하여 기관이 형성된다.

④ 난소(나)에서 배출된 난자가 수란관(가)으로 이동하는 것이 배란이다.

⑤ 수정 후 약 5~7일 후에 포배가 되어 자궁 내막에 파고드는 것이 착상이고, 수정 후 약 266일 후에 출산이 일어난다.

암기 Tip 배아와 태아

배아 (대부분 기관 형성)
태아 (대부분 기관 완성)
수정 8주 38주 (약 266일)

1주차	창의·융합·코딩 전략		28~31쪽
1 ④	2 ④	3 ②	4 ③
5 ①	6 ⑤	7 ②	8 ⑤

1 염색체와 유전자

자료 분석 + 염색체, DNA, 유전자의 개념

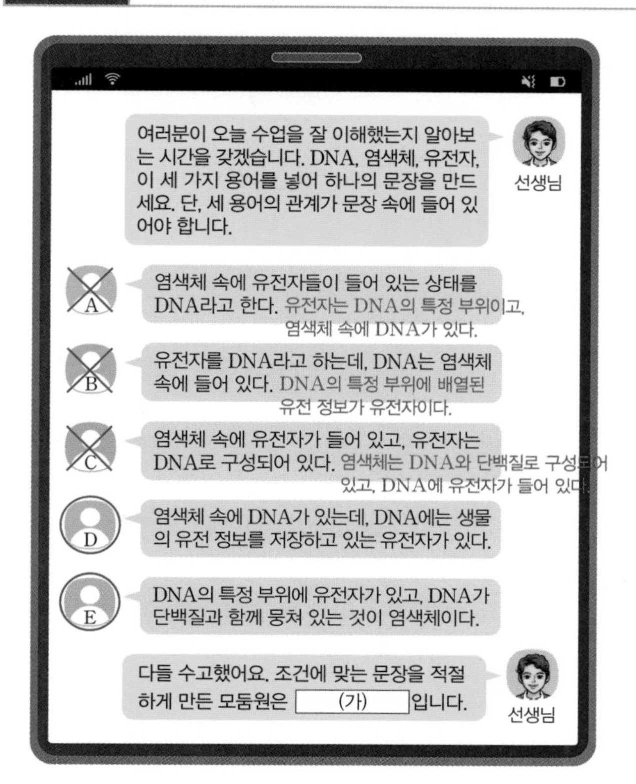

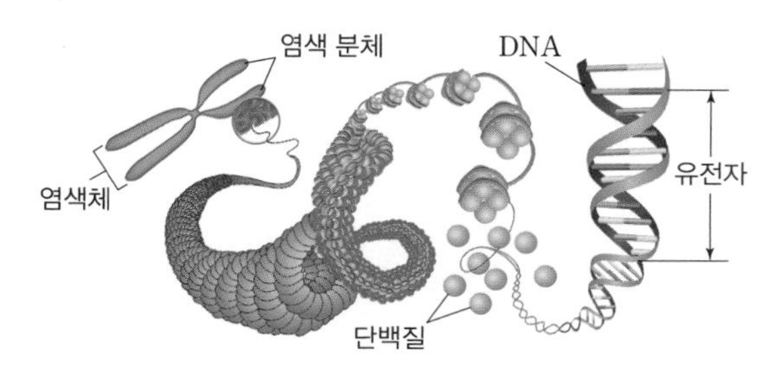

바로 알기 A: DNA는 생물의 생김새나 성질에 대한 유전 정보가 저장된 긴 사슬 모양의 물질이며, 염색체는 DNA와 단백질로 이루어져 있다.

B: DNA에 저장된 각각의 유전 정보를 유전자라고 하며, 하나의 염색체(DNA)에는 여러 개의 유전자가 들어 있다.

C: 염색체를 구성하는 DNA에 유전자가 있다.

2 사람의 염색체

자료 분석 + 염색체 배열 탐구 활동

| 과정 |

(가) 성별이 다르고 염색체의 수와 모양이 정상인 두 사람의 체세포 염색체 사진을 각각 준비한다. → 남자: 상염색체 44개+X, Y 염색체 / 여자: 상염색체 44개+X, X 염색체

(나) 염색체를 모양에 따라 가위로 오려 낸다. → 상동 염색체 → 상염색체는 남녀 모두 22쌍

(다) 가위로 오려 낸 염색체를 크기와 모양이 같은 것끼리 짝을 짓는다.

(라) 염색체의 크기가 큰 것부터 작은 것까지 순서대로 A4 종이에 배열하여 붙이고 번호를 매긴다.

(마) 종이에 붙인 상동 염색체 수를 세어 보고, 상염색체와 성염색체를 구별해 본다. → 상염색체: 남녀 공통 22쌍 / 성염색체: 여자에게는 동일한 X 염색체 한 쌍, 남자에게는 X 염색체와 모양이 다르면서 여자에게 없는 Y 염색체가 있음

선택지 분석

~~①~~ 선생님께 염색체 사진 두 장을 새로 받아 (나) 과정부터 진행한다.
→ 이미 붙인 염색체들을 새로 받은 사진과 비교하여 이들을 제외하고 붙인다.

~~②~~ 선생님께 염색체 사진 한 장을 새로 받아 (나) 과정부터 진행한다.
→ Y 염색체를 잃어버렸을 수도 있으므로 두 장 모두 받아서 진행하던 과정을 이어간다.

~~③~~ 붙였던 염색체들을 떼어 내고 (다) 과정부터 다시 진행한다.
→ 이미 짝 지은 염색체를 다시 붙일 필요는 없다.

④ 선생님께 염색체 사진 두 장을 새로 받고, 이를 이용하여 진행하던 과정을 이어간다.

~~⑤~~ 선생님께 염색체 사진 한 장을 새로 받고, 이를 이용하여 진행하던 과정을 이어간다. → Y 염색체를 잃어버렸을 수도 있으므로 두 장 모두 받아야 한다.

사람은 크기와 모양이 같은 상동 염색체로 22쌍의 상염색체와 한 쌍의 성염색체가 있으므로 다른 한쪽의 모양을 보고 같은 염색체를 찾아 짝을 지으면 된다. 남자에게만 있는 Y 염색체를 잃어버렸을 수도 있는데, 이는 여자의 염색체 사진에는 없으므로 염색체 사진 두 장을 모두 받아야 한다.

3 세포 분열의 의의

C: 세포 분열에 의해 세포 수가 증가하면서 개체 크기가 커지는 생장이 일어난다. 종유석이 커지는 것은 탄산 칼슘이 침전하는 양이 증가한 것이므로 생장이 아니다.

바로 알기 A: 종유석이 자라는 것은 화학 반응에 의해 생성된 물질이 침전되면서 부피가 커지는 것이므로 생장이 아니다.

B: 죽순의 세포가 커지는 것이 아니라 세포 분열에 의해 세포 수가 증가하면서 생장이 일어난다.

4 체세포 분열 과정

자료 분석 + 체세포 분열 과정 학습 게임 활동

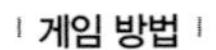
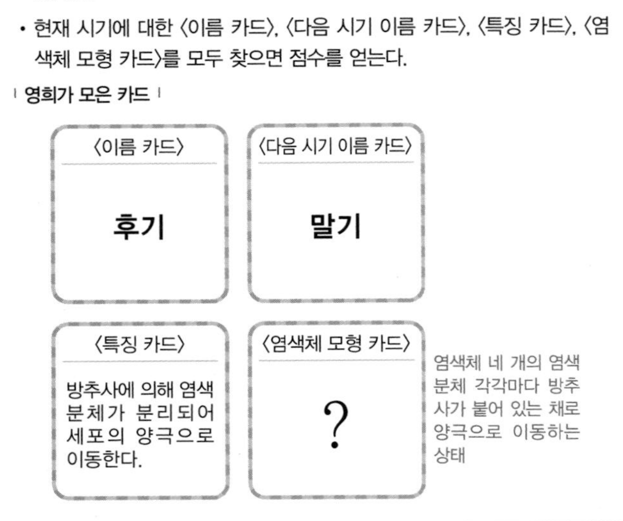

선택지 분석

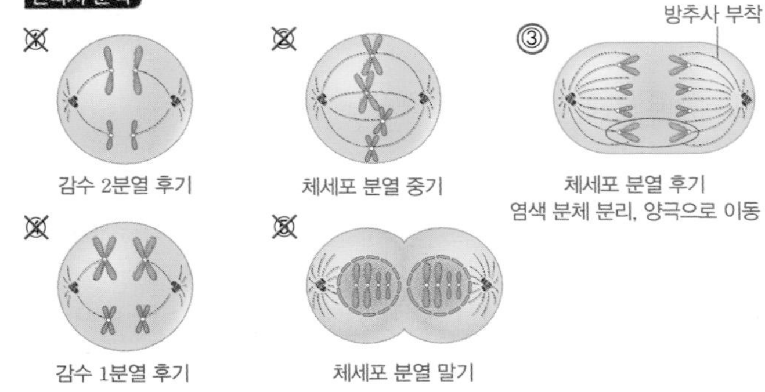

③ 체세포 염색체 수가 4인 체세포 분열 후기에는 네 개의 염색체 모두 염색 분체가 분리되어 세포의 양극으로 이동한다.

바로 알기 ① 염색 분체가 분리되는 것은 맞지만, 염색체의 상태가 상동 염색체 쌍을 이루지 않은 두 개의 염색체이므로, 네 개의 염색체가 있는 세포의 체세포 분열 후기가 아니라 감수 2분열 후기를 나타낸 것이다.

② 네 개의 염색체에 방추사가 부착된 채로 세포의 중앙에 배열된 것은 체세포 분열 중기이다.

④ 염색 분체가 분리되는 것이 아니라 상동 염색체가 양극으로 이동하고 있으므로, 감수 1분열 후기의 모습이다.

⑤ 염색 분체가 분리되어 딸핵이 형성되었고 세포질 분열이 진행되고 있는 것은 체세포 분열 말기이다.

5 세포 분열 과정 비교

자료 분석 + 세포 분열 구분 순서도

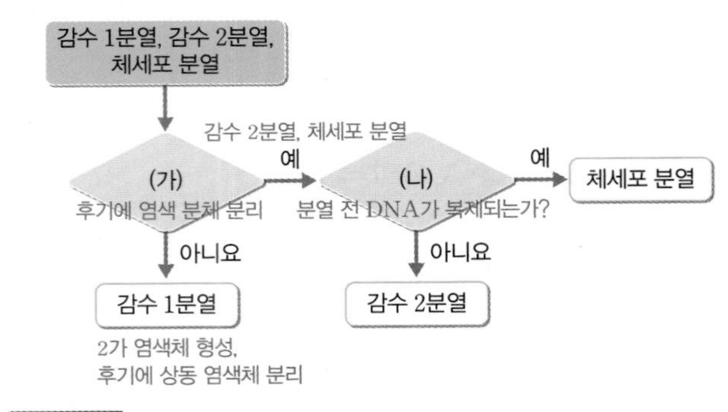

선택지 분석

㉠ '핵분열 후기에 염색 분체가 분리되는가?'는 (가)에 해당한다.

~~ㄴ~~ '2가 염색체가 형성되는 시기가 있는가?'는 (가)에 해당한다.
→ 2가 염색체는 감수 1분열에서 형성됨

~~ㄷ~~ '딸세포의 DNA양이 모세포의 절반인가?'는 (나)에 해당한다.
→ 체세포 분열은 모세포와 딸세포의 DNA양이 같다.

ㄱ. 감수 2분열과 체세포 분열의 후기에 염색 분체가 분리되어 양극으로 이동한다.

바로 알기 ㄴ. 2가 염색체는 감수 1분열에서 형성된다.

ㄷ. 세포 분열에 의해 모세포에서 딸세포 두 개가 형성된다. 감수 2분열 결과 딸세포의 DNA양은 모세포의 절반이 되고, 체세포 분열 결과 딸세포의 DNA양은 모세포와 같다.

6 세포 분열 시기별 특징

자료 분석 + 세포 분열 루미큐브 게임

준비물

체세포 분열, 감수 1분열, 감수 2분열의 각 시기에 대한 그림이 한 면에 있는 타일 (각 시기별 세 개씩 준비) ㉥ 체세포 분열의 전기인지, 감수 1분열의 전기인지, 감수 2분열의 전기인지 판단해야 함

게임 방법

(가) 모든 타일을 뒤집어 중앙에 놓고, 세 모둠이 타일을 8개씩 가지고 간다.

(나) 자신의 모둠 차례가 되면 가지고 있는 타일 중 '미션'을 이루기 위해 가장 적절한 타일을 한 개 골라 내려놓는다. (단, 첫 타일은 감수 2분열이어야 하며, 내려놓을 타일이 없을 경우 중앙에 뒤집어진 타일을 하나 가지고 온다.)

→ ㉥ 전기·중기·후기, 중기·후기·말기

[미션] 같은 종류의 세포 분열에서 연속된 시기인 세 개의 타일 혹은 같은 시기에 해당하는 세 개의 타일을 먼저 내려놓기

→ ㉥ 감수 2분열 전기, 감수 1분열 전기, 체세포 분열 전기

(다) '미션'을 먼저 완료한 모둠 순서대로 우선 순위가 된다.
→ 먼저 세 개를 내려 놓아야 함+미션 준수

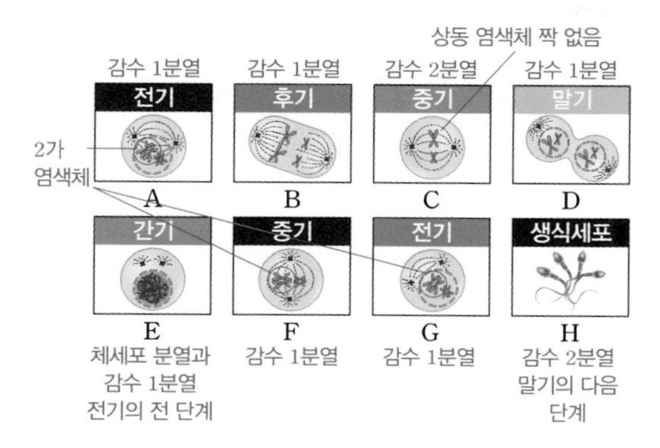

선택지 분석

~~①~~ 차례가 올 때 A → F → B의 순으로 내려놓는다.
→ A는 감수 1분열이며, 첫 등록은 감수 2분열로 해야 함

~~②~~ 차례가 올 때 C → B → D의 순으로 내려놓는다.
→ B는 감수 1분열 후기이므로 같은 종류의 연속된 시기가 아님

~~③~~ 차례가 올 때 B → D → H의 순으로 내려놓는다.
→ B는 감수 1분열이며, 첫 등록은 감수 2분열로 해야 함

~~④~~ 차례가 올 때 A → G의 순으로 내려놓고, 중앙에서 가져온 타일이 '전기'일 때 내려놓는다. → A는 감수 1분열이며, 첫 등록은 감수 2분열로 해야 함

⑤ 차례가 올 때 C → F의 순으로 내려놓고, 중앙에서 가져온 타일이 '중기'일 때 내려놓는다.

⑤ 처음 내려놓을 타일이 감수 2분열 중기인 C밖에 없으며, 감수 2분열 후기를 나타내는 타일은 현재 없고 감수 1분열 중기인 F가 있으므로 같은 종류의 세포 분열로 연속된 세 개의 타일을 내려놓는 것보다는 체세포 분열 중기 타일이 들어왔을 때 세 개의 같은 시기로 내려놓는 것이 좋다.

바로 알기 ①, ③, ④ 처음 내려놓을 타일을 감수 2분열로 해야 하는데 A와 B는 감수 1분열 전기와 후기이다.
② 같은 종류의 세포 분열로 연속된 시기를 내려놓아야 하는데 감수 2분열 중기인 C 다음의 B와 D는 감수 1분열의 후기와 말기이다.

7 수정과 발생

자료 분석 + 난임과 체외 인공 수정에 대한 발표 자료

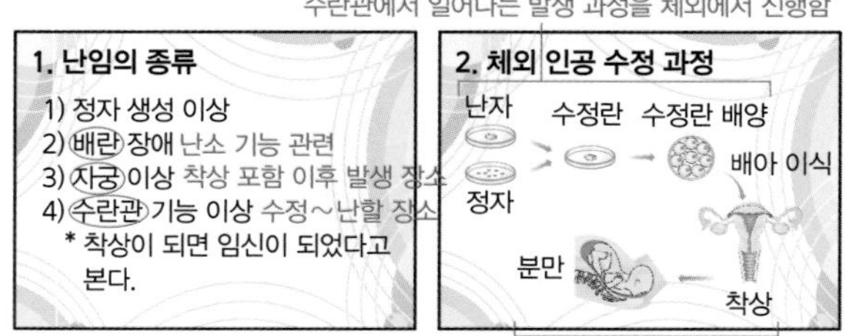

자궁 이상일 경우 체외 인공 수정으로 임신할 수 없음
착상 이후부터 계산
수정~난할 초기까지의 과정만 체외에서 진행함

유정: 아기를 갖고자 할 때, 체외 인공 수정은 영희가 발표한 난임의 종류 ~~네 가지 모두~~에 대해 적절한 해결 방법이야.

은서: 체외 인공 수정을 할 경우 임신 기간은 자연 임신인 경우와 같아.

태영: 체외 인공 수정을 할 경우 발생 ~~과정 전체~~가 체외에서 진행되는 것이네.

• 은서: 자궁에 배아를 이식한 이후부터는 발생이 체내에서 진행되며, 착상 이후부터 임신이 되었다고 하므로 임신 기간은 자연 임신과 같다.

바로 알기 • 유정: 배아를 자궁에 이식하기 전까지의 과정은 체외 인공 수정 과정에 의해 도움을 받을 수 있으나, 배아를 이식한 이후부터는 자연 임신과 동일하게 진행되므로 자궁 이상으로 인한 난임인 경우 효과를 볼 수 없다.
• 태영: 발생은 수정부터 출산 전까지의 과정이므로 체외 인공 수정은 발생 과정 중 착상 전까지만 체외에서 진행하는 것이다.

8 배란과 착상

자료 분석 + 발생 과정 애니메이션 코딩하기

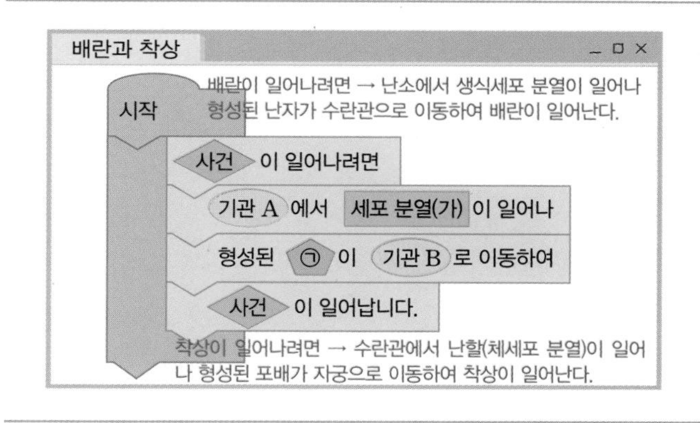

난소에서 생식세포 분열로 형성된 난자가 배출되어 수란관으로 들어가는 현상이 배란이고, 수정란이 수란관을 따라 이동하면서 난할이 일어나 포배 상태가 되어 자궁에 파묻히는 현상이 착상이다.
①, ②, ③ 배란은 난소에서 생식세포 분열에 의해 형성된 난자가 배출되어 수란관으로 이동하는 것이다.
④ 착상은 수란관에서 난할을 통해 형성된 포배가 자궁 내막에 파묻히는 것이다.

바로 알기 ⑤ 난할은 체세포 분열에 해당한다.

2주 V 생식과 유전(2)

1일 개념 돌파 전략 1 확인Q 34~35쪽

3강_멘델의 유전 원리

1 (1) 잡 (2) 순 (3) 잡 2 자가 수분 3 황색 4 3:1
5 유전 인자 6 붉은색 꽃 대립유전자와 흰색 꽃 대립유전자 사이의 우열 관계가 뚜렷하지 않기 때문이다. 7 분리
8 순종

1 순종은 한 가지 형질을 나타내는 유전자 구성이 같은 개체이고, 잡종은 유전자 구성이 다른 개체이다.

2 수술의 꽃가루가 같은 그루의 꽃에 있는 암술에 붙는 현상을 자가 수분, 수술의 꽃가루가 다른 그루의 꽃에 있는 암술에 붙는 현상을 타가 수분이라고 한다.

3 순종의 대립 형질끼리 교배하였을 때 잡종 1대에서 나타나는 형질이 우성이다.

4 둥근 완두(Rr)×둥근 완두(Rr) → 둥근 완두(RR, 2Rr), 주름진 완두(rr)가 되어 둥근 완두:주름진 완두=3:1의 비로 나타난다.

5 멘델은 완두 실험 결과를 설명하기 위하여 형질을 결정하는 한 쌍의 유전 인자가 있다는 가설을 세웠다.

6 분꽃의 꽃 색깔 유전은 붉은색 꽃 대립유전자와 흰색 꽃 대립유전자 사이의 우열 관계가 뚜렷하지 않아 잡종 1대에서 부모의 중간 형질인 분홍색 꽃만 나타난다.

7 두 쌍 이상의 대립 형질이 함께 유전될 때 각 형질은 다른 형질의 영향을 받지 않고 우열의 원리, 분리의 법칙에 따라 독립적으로 유전된다.

8 황색 완두(YY)×녹색 완두(yy) → 황색 완두(Yy)
(황색 완두(YY): 순종)

1일 개념 돌파 전략 1 확인Q 36~37쪽

4강_사람의 유전

1 길, 적 2 쌍둥이 연구 3 우성, 열성 4 상
5 (가) Tt, (나) Tt, (다) tt 6 A형, B형, AB형, O형
7 X 8 딸, 아들

1 사람은 한 세대가 길어 여러 세대에 걸쳐 특정 형질이 유전되는 방식을 관찰하기 어렵다. 또한 자손의 수가 적어 통계 자료로 활용할 수 있는 사례를 충분히 얻기 어렵다.

2 쌍둥이 연구는 유전과 환경이 특정 형질에 끼치는 영향을 알아보는 데 이용된다.

3 같은 형질의 부모 사이에서 부모와 다른 형질을 가진 자녀가 태어나면 부모의 형질이 우성이고, 자녀의 형질이 열성이다.

4 상염색체에 존재하는 한 쌍의 대립유전자에 의해 형질이 결정되는 것을 상염색체 유전이라고 하며, 미맹, 혀 말기 등이 해당된다. 상염색체 유전은 남녀에 따라 형질이 나타나는 빈도에 차이가 없다.

5 **자료 분석 +** 가계도 분석

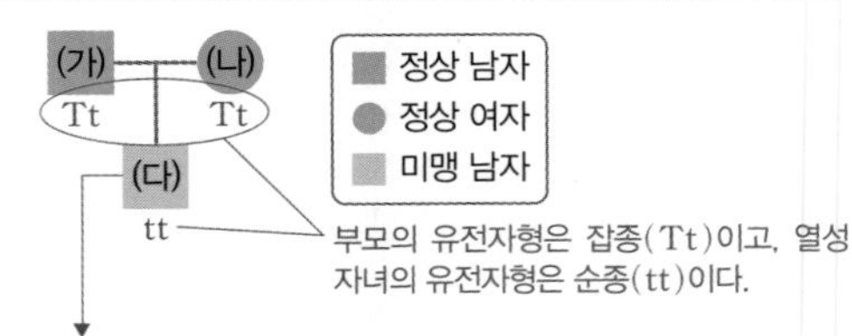

부모가 모두 정상인데, 미맹 남자가 태어났으므로 정상이 우성, 미맹이 열성이다.

6 AO ─ BO

AB	AO	BO	OO	→ 유전자형
AB형	A형	B형	O형	→ 표현형

7 혈우병, 적록 색맹 유전은 유전자가 X 염색체에 있다.

8 아버지의 X 염색체는 딸에게 전달되므로, 아버지가 적록 색맹이면 딸은 모두 적록 색맹 유전자를 가진다. 또 아들의 X 염색체는 어머니에게서 물려받으므로 어머니가 적록 색맹이면 아들은 모두 적록 색맹이다.

암기 Tip 적록 색맹 유전자의 전달

- 어머니가 적록 색맹이면 아들은 반드시 적록 색맹!
- 아버지가 적록 색맹이면 딸은 반드시 적록 색맹 대립유전자 소유!

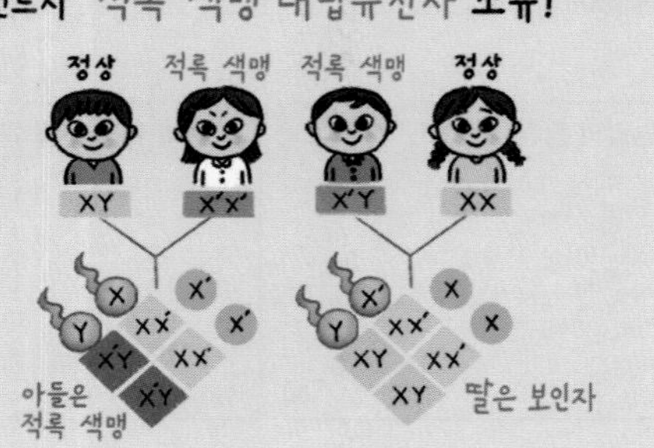

1일 개념 돌파 전략 2			38~39쪽
1 ④	2 ㄴ	3 ③	4 ③
5 (라)	6 ①		

1 유전자형

④ 한 형질에 관여하는 대립유전자는 상동 염색체의 같은 위치에 마주하고 있기 때문에 유전자 기호를 쌍으로 표시한다.

2 우열의 원리

ㄴ. 잡종 1대에서는 우성 형질인 둥근 완두(Rr)만 나타난다.

바로 알기 ㄱ. 잡종 1대의 유전자형은 Rr로 모두 잡종이다.

ㄷ. Rr×Rr → RR, 2Rr, rr이므로, 잡종 1대를 자가 수분하여 얻은 잡종 2대에서는 둥근 완두(RR, Rr) : 주름진 완두(rr)가 3 : 1의 비로 나타난다.

3 멘델의 유전 원리

자료 분석 + 가계도 분석

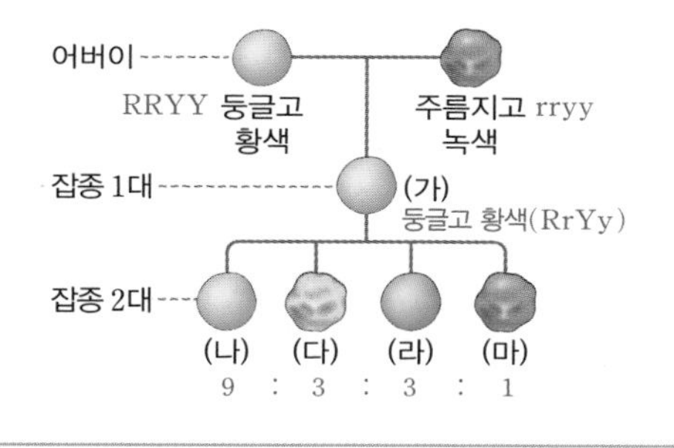

① (가)의 유전자형은 RrYy이다.

② 잡종 1대에서는 완두의 모양과 색깔에서 우성 형질만 나타난다.

④ 대립유전자 관계인 R와 r, Y와 y는 같은 생식세포로 들어갈 수 없다.

⑤ 잡종 2대에서 표현형의 비는 (나) : (다) : (라) : (마)=9 : 3 : 3 : 1로 나타난다.

바로 알기 ③ R와 r, Y와 y는 서로 다른 염색체에 있으므로 (가)는 RY, Ry, rY, ry 4종류의 생식세포를 생성한다.

4 사람의 유전 연구 방법

사람의 유전 연구 방법에는 가계도 조사, 쌍둥이 연구, 통계 조사, 염색체와 유전자 분석 등이 있다.

바로 알기 ③ 사람은 연구의 필요에 따라 자유로운 교배가 불가능하다.

5 미맹 유전

자료 분석 + 미맹 유전 가계도 분석

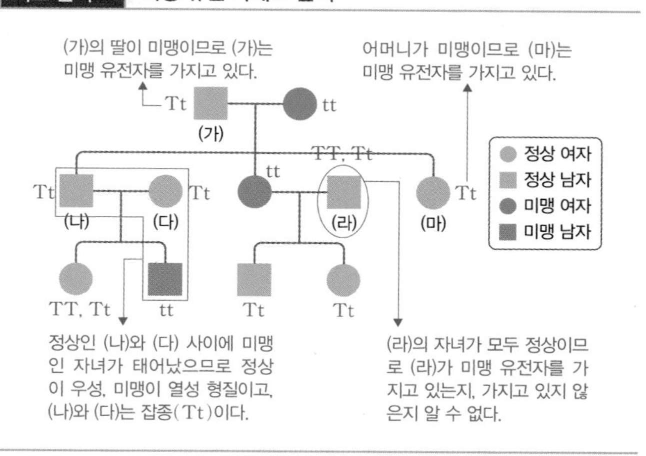

(가), (나), (다)는 모두 미맹(열성)인 자녀가 있으므로 유전자형은 모두 Tt이다. 또 (라)와 미맹인 배우자 사이에서 나온 자녀 2명의 유전자형도 Tt이다. (라)는 자녀가 모두 정상이므로 (라)가 미맹 유전자를 가지고 있는지 가지고 있지 않은지 알 수 없다. 따라서 (라)의 유전자형은 TT와 Tt가 모두 가능하다.

6 적록 색맹 유전

자료 분석 + 적록 색맹 유전 가계도 분석

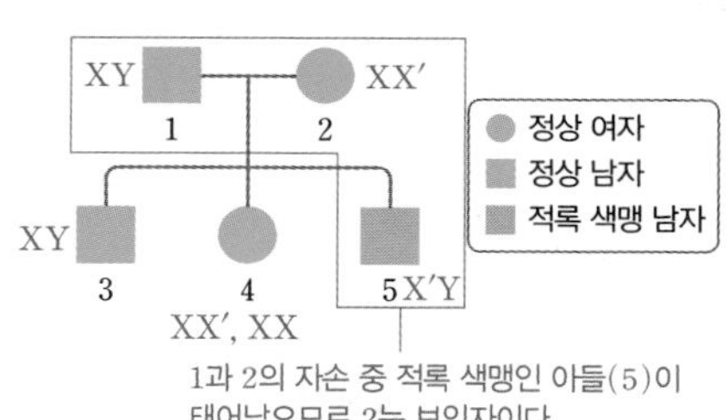

- 3(정상 아들)의 X 염색체는 어머니에게서 물려받으므로 2로부터 정상 유전자가 있는 X 염색체를 받았다.
- 4는 아버지와 어머니로부터 X 염색체를 하나씩 물려받으므로 유전자형이 XX 또는 XX′이다.

③, ⑤ 적록 색맹 유전자는 X 염색체에 있어서 남자는 적록 색맹 유전자가 하나만 있어도 적록 색맹이 되지만, 여자는 2개의 X 염색체에 모두 적록 색맹 유전자가 있어야만 적록 색맹이 된다. 따라서 적록 색맹 유전은 여자보다 남자에게 더 많이 나타난다.

바로 알기 ① 1과 2의 자손 중 적록 색맹인 아들(5)이 태어났으므로 2는 적록 색맹 유전자와 정상 유전자를 한 개씩 갖고 있는 보인자이다.

2일 필수 체크 전략 1 기출 선택지 All 40~43쪽

❶-1 ⑤ ❷-1 ⑤ ❸-1 ③ ❹-1 ㄴ, ㄷ
❺-1 300개 ❻-1 ② ❼-1 A: YY, B: Yy, C: Yy
❽-1 붉은색 분꽃:분홍색 분꽃=1:1

❶-1 유전 용어

⑤ 표현형은 겉으로 드러나는 형질로 우성 유전자와 열성 유전자가 같이 있을 때 우성 형질이 나타나므로 유전자형이 rrYY, rrYy는 모두 주름지고 황색으로 표현된다.

바로 알기 ① Rr(둥근 완두), rr(주름진 완두)
② YY(황색 완두), yy(녹색 완두)
③ RRyy(둥글고 녹색 완두), rrYY(주름지고 황색 완두)
④ RrYy(둥글고 황색 완두), RRyy(둥글고 녹색 완두)

❷-1 멘델의 유전 연구 재료

줄기의 키가 큰 것과 대립인 형질은 줄기의 키가 작은 것이고, 줄기 끝에 꽃이 피는 것과 대립인 형질은 줄기 옆에 꽃이 피는 것이다.

❸-1 우열의 원리

잡종 1대(Rr)를 자가 수분하면 Rr×Rr → RR, 2Rr, rr이므로 잡종 2대에서 잡종 1대와 유전자형이 같은 완두가 나올 확률은 $\frac{1}{2}$이다. 따라서 2000개×$\frac{1}{2}$=1000개이다.

❹-1 분리의 법칙

ㄴ. Y와 y는 완두의 색깔을 결정하는 대립유전자로, 상동 염색체의 같은 위치에 있다.
ㄷ. 이 실험을 통하여 특정 형질에 대한 한 쌍의 대립유전자가 서로 다르면 그 중 하나는 표현되고, 다른 하나는 표현되지 않는다(우열의 원리)는 것과 한 쌍의 대립유전자는 생식세포를 형성할 때 분리되어 각각 다른 생식세포로 나누어져 들어간다(분리의 법칙)는 것을 알 수 있다.

바로 알기 ㄱ. ㉠은 유전자형이 YY로 황색, ㉡과 ㉢은 유전자형이 Yy로 황색, ㉣은 유전자형이 yy로 녹색이다. 한 형질을 나타내는 대립유전자의 구성이 같으면 순종, 다르면 잡종이므로 ㉠과 ㉣은 순종이다.

❺-1 독립의 법칙

잡종 1대(RrYy)를 자가 수분하면 둥글고 황색:둥글고 녹색:주름지고 황색:주름지고 녹색=9:3:3:1의 비로 나온다. 따라서 주름지고 황색인 완두는 이론상 1600개×$\frac{3}{16}$=300개이다.

❻-1 멘델의 가설

② 멘델은 '생물에는 형질을 결정하는 한 쌍의 유전 인자가 있으며, 부모로부터 하나씩 물려받은 것이다.'라는 가설을 세웠다. 멘델이 생각한 유전 인자는 오늘날의 유전자를 의미하며, 형질을 결정하는 한 쌍의 유전 인자는 대립유전자를 뜻한다.

바로 알기 ① 유전 인자는 부모로부터 자손에게 전달된다.
③ 생식세포 형성 시 대립유전자는 분리되어 각각 다른 생식세포로 들어간다.
④ 완두의 모양과 완두의 색깔은 서로 독립적으로 유전된다.
⑤ 서로 다른 순종의 개체를 교배하면 잡종 1대에서 우성 형질만 나타난다.

❼-1 검정 교배

[실험 Ⅰ]에서 우성인 황색 완두만 나왔으므로 A는 순종(YY)이다. YY(A)×yy → Yy [실험 Ⅱ]에서는 황색 : 녹색이 1:1의 비로 나왔으므로 B는 잡종(Yy)이다. Yy(B)×yy → Yy, yy [실험 Ⅲ]에서는 황색 : 녹색이 3:1의 비로 나왔으므로 C는 잡종(Yy)이다. Yy(C)×Yy(C) → YY, 2Yy, yy

❽-1 중간 유전

분홍색 분꽃(RW)과 붉은색 분꽃(RR)을 교배하면 유전자형이 RR, RR, RW, RW인 자손이 나온다. 따라서 붉은색 분꽃과 분홍색 분꽃이 1:1의 비로 나온다.

2일 필수 체크 전략 2 최다 오답 문제 44~45쪽

1 ②, ④ 2 ①, ③ 3 ② 4 ㄱ, ㄷ
5 ⑤ 6 ㄱ, ㄴ 7 ㄱ, ㄴ

1 유전 용어

바로 알기 ① 표현형이 같아도 유전자형이 다를 수 있다. 우성 표현형일 경우 순종과 잡종의 유전자형이 다르다.
③ 하나의 형질에 대해 서로 뚜렷하게 구별되는 형질을 대립 형질이라고 한다.
⑤ 대립 형질이 다른 순종 개체끼리 교배했을 때 잡종 1대에 나타나는 형질을 우성이라고 한다.

2 상동 염색체와 대립유전자

자료 분석 + 대립유전자

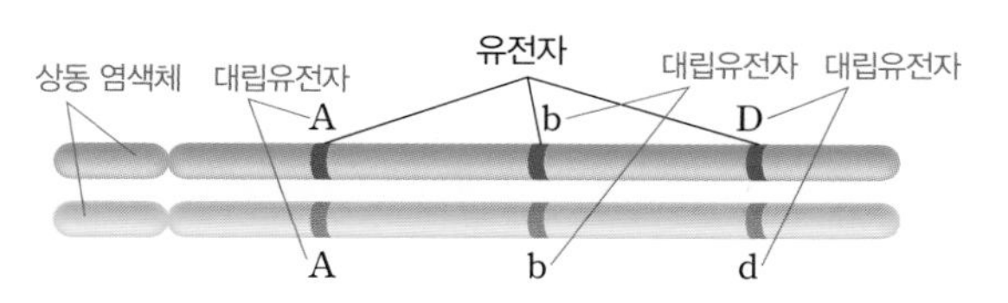

- 대립유전자는 대립 형질을 결정하는 유전자로, 상동 염색체의 같은 위치에 하나씩 있다.
- 우성 유전자는 알파벳 대문자, 열성 유전자는 알파벳 소문자로 표시한다.
- 상동 염색체는 감수 1분열 시 분리되므로 대립유전자도 감수 1분열 시 분리되어 서로 다른 딸세포로 들어간다.

선택지 분석

~~①~~ A와 b는 대립유전자이다. → 대립유전자는 상동 염색체의 같은 자리에 하나씩 있다.
②D와 d는 같은 형질을 결정하는 데 관여한다.
~~③~~ 상동 염색체에는 항상 똑같은 대립유전자가 들어 있다.
→ 대립유전자는 AA, bb와 같이 같을 수도 있고, Dd처럼 다를 수도 있다.
④D와 d는 감수 1분열 과정에서 분리되어 서로 다른 딸세포로 들어간다.
⑤한 쌍의 상동 염색체는 모양과 크기가 같으며, 부모로부터 각각 하나씩 물려받은 것이다.

3 우열의 원리

자료 분석 + 우열의 원리

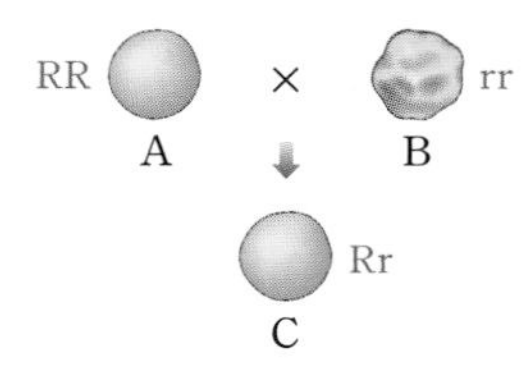

대립 형질을 가진 순종의 개체끼리 교배하였을 때 잡종 1대에서 나타나는 형질이 우성 형질이다. 따라서 둥근 것이 우성, 주름진 것이 열성이다.

선택지 분석

~~ㄱ~~. 순종인 개체끼리 교배하면 자손에서는 어버이의 중간 형질이 나온다. → 우성 형질만 나온다.
ⓛ A와 C는 표현형은 같고 유전자형은 다르다.
~~ㄷ~~. B와 C를 교배하면 모두 둥근 완두만 나온다. → 둥근 완두와 주름진 완두가 1:1의 비로 나온다.

ㄴ. 순종의 대립 형질을 가진 개체를 교배했을 때 자손은 부모의 유전자형을 각각 하나씩 받으므로 유전자 구성이 잡종이 된다. 따라서 A(순종)와 C(잡종)는 표현형은 같아도 유전자형은 다르다.

바로 알기 ㄱ. 순종의 대립 형질을 가진 개체끼리 교배하면 자손에서는 우성 형질만 나타난다.

ㄷ. B와 C를 교배하면 둥근 완두(Rr)와 주름진 완두(rr)가 1:1의 비로 나온다.

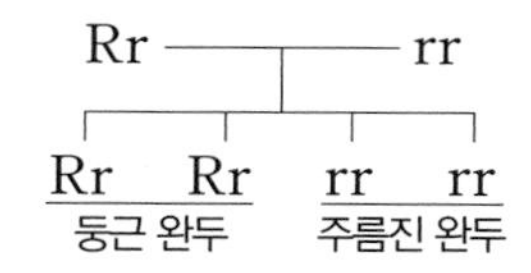

4 우열의 원리

ㄱ. 황색 완두(가)는 잡종이다. 대립 형질을 가진 순종의 개체들 사이에서 얻은 잡종 1대에서 나타난 형질이 우성 형질이므로 황색이 녹색에 대해 우성이다.

ㄷ. 녹색은 열성 형질이므로 녹색 완두는 모두 순종이다.

바로 알기 ㄴ. 순종의 대립 형질을 가진 개체를 교배했을 때 자손 (가)는 부모의 대립유전자를 각각 하나씩 물려받으므로 유전자 구성이 잡종이다. (가)를 자가 수분하면 RR, 2Rr, rr이 나오므로 (나)는 순종(RR)과 잡종(Rr)이 1:2의 비로 나온다.

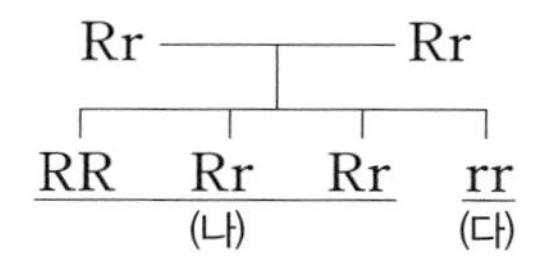

5 멘델의 유전 원리

(가)에서 검은색 바둑알과 흰색 바둑알은 대립유전자에 해당하고, (나)는 대립유전자 A와 a 중 하나를 임의로 선택하는 과정이므로 무작위로 생식세포가 형성되는 과정이다. (다)는 선택한 생식세포가 합쳐지는 과정이므로 수정에 해당한다.

6 검정 교배

자료 분석 + 검정 교배

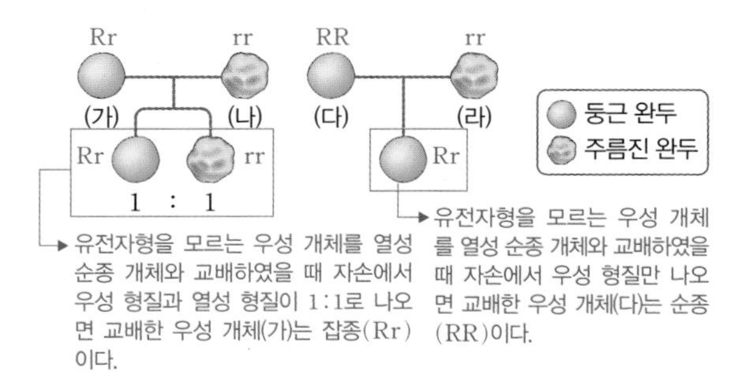

선택지 분석

ⓖ (가)의 유전자형은 Rr이다.
ⓛ (가)와 (다)는 표현형이 같고 유전자형은 다르다.
~~ㄷ~~. (나)와 (라)는 표현형이 같고 유전자형은 다르다. → 유전자형도 rr로 같다.

유전자형을 모르는 우성 개체를 열성 순종 개체와 교배하였을 때 자손에서 우성 형질과 열성 형질이 1:1의 비로 나오면 교배한 우성 개체는 잡종(Rr)이다. 또, 유전자형을 모르는 우성 개체를 열성 순종 개체와 교배하였을 때 자손에서 우성 형질만 나오면 교배한 우성 개체는 순종(RR)이다.

ㄱ, ㄴ. (가)와 (다)의 표현형은 같지만 (가)의 유전자형은 Rr, (다)의 유전자형은 RR이다.

바로 알기 ㄷ. 둥근 형질이 주름진 형질에 대해 우성이라고 하였으므로 (나)와 (라)의 주름진 완두는 열성이므로 유전자형이 rr로 같다.

7 독립의 법칙

자료 분석 + 두 쌍의 대립 형질의 유전

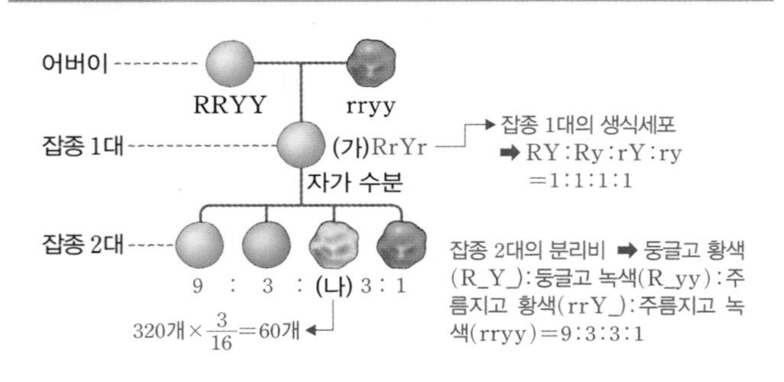

ㄱ. 순종의 둥글고 황색인 완두와 주름지고 녹색인 완두를 교배하여 얻은 잡종 1대(가)의 유전자형은 RRYY × rryy → RrYy이다.

ㄴ. (가)에서 만들어지는 생식세포 유전자형은 RY, Ry, rY, ry 4가지이다.

바로 알기 ㄷ. 잡종 1대를 자가 수분하였을 때 잡종 2대의 표현형과 분리비는 둥글고 황색 : 둥글고 녹색 : 주름지고 황색 : 주름지고 녹색 = 9 : 3 : 3 : 1이다. 따라서 주름지고 황색인 완두 (나)의 개수는 이론상 320개 × $\frac{3}{16}$ = 60개이다.

3일 필수 체크 전략 1 기출 선택지 All 46~49쪽

❶-1 ④ ❷-1 ② ❸-1 ③ ❹-1 50 %
❺-1 ② ❻-1 ①, ③ ❼-1 ③, ⑤
❽-1 2 → 5 → 7

❶-1 사람의 유전 연구 방법

(가)는 유전자 분석에 해당하며, (나)는 여러 사람들을 대상으로 특정 형질을 조사하는 통계 조사에 해당한다.

❷-1 쌍둥이 연구

1란성 쌍둥이는 유전자 구성이 같지만, 환경의 영향으로 형질의 차이가 나타난다.

❸-1 상염색체 유전

자료 분석 + 이마 선 유전 가계도 분석

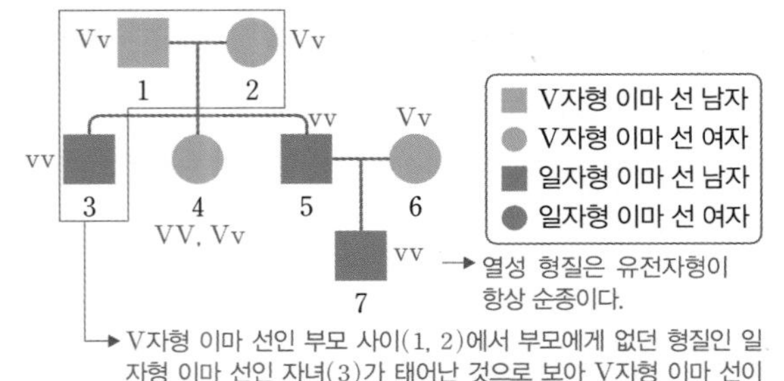

선택지 분석

~~① 일자형 이마 선이 우성 형질이다.~~ → 열성
~~② 3, 5, 7은 이마 선 유전자형이 잡종이다.~~ → 순종
③ 6은 일자형 이마 선 유전자를 가지고 있다.
~~④ 이마 선을 결정하는 유전자는 X 염색체에 있다.~~ → 상염색체
~~⑤ 유전자형을 정확히 알 수 없는 사람은 2명이다.~~ → 1명(4)

③ 열성 형질인 5와 우성 형질인 6 사이에 열성 형질인 일자형 이마 선 자녀가 태어났으므로 6은 반드시 일자형 이마 선 유전자를 가지고 있어야 한다. vv × Vv → Vv, vv

바로 알기 ② 3, 5, 7은 모두 유전자형이 열성 순종이다.

⑤ 유전자형을 알 수 없는 사람은 1명(4)이다. Vv × Vv → VV, 2Vv, vv이므로 V형 이마 선인 4는 유전자형이 VV일 수도 있고 Vv일 수도 있다.

❹-1 상염색체 유전

자료 분석 + 혀 말기 유전 가계도 분석

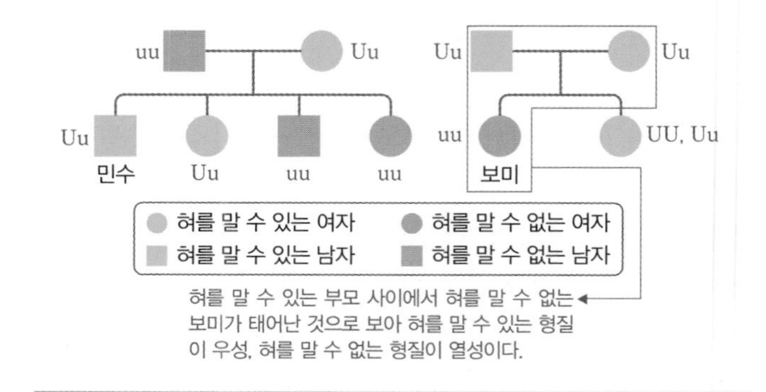

민수의 혀 말기 유전자형은 Uu, 보미의 혀 말기 유전자형은 uu이므로 민수와 보미 사이에서 태어나는 자녀의 유전자형은 Uu × uu → Uu, uu이다. 따라서 혀를 말 수 있는 자녀가 $\frac{1(\text{Uu})}{2(\text{전체})} \times 100 = 50\,\%$, 혀를 말 수 없는 자녀가 $\frac{1(\text{uu})}{2(\text{전체})} \times 100 = 50\,\%$의 확률로 태어난다.

⑤-1 ABO식 혈액형 유전

자료 분석 + ABO식 혈액형 유전 가계도 분석

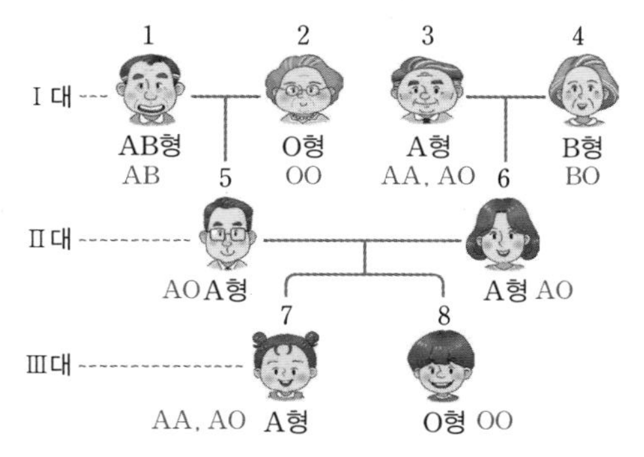

- 1은 AB형이므로 유전자형은 AB, 2와 8은 O형이므로 유전자형은 OO이다.
- 3과 4로부터 A형인 6이 태어났으므로 4의 유전자형은 BO이고, 3은 AA 또는 AO이다.
- 5는 2로부터 유전자 O를 받으므로 유전자형은 AO, 6은 4로부터 유전자 O를 받으므로 유전자형은 AO이다.
- 7은 5와 6으로부터 각각 A나 O를 받으므로 유전자형은 AA 또는 AO이다.

② 이 가계도에서 유전자형을 정확하게 알 수 없는 사람은 2명(3과 7)이다.

암기 Tip ABO식 혈액형 유전

⑥-1 성염색체 유전

①, ③ 적록 색맹 유전자는 X 염색체에 있으며, 정상 유전자에 대해 열성이므로 적록 색맹은 여자보다 남자에게 더 많이 나타난다. 반성유전은 형질을 결정하는 유전자가 성염색체에 있어 남녀에 따라 형질이 나타나는 비율이 달라지는 유전 현상이다.

바로 알기 ② 적록 색맹은 정상에 대해 열성으로 유전된다.
④ 딸은 X 염색체가 2개이므로 아버지가 적록 색맹이어도 어머니로부터 정상 X 염색체를 물려받으면 정상이 된다.
⑤ 성염색체 구성이 XX인 여자는 어머니와 아버지로부터 각각 X 염색체를 하나씩 물려받으므로 딸이 적록 색맹이면 아버지는 반드시 적록 색맹이다. 따라서 아버지가 정상이면 적록 색맹인 딸이 태어날 수 없다.

⑦-1 적록 색맹 유전 가계도 분석

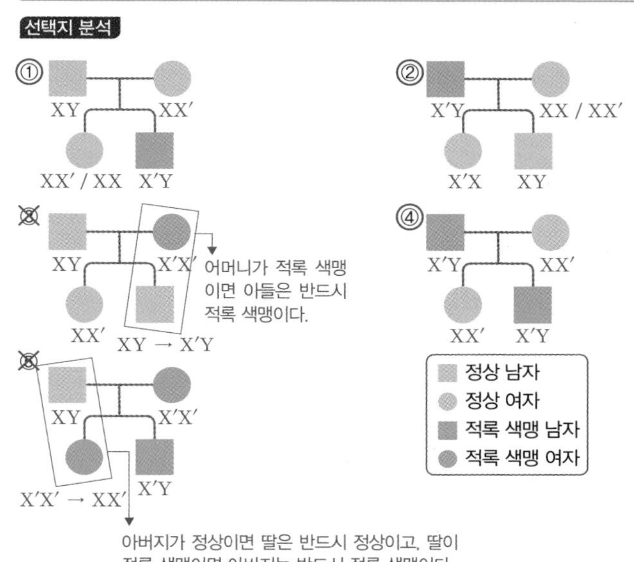

바로 알기 ③ 어머니가 적록 색맹이면 아들은 반드시 적록 색맹이다.
⑤ 아버지가 정상일 때 적록 색맹인 딸은 태어나지 않는다.

⑧-1 유전병 유전 가계도 분석

자료 분석 + 유전병 유전 가계도 분석

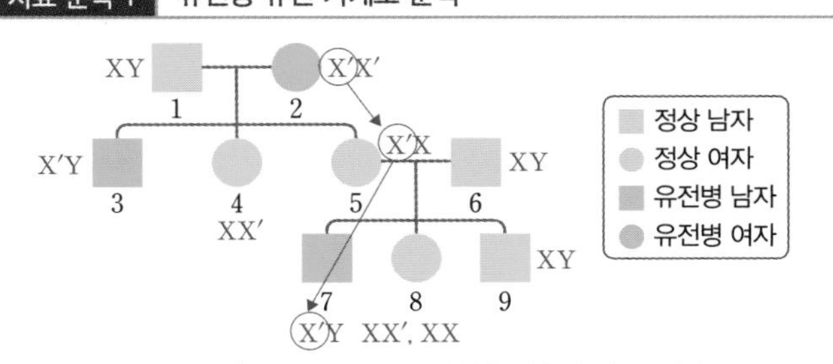

- 8은 유전자형이 XX′ 또는 XX로 유전자형을 정확히 알 수 없다.
- 7의 유전병 대립유전자는 2 → 5를 통해 전달된 것이다.

유전병 대립유전자가 X 염색체에 있으므로 7의 유전병 대립유전자는 외할머니(2)에서 어머니(5)를 거쳐 물려받은 것이다.

3일 필수 체크 전략 2 최다 오답 문제 50~51쪽

1 ②	2 ③	3 ㄴ, ㄷ	4 ①, ②
5 ①, ②, ④	6 ①, ④	7 ㄴ	

1 사람의 유전 연구 방법 – 쌍둥이 연구

1란성 쌍둥이의 일치율이 높고 2란성 쌍둥이의 일치율과 차이가 클수록 유전의 영향이 크다고 볼 수 있다.

ㄷ. 1란성 쌍둥이에서 낫 모양 적혈구 빈혈증은 1.0으로 일치율이 높고, 알코올 중독은 0.2로 낮은 것으로 보아 낫 모양 적혈구 빈혈증은 유전의 영향을 많이 받고, 알코올 중독은 환경의 영향을 많이 받는 형질임을 알 수 있다.

바로 알기 ㄱ. 치매는 1란성 쌍둥이의 일치율이 2란성 쌍둥이보다 높지만 차이가 크지 않은 것으로 보아 유전과 환경의 영향을 모두 받는다는 것을 알 수 있다.

ㄴ. 알코올 중독은 1란성 쌍둥이(0.2)보다 2란성 쌍둥이(0.4)의 일치율이 높다.

2 염색체 유전

자료 분석 + 상염색체 유전 분석

(가) A를 나타내는 남녀의 비율은 비슷하다. → A는 상염색체 유전이다.
(나) 자녀는 A를 나타내지만 부모 모두 A를 나타내지 않을 수 있다.
→ 부모에게 없는 형질인 A가 나타난 것이므로 부모의 형질이 우성, A는 열성임을 알 수 있다.
→ A를 나타내는 자녀를 둔 부모의 유전자형은 잡종이다.
(다) 멘델의 유전 원리를 따른다. → A는 상염색체 유전이다.

① 멘델의 유전 원리에 따라 유전되며, 형질이 명확하게 구분되고, 남녀에 따라 형질이 나타나는 빈도에 차이가 없는 것으로 보아 형질 A의 유전자는 상염색체에 있음을 알 수 있다.

② (나)에서 부모는 A를 나타내지 않지만 A를 나타내는 자녀가 있을 수 있다고 하였으므로 부모의 형질이 우성, 자녀의 형질인 A는 열성임을 알 수 있다.

④ 형질 A와 같이 상염색체 유전으로 한 쌍의 대립유전자에 의해 결정되는 형질에는 미맹, 눈꺼풀, 혀 말기 등이 있다.

⑤ A를 나타내는 여자의 유전자형은 aa, A를 나타내지 않는 남자의 유전자형은 AA 또는 Aa이다. 남자의 유전자형이 AA일 경우 AA×aa → Aa로 자녀가 A를 나타낼 확률은 0 %이고, 남자의 유전자형이 Aa일 경우 Aa×aa → Aa, aa로 자녀가 A를 나타낼 확률은 $\frac{1(\text{aa})}{2(\text{전체})}\times 100=50\ \%$이다. 따라서 A를 나타내는 여자와 A를 나타내지 않는 남자 사이에서 태어난 자녀가 A를 나타낼 확률은 0~50 % 사이이다.

바로 알기 ③ 우성 형질을 나타내는 부모의 유전자형이 모두 잡종일 때 열성 형질의 자손이 나올 수 있다.

3 상염색체 유전 가계도 분석

자료 분석 + 유전병 가계도 분석

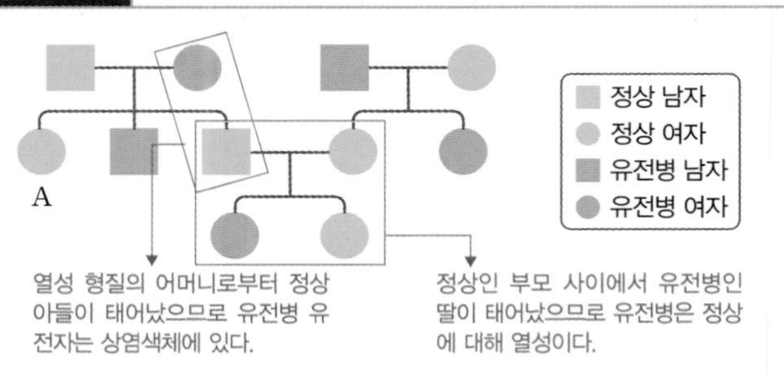

ㄴ. 열성 형질의 어머니로부터 정상 아들이 태어났으므로 유전병 유전자는 상염색체에 있다.

ㄷ. 자손은 부모로부터 대립유전자를 각각 1개씩 물려받는다. A는 유전병 어머니로부터 유전병 대립유전자를 1개 물려받으므로 유전병 유전자를 가지고 있다.

바로 알기 ㄱ. 정상인 부모에게서 유전병인 딸이 태어났으므로 유전병은 정상에 대해 열성이다.

4 ABO식 혈액형 유전

어머니의 유전자형이 OO이면 AB형이 나올 수 없다. 또, 어머니의 유전자형이 AA나 BB인 경우에도 자녀의 유전자형이 각각 AO, BO가 나올 수 없다. 따라서 어머니의 유전자형으로 가능한 것은 AO, BO이다.

5 ABO식 혈액형 유전

①, ④ ABO식 혈액형에서 아버지가 A형인데 자녀 중 O형과 AB형이 있으므로, 어머니는 B형이고 유전자형은 BO이다. 또한, 아버지와 은호의 유전자형은 AO이다.

② 아버지가 미맹이므로 은지는 아버지로부터 미맹 유전자를 1개 물려받는다. 따라서 은지는 정상이지만 미맹 유전자를 가지고 있다. 또한 자녀 중에 미맹이 있으므로 어머니도 미맹 유전자를 가지고 있다. 따라서 은지와 어머니의 미맹 유전자형은 같다.

바로 알기 ③ 아버지가 미맹인데 자녀 중 미맹과 정상이 모두 있으므로 어머니는 정상이면서 미맹 유전자가 있는 상태이다.

⑤ 은호의 동생이 B형일 확률은 AO×BO → AB, AO, BO, OO에서 $\frac{1(\text{BO})}{4(\text{전체})}$이고, 미맹일 확률은 tt×Tt → Tt, tt에서 $\frac{1(\text{tt})}{2(\text{전체})}$이므로 은호의 동생이 B형이면서 미맹일 확률은 $\left(\frac{1}{4}\times\frac{1}{2}\right)\times100=12.5\ \%$이다.

6 적록 색맹 유전

자료 분석 + 적록 색맹 가계도 분석

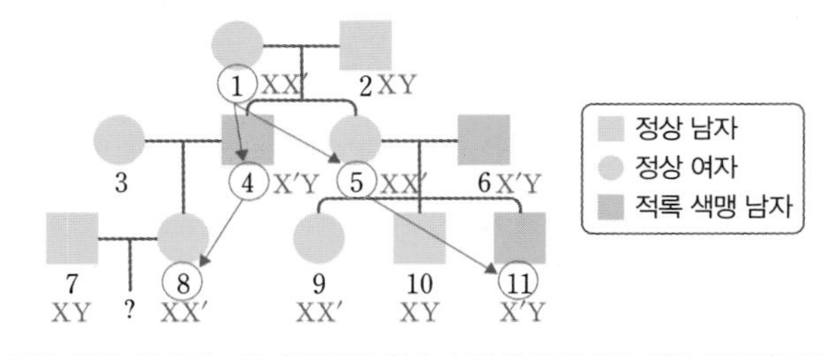

- 적록 색맹 유전자는 X 염색체에 있으며 정상 유전자에 대해 열성이므로, 여자보다 남자에게 더 많이 나타난다.
- 아버지가 적록 색맹일 때 딸은 항상 적록 색맹 유전자를 갖는다.

① 정상인 1과 2 사이에서 부모에게 없던 적록 색맹인 4가 태어났으므로 적록 색맹이 열성, 정상이 우성이다.

④ 11은 5로부터 적록 색맹 유전자를 물려받았고, 5는 1로부터 적록 색맹 유전자를 물려받았다.

바로 알기 ② 8은 아버지로부터 적록 색맹 유전자가 있는 X 염색체를 물려받으므로 보인자일 확률은 100 %이다.

③ 7의 유전자형은 XY, 8의 유전자형은 XX'이므로 XY×XX' → XX, XX', XY, <u>X'Y</u>이다. 따라서 7과 8 사이에서 자녀가 태어날 때 적록 색맹일 확률은 $\frac{1}{4}\times100=25\ \%$이다.

⑤ 아버지의 적록 색맹 유전자는 딸에게 물려주므로 아들과는 상관이 없다.

7 ABO식 혈액형 유전과 적록 색맹 유전

자료 분석 + 두 가지 형질의 가계도 분석

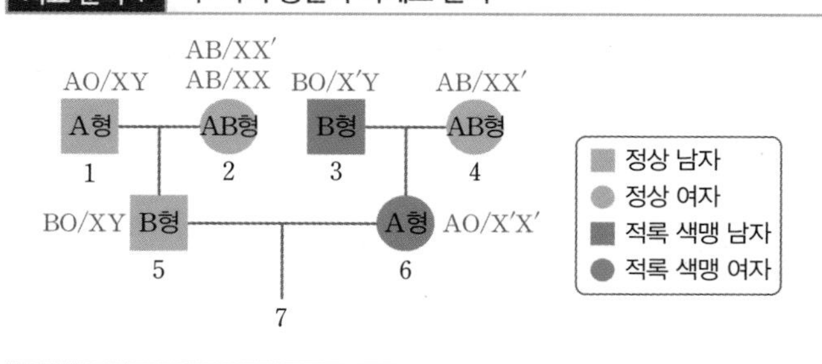

ㄴ. 자손은 부모로부터 대립유전자를 각각 1개씩 물려받으므로 6은 3과 4로부터 적록 색맹 대립유전자를 하나씩 물려받았다. 따라서 4는 적록 색맹 대립유전자를 하나 가지고 있는 보인자이다.

바로 알기 ㄱ. ABO식 혈액형 유전자형은 1, 6이 AO로 같다.

ㄷ. 5는 부모로부터 ABO식 혈액형 대립유전자를 하나씩 물려받으므로 1은 유전자형이 AO인 A형이다. 따라서 5는 유전자형이 BO이다. 마찬가지로 6의 유전자형은 AO이므로 7이 A형일 확률은 AO×BO → AB, AO, BO, OO에서 $\frac{1}{4}$이다. 6(어머니)이 적록 색맹이므로 아들이 적록 색맹일 확률은 1이고 7이 아들일 확률은 $\frac{1}{2}$이므로 7이 A형이면서 적록 색맹인 아들일 확률은 $\frac{1}{4}$(A형일 확률)×1(아들이 적록 색맹일 확률)×$\frac{1}{2}$(아들일 확률)×$100=\frac{1}{8}\times100=12.5\ \%$이다.

2주차	누구나 합격 전략		52~53쪽
01 ④	02 ㄴ, ㄷ	03 ③	04 ②
05 50 %	06 ③	07 50 %	08 ④
09 ②	10 ⑤		

01 완두가 유전 연구 재료로 적합한 까닭

완두는 기르기 쉽고, 한 세대가 짧으며, 자손의 수가 많아 통계 분석에 유리하다. 또한 자가 수분과 타가 수분이 모두 가능하여 의도한 대로 교배할 수 있으며, 대립 형질이 뚜렷하여 교배 결과를 명확하게 해석할 수 있다.

바로 알기 ④ 우성 형질은 한 가지 형질에 대해 서로 다른 대립 형질을 지닌 순종의 개체끼리 교배하였을 때 잡종 1대에서 나타나는 형질로, 우성 형질만 있을 수는 없다.

02 한 쌍의 대립 형질 유전

ㄴ. 잡종 1대를 자가 수분하여 잡종 2대에서 열성 형질이 나온 것으로 보아 분리의 법칙을 확인할 수 있다.

ㄷ. 잡종 2대에서 유전자형의 분리비는 RR : Rr : rr = 1 : 2 : 1이므로 320개 중 잡종(Rr)은 320개 $\times \frac{2(\text{Rr})}{4(\text{전체})} = 160$개이다.

바로 알기 ㄱ. 순종인 둥근 완두(RR)와 주름진 완두(rr) 사이에서 나온 잡종 1대는 모두 잡종인 둥근 완두(Rr)이다.

암기 Tip 우열의 원리와 분리의 법칙

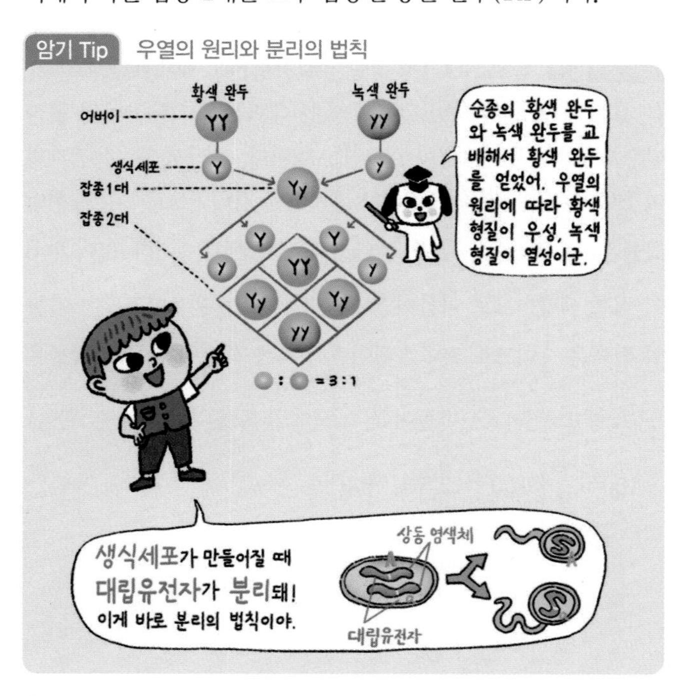

03 대립유전자

잡종 1대의 유전자형은 Rr이며, 대립유전자는 상동 염색체의 같은 위치에 있다.

04 한 쌍의 대립 형질 유전

자손에 유전자형이 tt인 것이 있으므로 검은색 잉크로 가려진 어버이의 생식세포는 모두 t이다. 따라서 어버이로 사용된 완두의 유전자형은 Tt와 tt이고, 표현형은 황색과 녹색이다. 또한 (가) 부분은 생식세포 T와 t의 결합이므로 Tt가 된다.

바로 알기 ① 유전자형이 Tt와 tt인 완두를 교배하면 자손은 황색과 녹색이 1 : 1로 나온다.

③, ⑤ 어버이로 사용된 완두는 황색(Tt)과 녹색(tt)이다.

④ 대립유전자는 생식세포가 만들어질 때 분리되어 각각 다른 생식세포로 들어간다. 따라서 생식세포는 대립유전자 중 하나씩만 가지고 있다.

05 두 쌍의 대립 형질 유전

잡종 1대의 유전자형은 rrYy이므로 주름지고 녹색인 완두(rryy)와 교배하여 얻을 수 있는 잡종 2대는 rrYy(주름지고 황색), rryy(주름지고 녹색)이다. 따라서 주름지고 녹색인 완두가 나타날 확률은 $\frac{1(\text{rryy})}{2(\text{전체})} \times 100 = 50\ \%$이다.

06 사람의 유전 연구 방법

유전자 구성이 같은 1란성 쌍둥이와 유전자 구성이 다른 2란성 쌍둥이 연구를 통해 특정 형질이 유전과 환경 중 어느 것의 영향을 더 받는지 알아볼 수 있다.

07 혀 말기 유전

〈가계 Ⅱ〉에서 부모 모두 혀를 말 수 있는데, 혀를 말 수 없는 B가 태어났으므로 혀를 말 수 있는 형질이 우성, 혀를 말 수 없는 형질이 열성이고, B의 유전자형은 uu이다.

〈가계 Ⅰ〉에서 uu×Uu → Uu, uu이므로 A의 유전자형은 Uu이다.

부모의 유전자형이 Uu와 uu이므로 혀를 말 수 있는 자녀(Uu)와 말 수 없는 자녀(uu)가 1 : 1의 비로 나온다. 따라서 A와 B 사이에서 태어난 자녀가 혀를 말 수 없을 확률은 50 %이다.

08 ABO식 혈액형 유전

(가)의 유전자형이 AO, BO일 경우 AO×BO → AB, AO, BO, OO이므로 자녀에서는 4가지 혈액형이 모두 나올 수 있다.

(나)의 유전자형이 BO, BO일 경우 BO×BO → BB, BO, OO이므로 자녀에서는 B형과 O형이 나올 수 있다.

(다)의 경우 AB×OO → AO, BO이므로 자녀에서는 A형과 B형이 나올 수 있다. 따라서 ㉢은 (가)의 아이이고, ㉡은 (나)의 아이, ㉠은 (다)의 아이이다.

09 적록 색맹 유전

적록 색맹 유전자는 성염색체인 X 염색체에 있다.

ㄴ. B는 적록 색맹 남자(X'Y)이므로 적록 색맹 유전자를 어머니로부터 물려받는다.

바로 알기 ㄱ. 가계도에서 B가 적록 색맹($X'Y$)이므로 어머니는 보인자(XX')이다. 아버지가 정상(XY)이고 어머니가 보인자이므로 딸인 A가 보인자일 확률은 50 %이다.

ㄷ. 부모인 B와 C가 적록 색맹이므로 그 자녀는 모두 적록 색맹이 된다.

10 유전병 유전

ㄱ. 정상인 부모 사이에서 유전병 A를 나타내는 영희가 태어났으므로 유전병 A는 정상에 대해 열성이고, 부모는 둘 다 유전병 A 유전자를 가지고 있는 잡종이다.

ㄷ. 정상인 오빠와 유전병 A를 나타내는 여자 사이에서 유전병 A를 나타내는 아들이 태어났으므로 오빠도 유전병 A 유전자를 가지고 있다. Aa(오빠)×aa → Aa, aa

바로 알기 ㄴ. 유전자가 성염색체 Y에 존재한다면 여자에게는 유전병 A가 나타날 수 없다.

2주차	창의 • 융합 • 코딩 전략		54~57쪽
1 ⑤	2 ③	3 도연	4 ④
5 학생 B, C	6 ③	7 ④	8 학생 C

1 유전 용어

대립유전자는 상동 염색체의 같은 위치에 있는 유전자로, 특정한 형질에 관여하는 한 쌍의 유전자이다. 독립의 법칙은 서로 다른 형질을 결정하는 유전자가 독립적으로 분리되어 유전되는 것이다. 2란성 쌍둥이는 두 개의 수정란이 각각 발생한 경우이다.

2 멘델의 유전 원리

• 학생 A: 흑백 쌍둥이는 피부색 유전자의 구성이 서로 다른 2란성 쌍둥이이다.

• 학생 C: 부모의 대립유전자가 분리되어 자손에서 새로운 조합의 대립유전자 쌍이 형성되는 것을 의미하는 멘델의 분리의 법칙으로 흑백 쌍둥이가 태어난 것을 설명할 수 있다.

바로 알기 • 학생 B: 멘델의 유전 원리는 입자설에 근거하는 것으로, 멘델은 한 가지 형질을 결정하는 한 쌍의 유전 인자가 있으며, 이 유전 인자가 부모에서 자손으로 전달된다는 가설을 세웠다. 혼합설에 의하면 자손은 부모가 가진 형질의 중간 형질이 나타나야 하는데, 실제로는 한 쪽의 형질만 나타나거나 부모에게 없는 새로운 형질이 나타나는 경우가 많다.

3 유전 현상 모의 활동

자료 분석 + 멘델의 법칙 모의 활동

(가) 파란색 주머니는 수술, 빨간색 주머니는 암술이라고 표시한다.
→ 부계의 생식 기관 → 모계의 생식 기관

(나) 각 주머니에 검은색 20개, 흰색 20개씩 모두 40개의 바둑알을 넣는다. 이때 검은색 바둑알에는 우성 유전자(대문자 A), 흰색 바둑알에는 열성 유전자(소문자 a)를 표시해 둔다.
→ 유전자
→ 하나의 형질에 대한 한 쌍의 대립유전자

(다) 파란색 주머니와 빨간색 주머니에서 각각 임의로 바둑알을 하나씩 꺼내어 짝지은 다음, 이들의 조합을 기록한다. 꺼낸 바둑알은 다시 주머니에 넣는다.
→ 무작위 수정
→ 대립유전자의 분리

(라) 이 과정을 30회 반복하여 결과를 기록한다.

선택지 분석

• ~~승기~~: (가)~(라) 과정을 실시한 후, (나) 과정을 B와 b를 표시한 바둑알로 교체하여 활동을 한 번 더 반복하여 실시하면 돼.
→ A와 a, B와 b를 동시에 꺼낼 수 있도록 설계해야 한다.

• (도연): (가)에서 두 주머니 안을 각각 두 칸으로 분리한 후, (나)에서 A를 표시한 검은색 바둑알과 a를 표시한 흰색 바둑알 각 20개씩을 한쪽 칸에, B를 표시한 검은색 바둑알과 b를 표시한 흰색 바둑알 각 20개씩을 다른 한쪽 칸에 넣고, (다)에서 각 주머니의 두 칸에서 각각 임의로 바둑알을 하나씩 꺼내어 나머지 과정을 실시해야 해.

• ~~지혜~~: (나)에서 A를 표시한 검은색 바둑알 10개, B를 표시한 검은색 바둑알 10개, a를 표시한 흰색 바둑알 10개, b를 표시한 흰색 바둑알 10개를 넣고 위 활동의 나머지 과정을 그대로 실시하면 돼.
→ 두 가지 형질을 섞으면 독립적으로 분리되는 것을 나타낼 수 없다.

• 도연: 독립의 법칙은 서로 다른 두 가지 이상의 형질에 대한 대립유전자쌍이 서로 영향을 미치지 않고 분리의 법칙을 따르는 것이므로, 두 가지 형질에 대한 유전자인 바둑알을 한 개체의 생식 기관을 의미하는 주머니는 공유하도록 하되, 분리되어 생식세포에 들어가는 과정은 구분해야 한다. 따라서, 주머니 안에서 칸을 분리하고 각 칸에서 하나씩 꺼낼 수 있도록 설계한다.

바로 알기 • 승기: 두 가지 형질이 동시에 유전되는 상황을 만들어야 하므로 A과 a, B와 b를 동시에 하나씩 꺼낼 수 있도록 설계해야 한다.

• 지혜: 한 주머니 안에 두 가지 형질에 대한 유전자(바둑알)를 함께 넣고 꺼내면 각 형질에 대한 유전자가 독립적으로 분리되는 것을 나타낼 수 없다.

4 **멘델의 유전 원리**

키나 피부색의 형질이 다양하게 나타나는 것은 하나의 형질에 관여하는 유전자의 수가 많기 때문이다. 이것은 멘델의 완두 실험에 나타나 있지 않다.

• 승환: 하나의 형질에 대해 서로 다르게 나타나는 형질이 대립 형질이다.

• 권율: 부모에게 나타나지 않던 형질이 자손에게 나타나는 경우, 부모가 갖고 있던 열성 대립유전자가 자손에서 쌍을 이루어 형질이 나타난 것으로 분리의 법칙에 해당한다.

바로 알기 • 은혜: 완두에 다양한 대립 형질이 있는 것은 완두 씨의 모양, 완두 씨의 색깔, 꽃의 색깔 등 다양한 형질에 대해 대립 형질이 뚜렷하게 있다는 것을 의미한다. 사람의 키나 피부색은 대립 형질이 뚜렷하게 나타나지 않는다.

5 **사람의 유전 연구 방법**

자료 분석 + 지문의 유전 원리와 지문선 수 조사 활동

지문의 유전 원리

지문은 사람을 비롯한 영장류 대부분의 손가락 끝부분에 난 소용돌이 모양의 금으로, 태아의 발생 과정에서 손끝의 땀샘 부분이 융기하면서 만들어진다. 지문선의 수와 모양이 사람에 따라 다르므로 본인 확인용으로 활용된다.
→ 형질이 다양함을 알 수 있다.

[관계에 따른 지문선 수의 유사도]

관계	조사 수(쌍)	유사도
아버지 자녀	405	0.49
부부	200	0.05
1란성 쌍둥이	80	0.95
2란성 쌍둥이	90	0.49

(완전히 일치하면 1, 전혀 일치하지 않으면 0)

→ 1란성 쌍둥이의 유사도가 매우 높고, 2란성 쌍둥이의 유사도와 차이가 크다. → 유전의 영향이 큼을 알 수 있다.

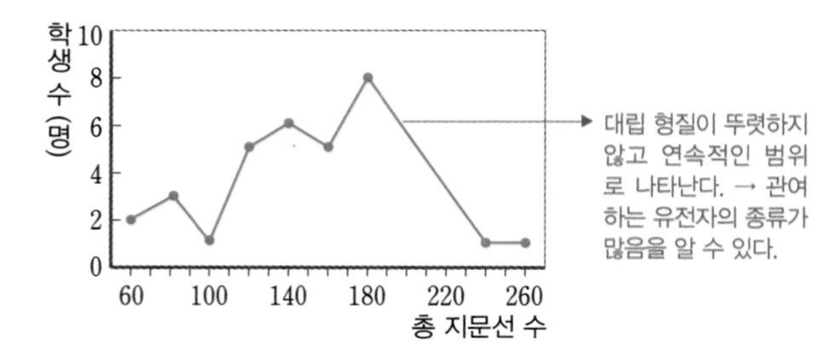

• 학생 B: 유전자 구성이 같은 1란성 쌍둥이의 유사도가 높고, 유전자 구성이 같지 않은 2란성 쌍둥이의 유사도가 낮은 것으로 보아 유전에 의해 나타난 형질이라는 것을 알 수 있다.

• 학생 C: 총 지문선 수가 몇 가지로 나타나는 것이 아니라 매우 다양하게 연속적인 범위로 나타나므로 대립 형질이 뚜렷하다고 볼 수 없다.

바로 알기 • 학생 A: 특정 형질에 해당하는 사람의 수가 많다고 우성인 것은 아니다. 우성은 잡종일 때 표현되는 형질이다.

6 **가계도**

① 남자인 우재를 □로 나타냈다.

② 여자인 우재의 누나와 여동생을 ○로 나타냈다.

④ 우재의 부모로부터 자녀인 누나, 우재, 여동생의 관계 및 우재 누나 부부와 딸의 관계에 공통적으로 ┬가 나타나 있다.

⑤ 쌍꺼풀 없는 여동생과 누나의 딸에만 도형 내부가 녹색으로 채워져 있다.

바로 알기 ③ 우재의 부모, 우재의 누나 부부에 공통적으로 ─이 표시되어 있다.

7 **사람의 유전 구분**

자료 분석 + 세 가지 형질을 구분하는 순서도

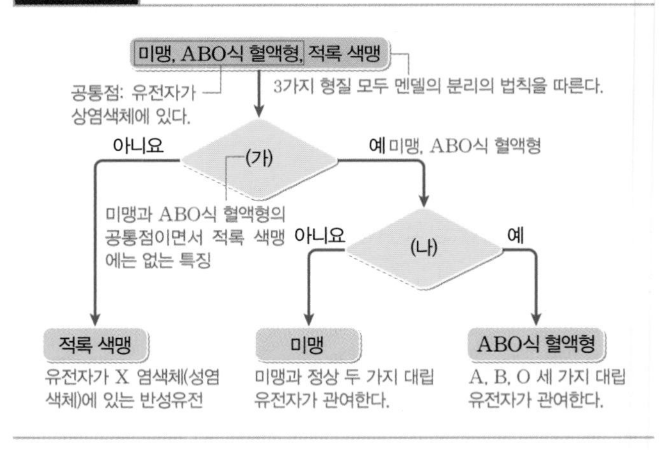

ㄴ. 미맹과 ABO식 혈액형은 형질을 결정하는 유전자가 상염색체에 있고, 적록 색맹은 성염색체인 X 염색체에 있다.

ㄷ. ABO식 혈액형은 3가지 종류의 대립유전자(A, B, O)가 관여하여 대립유전자 쌍을 형성하므로 유전자형과 표현형이 미맹에 비해 다양하다.

바로 알기 ㄱ. (가)는 미맹과 ABO식 혈액형의 공통점이면서 적록 색맹에는 없는 특징인데, 멘델의 분리의 법칙을 따르는 것은 세 가지 형질이 모두 갖는 특징이다.

8 사람의 유전 모의 활동

나무 막대는 염색체에 해당하고 막대를 뽑는 것은 유전자가 무작위로 생식세포에 들어가는 것을 의미한다.

바로 알기 • 학생 C: 부모의 역할에 해당하는 컵에는 각 형질에 대한 대립유전자를 색깔별로 1쌍씩 넣어 두고, 자손을 형성하기 위해 생식세포를 형성하는 과정에 해당하는 막대를 뽑는 과정에서는 대립유전자 쌍 중 하나는 부계, 다른 하나는 모계로부터 받으므로 부계와 모계의 컵에서 각각 하나씩 꺼내야 한다.

중간고사 마무리 신유형·신경향·서술형 전략 60~63쪽

1 ③ 2 ③ 3 ① 4 학생 A, B

5 (1) 해설 참조 (2) 해설 참조

6 (1) 해설 참조 (2) 중추 신경계, 눈, 치아, 외부 생식기

7 (1) 해설 참조 (2) 해설 참조 8 (1) 해설 참조 (2) 해설 참조

1 체세포 분열 과정

자료 분석 + 체세포 분열 탐구 활동

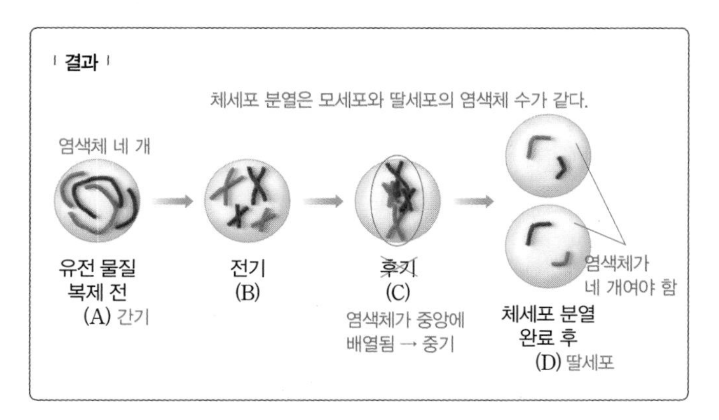

체세포 분열 중기에는 방추사와 연결된 염색체들이 세포 중앙에 배열되고, 후기에는 염색 분체가 분리되어 양극으로 이동한다. 감수 1분열의 전기에는 체세포 분열 전기와 달리 상동 염색체 쌍이 붙어서 2가 염색체가 된다.

• 준수: 체세포 분열의 후기에는 염색 분체가 분리되어 양극으로 이동하는 모습이 나타난다. C는 염색체들이 중앙에 배열되어 있는 중기의 모습을 표현한 것이다.

• 다희: 체세포 분열은 모세포와 딸세포의 염색체 수가 같다. 체세포 염색체 수가 네 개인 생물이라고 했으므로 체세포 분열 완료 시기의 딸세포 한 개당 염색체도 네 개로 표현해야 한다.

바로 알기 • 태성: 감수 1분열의 전기는 체세포 분열의 전기와 염색체 수는 같지만, 상동 염색체끼리 붙어 2가 염색체를 형성한다.

2 멘델의 유전 실험 재료

자료 분석 + 완두가 유전 실험 재료로 적합한 까닭

은진: 민수야! 이것 좀 봐. 저번 주에 봤을 때와 달리 콩깍지가 열렸어. 얼마 전 씨를 뿌려 놓고 잘 돌봐 주지도 못했는데, 벌써 자라서 콩깍지가 열리다니. → 재배하기 쉽다. (→ 일주일이라는 짧은 기간 동안 빠르게 생장함)

민수: 어? 정말이네. 그런데 하나의 완두에 정말 많은 콩깍지가 열리는구나. → 자손의 수가 많다.

은진: 그런데 자세히 보니 콩깍지 모양과 색깔이 다르네. 매끈한 것과 잘록한 것도 있고, 녹색인 것과 황색인 것이 있어. → 대립 형질이 뚜렷하다.

민수: 콩깍지뿐만 아니라 꽃의 색깔도 보라색과 흰색 두 종류가 있잖아. → 다양한 대립 형질이 있다.

선택지 분석

㉠ 재배가 쉽고 짧은 시간에 여러 세대를 관찰할 수 있다.

㉡ 한 번에 얻는 자손의 수가 많아 교배 결과를 통계적으로 분석하기에 좋다.

~~㉢~~ 대립 형질이 뚜렷하여 교배 결과를 분석하지 않아도 우성과 열성을 알 수 있다. → 교배 결과를 분석하지 않고 우성과 열성을 알 수는 없다.

ㄱ. 일주일 만에 잘 돌봐 주지 않아도 꼬투리가 열렸다는 은진이의 말에서 완두는 재배하기 쉽고 빨리 자라므로 짧은 시간에 여러 세대를 관찰할 수 있다고 볼 수 있다.

ㄴ. 하나의 완두에 많은 꼬투리가 열린다는 민수의 말에서 완두는 한 번에 얻는 자손의 수가 많다는 것을 알 수 있다. 자손의 수가 많을수록 교배 결과를 통계적으로 분석하기 좋다.

바로 알기 ㄷ. 대립 형질이 뚜렷하면 교배 결과를 분석하여 우성과 열성을 명확하게 알아 낼 수 있다.

3 생식세포 분열

자료 분석 + 감수 1분열과 감수 2분열의 공통점과 차이점

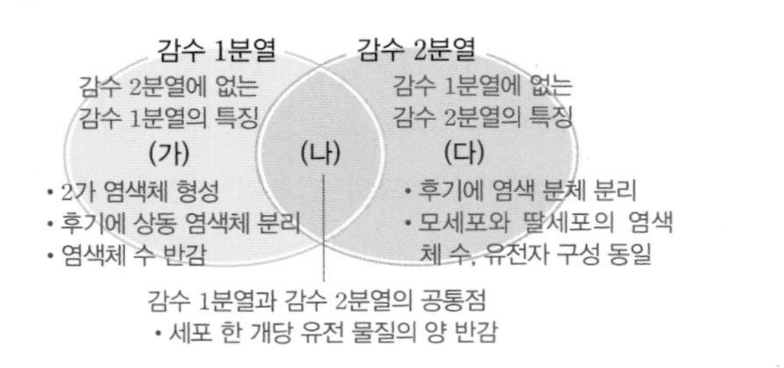

(가)는 감수 1분열과 감수 2분열의 차이점 중 감수 1분열에만 있는 특징, (나)는 감수 1분열과 감수 2분열의 공통점, (다)는 감수 1분열과 감수 2분열의 차이점 중 감수 2분열에만 있는 특징이다.

ㄱ. 2가 염색체는 감수 1분열의 전기에 형성되므로 (가)에 해당한다.

바로 알기 ㄴ. 감수 2분열에서는 염색 분체가 분리되어 각각 딸세포에 들어가며, 두 염색 분체는 DNA 복제로 형성된 것으로 유전자 구성이 동일하다. 감수 1분열에서는 유전자 구성이 다른 상동 염색체가 분리되어 딸세포에 하나씩 들어가므로 모세포와 딸세포의 유전자 구성이 다르다.

ㄷ. 감수 1분열과 감수 2분열 모두 모세포의 유전 물질을 딸세포에 절반씩 분배하므로 유전 물질의 양이 반으로 줄어든다.

4 사람의 유전 형질

자료 분석 + 사람의 유전 형질

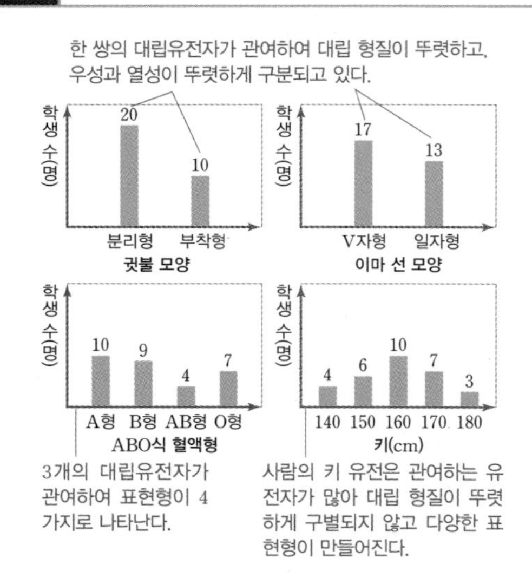

• 학생 A: 귓불 모양은 분리형과 부착형, 이마 선 모양은 V자형, 일자형 등 대립 형질이 두 가지라는 것은 우성과 열성이 뚜렷하게 구분되는 형질이라는 것을 의미한다.

• 학생 B: 혈액형과 키는 형질이 다양하므로 관여하는 대립유전자의 종류가 많다는 것을 의미하며, 우성과 열성은 여러 세대를 통해 나타나는 유전자의 전달 경로를 분석하여 파악할 수 있다.

바로 알기 • 학생 C: ABO식 혈액형과 키는 관여하는 대립유전자의 수가 많고 우성과 열성의 구분도 뚜렷하지 않아 멘델의 유전 원리 중 우열의 원리를 따르지 않는다.

5 세포 분열의 의의

(1) 큰 우무 덩어리의 부피는 8 cm^3이고, 작은 우무 덩어리의 부피는 1 cm^3이며, 표면적은 큰 것이 24 cm^2, 작은 것이 6 cm^2이다. 우무 덩어리가 큰 것이나 작은 것 모두 색소가 스며든 길이는 비슷하지만 작은 덩어리는 중심까지 색소가 닿았고 큰 덩어리는 그렇지 않다.

모범 답안 큰 우무 덩어리는 작은 것에 비해 부피가 8배 크지만, 표면적은 4배 크다. 즉, 부피 대 표면적의 비가 절반으로 감소한다. 따라서, 덩어리가 클수록 상대적으로 색소를 흡수하는 표면적이 작아 큰 덩어리는 색소가 우무의 중심까지 닿지 못한다.

채점 기준	배점(%)
우무 덩어리가 클수록 부피 대 표면적의 비가 작아진다는 내용과 색소가 중심까지 닿는 정도의 차이를 모두 옳게 서술한 경우	100
색소가 중심까지 닿는 정도의 차이는 옳게 서술하였으나 부피 대 표면적의 비를 옳게 서술하지 못한 경우	50

(2) 세포는 생명 활동에 필요한 에너지를 만들기 위해 끊임없이 외부에서 물질을 받아들이고 노폐물을 내보내야 하는데, 이러한 작용은 세포막에서 일어난다.

모범 답안 세포가 커지면 세포막의 면적이 증가하는 비율보다 세포의 부피가 증가하는 비율이 크기 때문에 생존하는 데 필요한 물질을 세포막을 통해 원활하게 교환할 수 없다. 따라서 개체의 생장이 일어날 때는 체세포 분열을 통해 똑같은 구성을 가진 세포의 수를 늘리는 것이 유리하다.

채점 기준	배점(%)
세포막을 통한 물질 교환의 측면에서 유리하다는 점과 세포의 부피가 커지는 것보다 체세포 분열을 통해 세포 수가 증가하면 표면적이 증가한다는 내용을 모두 옳게 서술한 경우	100
세포막을 통한 물질 교환의 측면에서 유리하다는 점과 세포의 부피가 커지는 것보다 체세포 분열을 통해 세포 수가 증가하면 표면적이 증가한다는 내용 중 한 가지만 옳게 서술한 경우	50

6 수정되어 개체가 되기까지 과정

자료 분석 + 배란에서 출산까지의 과정과 태아의 기관 형성

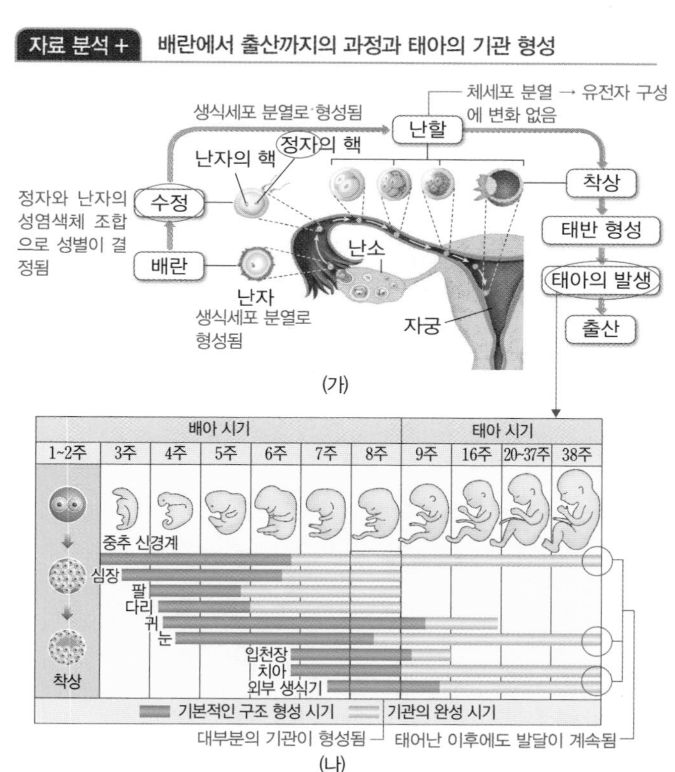

(1) 여자는 성염색체가 XX이고, 남자는 XY이다. 난자에는 X 염색체가 들어 있고, 정자는 X 염색체가 있거나 Y 염색체가 있다.

모범 답안 수정, 수정되는 정자에 들어 있는 성염색체가 X 염색체이면 여자이고, Y 염색체이면 남자이다.

채점 기준	배점(%)
수정을 정확하게 쓰고, 그 과정을 성염색체의 조합으로 옳게 서술한 경우	100
수정은 정확하게 썼으나 그 과정을 옳게 서술하지 않은 경우	50

(2) 대부분의 기관에서 기본적인 구조는 배아 시기의 8주 정도에 형성된다. 중추 신경계, 눈, 치아, 외부 생식기와 같이 기관의 완성 시기가 태아 시기 종료 시점까지 계속되는 것들이 있다.

7 멘델의 실험

(1) **모범 답안** 키가 큰 것, 대립 형질이 다른 두 순종 개체를 교배하여 얻은 잡종 1대에서 나타나는 형질을 우성이라고 하는데, 잡종 1대에서 키 큰 완두만 나타났으므로 키가 큰 것이 우성이다.

채점 기준	배점(%)
우성 형질과 판단의 근거를 모두 옳게 서술한 경우	100
우성 형질만 옳게 쓴 경우	40

(2) 열성 개체의 유전자형은 항상 순종이므로 순종의 우성 개체와 열성 개체를 교배하면 자손에서 우성 개체만 나타나고, 잡종의 우성 개체와 열성 개체를 교배하면 자손에서 우성 개체와 열성 개체가 1 : 1의 비로 나타난다.

모범 답안 잡종 1대의 키 큰 완두를 키 작은 완두와 교배하여 자손이 키 큰 완두만 나오는지, 키 작은 완두가 함께 나오는지 확인한다. 자손에서 키 큰 완두만 나오면 순종이고, 자손에서 키 큰 완두와 키 작은 완두가 1 : 1의 비로 나오면 잡종이다.

채점 기준	배점(%)
교배 방법과 순종과 잡종을 판단하는 과정을 모두 옳게 서술한 경우	100
교배 방법은 옳게 제시하였으나 순종과 잡종을 판단하는 과정을 제대로 서술하지 않은 경우	50

8 사람의 유전 모의 실험

(1) 서로 다른 형질의 유전자가 서로 영향을 미치지 않고 독립적으로 분리의 법칙을 따라 유전되는 것이 멘델의 독립의 법칙이다.

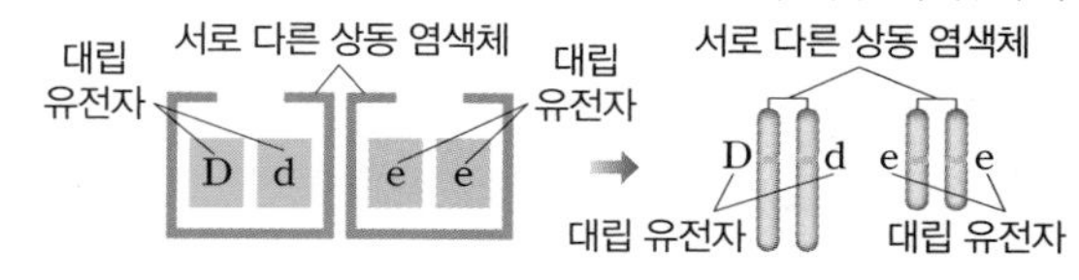

모범 답안 머릿결 유전자와 눈꺼풀 유전자가 각각 다른 염색체에 있어서 독립적으로 유전된다는 멘델의 독립의 법칙을 전제로 함을 의미한다.

채점 기준	배점(%)
머릿결 유전자와 눈꺼풀 유전자가 각각 다른 염색체에 있다는 것과 멘델의 독립의 법칙을 모두 언급하여 옳게 서술한 경우	100
각각 다른 염색체에 있다는 것과 멘델의 독립의 법칙 중 어느 한 가지만 언급하여 옳게 서술한 경우	70

(2) 우성 형질은 유전자형이 잡종일 때 표현되는 형질이므로 유전자형이 Dd인 것은 곱슬머리, Ee인 것은 쌍꺼풀로 표현된다.

모범 답안 25 %, 머릿결에 대해 영희의 상자에서는 직모 유전자인 d만 꺼낼 수 있으므로 곱슬머리가 나올 확률은 철수의 상자에서 D를 꺼내는 확률$\left(\frac{1}{2}\right)$과 같다. 눈꺼풀에 대해 철수의 상자에서는 e만 꺼낼 수 있으므로 쌍꺼풀이 나올 확률은 영희의 상자에서 E를 꺼낼 확률$\left(\frac{1}{2}\right)$과 같다. 따라서 (다)에서 곱슬머리이고 쌍꺼풀이 나올 확률은 두 확률의 곱인 $\left(\frac{1}{2}\times\frac{1}{2}\right)\times 100=25\ \%$이다.

채점 기준	배점(%)
확률과 풀이 과정을 정확하게 서술한 경우	100
확률은 옳게 썼으나, 풀이 과정을 옳게 서술하지 못한 경우	50

중간고사 마무리 고난도 해결 전략 · 1회 64~67쪽

01 ③ 02 ① 03 ③ 04 해설 참조
05 ⑤ 06 ③ 07 (1) 해설 참조 (2) A: 전기, B: 후기, C: 중기, 세포 분열 순서: A-C-B 08 ②
09 ① 10 ④ 11 (1) (나) 4, (다) 4, (라) 2, (마) 1
(2) ㉠과 ㉡: A_1, A_2, ㉢과 ㉣: B_1, B_2 12 ⑤
13 ① 14 ① 15 해설 참조

01 염색체와 DNA

자료 분석 + 염색체와 DNA의 구조

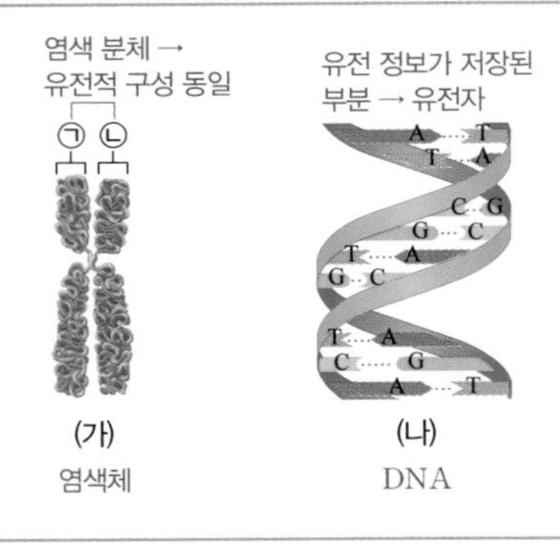

(가)는 염색체, (나)는 DNA이다.

ㄱ. 염색체는 세포 분열이 일어날 때 염색사가 굵고 짧게 뭉쳐져서 생긴 막대 모양의 구조물로, DNA와 단백질로 이루어져 있다.

ㄴ. DNA에는 유전 형질을 나타내는 여러 유전 정보가 들어 있다. DNA에 들어 있는 각각의 유전 정보를 유전자라고 한다.

바로 알기 ㄷ. ㉠과 ㉡은 염색 분체로, DNA 복제로 형성된 것이다.

02 사람의 염색체

자료 분석 + 남자와 여자의 체세포 염색체 분석

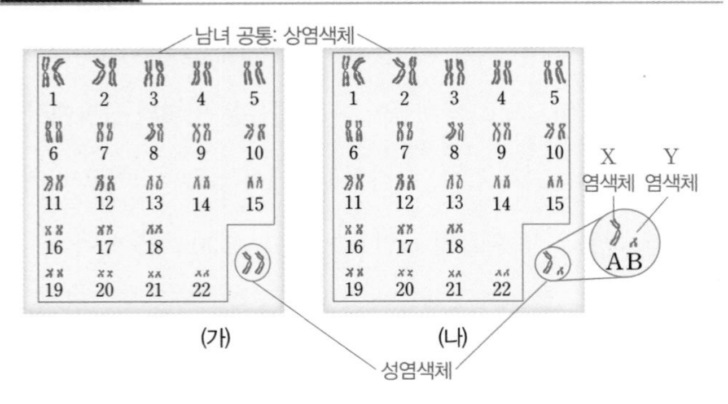

성염색체인 X 염색체가 두 개인 (가)는 여자, 성염색체인 X 염색체와 Y 염색체가 한 개씩인 (나)는 남자이다.

ㄱ. (가)는 1번~22번까지의 상염색체와 성염색체인 X 염색체가 모두 상동 염색체로, 상동 염색체는 부모로부터 각각 하나씩 물려받은 것이다.

바로 알기 ㄴ. (나)에는 22쌍(44개)의 상염색체와 한 쌍(두 개)의 성염색체가 들어 있다.

ㄷ. A는 어머니로부터, B는 아버지로부터 물려받은 것이므로 A와 B의 유전자 구성이 다르다.

03 염색체의 종류

자료 분석 + 체세포 염색체 분석

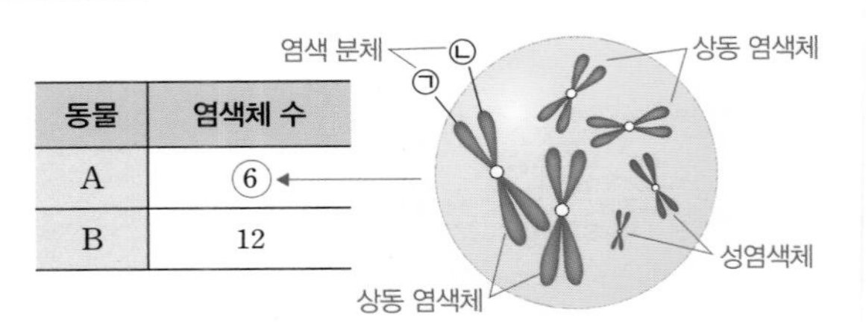

동물	염색체 수
A	⑥
B	12

선택지 분석

㉠ 그림은 A의 세포이다.

~~㉡~~ ㉠은 ㉡의 상동 염색체이다. → ㉠과 ㉡은 염색 분체

㉢ B의 생식세포 한 개에 들어 있는 상염색체는 5이다.

ㄱ. 그림의 세포에 상동 염색체가 쌍으로 들어 있으므로 체세포이며, 염색체 수가 6이므로 동물 A의 세포이다.

ㄷ. B의 생식세포 염색체 수는 체세포 염색체 수(12)의 절반인 6이며, 성염색체가 한 개이므로 상염색체 수는 5이다.

바로 알기 ㄴ. ㉠과 ㉡은 하나의 염색체를 구성하는 염색 분체이다.

04 사람의 염색체

자료 분석 + 상염색체와 성염색체의 형태와 특성

㉠ ㉡ ㉢

특히 크기가 작은 염색체 → Y 염색체

Y 염색체가 없음 → 여자의 체세포

Y 염색체

남자의 체세포, 여자의 체세포, 정자에 모두 있는 염색체 → 15번 염색체(상염색체)

X 염색체

세포 \ 염색체	㉠	㉡	㉢
A	×	○	○
정자 B	○	○	×
C	○	○	○

(○: 있음, ×: 없음)

15번 염색체(상염색체), X 염색체, Y 염색체가 모두 들어 있는 세포 → 남자의 체세포

㉠이 Y 염색체, ㉡이 15번 염색체, ㉢이 X 염색체이다. 크기가 가장 작은 염색체인 ㉠이 Y 염색체이다. 상염색체인 15번 염색체는 남자와 여자의 체세포, 생식세포인 정자에 모두 들어 있으므로 A~C에 모두 들어 있는 ㉡이 15번 염색체이다.

모범 답안 A는 여자의 체세포, B는 정자, C는 남자의 체세포이다. 크기가 작은 ㉠이 Y 염색체이고 이것이 없는 A가 여자의 체세포이다. ㉠~㉢을 모두 갖는 C가 남자의 체세포이고, 정자에는 X 염색체와 Y 염색체 중 하나가 있는데, Y 염색체는 있으나 X 염색체가 없는 B가 정자이다.

채점 기준	배점(%)
A~C를 각각 옳게 쓰고, 그 까닭을 모두 옳게 서술한 경우	100
A~C를 옳게 썼으나, 그 까닭을 옳게 서술하지 못한 경우	60

05 세포 분열 중 DNA양 변화

자료 분석 + 세포의 분열 시기에 따른 DNA양

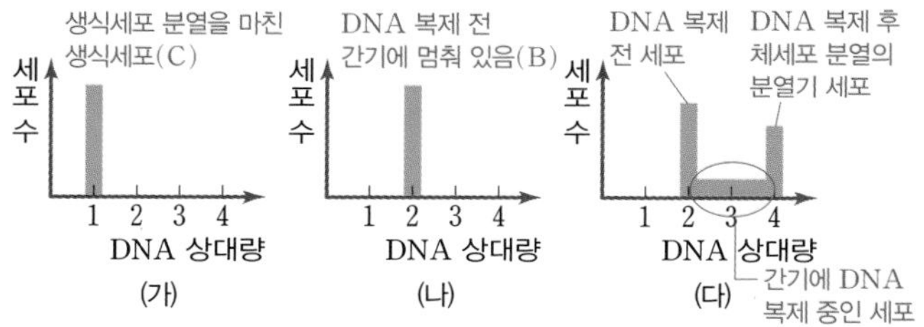

- 체세포 분열에서는 간기에 DNA가 복제되어 DNA양이 2배가 되고, 분열이 끝났을 때 DNA가 반으로 감소하여 복제 전의 DNA양과 같아진다. 따라서 복제 전 DNA양이 2일 경우, DNA 복제 중인 세포들은 DNA양이 2~4, 복제 후 분열기 세포들은 4이다.
- 생식세포 분열에서는 DNA 복제 전 DNA양이 2일 때, 복제 후 DNA양은 감수 1분열의 분열기에 4, 감수 2분열 중일 때 2, 감수 2분열이 끝났을 때 1이 된다.

(다)에는 DNA 상대량이 2인 세포와 2~4인 세포, 4인 세포가 모두 있다. 이는 DNA 복제 전의 간기 세포와 DNA 복제 중인 세포, DNA 복제 후 분열기가 진행되는 세포이므로 체세포 분열 중인 세포 집단(A)이다. 또한, DNA 복제 전 간기에 멈춰 있는 세포 집단(B)은 DNA 상대량이 모두 2인 (나)에 해당한다. 생식세포(C)는 연속 2회 분열로 DNA양이 체세포 분열의 분열기 세포의 $\frac{1}{4}$이므로 DNA 상대량이 모두 1인 (가)이다.

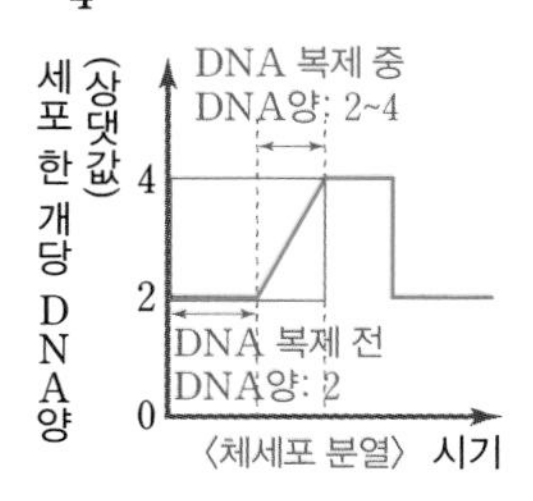

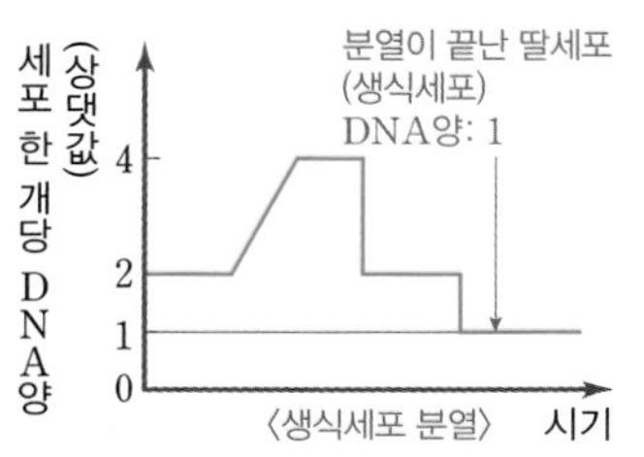

06 체세포 분열

자료 분석 + 체세포 분열 각 시기별 DNA양 변화

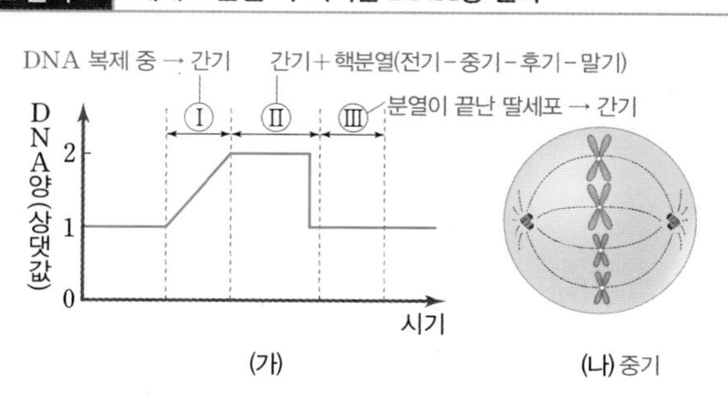

구간 Ⅰ은 DNA 복제가 일어나는 시기이므로 간기, 구간 Ⅱ는 분열기, 구간 Ⅲ은 분열이 끝난 딸세포이므로 간기이다.

ㄱ. 간기에는 핵막이 있다.

ㄴ. 염색체가 중앙에 배열되는 시기는 핵분열의 중기이므로 Ⅱ 구간에 해당한다.

바로 알기 ㄷ. 세포질 분열은 핵분열 말기에 시작되므로 Ⅱ 구간에서 시작된다.

07 체세포 분열의 관찰

자료 분석 + 체세포 분열 관찰 실험

| 과정 |

(가) 양파의 ㉠뿌리 끝을 잘라 ㉡에탄올과 아세트산이 3:1로 섞인 용액에 담근다. (㉠ → 생장점이 있음, ㉡ → 고정액)

(나) (가)의 뿌리 끝을 꺼내어 증류수로 씻은 후 ㉢묽은 염산에 담가 둔다. (→ 해리)

(다) 묽은 염산에 담가 둔 뿌리 끝을 받침유리 위에 올려놓고 면도칼로 2 mm 정도 자른 후, ㉣아세트산 카민 용액을 떨어뜨리고 해부침으로 잘게 찢는다. (㉣ → 염색, 잘게 찢는다 → 분리)

(라) 덮개 유리를 덮고 거름종이를 올린 후 엄지손가락으로 눌러 현미경 표본을 만든다. → 압착

(마) (라)의 현미경 표본을 광학 현미경으로 관찰한다.

| 결과 |

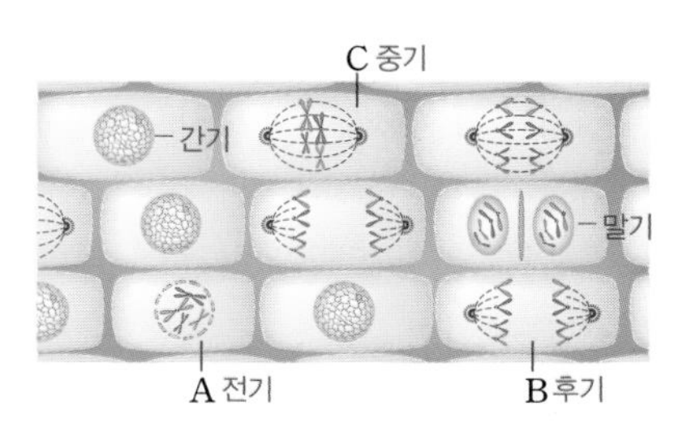

(1) 체세포 분열은 생장이 일어나는 시기에 활발하게 일어난다.

모범 답안 ㉠ 뿌리 끝에는 생장점이 있어 체세포 분열이 활발하게 일어나기 때문이다. ㉡ 세포의 생명 활동을 멈추고 모양과 상태를 그대로 유지하도록 고정하기 위해서이다. ㉢ 세포가 잘 분리되도록 조직을 연하게 만들기 위해서이다. ㉣ 핵과 염색체를 붉은색으로 염색하여 염색체를 뚜렷하게 관찰하기 위해서이다.

채점 기준	배점(%)
㉠~㉣을 모두 옳게 서술한 경우	100
㉠~㉣ 중 세 가지를 옳게 서술한 경우	75
㉠~㉣ 중 두 가지를 옳게 서술한 경우	50
㉠~㉣ 중 한 가지를 옳게 서술한 경우	25

(2) 세포 분열은 염색체의 배열과 위치로 각 시기를 구분한다. 체세포 분열은 간기－전기－중기－후기－말기의 순으로 진행된다. 전기에 염색 분체가 있는 염색체가 형성되고(A), 중기에 세포의 중앙에 배열되며(C), 후기에 염색 분체가 분리되어 양극으로 이동한다(B).

08 생식세포 분열

자료 분석 + 생식세포 분열 시기별 DNA양 변화

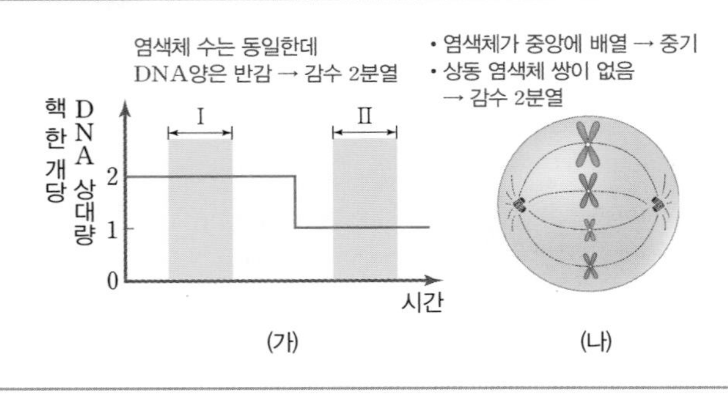

(나)의 세포에서 염색체가 중앙에 배열되어 있으므로 중기이며, 상동 염색체 쌍이 없으므로 감수 2분열 중기이다. (나)는 (가)에서 관찰되는 세포이므로 (가)는 생식세포 분열 과정의 일부이며, 구간 Ⅰ과 Ⅱ에서 관찰되는 세포의 염색체 수가 같으므로 감수 2분열 과정에 해당한다.

ㄷ. 감수 2분열 시기의 염색체 수가 4이므로 체세포의 염색체 수는 8이다.

바로 알기 ㄱ. 핵막은 간기에 관찰되는데, Ⅰ은 감수 2분열이 진행되는 구간이므로 핵막이 없다.

ㄴ. (나)는 감수 2분열의 중기이므로 구간 Ⅰ에서 관찰된다. 구간 Ⅱ는 감수 2분열이 모두 끝난 시기로, 생식세포가 관찰된다.

09 생식세포 분열

자료 분석 + 생식세포 분열 중 상동 염색체 사이의 거리 변화

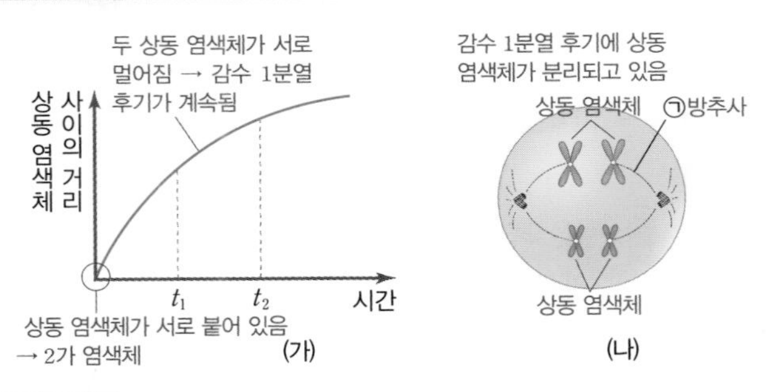

선택지 분석

㉠ (나)는 감수 1분열 후기의 세포이다.

✕ ㉠의 길이는 t_1에서보다 t_2에서 길다. → 짧다.

✕ t_2에서 염색 분체가 분리된다. → 상동 염색체

㉠은 방추사이고, 상동 염색체 사이의 거리가 멀어질수록 방추사의 길이는 짧아진다.

ㄱ. (나)에서 상동 염색체가 분리되고 있으므로 (나)는 감수 1분열 후기의 세포이다.

바로 알기 ㄴ. 감수 1분열 후기의 초기인 t_1일 때보다 시간이 더 지난 t_2일 때 상동 염색체 간 거리가 멀어지므로 방추사의 길이는 더 짧아진다.

ㄷ. 감수 1분열에서는 상동 염색체가 분리된다.

10 생식세포 분열

자료 분석 + 생식세포 분열 중 염색체 수와 DNA양 변화

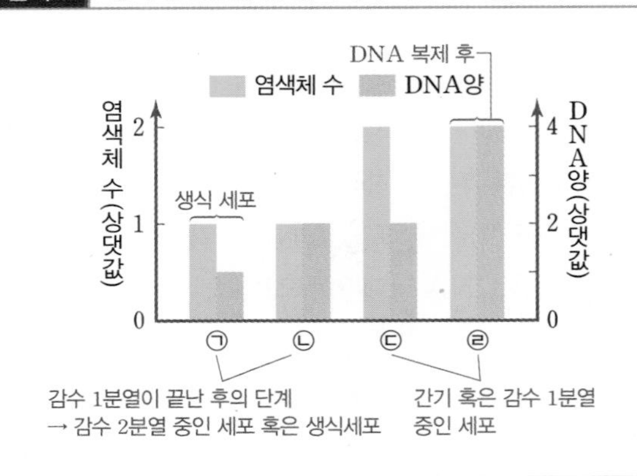

염색체 수는 감수 1분열에서 반으로 감소하고, 감수 2분열에서는 감소하지 않는다. DNA양은 간기에 두 배로 복제되었다가 감수 1분열이 끝날 때 반으로 감소하고, 감수 2분열이 끝날 때 다시 반으로 감소한다. ㉠과 ㉡은 염색체 수가 ㉢, ㉣의 절반이

므로 감수 1분열이 끝난 시기에 해당한다. 또한, ㉠의 DNA양이 ㉡의 절반이므로 ㉡은 감수 2분열 중인 세포, ㉠은 감수 2분열이 끝난 생식세포에 해당한다. ㉢과 ㉣은 염색체 수가 ㉠, ㉡의 두 배이므로 간기의 세포 혹은 감수 1분열 중인 세포이다. 또한, ㉢의 DNA양이 ㉣의 절반이므로 ㉢은 간기에 DNA가 복제되기 전 상태의 세포이고, ㉣은 DNA 복제 후 간기의 세포 혹은 감수 1분열 중인 세포에 해당한다. 따라서 세포 분열 과정에 맞게 나열하면 ㉢-㉣-㉡-㉠ 순이다.

11 생식세포 분열

자료 분석 + 생식세포 분열 시 유전적 다양성

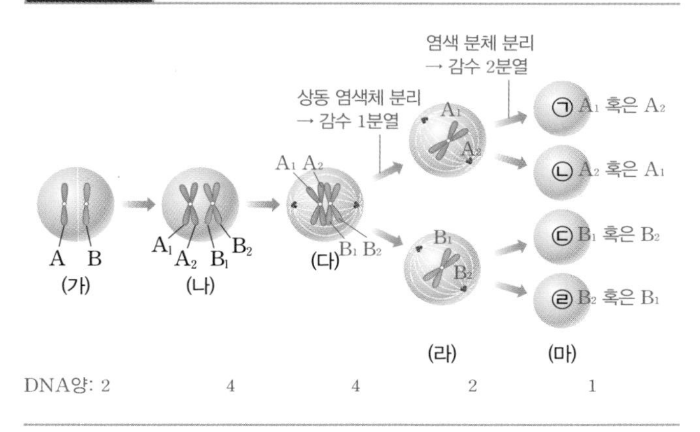

(1) (가)는 DNA 복제 전 간기, (나)는 DNA 복제 후 간기, (다)는 감수 1분열 중기, (라)는 감수 2분열 중기, (마)는 감수 2분열이 끝난 딸세포이다.
(2) 감수 1분열에서 상동 염색체가 분리되고, 감수 2분열에서 염색 분체가 분리된다.

12 생식세포 분열과 발생

자료 분석 + 생식과 초기 발생, 생식세포 분열과 체세포 분열

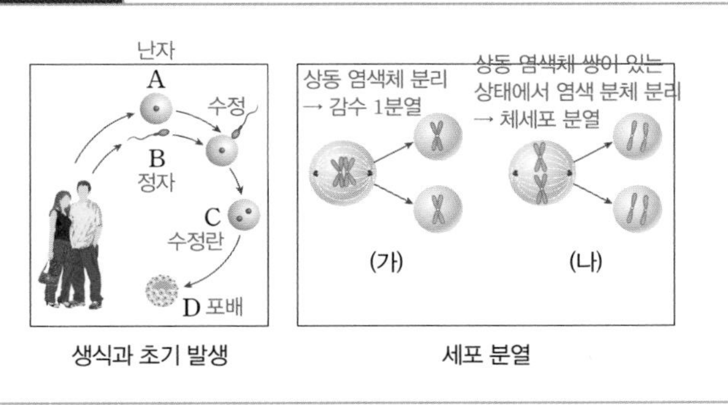

A는 난자, B는 정자, C는 수정란, D는 난할이 진행된 배아(포배 상태)이다. (가)는 상동 염색체가 분리되고 있으므로 감수 1분열이고, (나)는 상동 염색체가 있는 상태에서 염색 분체가 분리되고 있으므로 체세포 분열이다.

ㄱ. 정자와 난자는 각각 남녀의 생식 기관에서 생식세포 분열로 만들어진다.

ㄴ. 수정란은 난할을 거쳐 포배 상태에 이르는데, 난할 과정은 체세포 분열에 해당한다.

ㄷ. 수정란과 수정란의 체세포 분열로 만들어진 포배의 세포당 DNA양은 같다.

13 난할

자료 분석 + 수정과 난할 과정

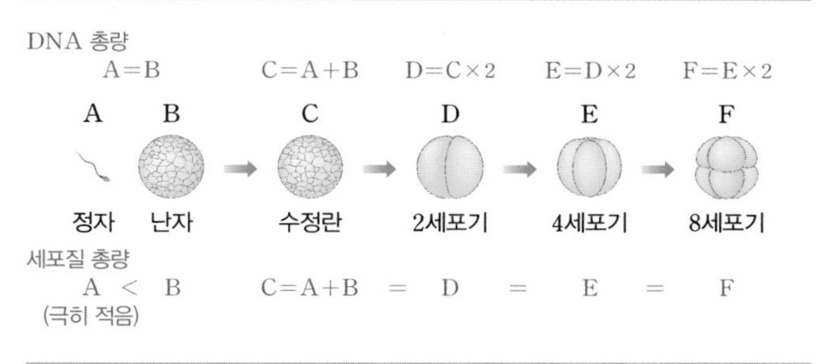

DNA양은 정자(A)와 난자(B)가 동일하고, 수정란(C)에서는 이 둘의 합과 같다. 2세포기(D)에서는 DNA양이 동일한 세포가 두 개이므로 C의 두 배이고 이후 E, F로 갈수록 계속 두 배씩 증가한다. 세포질 양은 정자에서는 극히 적고, 난자는 정자보다 훨씬 많다. 수정란의 세포질 양은 난자와 정자의 합이 되고, 이후 난할이 진행되면서 세포 한 개당 세포질의 양은 반으로 감소하지만, 전체 세포질 양은 세포 수만큼 합한 값이므로 전체 세포질 양은 거의 일정하게 유지된다.

14 난할 과정

자료 분석 + 난할 과정에서 세포질 양, DNA양, 세포 수 변화

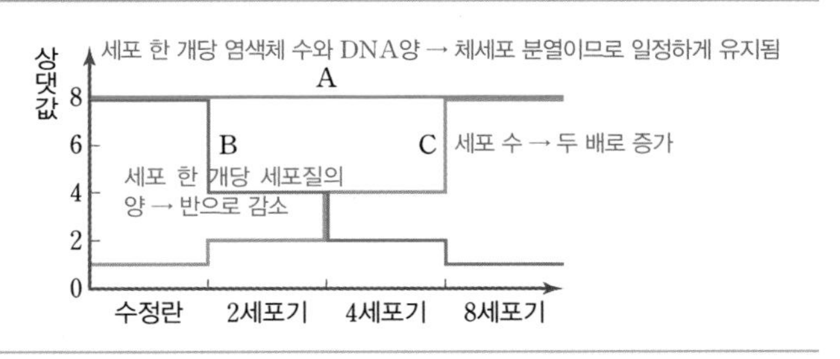

난할이 진행되면서 세포 수는 두 배로 증가하고, 세포 한 개당 염색체 수와 DNA양은 일정하며, 세포 한 개당 세포질의 양은 반으로 감소한다.

15 발생 과정

자료 분석 + 1란성 쌍둥이와 2란성 쌍둥이의 발생 과정

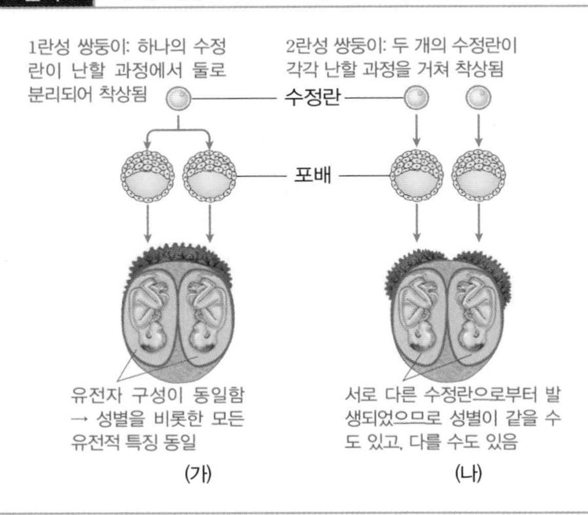

태아의 성별은 수정할 때 성염색체의 조합으로 결정되며, 수정란의 발생이 진행되는 과정에서는 체세포 분열이 일어난다. 1란성 쌍둥이는 수정할 때 성별이 결정된 하나의 수정란이 난할 과정 중 두 개의 배아로 분리되어 착상된 경우이므로 항상 성별이 같다. 2란성 쌍둥이는 두 종류의 수정란이 각각 발생하여 착상된 경우이므로 수정할 때 각 수정란의 염색체 조합에 따라 성별이 결정된다.

모범 답안 (가)에서는 항상 쌍둥이 간 성별이 일치하고, (나)에서는 성별이 일치할 수도 있고 일치하지 않을 수도 있다. 1란성 쌍둥이는 성별이 결정되어 있는 하나의 수정란이 분리되어 발생이 진행되고, 2란성 쌍둥이는 서로 다른 수정란으로부터 발생이 진행되기 때문이다.

채점 기준	배점(%)
(가)와 (나)의 성별 일치 여부를 옳게 쓰고, 그 까닭을 옳게 서술한 경우	100
(가)와 (나)의 성별 일치 여부는 옳게 썼으나, 그 까닭을 옳게 서술하지 못한 경우	60

중간고사 마무리 고난도 해결 전략 · 2회 68~71쪽

01 ② 02 ⑤ 03 해설 참조 04 ㄱ, ㄴ, ㄷ
05 ㄴ, ㄷ 06 (1) 해설 참조 (2) (가) LlRr, (나) llRr, (다) LlRR, (라) LlRR 07 ㄱ 08 ㄱ 09 ③
10 (1) 쌍꺼풀, 보조개 있음 (2) 해설 참조 11 ④, ⑤
12 ③ 13 ㄱ, ㄷ 14 (1) 해설 참조 (2) 해설 참조

01 멘델의 유전 원리 모의 실험

바로 알기 ㄱ. 바둑알에 대립유전자 R와 r를 표시하는 것은 바둑알이 유전자에 해당한다는 것을 의미한다. 즉 ㉠은 유전자에 해당한다.
ㄷ. 독립의 법칙을 확인하기 위해서는 두 쌍 이상의 형질에 대해 설정해야 하는데, 실험에서는 R와 r로 한 쌍의 대립유전자를 설정하였으므로 독립의 법칙을 확인할 수 없다. 이 실험으로는 분리의 법칙을 확인할 수 있다.

02 대립유전자의 위치

자료 분석 + 대립유전자의 위치

두 종류의 형질

구분	씨 모양		씨 색깔	
형질	둥글다	주름지다	황색	녹색
유전자	A	a	B	b

대립 형질 / 대립 형질

상동 염색체 / A, a 대립유전자 / B, b 대립유전자 / 상동 염색체

ㄱ. 두 쌍의 대립유전자가 서로 다른 상동 염색체에 있으므로 생식세포 형성 시 독립적으로 분리되는 독립의 법칙을 따른다.
ㄴ. A와 a는 상동 염색체에 하나씩 들어 있으며, 감수 1 분열 시 상동 염색체가 분리될 때 대립유전자도 분리되어 각각 다른 생식세포로 들어간다.
ㄷ. 상동 염색체는 모계와 부계로부터 하나씩 물려받은 것이므로, 대립유전자도 모계와 부계로부터 하나씩 물려받는다.

03 완두 교배 실험

순종의 서로 다른 대립 형질을 가진 개체의 교배에서 나온 잡종 1대의 표현형이 우성이다. 열성 개체의 유전자형은 항상 순종이다. 자손의 유전자 쌍은 부모로부터 각각 하나씩 물려받는 것이다.

모범 답안 A: YY, B: Yy, C: Yy. (가)에서 잡종 1대의 형질이

황색이므로 황색이 녹색에 대해 우성이고, A는 순종이므로 유전자형은 YY이다. (나)에서 순종의 녹색 완두의 유전자형은 yy이므로 자손에서 황색 완두와 녹색 완두가 1:1의 비로 나왔다는 것은 B가 잡종이라는 것을 의미한다. (다)에서 우성인 황색 완두로부터 열성인 녹색 완두가 나왔을 때, 녹색 완두(yy)의 유전자는 어버이로부터 각각 하나씩 물려받은 것이므로 C의 유전자형은 Yy이다.

채점 기준	배점(%)
A~C의 유전자형과 판단 근거를 모두 옳게 서술한 경우	100
A~C의 유전자형은 옳게 썼으나, 판단 근거를 옳게 서술하지 않은 경우	50

04 독립의 법칙

자료 분석 + 두 가지 형질의 교배 실험

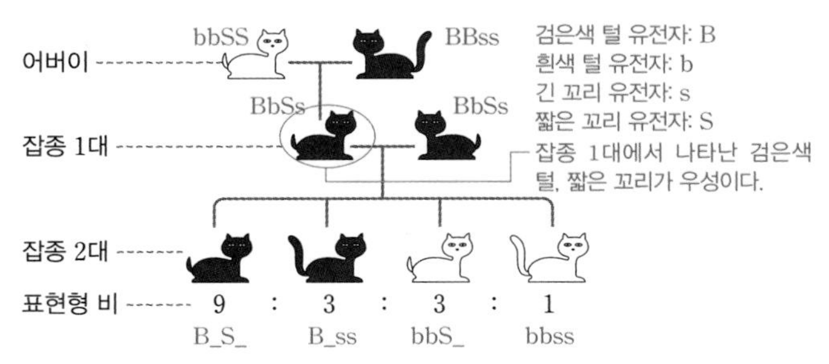

잡종 2대에서
- 검은색 털: 흰색 털=(9+3):(3 +1)=12:4=3:1
- 짧은 꼬리: 긴 꼬리=(9+3):(3 +1)=12:4=3:1

→ 털 색깔과 꼬리 길이는 각각 독립적으로 유전된다는 것을 알 수 있다.

ㄱ, ㄴ. 대립 형질을 가진 순종의 어버이로부터 얻은 잡종 1대에 서 나타난 검은색 털, 짧은 꼬리 형질이 우성이며, 잡종 1대의 유전자형은 모두 잡종이다. bbSS×BBss → BbSs

ㄷ. 잡종 1대를 자가 교배하였을 때 잡종 2대에서 나타나는 표현형 비가 9:3:3:1이고, 검은색 털과 흰색 털의 비율이 3:1, 짧은 꼬리와 긴 꼬리의 비율도 3:1이다. 이것으로 털 색깔과 꼬리 길이가 독립적으로 유전된다는 것을 알 수 있다.

05 독립의 법칙

ㄴ. 두 가지 형질에 대해 잡종(AaBb)인 완두를 자가 교배하였을 때, 자손의 표현형 비가 9:3:3:1인 것은 두 가지 형질이 각각 독립적으로 유전되었다는 것을 의미한다.

ㄷ. 잡종일 때 나타나는 형질이 우성이며, 자가 교배 시 우성:열성의 비율이 3:1로 나타나는데, AaBb가 매끈하고 녹색이라고 하였고, 자가 교배 결과 매끈한 것과 잘록한 것의 비율이 3:1, 녹색과 황색의 비율이 3:1인 것으로 보아 매끈한 것이 잘록한 것에 대해 우성이고 녹색이 황색에 대해 우성이다. 따라서, 잘록하고 녹색인 완두를 자가 교배하면 녹색인 완두는 나오지만, 열성인 잘록한 부모로부터 우성인 매끈한 완두는 나올 수 없다.

바로 알기 ㄱ. 상동 염색체의 같은 자리에 위치하는 것은 대립유전자이며, A와 B는 서로 다른 형질에 관여하는 유전자로 대립유전자가 아니다.

06 멘델의 유전 원리

자료 분석 + 두 가지 형질의 교배 실험

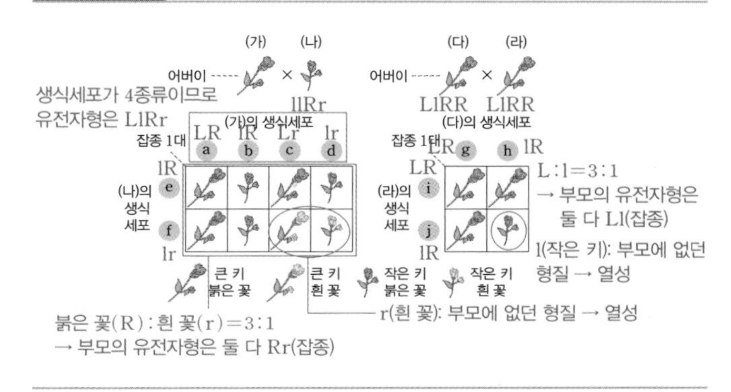

(1) 부모가 가지고 있으나 표현되지 않던 열성 유전자는 생식세포 형성 과정에서 생식세포에 나뉘어 들어갔다가 수정되면서 자손에서 나타날 수 있다.

모범 답안 식물의 키에서는 큰 키가 우성이고 작은 키가 열성이며, 꽃 색깔에서는 붉은색이 우성이고 흰색이 열성이다. (가)와 (나)는 둘 다 붉은색인데 교배 결과 흰색이 나왔으므로 붉은색이 흰색에 대해 우성임을 알 수 있다. (다)와 (라)는 둘 다 큰 키인데 교배 결과 작은 키인 자손이 나왔으므로 큰 키가 작은 키에 대해 우성이다.

채점 기준	배점(%)
큰 키, 붉은색이 우성이라는 내용과 교배 결과를 바탕으로 판단한 까닭을 모두 옳게 서술한 경우	100
큰 키, 붉은색이 우성이라는 내용은 옳게 서술하였으나, 판단 까닭을 옳게 서술하지 못한 경우	50

(2) (가)에서 4종류의 생식세포가 형성되었으므로 (가)는 2가지 형질에 대해 모두 잡종이다. (나)에서 2종류의 생식세포가 형성되었고, 자손에서 부모에 없던 열성 형질인 흰색이 나타났으므로 (나)는 붉은색이지만 흰색 유전자를 가지고 있다. (다)와 (라)에서 두 가지 생식세포가 나왔고, 모두 큰 키인데 자손에서 열성 형질인 작은 키가 나왔으므로 (다)와 (라)는 키에 대해서 잡종이다.

07 사람의 유전 연구 방법

ㄱ. ABO식 혈액형은 1란성 쌍둥이의 일치율이 100 %이고 2란성 쌍둥이의 일치율과 차이가 큰 것으로 보아 유전의 영향으로 나타나는 형질이다.

바로 알기 ㄴ. 지문선 수는 매우 다양하게 형질이 나타나므로 관여하는 유전자의 수가 많고 유전 원리가 복잡하다.

ㄷ. 홍역은 1란성 쌍둥이와 2란성 쌍둥이의 일치율이 비슷한 것으로 보아 유전보다는 환경의 영향을 많이 받는 형질이다.

08 여러 가지 유전

ㄱ. A와 B는 1란성 쌍둥이로 유전자 구성이 같으므로 A가 미맹이면 B도 미맹이다.

바로 알기 ㄴ. C와 D는 2란성 쌍둥이이므로 남매, 형제, 자매와 같이 성별이 다를 수도 있고 같을 수도 있다.

ㄷ. C와 D는 2란성 쌍둥이이므로 서로 다른 형질을 나타낼 수 있으며, 아버지가 적록 색맹이면 어머니의 적록 색맹 여부에 따라 적록 색맹일 수도 있고 적록 색맹이 아닐 수도 있다.

09 상염색체 유전

자료 분석 + 귓불 모양의 유전 원리 분석

유전자가 X 염색체에 있을 경우 우성 아버지로부터 열성 딸이 나올 수 없다.
→ 귓불 모양 유전자는 상염색체에 있다.

구분	아버지	어머니	누나	철수
귓불 모양	분리형	분리형	부착형	분리형

부모에 없는 형질이 자손(누나)에서 나타났다.
→ 자손의 형질이 열성, 부모의 형질이 우성이며 부모는 모두 잡종이다.

ㄱ. 분리형 귓불이 남녀에게 모두 나타나고 있으므로 Y 염색체 유전이 아니고, 우성인 분리형 아버지로부터 열성인 부착형 딸이 나왔으므로 X 염색체 유전도 아니다. 따라서 귓불 모양 유전자는 상염색체에 있다.

ㄷ. 철수 부모의 유전자형이 둘 다 잡종이므로 자손에서 분리형과 부착형이 3:1로 나온다. 따라서 부착형 귓불인 자손이 나올 확률은 $\frac{1(\text{부착형})}{4(\text{전체})} \times 100 = 25\ \%$이다.

바로 알기 ㄴ. 분리형 부모로부터 부모에 없던 형질인 부착형 딸이 나왔으므로 분리형은 부착형에 대해 우성이고, 분리형 부모는 모두 부착형 유전자를 하나씩 가지고 있는 잡종이다.

10 상염색체 유전

(1) 가족 Ⅰ에서 쌍꺼풀인 부모에게서 외까풀인 자녀 A가 나왔으므로 쌍꺼풀이 우성이다. 가족 Ⅱ에서 보조개가 있는 부모에게서 보조개가 없는 자녀 B가 나왔으므로 보조개가 있는 것이 우성이다.

(2) 열성 형질인 경우 유전자형이 순종이고, 우성 형질인 자손의 부모 중 한 명이 열성인 경우 우성인 자손의 유전자형은 잡종이다.

모범 답안 25 %, A는 보조개가 있으나 아버지가 보조개가 없으므로 A의 보조개 유전자형은 잡종이고, B는 보조개가 없으므로 열성 순종이다. 따라서 보조개가 있는 유전자를 D, 보조개가 없는 유전자를 d라고 할 때 Dd×dd → Dd, dd이므로 A와 B 사이에서 보조개가 있는 아이가 태어날 확률은 $\frac{1}{2}$이고, 남자일 확률이 $\frac{1}{2}$이므로 보조개가 있는 남자 아이일 확률은 $\left(\frac{1}{2} \times \frac{1}{2}\right) \times 100 = 25\ \%$이다.

채점 기준	배점(%)
25 %를 쓰고, 풀이 과정을 옳게 서술한 경우	100
25 %는 썼으나, 풀이 과정을 옳게 서술하지 못한 경우	50

11 적록 색맹 유전

적록 색맹 유전자는 X 염색체에 있으며, 정상에 대해 열성이다.

① 4가 적록 색맹이므로 1은 적록 색맹 유전자를 가진 보인자이다.

② 5는 11에게 적록 색맹 유전자를 물려주었고, 9는 6으로부터 적록 색맹 유전자를 물려받았다.

③ 적록 색맹 유전자를 X′, 정상 유전자를 X라고 하면 7은 유전자형이 XY, 정상인 8은 4로부터 적록 색맹 유전자를 물려받아 유전자형이 XX′이다. 따라서 7과 8 사이에서 XX(정상 딸), XX′(정상 딸), XY(정상 아들), X′Y(적록 색맹 아들)의 자녀가 태어날 수 있으므로 적록 색맹인 아들일 확률은 $\frac{1(X'Y)}{4(\text{전체})} \times 100 = 25\ \%$이다.

바로 알기 ④ 10(XY)이 적록 색맹인 여자(X′X′)와 결혼하여 아이가 태어나면 딸은 정상이고 아들은 적록 색맹이다. 따라서 아이가 적록 색맹일 확률은 $\frac{1(X'Y)}{2(\text{전체})} \times 100 = 50\ \%$이다.

⑤ 적록 색맹 유전자는 X 염색체에 있으므로 아들(11)은 어머니(5)로부터 적록 색맹 유전자를 물려받는다.

12 ABO식 혈액형과 미맹 유전

자료 분석 + ABO식 혈액형과 미맹 유전의 가계도 분석

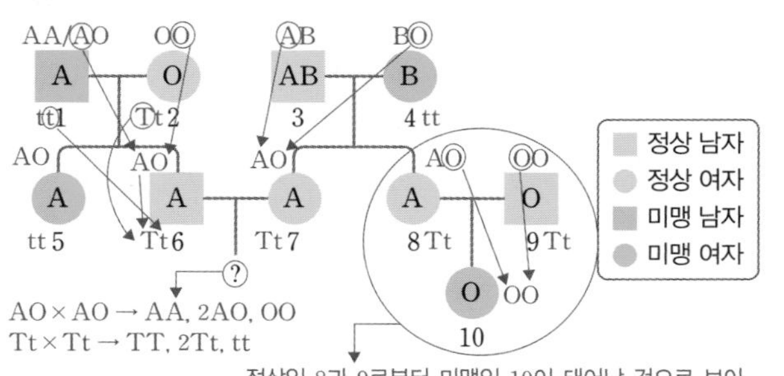

정상인 8과 9로부터 미맹인 10이 태어난 것으로 보아 정상이 우성, 미맹이 열성이다. 정상(T) > 미맹(t)

ㄱ. 정상인 2로부터 미맹인 5가 태어났으므로 2의 미맹 유전자형은 9와 같이 잡종이다.

ㄴ. O형(OO)인 2로부터 A형인 5가 태어났으므로 5의 ABO식 혈액형 유전자형은 AO이다. A형인 8로부터 O형(OO)인 10이 태어났으므로 8의 ABO식 혈액형 유전자형도 AO이다.

바로 알기 ㄷ. 정상 유전자를 T, 미맹 유전자를 t라고 할 때 6과 7의 미맹 유전자형은 둘 다 Tt이고, 6과 7의 ABO식 혈액형 유전자형은 둘 다 AO이므로 AO×AO → AA, 2AO, OO, Tt×Tt → TT, 2Tt, tt이다. 따라서 6과 7 사이에서 태어나는 아이의 미맹 유전자형이 Tt일 확률은 $\frac{1}{2}$이고, ABO식 혈액형 유전자형이 AO일 확률도 $\frac{1}{2}$이다. 따라서 이 아이의 미맹과 ABO식 혈액형 유전자형이 모두 6과 같을 확률은 $\left(\frac{1}{2}\times\frac{1}{2}\right)\times 100 = 25\,\%$이다.

13 유전병 가계도 분석

자료 분석 + 유전병 가계도와 구성원의 유전자

A*만 있는데 유전병 : A*가 유전병 유전자

잡종인데 정상: 정상이 유전병에 대해 우성

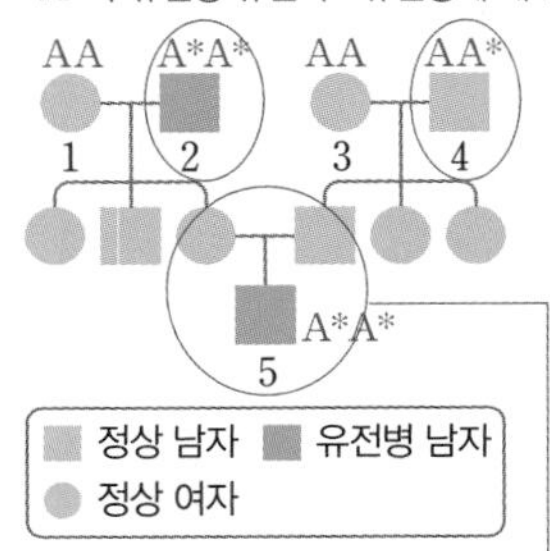

구성원	DNA 상대량	
	A	A*
1	2	+0=2
2	0	+2=2
3	2	+0=2
4	1	+1=2

A와 A*는 상염색체에 있다는 것을 의미함

정상 부모에게서 유전병 자녀가 나옴 → 유전병이 정상에 대해 열성, 정상(A) > 유전병(A*)

선택지 분석

㉠ A는 A*에 대해 우성이다.
~~ㄴ~~ A와 A*는 성염색체에 있다. → 상염색체
㉢ 5의 동생이 태어날 때, 여자이면서 유전병을 나타낼 확률은 12.5 %이다.

정상인 부모로부터 유전병인 5가 태어났으므로 유전병은 정상에 대해 열성이다.

ㄱ. 유전병이 열성인데 유전병이 발현된 2가 A*만 갖고 있으므로 A*가 유전병 유전자이고 A가 정상 유전자이다.

ㄷ. 5의 부모의 유전자형은 둘 다 AA*이다. 따라서 자손이 유전병일 확률은 $\frac{1}{4}$이고 여자일 확률은 $\frac{1}{2}$이므로, 5의 여동생이 여자이면서 유전병을 나타낼 확률은 $\left(\frac{1}{4}\times\frac{1}{2}\right)\times 100 = 12.5\,\%$이다.

바로 알기 ㄴ. 남자와 여자 구성원들의 A와 A*의 합이 모두 같으므로 유전병 유전자는 상염색체에 있다.

14 가계도 분석

(1) X 염색체에 있는 열성 반성유전인 경우 어머니에게 형질이 나타나면 아들에게도 형질이 나타난다.

모범 답안 상염색체, 여자인 A와 남자인 B에 유전병이 나타나므로 Y 염색체에 있는 것은 아니다. 정상인 부모에게서 유전병인 A와 B가 태어났으므로 유전병이 열성인데, 유전병 유전자가 X 염색체에 있다면 정상인 아버지로부터 유전병인 A가 태어날 수 없다. 따라서 유전병 유전자는 상염색체에 있다.

채점 기준	배점(%)
상염색체임을 쓰고, 그렇게 판단한 까닭을 가계도를 바탕으로 옳게 서술한 경우	100
상염색체임은 썼으나 그렇게 판단한 까닭을 옳게 서술하지 못한 경우	50

(2) **모범 답안** $\frac{2}{3}$, 정상인 부모 사이에서 유전병인 자녀가 태어났으므로 유전병은 열성이고, 부모의 유전자형은 잡종이다. 정상 유전자를 E, 유전병 유전자를 e라고 할 때, Ee×Ee → EE, 2Ee, ee이므로 정상인 C의 유전자형이 Ee일 확률은 $\frac{2(\text{Ee})}{3(\text{정상 전체})}$이다.

채점 기준	배점(%)
$\frac{2}{3}$를 쓰고, 풀이 과정을 옳게 서술한 경우	100
$\frac{2}{3}$는 썼으나, 풀이 과정을 옳게 서술하지 못한 경우	50

정답과 해설 BOOK 2

1주 Ⅵ 에너지 전환과 보존

1일 개념 돌파 전략 1 확인Q 8~9쪽

5강_에너지 전환과 보존

1 ㉠ 역학적, ㉡ 위치, ㉢ 운동 2 ㉠ 높이, ㉡ 위치, ㉢ 운동 3 ㉠ 위치, ㉡ 운동 4 ㉠ 일정, ㉡ 보존 5 (1) 열에너지 (2) 전기 에너지 6 (1)-㉢ (2)-㉠ (3)-㉡ 7 ㉠ 전환, ㉡ 보존 8 250 J

1 중력을 받아 운동하는 물체의 위치 에너지와 운동 에너지의 합은 역학적 에너지이다. 또 자유 낙하 하는 물체의 최고점에서는 속력이 0이므로 역학적 에너지는 위치 에너지와 같고, 지면에 닿았을 때는 높이가 0이므로 역학적 에너지는 운동 에너지와 같다.

2 물체가 내려갈 때 높이가 줄어들기 때문에 위치 에너지는 감소하고, 속력이 증가하므로 운동 에너지는 증가한다. 이때 위치 에너지가 운동 에너지로 전환된다.

3 자유 낙하 하는 물체에 중력이 한 일은 운동 에너지로 전환된다. 따라서 높이에 관계없이 역학적 에너지가 항상 일정하게 보존되며 이때 감소한 위치 에너지만큼 운동 에너지가 증가한다.

6 (1) 마이크 • • ㉠ 전기 에너지 → 빛에너지
(2) 전등 • • ㉡ 화학 에너지 → 열에너지
(3) 천연가스 연소 • • ㉢ 소리 에너지 → 전기 에너지

7 에너지는 다른 형태의 에너지로 전환되는 과정에서 새로 생기거나 없어지지 않고 총합이 일정하게 보존된다.

8 화학 에너지 1000 J=발생한 소리 에너지 150 J+열에너지 600 J+자동차에서 전환된 운동 에너지이므로 운동 에너지 =250 J이다.

1일 개념 돌파 전략 1 확인Q 10~11쪽

6강_전기 에너지 발생과 전환

1 ㉠ 자기장, ㉡ 전류, ㉢ 전자기 유도 2 ㉠ 유도 전류, ㉡ 유도 전류, ㉢ 반대 3 ㉠ 자석, ㉡ 전자기 유도 4 (1) 위치, 전기 (2) 운동, 전기 (3) 열, 전기 5 (1) 소리 에너지 (2) 열에너지 (3) 운동 에너지 6 ㉠ 1 J, ㉡ 1000 7 (1) 120 J (2) 60 J 8 (1) 1시간 (2) 80

1 코일 주변에서 자석을 움직일 때 코일 주변의 자기장이 변하여 코일에 전류가 흐르는 현상을 전자기 유도라고 한다.

2 코일 주위에서 자석을 움직일 때 검류계 바늘이 움직이는 까닭은 전자기 유도에 의해 코일에 유도 전류가 흐르기 때문이다. 유도 전류의 방향은 자기장의 변화를 방해하는 방향이기 때문에 자석을 가까이할 때와 멀리할 때 유도 전류의 방향은 서로 반대이다.

3 발전기의 구조는 자석과 코일로 이루어져 있으며, 발전기에서 전기가 생산되는 원리는 전자기 유도이다.

4 (1) 수력 발전: 물의 (위치) 에너지 → (전기) 에너지
(2) 풍력 발전: 바람에 의한 (운동) 에너지 → (전기) 에너지
(3) 화력 발전: 화석 연료를 태울 때 (열)에너지 → (전기) 에너지

5 (1) 스피커: 전기 에너지를 (소리 에너지)로 전환한다.
(2) 전기다리미: 전기 에너지를 (열에너지)로 전환한다.
(3) 선풍기: 전기 에너지를 (운동 에너지)로 전환한다.

6 1 W는 1초 동안 1 J의 전기 에너지를 사용할 때의 전력이다. 소비 전력의 단위는 W나 kW를 사용한다. 1 kW는 1000 W와 같다.

8 (1) 1 Wh는 1시간 동안 1 W의 전력을 사용할 때의 전력량이다.
(2) 220 V−80 W라고 쓰여 있는 전기 기구는 220 V의 전원에 연결할 때 1초에 80 J의 에너지를 소비한다. 따라서 60분 동안 사용했을 때 소비한 전력량은 80 Wh이다.

1일 개념 돌파 전략 2 12~13쪽

1 ⑤	2 ④	3 ②	4 ④
5 ②	6 ②, ④		

1 역학적 에너지 전환

롤러코스터가 내려올 때는 위치 에너지가 운동 에너지로 전환되고 올라갈 때는 운동 에너지가 위치 에너지로 전환된다.
ㄷ. 내려올 때 위치 에너지가 운동 에너지로 전환되므로 C에서 속력이 최대이고 운동 에너지도 최대이다.
ㄹ. C에서 D로 올라갈 때 높이가 높아지므로 운동 에너지가 감소하고 위치 에너지는 증가한다.
바로 알기 ㄱ. A에서는 가장 높은 위치에 있으므로 위치 에너지가 최대, C에서는 가장 낮은 위치를 지나므로 운동 에너지가 최대이다.
ㄴ. B에서 C로 가는 동안 높이가 낮아지므로 위치 에너지는 감소하고 운동 에너지는 증가한다.

2 자유 낙하 하는 물체의 역학적 에너지 전환

자유 낙하 하는 공의 역학적 에너지는 일정하게 보존된다. 따라서 감소한 위치 에너지=9.8×2×6=증가한 운동 에너지이므로
A에서 위치 에너지 : 운동 에너지 =4 : 6=2 : 3이다.

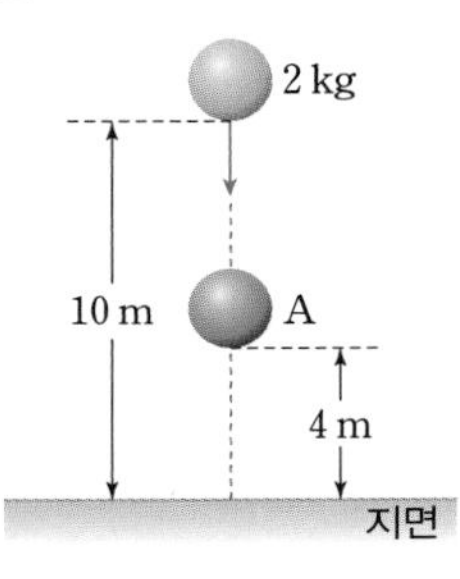

3 에너지 보존

자료 분석 + 바닥에 떨어진 공이 튀어 오를 때 에너지 변화

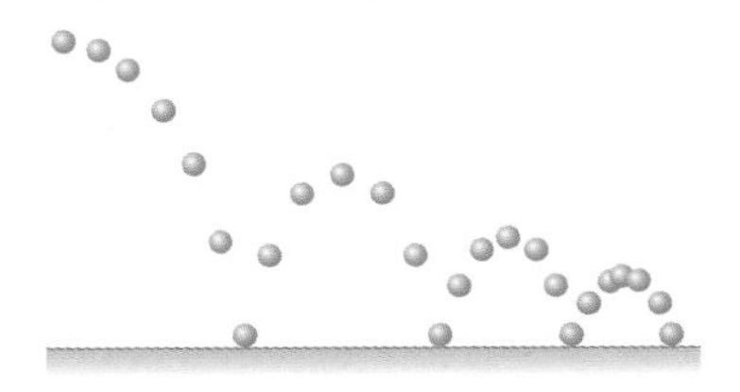

공이 바닥으로부터 튀어 오르는 높이가 점점 줄어든다. → 역학적 에너지가 보존되지 않는다. 손실된 역학적 에너지는 튀어 오를 때 소리 에너지 및 열에너지 등으로 전환된다.

공이 바닥으로부터 튀어 오르는 높이가 점점 줄어드는 까닭은 공의 역학적 에너지 일부가 열에너지나 소리 에너지 등으로 전환되기 때문이다. 이때에도 에너지 총합은 일정하게 보존된다.
바로 알기 ㄴ. 공의 역학적 에너지는 일정하게 보존되지 않는다.
ㄷ. 공의 위치 에너지가 모두 운동 에너지로 전환되지 않고 열이나 소리 에너지로 전환된다.

4 전자기 유도

자료 분석 + 전자기 유도

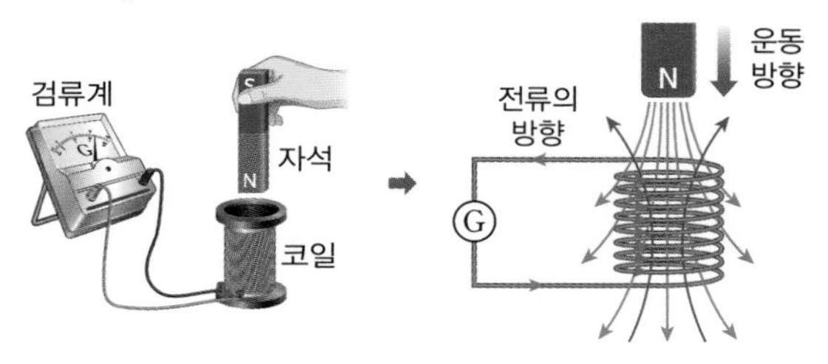

코일 근처에서 자석을 움직일 때 코일에는 자기장의 변화가 나타난다. 이때 자기장 변화를 방해하는 방향으로 유도 전류가 발생한다.

코일에 자석을 가까이하거나 멀리하면 코일을 통과하는 자기장이 변하므로 코일에 유도 전류가 발생한다. 이때 전류는 자기장의 변화를 방해하는 방향으로 흐르므로 자석을 코일에 가까이 할 때와 멀리할 때 전류의 방향은 서로 반대이다.
바로 알기 ㄴ. 자석이 코일 속에 멈춰 있을 때는 자기장의 변화가 없으므로 전류가 발생하지 않는다. 따라서 검류계의 바늘은 움직이지 않는다.

5 전기 에너지의 전환

세탁기는 전기 에너지를 운동 에너지로, 전기난로는 전기 에너지를 열에너지로, TV는 전기 에너지를 빛이나 소리 에너지로, 배터리 충전은 전기 에너지를 화학 에너지로 전환한다.

6 전력과 전력량

② 소비 전력은 1초 동안 사용한 전기 에너지로, 1 W는 1초 동안 1 J의 전기 에너지를 소비하는 전력을 나타낸다. 따라서 소비 전력이 45 W인 냉장고는 1초 동안 45 J의 전기 에너지를 소비한다.
④ 1 Wh는 소비 전력이 1 W인 전기 기구를 1시간 동안 사용했을 때의 전력량이다. 따라서 한 달 동안 사용한 헤어드라이어의 전력량은 다음과 같다.
전력(W)×사용 시간(h)=1500 W×30 h
=45000 Wh=45 kWh
바로 알기 ① 형광등은 1초에 20 J의 전기 에너지를 소비한다.
③ 세탁기는 1초에 800 J의 에너지를 사용하므로 1시간 동안 사용하는 전기 에너지는 800 J×3600=2880 kJ이다.
⑤ 한 달 동안 소비한 전기 에너지가 가장 큰 전기 기구는 에어컨이다.

2일 필수 체크 전략 1 기출 선택지 All 14~17쪽

❶-1 ⑤ ❷-1 ⑤ ❸-1 ② ❹-1 ②
❺-1 ⑤ ❻-1 ③ ❼-1 ④ ❽-1 ⑤

❶-1 역학적 에너지의 전환과 보존

자료 분석 + 비스듬히 던져 올린 물체의 역학적 에너지

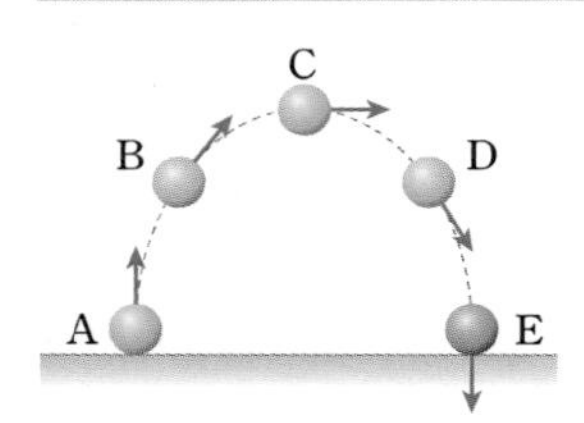

• A → E: 높이 증가 → 위치 에너지 증가
속력 감소 → 운동 에너지 감소
• C → E: 높이 감소 → 위치 에너지 감소
속력 증가 → 운동 에너지 증가

선택지 분석

~~①~~ 운동 에너지가 최대인 지점은 C이다. → A, E
~~②~~ 역학적 에너지가 최대인 지점은 A, C, E이다. → 모든 지점이다.
~~③~~ C에서보다 D에서의 운동 에너지가 더 작다. → 크다
~~④~~ C에서 E로 이동할 때 위치 에너지가 증가한다. → 감소
⑤ A에서 C로 이동할 때 운동 에너지가 위치 에너지로 전환된다.

⑤ A에서 C로 이동할 때 높이가 높아지므로 위치 에너지가 증가한다. 즉, 운동 에너지가 위치 에너지로 전환된 것이다.

바로 알기 ① 운동 에너지가 최대인 지점은 A, E이다.
② 모든 지점에서 역학적 에너지는 일정하다.
③ 높은 곳에서 가지는 위치 에너지가 떨어지면서 운동 에너지로 전환되므로 C에서보다 D에서의 운동 에너지가 더 크다.
④ C에서 E로 이동할 때 높이가 낮아지므로 운동 에너지가 증가한다.

❷-1 진자의 운동에서 역학적 에너지 전환

자료 분석 + 진자의 운동에서 역학적 에너지 전환

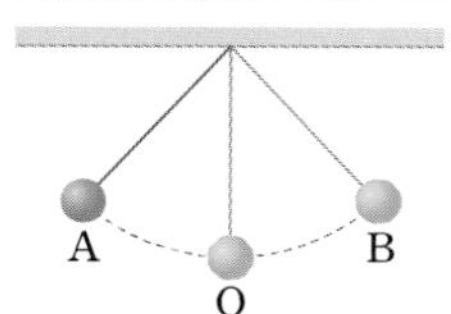

• 역학적 에너지가 보존되므로 A-O-B 사이를 왕복 운동한다.
• 위치 에너지가 최대인 점: A, B
• 운동 에너지가 최대인 점: O

선택지 분석

~~①~~ A에서 속력이 최대이다. → 0
~~②~~ O에서 위치 에너지가 최대이다. → 운동
~~③~~ A에서 O로 운동할 때 운동 에너지가 감소한다. → 증가
~~④~~ O에서 B로 운동할 때 운동 에너지가 증가한다. → 감소
⑤ A에서 O로 운동할 때 위치 에너지가 운동 에너지로 전환된다.

A에서 위치 에너지가 최대이고 O에서 운동 에너지가 최대이다. 높이가 낮아지는 방향으로 운동할 때는 운동 에너지가 증가하고, 높이가 높아지는 방향으로 운동할 때는 운동 에너지가 감소한다.

바로 알기 ① O에서 속력이 최대이다.
② A, B에서 위치 에너지가 최대이다.
③ A에서 O로 운동할 때 운동 에너지가 증가한다.
④ O에서 B로 운동할 때 운동 에너지가 감소한다.

❸-1 자유 낙하 운동의 역학적 에너지

자료 분석 + 자유 낙하 운동의 역학적 에너지

• 가장 높은 위치 A: 위치 에너지 최대
• A 지점에서의 위치 에너지=역학적 에너지
• 모든 지점에서의 역학적 에너지는 일정
• 감소한 위치 에너지=증가한 운동 에너지
• 떨어진 높이가 클수록, 즉 A, B 사이의 거리가 클수록 감소한 위치 에너지는 크고 증가한 운동 에너지도 크다.

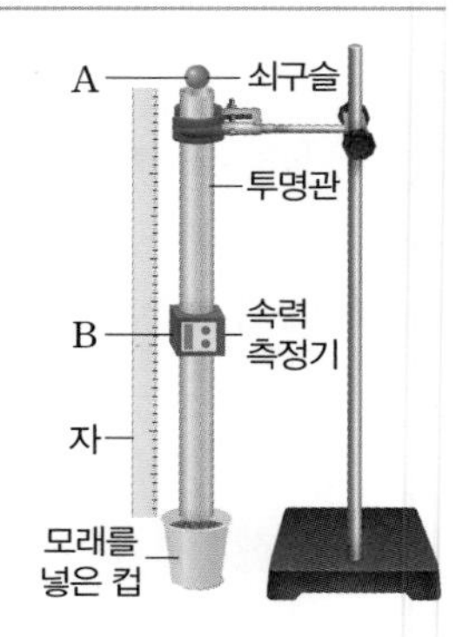

쇠구슬에 한 일=쇠구슬에 작용하는 중력×중력 방향으로 쇠구슬이 이동한 거리이므로 중력이 쇠구슬에 일을 했으며, 중력이 한 일은 운동 에너지로 전환된다. 이때 이동한 거리가 클수록 운동 에너지는 커진다.

바로 알기 ② 쇠구슬의 역학적 에너지는 모든 지점에서 일정하므로 떨어진 높이와 관계없이 일정하다.

❹-1 떨어지는 물체의 역학적 에너지

자료 분석 + 떨어지는 물체의 역학적 에너지

• 모든 마찰과 공기 저항을 무시했으므로 모든 높이에서 역학적 에너지는 보존된다. → $9.8 \times 1 \times 10 = 98(\mathrm{J})$
• 감소한 위치 에너지=증가한 운동 에너지
• 지면에 도달할 때의 운동 에너지=98 J
• $9.8\,mh = \frac{1}{2}mv^2$에서

$v^2 = 2 \times 9.8 \times h$
$= 2 \times 9.8 \times 10$
$= 196$
$\therefore v = 14(\mathrm{m/s})$

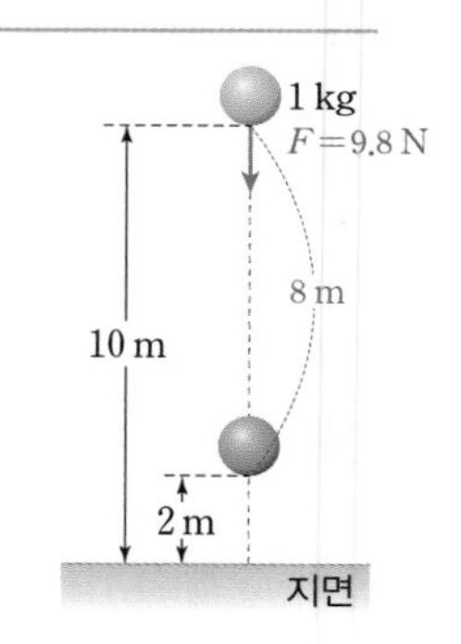

선택지 분석

①2 m 높이에서의 역학적 에너지는 98 J이다.
②2 m 높이에서의 운동 에너지는 19.6 J이다. → 78.4 J
③지면에 도달하는 순간의 속력은 14 m/s이다.
④2 m 높이에서 위치 에너지 : 운동 에너지=1 : 4이다.
⑤운동 에너지가 위치 에너지보다 커지는 순간은 지면으로부터 높이 5 m 이후이다.

바로 알기 ② 자유 낙하 하는 물체에 중력이 한 일은 운동 에너지로 전환된다. 물체에 작용하는 중력=9.8 N이고 높이 2 m에 도달할 때 10 m 높이로부터 이동 거리=8 m이므로 2 m 높이에서 운동 에너지=중력이 한 일=9.8 N×8 m=78.4 J

5-1 위로 던져 올린 물체의 역학적 에너지

자료 분석 + 위로 던져 올린 물체의 역학적 에너지

- A점에서의 운동 에너지=C점에서의 위치 에너지=모든 지점에서의 역학적 에너지
- 같은 높이인 B, D점에서 위치 에너지는 같고 속력도 같기 때문에 운동 에너지도 같다.

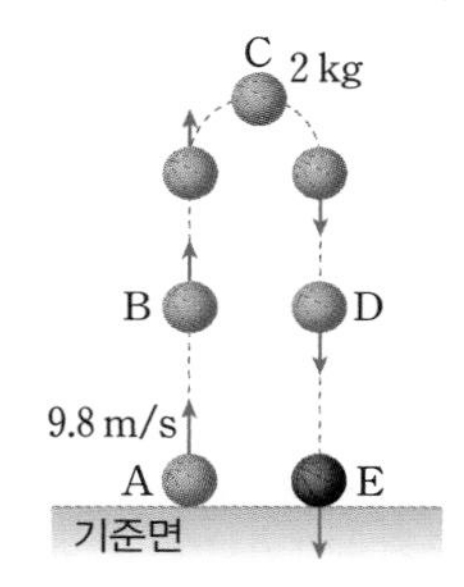

선택지 분석

①C의 높이는 9.8 m이다. → 4.9 m
②C에서 물체의 운동 에너지는 19.6 J이다. → 0
③A에서의 역학적 에너지는 위치 에너지와 같다. → 운동
④B와 D에서의 역학적 에너지는 C에서의 운동 에너지와 같다. → 위치
⑤위로 올라가는 A → C 구간에서 증가한 위치 에너지는 이때 감소한 운동 에너지와 같다.

역학적 에너지는 보존되므로 A, E에서의 운동 에너지=C에서의 위치 에너지=모든 지점에서의 역학적 에너지이다. 따라서 최고 높이 C에서 운동 에너지는 0이고, 기준면 A, E에서의 위치 에너지도 0이다.

바로 알기 ① 최고점 C에서의 위치 에너지=기준면 A, E에서의 운동 에너지이므로 $9.8\times2\times h=\frac{1}{2}\times2\times(9.8)^2$에서 최고점 C의 높이 h=4.9 m이다.

② 최고점 C에서의 운동 에너지는 0이다.

③ A에서 역학적 에너지와 운동 에너지는 같다.

④ B와 D에서 역학적 에너지는 C에서의 위치 에너지와 같다.

6-1 자유 낙하 하는 물체의 역학적 에너지 보존

자료 분석 + 자유 낙하 하는 물체의 역학적 에너지 보존

- 각 높이에서 역학적 에너지는 200 J로 일정하다.

높이	위치 에너지	운동 에너지	역학적 에너지
A	180 J	20 J	200 J
B	100 J	100 J	200 J
C	50 J	150 J	200 J

역학적 에너지는 보존되므로 모든 높이에서 위치 에너지+운동 에너지+역학적 에너지=200 J, 바닥에 닿은 순간 운동 에너지=역학적 에너지=200 J이다. 따라서 운동 에너지$=\frac{1}{2}\times4$ kg×(속력)^2=200에서 속력^2=100이므로 속력=10 m/s이다.

7-1 에너지 전환과 보존

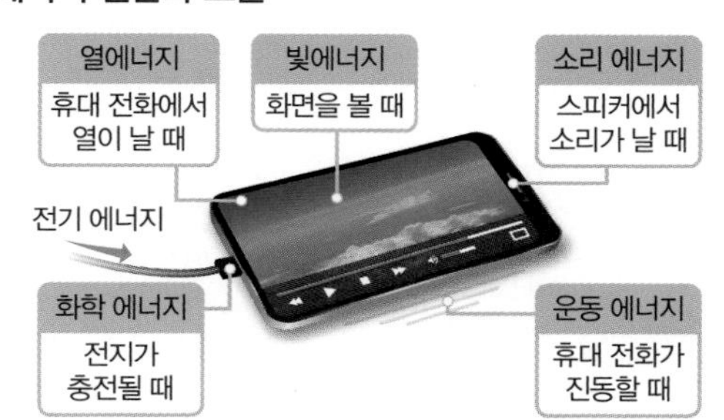

휴대 전화의 배터리 충전은 전기 에너지를 화학 에너지로 전환하는 것이다. 휴대 전화 사용할 때 화학 에너지가 전기 에너지로 전환되고, 이 전기 에너지는 다양한 다른 에너지로 전환되는 것이다.

바로 알기 ④ 배터리 충전은 전기 에너지를 화학 에너지로 전환하는 것이다.

8-1 에너지 전환과 보존

마이크는 소리 에너지를 전기 에너지로 전환한다.

바로 알기 ⑤ 한 형태의 에너지에서 다른 형태의 에너지로 변하는 것을 에너지 전환이라고 한다. 에너지 보존 법칙은 에너지가 다른 형태의 에너지로 전환될 때 새로 생성되거나 소멸하지 않고 에너지 총량은 보존된다는 법칙이다.

2일 필수 체크 전략 2 최다 오답 문제 18~19쪽

1 ㄱ, ㄴ	2 ③	3 ②	4 ④
5 ⑤	6 ③	7 ⑤	8 ①

BOOK 2

1 역학적 에너지 전환과 보존

자료 분석 + 레일에서 운동하는 수레의 역학적 에너지

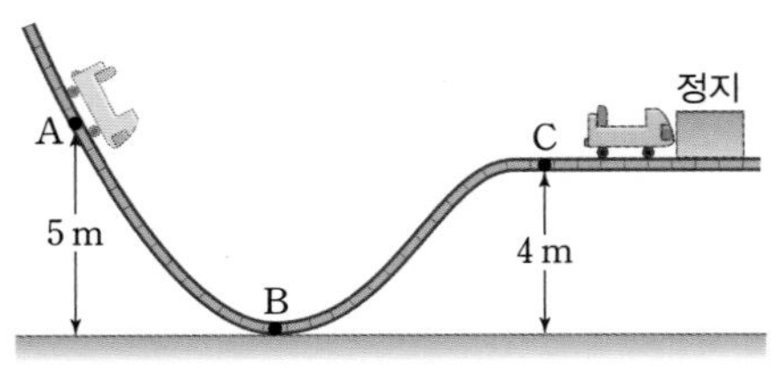

- 역학적 에너지가 보존되므로 A에서의 위치 에너지=B에서의 운동 에너지=C에서의 위치 에너지+운동 에너지
- 나무 도막을 밀고 가는 일=C에서 수레의 운동 에너지=A와 C에서 수레의 위치 에너지 차이

ㄱ, ㄴ. C에서 수레의 운동 에너지가 나무 도막을 밀고 가는 일을 한다. 이때 운동 에너지는 높이 차(5 m−4 m)에 해당하는 위치 에너지이다.

바로 알기 ㄷ. B와 C에서 수레의 운동 에너지의 차=B에서 수레의 운동 에너지−C에서 수레의 운동 에너지=C에서 수레의 위치 에너지

암기 Tip 롤러코스터의 역학적 에너지 전환과 보존

2 역학적 에너지 전환과 보존

자료 분석 + 롤러코스터의 역학적 에너지 전환과 보존

- A에서 위치 에너지 $9.8\,mh$=B에서 운동 에너지 $\frac{1}{2}mv^2$
- B에서 속력이 3배가 되면 운동 에너지가 9배가 되므로 A의 높이는 9배가 되어야 한다.

A에서의 위치 에너지는 B에서의 운동 에너지와 같다. 즉, $9.8\,mh=\frac{1}{2}mv^2$이다. 따라서 B에서 속력이 $3v$가 되려면 운동 에너지가 9배가 되어야 하므로, A점에서의 위치 에너지도 9배가 되어야 한다.

3 연직 위로 던진 물체의 역학적 에너지

자료 분석 + 연직 위로 던져 올린 물체의 역학적 에너지

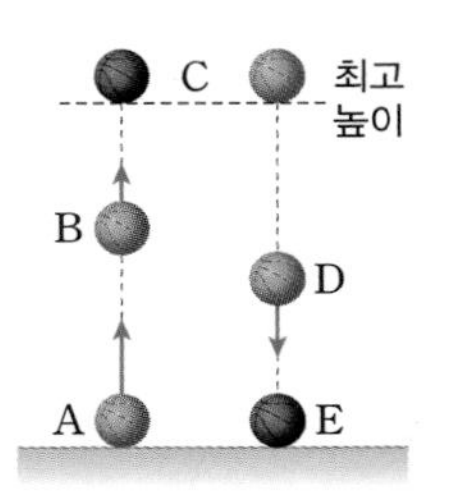

- 높이가 높아질 때 위치 에너지는 증가, 운동 에너지는 감소한다.
- 높이가 낮아질 때 위치 에너지는 감소, 운동 에너지는 증가한다.
- 공기 저항을 무시할 때 중력에 의해서만 운동하므로 역학적 에너지는 어느 위치에서나 같다.

던져 올린 물체가 올라갈 때 운동 에너지가 위치 에너지로 전환되고, 최고점에서 다시 떨어질 때 위치 에너지가 운동 에너지로 전환된다. 이때 역학적 에너지는 보존된다.

바로 알기 ② 최고 높이 C에서 속력은 0이므로 운동 에너지도 0이다. 또 B에서의 운동 에너지는 C로 올라가는 위치 에너지로 전환되므로 0보다 크다.

4 자유 낙하 운동의 역학적 에너지

자료 분석 + 자유 낙하 운동의 역학적 에너지

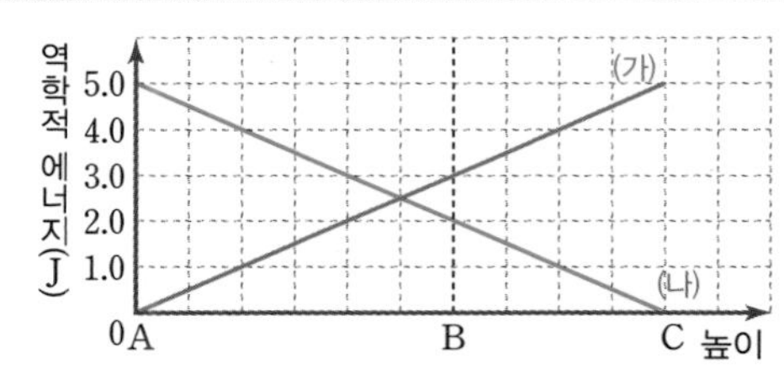

- A는 높이가 0인 지점이므로 기준면(지면)이다.
- C는 최고 높이이므로 위치 에너지가 최대이다. 즉, C에서부터 자유 낙하를 시작한다.
- (가)는 위치 에너지, (나)는 운동 에너지를 나타낸다.
- C에서 B로 운동하는 동안 감소한 위치 에너지는 2 J이다.

선택지 분석

① 운동 에너지는 점점 증가한다.
② A, B, C점에서 역학적 에너지는 같다.
③ C점의 위치 에너지와 A점의 운동 에너지는 같다.
~~④~~ 감소한 운동 에너지는 증가한 위치 에너지와 같다. (운동 → 위치, 위치 → 운동)
⑤ B에서 A로 운동하는 동안 감소한 위치 에너지는 3 J이다.

C에서 A로 자유 낙하 하는 동안 위치 에너지는 감소하고, 운동 에너지는 증가한다. 이때 B에서 A로 운동하는 동안 감소한 위치 에너지는 3 J이다.

바로 알기 ④ 물체가 자유 낙하 하므로 감소한 위치 에너지는 증가한 운동 에너지와 같다.

5 연직 위로 던진 물체의 역학적 에너지

자료 분석 + 던져 올린 물체의 역학적 에너지

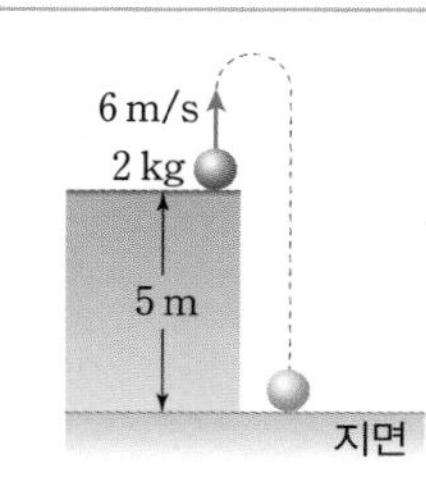

- 역학적 에너지=높이 5 m에서 위치 에너지+운동 에너지=지면에서의 운동 에너지
- 위치 에너지=$9.8\,mh$
- 운동 에너지=$\frac{1}{2}mv^2$

5 m 높이에서 역학적 에너지=지면에 닿는 순간의 운동 에너지

$=(9.8\times2\times5)+\left(\frac{1}{2}\times2\times3^6\right)=134(\text{J})$

6 연직 위로 던진 물체의 역학적 에너지

자료 분석 + 연직 위로 던져 올린 물체의 시간-속력 그래프

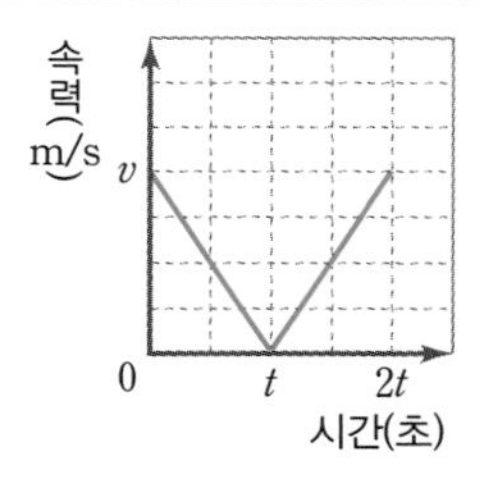

- $0\sim t$초 구간: 속력이 일정하게 감소하므로 위로 올라가는 구간 → 위치 에너지가 점점 증가
- $t\sim2\,t$초 구간: 속력이 일정하게 증가하므로 자유 낙하 하는 구간 → 운동 에너지가 점점 증가

선택지 분석

✗① $0\sim t$초 동안 운동 에너지는 일정하다. → 감소한다.
✗② t초에 물체는 기준면에 도달한다. → 최고점
③ $0.5\,t$초에 물체의 역학적 에너지는 $\frac{1}{2}mv^2$이다.
✗④ $2\,t$초에 물체는 가장 높은 지점에 오른다. → 기준면에 도달한다.
✗⑤ $t\sim2\,t$초 동안 물체의 중력에 의한 위치 에너지가 점점 증가한다. → 감소

t초일 때 속력이 0이므로 최고 높이에 이르고, $2\,t$초에 기준면에 도달한다. $0\sim t$초 동안 운동 에너지는 점점 감소하고, $t\sim2\,t$초 동안 운동 에너지가 다시 증가한다.

7 자유 낙하 운동의 역학적 에너지

자료 분석 + 자유 낙하 운동의 역학적 에너지

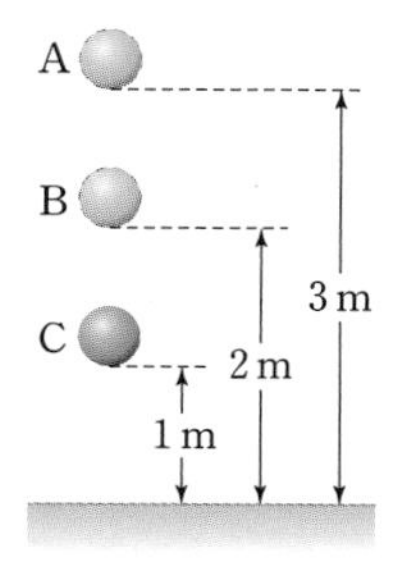

- C에서 운동 에너지=A에서 C에 이르는 동안 감소한 위치 에너지=$E=9.8\,m(3-1)$
- A의 위치 에너지=$9.8\,m\times3$
- B에서 운동 에너지=$9.8\,m\times1$
- A의 위치 에너지+B에서 운동 에너지=$9.8\,m(3+1)=2\,E$

A에서 위치 에너지는 $9.8\,m\times3$이다. B에서 위치 에너지는 $9.8\,m\times2$이며, 운동 에너지는 $9.8\,m\times1$이고, C에서 위치 에너지는 $9.8\,m\times1$이며, 운동 에너지는 $9.8\,m\times2$이다. 이때 C에서 물체의 운동 에너지는 E이므로 A에서 위치 에너지는 $1.5\,E$, B에서 운동 에너지는 $0.5\,E$이다. 따라서 두 값의 합은 $2\,E$이다.

8 에너지 전환과 보존

자료 분석 + 에너지 전환과 보존

- 세탁기에 공급한 전기 에너지=운동 에너지+소리 에너지+A+빛에너지
- 에너지가 전환될 때 새로운 형태의 에너지가 생성되거나 소멸되지 않으며, 에너지 총량은 보존된다.

세탁기가 작동할 때 공급한 전기 에너지는 통을 돌리는 운동 에너지와 소리 에너지, 통 내부를 밝히는 빛에너지, 그리고 열에너지 등으로 전환된다.

바로 알기 ㄷ, ㄹ. 에너지가 전환될 때 새로운 형태의 에너지가 생성되지 않으며, 전환된 에너지의 총합은 공급한 에너지와 같다.

3일 필수 체크 전략 1 기출 선택지 All 20~23쪽

❶-1 ⑤ ❷-1 ①
❸-1 ㉠ 역학적, ㉡ 자기장, ㉢ 전기 ❹-1 ④
❺-1 ②, ④ ❻-1 ⑤ ❼-1 ① ❽-1 ⑤

❶-1 전자기 유도

자료 분석 + 전자기 유도

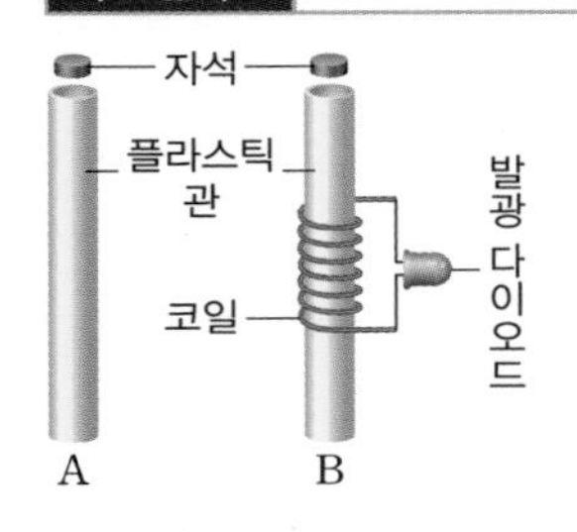

- 관 A에 떨어뜨린 자석은 그대로 자유 낙하 하지만, 관 B를 통과하는 자석은 코일 부분을 통과할 때 운동을 방해하는 방향으로 자기장이 형성되므로 관 A에서보다 느리게 떨어진다.
- 관 A에서 자석의 위치 에너지는 떨어지는 동안 운동 에너지로 전환되고 역학적 에너지는 보존된다.
- 관 B에서 자석의 위치 에너지는 떨어지는 동안 운동 에너지와 전기 에너지로 전환되므로 역학적 에너지는 보존되지 않는다.

선택지 분석

~~①~~ 자석이 바닥에 닿는 순간의 속력은 A, B에서 같다. → A에서가 B에서보다 크다.
~~②~~ 자석이 바닥에 닿은 순간의 역학적 에너지는 A, B에서 같다. → A > B이다.
~~③~~ 자석이 플라스틱 관을 통과할 때 역학적 에너지는 A, B에서 모두 보존된다. → B에서 보존되지 않는다.
~~④~~ B에서 자석이 낙하할 때 역학적 에너지가 소멸되고 전기 에너지가 생성되었다. → 역학적 에너지의 일부가 전기 에너지로 전환된다.
⑤ B에서 자석이 코일을 통과하면서 역학적 에너지의 일부가 전기 에너지로 전환된다.

B에서 자석이 코일을 통과할 때 불이 켜지므로 역학적 에너지가 전기 에너지로 전환되며, 에너지가 전환될 때 다른 형태의 에너지가 새로 생성되거나 소멸되지 않는다.

❷-1 전자기 유도

자료 분석 + 전자기 유도

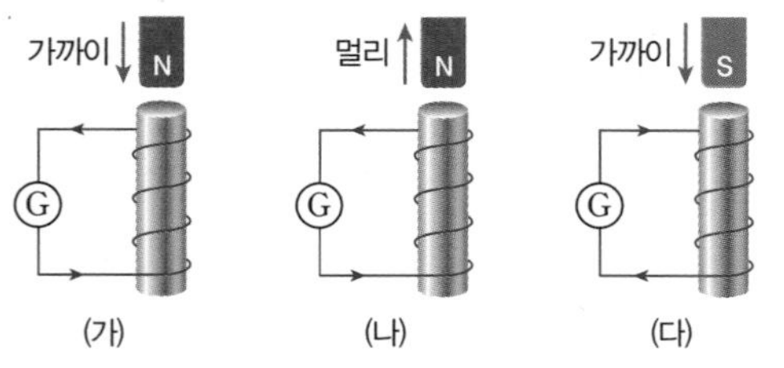

- 자석을 코일에 가까이하면 코일을 통과하는 자기장의 세기가 커지므로 이를 방해하는 방향의 자기장이 형성되도록 코일에 유도 전류가 흐른다.
- 자석을 빠르게 가까이하거나 멀리할 때, 코일의 감은 수가 많을 때 전류의 세기는 세진다.

선택지 분석

~~①~~ 전류의 방향이 옳은 것은 (나)이다. → (가), (다)
② 코일의 감은 수가 많으면 전류의 세기는 세진다.
③ 전류는 자기장의 변화를 방해하는 방향으로 흐른다.
④ (가)는 코일의 위쪽에 N극을 만들어 다가오는 N극을 밀어내는 방향으로 전류가 흐른다.
⑤ (다)는 코일의 위쪽에 S극을 만들어 다가오는 S극을 밀어내는 방향으로 전류가 흐른다.

코일에 자석의 N극이 가까워지면 코일에도 N극을 만들어 자석을 밀어내는 방향으로 전류가 흐른다. 즉, 유도 전류는 자기장의 변화를 방해하는 방향으로 흐른다.

바로 알기 ① 전류의 방향이 옳은 것은 (가), (다)이다.

❸-1 발전기의 원리

자료 분석 + 발전기의 원리

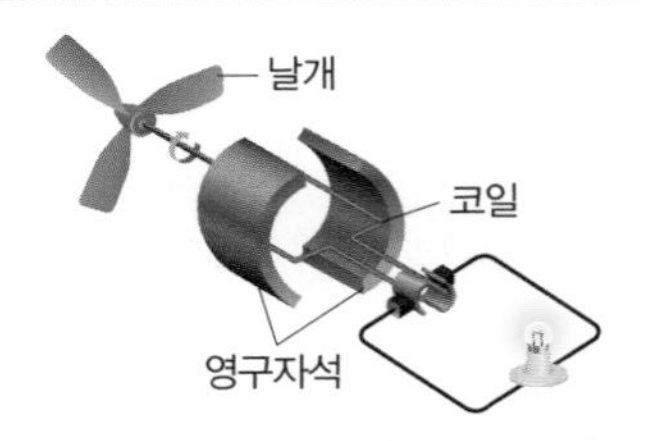

외부로부터 투입되는 ㉠(역학적) 에너지에 의해 날개가 회전하면 자석 사이에 놓인 코일이 회전하게 된다. 이때 코일을 통과하는 ㉡(자기장)이 변하여 ㉢(전기) 에너지가 발생한다.

발전기는 전자기 유도를 이용하는 장치로, 역학적 에너지를 전기 에너지로 전환한다.

암기 Tip 발전기의 원리

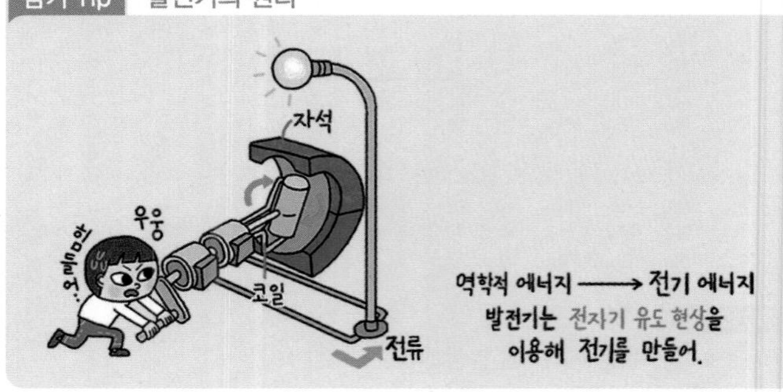

❹-1 간이 발전기

자료 분석 + 간이 발전기

- 간이 발전기의 구조: 자석과 코일
- 발광 다이오드 불빛을 더 밝게 하려면
  1. 자석의 수를 늘린다.
  2. 코일을 많이 감는다
  3. 자석을 빠르게 흔든다

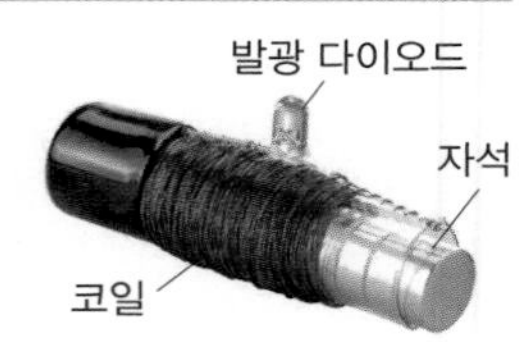

선택지 분석

㉠ 센 자석을 사용한다.
㉡ 코일을 더 많이 감는다.
㉢ 더 빠르게 흔든다.
~~㉣~~ 건전지를 새것으로 교체한다. → 간이 발전기에는 건전지가 쓰이지 않는다.

유도 전류의 세기는 자석의 세기가 강할수록, 코일의 감은 수가 많을수록, 자석을 더 빠르게 움직일수록 커진다.

바로 알기 ㄹ. 발전기의 구조에는 건전지가 없다. 코일 주변에서 자석을 흔들어 주는 역학적 에너지가 전기 에너지로 전환되는 것이다.

5-1 전기 에너지의 전환

- 전기 에너지를 헤어드라이어에 공급하면 따뜻한 열과 함께 소리가 난다. → 전기 에너지=열에너지+소리 에너지
- 공급한 전기 에너지=열에너지+소리 에너지
- 헤어드라이어는 전기 에너지가 주로 열에너지와 운동 에너지로 전환된다. 헤어드라이어를 사용할 때도 에너지 보존 법칙은 성립하므로 소비한 전기 에너지는 전환된 에너지의 총합과 같다.

6-1 소비 전력과 전력량

소비 전력(W)$=\frac{\text{전기 에너지(J)}}{\text{시간(s)}}$이므로

전기 에너지(J)=소비 전력(W)×시간(s)이다.

ㄱ. 전력량=전력×시간=1200 W×1 h=1200 Wh

ㄴ. 전기 에너지=전력×시간=40 W×3600 s=144 kJ

ㄹ. 에어컨의 소비 전력은 선풍기의 30배이므로 전기 에너지의 소비도 에어컨이 선풍기의 30배이다.

바로 알기 ㄷ. 에어컨을 1시간 동안 사용하면 선풍기의 30배인 4320 kJ의 전기 에너지를 소비한다.

7-1 소비 전력과 전력량

자료 분석 + 소비 전력과 전력량

- 소비 전력(W)$=\frac{\text{전기 에너지(J)}}{\text{시간(s)}}$
  $=\frac{2100\ \text{J}}{60\ \text{s}}$
  $=35$ W
- 전력량(Wh)=전력(W)×시간(h)
- 공급된 전기 에너지=전환된 열에너지와 빛에너지의 합

빛에너지 900 J
열에너지 1200 J
전기 에너지 2100 J

소비 전력은 단위 시간(1초) 동안 소비한 전기 에너지이므로 1분 동안 2100 J의 전기 에너지를 소비하는 전구의 소비 전력 $=\frac{2100\ \text{J}}{60\ \text{s}}=35$ W이다.

빛에너지로 전환되는 전기 에너지의 양이 많을수록 에너지 효율이 좋은 전구이다.

바로 알기 ② 전구가 1분 동안 소비하는 전기 에너지는 2100 J이다.

③ 전구를 1시간 동안 사용했을 때 소비하는 전력량은 35 Wh이다.

④ 전환된 에너지를 모두 합하면 전환되기 전의 에너지 총량과 같다.

⑤ 전기 에너지가 다른 형태의 에너지로 전환될 때 에너지는 보존된다. 전구는 빛을 내는 제품이므로 빛에너지로 전환된 전기 에너지의 양이 많을수록 효율이 좋다고 말한다.

8-1 소비 전력과 전력량

자료 분석 + 소비 전력과 전력량

전기 기구	소비 전력(W)	하루 사용 시간(h)	전력량
텔레비전	60	2	120 Wh
전등	30	5	150 Wh
컴퓨터	100	3	300 Wh
냉장고	200	24	4800 Wh

- 한 달(30일) 동안 사용한 전력량(Wh)=전력(W)×시간(h)×30
- (120+150+300+4800)Wh×30=161100 Wh

전력량(Wh)=전력(W)×시간(h)

- 텔레비전=60 W×2×30 h=3600 Wh
- 전등=30 W×5×30 h=4500 Wh
- 컴퓨터=100 W×3×30 h=9000 Wh
- 냉장고=200 W×24×30 h=144000 Wh

3일 필수 체크 전략 2 최다 오답 문제 24~25쪽

1 ②	2 ③	3 ②	4 ③
5 ④	6 ③		

BOOK 2

1 전자기 유도 실험

자료 분석 + 전자기 유도

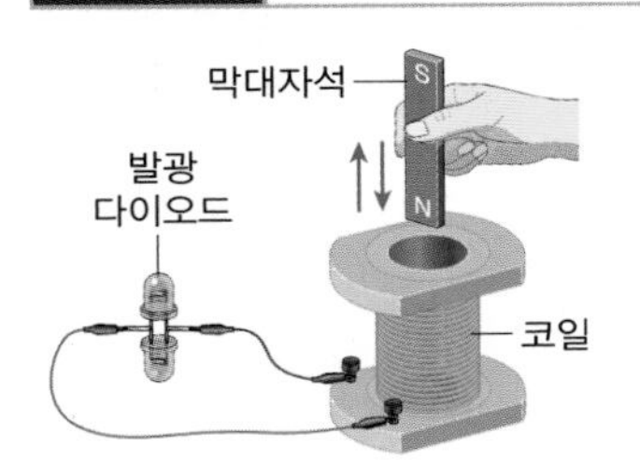

- 자석을 코일에 가까이할 때와 멀리할 때 전류의 방향이 서로 반대이므로 두 개의 발광 다이오드에 켜지는 것이 다르다.
- 자석의 역학적 에너지가 코일에 발생한 전기 에너지로 전환되고 이 전기 에너지가 다시 빛에너지로 전환된다.

선택지 분석

㉠ 자석의 역학적 에너지가 전기 에너지로 전환된다.
㉡̸ 자석이 코일 속으로 완전히 들어갔을 때만 발광 다이오드에 불이 켜진다. → 코일에 가까이올 때와 멀어질 때
㉢ 코일에 발생한 전기 에너지는 발광 다이오드에서 빛에너지로 전환된다.
㉣̸ 자석을 코일 속에 넣었다 뺐다 반복해야 전류의 방향이 한 방향으로 일정하게 유지된다. → 넣을 때와 뺄 때 전류의 방향은 다르다.
㉤ 자석을 코일 속에 넣었다 뺐다 하면 두 개의 발광 다이오드가 서로 번갈아 가며 불이 켜진다.
㉥̸ 자석을 코일 속에 넣었다 빼기를 빠르게 하면 발광 다이오드 불빛이 깜박거린다. → 더 밝아진다.

자기장에 변화가 생겨야 전류가 유도되므로 자석을 가만히 들고 있으면 발광 다이오드는 켜지지 않는다. 자석을 코일에 가까이할 때와 멀리할 때 유도되는 전류의 방향이 반대가 되므로 자석을 가까이할 때 켜지는 발광 다이오드와 멀리할 때 켜지는 발광 다이오드가 서로 다르다.

바로 알기 ㄴ. 자석이 코일에 다가오거나 멀어질 때 발광 다이오드에 불이 켜진다.
ㄹ. 자석을 코일 속에 넣었다 뺐다 반복하면 전류의 방향이 서로 반대 방향이 된다.
ㅂ. 자석을 코일 속에 넣었다 빼기를 더 빠르게 하면 발광 다이오드 불빛이 더 밝아진다.

2 전자기 유도

자료 분석 + 전자기 유도

- 자석이 낙하하는 동안 역학적 에너지의 일부가 코일에 전기 에너지로 전환된다.
- A에서의 역학적 에너지－B에서의 역학적 에너지＝코일에서 발생한 전기 에너지

선택지 분석

㉠ A에서 자석의 역학적 에너지는 1.6 J이다.
㉡ 자석이 A에서 B까지 낙하하는 동안 코일에 전기 에너지로 전환된 역학적 에너지는 0.5 J이다.
㉢ 만약 코일이 없다면 기준면에 도달하는 순간 자석의 속력은 4 m/s이다.
㉣̸ 자석의 역학적 에너지는 보존되므로 B에서도 그대로 1.6 J이다. → 보존되지 않고 B에서는 1.1 J이다.

ㄱ. 역학적 에너지＝위치 에너지＋운동 에너지, 최고 높이인 A에서 운동 에너지는 0이므로 $10\times0.2\times0.8=1.6$(J)이다.
ㄴ. 자석이 낙하하는 동안 감소한 역학적 에너지가 코일에 유도된 전기 에너지에 해당된다. 따라서 B에서 역학적 에너지 $=10\times0.2\times0.1+\frac{1}{2}\times0.2\times3^2=1.1$(J)이다. 따라서 감소한 역학적 에너지＝1.6 J－1.1 J＝0.5 J이다.
ㄷ. 코일이 없다면 역학적 에너지가 보존되므로 $1.6=\frac{1}{2}\times0.2\times v^2$에서 속력 $v=4$ m/s이다.

바로 알기 ㄹ. 자석이 낙하하면서 역학적 에너지의 일부가 코일이 감긴 구간에서 전기 에너지로 전환되므로 역학적 에너지는 보존되지 않으며, 전기 에너지로 전환된 만큼 감소한다.

3 가전제품의 소비 전력

자료 분석 + 가전제품의 소비 전력

전기 기구	소비 전력(W)	전환되는 에너지
전기난로	1500	열에너지
진공청소기	900	(가) 운동 에너지
텔레비전	200	(나) 빛, 소리 에너지
세탁기	550	(다) 운동 에너지
컴퓨터 모니터	100	빛에너지

- 소비 전력(W)＝$\frac{\text{전기 에너지(J)}}{\text{시간(s)}}$
- 전력량(Wh)＝전력(W)×시간(h)

선택지 분석

㉠ (가)와 (다)는 같은 종류의 에너지다.
㉡̸ (나)는 배터리를 충전할 때 전환되는 에너지와 같다. → 다르다.
㉢̸ 세탁기를 30분 동안 사용하였을 때의 전력량은 225 Wh이다. → 275.
㉣̸ 전기난로를 60분 동안 사용하였을 때 소비한 전기 에너지는 9000 J이다. → 5400kJ
㉤ 컴퓨터 모니터를 2시간 동안 사용할 때와 텔레비전을 1시간 동안 사용할 때의 전력량은 같다.

ㄱ. (가)와 (다)는 운동 에너지이므로 같은 종류의 에너지이다.

ㅁ. 컴퓨터 모니터를 2시간 동안 사용할 때의 전력량은 100 W×2 h=200 Wh이다. 텔레비전을 1시간 동안 사용할 때의 전력량은 200 W×1 h=200 Wh이다.

바로 알기 ㄴ. (나)는 빛, 소리, 열에너지이며, 배터리를 충전할 때 전기 에너지가 화학 에너지로 전환된다.

ㄷ. 세탁기를 30분 동안 사용하였을 때 소비한 전력량은 550 W×0.5 h=275 Wh이다.

ㄹ. 전기난로를 60분 동안 사용하였을 때 소비한 전기 에너지는 1500 W×60×60 s=5400 kJ이다.

4 정격 소비 전력

자료 분석 + 정격 소비 전력

전기 기구	정격 소비 전력(W)	하루 사용 시간(h)	전력량(Wh)
전등	220 V−60 W	10	600
헤어드라이어	220 V−1000 W	0.5	500

- 전력량(Wh)=전력(W)×시간(h)
- 하루 동안 사용한 총 전력량=1100 Wh
- 30일 동안 사용한 총 전력량=33000 Wh=33 kWh
- 1 kWh당 500원이므로 33×500=16500(원)

- 전등의 전력량: 60×10×30=18000(Wh)
- 헤어드라이어의 전력량: 1000×0.5×30=15000(Wh)
- 전등과 헤어드라이어를 30일간 사용한 전력량: 33000 Wh
- 전기 요금: 33 kWh×500원/kWh=16500원

5 전력과 전력량

자료 분석 + 전력과 전력량

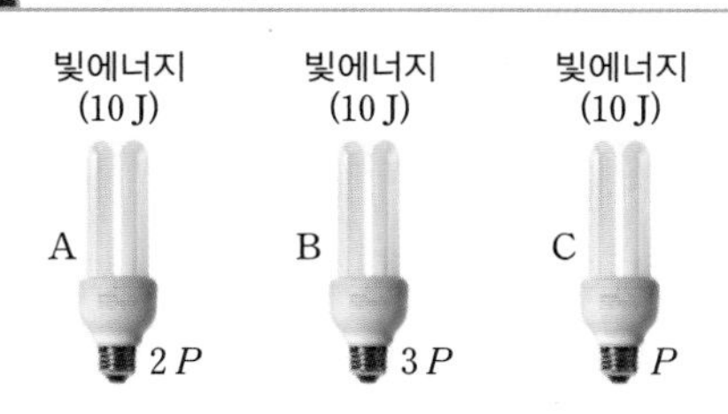

전구	사용한 시간	총 전력량
A	3시간	360 Wh
B	2시간	
C	6시간	

- 전구 A, B, C를 모두 사용하여 소비한 전력량이 360 Wh이므로 $(2P\times3)+(3P\times2)+(P\times6)=360$ Wh에서 $P=20$ W
- 전구 A의 소비 전력=40 W, 즉 1초 동안 40 J의 전기 에너지를 소비하여 빛에너지로 10 J이 쓰였으므로 나머지 30 J은 열에너지로 전환된 것이다.
- 전구 B의 소비 전력=60 W, 즉 1초 동안 60 J의 전기 에너지를 소비하여 빛에너지로 10 J이 쓰였으므로 나머지 50 J은 열에너지로 전환된 것이다.
- 전구 C의 소비 전력=20 W, 즉 1초 동안 20 J의 전기 에너지를 소비하여 빛에너지로 10 J이 쓰였으므로 나머지 10 J은 열에너지로 전환된 것이다.

선택지 분석

㉠ A는 1초 동안 40 J의 전기 에너지를 소비한다.
~~ㄴ~~ 같은 시간 동안 B에서 발생한 열에너지는 C에서의 3배이다. → 5배
㉢ A와 B를 모두 C로 교체하면 140 Wh의 전력량이 감소한다.

ㄱ. A의 소비 전력은 40 W이고 1초 동안 40 J의 전기 에너지를 소비한다.

ㄷ. A와 B를 모두 C로 교체하면 소비 전력이 20 W가 되어 총 220 Wh의 전력량을 소비하므로 140 Wh가 감소한다.

바로 알기 ㄴ. 같은 시간 동안 발생하는 열에너지가 B는 50 J, C는 10 J이므로 5배이다.

6 소비 전력과 전기 에너지

200 V−10 W인 전구의 정격 전압은 200 V, 정격 소비 전력은 10 W이므로 다음과 같다.

$$\text{전력}=\frac{\text{전기 에너지}}{\text{시간}}=\frac{\text{전류}\times\text{전압}\times\text{시간}}{\text{시간}}=\text{전류}\times\text{전압}$$

$$\text{전류}=\frac{\text{전력}}{\text{전압}}=\frac{100\text{ W}}{200\text{ V}}=0.5(\text{A})$$

1주차	누구나 합격 전략		26~27쪽
01 ③	02 ③	03 32 J	04 ⑤
05 ③	06 ⑤	07 ⑤	
08 역학적 에너지		09 ③	10 ①

01 역학적 에너지 전환

쇠구슬이 운동하는 동안 위치 에너지가 운동 에너지로만 전환되는 구간은 아래로 내려오는 구간인 BC 구간이다.

바로 알기 ①, ⑤ AB 구간과 CD 구간에서는 운동 에너지가 위치 에너지로만 전환된다.

02 던져 올린 물체의 역학적 에너지의 전환

공을 던져 올렸을 때 공이 올라가는 동안에는 운동 에너지가 위치 에너지로 전환되고, 공이 내려오는 동안에는 위치 에너지가 운동 에너지로 전환된다.

바로 알기 ㄱ. AB 구간과 BC 구간에서는 운동 에너지가 위치 에너지와 운동 에너지로 전환된다.

ㄷ, ㄹ. CD 구간과 DE 구간에서는 위치 에너지가 운동 에너지로 전환된다.

03 던져 올린 물체에서 역학적 에너지 전환과 보존

질량이 4 kg인 물체를 4 m/s의 속력으로 위로 던지는 순간의 운동 에너지는 최고 높이에서의 위치 에너지로 전환된다. 던지는 순간 운동 에너지$=\frac{1}{2}\times 4\times 4^2=32$(J)이다.

04 자유 낙하 운동의 역학적 에너지 전환과 보존

감소한 위치 에너지는 증가한 운동 에너지와 같다. 5 m 높이에서 위치 에너지는 98 J이고, 운동 에너지도 98 J이다. 따라서 5 m 높이에서 역학적 에너지는 위치 에너지와 운동 에너지의 합인 196 J이다.

바로 알기 ㄱ. 5 m 높이에서 위치 에너지는 $9.8\times 2\times 5=98$(J)이다.

ㄴ. 5 m 높이에서 운동 에너지는 감소한 위치 에너지와 같으므로 98 J이다.

05 달에서의 역학적 에너지 전환과 보존

자료 분석 + 지구와 달에서의 역학적 에너지

- 달에서 중력 가속도 상수는 지구에서의 $\frac{1}{6}$이므로 달에서의 무게는 지구에서의 $\frac{1}{6}$이다.
- 같은 높이에서 떨어뜨리는 경우 지구에서의 위치 에너지가 달에서의 위치 에너지보다 크다.

선택지 분석

ㄱ 역학적 에너지는 일정하게 보존된다.
ㄴ 위치 에너지가 운동 에너지로 전환된다.
~~ㄷ~~ 낙하하는 동안 높이에 따른 역학적 에너지는 지구에서와 같다. → 보다 작다
~~ㄹ~~ 지면에 도달하는 순간 운동 에너지는 지구에서보다 크다. → 작다

달에서도 지구에서와 마찬가지로 높은 곳에서 떨어뜨린 물체는 달의 중심 쪽으로 떨어지며 이때 높은 곳의 위치 에너지는 떨어지면서 운동 에너지로 전환된다. 공기 저항을 무시했으므로 역학적 에너지는 높이와 관계없이 일정하게 보존된다.

바로 알기 ㄷ. 중력의 크기가 지구에서보다 작으므로 낙하하는 동안 높이에 따른 역학적 에너지는 지구에서보다 작다.

ㄹ. 같은 높이일 경우 중력 가속도 상수가 작기 때문에 역학적 에너지는 지구에서보다 작다. 따라서 지면에 도달하는 순간 운동 에너지는 지구에서보다 작다.

06 전자기 유도

코일 근처에서 자석을 가까이하거나 멀리하면 코일을 통과하는 자기장이 변하여 코일에는 전류가 발생한다. 즉, 자석의 역학적 에너지가 전기 에너지로 전환된다.

바로 알기 ⑤ 코일에 자석을 가까이할 때와 멀리할 때 유도 전류의 방향은 반대이다. 따라서 검류계 바늘이 움직이는 방향도 반대이다.

07 유도 전류

자석이 코일 근처에서 움직일 때나 코일이 자석 근처에서 움직일 때 코일을 통과하는 자기장이 변하므로 유도 전류가 발생하여 전구에 불이 켜진다.

08 간이 발전기에서 에너지 전환

간이 발전기를 흔들어 발광 다이오드에 불이 켜지는 과정에서 자석의 역학적 에너지가 전기 에너지로 전환되고 발광 다이오드에서 전기 에너지가 빛에너지로 전환된다.

09 전기 에너지의 전환

전기 에너지는 토스터와 전기주전자에서는 열에너지, 선풍기와 청소기에서는 운동 에너지로 전환된다.

ㄷ. 선풍기: 전기 에너지 → 운동 에너지

ㅂ. 청소기: 전기 에너지 → 운동 에너지

바로 알기 ㄱ. 토스터: 전기 에너지 → 열에너지

ㄴ. 전등: 전기 에너지 → 빛에너지

ㄹ. 전기주전자: 전기 에너지 → 열에너지

ㅁ. 텔레비전: 전기 에너지 → 빛에너지, 소리 에너지

10 소비 전력과 전력량

자료 분석 + 정격 전압과 소비 전력, 전력량

품명 무선 전기주전자
정격 전압 AC 220 V, 60 Hz
정격 소비 전력 1800 W

- 정격 전압은 전기 기구를 정상적으로 작동하기 위해 필요한 전압을 뜻한다.
- 정격 소비 전력은 정격 전압을 걸어 주었을 때 그 전기 기구가 1초 동안 소비하는 전기 에너지의 양을 뜻한다.
- 전력량은 소비 전력과 시간의 곱으로 나타낼 수 있으며, 단위로 Wh(와트시)나 kWh(킬로와트시)를 사용한다.

전기주전자의 소비 전력은 1800 W이므로 1초 동안 소비하는 전기 에너지는 $1800\ \mathrm{W} \times 1\ \mathrm{s} = 1800\ \mathrm{J}$이다. 또한 10분 동안 소비하는 전력량은 $1800\ \mathrm{W} \times \frac{1}{6}\ \mathrm{h} = 300\ \mathrm{Wh}$이다.

1주차	창의 • 융합 • 코딩 전략		28~31쪽
1 ⑤	2 ㄱ, ㄹ	3 유미, 지우	4 ②
5 ⑤	6 ③	7 ④	8 ⑤
9 유미, 영웅	10 ④	11 해설 참조	12 지성

1 롤러코스터의 역학적 에너지 전환

자료 분석 + 롤러코스터의 역학적 에너지 변화

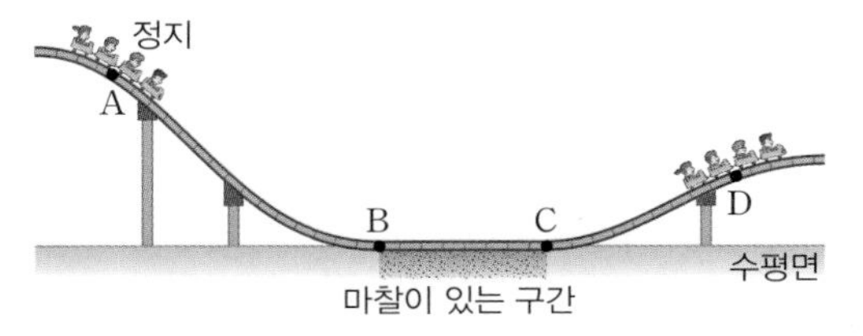

- 역학적 에너지의 크기 변화: A=B>C=D
- 역학적 에너지가 보존되는 구간: AB 구간, CD 구간
- 마찰이 있는 구간에서는 역학적 에너지의 일부가 열에너지로 전환된다.

선택지 분석

- ⊙ 유미: 롤러코스터가 A에서 B까지 내려가는 동안 운동 에너지가 증가해요.
- ✕ 영웅: BC 구간에서는 롤러코스터의 운동 에너지가 일정해요. → 감소해요
- ⊙ 선아: 롤러코스터의 역학적 에너지는 B에서가 C에서보다 커요.
- ⊙ 준우: C와 D에서 롤러코스터의 역학적 에너지는 같아요.

롤러코스터가 내려오면서 높이가 낮아지므로 위치 에너지는 감소하고 운동 에너지는 증가한다. 마찰이 없는 A에서 B까지는 역학적 에너지가 보존되지만, 마찰이 있는 B에서 C까지는 역학적 에너지가 감소하며, 마찰이 없는 C에서 D까지는 역학적 에너지가 보존된다.

바로 알기 영웅: BC 구간은 마찰이 있으므로 역학적 에너지의 일부가 열에너지 등으로 전환된다. 따라서 C에서의 속력은 B에서보다 작다.

2 제자리높이뛰기에서 역학적 에너지 전환과 보존

ㄱ. 위로 올랐다가 떨어질 때, 같은 높이에서 운동 에너지가 같으므로 속력도 같다.

ㄹ. AC 구간은 운동 에너지가 위치 에너지로, CE 구간은 위치 에너지가 운동 에너지로 전환된다.

바로 알기 ㄴ. C에서 잠시 정지한 후 운동 방향이 바뀌므로 운동 에너지는 0이다.

ㄷ. B와 D의 높이가 같다면 위치 에너지도 같고 운동 에너지도 같다. 하지만 B의 높이가 A와 C의 중간인지 알 수 없으므로 B에서의 운동 에너지와 D의 위치 에너지가 같다고 말할 수 없다.

3 롤러코스터에서 역학적 에너지 전환과 보존

자료 분석 + 롤러코스터 운동에서 역학적 에너지 전환

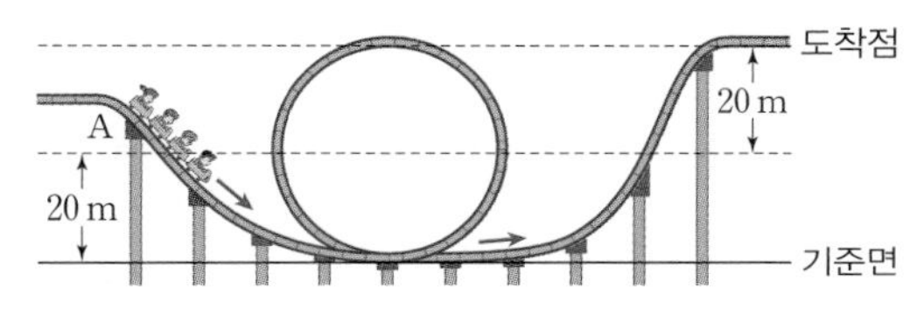

- 공기 저항과 마찰을 무시하면 롤러코스터 운동에서 역학적 에너지는 보존된다.
- A점에서 출발한다면 도착점의 높이가 A보다 높기 때문에 역학적 에너지 보존에 의해 롤러코스터는 도착점에 도달하지 못한다.
- 만약 A점을 지나는 속력이 20 m/s이면 역학적 에너지는 A점에서가 도착점에서보다 크다. 즉, $\left(9.8\,m \times 20 + \frac{1}{2}\,m \times 20^2\right) > 9.8\,m \times 40$이므로 도착점에 도달할 수 있다.

공기 저항이나 마찰을 무시하면 역학적 에너지는 보존된다. 따라서 롤러코스터의 경우 도착점의 높이는 출발점의 높이와 같거나 낮아야 한다. 만약 도착점의 높이가 출발점보다 높다면 롤러코스터는 도착점에 도착할 수 없다. 하지만 A점을 지나는 속력이 20 m/s이면 도착점에서의 역학적 에너지보다 크기 때문에 도착점에 도달할 수 있다.

바로 알기 영웅: 역학적 에너지는 보존되지만 A점에서의 역학적 에너지보다 도착점의 역학적 에너지가 크면 도착점에 도달할 수 없다.

4 낙하하는 물체의 역학적 에너지 변화

자료 분석 + 역학적 에너지 보존을 이용한 물체의 높이 구하기

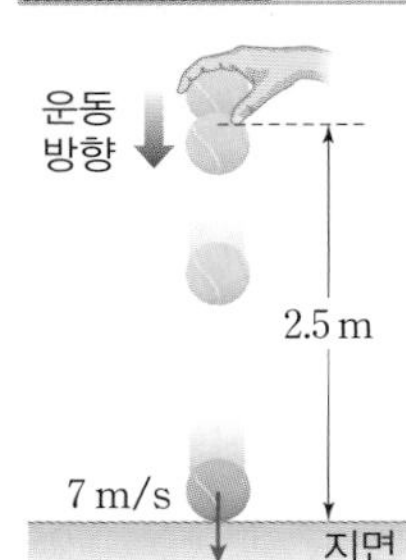

- 최고 높이에서는 위치 에너지만 갖는다.
- 지면에 닿는 순간 운동 에너지만 갖는다.
- 최고 높이에서 위치 에너지=지면에 닿는 순간 운동 에너지

$9.8 \times m(\text{kg}) \times h(\text{m}) = \frac{1}{2} \times m(\text{kg}) \times 14^2(\text{m/s})^2$

$\therefore h = 10(\text{m})$

질량이 일정할 때 운동 에너지는 속력의 제곱에 비례하므로 지면에 닿기 직전의 속력이 7 m/s에서 14 m/s로 2배가 되려면 운동 에너지는 4배가 되어야 한다. 따라서 위치 에너지도 4배가 되어야 하므로 높이도 4배가 되어야 한다. 따라서 물체를 떨어뜨려야 하는 높이는 2.5 m×4=10 m이다.

5 자유 낙하 운동의 역학적 에너지 변화

자료 분석 + 역학적 에너지 보존 법칙 확인 실험

- 최고 높이에서 위치 에너지=모래에 닿는 순간 운동 에너지
- 감소한 위치 에너지=증가한 운동 에너지
- 각 위치 A, B, C에서 역학적 에너지는 같다.

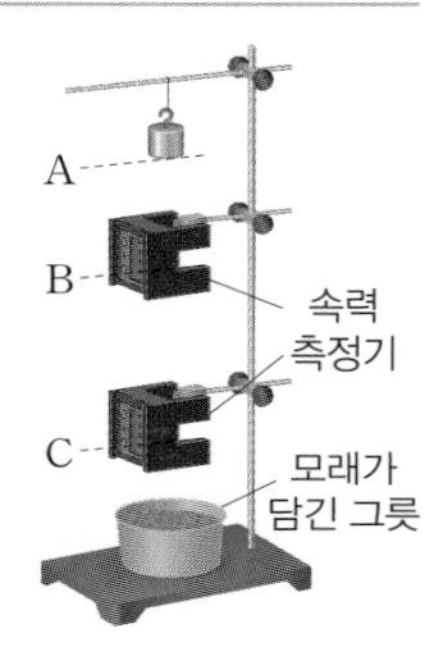

높은 곳에서 떨어지는 물체에 중력이 한 일은 물체의 운동 에너지로 전환된다. 이때 감소한 위치 에너지는 증가한 운동 에너지와 같다. 즉, 운동 에너지는 추가 떨어진 높이에 비례한다.

6 에너지의 종류

우리가 먹는 음식이나 석유, 석탄 등에는 화학 에너지가 저장되어 있으며 연료 전지에도 화학 에너지가 저장되어 있다.

바로 알기 학생 C: 연료 전지에는 화학 에너지가 저장되어 있어.

7 전자기 유도 실험

자석의 N극을 코일에 가까이하면 코일 속을 지나는 자기장의 세기가 점점 커지기 때문에 코일 위쪽에 N극이 형성되어 다가오는 N극을 밀어내 자기장의 변화를 방해하는 방향으로 전류가 흐르게 된다.

ㄴ, ㄷ. 과정 (나)는 코일의 위쪽이 N극, (다)는 과정 (나)와 유도 전류의 방향이 반대이므로 코일 위쪽에 S극이 생기려면 자석의 N극을 멀리하거나 자석의 S극을 가까이하는 경우이다.

바로 알기 ㄱ. 자석의 N극을 아래로 하여 (나)보다 빠르게 코일에 가까이하면 전류의 방향은 변하지 않고 세기가 커지므로 검류계 바늘이 더 큰 폭으로 움직인다.

8 자전거 발전기

자전거 바퀴가 움직이면 바퀴에 접촉된 회전축이 돌아가면서 자석이 돌아간다. 이때 자기장의 변화에 의해 코일에 유도 전류가 흐른다. 발전기에서는 역학적 에너지가 전기 에너지로의 전환이 일어난다.

바로 알기 ⑤ 회전축을 반대로 돌려도 자기장의 변화가 일어나므로 전자기 유도가 발생한다.

9 전기 에너지의 전환

자료 분석 + 발전기에서 생성된 전기 에너지의 전환

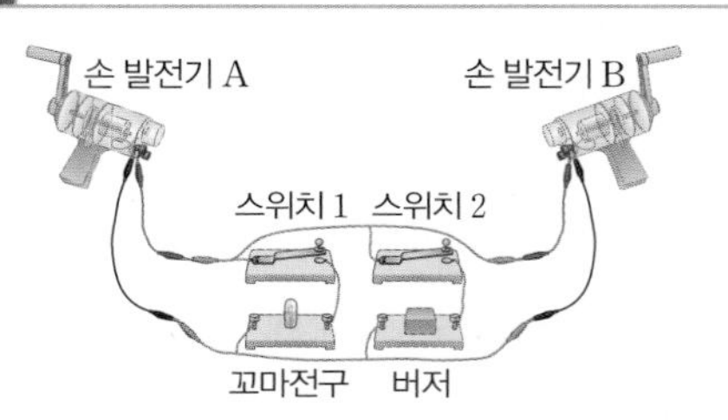

발전기 A를 돌리면 전기 에너지가 발생한다. 이 전기 에너지는 꼬마전구에 불을 켜고 버저를 울리며 손 발전기 B를 돌리는 일을 한다.

선택지 분석

⊙유미: 손 발전기 A를 돌리면 역학적 에너지가 전기 에너지로 전환돼.
⊙영웅: 맞아. 전환된 전기 에너지의 일부는 꼬마전구와 버저에서 빛에너지와 소리 에너지로 전환되지.
✕지우: 전구의 빛에너지와 버저의 소리 에너지는 손 발전기 B의 역학적 에너지로 전환돼. → 손 발전기 A에서 발생한 전기 에너지는

손 발전기 A를 돌리면 역학적 에너지가 전기 에너지로 전환된다. 이때 전환된 전기 에너지의 일부는 꼬마전구와 버저에서는 빛에너지와 소리 에너지로 전환되고, 나머지는 손 발전기 B를 돌리는 역학적 에너지로 전환된다.

바로 알기 지우: 전구의 빛에너지와 버저의 소리 에너지는 다시 사용하지 못하며, 손 발전기 B를 돌리는 역학적 에너지는 손 발전기 A에서 발생한 전기 에너지가 전환된 것이다.

10 가정에서 사용하는 전기 기구의 소비 전력

전기 기구	소비 전력	주로 전환되는 에너지
진공청소기	900 W	운동 에너지
헤어드라이어	1600 W	열에너지
선풍기	40 W	운동 에너지
형광등	35 W	빛에너지
전기밥솥	1040 W	열에너지
보조배터리	18 W	A

① 보조 배터리 충전은 전기 에너지를 화학 에너지로 전환하는 것이다. 따라서 A는 화학 에너지이다.

② 전기밥솥의 소비 전력이 1040 W이므로 1초에 1040 J의 전기 에너지를 소비한다.

③ 전기 에너지를 열에너지로 전환하는 전기 기구의 소비 전력이 크다. 따라서 헤어드라이어와 전기밥솥의 소비 전력이 다른 전기 기구에 비해 크다.

⑤ 전기밥솥의 소비 전력은 1040 W이고 선풍기의 소비 전력은 40 W이므로 전기밥솥을 1초 동안 사용하는 전기 에너지로 선풍기를 26초 동안 사용할 수 있다.

바로 알기 ④ 1초당 소비하는 전기 에너지는 헤어드라이어는 1600 J이고, 전기밥솥은 1040 J이므로 1초 동안 소비하는 전기 에너지가 가장 큰 것은 헤어드라이어이다.

11 소비 전력과 에너지 전환

자료 분석 + 밝기가 같은 두 전등의 소비 전력

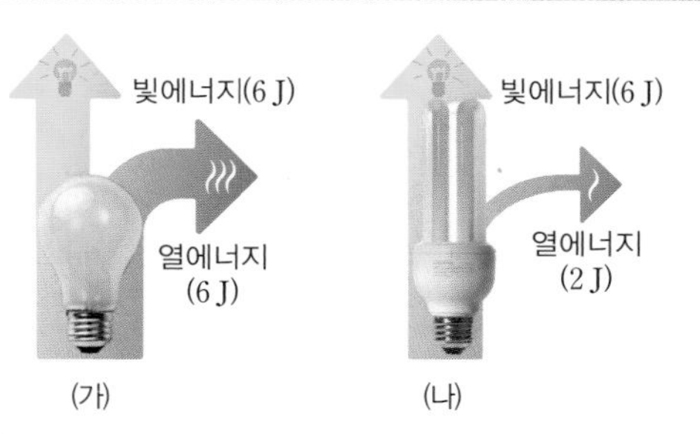

- (가)와 (나)가 1초 동안 방출하는 빛에너지는 6 J로 같다.
- 하지만 이 과정에서 (가)는 1초 동안 6 J, (나)는 2 J의 열에너지를 방출한다.
- 에너지 보존 법칙에 1초 동안 (가)는 12 J, (나)는 8 J의 전기 에너지를 소비하므로 소비 전력의 비 (가) : (나)=3 : 2이다.

- (가)의 소비 전력은 12 W, (나)의 소비 전력은 8 W이다.
- 같은 양의 빛에너지를 얻더라도 소비 전력이 작은 전구일수록 전기 에너지를 더 효율적으로 사용한다.

전등의 소비 전력은 방출하는 빛에너지와 열에너지의 합이다. 따라서 전기 에너지의 소비가 더 많은 (가)의 소비 전력이 (나)의 소비 전력보다 크다.

모범 답안 (나), 같은 밝기를 나타내더라도 소비 전력이 (가) : (나)=3 : 2이므로 소비 전력이 더 작은 (나) 전구가 더 적은 전기 에너지를 소비하기 때문이다.

채점 기준	배점(%)
소비 전력을 비교하여 옳게 서술한 경우	100
효율이 좋은 전구를 사용한다고만 서술한 경우	60

12 소비 전력과 전력량

구분 \ 제품	헤어드라이어	핸드폰 충전기	전자레인지	노트북
소비 전력	1000 W	10 W	700 W	100 W
사용 시간	10분	5시간	10분	1시간
전력량	약 167 Wh	50 Wh	117 Wh	100 Wh

헤어드라이어의 소비 전력량은 $1000\ \mathrm{W}\times\frac{1}{6}\ \mathrm{h}\simeq167\ \mathrm{Wh}$로 4개의 전기 기구 중 가장 크다. 핸드폰 충전기의 소비 전력량은 50 Wh, 전자레인지의 소비 전력량은 약 117 Wh, 노트북의 소비 전력량은 100 Wh이다.

- 지성: 헤어드라이어를 사용하지 않으면 약 167 Wh 만큼 전력량을 줄일 수 있으므로 가장 크게 전기 에너지를 절약할 수 있다.

바로 알기 • 유미: 노트북 사용 시간을 30분으로 줄이면 $100\ \mathrm{W}\times0.5\ \mathrm{h}=50\ \mathrm{Wh}$만큼 소비 전력량을 줄일 수 있다.

- 은지: 핸드폰 충전기 사용 시간을 1시간으로 줄이면 40 Wh 만큼 소비 전력량을 줄일 수 있다.
- 영웅: 전자레인지의 사용 시간을 5분으로 줄이면 $700\ \mathrm{W}\times\frac{1}{12}\ \mathrm{h}$=약 58 Wh 만큼 소비 전력량을 줄일 수 있다.

BOOK 2

2주 VII 별과 우주~ VIII 과학 기술과 인류 문명

1일 개념 돌파 전략 1 확인Q 34~35쪽

7강_별의 거리와 성질

1 가까울수록 2 반비례 3 밝게 4 등급 5 같은 6 작다
7 청색 8 황색

1 시차는 물체까지의 거리에 반비례하며, 시차를 이용하면 물체까지의 거리를 구할 수 있다.
2 별의 연주 시차는 거리가 먼 별일수록 작다.
3 별의 밝기는 거리의 제곱에 반비례한다.
4 등급은 천체의 밝기를 나타내는 척도로, 천체의 밝기가 밝아질수록 등급을 나타내는 숫자는 작아진다.
5 절대 등급은 별까지의 거리가 10 pc으로 같다고 가정했을 때의 등급이므로 별의 실제 밝기를 비교할 수 있다.
6 별까지의 거리가 10 pc보다 가까운 별은 겉보기 등급이 절대 등급보다 작다.
7 별의 색은 표면 온도가 낮은 것부터 적색, 황색, 백색, 청색 순으로 달라진다.
8 태양은 표면 온도가 약 6000 K인 황색 별이다.

1일 개념 돌파 전략 1 확인Q 36~37쪽

8강_은하와 우주, 과학 기술과 인류 문명

1 우리은하 2 집단 3 성간 물질 4 우주 팽창 5 대폭발
6 환경 7 산업혁명 8 전통적인

1 지구에서 본 우리은하는 별들이 많은 영역이 띠 모양으로 나타나며, 은하수는 은하 중심 방향인 궁수자리 부근에서 폭이 넓고 뚜렷하게 보인다.
2 성단은 밤하늘에서 별들이 모여 있는 집단으로, 산개 성단과 구상 성단으로 구분한다.
3 성간 물질은 지역에 따라 밀집되어 구름처럼 보이기도 하는데, 이를 성운이라고 한다.
4 외부 은하들이 우리은하에서 멀어지고 있으며, 멀리 있는 은하일수록 멀어지는 속도가 빠르다.
5 관측 기술의 발달로 더 정밀한 관측이 이루어지고 있으며, 대폭발 우주론을 뒷받침하는 증거가 늘어나고 있다.
6 우주 탐사에는 인류 발전을 위한 다양한 목적과 의의가 있다.
7 증기 기관의 발명은 제품의 생산량을 획기적으로 늘렸다.
8 첨단 과학 기술에는 나노 기술, 생명 공학 기술 등이 있다.

1일 개념 돌파 전략 2 38~39쪽

1 ③ 2 ④ 3 ④ 4 ②
5 ⑤ 6 ⑤

1 별의 연주 시차

별의 연주 시차는 6개월 간격으로 지구에서 측정한 시차의 절반에 해당하는 각도이다. 연주 시차를 측정할 때 단위는 초(″)를 사용하는데, 연주 시차가 1″인 별까지의 거리를 1 pc(파섹)이라고 한다.

바로 알기 ㄴ. 별까지의 거리는 연주 시차에 반비례하므로, 지구로부터 멀리 있는 별일수록 연주 시차는 작다.

2 별의 밝기와 등급

④ 1등급인 별은 6등급인 별보다 약 100배 밝으며, 1등급 사이에는 약 2.5배의 밝기 차이가 있다.

바로 알기 ① 별의 밝기는 거리의 제곱에 반비례한다.
② 절대 등급의 숫자가 작을수록 밝은 별이다.
③ 별의 실제 밝기를 비교하기 위해서는 절대 등급을 비교해야 한다.
⑤ 겉보기 등급이 절대 등급보다 큰 별은 지구로부터 거리가 10 pc보다 멀다.

3 별의 색

별은 표면 온도가 높을수록 청색을 띠고, 표면 온도가 낮아질수록 점차 백색과 황색을 거쳐 적색을 띤다. 그러므로 청색인 C가 온도가 가장 높고, 적색인 A가 온도가 가장 낮다.

4 우리은하

태양계는 우리은하의 중심에서 약 8500 pc(3만 광년) 떨어진 나선팔에 위치한다. 또한 우리은하를 위에서 보면 막대 모양의 중심부 주변에 나선 모양(나선팔)이 분포해 있다.

ㄴ. 지구에서 나선팔이나 은하 중심에 있는 은하핵 쪽을 바라보면 별들이 많이 분포하는 영역이 띠 모양으로 나타나는 은하수가 관측된다.

ㄷ. 우리은하를 옆에서 보면 중심부가 부풀어 있는 납작한 원반 모양으로 보인다.

바로 알기 ㄱ. 우리은하의 지름은 약 10만 광년이고, 태양계는 중심에서 약 3만 광년 떨어진 나선팔에 위치하고 있다.

ㄹ. 우리은하를 위에서 보면 막대 모양의 중심부 주변에 나선 모양(나선팔)이 분포해 있다.

5 우주 탐사

①, ②, ③, ④ 우주 탐사는 우주에 대한 이해 및 인간의 지적 호기심을 충족시키고, 다양한 정보와 새로운 지식을 습득할 수 있다. 우주 탐사를 통해 습득된 지식과 정보를 이용하여 지구 환경과 생명에 대해 보다 깊게 이해할 수 있다. 또한 준비 과정에서 얻은 새로운 첨단 과학 기술을 다양한 산업 분야와 실생활에 활용할 수 있다.

바로 알기 ⑤ 현재 빈부 격차나 고령화 같은 사회 문제가 대두되면서 여러 나라의 우주 관련 예산이 줄어들고 있다. 이런 상황을 감안하여 현재는 여러 나라의 협력으로 우주 탐사가 진행되는 경우가 많다.

6 과학 기술과 인류 문명의 관계

ㄴ. 철제 농기구의 사용은 생산력을 비약적으로 증대시켰다.

ㄷ. 암모니아의 합성으로 질소 비료를 대량 생산함으로써 식량 생산량을 획기적으로 늘렸다.

ㄹ. 컴퓨터 그래픽 기술의 발달로 3D 영화, 과학 기술과 음악, 미술이 융합된 미디어 아트나 테크놀로지 아트 등과 같은 새로운 예술 분야가 등장했다.

바로 알기 ㄱ. 과학 기술의 발달로 농업이나 어업 위주의 사회에서 공업이나 서비스업 위주의 사회로 변화되었으며, 새로운 직업이 등장했다.

2일 필수 체크 전략 1 기출 선택지 All 40~43쪽

❶-1 ㄱ, ㄴ	❷-1 ㄴ	❸-1 ③	❸-2 ③
❹-1 ㄱ, ㄴ	❺-1 ㄱ	❻-1 ㄴ	❻-2 ㄱ, ㄷ

❶-1 시차와 연주 시차

ㄱ, ㄴ. 시차는 관측자의 위치에 따라 물체의 겉보기 방향이 달라지는 정도로, 시차의 크기는 물체와의 거리가 가까울수록 커지고 멀수록 작아진다. 즉 연필이 보이는 두 위치 사이의 각(θ)을 시차라고 하고, 연필과 눈 사이의 거리가 멀어지면 θ의 크기는 작아진다.

바로 알기 ㄷ. 시차는 관측자와 관측하는 물체 사이의 거리와 반비례한다. ㄷ에서는 관측자와 관측하는 물체(연필) 사이의 거리가 변하지 않으므로, 시차 또한 변함이 없다.

❷-1 별의 연주 시차와 거리

ㄴ. 별 S의 연주 시차는 0.1″이므로

$$\text{별까지의 거리(pc)} = \frac{1}{\text{연주 시차(}''\text{)}}$$

$$\frac{1}{0.1''} = 10\text{ pc},\ 1\text{ pc} \fallingdotseq 3.26\text{ LY(광년)}$$

$$10\text{ pc} \fallingdotseq 32.6\text{ LY(광년)}$$

따라서 별 S는 지구로부터 32.6 LY(광년) 떨어져 있다.

바로 알기 ㄱ. 연주 시차는 6개월 간격으로 지구에서 별을 관측했을 때 생기는 시차의 $\frac{1}{2}$에 해당하는 값이므로, 별 S의 연주 시차는 0.1″이다.

ㄷ. 별까지의 거리는 연주 시차에 반비례하므로 별 S가 멀어지면 연주 시차는 작아진다.

❸-1 별의 밝기와 거리의 관계

자료 분석 + 별의 밝기와 거리 관계

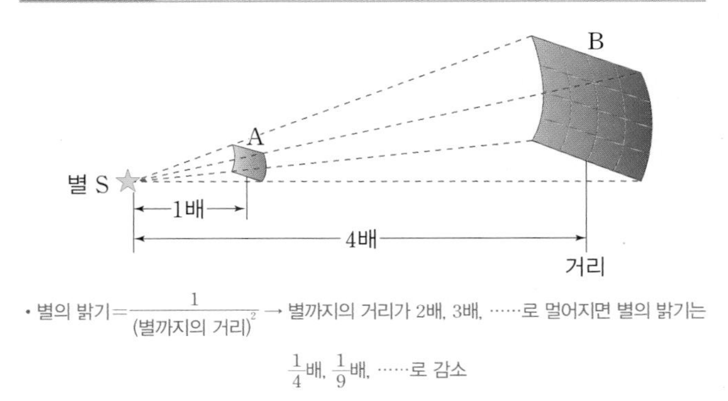

• 별의 밝기 $= \frac{1}{(\text{별까지의 거리})^2}$ → 별까지의 거리가 2배, 3배, ……로 멀어지면 별의 밝기는 $\frac{1}{4}$배, $\frac{1}{9}$배, ……로 감소

선택지 분석

ㄱ $\frac{1}{16}$배로 어둡게 보인다.

ㄴ 절대등급은 변하지 않는다.

~~ㄷ~~ 겉보기 등급의 숫자가 작아진다. → 커진다.

ㄱ. 관측자의 위치가 A에서 B로 이동하면 별 S의 밝기는 거리의 제곱에 반비례하여 어두워지므로, $\frac{1}{4^2}=\frac{1}{16}$배로 어두워진다.
ㄴ. 절대 등급은 별까지의 거리가 모두 10 pc으로 모두 같으므로 별의 실제 밝기를 비교할 수 있고, 절대 등급의 수치는 거리와 상관없이 변하지 않는다.
바로 알기 ㄷ. 겉보기 등급의 숫자가 클수록 어둡게 보이는 별이므로 숫자는 커진다.

3-2 별의 밝기와 등급

자료 분석 + 별의 밝기와 겉보기 등급

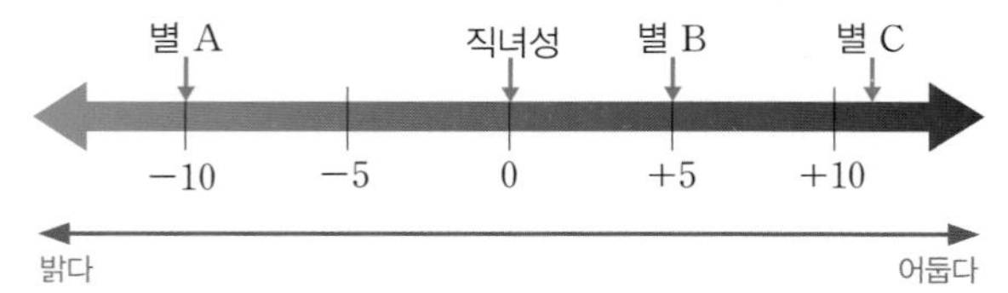

• 겉보기 등급은 관측자에게 보이는 별의 밝기를 상대적으로 비교하여 나타낸 등급
• 겉보기 등급 수치가 작은 별일수록 밝게 보임

ㄱ. 겉보기 등급 수치가 작을수록 밝게 보이므로 별 A → B → C로 갈수록 어둡게 보인다. 따라서 별 A는 직녀성의 겉보기 등급이 작으므로 밝게 보인다.
ㄴ. 1등급 차이는 약 2.5배의 밝기 차이가 나므로 5등급 차이가 나는 별 B와 직녀성은 약 100배의 밝기 차이가 난다.
바로 알기 ㄷ. 별의 겉보기 등급은 관측자에게 보이는 별의 밝기를 나타낸 등급으로, 실제 밝기는 알 수 없다.

4-1 겉보기 등급과 절대 등급

자료 분석 + 별의 밝기와 등급

별	A	B	C
겉보기 등급	−0.3	1.2	−2.8
절대 등급	−5.2	1.2	0.4
거리 지수	−0.3−(−5.2)=4.9	0	−2.8−0.4=−3.2
거리	10 pc보다 멀다	10 pc	10 pc보다 가깝다

ㄱ. 절대 등급은 별이 지구로부터 10 pc의 거리에 있다고 가정할 때의 등급으로 절대 등급 숫자가 작을수록 실제로 밝은 별이다. A의 절대 등급은 −5.2이고, B의 절대 등급은 1.2이므로 A는 B보다 실제 밝기가 밝다.
ㄴ. B는 겉보기 등급과 절대 등급이 같으므로 10 pc에 있는 별이다.
바로 알기 ㄷ. C의 겉보기 등급은 −2.8이고, A의 겉보기 등급은 −0.3이다. 겉보기 등급이 작을수록 밝은 별이므로 C가 A보다 밝게 보이는 별이다.

5-1 거리 지수

거리 지수는 '겉보기 등급−절대 등급'이다. 거리 지수가 작을수록 별까지의 거리가 가깝고, 거리 지수가 클수록 별까지의 거리가 멀다.
ㄱ. A의 거리 지수(겉보기 등급−절대 등급)의 값은 0이다. 즉 겉보기 등급과 절대 등급이 같은 10 pc의 거리에 위치하는 별이다.
바로 알기 ㄴ. 거리 지수(겉보기 등급−절대 등급)의 값이 B보다 C가 더 크므로, B는 C보다 거리가 가깝다.
ㄷ. C는 (겉보기 등급−절대 등급)>0으로, 겉보기 등급이 절대 등급보다 크다. 따라서 C는 10 pc보다 거리가 멀다.

6-1 별의 색과 표면 온도

ㄴ. 별 B와 C는 절대 등급이 같지만, C(10 pc)는 B(2.5 pc)보다 4배 멀리 있으므로, C는 B보다 $\frac{1}{16}$배의 밝기로 보인다.
바로 알기 ㄱ. A의 절대 등급은 −3.5이고, C의 절대 등급은 −0.3이므로 A가 C보다 실제 밝기가 밝다.
ㄷ. A~C 중 표면 온도가 가장 높은 별은 흰색의 별 B이다.

6-2 별의 등급과 표면 온도

자료 분석 + 별의 등급과 표면 온도

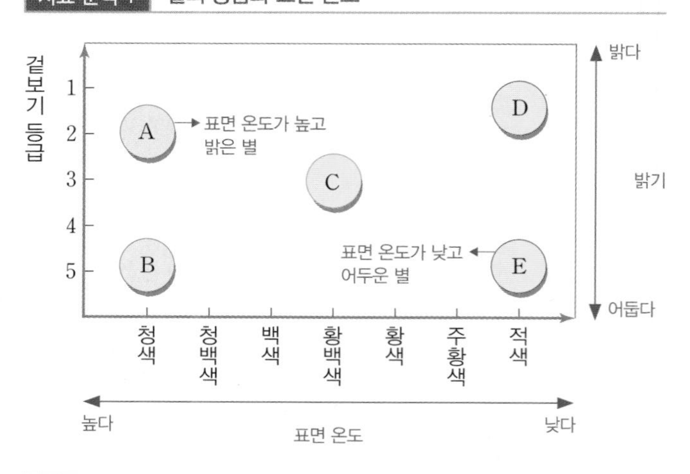

별의 겉보기 등급의 숫자가 작을수록 밝고 클수록 어둡다. 별의 표면 온도는 청색으로 갈수록 높고 적색으로 갈수록 낮다.

ㄱ. 겉보기 등급이 A는 2등급, C는 3등급이므로 A는 C보다 밝게 보인다.

ㄷ. 표면 온도는 적색 쪽으로 갈수록 낮고, 겉보기 등급은 수치가 클수록 어둡게 보인다. A~E 중 표면 온도가 가장 낮으면서, 가장 어둡게 보이는 별은 E이다.

바로 알기 ㄴ. B는 청색, D는 적색의 별이므로, 표면 온도는 B가 D보다 높다.

2일 필수 체크 전략 2 최다 오답 문제 44~45쪽

1 ②	2 ③	3 ④	4 ②
5 ②	6 ③		

1 연주 시차와 거리

선택지 분석

㉠ 각 θ를 시차라고 한다.
~~ㄴ~~. 길이가 더 긴 연필로 교체하면 θ의 크기가 커진다. → 거리가 달라진게 아니므로 같다.
㉢ 이 실험으로부터 시차와 거리 사이의 관계를 알 수 있다.
~~ㄹ~~. 눈과 연필 사이의 거리를 가깝게 하면 θ의 크기는 작아진다. → 커진다.

바로 알기 ㄴ. 시차의 크기는 물체까지의 거리에 반비례하므로 연필의 길이는 시차의 크기 변화와 관계 없다.

ㄹ. 눈과 연필 사이의 거리가 가까워지면 시차의 크기는 커진다.

2 연주 시차와 거리

별까지의 거리는 연주 시차에 반비례하므로, 연주 시차가 가장 큰 C가 가장 가깝고, 연주 시차가 가장 작은 E가 가장 멀다.

3 연주 시차와 거리

선택지 분석

① A의 연주 시차는 0.2″이다.
② A는 B보다 거리가 가까운 별이다.
③ A는 16.3 LY(광년) 떨어진 거리에 있다.
~~④~~ 별의 연주 시차는 별까지의 거리에 비례한다. → 반비례
⑤ B는 너무 멀리 떨어져 있어서 연주 시차를 이용해 거리를 구할 수 없다.

바로 알기 별의 연주 시차는 별까지의 거리가 가까울수록 커지므로 별까지의 거리에 반비례한다.

4 별의 밝기와 거리의 관계

별의 밝기는 거리의 제곱에 반비례하므로, 별의 밝기가 $\frac{1}{25}=\frac{1}{5^2}$배로 줄었다면 거리는 5배 멀어졌을 것이다.

5 겉보기 등급과 절대 등급

자료 분석 + 등급과 거리 지수

별	겉보기 등급	절대 등급	거리 지수	거리 관계
태양	−26.7	4.8	−31.5	10 pc 보다 가깝다.
베가	0.0	0.5	−0.5	10 pc 보다 가깝다.
폴라리스	2.1	−3.7	5.8	10 pc 보다 멀다.
베텔게우스	0.8	−5.5	6.3	10 pc 보다 멀다.

선택지 분석

㉠ 이 별들 중 태양이 가장 밝게 보인다.
~~ㄴ~~. 베가의 실제 밝기는 폴라리스보다 밝다. → 어둡다.
~~ㄷ~~. 폴라리스는 베텔게우스보다 거리가 멀다. → 거리 지수가 작은 폴라리스가 거리가 가깝다.
㉣ 베가는 10 pc보다 가까운 거리에 위치한다.

겉보기 등급 수치가 작을수록 관측자에게 밝게 보이므로 겉보기 등급이 가장 작은 태양이 가장 밝게 보인다. 거리지수(겉보기 등급−절대 등급)가 0보다 작으면 10 pc보다 가까이 있는 별이다. 베가는 0.0−0.5=−0.5이므로 10 pc보다 가까운 거리에 위치한다.

바로 알기 ㄴ. 베가는 절대 등급이 0.5이고, 폴라리스는 절대 등급이 −3.7이므로, 베가는 폴라리스보다 실제 밝기가 어둡다.

ㄷ. 폴라리스의 거리 지수(겉보기 등급−절대 등급)는 5.8이고, 베텔게우스의 거리 지수는 6.3이므로, 폴라리스가 베텔게우스보다 가까운 거리에 있다.

6 별의 색과 표면 온도

베텔게우스는 붉은색, 리겔은 청백색의 별이다. 이것은 두 별의 표면 온도가 다르기 때문으로, 베텔게우스가 리겔보다 표면 온도가 낮다는 것을 알 수 있다.

3일 필수 체크 전략 1 기출 선택지 All 46~49쪽

❶-1 ㄱ, ㄴ ❷-1 ㄱ ❸-1 ㄱ, ㄷ ❹-1 ㄴ, ㄷ
❺-1 ㄱ, ㄴ, ㄷ ❻-1 ㄱ, ㄴ ❼-1 ㄴ
❽-1 ㄷ

❶-1 우리은하

자료 분석 + 우리은하의 구조

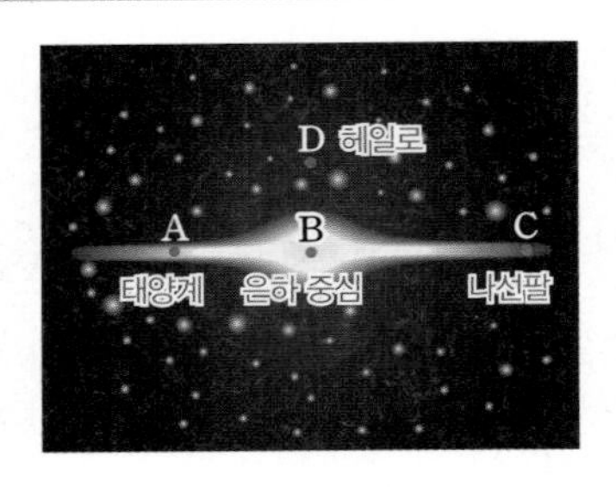

우리은하의 지름은 약 30 kpc(약 10만 광년)이고, 태양계는 중심에서 약 8.5 kpc 떨어진 나선팔에 위치하고 있다. 우리은하는 중심부에 별들이 밀집해 있는 막대 모양의 구조와 나선팔을 가지고 있는 막대 나선 은하이다.

바로 알기 ㄷ. 파란색의 젊은 별들은 주로 우리은하의 나선팔인 A와 C에, 붉은색의 늙은 별들은 주로 우리은하의 중심부인 B와 헤일로인 D에 분포한다.

❷-1 성단

이 성단은 산개 성단으로, 별들이 불규칙하게 모여 있다.

바로 알기 ㄴ, ㄷ. 산개 성단은 대부분 표면 온도가 높은 파란색 별들로 구성되며, 주로 우리은하의 나선팔에 분포한다.

❸-1 은하수

은하수의 가운데 부분이 검게 보이는 이유는 암흑 성운이 뒤쪽의 별빛을 가리기 때문이다.

바로 알기 ㄴ. 북반구의 여름철에 지구의 밤하늘이 우리은하의 중심 방향(궁수자리 쪽)을 향하므로, 은하수가 더 넓고 밝게 관측된다.

❹-1 우주의 팽창

우주는 모든 물질과 에너지가 모인 아주 작고 뜨거운 한 점에서 대폭발이 일어난 후 팽창하여 현재의 우주가 되었다. 우주는 모든 방향으로 균일하게 팽창하며, 멀리 있는 은하일수록 더 빠르게 멀어진다.

바로 알기 ㄱ. 팽창하는 우주에는 특별한 중심이 없으며, 모든 방향으로 균일하게 팽창한다.

❺-1 대폭발 우주론(빅뱅 우주론)

대폭발 우주론에 의하면 과거의 우주는 지금보다 크기가 작고 온도가 높았다. 우주의 모든 물질과 에너지가 모인 아주 작고 뜨거운 한 점에서 대폭발이 일어난 후 팽창하여 현재의 우주가 되었고, 이후 우주의 크기는 계속해서 커지고 있다.

❻-1 우주 탐사

우주 탐사의 목적과 의의는 우주에 대한 이해 및 인간의 본질적인 지적 호기심을 충족시키고, 우주 탐사를 통해 습득된 지식과 정보를 이용하여 지구 환경과 생명에 대해 깊게 이해하는 것이다.

바로 알기 ㄷ. 우주 탐사를 위해 개발된 첨단 기술들이 실생활에 적용되면서 삶의 질이 향상되었다.

❼-1 과학 기술과 인류 문명의 관계

페니실린의 발견으로 전염병으로부터 많은 사람의 목숨을 구할 수 있게 되었다.

바로 알기 ㄱ. 망원경의 발명은 인류의 우주에 대한 생각을 혁명적으로 전환시키는 계기가 되었다.

ㄷ. (가)는 기기의 발명, (나)는 과학적 발견의 예시에 해당한다.

❽-1 우리 생활과 과학

연잎의 표면에는 미세한 돌기가 많아서 물이 스며들지 않는데, 이러한 특성을 이용해 물을 뿌리면 먼지가 씻기는 발수 페인트가 개발되었다.

바로 알기 ㄱ. 상어의 비늘은 물의 저항을 최소화할 수 있는 구조로, 이를 모방하여 마찰력을 줄이는 수영복을 개발하였다.

ㄴ. 홍합은 단백질을 분비하여 파도가 치는 바닷물 속에서도 바위에 달라붙을 수 있다. 이 단백질은 유리, 금속, 플라스틱 등 여러 물질에 강하게 접착할 수 있으므로, 이를 모방하여 인체에 해가 없는 의료용 접착제를 개발하였다.

3일 필수 체크 전략 2 최다 오답 문제 50~51쪽

1 ⑤ 2 ⑤ 3 ④ 4 ②
5 ② 6 ③ 7 ⑤

1 우리은하

은하수는 지구에서 관측한 우리은하 일부분의 모습으로, 궁수자리 쪽은 우리은하 중심 방향으로 별들이 밀집해 있어 폭이 넓고 밝게 보인다. 은하수의 군데군데가 검게 보이는 것은 암흑 성운 때문이다.

2 성단

수만~수십만 개의 별들이 공 모양으로 빽빽하게 모여 있는 구상 성단은 대부분 늙고 온도가 낮은 붉은색 별들로 이루어져 있다. 우리은하 헤일로에 주로 분포한다.

바로 알기 ⑤ 구상 성단은 대부분 늙고 온도가 낮은 붉은색 별들로 이루어져 있다.

3 성운

(나)는 암흑 성운으로, 뒤에서 오는 별빛을 가려 검게 보인다.

바로 알기 ①, ② (가)는 방출 성운으로, 주변의 별빛을 흡수하여 스스로 붉은색 빛을 낸다.

⑤ 성운은 주로 우리은하의 나선팔에 위치한다.

4 우주 팽창

멀리 있는 은하일수록 더 빨리 멀어지며, 우주 팽창의 중심은 따로 존재하지 않는다.

바로 알기 ㄱ. 우리은하에서 A는 B보다 멀리 있다.

ㄷ. 우주 팽창의 중심은 따로 존재하지 않는다.

5 우주 탐사

우주선에 사용한 티타늄 소재에 대한 설명으로, 골프채나 의족 등에 쓰인다.

바로 알기 ① 자기 공명 영상(MRI), 컴퓨터 단층 촬영(CT)은 우주 탐사에서 활용했던 사진 촬영 기술을 응용한 것이다.

③, ④ 전자레인지와 정수기는 우주에서의 생활을 위해 개발된 기술이다.

⑤ 기능성 옷감은 우주복으로 사용된 옷감을 이용한 것이다.

6 과학 기술과 인류 문명

통신 및 교통수단의 혁신을 가져온 것은 전기의 사용으로, 이를 매개로 지구촌을 형성할 수 있었다.

7 첨단 과학 기술

스마트폰, 3D 프린터, 자율 주행 자동차 등은 우리 생활에 이용되는 첨단 과학 기술의 대표적인 예이다.

2주차 누구나 합격 전략 52~53쪽

01 ③	02 ⑤	03 ④	04 ⑤
05 ①	06 ②	07 ③	08 ④
09 ④	10 생체 모방 기술		

01 연주 시차

선택지 분석

~~①~~ θ는 별 S의 연주 시차이다. → $\frac{\theta}{2}$

~~②~~ 별 S까지의 거리 r는 연주 시차에 비례한다. → 반비례한다.

③ 연주 시차가 1″인 별까지의 거리는 1 pc이다.

~~④~~ 지구가 A에서 B까지 이동하는 데 3개월이 걸린다. → 6개월

~~⑤~~ 멀리 떨어진 별일수록 연주 시차를 측정하기가 쉽다. → 어렵다

별까지의 거리(pc) $= \frac{1}{\text{연주 시차}(″)}$이므로, 연주 시차가 1″인 별까지의 거리는 1 pc이다.

바로 알기 ① 별 S의 연주 시차는 지구에서 6개월 간격으로 관측한 시차의 $\frac{1}{2}$에 해당하는 값으로, 여기서는 $\frac{\theta}{2}$이다.

② 연주 시차는 별까지의 거리에 반비례한다.

④ 지구가 A에서 B까지 이동하는 데 6개월이 걸린다.

⑤ 멀리 떨어진 별은 연주 시차가 작아서 측정이 어려우므로 비교적 가까운 별의 거리를 구할 때 연주 시차를 이용한다.

02 별의 연주 시차와 거리

지문 분석

- A: 지구에서 관측한 연주 시차가 0.1″인 별 → 별 A까지의 거리 $= \frac{1}{0.1″} = 10$ pc
- B: 지구에서 6.52 LY(광년) 떨어져 있는 별 → 별 B까지의 거리는 2 pc
- C: 지구로부터 거리가 0.1 pc만큼 멀리 위치한 별 → 별 C까지의 거리 = 0.1 pc
- D: 지구와 태양 사이의 평균 거리보다 2000배만큼 멀리 떨어져 있는 별 → 별 D까지의 거리는 약 0.01 pc

1 pc은 약 3.26 LY(광년)이므로 별 B까지의 거리는 2 pc이다. 지구와 태양 사이의 평균 거리는 1 AU(천문단위)이고 별 D는 2000 AU 떨어져 있는 별이다. 1 pc≒206265 AU이므로 별 D까지의 거리는 약 0.01 pc이다. 따라서 가까운 별부터 순서대로 나열하면 D−C−B−A이다.

03 별의 밝기와 거리

별의 밝기는 거리의 제곱에 반비례한다. 별 S의 거리가 10배 멀어지면 밝기는 $\frac{1}{100}$배로 어두워지므로, 겉보기 등급은 5등급 커진다.

04 겉보기 등급과 절대 등급

표 분석

별	겉보기 등급	절대 등급	거리
A	−1.7	2.1	겉<절, 10 pc보다 가깝다.
B	−1.3	−1.3	겉=절, 10 pc
C	1.5	0.2	겉>절, 10 pc보다 멀다.

바로 알기 별 A는 겉보기 등급이 절대 등급보다 작으므로 10 pc보다 가깝고, 별 B는 겉보기 등급과 절대 등급이 같으므로 10 pc의 거리에 있으며, 별 C는 겉보기 등급이 절대 등급보다 크므로 10 pc보다 멀리 있다.

05 별의 색과 표면 온도

자료 분석 + 별의 색과 표면 온도

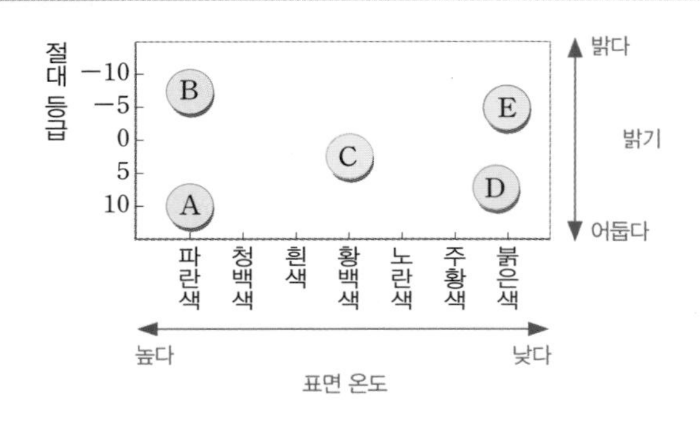

별의 색은 표면 온도가 낮을수록 붉은색, 높을수록 파란색을 띠며, 절대 등급의 값이 클수록 어두운 별이다. 별 A~E 중 표면 온도가 가장 높은 것은 A와 B이고, 그중에서 절대 등급의 값이 큰 별은 A이다.

06 은하의 모양에 따른 분류

자료 분석 + 은하의 모양에 따른 분류

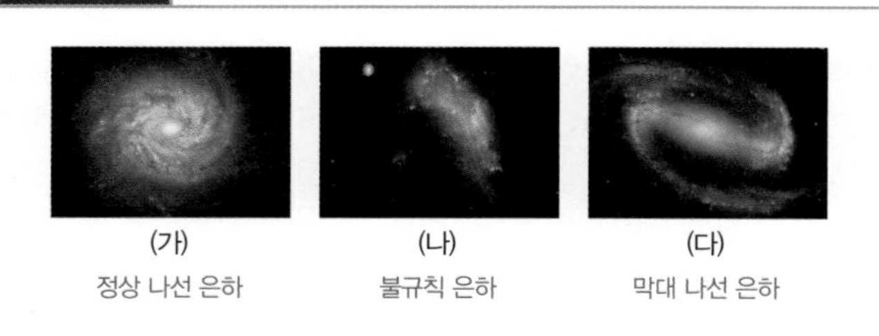

(가) 정상 나선 은하 (나) 불규칙 은하 (다) 막대 나선 은하

은하는 모양에 따라 타원 은하, 정상 나선 은하, 막대 나선 은하, 불규칙 은하로 분류할 수 있다.

07 성단과 성운

자료 분석 + 성단과 성운

(가) 산개 성단

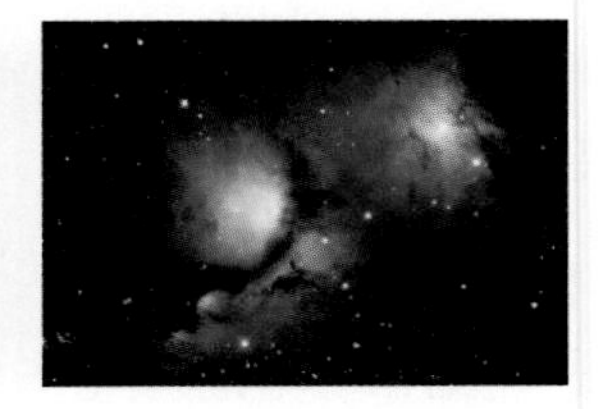

(나) 반사 성운

선택지 분석

✕ (가)는 방출 성운이다. → 산개 성단
✕ (가)는 주로 나이가 많은 늙은 별들로 구성된다. → 나이가 적은 젊은 별
ⓒ (나)는 주변의 별빛을 반사시켜 파란색으로 보인다.
ⓡ (가)와 (나)는 대부분 우리은하의 나선팔에 분포한다.

(가)는 산개 성단, (나)는 반사 성운으로 주로 우리은하의 나선팔에 분포한다. 산개 성단은 대부분 젊고 표면 온도가 높은 푸른색 별들로 구성되어 있다.

08 우주 팽창

풍선 표면의 어느 점을 기준으로 해도 기준에서 멀리 있는 점이 더 빠르게 멀어진다. 따라서 팽창의 중심은 따로 존재하지 않는다.

09 우주 탐사

선택지 분석

✕ (가)는 (나)보다 나중에 발사되었다. → 먼저
ⓛ (가)는 (나)보다 지구에서 더 먼 거리에 위치한다.
ⓒ (가)와 (나)는 모두 인간이 우주를 폭넓게 이해하는데 도움을 주었다.

(가)는 보이저 2호, (나)는 허블 우주 망원경이다. 보이저 2호는 태양계 무인 탐사선으로 현재는 태양계를 벗어난 상태이고, 허블 우주 망원경은 지구 궤도를 돌고 있는 우주 망원경이므로 지구에서 보이저 2호가 더 먼 거리에 위치한다. 탐사선과 망원경을 통해 인간은 우주에 대한 호기심을 충족시킬 수 있고, 우주에 대해 폭넓게 이해할 수 있다.

바로 알기 (가)는 1977년, (나)는 1990년에 발사되었다.

10 과학 기술과 인류 문명

생체 모방 기술은 생체 물질의 기본 구조, 구성 성분, 기능 등을 첨단 과학 기술과 결합하여 새로운 제품을 개발하는 기술이다.

2주차	창의·융합·코딩 전략		54~57쪽
1 (1) 작아진다 (2) ①	2 ③	3 ③	
4 ①	5 ②	6 ⑤	7 ③
8 ③			

1 시차

자료 분석 + 시차 측정 실험

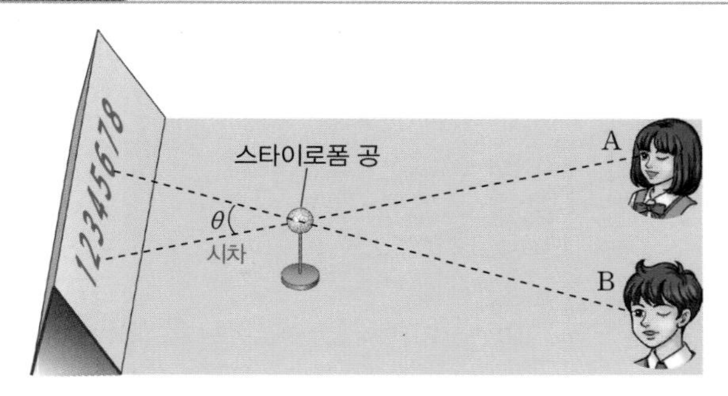

물체와의 거리가 멀어지면 시차(θ)가 작아진다.
→ 시차는 물체까지의 거리에 반비례

(1) 시차는 물체와 거리가 가까울수록 커지고, 멀수록 작아진다.
(2) ① 두 학생 A와 B 사이의 거리가 멀어지면 시차는 커진다.
바로 알기 ②, ③, ⑤ 관측자와 물체 사이의 거리가 변하지 않으면, 시차의 크기도 변하지 않는다.
④ 종이로부터 멀리 이동하면 스타이로폼 공과 관측자 사이의 거리가 멀어지므로 시차는 작아진다.

2 별의 거리와 성질

자료 분석 + 별의 연주 시차와 거리, 밝기 관계

별	거리	겉보기 등급
전략성	약 32.6광년 10 pc	2.8
천재성	약 326광년 100 pc	2.8

선택지 분석
- 민재: 연주 시차가 0.1″로 관측되는 별이야.
- 준상: 절대 등급은 2.8등급이야.
- ~~수아~~: '천재성'보다 실제 밝기가 약 100배 밝을 거야. → 어두울 거야.

• 민재: 거리가 약 32.6광년이므로, 10 pc 거리에 있는 별이다. 따라서, 이 별의 연주 시차(″)는 $\frac{1}{\theta''}$=10 pc이어야 하므로, 0.1″이다.

• 준상: 절대 등급은 별이 10 pc 거리에 있다고 가정할 때의 등급이므로, 10 pc 거리에 있는 '전략성'의 절대 등급은 겉보기 등급과 같다.

바로 알기 • 수아: '천재성'은 '전략성'과 겉보기 등급은 같지만 100 pc으로 '전략성'보다 10배 멀리 떨어져 있으므로 실제 밝기는 '천재성'이 '전략성'보다 약 100배 밝다.

3 별의 거리와 밝기의 관계

자료 분석 + 별까지의 거리와 밝기의 관계

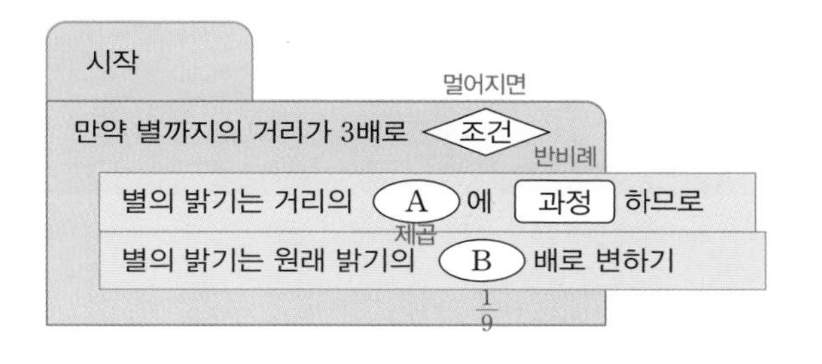

별의 밝기는 거리의 제곱에 반비례한다.

4 별의 색

자료 분석 + 별의 색과 표면 온도의 관계

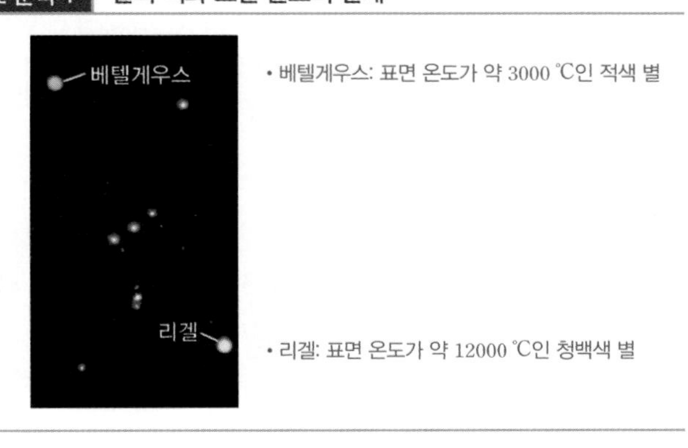

• 베텔게우스: 표면 온도가 약 3000 ℃인 적색 별
• 리겔: 표면 온도가 약 12000 ℃인 청백색 별

별의 색은 표면 온도에 따라 달라지며, 표면 온도가 낮을수록 붉은색을 띠고, 표면 온도가 높아짐에 따라 점차 노란색, 흰색, 파란색을 띤다.

색	청색	청백색	백색	황백색	황색	주황색	적색
표면 온도	높음 ←→ 낮음						
대표 별	민타카	스피카	직녀성	프로키온	태양	알데바란	베텔게우스

바로 알기 별의 색으로부터 실제 밝기, 거리, 반지름, 자전 속도 등을 알 수는 없다.

5 은하수

자료 분석 + 우리은하와 은하수

- 은하수는 지구에서 관측한 우리은하 일부분의 모습으로, 은하면에 위치한 별들이 뿌연 띠 모양으로 보인다.
- 우리은하 중심 방향인 궁수자리 방향에는 별들이 밀집해 있어서 은하수가 더 넓고 밝게 보인다.

선택지 분석

- 해수: 지구에서 우리은하 일부분의 모습을 관측한 것이지.
- ~~영주~~: 은하수는 남반구나 북반구의 특정한 지역에서만 볼 수 있어.
  → 어느 지역에서나 관측 가능
- 민영: A 방향과 B 방향 중에서 궁수자리가 있는 방향은 B 방향이야.
- 희림: 우리은하 중심 방향에는 별들이 밀집해 있어서 은하수가 더 넓고 밝게 보여.
- 지효: 은하수 군데군데가 검게 보이는 이유는 성간 물질이 뒤에서 오는 별빛을 가리기 때문이야.

- 해수: 은하수는 지구에서 관측한 우리은하 일부분의 모습이다.
- 민영, 희림: 궁수자리 방향은 우리은하의 중심 방향으로, 별들이 밀집해 있어서 은하수가 더 넓고 밝게 보인다.
- 지효: 은하수 가운데 부분의 성간 물질이 우리의 시선 방향 뒤쪽에서 오는 별빛을 가려서 검게 보인다.

바로 알기 영주: 은하수는 남반구와 북반구 어느 지역에서나 관측이 가능하며, 북반구의 겨울철보다는 여름철에 더 넓고 밝게 보인다.

6 성단과 성운

자료 분석 + 성단과 성운의 특징

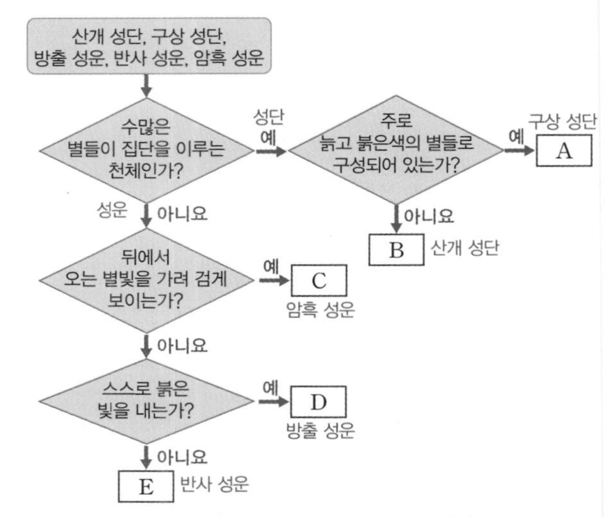

- 성단은 많은 별들이 모여 집단을 이루는 천체이고, 성운은 성간 물질이 밀집되어 구름처럼 보이는 천체로 주로 우리은하 나선팔에 분포한다.
- A는 구상 성단으로 많은 별들이 공모양으로 모여 있다. 대부분 늙고 표면 온도가 낮은 붉은색 별들로 구성되었다.
- B는 산개 성단으로 별들이 일정한 모양 없이 모여 있는 성단이다. 주로 우리은하의 나선팔에 분포하고, 대부분 젊고 표면 온도가 높은 파란색 별들로 구성되어 있다.
- C는 암흑 성운으로 성간 물질이 뒤쪽에서 오는 별빛을 가려서 검게 보이는 성운이다.
- D는 방출 성운으로 근처의 별빛을 흡수하여 온도가 높아져 스스로 빛을 낸다.
- E는 반사 성운으로 주변의 별빛을 반사하여 밝게 보이는 성운으로 주로 파란색으로 보인다.

선택지 분석

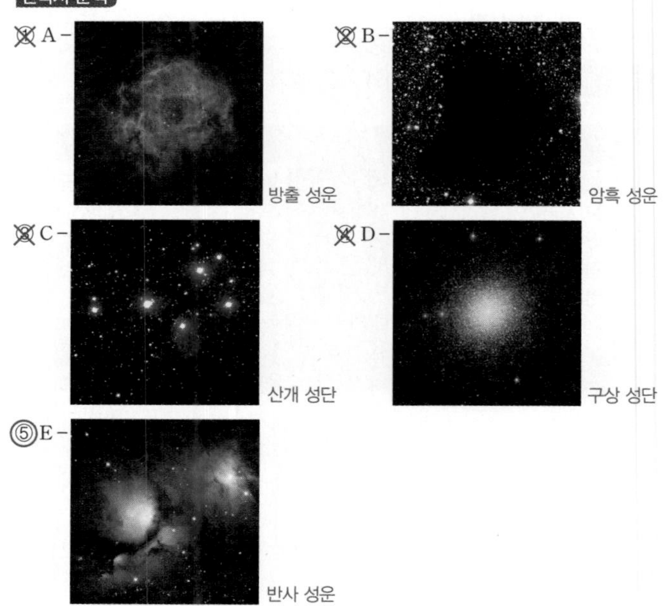

7 우주의 팽창

자료 분석 + 우주 팽창 실험

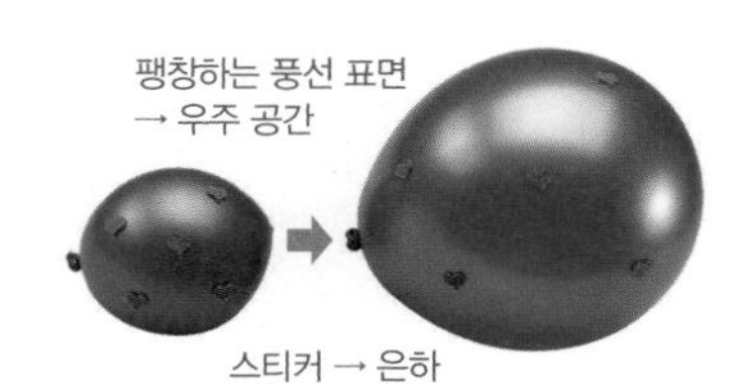

- 풍선 표면의 팽창을 우주 팽창에 비유한다면 풍선 표면과 스티커는 각각 우주 공간과 은하에 해당한다.
- 풍선이 팽창할 때 어느 스티커를 기준으로 하더라도 모든 스티커의 간격은 멀어진다. 따라서 풍선 표면에서 팽창의 중심점을 찾을 수 없다.
- 우주 공간은 모든 방향으로 균일하게 팽창하고 있다.

선택지 분석

ㄱ 풍선의 표면은 우주 공간에 비유된다.
ㄴ 서로 멀리 떨어진 스티커일수록 더 빨리 멀어진다.
ㄷ 팽창하는 풍선의 표면에는 특별한 중심이 존재하지 않는다.
~~ㄹ~~ 스티커는 성단이나 성운같이 우리 은하 안에 분포하는 천체들을 나타낸다. → 은하

바로 알기 ㄹ. 풍선 표면의 스티커는 은하에 비유할 수 있다.

8 과학 기술과 인류 문명의 발달

자료 분석 + 전기의 사용과 인류 문명의 발달

〈시등도〉
1887년 우리나라 최초의 전등이 경복궁 내 건천궁을 환하게 밝혔으며, 위 그림은 '한국 전기 100주년 기념 사업'의 일환으로 이남호 화백이 당시의 모습을 재현한 것이다.

선택지 분석

- ⓔ경아: 밤낮 구분 없이 24시간 생활을 가능하게 했죠.
- ⓔ금나: 인간의 활동 반경이 실내와 지하까지 확대되었어요.
- ~~형준~~: 농업 사회를 산업 사회로 변화시키는 산업 혁명의 원동력이 되었어요. → 증기 기관 발명
- ⓔ경수: 통신과 교통수단의 혁신을 가져와 지구촌을 형성했어요.
- ⓔ준상: 가정이나 공장에서 기계를 작동시킬 때에도 쓰이게 되었어요.

바로 알기 형준: 농업 사회를 산업 사회로 변화시키는 산업혁명의 원동력은 증기 기관에 대한 설명에 해당한다.

기말고사 마무리 신유형·신경향·서술형 전략 60~63쪽

1 ③ 2 ③ 3 ⑤ 4 ④
5 (1) 19.6 J (2) 10 m (3) 해설 참조
6 (1) 전자레인지 (2) 세탁기 (3) 해설 참조
7 (1) (가): 반사 성운, (나): 구상 성단 (2) 주변의 밝은 별에서 오는 별빛을 반사하여 빛을 내며 주로 파란색으로 보인다. (3) 해설 참조
8 (1) 해설 참조 (2) 해설 참조

1 자유 낙하 하는 물체의 역학적 에너지 전환과 보존

자료 분석 + 자유 낙하 하는 물체의 역학적 에너지 보존

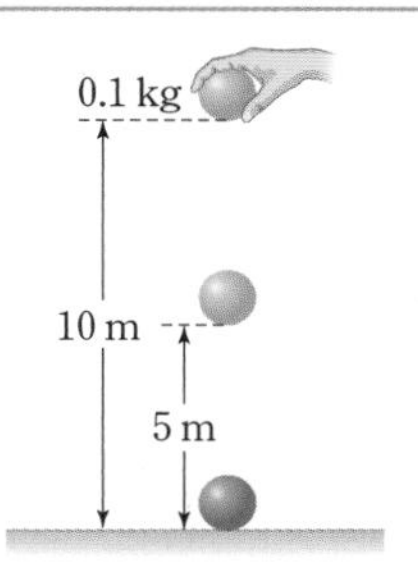

- 높이 10 m에서 위치 에너지: $9.8 \times 0.1 \times 10 = 9.8$(J)
- 높이 5 m에서 위치 에너지: $9.8 \times 0.1 \times 5 = 4.9$(J)
- 높이 5 m에서 운동 에너지=감소한 위치 에너지 ($9.8 \times 0.1 \times 5 = 4.9$(J))
- 지면에 닿는 순간의 운동 에너지=처음 위치 에너지
- 자유 낙하 하는 동안 역학적 에너지는 높이에 관계없이 일정하게 보존된다.

선택지 분석

ㄱ (가)와 (다)의 크기는 같다.
~~ㄴ~~ 높이 10 m에서 역학적 에너지는 4.9 J이다. → 9.8 J
~~ㄷ~~ 지면에 닿는 순간 역학적 에너지는 4.9 J이다. → 9.8 J
ㄹ (나)에 들어갈 위치 에너지의 크기는 4.9 J이다.
ㅁ 높이 5 m에서와 10 m에서 역학적 에너지는 같다.

낙하 운동에서 공기 저항을 무시하면 물체의 감소한 위치 에너지가 운동 에너지로 전환되므로 역학적 에너지 항상 일정하게 보존된다. 높이 10 m에서 위치 에너지가 9.8 J이므로 높이에 관계없이 역학적 에너지는 9.8 J이다. 따라서 높이 5 m에서의 운동 에너지가 4.9 J이면 위치 에너지도 4.9 J이다.

바로 알기 ㄴ. 높이 10 m에서 역학적 에너지는 위치 에너지와 같으므로 $9.8 \times 0.1 \times 10 = 9.8$(J)이다.
ㄷ. 지면에 닿는 순간 역학적 에너지는 처음 위치 에너지와 같으므로 9.8 J이다.

2 별의 등급과 거리 관계

자료 분석 + 별의 등급과 거리 관계

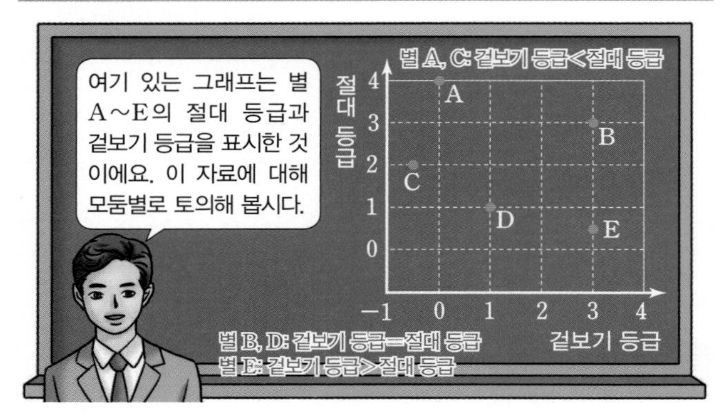

- 별까지의 거리가 10 pc 보다 가까운 별 → 겉보기 등급 < 절대 등급
- 별까지의 거리가 10 pc 보다 먼 별 → 겉보기 등급 > 절대 등급
- 별까지의 거리가 10 pc인 별 → 겉보기 등급 = 절대 등급

선택지 분석

- 수진: A는 10 pc보다 가까운 거리에 있는 별이야.
- 희민: 실제로는 B가 A보다 더 밝아.
- ~~재빈~~: C는 D보다 더 멀리 떨어져 있는 별이지. → D는 C보다 먼 별
- 지윤: D와 B는 지구로부터의 거리가 같구나!
- 영철: A~E 중에서 지구로부터 거리가 가장 먼 별은 E야.

① 수진: 별 A의 겉보기 등급은 절대 등급보다 작으므로 10 pc보다 가까운 거리에 있다.
② 희민: B의 절대 등급은 3등급이고, A의 절대 등급은 4등급이므로, 실제 밝기는 B가 A보다 밝다.
④ 지윤: B와 D는 겉보기 등급과 절대 등급이 같으므로 10 pc만큼 떨어져 있다.
⑤ 영철: E는 겉보기 등급이 절대 등급보다 크므로 10 pc보다 멀리 있는 별이다.

바로 알기 ③ 재빈: C는 겉보기 등급이 절대 등급보다 작으므로 10 pc보다 가까운 거리에 있다.

3 전자기 유도와 에너지 전환

자료 분석 + 전자기 유도와 에너지 전환

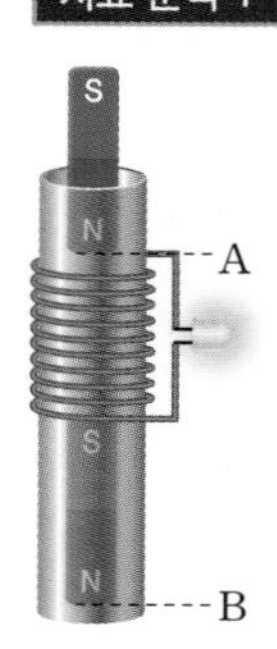

- A에서 자석의 위치 에너지가 20 J, 운동 에너지가 0이면 역학적 에너지는 20 J이다.
- B에서 자석의 위치 에너지가 2 J, 운동 에너지가 14 J이면 역학적 에너지는 16 J이다.
- 전구에 불이 켜졌다면 전기 에너지가 발생하였다.
- 전자기 유도에 의해 역학적 에너지의 일부가 전기 에너지로 전환되었다.
- 역학적 에너지의 감소가 4 J이므로 전환된 전기 에너지도 4 J이다.

선택지 분석

- 성우: 자석의 위치 에너지가 운동 에너지로 전환되었습니다.
- 진수: 전등에 불이 켜지는 것으로 보아 전기 에너지가 발생했어요.
- 연우: 맞아요. 역학적 에너지가 전기 에너지로 전환되었어요.
- 서연: 이때 발생한 전기 에너지는 4 J입니다.
- ~~수진~~: 자석이 코일을 통과할 때에도 역학적 에너지는 보존되었습니다. → 때에 역학적 에너지는 보존되지 않았습니다.

자석이 코일을 통과할 때 전자기 유도에 의해 코일에 전류가 발생한다. 이때 A와 B 사이의 역학적 에너지 차만큼 전기 에너지로 전환된다. A에서 역학적 에너지가 20 J이고 B의 역학적 에너지가 16 J이므로 전환된 전기 에너지는 4 J이다.

바로 알기 ⑤ 수진: A에서 역학적 에너지가 20 J이고 B에서 역학적 에너지가 16 J이므로 역학적 에너지는 보존되지 않는다. 즉, 역학적 에너지의 일부가 전기 에너지로 전환되었다.

4 우주 탐사의 역사와 성과

자료 분석 + 우주 탐사의 역사

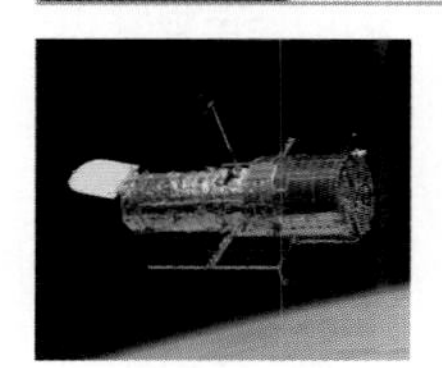

(가) 허블 우주 망원경

- 1990년 미국항공우주국(NASA)에서 쏘아 올려 대기권 밖에서 지구 궤도를 돌고 있는 우주 망원경
- 지상에서 얻을 수 없었던 고분해능의 관측 자료를 생산하여 천문학 발전에 많은 공헌을 함

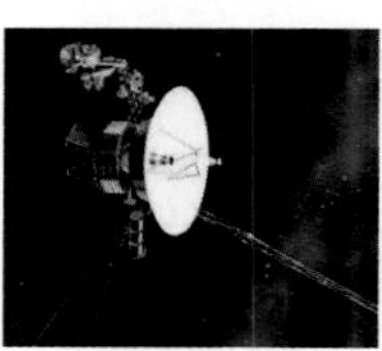

(나) 보이저 2호

- 1977년에 발사된 태양계 무인 탐사선
- 1979년에 목성, 1981년에 토성, 1986년에 천왕성, 1989년에 해왕성을 차례로 근접 통과
- 현재 태양계를 벗어난 상태이며, 약 2030년까지도 지구와 통신이 가능할 것으로 추측됨

(다) 스푸트니크 1호

- 1957년 10월 4일 발사된 최초의 인공위성
- 전파 송출 기능만 있는 단순한 위성이었지만, 냉전 시대에 미국과 소련의 '우주 전쟁'을 촉발하는 기폭제가 되었음

(라) 큐리오시티

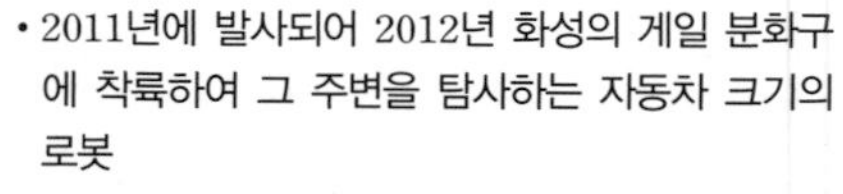
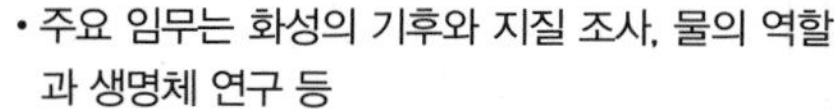

- 2011년에 발사되어 2012년 화성의 게일 분화구에 착륙하여 그 주변을 탐사하는 자동차 크기의 로봇
- 주요 임무는 화성의 기후와 지질 조사, 물의 역할과 생명체 연구 등

5 위로 던져 올린 물체의 역학적 에너지 전환과 보존

자료 분석 + 던져 올린 공의 역학적 에너지 전환과 보존

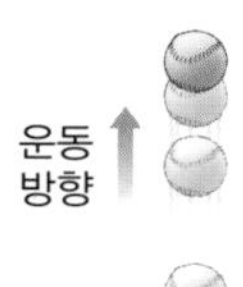

높이(m)	운동 에너지(J)	위치 에너지(J)
0	98.0	0
5	49.0	49.0
8	㉠	78.4

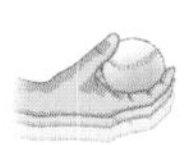

• 공기 저항이 없다면 역학적 에너지는 보존된다.
• 처음 운동 에너지＝최고 높이에서 위치 에너지＝각 높이에서의 역학적 에너지

(1) 공기 저항을 무시하면 역학적 에너지는 보존된다. 따라서 높이 8 m에서 위치 에너지는 감소한 운동 에너지와 같다. 78.4 J－0 J ＝98 J－㉠에서 ㉠은 19.6 J이다.

(2) 처음 운동 에너지와 최고점에서 위치 에너지는 같다. 따라서 공이 올라갈 수 있는 최고 높이는 $9.8\times 1\,kg\times h(m)=98\,J$에서 h는 10 m이다.

(3) 공이 운동하는 동안 역학적 에너지는 보존되고 감소한 운동 에너지만큼 위치 에너지가 증가한다.

모범 답안 공이 위로 올라갈 때는 운동 에너지가 위치 에너지로 전환된다. 어느 지점에서나 역학적 에너지는 같다. 감소한 운동 에너지와 증가한 위치 에너지는 같다.

채점 기준	배점(%)
3가지 모두 옳게 서술한 경우	100
2가지만 모두 옳게 서술한 경우	70
1가지만 옳게 서술한 경우	40

6 소비 전력과 전기 에너지의 절약

자료 분석 + 전기 기구의 소비 전력

전기 기구	소비 전력	사용 시간	소비 전력량
선풍기	50 W	2시간	100 Wh
헤어드라이어	1500 W	1시간	1500 Wh
전자레인지	1600 W	0.5시간	800 Wh
진공청소기	1200 W	2시간	2400 Wh
세탁기	500 W	8시간	4000 Wh
욕실 조명	50 W	4시간	200 Wh

매초 소비하는 전기 에너지는 소비 전력으로 나타낸다. 따라서 소비 전력이 큰 전기 기구가 매초 소비하는 전기 에너지가 크다.

(1) 소비 전력은 1초 동안 사용하는 전기 에너지이므로 전자레인지의 소비 전력이 1600 W로 가장 크다.

(2) 일주일 동안 소비하는 전력량은 소비 전력과 사용 시간의 곱이므로 세탁기가 4000 Wh로 가장 크다.

(3) 전기 기구를 사용할 때 전기 에너지를 절약하려면 소비 전력이 큰 전기 기구의 경우라면 사용 시간을 줄이는 것이 좋다. 또한 같은 효과를 얻는 경우라면 소비 전력이 작은 전기 기구를 사용한다.

모범 답안 • 머리카락을 말릴 때는 헤어드라이어 대신 선풍기를 이용한다.
• 냉동실에 있는 언 고기는 미리 꺼내어 물에 담가 녹여 전자레인지의 사용을 줄인다.
• 방이나 주방은 빗자루로 청소하여 진공청소기의 사용을 줄인다.
• 빨랫감은 모아서 한꺼번에 세탁하여 세탁기의 사용 시간을 줄인다.
• 욕실 조명을 소비 전력이 작은 전구로 교체한다.

채점 기준	배점(%)
3가지 모두 옳게 서술한 경우	100
2가지만 모두 옳게 서술한 경우	70
1가지만 옳게 서술한 경우	40

7 성운과 성단

자료 분석 + 성운과 성단의 분류 및 특징

(가) 반사 성운

〈반사 성운〉
• 주변의 별빛을 반사하여 밝게 보이는 성운
• 주로 파란색으로 보임.

(나) 구상 성단

〈구상 성단〉
• 수만~수십만 개의 별들이 공 모양으로 빽빽하게 모여 있는 별의 집단
• 주로 우리은하 중심부와 은하 원반을 둘러싼 구형의 공간(헤일로)에 분포
• 대부분 늙고 표면 온도가 낮은 붉은색 별들로 구성

(3) 

〈산개 성단〉
• 수십~수만 개의 별들이 일정한 모양 없이 모여 있는 별의 집단
• 주로 우리은하의 나선팔에 분포
• 대부분 젊고 표면 온도가 높은 푸른색 별들로 구성

(1) (가): 반사 성운, (나): 구상 성단

(2) (가) 천체는 반사 성운(M78)이다. 성운은 성간 물질이 밀집되어 구름처럼 보이는 천체로, 주로 우리은하의 나선팔에 분포한다. 반사 성운은 주변의 별빛을 반사하여 밝게 보이는 성운으로 주로 파란색으로 보인다.

모범 답안 주변의 밝은 별에서 오는 별빛을 반사하여 빛을 내며 주로 파란색으로 보인다.

(3) 그림은 산개 성단으로 (나)의 구상 성단에 비해 별의 수가 적다. 산개 성단은 수십~수만 개의 별들이 일정한 모양 없이 모여 있는 별의 집단이다. 주로 우리은하의 나선팔에 분포하며, 대부분 젊고 표면 온도가 높은 파란색의 별들로 구성되어 있다.

모범 답안 수만~수십만 개의 별들이 공 모양으로 빽빽하게 모여 있는 별의 집단으로, 주로 우리은하 중심부와 은하 원반을 둘러싼 구형의 공간인 헤일로에 분포한다. 그리고 대부분 늙고 표면 온도가 낮은 붉은색의 별들로 구성된다.

채점 기준	배점(%)
산개 성단과 구상 성단의 특징을 '모양', '우리은하에서 주로 분포하는 위치', '구성 별의 특징'을 기준으로 모두 옳게 서술한 경우	100
산개 성단과 구상 성단의 특징 중 2가지를 옳게 서술한 경우	70
산개 성단과 구상 성단의 특징 중 1가지만을 옳게 서술한 경우	40

8 과학 기술의 양면성

자료 분석 + 플라스틱 문제와 과학기술의 양면성

(가)

• 우리 생활에서 편리하게 사용되는 플라스틱의 예
• 플라스틱이 처음 발명되었을 때에는 사람들이 환호하는 최신 과학 기술이었다. 그러나 플라스틱은 오랫동안 썩지 않으므로 환경 오염의 주범이 되고 있다.

(나)

• 쓰레기로 버려져 많은 문제를 일으키는 플라스틱의 예
• 환경 오염을 해결하기 위해 분해성 플라스틱이 개발되었지만 분해 과정에서 미세 플라스틱이 발생하는 문제점이 있다. 완전히 분해되더라도 이산화 탄소나 메테인이 발생하여 지구 온난화 문제를 일으킬 수 있다.

(1) 과학 기술의 발전으로 인한 생활의 편리와 인간 수명 증가, 식량 부족 해결 등의 긍정적인 측면의 이면에는 환경 오염이나 에너지 부족, 사생활 침해 등의 부정적인 측면이 공존한다.

모범 답안 플라스틱의 발명과 같은 과학 기술의 발전은 인간의 생활을 편리하게 만들어 주었지만, 동시에 환경 오염과 같은 문제를 발생시켰다.

채점 기준	배점(%)
과학 기술의 발전이 인류에게 가져다 준 영향을 긍정적인 측면과 부정적인 측면으로 비교하여 (가)와 (나)를 예로 들어 적절하게 서술한 경우	100
과학 기술의 발전이 인류에게 가져다 준 영향을 (가)와 (나)를 예로 들어 설명하였으나, 긍정적 측면과 부정적 측면을 적절히 비교하지 못한 경우	50

(2) 썩지 않는 플라스틱의 특징에 따른 환경 오염을 해결하기 위해 분해성 플라스틱을 개발하였지만, 이것도 미세 플라스틱 문제를 새롭게 만들어 냈다. 전분이나 셀룰로오스 성분으로 만들어진 완전히 분해되는 플라스틱의 경우에도 이산화 탄소나 메테인의 배출로 인해 지구 온난화 문제를 일으킨다는 점에서 문제로 지적되고 있다.

모범 답안 플라스틱은 오랜 시간이 지나도 썩어서 분해되지 않기 때문이다. 분해된다고 하더라도 그 과정에서 크기가 작은 미세 플라스틱이 생겨, 이를 작은 생물이 먹고, 먹이사슬에 의해 결국 인간에게까지 영향을 미칠 수 있다.

채점 기준	배점(%)
(나)가 보여주는 플라스틱의 문제를 '오랜 시간이 지나도 분해되지 않기 때문'임을 지적하며 적절하게 설명한 경우	100
플라스틱의 문제를 설명하였으나, (나)의 '오랜 시간이 지나도 분해되지 않는' 것으로는 연결하지 못한 경우	50

기말고사 마무리	고난도 해결 전략 · 1회		64~67쪽
01 ①	02 12.5 J	03 ②	04 ③
05 ⑤	06 ⑤	07 ㉠: $9.8\,mh_1-9.8\,mh_2$,	

㉡: $\frac{1}{2}mv_2^2-\frac{1}{2}mv_1^2$ 08 (1) (가): 위치 에너지, (나): 운동 에너지, 역학적 에너지=(가)+(나)=일정 (2) 해설 참조

09 ① 10 ③

11 (가): 화학 에너지, (나): 열에너지, (다): 운동 에너지

12 (1) 전자기 유도 (2) 해설 참조 13 ③ 14 ③

15 ④ 16 ②

01 역학적 에너지 전환과 보존

자료 분석 + 역학적 에너지 전환과 보존

- 공을 아래로 던지는 경우 위치 에너지와 운동 에너지를 모두 가진다.
- 공을 위로 던져 올린 경우도 위치 에너지와 운동 에너지를 모두 가진다.
- 높이와 속력이 같다면 두 경우의 역학적 에너지는 같다.
- 지면에 닿기 직전 역학적 에너지는 운동 에너지와 같다.

두 공의 질량과 속력이 같다면 두 공이 가지는 역학적 에너지는 같다. 따라서 두 공이 지면에 닿는 순간의 운동 에너지와 역학적 에너지는 같다.

바로 알기 같은 높이에서 공을 아래로 던지든 위로 던지든 공이 가지는 역학적 에너지는 같다.

02 자유 낙하 운동의 역학적 에너지 전환과 보존

자료 분석 + 자유 낙하 운동의 역학적 에너지 전환과 보존

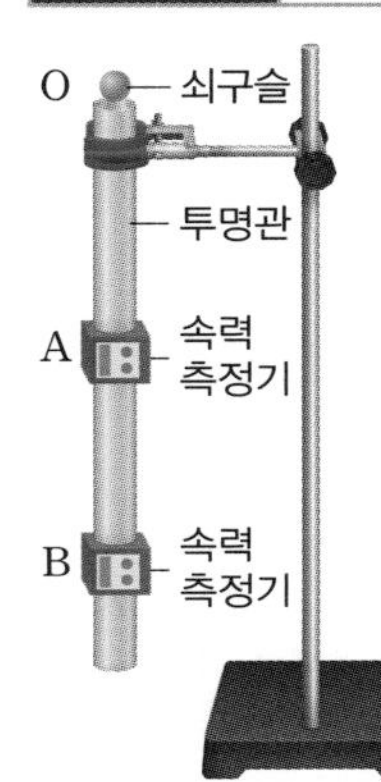

- 공기 저항을 무시할 때 낙하하는 물체에 중력이 한 일은 운동 에너지로 전환된다.
- 중력에 의한 위치 에너지와 운동 에너지의 합인 역학적 에너지는 물체의 높이에 관계없이 일정한 값을 갖는다.
- B에서의 운동 에너지−A에서 운동 에너지=A와 B 사이에서 감소한 위치 에너지

A와 B 사이에 감소한 위치 에너지는 증가한 운동 에너지와 같으므로 $\frac{1}{2}\times5\times(3^2-2^2)=12.5(\mathrm{J})$이다.

03 자유 낙하 운동에서 역학적 에너지 비교

자료 분석 + 자유 낙하 운동에서 높이에 따른 위치 에너지와 운동 에너지의 비

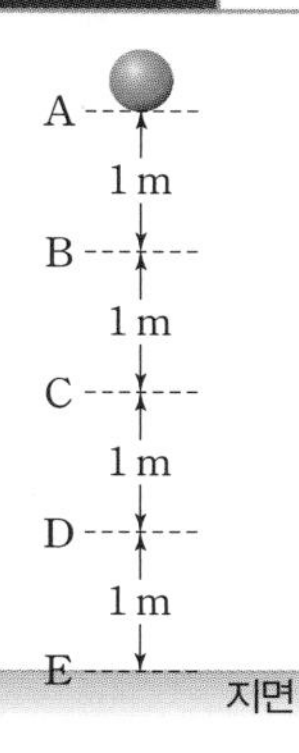

- 물체가 자유 낙하 할 때 위치 에너지는 운동 에너지로 전환된다.
- 이때 위치 에너지는 높이에 비례하고 운동 에너지는 낙하 거리에 비례한다.
- 따라서 B에서 위치 에너지가 3 E이라면 운동 에너지는 1 E이다.
- 또한 D에서 위치 에너지가 1 E이라면 운동 에너지는 3 E이 된다.
- A에서 위치 에너지는 4 E이고 운동 에너지는 0이며, E에서 위치 에너지는 0이고 운동 에너지는 4 E이다.

선택지 분석

㉠ B에서 위치 에너지=3×B에서 운동 에너지
㉡ C에서 위치 에너지=C에서 운동 에너지
~~㉢~~ D에서 운동 에너지=3×B에서 위치 에너지 → D에서 운동 에너지=B에서 위치 에너지
~~㉣~~ E의 운동 에너지=4×A에서 위치 에너지 → E에서 운동 에너지=A에서 위치 에너지

ㄱ. 공의 위치 에너지는 지면에서의 높이에 비례하고, 운동 에너지는 낙하한 거리에 비례한다. 따라서 B에서 위치 에너지는 3이고, 운동 에너지는 1이므로 위치 에너지가 운동 에너지의 3배이다.

ㄴ. C에서는 공의 지면으로부터의 높이와 공이 낙하한 거리가 같으므로 위치 에너지와 운동 에너지가 같다.

바로 알기 ㄷ. D에서 운동 에너지는 3이고 B에서 위치 에너지도 3이므로 'D에서 운동 에너지=B에서 위치 에너지'이다.

ㄹ. E에서 운동 에너지는 4이고, A에서 위치 에너지도 4이므로 'E에서 운동 에너지=A에서 위치 에너지'이다.

04 자유 낙하 운동에서 역학적 에너지 비교

자료 분석 + 달에서 위로 던져 올린 물체의 역학적 에너지 전환과 보존

- 달에서 변하지 않는 것: 질량
- 달에서 변하는 것: 중력 가속도 상수, 무게, 올라간 높이
- 던지는 순간 운동 에너지 $=\frac{1}{2}mv^2=\frac{1}{2}\times2\times4^2=16(\mathrm{J})$이므로 달에서 16 J, 지구에서 16 J이다.
- 최고 높이에서 위치 에너지는 달에서 16 J, 지구에서 16 J
- 최고 높이는 달에서의 높이>지구에서의 높이

BOOK 2

선택지 분석

㉠ 지구에서보다 높이 올라간다.
~~ㄴ.~~ 지구에서보다 역학적 에너지가 크다. → 같다.
㉢ 운동 에너지가 위치 에너지로 전환된다.
~~ㄹ.~~ 최고 높이에서 위치 에너지는 지구에서보다 크다. → 같다.

달에서 던져 올리든 지구에서 던져 올리든 질량이 같고 처음 속력이 같으므로 운동 에너지가 같다. 따라서 달과 지구에서 역학적 에너지는 같다. 달의 중력은 지구의 중력의 $\frac{1}{6}$이므로 올라가는 최고 높이를 h라고 할 때 달에서는 $\frac{1}{6}\times 9.8\times m\times h=\frac{1}{2}mv^2$에서 $h=\frac{6}{9.8}\times v^2$이고, 지구에서는 $h=\frac{v^2}{9.8}$이므로 중력이 작은 달에서가 더 높다. 하지만 최고 높이에서의 위치 에너지의 크기는 같다.

바로 알기 ㄴ. 던지는 순간 운동 에너지가 같으므로 달과 지구에서 역학적 에너지는 같다.
ㄹ. 던지는 순간 운동 에너지가 최고 높이에서 위치 에너지로 전환되므로 지구에서와 같다.

05 자유 낙하 운동에서 역학적 에너지 변화

- 위치 에너지는 높이에 비례하고 운동 에너지는 낙하한 거리에 비례한다. 따라서 위치 에너지와 운동 에너지의 비가 4 : 1인 A 지점은 지면으로부터 16 m 높이이다.
- 위치 에너지와 운동 에너지의 비가 1 : 4인 B 지점은 지면으로부터 4 m 높이이다.
- A의 높이는 16 m이고, B의 높이는 4 m이므로 두 지점의 높이 차는 16 m−4 m=12 m이다.

06 낙하 운동에서 역학적 에너지 변화

스카이다이버는 낙하하는 동안 위치 에너지는 점점 작아지고, 운동 에너지는 증가하다가 속력이 일정하면 운동 에너지도 일정하다. 공기 저항이 있으므로 역학적 에너지의 일부가 열에너지나 소리 에너지로 전환되므로 역학적 에너지는 보존되지 않고 점점 작아진다.

ㄱ. 스카이다이버가 점점 지면을 향해 떨어지므로 위치 에너지는 점점 작아진다.

바로 알기 ㄴ. 낙하하는 동안 공기 저항으로 소리와 열이 발생하므로 역학적 에너지는 점점 작아진다.

07 자유 낙하 운동에서 역학적 에너지 비교

질량 m인 공이 높이 h_1에서 h_2로 떨어지는 동안 속력이 v_1에서 v_2로 증가하면 공의 위치 에너지가 감소한 만큼 운동 에너지가 증가한다. 이것을 식으로 나타내면 다음과 같다.

$9.8\,mh_1-9.8\,mh_2=\frac{1}{2}mv_2^2-\frac{1}{2}mv_1^2$

➡ $9.8\,mh_1+\frac{1}{2}mv_1^2=9.8\,mh_2+\frac{1}{2}mv_2^2$

h_1에서 역학적 에너지$=h_2$에서 역학적 에너지

08 자유 낙하 운동에서 역학적 에너지 변화

자료 분석 + 역학적 에너지 보존

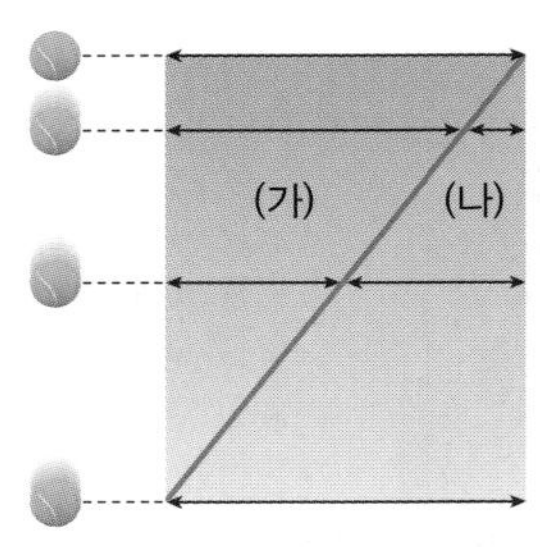

- 공기 저항을 무시할 때 물체가 자유 낙하 운동을 하는 동안 위치 에너지는 감소하고, 운동 에너지는 증가한다.
- 물체가 자유 낙하 운동을 하는 동안 위치 에너지가 감소한 만큼 운동 에너지가 증가한다.
- 자유 낙하 운동을 하는 물체의 역학적 에너지는 높이에 관계없이 일정한 값을 가진다.

(1) 자유 낙하 하는 경우 (가)는 에너지가 점점 줄어들므로 위치 에너지이고, (나)는 에너지가 점점 증가하므로 운동 에너지이다. 낙하하는 동안 (가)와 (나)의 합은 역학적 에너지이며 그 값은 일정하다.

(2) (가)는 높이가 낮아질수록 점점 작아지므로 위치 에너지를 의미하며, (나)는 높이가 낮아질수록 점점 커지므로 운동 에너지를 의미한다. 낙하하는 동안 줄어든 위치 에너지만큼 운동 에너지가 증가하여 높이에 관계없이 위치 에너지+운동 에너지=역학적 에너지=일정하다.

모범 답안 1. 물체가 낙하하는 동안 위치 에너지가 운동 에너지로 전환된다.
2. 물체가 낙하하는 동안 높이에 관계없이 역학적 에너지는 일정하게 보존된다.

채점 기준	배점(%)
2가지 모두 옳게 서술한 경우	100
1가지만 옳게 서술한 경우	50

09 전자기 유도

자료 분석 + 전자기 유도 현상

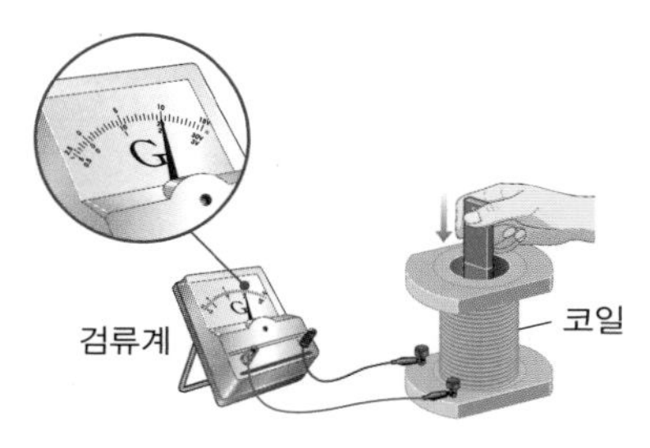

- 자석을 코일 속에 넣을 때와 뺄 때 코일을 통과하는 자기장이 변하므로 전류가 발생한다.
- 자석이 가까이 다가올 때와 멀어질 때는 유도 전류의 방향이 반대이므로 검류계 바늘은 서로 반대 방향으로 움직인다.
- 자석을 코일 속에 넣은 채로 가만히 있으면 자기장의 변화가 없으므로 검류계 바늘은 움직이지 않는다.

선택지 분석

①검류계 바늘이 왼쪽으로 움직인다.
~~②~~ 검류계 바늘이 가운데에서 움직이지 않는다. → 자석을 움직이지 않을 때
~~③~~ 검류계 바늘이 오른쪽으로 더 크게 움직인다. → 자석을 빠르게 움직일 때
~~④~~ 검류계 바늘이 오른쪽으로 더 작게 움직인다. → 자석을 천천히 움직일 때
~~⑤~~ 검류계 바늘이 가운데를 중심으로 좌우로 왔다 갔다 한다.
→ 자석을 가까이했다가 멀리할 때

① 자석을 코일에 가까이할 때 검류계 바늘이 오른쪽으로 움직였으므로 자석을 코일에서 멀리하면 전류가 반대 방향으로 흐르게 되어 바늘은 가운데에서 왼쪽으로 움직인다.

바로 알기 ② 자석을 움직이지 않으면 검류계 바늘도 가운데에서 움직이지 않는다.

③ 자석을 코일에 빠르게 넣으면 검류계 바늘이 오른쪽으로 더 크게 움직인다.

④ 자석을 코일에 천천히 넣으면 검류계 바늘이 오른쪽으로 더 작게 움직인다.

⑤ 자석을 코일에 가까이했다 멀리했다 하면 검류계 바늘이 가운데를 중심으로 좌우로 왔다 갔다 한다.

10 전기 에너지 전환

에어컨에서 표시창의 신호는 전기 에너지가 빛에너지로, 차가운 바람이 나오는 것은 전기 에너지가 운동 에너지로, 윙윙거리는 소리는 전기 에너지가 소리 에너지로, 손으로 만져 보니 따뜻한 것은 전기 에너지가 열에너지로 전환된 것이다.

바로 알기 ③ 에어컨에서 전기 에너지가 화학 에너지로 전환되지는 않는다.

11 전기 에너지 전환

(가) 스마트 기기를 충전할 때는 전기 에너지가 화학 에너지로 전환되고, (나) 전기난로를 켜면 전기 에너지가 열에너지로 전환된다. 또한 (다) 진공청소기에서는 전기 에너지가 운동 에너지로 전환된다.

12 자가발전의 원리

(1) 자가발전 손전등은 자석과 코일로 이루어져 있으며 전자기 유도를 이용한다.

(2) 코일 주위에서 자석을 움직일 때 코일에 전류의 세기가 흐르는 현상을 전자기 유도라고 한다. 손잡이를 누르면 손잡이와 연결된 톱니바퀴가 돌아가고, 톱니바퀴에 연결된 자석이 움직이면서 자석 아래에 있는 코일에 전류가 흘러 전구에 불이 켜진다.

모범 답안 손잡이를 누르면 자석이 움직이면서 자석 아래에 있는 코일에 전류가 흐른다. 이때 자석의 운동 에너지가 전기 에너지로 전환되고, 전기 에너지가 빛에너지로 전환되어 손전등에 불이 켜진다.

채점 기준	배점(%)
주어진 단어를 모두 사용하여 옳게 서술한 경우	100
주어진 단어의 일부만 사용하여 옳게 서술한 경우	50

13 선풍기의 강풍과 약풍

자료 분석 + 선풍기의 강풍과 약풍

- 선풍기에서 전기 에너지는 운동 에너지로 전환된다.
- 약풍에서 강풍으로 바꾸면 저항이 작아져 선풍기에 흐르는 전류의 세기가 커진다.
- 강풍일 때가 약풍일 때보다 선풍기에 흐르는 전류의 세기는 더 크다.
- 강풍일 때 에너지가 더 많이 소비하므로 약풍일 때보다 소비 전력이 크다.

선택지 분석

㉠ 전기 에너지가 운동 에너지로 전환된다.
~~㉡~~ 약풍이나 강풍과 관계없이 소비 전력은 같다.
→ 강풍일 때 소비 전력이 더 크다.
㉢ 강풍일 때 소비되는 전기 에너지가 더 많다.

선풍기에서는 전기 에너지가 운동 에너지로 전환되는데 '강풍'을 눌렀을 때 바람이 더 강하므로 운동 에너지로 전환된 양도 더 많다. 따라서 더 많은 전기 에너지가 필요하므로 '강풍'일 때 소비 전력이 더 크다.

바로 알기 ㄴ. 강풍일 때 소비하는 전기 에너지가 약풍일 때보다 많다. 따라서 강풍일 때 소비 전력이 약풍일 때보다 크다.

14 소비 전력과 전기 에너지

자료 분석 + 정격 전압과 소비 전력

- 정격이란 전기 기구를 안전하게 사용하기 위한 한계를 표시한 것이다.
- 예를 들면 어떤 전기 기구에 '정격 전압 220 V, 정격 소비 전력 45 W'라고 표시되어 있다면, 이것은 전기 기구를 220 V의 전압까지만 연결해야 하며, 220 V에 연결할 때 전기 기구가 45 W의 전력을 소비함을 뜻한다.

선택지 분석

ㄱ 선풍기가 1초 동안 소비하는 전기 에너지는 45 J이다.
ㄴ 선풍기를 전압 220 V에 연결하여 사용하면 소비 전력은 45 W가 된다.
ㄷ 선풍기를 하루 동안 사용하면 소비하는 전기 에너지는 45 Wh이다. → 1080 Wh

ㄱ, ㄴ. 선풍기를 220 V에서 사용하면 1초에 45 J의 전기 에너지를 소비한다. 즉 소비 전력이 45 W이다.

바로 알기 ㄷ. 선풍기를 하루 동안 사용하면 소비하는 전기 에너지는 소비 전력×사용 시간(24 h)=45 W×24 h=1080 Wh이다.

15 소비 전력

자료 분석 + 소비 전력으로부터 전류 구하기

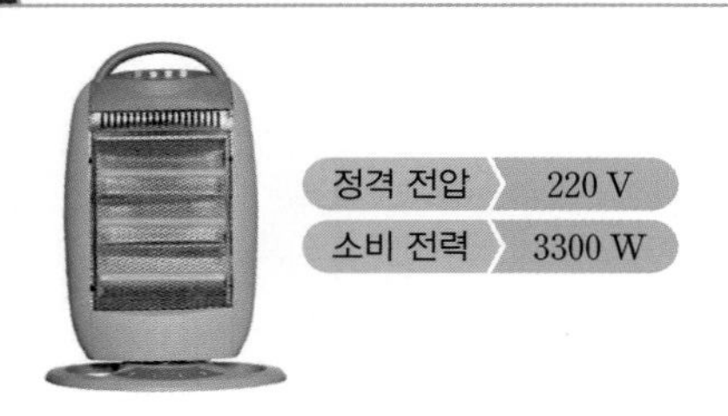

- 소비 전력 $=\frac{\text{전기 에너지}}{\text{시간}}=\frac{\text{전압}\times\text{전류}\times\text{시간}}{\text{시간}}=$ 전압×전류이다.

선택지 분석

① 1.5 A ② 5 A ③ 10 A
④ 15 A ⑤ 20 A

전기난로를 정격 전압 220 V에서 사용하면 전기난로에 흐르는 전류의 세기는 3300 W=220 V×I(A)에서 I는 15 A이다.

16 전구에서의 소비 전력

자료 분석 + 전구에서의 소비 전력

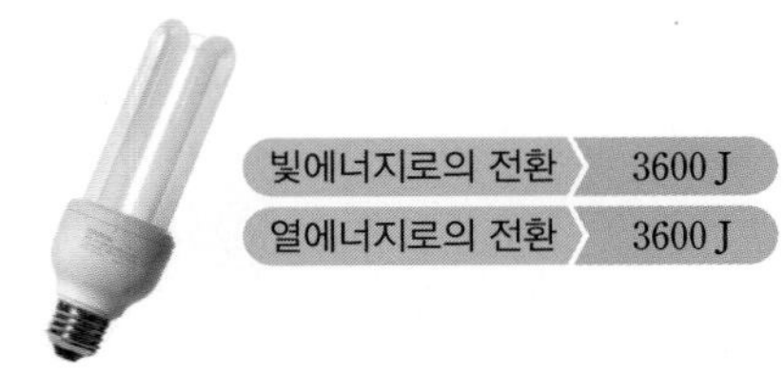

- 전구가 10분 동안 소비한 전기 에너지=빛에너지+열에너지=7200 J
- 소비 전력(W) $=\frac{\text{전기 에너지(J)}}{\text{시간(s)}}=\frac{7200\text{ J}}{10\times60\text{ s}}=12\text{ W}$

선택지 분석

① 전구의 소비 전력은 14 W이다. 12 W
② 전구가 1초 동안 소비하는 전기 에너지는 12 J이다.
③ 전구가 1분 동안 소비하는 전기 에너지는 360 J이다. → 720 J
④ 전구가 10분 동안 소비하는 전기 에너지는 3600 J이다. → 7200 J
⑤ 전구를 1시간 사용하면 소비하는 전력량은 36 Wh이다. → 12 Wh

전구를 10분 동안 사용하였을 때 전구에서 일어난 전기 에너지는 빛에너지로의 전환이 3600 J, 열에너지로의 전환이 3600 J이므로 10분 동안 전구가 소비하는 전기 에너지는 3600 J+ 3600 J=7200 J이다.

바로 알기 ① 소비 전력은 $\frac{7200\text{ J}}{10\times60\text{ s}}=12\text{ W}$이다.

③ 전기 에너지=소비 전력×사용 시간(초)
=12 W×60 s=720 J

④ 1분 동안 소비하는 전기 에너지가 720 J이므로 10분 동안 소비한 전기 에너지는 7200 J이다.

⑤ 전력량=소비 전력×사용 시간(h)=12 W×1 h=12 Wh

기말고사 마무리 고난도 해결 전략 · 2회 68~71쪽

01 ②	02 ③	03 ⑤	04 −2등급
05 ②	06 ①	07 ③	08 ④
09 ③	10 ④	11 ⑤	12 ②
13 ④	14 ②	15 사물 인터넷(IoT)	
16 ⑤			

01 별의 연주 시차

자료 분석 + 별의 연주 시차와 거리

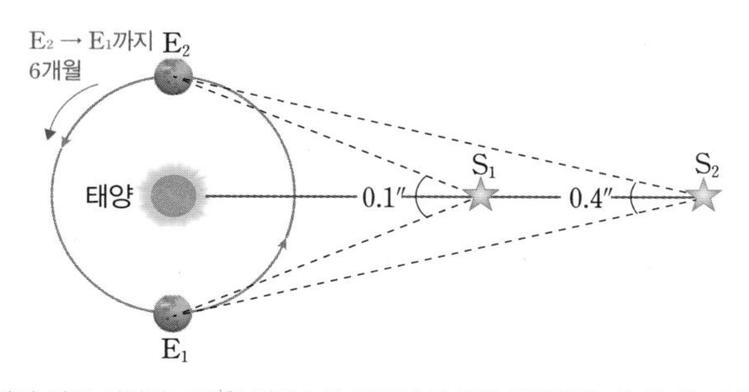

- 별의 연주 시차란, 6개월 간격으로 지구에서 별을 관측했을 때 생기는 시차의 $\frac{1}{2}$에 해당하는 값 → 단위는 초(″)를 사용
- 별 S_1의 시차는 0.1″ → 연주 시차는 0.05″ ⟶ 시차의 절반
- 별 S_2의 시차는 0.4″ → 연주 시차는 0.2″
- 지구가 E_1에서 E_2까지 이동하는 데 6개월이 걸림
- 별까지의 거리(pc) $= \frac{1}{\text{연주 시차}(″)}$ 1 pc(파섹)은 연주 시차가 1″인 별까지의 거리

선택지 분석

~~ㄱ.~~ S_1의 연주 시차는 0.1″이다. ⟶ 0.05″
ⓛ S_2는 5 pc 떨어진 거리에 있다.
~~ㄷ.~~ 지구에서 별 S_1과 S_2까지의 거리가 멀어지면 두 별 모두 연주 시차가 커질 것이다. ⟶ 작아질 것이다.

ㄴ. 별까지의 거리(pc) $= \frac{1}{\text{연주 시차}(″)}$이므로, 별 S_2까지의 거리는 $\frac{1}{0.2″} = 5$ pc이다.

바로 알기 ㄱ. 연주 시차는 6개월 간격으로 지구에서 별을 관측했을 때 생기는 시차의 $\frac{1}{2}$에 해당하는 값이므로, S_1의 연주 시차는 0.05″이다.

ㄷ. 별의 거리가 멀어지면 연주 시차는 작아진다.

02 별의 연주 시차와 거리

자료 분석 + 연주 시차의 측정과 거리 구하기

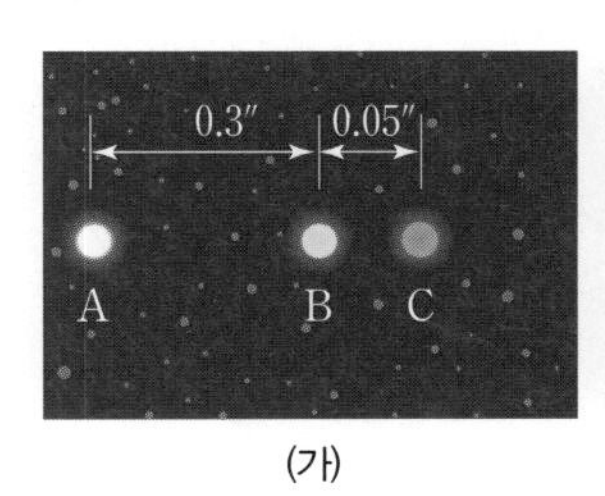

(가)

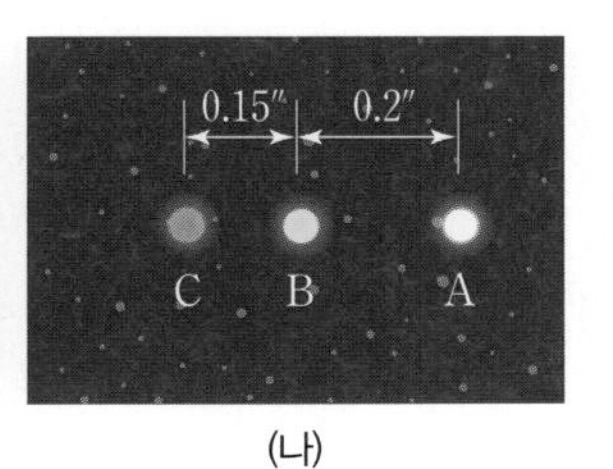

(나)

별 B의 위치는 변하지 않았으므로
A는 6개월 동안 0.5″를 이동 → 시차가 0.5″ → 연주 시차는 0.25″
C는 6개월 동안 0.2″를 이동 → 시차가 0.2″ → 연주 시차는 0.1″

A의 연주 시차는 $\frac{0.3″+0.2″}{2} = 0.25″$이고, C의 연주 시차는 $\frac{0.05″+0.15″}{2} = 0.1″$이다. 별까지의 거리(pc)는 $\frac{1}{\text{연주 시차}(″)}$이므로, A는 4 pc, C는 10 pc 떨어져 있다.

3 별의 밝기와 거리

자료 분석 + 별의 밝기와 거리 관계

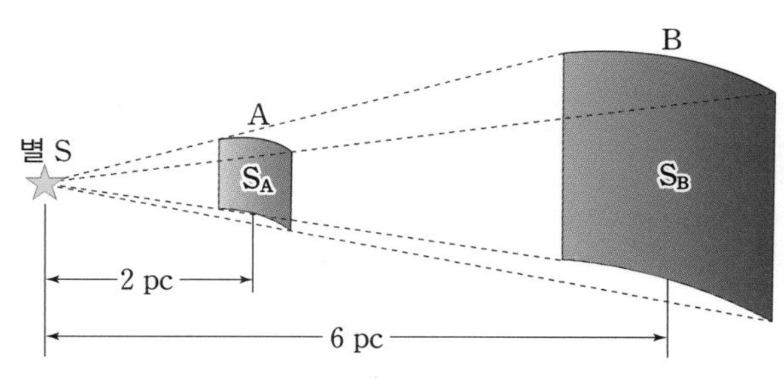

B는 A보다 3배 먼 거리 → 밝기는 $\frac{1}{9}$배로 어두워짐

- 별의 밝기는 거리의 제곱에 반비례 → 별까지의 거리가 2배로 멀어지면 밝기는 $\frac{1}{4}$배, 3배로 멀어지면 밝기는 $\frac{1}{9}$배로 어두워진다.
- 별의 밝기 $\propto \frac{1}{(\text{별까지의 거리})^2}$

4 별의 밝기와 등급

자료 분석 + 별의 등급과 밝기 관계

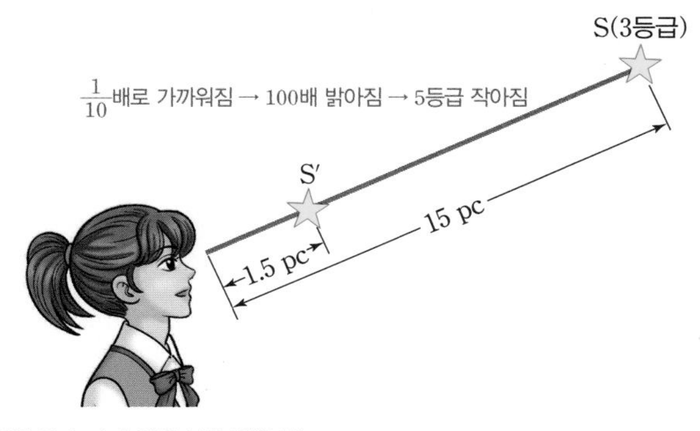

- 등급의 숫자가 작을수록 밝은 별
- 5등급 차이는 약 100배의 밝기 차이를 나타냄 → 1등급 차이는 약 $2.5(=100^{\frac{1}{5}})$배의 밝기 차이를 나타냄

별까지의 거리가 $\frac{1}{10}$배로 가까워지면, 밝기는 100배 밝아지므로, 겉보기 등급에 숫자는 5등급 작아진다.

5 별의 등급과 거리

자료 분석 + 별의 등급과 거리 관계

별	절대 등급	연주 시차	거리
A	−4.2	0.2″	5 pc
B	1.7	0.01″	100 pc
C	−2.2	0.5″	2 pc
D	0.6	0.1″	10 pc

- 별까지의 거리가 10 pc보다 가까운 별 → 겉보기 등급< 절대 등급
- 별까지의 거리가 10 pc인 별 → 겉보기 등급=절대 등급
- 별까지의 거리가 10 pc보다 먼 별 → 겉보기 등급 > 절대 등급

선택지 분석

① A의 겉보기 등급은 −4.2보다 작다.
② B의 겉보기 등급은 −4.3이다. → 6.7
③ C는 A보다 지구로부터 거리가 가깝다.
④ D의 겉보기 등급은 절대 등급과 같다.
⑤ A~D 중 실제로 가장 밝은 별은 A이다.

① A는 10 pc보다 가까운 5 pc 거리에 있는 별이므로 겉보기 등급이 절대 등급보다 작다.
③ C의 거리는 2 pc으로, A의 거리인 5 pc보다 가깝다.
④ D의 거리는 10 pc이므로, 겉보기 등급과 절대 등급이 같다.
⑤ 실제로 가장 밝은 별은 A~D 중 절대 등급이 가장 작은 별은 A이다.

바로 알기 ② B는 지구로부터 100 pc 거리에 있다. 10 pc 거리에 있을 때 1.7등급이므로 10배만큼 멀어지면 $\frac{1}{100}$배로 어두워지므로, 겉보기 등급은 5등급 커진 6.7등급이 된다.

6 별의 겉보기 등급과 절대 등급의 비교

자료 분석 + 별의 등급과 거리 관계

별	A	B	C	D	E
겉보기 등급	1.9	−0.2	2.5	−0.7	3.2
절대 등급	2.6	3.2	2.5	−2.3	−0.6

A, B: 겉보기 등급< 절대 등급 → 10 pc 보다 가까운 별
C: 겉보기 등급=절대 등급 → 거리가 10 pc 인 별
D, E: 겉보기 등급> 절대 등급 → 10 pc 보다 먼 별

32.6 LY(광년)는 약 10 pc과 같다. 10 pc보다 가까이 있는 별은 겉보기 등급이 절대 등급보다 작다.

7 별의 색

자료 분석 + 별의 색과 표면 온도

(가) 베텔게우스(붉은색) (나) 리겔(푸른색)

- 별의 색은 표면 온도에 따라 달라진다.
- 표면 온도가 낮을수록 붉은색을 띠고, 표면 온도가 높아짐에 따라 점차 노란색, 흰색, 파란색을 띤다.

③ 별의 색은 표면 온도에 따라 달라진다. 표면 온도가 낮을수록 붉은색을 띠고, 표면 온도가 높아짐에 따라 점차 노란색, 흰색, 파란색을 띤다.

바로 알기 ①, ②, ④, ⑤ 별의 색은 표면 온도에 따라서 달라지므로, 반지름이나 밝기, 거리 등을 알 수는 없다.

8 별의 절대 등급과 색

자료 분석 + 실제 별의 절대 등급과 색

별	절대 등급	색
알데바란	−0.6	주황색
베가	0.5	흰색
민타카	−5.8	파란색
태양	4.8	노란색

- 실제 밝기(절대 등급으로 비교): 민타카> 알데바란> 베가> 태양
- 표면 온도(색으로 비교): 민타카> 베가> 태양> 알데바란

선택지 분석

ㄱ 알데바란은 베가보다 표면 온도가 낮다.
ㄴ 베가와 태양이 같은 거리에 있다면 베가가 더 밝게 보인다.
ㄷ 네 별 중에서 민타카의 표면 온도가 가장 높다.
ㄹ 태양은 민타카보다 실제 밝기가 밝다.

ㄱ, ㄷ. 네 별의 색을 통해 표면 온도를 비교하면 민타카(파란색)> 베가(흰색)> 태양(노란색)> 알데바란(주황색)이다.
ㄴ. 베가의 절대 등급은 0.5이고 태양은 4.8이므로 실제 밝기는 베가가 더 밝다.

바로 알기 ㄹ. 민타카는 절대 등급이 −5.8이고 태양은 4.8이므로 민타카가 실제 밝기가 밝다.

9 우리은하

자료 분석 + 위에서 본 우리은하의 모습

궁수자리 부근은 은하 중심 방향으로, 지구에서 보이는 은하수의 폭이 넓고 뚜렷하다.

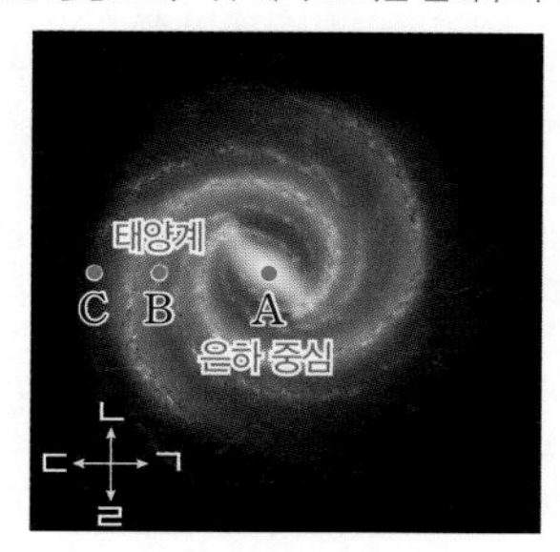

- 우리은하란, 태양계가 속해 있는 은하이다.
- 우리은하를 위에서 보면, 막대 모양의 중심부가 있고, 주변에는 별들이 나선 모양으로 분포한다.
- 우리은하를 옆에서 보면, 중심부가 부풀어 있는 지름 약 30 kpc(약 10만 광년)의 납작한 원반 모양이다.
- 우리은하는 약 2000억 개의 별들을 포함하고 있으며, 태양계는 중심에서 약 8.5 kpc(약 3만 광년) 떨어진 나선팔에 위치한다.

태양계는 우리은하 중심에서 약 8.5 kpc 떨어진 나선팔에 위치하고 있으며, 궁수자리는 태양계에서 보았을 때 우리은하의 중심 방향에 있다.

10 성단

자료 분석 + 구상 성단과 산개 성단

(가) 구상 성단	(나) 산개 성단
• 수만~수십만 개의 별들이 공 모양으로 빽빽하게 모여 있는 별의 집단 • 주로 우리은하 중심부와 은하 원반을 둘러싼 구형의 공간(헤일로)에 분포 • 대부분 늙고 표면 온도가 낮은 붉은색 별들로 구성	• 수십~수만 개의 별들이 일정한 모양 없이 모여 있는 별의 집단 • 주로 우리은하의 나선팔에 분포 • 대부분 젊고 표면 온도가 높은 푸른색 별들로 구성

선택지 분석

ㄱ 대부분 젊은 별들로 구성되어 있다.
ㄴ̸ 주로 우리은하의 중심부와 헤일로에 분포한다. → 나선팔
ㄷ 온도가 높은 푸른색 별들이 대부분을 차지한다.

ㄱ, ㄷ. 산개 성단은 대부분 젊고 온도가 높은 푸른색 별들로 구성되어 있다.

바로 알기 ㄴ. 산개 성단은 주로 우리은하의 나선팔에 분포한다. 우리은하의 중심부와 헤일로에는 주로 구상 성단이 분포한다.

11 성운

자료 분석 + 반사 성운과 방출 성운

(가) 반사 성운

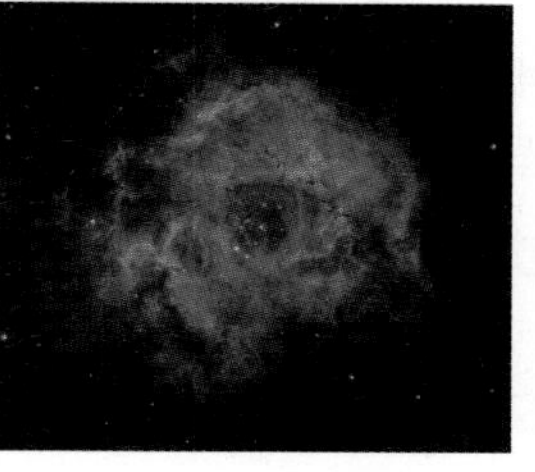
(나) 방출 성운

- 반사 성운은 주변의 별빛을 반사하여 밝게 보이는 성운으로, 주로 파란색으로 보인다.
- 방출 성운은 근처의 별로부터 에너지를 받아 온도가 높아져 스스로 빛을 내는 성운으로 주로 붉은색 빛을 낸다.

선택지 분석

① (가)는 반사 성운이다.
② (가)는 주변의 별빛을 반사하여 밝게 보인다.
③ (나)는 스스로 붉은색 빛을 낸다.
④ (나)는 근처의 뜨거운 별로부터 에너지를 받는다.
⑤̸ (가)와 (나)는 주로 우리은하의 중심부에 분포한다. → 나선팔

①, ②, ③, ④ (가)는 반사 성운, (나)는 방출 성운으로, 반사 성운은 주변의 별빛을 반사하여 파란색으로 보이고, 방출 성운은 근처에 있는 별로부터 에너지를 받아 온도가 높아져서 스스로 붉은색 빛을 낸다.

바로 알기 ⑤ 성운은 주로 우리은하의 나선팔에 분포한다.

12 우주의 팽창

자료 분석 + 팽창하는 우주

멀리 있는 은하일수록 멀어지는 속도가 빠르다.

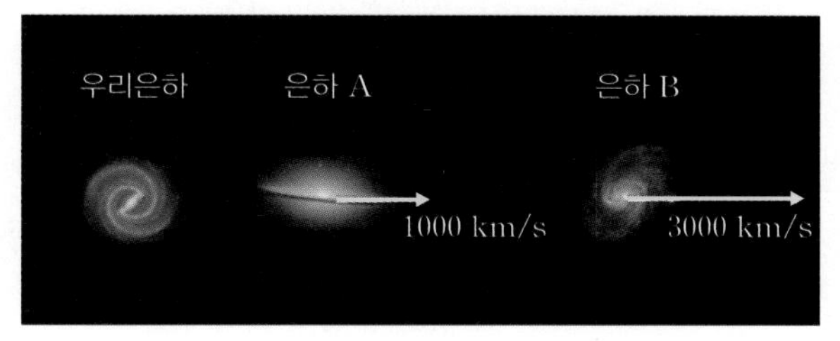

- 우주 공간은 모든 방향으로 균일하게 팽창한다.
- 팽창의 중심은 따로 존재하지 않는다.
- 우주의 어느 지점에서 관측하더라도 은하들이 관측자로부터 멀어지는 현상이 나타난다.

선택지 분석

✗ 우주 팽창의 중심에는 우리은하가 있다.
ㄴ 은하 A에서 관측하면 은하 B는 2000 km/s의 속도로 멀어진다.
✗ 은하 B에서 관측하면 은하 A는 가까워지고, 우리은하는 멀어진다.

ㄴ. 우주 공간은 모든 방향으로 균일하게 팽창한다. 은하 A에서 관측하면 은하 B는 2000 km/s, 우리은하는 1000 km/s의 속도로 멀어질 것이다.

바로 알기 ㄱ. 우주 팽창의 중심은 따로 존재하지 않는다.
ㄷ. 우주의 어느 지점에서 관측하더라도 은하들이 관측자로부터 멀어지는 현상이 나타난다.

13 대폭발 우주론

자료 분석 + 대폭발 우주론(빅뱅 우주론)

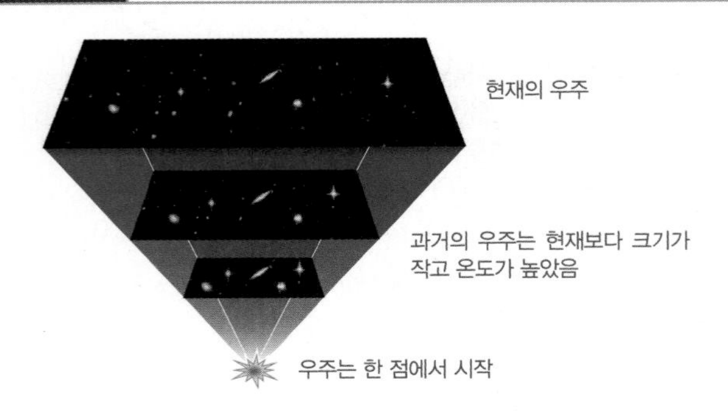

- 대폭발 우주론은 먼 과거에 우주의 모든 물질과 에너지가 한 점에 모여 있다가 대폭발로 인해 우주가 점점 팽창하여 현재의 모습이 되었다는 이론이다.

선택지 분석

ㄱ 과거의 우주는 지금보다 온도가 높았다.
✗ 시간이 지나면 우주의 총 질량이 증가할 것이다. → 일정
ㄷ 대폭발 이전에 우주의 모든 물질과 에너지가 한 점에 모여 있었다.

ㄱ. 과거 우주는 현재보다 크기가 작고 온도가 높았다.
ㄷ. 대폭발 우주론에 의하면 우주는 모든 물질과 에너지가 한 점에 모여 있다가 대폭발로 인해 팽창하여 현재의 모습이 되었다.

바로 알기 ㄴ. 대폭발 우주론에 의하면 모든 물질과 에너지는 한 점에 모여 있었으므로, 시간이 지나 팽창이 계속되어도 우주의 총 질량은 변하지 않는다.

14 우주 탐사의 역사

자료 분석 + 우주 탐사의 역사와 성과

탐사	설명
A 뉴호라이즌스호	태양계의 왜소 행성인 명왕성을 최초로 근접 통과하였다.
B 아폴로 11호	인류 최초로 지구가 아닌 다른 천체에 착륙하여 탐사를 수행하였다.
C 보이저 2호	해왕성을 근접 통과하며 많은 자료를 지구로 보내왔다.

- 뉴호라이즌스호는 2015년에 명왕성을 최초로 근접 통과하였다.
- 아폴로 11호는 1969년 최초로 달 착륙에 성공하였다.
- 보이저 2호는 1989년에 해왕성을 근접 통과하였다.

선택지 분석

✗ A는 B보다 먼저 수행되었다. → B가 먼저 수행
✗ B 이후에 다른 행성에서도 유인 탐사가 이루어졌다.
ㄷ C는 현재 태양계를 벗어나 계속 멀어지고 있다.

ㄱ. 뉴호라이즌스호는 2015년에 명왕성을 근접 통과했고, 아폴로 11호는 1969년에 달에 착륙하였다.
ㄴ. 현재까지 인류의 유인 탐사는 지구의 위성인 달이 유일하며, 다른 행성에서는 유인 탐사를 하지 않았다.

바로 알기 ㄷ. 보이저 2호는 태양계를 벗어나 멀어지고 있다.

15 과학 기술과 인류 문명

사물 인터넷(IoT)은 첨단 과학 기술의 활용 사례 중 하나로, 모든 사물을 인터넷으로 연결하는 기술이다. 사람과 사물 사이 뿐만 아니라 사물과 사물 사이에도 정보를 주고 받을 수 있게 하여 우리 생활을 편리하게 만들어줄 수 있다.

16 과학 기술의 양면성

①, ②, ③, ④ 과학 기술의 발달은 생활의 편리와 인간 수명의 증가, 식량 부족 해결 등의 긍정적인 측면을 가져다 주었으나, 그 이면에는 환경 오염이나 에너지 부족, 사생활 침해 등의 부정적인 측면이 공존한다.

바로 알기 ⑤ 과학 기술의 발달에 있어서, 과학자들 외에 모든 사회 구성원이 과학 기술의 미래를 함께 고심하고, 바람직한 발전 방향을 결정하는 민주적인 시스템을 구축할 필요가 있다.